普通高等教育"十四五"规划教材

普通高等学校动物科学类专业系列教材

首批国家一流本科课程配套教材

江苏省高等学校重点教材

动物繁殖学

▶▶▶ 第 2 版 ◀◀◀

王 锋 主 编

U0219601

中国农业大学出版社

·北京·

内容简介

　　动物繁殖学是高等学校动物科学本科和专科的专业基础课程。本教材主要包括绪论、动物生殖器官及机能、生殖激素、雄性动物生殖生理、雌性动物性机能及其调控、人工授精、受精与妊娠、分娩与助产、泌乳与哺乳、配子与胚胎生物工程技术、动物的繁殖障碍、动物的繁殖力以及家禽生殖生理与繁殖技术等，还增加了思政和思维导图，并以二维码形式扩充了课程资源等。本教材适用于全国高等学校以及成人教育畜牧兽医类本科、专科，也可作为从事动物良种繁育的技术人员的参考用书。

图书在版编目(CIP)数据

动物繁殖学/王锋主编. --2 版. --北京:中国农业大学出版社,2022.6(2024.4 重印)
ISBN 978-7-5655-2805-7

Ⅰ.①动⋯　Ⅱ.①王⋯　Ⅲ.①家畜繁殖—高等学校—教材②家禽育种—高等学校—教材
Ⅳ.①S814

中国版本图书馆 CIP 数据核字(2022)第 108627 号

书　名	动物繁殖学　第 2 版
	DONGWU FANZHI XUE
作　者	王　锋　主编

策划编辑	张　程	**责任编辑**	石　华
封面设计	郑　川　李尘工作室		
出版发行	中国农业大学出版社		
社　址	北京市海淀区圆明园西路 2 号	**邮政编码**	100193
电　话	发行部 010-62733489,1190	**读者服务部**	010-62732336
	编辑部 010-62732617,2618	**出　版　部**	010-62733440
网　址	http://www.caupress.cn	**E-mail**	cbsszs@cau.edu.cn
经　销	新华书店		
印　刷	天津鑫丰华印务有限公司		
版　次	2022 年 8 月第 2 版　2024 年 4 月第 2 次印刷		
规　格	185 mm×260 mm　16 开本　27 印张　675 千字		
定　价	79.00 元		

图书如有质量问题本社发行部负责调换

第2版　编审人员

主　编　　王　锋（南京农业大学）

副主编　　吕文发（吉林农业大学）

张艳丽（南京农业大学）

庞训胜（安徽科技学院）

参　编　　（按姓氏笔画排序）

万永杰（南京农业大学）

马友记（甘肃农业大学）

王　军（吉林农业大学）

王淑娟（安徽科技学院）

邓凯伟（信阳农林学院）

石　磊（山西农业大学）

权　凯（河南牧业经济学院）

吕丽华（山西农业大学）

朱玉博（沈阳农业大学）

刘　勇（阜阳师范大学）

字向东（西南民族大学）

张　明（四川农业大学）

阿布力孜·吾斯曼（新疆农业大学）

茆达干（南京农业大学）

哈　福（云南农业大学）

禹学礼（河南科技大学）

娜仁花（内蒙古农业大学）

黄运茂（仲恺农业工程学院）

韩雪蕾（河南农业大学）

曾维斌（石河子大学）

熊显荣（西南民族大学）

主　审　　王元兴（南京农业大学）

第1版 编审人员

主　编　王　锋（南京农业大学）

副主编　叶绍辉（云南农业大学）

　　　　庞训胜（安徽科技学院）

　　　　吕文发（吉林农业大学）

参　编　（按姓氏笔画排序）

　　　　王子玉（南京农业大学）

　　　　石国庆（新疆农垦科学院）

　　　　田允波（仲恺农业工程学院）

　　　　吕丽华（山西农业大学）

　　　　字向东（西南民族大学）

　　　　沈　伟（青岛农业大学）

　　　　张　明（四川农业大学）

　　　　张兆旺（甘肃农业大学）

　　　　张艳丽（南京农业大学）

　　　　茆达干（南京农业大学）

　　　　罗光彬（沈阳农业大学）

　　　　周欢敏（内蒙古农业大学）

　　　　郝志明（天津农学院）

　　　　禹学礼（河南科技大学）

　　　　娜仁花（内蒙古农业大学）

主　审　王元兴（南京农业大学）

前言

第 2 版

在我国全面开启"十四五"规划的背景下,畜牧业正逐步朝着标准化、规模化、设施化、智能化和生态化方向发展,对包括繁殖技术在内的养殖技术提出了更高的要求。同时,随着科学研究与技术手段的更新,生殖生物学得到快速发展,动物繁殖学的相关理论知识与技术也相应得到了完善。此外,随着各级精品、共享、开放等课程与思政体系建设以及自媒体技术的发展,动物繁殖学的课程资源与展示方式也得以进一步丰富。本教材第1版自2012年出版以来在全国高等院校被广泛使用。根据教学需要和在使用过程中反映出来的问题以及动物繁殖领域的新进展,我们对本教材第1版进行了全面修订。

本次修订的基本宗旨是按照"系统、精准、规范、严谨、难易适中"的基本要求,充分体现科学性、先进性、系统性和实用性,在保持第1版基本框架的基础上,删繁就简,同时汲取动物繁殖领域的新理论和新技术。在编写过程中,我们力求做到文字精练,表达严谨,层次分明,图文并茂。

根据各位编写人员和部分教材使用单位的意见,本教材在动物繁殖学的研究方法中(第一章)增加了基因编辑、转录组学、蛋白组学、表观遗传学等现代生物技术的简介;在生殖激素中(第三章)增加了促性腺激素抑制激素和脂联素的内容;在雌性动物性机能及其调控中(第五章)增加了电子信息化技术的发情鉴定以及在排卵控制技术中同步介绍了排卵技术;在受精与妊娠中(第七章)增加了妊娠识别和维持的机理;在配子与胚胎生物工程技术(第十章)的胚胎冷冻技术中增加了微滴法、电镜微格法等,在动物克隆技术中增加了哺乳动物孤雌生殖等;在家禽生殖生理与繁殖技术中(第十三章)增加了禽类繁殖新技术。

为了适应新时代大学生形象思维活跃和现代多媒体教学手段的需要,本教材在每一章的开头增加了思维导图,在繁殖活动的章节增加了动物的性行为发生、发情、受精、妊娠和分娩等路线图、照片数字化资源;增加了雄性动物性行为发生、雌性动物卵巢黄体形成、精子在雌性生殖道内的运行、分娩预兆和进程等路线图或过程性图片。

为了全面贯彻党的教育方针,落实立德树人根本任务,本教材每一章均融入了繁殖领域相关的名人故事、中国人的科技创新及可持续发展等元素,知识传授与价值引领并重,以便于学生深入学习和领悟。

本教材的编写承蒙王元兴教授的审阅和修改,南京农业大学及各编者所在院校有关领导的关心和支持,南京农业大学黄明睿编审参加了部分审稿工作,在此深表感谢!

此外,本教材参考和引用了其他一些教材和参考文献,王建国教授和李树静博士分别提供了绵羊和奶牛超数排卵方案,南京农业大学动物繁殖学与肉羊团队的老师及郭佳禾等多名研究生参与了许多具体事务,在此一并表示感谢!

由于编者水平有限,本书疏漏之处在所难免,望读者和其他同行专家批评指正,以便再版时予以补充和修订。

编　者
2024 年 3 月于南京

前言

第1版

自改革开放以来,我国畜牧业的发展取得了举世瞩目的成就。畜牧业生产规模不断扩大,畜产品总量大幅增加,质量不断提高。近年来,随着强农惠民政策的实施,畜牧业呈现快速发展的势头,生产方式发生积极转变,规模化、标准化和区域化步伐加快。畜牧业总产值已占我国农业总产值的34%,部分地区畜牧业收入占农民总收入的40%以上。畜牧业的发展保障了城乡畜产品价格的稳定,促进了农民增收,在许多地方畜牧业已成为农村经济的支柱产业。

繁殖是畜牧业生产中的关键环节,"动物繁殖学"是畜牧(动物科学)专业的专业基础课程之一。南京农业大学(前身为南京农学院)历来对"动物繁殖学"的教学、教材的建设十分重视。1953年全国农科教育计划会议后,畜牧和兽医两专业都设置了"兽医产科和人工授精"课程。1960年由我国畜牧史和家畜繁殖学奠基人之一、南京农业大学谢成侠先生发起倡议,改称"家畜繁殖学",并在1963年编成了交流讲义《家畜繁殖学》。1977年谢成侠先生又参与编译了 E. S. E. Hafez *Reproduction in Farm Animals*。20世纪八九十年代,南京农业大学动物繁殖领域的前辈又先后主编了《家畜繁殖原理》《动物繁殖学》《家畜繁殖原理及其应用》《动物激素及其应用》等著作。其中王元兴教授主编的《动物繁殖学》经过多个高校多年的教学实践检验,深受师生的欢迎,2000年被推荐为"全国高等农业院校教材"。2003年,王锋、王元兴教授主编了《牛羊繁殖学》。2006年,王锋教授主编了《动物繁殖学实验教程》。

为进一步适应我国畜牧业发展对农业院校动物繁殖学人才培养的要求,秉承老一辈的优良传统,2008年8月,我们组织全国15个省、自治区、直辖市15家院校、科研单位的19位教师编写本教材。从提纲的审定、编写人员的分工到初稿的形成,本教材历时3年,三易其稿,2011年5月主要编者汇聚南京农业大学精心修改,再由主编、副主编、审稿人及部分编委统稿,2011年9月交出版社。

本书各章编写分工为:绪论　王锋;第一章　张明;第二章　茆达干、王锋;第三章　吕文发、叶绍辉;第四章　庞训胜、沈伟、王锋;第五章　叶绍辉、王子玉;第六章　吕丽华、张艳丽;第七章　字向东;第八章　郝志明;第九章　石国庆、禹学礼、罗光彬、沈伟、王锋、王子玉、张艳丽;第十章　周欢敏、娜仁花;第十一章　田允波;第十二章　张兆旺;附录王子玉。

本教材在编写过程中考虑到本科生对专业知识掌握的深度,达到既要知识面广,又要系统性强的要求,因此着重突出以下 4 个方面。

1.基本知识:对有关动物繁殖自然的生殖生理现象,如雄性性行为和雌性发情、妊娠、分娩、泌乳等内容进行具体生动的描述。

2.基本理论:对生殖激素对生殖各阶段的调控,精子和卵子的发生,卵泡的发育及调控,受精的过程及机理,泌乳的调控等比较抽象的理论讲深、讲透。

3.基本技能:对发情鉴定,采精,精液的检查、稀释、保存,输精,妊娠诊断,助产,繁殖疾病的诊断及治疗等技术内容具体阐述,联系实际,力求可以直接指导生产。

4.新技术:对近期发展起来的配子与胚胎生物工程技术(如性别控制、胚胎体外生产、胚胎移植、动物克隆及转基因技术等),根据当前研究应用进展情况,进行一般或重点的讲述,避免篇幅过多。

考虑到双语教学和知识掌握方面的需要,本教材增加中英文摘要和复习思考题,并列出主要专业术语的英文对照。

在编写过程中,本教材得到了南京农业大学、各编者所在院校以及中国农业大学出版社的大力支持,在此深表感谢! 在编写过程中还参考了其他一些教材和文献,限于篇幅原因,未能全部列出,一并表示感谢。

本教材承蒙南京农业大学王元兴教授精心审阅和修订,在此表示衷心的感谢! 南京农业大学动物胚胎工程技术中心多名研究生参与了许多具体事务,也一并表示感谢!

尽管在编写过程中编者付出了很大努力,但限于知识面及经验,且动物繁殖学的发展日新月异,书中的缺点和不足在所难免,恳望读者和其他同行专家批评指正,以便再版时予以补充和修订。

编　者
2012 年 1 月于南京

目录

第四章 雄性动物生殖生理

第五章 雌性动物性机能及其调控

第六章 人工授精

第七章　受精与妊娠

第八章　分娩与助产

第九章　泌乳与哺乳

第十章　配子与胚胎生物工程技术

第十一章　动物的繁殖障碍

第十二章　动物的繁殖力

第十三章　家禽生殖生理与繁殖技术

第一章

绪　论

　　我国幅员辽阔,畜禽品种资源丰富,主要畜种存栏量及畜产品产量位居世界前列,但不同地区、不同品种间的生产力存在着较大的差异。如何提档升级、提质增效,实现优质高效、绿色环保、可持续发展是摆在我国畜牧工作者面前的重大任务。

　　动物繁殖是动物生产中的一个关键环节。发展畜牧业的根本任务就是通过增加畜禽特别是良种的数量,生产丰富的优质安全畜产品,以满足国民经济发展和城乡居民生活的需要,而增加数量和提高质量均需通过繁殖这一过程来实现。

▶ 第一节　动物繁殖概述

一、繁殖

　　繁殖(reproduction),又称生殖,是有生命的个体以某种方式繁衍与自己性状相似的后代来延续生命的过程。繁殖是自然界所有物种都具有的基本现象之一。每个现存的个体都是由上一代繁殖得来的结果。

二、繁殖方式

　　在自然界,动物存在着 2 种繁殖方式,即无性繁殖和有性繁殖。

(一)无性繁殖

　　无性繁殖(asexual reproduction)是指不经过雌雄两性生殖细胞的结合,只由一个生物体产生后代的生殖方式。其主要见于低等动物。无性繁殖的过程只牵涉一个个体,例如,变形虫的分裂生殖等。

　　随着繁殖技术的发展,特别是首例体细胞克隆哺乳动物"多莉"羊的诞生,在人工操作下,哺乳动物的无性繁殖已成为现实。目前,借助动物克隆技术(细胞核移植技术)已能够无性繁殖优良畜种个体,今后该技术在畜禽生物技术保种、转基因或基因编辑动物生产中将发挥更大的作用。

(二)有性繁殖

　　有性繁殖(sexual reproduction)是指通过两性生殖细胞核融合的生殖方式。生活周期包括二倍体时期与单倍体时期的交替;二倍体细胞借助减数分裂产生单倍体细胞(雌雄配子或卵子和精子)。后者通过受精(核融合)形成新的二倍体细胞(合子),即新的生命诞生。这种有配子融合过程的有性繁殖也称为融合生殖,是由以胎儿时期生殖系统的发育为起始的一系列有序事件组成。早在胎儿时期,生殖系统就开始分化、发育;出生以后,随着动物生长发育,其生殖系统也进一步发育;当动物生长到一定的年龄时,雄性个体能产生成熟的精子,雌性个体能排出卵子,并表现出性行为,通过交配使两性配子结合成为受精卵。哺乳动物的受精卵在母体内发育成为胎儿,经过一定时间的妊娠,分娩产出一个或数个新的个体,这个完整的过程即为有性繁殖。有性繁殖在动物一生中反复出现,以使后代增殖,这是保证本物种生存、繁盛的生命活动,也是人们获得畜产品的必然途径。

三、繁殖的重要意义

(一)繁殖是种族延续的基础

从生理学的角度来看,生殖是一切生物体的基本特征之一。对个体来说,生殖过程是暂时的相对的,并非维持自身生命所必需的,单一个体可以没有生殖而生存;对一个物种来说,它是由许多个体组成的群体,并以个体的不断更替形式而存在,是永久的、绝对的,也是维持其物种生存和延续所必不可少的。其物种的延续必须依赖于生殖。总而言之,没有个体的"繁殖",就没有物种的存在。

遗传、生理、营养、季节、内分泌、疾病等多种因素影响着动物繁殖力的高低。这些因素可造成永久或暂时性的繁殖障碍,从而使繁殖力降低或失去繁殖能力。因此,在生产实践中必须注意选择繁殖力高的个体作为种用,并为其创造良好的饲养管理环境,保证其较高的繁殖能力。

(二)繁殖是动物生产中的关键性环节

繁殖是动物生产中的一个关键性环节。人们在生活中所需要的肉、奶、蛋等畜产品的获得均需要经过繁殖环节来实现。人工授精、胚胎移植等繁殖技术的应用能显著提高动物繁殖的效率和良种化进程,以促进畜牧业的发展。

(三)繁殖是动物品种保护与改良的重要手段

畜禽品种是一种宝贵的资源,对其进行有效的保护是保证我国种质资源长期可持续发展的必要方式。随着社会经济的高速发展,不少地方品种养殖空间受限,活体保种困难重重,许多品种已临濒危。繁殖技术的快速发展为地方品种提纯复壮、生物技术保种提供新的重要方法和途径。繁殖技术的应用不仅能增加选择差异,而且还大大缩短动物的世代间隔,加速育种和品种改良的进程。例如,超数排卵与胚胎移植(multi-ovulation and embryo transfer,MOET)育种方案能在较短时间内产生较多的优秀后代,能够几倍乃至上百倍地提高繁殖效率,已在种公牛选育中被广泛应用;又如,转基因技术已广泛用于畜禽抗病育种研究,在动物品种改良中具有很大的潜力。

(四)繁殖是生命科学、医疗与组织修复等研究的重要基础

体外受精技术是研究受精、早期胚胎发育机理、细胞分化的重要手段,可以为人类辅助生殖技术的改进提供参考依据。转基因克隆、干细胞等繁殖新技术的应用将突破疾病的传统治疗,在组织修复与再生医学中具有广阔的应用前景。利用繁殖手段还可以评价外来物质(药

物、农药、环境污染及工业化学物质)对动物配子生成的干扰及所致的有害作用对后代的影响,为人类制定有毒物质安全标准提供有价值的资料和模式。

▶ 第二节 动物繁殖学及其研究内容

动物繁殖学是研究动物生殖活动及其调控规律和调控技术的一门学科,又是研究加速畜禽品质改良、种畜扩繁,保证畜牧业快速发展的重要学科,也是畜牧科学中最活跃的学科之一。动物繁殖学通过研究繁殖的自然现象揭示其规律性,提出相应的技术措施,保证动物正常的生理机能和较高的繁殖力,并通过新的繁殖技术或手段,调节、控制繁殖过程,以充分发挥优良种畜的繁殖潜力,促进生产力的不断提高。

动物繁殖学是动物生产中的基础学科,在动物生产中占有重要地位,已成为一门独立学科。育种措施的落实、遗传规律的揭示、饲养对象的产出均离不开繁殖。动物繁殖学的基础学科包括家畜解剖学、组织胚胎学、生理学、生物化学和遗传学等。同时,其与兽医产科学、育种学、细胞生物学、分子生物学等学科也有密切关系。

动物繁殖学的研究内容涵盖了繁殖生理、繁殖技术、繁殖管理和繁殖障碍等多个方面,既包括动物克隆、胚胎干细胞、转基因动物生产等动物科学领域基础研究的热点和前沿,又包括发情鉴定、人工授精、妊娠诊断等实用技术,具有内容丰富、知识更新快、实践性强的特点。

一、繁殖生理

繁殖生理主要研究、阐明生殖过程(包括性别分化、配子发生、性成熟、发情、受精、妊娠、胚胎发育、分娩、泌乳及性行为等)的现象、规律和机理,涉及生殖生理学、生殖病理学、生殖内分泌学、生殖免疫学以及动物繁殖营养学等相关内容。

二、繁殖技术

繁殖技术主要包括发情鉴定、发情控制、人工授精、生殖免疫、妊娠诊断、助产、产后护理等实用繁殖技术,以及超数排卵、体外受精、显微受精、胚胎分割、胚胎冷冻保存、胚胎移植、性别控制、动物克隆、胚胎干细胞、诱导多能干细胞、转基因或基因编辑动物生产等配子及胚胎生物工程技术。

三、繁殖障碍及其防治

繁殖障碍及其防治包括繁殖障碍发生的原因、预防及治疗等。在实际生产过程中,外界环境应激以及遗传因素的影响会对畜群造成繁殖障碍,严重降低畜群的繁殖力,从而影响生产效益。

四、繁殖管理

繁殖管理是从群体角度研究提高动物繁殖效率的理论与技术措施,包括繁殖力的评价、管理的标准、规程及规范等。对种畜来说,繁殖力就是生产力,它能直接影响畜禽养殖的经济效益。

▶ 第三节 动物繁殖学的发展简史

我国试管山羊创始人——钱菊汾

出生于江苏常州富贾人家,儿时虽然家庭受到时局影响而发生动荡,但是仍然刻苦学习。后来,她在母亲的支持下进入北京大学,毕业后植根西北半个世纪,舍小家为大家,将毕生的精力都奉献给了我国胚胎工程研究事业,育成我国首例"试管兔",我国首例、世界第二例"试管奶山羊",世界首批卵泡卵母细胞试管羊,培养了中国工程院院士张涌等国内外胚胎工程领域专家,其多项研究成果填补国内空白。

人类对动物繁殖的探索已有两千多年的历史。亚里士多德(Aristotle,公元前384—公元前322)在 Generation of Animals 中提出了有关动物繁殖的一些观点,开辟了动物繁殖研究的先河。在我国古代农书、医书中记载了许多关于动物繁殖的宝贵经验及实用技术,如家畜去势、初生雏的雌雄鉴别及繁殖管理等,如北魏时期的《齐民要术》等。1910 年,英国的马歇尔(Marshall)编著了 Physiology of Reproduction,为后人研究动物繁殖奠定了基础。自近一个世纪,特别是近半个世纪以来,动物繁殖学发展非常迅速,重要进展按类别归纳介绍如下。

一、繁殖生理

1875 年,德国生物学家 Oskar Hertwig 首先在海胆上发现从精子入卵至雌雄原核融合的受精过程。1883 年,比利时生物学家 Edouard′van Beneden 发表了马蛔虫受精细胞学的研究成果,首次发现减数分裂现象,证实了 Hertwig 提出的父母在遗传上贡献均等的理论。1902年,Mc Clung 在研究蝗虫精细胞时首先提出了染色体决定性别的理论。随后,许多研究证实,哺乳动物的正常性别是由一对性染色体决定的。1923 年,Painter 证实了人类精子有的含X 染色体,有的含 Y 染色体,并指出当卵子与 X 精子受精,其后代为雌性;与 Y 精子受精则为雄性。1951 年,美籍华裔科学家张明觉、澳大利亚学者 Austin 同时发现"精子获能"现象,解开了精卵受精之谜,为哺乳类卵子体外受精体系的建立奠定了理论基础。1960 年,Yalow 和 Berson 建立的放射免疫测定法(RIA),因取得微量分析方法学的重大突破而获 1977 年诺贝尔奖,开创了生物活性物质微量分析技术的新纪元,对生殖内分泌学发展起到巨大推动作用。1982 年,美国科学家 Newport J 和 Kirschner M 首次报道了在蟾蜍早期胚胎发育过程中合子基因组激活期(zygotic genome activation,ZGA)的存在。1982 年,美国科学家 Flach G 确定了小鼠早期胚胎 ZGA 始于 2-细胞时期。1988 年,英国科学家 Braude P 发现人类早期胚胎 ZGA 发生在 4～8-细胞时期。2008 年,Sasaki H 发现在发育过程中生殖细胞的表观遗传学特征会动态变化,并仍然参与支持合子的胚胎发育。2012 年,华人科学家何川发现并鉴定了 N6-甲基腺嘌呤(N6-Methyladenosine,m6A)去甲基化酶 ALKBH5,证实 ALKBH5 介导 RNA m6A 去甲基化调控精子发育等重要生理功能。2013 年,Gunes S 等揭示了表观遗传在精子发生中的重要性,证明在表观遗传学高度调控的精子发生过程中任何步骤的紊乱都可能导致男性不育。2013 年,MaP 发现组蛋白脱乙酰基酶 2(HDAC2)在卵母细胞成熟过程中通过 H4 K16 脱乙酰基作用调节染色体的分离和动粒功能,影响卵母细胞的成熟。2014 年,Turner JM 发现在雄性生殖细胞中的基因组印记是表观遗传现象;Vickers MH 等发现表观遗传编程容易受到各种因素的影响而改变表观遗传状态,并传递给下一代,这可能会影响后代的健康和发育,也可能有助于探索健康和疾病的起源与发展。2016 年,我国的高绍荣课题组和颉伟课题组首次从全基因组水平上揭示了小鼠从配子到植入前胚胎发育过程中的组蛋白修饰 H3 K4 me3、H3 K27 me3 遗传和重编程模式的分子机制,探究了哺乳动物组蛋白修饰是否能从父代和母代分别遗传到子代以及如何传递的模式。2017 年,华人科学家何川首次揭示了 m6A 结合蛋白 YTHDF2 介导的 m6A 依赖的 mRNA 降解在斑马鱼胚胎母体-合子过渡过程中的重要功能,表明 mRNA 的 m6A 甲基化修饰在转录组转换和胚胎发育中具有重要作用。

二、繁殖技术

(一)人工授精技术

1780 年,意大利生理学家司拜伦谨尼(Spallanzani)第一次进行了犬的人工授精(artificial insemination,AI)。20 世纪 40—60 年代,苏联、英国、丹麦、荷兰、美国、加拿大、日本等国家的人工授精技术发展迅速,并在多种畜禽生产中应用。1949 年,英国科学家 Polge 成功冷冻鸡精液。1950 年英国科学家 Smith 和 Polge 研究开发了牛精液冷冻保存技术。1960 年后冷冻精液在人工授精技术中开始广泛应用。1995 年 Pursley 等发明了奶牛同期排卵与定时人工授精(timed artifical insemination,TAI)技术,其经典处理程序为 GnRH-PGF$_{2a}$-GnRH-AI,又称为 Ovsynch/TAI。此后,相继出现了 Double-Ovsynch,Cosynch,Presynch-Ovsynch,PRID/CIDR-Ovsynch 等 TAI 方案,解决了奶牛因发情监测不利、繁殖疾病等造成参配率和受胎率低的问题。

(二)胚胎移植技术

1890 年,英国剑桥大学的 Walter Heape 首次将纯种安哥拉兔的 2 枚胚胎移植到一只已和同种交配、毛色特征完全不同的比利时兔的输卵管内,结果生出 4 只比利时仔兔和 2 只由胚胎移植而生成的安哥拉仔兔,首次证实了胚胎移植技术的可行性。直到 20 世纪 30 年代前后,哺乳动物胚胎移植技术的研究才普遍开展,并相继在家兔(1929)、大鼠(1933)和小鼠(1936)等动物上验证了胚胎移植技术的可行性,为家畜等大动物胚胎移植技术的研究奠定了基础。

(三)体外受精技术

1878 年,德国学者 Schenk 用家兔和豚鼠进行试验,未获得完全成功,仅观察到卵丘细胞扩展、第二极体释放和卵裂。1935 年,哈佛大学科学家 Pincus G 和 Enzmann EV 首次实现兔卵母细胞的体外成熟;1959 年,美籍华裔科学家张明觉首次获得"试管兔"。1965 年,剑桥大学科学家 Edwards RG 将卵母细胞的体外成熟研究扩展到小鼠、绵羊、牛、猪、猴和人类等物种。1970 年,Sreenan 报道了牛体外受精(*in vitro* fertilization,IVF)、体外成熟(*in vitro* maturation,IVM),从此开启了对体外受精和胚胎移植(embryo transfer,ET)技术的应用。迄今为止,多种动物卵子的体外受精及其技术改进都源于 Sreenan 的首创性研究,研究者相继在绵羊、猪、山羊等数十种哺乳动物中获得 IVF 后代。1978 年世界上第一例试管婴儿出生,2010 年 Edwards RG 因"试管婴儿之父"获诺贝尔奖,2018 年全球已有超过 800 万试管婴儿降临人世。

(四)胚胎冷冻保存技术

1972 年,英国科学家 Whittingham 对小鼠的胚胎冷冻保存(慢速冷冻法)成功。1985 年,美国学者 Rall 等首次发明的玻璃化(vitrification)冷冻法对小鼠 8 细胞胚胎冷冻保存取得成功(以二甲基亚砜为冷冻保护剂)。1990 年,日本学者 Kasai 等采用一步法对小鼠桑葚胚玻璃化冷冻保存成功,并获得了较高的 ET 成功率(以乙二醇为冷冻保护剂)。此后,经世界各地研究者的不断改进,该项技术日臻完善,目前已经开始在生产中投入使用。

(五)动物克隆技术

1962 年,英国科学家 Gurdon JB,采用核移植法成功培育了非洲爪蟾成体,获得了 2012 年诺贝尔生理学或医学奖。1963 年,中国科学家童第周首次以金鱼等为材料,将一只雄性鲤鱼 DNA 插入来自雌性鲤鱼的卵成功克隆了一只雌性鲤鱼,开启了中国实验胚胎学的大门。1980 年,美国生物学家 Hoppe PC 和日内瓦超微型外科专家 Illmense KI,用胚胎细胞核移植方法成功繁育了小鼠。1996 年,英国科学家 Wilmut 和 Campbell 等利用羊乳腺上皮细胞克隆出"多莉"羊,这是一种纯粹的无性繁殖,标志着繁殖生物技术又进行了一次革命。此后,美国(Jerry Yang,1997)和日本(Tsunoda,1998;Jerry Yang,1998)的克隆牛相继诞生。2003 年美国采用成纤维细胞克隆出"杜威"鹿。2004 年意大利采用成体细胞克隆出"普罗米修斯"马。2013 年,美国科学家 Shoukhrat Mitalipov 等在人治疗性克隆方面取得突破,首次从人克隆胚胎培养获得干细胞。2017 年,中国科学家孙强、刘真等首次成功获得世界上体细胞核移植克隆猴"中中"和"华华"。该成果标志着中国率先开启了以体细胞克隆猴作为实验动物模型的新时代,实现了我国在非人灵长类研究领域由国际"并跑"到"领跑"的转变。

(六)胚胎干细胞技术

1981 年,英国剑桥大学的 Evans 和 Kaufman 用囊胚内细胞团(blastula inner cell mass,ICM)建立小鼠胚胎干细胞(emlryomic stem cells,ESCs,简称 ES 或 EK)系。1996 年和 1999 年,中国科学家钱永胜、冯秀亮等均获得猪类 ESCs 细胞。1998 年,美国 Thomson 从人的体外受精囊胚中分离得到了人 ES 细胞系。同年,约翰霍普金斯大学的 Sham blott 等从人的 PGC 细胞中分离得到人的全能性干细胞。2006 年,日本京都大学 Shinya Yamanaka 将 Oct3/4、Sox2、c-Myc 和 Klf4 这四种转录因子基因克隆入病毒载体,然后引入小鼠成纤维细胞,发现可诱导其发生转化,产生诱导多能性干细胞(induced pluripotent stem cells,iPS cells),并由此获得 2012 年诺贝尔生理学或医学奖,至此已建立小鼠、猴、大鼠和猪的 iPS 细胞。2009 年中国科学家利用 iPS 细胞培育出小鼠。

(七)动物转基因技术

1982 年,美国科学家 Pamilter 和 Brinster 等利用转基因技术将大鼠生长激素重组基因导入小鼠受精卵,培育出快速生长的"转基因超级鼠"。1985 年,Harmmer 和 Berm 首次应用显微注射技术将 MT 为启动子的人生长激素融合基因(MT/hGH)注射入猪受精卵的雄原核内,得到 1 头转基因猪。1994 年,Stice 等建立了牛的类 ES 细胞系,并利用转基因技术得到生殖系嵌合牛。1997 年,Schnieke 等通过体细胞核移植技术制备了表达人凝血因子Ⅸ的转基因绵羊,为转基因动物的生产提供了新思路。2000 年,英国 PPL 公司 McCreath 等通过体细胞基因打靶与核移植技术获得了成活后代,并且乳腺表达 1-抗胰蛋白酶的水平远远高于显微注射获得的转基因绵羊,并成为世界首例基因打靶家畜。2002 年,Lai 等采用敲除 α-1 ,3 半乳糖转移酶基因的胎儿成纤维细胞作核供体,成功获得了基因敲除猪。2005 年,Wall 等以转染溶葡萄球菌酶基因的胎儿成纤维细胞为核供体,成功获得了抗乳腺炎的转基因牛。

自进入 20 世纪,尤其是新中国成立以后,我国的动物繁殖学科发展迅速。1936 年谢成侠等在江苏句容开展了马的人工授精试验,1974 年绵羊胚胎移植成功;20 世纪 80 年代成功培育试管牛、绵羊、山羊等及转基因鱼、小鼠、兔等。1991 年张涌等获得了胚胎细胞克隆山羊,并于2000 年获得了体细胞克隆山羊。2002 年胜勇等首次研究奶牛 TAI 技术。2009 年周琪、曾凡一等获得了 iPS 细胞克隆小鼠。2016 年田见晖等揭示了小鼠的体外受精(IVF)出生性别比例失衡的内在机制。我国在动物繁殖领域不断取得新进展,促进了动物繁殖学科的发展。

▶ 第四节　动物繁殖学的研究方法

动物繁殖学与其他生命科学领域密切联系,一些新知识、新技术、新方法和新手段的出现为深入研究动物繁殖学奠定了基础。只有灵活运用这些相关学科的知识与技术,掌握正确的研究方法,才能更加有效地进行动物繁殖学的研究。动物繁殖学的研究方法主要包括以下几种。

一、手术法

手术法是指应用外科手术操作来研究动物繁殖机理的方法,常用于研究某种激素的来源和作用效果、某个器官的机能以及新繁殖技术的应用等。例如,切除或移植卵巢,观察其对动物生理活动的影响,探索其作用机制。又如,手术阻断下丘脑-垂体-性腺的某一部位,分析各部分之间的联系。手术法在繁殖学研究中的应用还涉及胚胎移植、体外受精、胚胎分割等多个方面。

二、显微观察法

显微观察法是指在显微镜下进行操作研究,观察生殖系统的组织和细胞,观察精子、卵子以及胚胎的形态结构;用电子显微镜观察亚细胞结构及其与机能的关系。例如,应用显微镜观察精子的游动状态,分析精子的活力,鉴定精液品质。又如,用显微观察法结合放射性同位素标记技术来研究某些细胞的分泌功能及其定位。

三、组织化学法

组织化学法是指应用化学反应显示各种细胞内的物质或代谢产物的化学特性的方法,常用于研究生殖细胞和激素分泌细胞的结构和功能之间的关系。20 世纪 40 年代，Bargmann 用铬苏木精染色法研究下丘脑-垂体轴，在神经垂体的分泌细胞中成功发现颗粒状分泌物，为确定神经垂体激素的生成部位奠定了基础。

四、免疫法

免疫法主要用于生殖激素及其抗体的测定，包括放射免疫测定法（RIA）、酶免疫测定法（EIA）、发光免疫测定法、免疫扩散法和免疫沉淀法等。此外，免疫法还可用于发情鉴定、性别鉴定、性别控制、妊娠诊断以及诱导发情和超数排卵等。将免疫法与组织化学法结合应用形成的免疫组化分析法（immunohistochemistry，IHC）也可用于动物繁殖学的研究。IHC 是指应用抗原与抗体特异性结合的原理，通过化学反应使标记抗体的显色剂（荧光素、酶、金属离子、同位素）显色来确定组织细胞内抗原（多肽和蛋白质），对其进行定位、定性及定量的研究，包括免疫荧光法、免疫酶法、免疫铁蛋白法、免疫金法及放射免疫自显影法等。

五、激素替代疗法

激素替代疗法（hormone replacement therapy，HRT）是指通过补充激素来治疗激素分泌减退或者缺乏所引起的疾病的方法。激素替代疗法给动物提供某种生殖激素后，通过观察发情排卵、受精、胚胎发育、妊娠、分娩等生殖活动和内分泌激素水平的变化，研究其作用和机理。

六、细胞学法

细胞学法是指应用细胞培养和流式细胞检测等细胞学方法建立的激素微量生物活性测定方法。细胞学法用于分析激素分泌细胞的功能，还可用于研究激素的作用及其相互关系、细胞和胚胎的发育及其调控机理等。

七、分子生物学法

分子生物学法是指应用分子生物学手段对激素及其受体或其他生物活性物质的结构与功能进行研究。例如，基因探针和 PCR（聚合酶链式反应）技术可用于胚胎性别鉴定；基因疫苗和蛋白质激素的生产可提高动物繁殖率；RNA 干扰、基因敲除等技术可分析生殖激素的作用及其机制。

八、基因编辑法

基因编辑法是指通过分子生物学技术对生物体基因组特定目标进行修饰的方法，随着基因编辑技术日益完善成熟，对特定基因进行编辑被广泛用于基因功能及作用机制研究。对动物繁殖系统器官或细胞进行基因编辑，可探究相关基因在繁殖活动过程中的作用与机制，也可用于繁殖调控候选基因功能的验证，以及通过基因编辑法提高繁殖性能。

九、转录组学法

转录组学法是指利用第三代高通量测序技术对动物生殖系统的组织或细胞中所有转录产物表达水平及其互作进行关联分析,挖掘在繁殖方面发挥重要调控作用的主效基因,从转录水平揭示基因在繁殖活动中的调控作用及其机制。

十、蛋白组学法

蛋白组学法是指利用蛋白组学技术对动物繁殖系统重要的组织或细胞内的蛋白质组成、表达水平、修饰情况以及蛋白质互作等进行系统性分析,筛选在重要繁殖性状及组织功能方面具有调控作用的关键蛋白,从转录后层面揭示蛋白质与繁殖调控活动的内在联系和规律。例如,对母畜不同阶段唾液、阴道黏液和黄体的蛋白进行差异蛋白分析,可挖掘发情特异蛋白,开发发情鉴定试剂盒,也有益于黄体发育相关分子机制的研究。

十一、表观遗传学法

所谓表观遗传学,即在研究 DNA 序列不发生改变的情况下,基因表达的可遗传变化。表观遗传学法是指利用表观遗传学技术可从 DNA 甲基化、染色质重塑、非编码 RNA、RNA 甲基化和基因组印迹等层面,研究表观遗传在动物卵泡发育、配子发生和胚胎发育过程的调控作用及机制。本方法为提高卵泡和生殖细胞的成熟率和利用率以及体外胚胎生产效率奠定理论基础。

▶ 第五节　动物繁殖学在畜牧业生产中的应用

一、提高生产效率

在畜牧生产中,可以采用诱导发情、同期发情、发情鉴定及人工授精等繁殖技术高效调控家畜群体结构,提高饲养管理效率。利用超数排卵、体外受精、胚胎移植及妊娠诊断等繁殖技术,能显著减少世代间隔,提高优良母畜和公畜的繁殖力,从而提高生产效率,增加经济效益。免疫去势技术可使性情凶猛的动物变得温顺,便于饲养管理,此外,去势能使家畜体脂积累加速,消除肉中的膻味,提高优质肉类的供应。营养繁殖调控技术的应用能有效预防动物繁殖障碍性疾病,改善家畜繁殖性能,提高生产效率。

二、提高育种效率与质量

动物繁殖技术是家畜育种与良种推广的重要工具。应用先进的动物繁殖技术既可加快育种进程,又可提高优秀种畜的利用率。通过人工授精、胚胎移植技术在牛、猪、羊等家畜中的推广,原来生产性能低下的群体能在短时间内得到极大改良,畜禽质量得到快速提高。例如,牛的冷冻精液人工授精、性别控制技术的推广使奶牛的产奶量大幅度提高,黄牛改良后的肉用性能提高;猪人工授精技术的推广提高了良种公猪的利用和瘦肉猪的改良,促进了养猪生产更大的发展。SNP分子标记技术可辅助选育繁殖力高、生长速度快的家畜进行留种,从而显著改善了种畜的质量。例如,以绵羊FecB基因作为多胎标记基因,筛选出多胎性状的绵羊,显著提高后代的产仔数。同时,利用表观遗传修饰手段探究绵羊多胎机理,对加快肉羊分子育种具有重要现实意义。胚胎移植、体细胞克隆等手段不仅有利于地方优良品种或珍稀畜种的扩繁,从长远来看,还利于生物多样性的保护。在家畜上,利用基因编辑技术已经得到了牛、羊、猪等涉及改良肌肉品质、乳品质、毛用性能等方面的相关个体。育种技术与高新繁殖技术的有机结合将会使传统育种工作发生革命性的改变,并为未来发展优质、高效的畜牧产业提供明确的发展方向。

三、减少生产资料的占有量

在动物生产过程中,种公畜和种母畜是重要的生产资料。应用人工授精、胚胎移植、显微授精、IVF、体外成熟(IVM)、体外培养(IVC)、克隆、胚胎分割、性别控制等先进的繁殖技术以及B型超声波诊断技术可提高种畜利用率以及家畜的遗传品质,加快优良品系快速扩繁以及育种进程。这样不仅可以提高动物生产的经济效益,还可减少饲草、饲料资源的占用量,对于保护生态环境、促进资源的合理利用都具有重要意义。

四、提升畜产品质量

随着人们生活质量的提升,畜产品质量越来越受到国家和社会各界的高度关注。免疫调控技术在提高动物繁殖性能和免疫去势、促进动物生长性能、提高动物产品质量等畜牧业生产实践中都显示出很好的应用潜力。

自进入21世纪以来,随着生物科学研究的不断深入,生物化学和分子生物学等学科的迅速发展为动物繁殖学注入了新的科学内容。现代畜牧业的发展要求通过控制、干预动物的繁殖过程,充分发挥其繁殖潜力,最大限度地提高动物的繁殖效率,与此相适应的动物繁殖技术的研究、应用也发展到一个新的阶段。动物克隆、转基因、性别控制、胚胎干细胞等繁殖技术研究的发展迅速必将对畜牧业、人类医学及生物学基础研究产生深远的影响。

第二章

动物生殖器官及机能

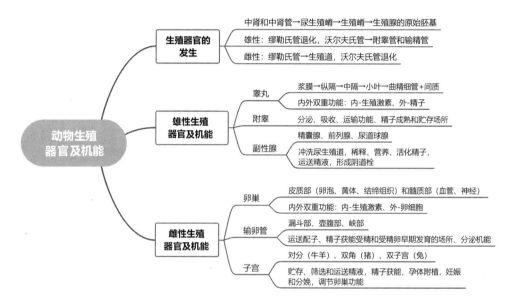

在胚胎发育早期,动物生殖器官的发生与泌尿系统的发育关系密切,泌尿系统发育至中肾期形成的中肾管为生殖系统的发生奠定了基础。雄性动物生殖系统包括睾丸、生殖道(附睾、输精管和尿生殖道)、副性腺(精囊腺、前列腺和尿道球腺)和外生殖器(阴茎、包皮和阴囊)。其主要功能是产生精子,促进精子成熟和释放以及性腺激素分泌等。雌性动物生殖系统包括卵巢、生殖道(输卵管、子宫和阴道)、外生殖器(尿生殖前庭、阴唇和阴蒂)。其主要参与卵子发生和成熟、受精和早期胚胎发育、妊娠和分娩等生殖活动过程以及性腺激素分泌等。掌握生殖器官解剖结构,熟悉其生理功能是掌握动物繁殖规律,正确使用和开发各项繁殖技术的基础。本章介绍雄性动物、雌性动物生殖器官的发生与分化以及结构与功能。

In the early embryonic stage, the reproductive organogenesis in animals is closely related to the development of urinary system, and the formation of mesonephric canal from the development of urinary system to the mesonephros stage lays the foundation for the development of reproductive system. Male reproductive system includes testes, reproductive ducts (epididymis, ducts deferens and urogenital tract), accessory gonads (seminal vesicle, prostate and bulbourethral glands) and external genitalia (penis, prepuce and scrotum), whose main functions are to produce sperm, promote sperm maturation and release, and secret gonadal hormones. The reproductive system of female animals includes the ovary, reproductive tract (fallopian tube, uterus, vagina), external genitalia (urogenital vestibule, labium vulva, clitoris), which is mainly involved in the development and maturation of eggs, fertilization, early embryo development, pregnancy, and parturition. Grasping the anatomical structure of reproductive organs and being familiar with their physiological functions are the basis for grasping the reproductive law of animals and correctly using and developing various reproductive techniques. This chapter introduces the generation and differentiation, the structure and function of female and male reproductive organs.

首版《家畜解剖学》统编教材主编——郭和以

他出身于地主家庭,又是高级知识分子,10 余年巨大的政治压力和"劳动改造"并没有消磨他的理想和志气,于 90 岁高龄时光荣地加入中国共产党。凭借他在动物解剖界的影响力,郭和以被指定为全国兽医学本科教材《家畜解剖学》的主编。他将自己的一生献给了祖国边疆的教育事业,把全部心血和汗水洒在了祖国的草原和沃土上。

▶ 第一节　生殖器官的发生与分化

一、生殖器官分化的基础

生殖系统与泌尿系统属于 2 个机能不同的系统,两者在分化和演变过程中有着密切的联系。在胚胎发育早期,泌尿系统处于中肾期阶段,随着原始生殖细胞迁移,此时已形成生殖器官的原始胚基[又称原基(anlage)],性腺尚处于未分化状态。

泌尿系统发育经前肾(pronephros)(图 2-1 的 11)、中肾(mesonephros)(图 2-1 的 3、6、7)和后肾(metanephros)3 个不同时期,三者皆由中胚层(mesoderm)产生的许多肾小管(renal tubule)组成。前肾无排泄作用,前肾小管发生后不久便退化,而保留前肾管,演化成中肾的排泄管,故称为中肾管(mesonephric duct),也称为沃尔夫氏管(wolffian duct)(图 2-1 的 3)。部分中肾小管相继发生退化,最终由后端产生的后肾所取代。中肾只在一个时期有排泄作用,而后肾为永久肾,具有持续排泄功能。中肾和中肾管在发育过程中的腹侧出现纵行隆起嵴,称为尿殖嵴(urethral crest),其迅速发育成为内外侧,外侧称中肾嵴(mesonephric ridge),内侧称生殖嵴(genital ridge)(图 2-1 的 1)。随后,生殖嵴的细胞层数增多,其表层为生殖上皮,内部由生殖上皮增生内陷的上皮细胞团构成。这就形成了生殖腺的原始胚基,此时仍无雄雌之分。继而,在中肾管的外侧发生一条管道,称缪勒氏管(Mullerian duct)(图 2-1 的 5)。左、右两管的后端融合后通向尿殖窦(sinus urogenitalis)(图 2-1 的 10)。由无雌雄之分的原始胚基和两条管道及一个尿殖窦共同构成了生殖器官分化的基础。

在胚体腹面的脐带与尾部之间生出的圆锥形突起,称为生殖结节(genital tubercle),是外生殖器分化的基础。各种动物生殖器官出现性别分化的时间大约在胚胎附植期,如牛为受精后的 40~45 d,绵羊为受精后的 28~35 d,猪为受精后的 25~26 d,马为受精后的 95~105 d。

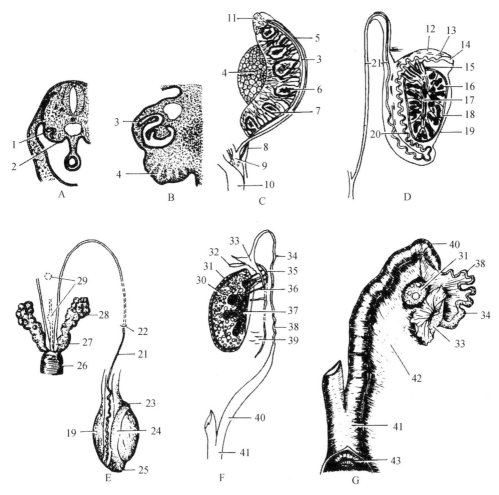

A.早期胚胎横切面的尿殖嵴;B.发育增厚的生殖嵴;C.未分化的生殖腺、中肾、中肾管及缪勒氏管;D.向雄性分化;
E.分化完成后的雄性生殖器官;F.向雌性分化;G.分化完成后的雌性生殖器官。

1.生殖嵴;2.中肾嵴;3.中肾管;4.未分化的性腺;5.缪勒氏管;6.肾小球;7.肾小管;8.生殖索;9.生殖窦;10.尿殖窦;
11.前肾;12.睾丸疏体;13.迷管;14.附睾副体;15.输出管;16.曲精细管;17.纵隔;18.白膜;19.睾丸;20.附睾管;21.输
精管;22.腹股沟环;23.附睾头;24.附睾体;25.附睾尾;26.尿殖道;27.输精管壶腹;28.精囊腺;29.雄性子宫;30.卵巢
皮质;31.卵巢;32.囊状附件;33.输卵管伞;34.输卵管壶腹;35.卵巢冠管;36.卵巢冠;37.卵巢髓质;38.输卵管峡部;
39.卵巢旁体;40.子宫角;41.子宫体;42.子宫阔韧带;43.子宫颈。

图 2-1　家畜生殖器官的发生

(资料来源:家畜繁殖学,张忠诚,2000)

二、向雄性分化

自 1959 年发现 Y 染色体与雄性性别决定的关系后,生物学家开始在 Y 染色体上寻找睾丸决定因子(testis determining factor,TDF)。1990 年,Sinclair 在 Y 染色体短臂的 1 Al 区找到了性别决定区(sex determining region of Y chromosome,SRY)。证据表明,这一基因可以表达 TDF,能使原始生殖腺发育成睾丸。当生殖腺发育为睾丸时(图 2-1 的 19),生殖腺的内上皮细胞团排列成辐射状的细胞索,即精细管索(seminiferous cord)(也称第一性索)。以后精细管索变为精细管及睾丸网,睾丸纵隔的直精细管与睾丸网联合构成睾丸输出管。中肾管演变为附睾管及输精管,其末端进入尿殖窦的尿道部分生出的一个盲囊,称为精囊腺。进入骨盆部的尿道上皮增殖生成前列腺和尿道腺,上皮突起形成尿道球腺。

阴茎由生殖结节延长增大而形成,其顶端变圆,称为龟头。龟头的皮肤褶叠形成包皮。尿道沟闭合形成管状尿道。位于阴茎腹侧的左、右唇囊突(前庭褶)愈合形成阴囊。睾丸在胎儿期逐渐进入阴囊,称为睾丸下降;猪在妊娠的 90 d,牛在妊娠的 3.4～4 个月,羊在妊娠的 80 d,马在妊娠的 9～11 个月或出生后,睾丸进入阴囊。

睾丸支持细胞分泌缪勒氏管抑制因子,以使缪勒氏管在分化过程中退化;沃尔夫氏管在雄激素的作用下发育形成附睾、输精管。

三、向雌性分化

目前认为,DAX1 基因与雌性性别的决定有关,该基因位于 X 染色体短臂上的剂量敏感性逆转区(dosage sensitive sex-reversal,DSS)。当胚胎向雌性分化时,生殖腺则发育成卵巢(图 2-1 的 31)。卵巢的分化比睾丸晚一些。当其分化时,从靠近生殖嵴表面的上皮部分(即皮质部)开始发育,并形成新的生殖腺索,称为皮质索(发育成第二性索)。皮质索逐渐代替了原有生殖腺索,其中央细胞分布较稀疏的部分为髓质索(第一性索)。在进一步发育与分化后,皮质索形成许多孤立的细胞团,成为原始卵泡。这种卵泡数量相当大,除大部分卵泡发生退化外,少部分卵泡在初情期开始后相继发育成熟。原始生殖腺的间质在卵巢表面上皮下方形成结缔组织白膜,在卵巢内部形成间质。

雌性动物生殖道的分化和雄性动物恰好相反:由缪勒氏管发育为生殖管道,沃尔夫氏管则退化。缪勒氏管前端形成输卵管,其末端融合为一体,形成子宫体、子宫颈及阴道的一部分。在将要出生前,输卵管分化出上皮与伞部。

一部分阴道由缪勒氏管形成,其余部分及尿道则来自尿殖窦。生殖结节发育为阴蒂,尿殖窦演化为阴道前庭,邻近尿殖窦的皮肤褶形成阴唇。哺乳动物雌、雄胎儿性器官遗迹的发育与退化见表 2-1。

表 2-1　哺乳动物雌、雄胎儿性器官遗迹的发育与退化

生殖器官原基	雄性	雌性
生殖嵴皮质	退化	卵巢
生殖嵴髓质	睾丸	退化
缪勒氏管(副中肾管)	遗迹	输卵管、子宫、部分阴道
沃尔夫氏管(中肾管)	附睾管、输精管、精囊腺	遗迹
尿殖窦	尿道、前列腺、尿道球腺	部分阴道、尿道
生殖结节	阴茎	阴蒂
前庭褶	阴囊	阴唇

资料来源:*Reproduction in Farm Animals*,Hafez ESE,1987。

▶第二节 雄性生殖器官及机能

雄性动物生殖器官包括性腺(睾丸)、生殖道(附睾、输精管和尿生殖道)、副性腺(精囊腺、前列腺和尿道球腺)和外生殖器(阴茎、包皮和阴囊)。虽然各种动物的这些器官的形态、结构和生殖功能相似(图2-2),但是其大小与质量(表2-2)、发育时间(表2-3)各有其特点。

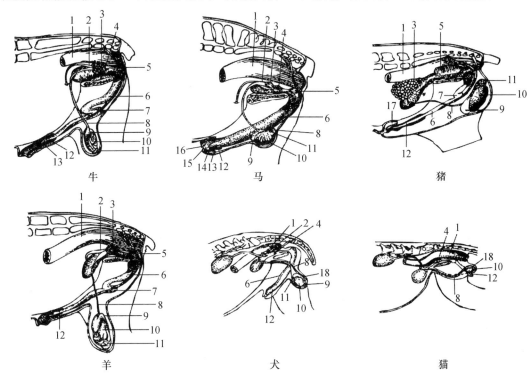

牛　　　　　马　　　　　猪

羊　　　　　犬　　　　　猫

1.直肠;2.输精管壶腹;3.精囊腺;4.前列腺;5.尿道球腺;6.阴茎;7.S状弯曲;8.输精管;9.附睾头;10.睾丸;11.附睾尾;12.阴茎游离端;13.内包皮鞘;14.外包皮鞘;15.龟头;16.尿道突起;17.包皮憩室;18.附睾体。

图2-2　雄性动物生殖器官

(资料来源:动物繁殖学,王元兴、郎介金,1997)

表2-2　公畜生殖器官的大小与质量

项目	牛	绵羊	猪	马
睾丸长度/cm	13	10	13	10
睾丸直径/cm	7	6	7	5
附睾长度/cm	40	50	18	75
附睾质量/g	36	—	85	40
输精管长度/cm	102	24	—	70
输精管壶腹长度/cm	1.2	0.6		25
输精管壶腹直径/cm	1.2	0.6		2
精囊腺体积/cm³	13×3×2	4×2×1.5	13×7×4	15×5×5

续表2-2

项目	牛	绵羊	猪	马
精囊腺质量/g	75	5	200	—
前列腺体部体积/cm³	3×1×1	—	3×1×1	峡部:2×3×0.5 叶部:7×4×1
前列腺扩散部体积/cm³	12×1.5×1	—	17×1×1	—
尿道球腺体积/cm³	3×2×1.5	1.5×1×1	16×4×4	5×2.5×2.5
尿道球腺质量/g	6	3	85	—
阴茎总长度/cm	102	40	55	50
阴茎游离端长度/cm	9.5	4	18	20
阴茎尿道突长度/cm	0.2	4	—	3
包皮长度/cm	30	11	100	外包皮:25
包皮憩室容量/mL				内包皮:15

资料来源:动物繁殖学,王元兴、郎介金,1997。

表 2-3　雄性动物生殖器官的发育时间　　　　　　　　　　周

发育阶段	牛	绵羊	猪	马
睾丸下降	胎儿期中途进入阴囊	同牛	胎儿后1/4期进入阴囊	出生前后进入阴囊
精细管中有初级精母细胞	24	12	10	各异
精细管中有精子	32	16	20	56(各异)
附睾尾中有精子	40	16	20	60(各异)
射出精液中有精子	42	18	22	—
阴茎与阴茎包皮完全分离	32	>10	20	4
性成熟	150	>24	30	90~150

资料来源:动物繁殖学,王元兴、郎介金,1997。

一、睾　丸

(一)睾丸的形态结构

1.形态与位置

睾丸(testis)为雄性动物的生殖腺。其质量和直径与动物种类和体形大小相关(表 2-4)。季节性繁殖动物的睾丸大小和质量具有随不同季节呈明显变化的特点。例如,绵羊在非繁殖季节睾丸的质量仅为繁殖季节的 60%~80%,而梅花鹿和水貂仅有 30% 左右。

表 2-4　各种动物睾丸质量的比较

畜种	睾丸质量		左、右睾丸的大小差别
	绝对质量/g	相对质量(占体重)/%	
牛	550~650	0.08~0.09	左侧稍大
水牛	500~650	0.069	
牦牛	180	0.04	
马	550~650	0.09~0.13	左侧大
驴	240~300	—	
猪	900~1 000	0.34~0.38	无固定差别
绵羊	400~500	0.57~0.70	
山羊	150	0.37	
犬	30	0.32	无固定差别
兔	5~7	0.2~0.3	无固定差别
猫	4~5	0.12~0.16	无固定差别

资料来源:家畜繁殖学,张忠诚,2004。

　　正常雄性动物睾丸成对位于腹壁外阴囊的 2 个腔内,为长卵圆形。一般在胎儿期,受睾丸引带和性激素的影响,睾丸经过腹腔迁移至腹股沟内环,再通过腹股沟管降至阴囊内,此过程称为睾丸下降(descent of testis)(图 2-3)。阴囊能保持睾丸温度低于体温,这对于维持睾丸的生精机能至关重要。睾丸下降的时间因动物种类不同而异。

　　常见动物睾丸的长轴与地面的关系、阴囊的位置各不相同。例如,猪睾丸的长轴呈前低后高倾斜,位于肛门下方的会阴区,头向前下方,尾向后上方;牛、羊睾丸的长轴与地面垂直且悬垂于腹下,头向上,尾向下;马、驴睾丸的长轴与地面平行,紧贴腹壁腹股沟区,头向前,尾向后;兔睾丸位于股部后方肛门的两侧,在性成熟后才下降到阴囊内;犬和猫等肉食动物的睾丸位置相似,位于肛门下方的会阴区。

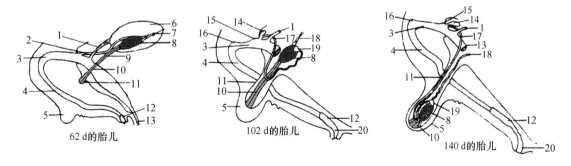

62 d的胎儿　　102 d的胎儿　　140 d的胎儿

1.输尿管;2.输精管;3.尿生殖道骨盆部;4.阴茎;5.阴囊;6.后肾;7.横隔韧带;8.睾丸;9.腹股沟韧带;10.睾丸引带;11.鞘突;12.阴茎包皮;13.尿膜;14.精囊腺;15.前列腺;16.尿道球腺;17.输精管;18.睾丸动脉;19.附睾头;20.包皮鞘。

图 2-3　牛睾丸下降与生殖管道的发育过程

(资料来源:*Reproduction in Farm Animals*,Hafez ESE,1987)

2.组织构造

睾丸的外表覆以浆膜,即固有鞘膜(tunica vaginalis propria),其下为致密结缔组织构成的白膜(tunica albuginea);白膜从睾丸的附睾头端形成结缔组织索伸向睾丸实质,构成睾丸纵隔(mediastinum testis);纵隔向四周发出许多放射状结缔组织,称为睾丸小隔。睾丸小隔将睾丸实质分成许多锥体状的睾丸小叶,每个小叶内有一条或数条盘绕曲折的曲精细管。曲精细管在各小叶的尖端(靠近纵隔处)形成直精细管,进入纵隔内形成睾丸网(马无睾丸网),最后由睾丸网分出10~30条睾丸输出管,在附睾头处形成附睾管(图2-4)。

曲精细管的特点是细、长、多。曲精细管直径为 0.1~0.3 mm,管腔直径为 0.08 mm,腔内充满液体。平均每克睾丸净重的曲精细管管长为(17±0.1)m。根据常见动物睾丸质量计算,马睾丸中精细管的平均长度为 2 419 m(667~3 726 m),牛的精细管长度为 4 000~5 000 m,猪的精细管长度可达 6 000 m,绵羊精细管的总长度为 7 000 m;曲精细管占睾丸质量的绝大部分,猪的曲精细管占 77.3%,牛的曲精细管占 79.4%,绵羊的曲精细管占 90%,马的曲精细管占 61.3%。曲精细管的管壁由外向内由固有膜和复层生殖上皮构成。复层生殖上皮主要由生精细胞和足细胞构成(图2-4)。

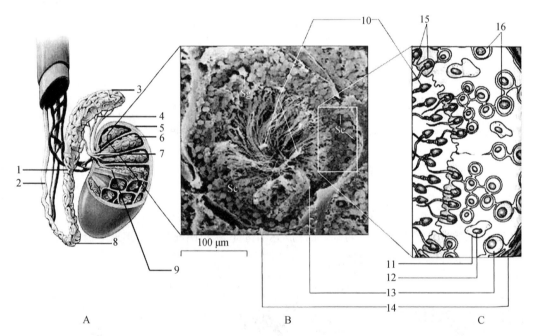

A.睾丸及附睾大体解剖结构;B.曲精细管截面扫描电镜图像;C.曲精细管管壁模式图。

Sg. 精原细胞;Se. 支持细胞;Sc. 初级精母细胞。

1.附睾体;2.输精管;3.附睾头;4.输出小管;5.固有鞘膜;6.睾丸小叶中的曲精细管;7.直精细管;8.附睾尾;9.纵隔;10.成熟的精细胞;11.支持细胞(足细胞);12.支持细胞细胞核;13.精原细胞;14.曲精细管管壁;15.精子细胞;16.初级精母细胞。

图 2-4 睾丸和附睾的组织构造

(资料来源:*Biology*,Fifth edition,Eldra PS,1999)

（二）睾丸的功能

1.产生精子

曲精细管生殖上皮的部分精原细胞经多次增殖（有丝分裂）、减数分裂和变形，最终形成精子，并贮存于附睾。公牛的每克睾丸组织平均每天可产生精子1 300万～1 900万个，公猪的每克睾丸组织平均每天可产生精子2 400万～3 100万个，公羊的每克睾丸组织平均每天可产生精子2 400万～2 700万个，公马的每克睾丸组织平均每天可产生精子2 400万～3 200万个。

2.分泌激素

睾丸内曲精细管之间的间质细胞能分泌雄激素。此外，曲精细管内的支持细胞还可分泌抑制素、激活素等含氮激素。

3.产生睾丸液

精细管、睾丸网等睾丸管道系统的管壁细胞能产生大量的睾丸液。该液体有助于维持精子的生存和推送精子向附睾头部移动。

二、附睾

（一）附睾的形态

附睾（epididymis）附着于睾丸的附着缘，可分为头、体、尾（图2-4）。头、尾两端粗大，体部较细。附睾头由睾丸网发出10～30条睾丸输出管汇合而成，这些输出管借结缔组织联结成若干附睾小叶，再由附睾小叶联结成扁平而略呈杯状的附睾头，贴于睾丸的前端或上缘。各附睾小叶的管道汇成一条弯曲的附睾管。附睾管沿睾丸的附着缘延伸逐渐变细，延续为细长的附睾体。在睾丸的远端，附睾体变为附睾尾，其中附睾管弯曲减少，最后逐渐过渡为输精管，经腹股沟内环进入腹腔。不同部位的附睾管管腔直径变化较大，为0.07～0.5 mm，且极度弯曲；猪的长度约为60 m（最长可达150 m），牛、羊的长度为35～50 m，马的长度约为80 m。

（二）附睾的组织构造

附睾管壁由环形肌纤维、假复层柱状纤毛上皮构成。在起始部的附睾管壁细胞呈高柱状，且靠近管腔面具有长而直的纤毛，管腔狭窄，管内精子数很少；中部柱状细胞的纤毛较长，且管腔变宽，管内有较多精子存在；末段柱状细胞变矮，靠近管腔面纤毛较短，管腔宽大，管腔内充满精子。附睾管壁柱状上皮细胞纤毛的运动有助于精子的运送。

（三）附睾的功能

1.吸收和分泌作用

附睾头和附睾体的上皮细胞吸收来自睾丸的水分和电解质，附睾尾中的精子浓度大大升高。牛、猪、绵羊和山羊睾丸液的精子浓度约为1亿个/mL，精子体积约占睾丸网液体积的1%，而附睾尾液中精子浓度约为50亿个/mL，精子占附睾尾液体积的40%。

附睾管还具有分泌功能。在附睾液中有许多睾丸液所不存在的有机化合物，如甘油磷酰胆碱(glycerophosphoryl choline)、三甲基羟基丁酰甜菜碱(carnitine)、精子表面的附着蛋白等。这些物质与维持渗透压、保护精子及促进精子成熟有关。

2. 促精子成熟

在附睾管内移行的过程中,精子逐渐获得运动能力和受精能力。当睾丸生成的精子刚进入附睾头时,精子颈部常有原生质小滴,运动能力微弱,几乎没有受精能力。在精子通过附睾的过程中,原生质小滴向精子尾部末端移行并最终脱落,精子逐渐成熟,并获得向前直线运动的能力和受精能力。

精子的成熟与附睾的物理、化学及生理特性有关。当精子通过附睾管时,附睾管分泌的磷脂和蛋白质包被在精子表面,形成脂蛋白膜,此膜能保护精子,防止精子膨胀,抵抗外界环境的不良影响。此外,当精子通过附睾管时,其可获得负电荷,防止精子凝集。

3. 贮存精子

精子主要贮存在附睾尾部。公猪附睾贮存的精子数为 2 000 亿个左右,其中 70% 在附睾尾;成年公牛两个附睾内的精子数约为 700 多亿个,相当于睾丸在 3.6 d 所产生的精子数,其中约 54% 的精子贮存于附睾尾部;公羊附睾内的精子数在 1 500 亿个以上,其中 68% 的精子贮存在附睾尾部。

精子能在附睾内较长期贮存,如牛的精子在附睾尾部贮存 60 d 仍具有受精能力。附睾能较长时间贮存精子,并维持精子具有受精能力,其原因可能是附睾管上皮分泌的物质为精子发育提供养分;附睾内 pH 为弱酸性(6.2～6.8),可抑制精子的活动;附睾管内的渗透压高(400 mOsm/L)使精子发生脱水现象,导致精子缺乏活动所需要的最低限度的水分,故不能运动;附睾的温度较低,精子在其中处于休眠状态。若精子在附睾内贮存时间太久,则其活力会降低,畸形精子、死精子数量增加。

4. 运输作用

附睾主要通过管壁平滑肌的收缩以及柱状上皮细胞管腔面上纤毛的摆动,把来自睾丸输出管的精子悬浮液从附睾头运送至附睾尾。各种动物精子在附睾中运行的持续时间分别为牛 14 d,绵羊 13 d,猪 9～14 d,马 8～10 d,兔 9～10 d,小鼠 3～5 d。精子通过附睾头和附睾体的时间是恒定的,不受射精频率的影响,但通过附睾尾的时间则因射精频率而有差异。射精或采精频率增加,精子通过附睾尾的速度就加快。

三、输 精 管

(一)输精管的形态结构

输精管(ducts deferens)是附睾管在附睾尾端的延续,其管壁由内向外依次为黏膜层、肌层和浆膜层。输精管起始端稍弯曲,很快变直,并与血管、淋巴管、神经、提睾肌等包于睾丸系膜内组成精索(seminiferous cord),经腹股沟管进入腹腔,折向后进入盆腔,在生殖褶中沿精囊腺内侧向后延伸,变粗形成输精管壶腹(图2-5的3;图2-6的2);其末端变细,穿过尿生殖道骨盆部起始处的背侧壁,与精囊腺腺管共同开口于精阜后端的射精孔(图2-6的9)。输精管壶腹富含分支管状腺体,其中马的壶腹部最发达,牛、羊的壶腹部次之,猪和猫等则没有明显的壶腹部。

（二）输精管的功能

输精管是生殖道的一部分，其在射精、分泌、吸收和分解老化精子方面发挥作用。射精时，在催产素和神经系统的支配下，输精管肌肉层发生规律性收缩，管内和附睾尾部贮存的精子快速排入尿生殖道。部分动物的输精管壶腹部具有精囊腺的分泌功能，如马的硫组氨酸分泌以及牛和羊精液中部分果糖均来自壶腹部。此外，输精管能对死亡和老化精子进行分解和吸收。

四、副 性 腺

雄性动物精囊腺、前列腺及尿道球腺总称为副性腺（accessory sexual glands）。射精时，副性腺的分泌物形成精清（seminal plasma），将来自附睾、输精管的高密度精子进行稀释，形成精液。副性腺的发育和功能维持依赖于性腺。当家畜达到性成熟时，其形态和机能得到迅速发育；相反，去势和衰老的家畜腺体萎缩、机能丧失。

（一）副性腺的形态结构

1. 精囊腺

精囊腺（vesicular gland）成对位于输精管末端的外侧。牛、羊、猪的精囊腺为致密的分叶状腺体，腺体组织中央有一个较小的腔；马的为长圆形盲囊（图 2-5 的 5），其黏膜层含分支的管状腺。牛、羊精囊腺的排泄管和输精管共同开口于尿道起始端顶壁上的精阜，形成射精孔（图 2-6 的 9）。猪精囊腺的排泄管独立开口于尿生殖道。犬、猫和骆驼没有精囊腺。在常见的家畜中，猪的精囊腺最大。

精囊腺分泌呈白色或黄色的黏稠液体，偏酸性，在精液中所占的比例：猪为 25％～30％，牛为 40％～50％。其成分特点是果糖和柠檬酸含量高。果糖是精子的主要能量物质，柠檬酸和无机物能共同维持精液的渗透压。

2. 前列腺

前列腺（prostate gland）位于精囊腺的后方，由体部和弥散部组成。体部外观可见，弥散部在尿道海绵体和尿道肌之间，其腺管成行开口于尿生殖道内。牛的猪的前列腺体部较小，而弥散部相当大（图 2-5 的 7）。牛的前列腺呈复合管状的泡状腺体，其体部和弥散部皆能见到。马的前列腺位于尿道的背面，并不围绕在尿道的周围，而是分左、右两叶（图 2-5 的 6），为复管状腺，有十多根排泄管开口于精阜两侧。山羊和绵羊的前列腺仅有弥散部，且为尿道肌包围，故从外观上看不到。家畜的前列腺分泌液呈无色透明，偏酸性，能提供给精液磷酸酯酶、柠檬酸等物质，并具有增强精子活率和清洗尿道的作用。

3. 尿道球腺

尿道球腺（bulbourethral gland）又称考贝氏腺（Cowper's gland），其成对位于尿生殖道骨盆部背侧。在常见的家畜中，猪的尿道球腺体积最大，呈圆筒状；马次之；牛、羊的尿道球腺体积最小，呈球状（图 2-5 的 8）。牛、羊的尿道球腺埋藏在海绵肌内，其他家畜则为尿道肌覆盖。猪、牛、羊的尿道球腺两侧各有一个排出管通入尿生殖道，唯有马的每侧有 6～8 个排出管，开口形成两列小乳头。犬没有尿道球腺，猫的尿道球腺形如豌豆，腺管开口于阴茎脚。一般家畜的尿道球腺的分泌量很少，但猪例外，其分泌量占精液量的 15％～20％。尿道球腺的分泌液为透明的黏性液体,呈碱性,有冲洗尿道及中和阴道内酸性物的作用。

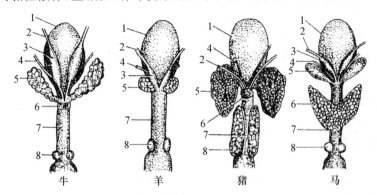

1.膀胱;2.输精管;3.输精管壶腹;4.输尿管;5.精囊腺;6.前列腺体部;7.前列腺弥散部;8.尿道球腺。

图 2-5　各种家畜的副性腺(背面)

(资料来源:家畜繁殖学,张忠诚,2001)

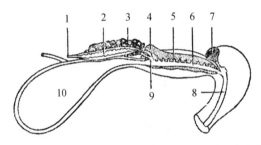

1.输精管;2.输精管壶腹;3.精囊腺;4.前列腺体部;5.前列腺弥散部;6.尿生殖道骨盆部;7.尿道球腺;8.尿生殖道阴茎部;9.精阜及射精孔;10.膀胱。

图 2-6　公牛尿生殖道骨盆部及副性腺(正中矢状切面)

(资料来源:家畜繁殖学,董伟,1998)

(二)副性腺的功能

1.冲洗尿生殖道,为精液通过做准备

当交配前阴茎勃起时,所排出的少量液体主要是尿道球腺所分泌,它可以冲洗尿生殖道中残留的尿液,使通过尿生殖道的精子不致受到尿液的危害。如猪在射精开始时,它首先射出的是稀薄、透明的液体。

2.精子的天然稀释液

附睾排出的精子密度非常高。在射精时,副性腺分泌液与其混合后,精子立即被稀释,从而也加大了精液容量。精清占精液容量的比例约为牛85%,马92%,猪93%,羊70%。

3.供给精子营养物质

精囊腺能分泌大量的果糖,在射精时果糖进入精液。果糖是精子的主要能量物质。

4.活化精子

精子在附睾中的贮存环境 pH 为弱酸性,精子的运动能力较弱。副性腺分泌液的 pH 一般为弱碱性,而碱性环境能刺激精子的运动。副性腺分泌液中的某些成分在一定程度上能够维持精液的弱碱性,从而有利于精子的运动。此外,当副性腺液的渗透压低于附睾液时,精子

能够吸收适量的水分,增强活动能力。

5.运送精液到体外

精液中的液体成分主要来自副性腺。射精时,附睾管、输精管平滑肌及尿生殖道肌肉的收缩,推送精液向外流动。因此,副性腺分泌液体的流动是精子流动的载体。

6.缓冲不良环境对精子的危害

精清中含有柠檬酸盐及磷酸盐,这些物质具有缓冲作用,能维持精子生存环境的 pH 稳定,从而延长精子的存活时间,维持精子的受精能力。

7.形成阴道栓,防止精液倒流

马、猪在射精末期有凝固的胶状物排出。这些胶状物主要是马精囊腺分泌物和猪尿道球腺分泌物,在自然交配时形成阴道栓,防止精液倒流。这种凝固与酶的作用相关。此外,鼠类在交配后形成的阴道栓也与副性腺分泌物有关。

五、尿 生 殖 道

尿生殖道(urogenital tract)是尿液和精液共同的排出通道,其始端起于膀胱,终于龟头,可分为 2 个部分(图 2-7):①骨盆部,起于膀胱颈,止于坐骨弓,位于骨盆底壁,为短而粗的圆柱形,表面覆有尿道肌。其前上部有海绵体组织构成的隆起,即精阜,输精管、精囊腺、前列腺开口于此;后部有尿道球腺开口。②阴茎部,起于坐骨弓,止于龟头,位于阴茎海绵体腹面的尿道沟内,为细而长的管状,表面覆有尿道海绵体和球海绵体肌。其管腔平时皱缩,射精和排尿时扩张。在坐骨弓处,尿道阴茎部在左、右阴茎脚(阴茎海绵体起始部)之间稍膨大形成尿道球腺。

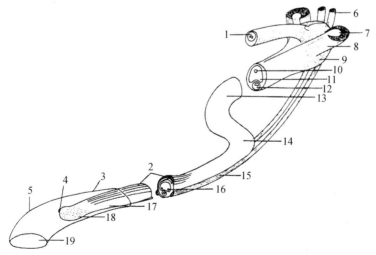

1.尿生殖道骨盆部;2.背侧韧带;3.包皮;4.尿道突;5.包皮鞘;6.阴茎提肌;7.左侧阴茎根;8.坐骨海绵体肌;9.球海绵体肌;10.阴茎背侧勃起管;11.阴茎海绵体;12.尿道海绵体;13.近端 S 弯曲;14.远端 S 弯曲;15.阴茎提肌;16.阴茎左侧腹侧勃起管;17.阴茎游离端;18.龟头窝;19.包皮孔(包皮开口)。

图 2-7 公牛尿生殖道阴茎部

(资料来源:*Reproduction in Farm Animals*,Hafez ESE,1987)

六、阴　囊

阴囊(scrotum)是指包被睾丸、附睾及部分输精管的袋状皮肤组织。阴囊壁皮层较薄、被毛稀少,内层为具有弹性的平滑肌纤维组织构成的肌肉膜,将阴囊分为 2 个腔,2 个睾丸分别位于其中。阴囊具有调节睾丸温度的作用。在正常情况下,阴囊能使睾丸保持低于体温的温度,这对于维持睾丸的生精机能至关重要。阴囊皮肤有丰富的汗腺,肌肉膜能调整阴囊壁厚薄及其表面面积,并能改变睾丸和腹壁之间的距离。当气温高时,肌肉膜松弛,睾丸位置降低,阴囊壁变薄,散热表面积增加;当气温低时,阴囊肌肉膜皱缩,提睾肌收缩,睾丸靠近腹壁,阴囊壁变厚,散热面积减小。所有进出睾丸的血管呈蔓状卷曲(图 2-8A),且动静脉血管相伴并行。离开睾丸的静脉血温度较低,通过逆流传热预冷进入睾丸的动脉血。动物的阴囊壁也具有分泌外激素的能力。当外界环境高温超过阴囊的调温能力时,动物的呼吸频率显著加快(图 2-8B)。据测定,血液进入公羊精索动、静脉以前的温度为 39 ℃,进入睾丸后,动脉血温度降为 33 ℃;睾丸静脉血离开睾丸时的温度为 33 ℃,离开精索后,静脉血温度升高到 39 ℃(图 2-8C)。

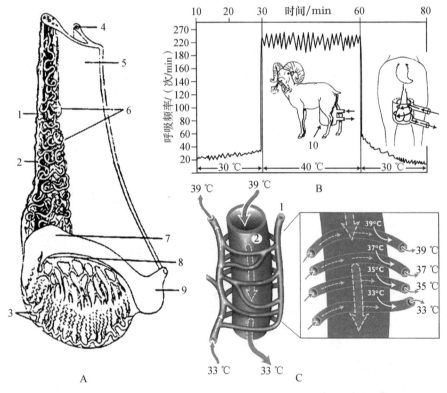

A.睾丸侧面动、静脉排列;B.环境温度和动物呼吸频率变化示意图;C.精索动、静脉血管逆流传热示意图。

1.睾丸静脉;2、3.睾丸动脉;4.输精管;5.睾丸系膜;6.静脉蔓卷丛;7.附睾头;8.睾丸缘静脉;9.附睾尾;10.睾丸控温器。

图 2-8　睾丸侧面动、静脉排列和睾丸动、静脉血管逆流传热

(资料来源:*Pathway to Pregnancy & Parturition*,Senger PL,2005)

七、阴茎和包皮

(一)阴茎

阴茎(penis)是雄性动物的交配器官。除了猫的阴茎向后伸缩外,其他家畜的阴茎向前伸缩,包皮位于腹下。各种动物的阴茎粗细不等,龟头形状各异(图2-9)。马的阴茎呈两侧稍扁的圆柱形,龟头钝而圆,外周形成龟头冠,腹侧有凹陷的龟头窝,窝内有尿道突。牛、羊阴茎较细。牛的龟头较尖,沿纵轴略呈扭转形,在顶端左侧形成沟,尿道外口位于此处。羊的龟头呈帽状隆起,尿道前端突出于龟头前方呈蚯蚓状,称为尿道突。绵羊尿道突长3～4 cm,扭曲状;山羊的较短而直。猪的阴茎较细,龟头呈螺旋状,并有一浅的螺旋沟。犬的阴茎基部有一条长圆形的软骨称为阴茎骨,犬的软骨外围有一圈特殊的海绵体结节,为茎球腺,在交配时充血膨大使阴茎难以从阴道中抽出。猫阴茎的龟头上有许多角质突起,致使母猫在交配时受刺激而吼叫。

阴茎主要由勃起组织——海绵体组成。海绵体表面被覆纤维组织,部分纤维组织形成许多小梁,将海绵体分隔成许多间隙,间隙内是毛细血管膨大而成的静脉窦。静脉窦充血,海绵体膨胀使阴茎勃起。马和犬的阴茎在勃起时可增大2～3倍,而其他动物阴茎在勃起时增大不明显。当牛、羊、猪在交配时,阴茎"S"状弯曲消失。

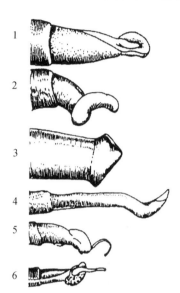

1.公牛龟头(交配前);2.公牛龟头(交配后);3.公马龟头;4.公猪龟头;5.公绵羊龟头;6.公山羊龟头。

图2-9 常见家畜的龟头

(资料来源:家畜繁殖学,董伟,1998)

(二)包皮

包皮是腹壁皮肤形成的双层囊鞘,分为内包皮和外包皮。当阴茎在包皮内勃起时,内包皮、外包皮伸展被覆于阴茎表面。包皮的黏膜形成许多褶,并有许多弯曲的管状腺,分泌油脂性分泌物,这种分泌物与脱落的上皮细胞及细菌混合,形成带有异味的包皮垢。牛的包皮较长,包皮口周围有一丛长而硬的包皮毛。牛、羊、猪包皮口较狭窄。猪的包皮腔很长,包皮口上方形成包皮憩室,常聚集有尿和污垢,故公猪在采精时需要对包皮憩室中的污垢进行清洗。

▶ 第三节 雌性生殖器官及机能

雌性动物生殖器官包括性腺(卵巢)、生殖道(输卵管、子宫、阴道)和外生殖器(尿生殖前庭、阴唇、阴蒂)。各种母畜的生殖器官如图2-10所示。

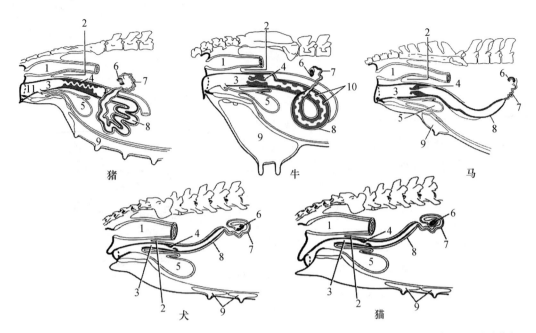

1.直肠；2.生殖道-直肠窝；3.阴道；4.子宫颈；5.膀胱；6.卵巢；7.输卵管；8.子宫角；9.乳腺；10.子宫阜；11.尿生殖前庭。

图 2-10　雌性动物生殖器官

（资料来源：*Pathway to Pregnancy & Parturition*，Senger PL，2005）

一、卵　巢

（一）卵巢的位置与形态

哺乳动物的卵巢（ovary）左、右各一个，其位置随妊娠与否和妊娠时期不同而变化，形状和大小主要取决于卵泡和黄体的变化（表 2-5）。几种家畜的卵巢形态如图 2-11 所示。

表 2-5　成年母畜卵巢的解剖比较

项目	牛	绵羊	猪	马
卵巢形状	扁卵圆形	卵圆形	葡萄串状	肾形，有排卵窝
卵巢质量/(g/个)	10～20	3～4	3～7	40～80
成熟卵泡数/个	1～2	1～4	10～25	1～2
成熟卵泡直径/mm	12～19	5～10	8～12	25～70
成熟黄体直径/mm	20～25	9	10～15	10～15

资料来源：动物繁殖学，王元兴、郎介金，1997。

1.牛

卵巢的形状为卵圆形，位于子宫角尖端偏外侧，初产及低胎次母牛的卵巢在耻骨前缘；经产母牛的卵巢随多次妊娠而移至耻骨前缘的前下方。

2.羊

卵巢比牛的圆而小，位置与牛的相同。

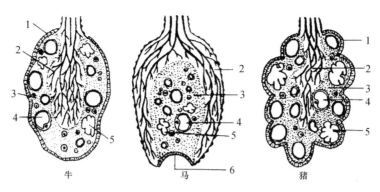

1.表层上皮;2.髓质;3.皮质;4.卵泡;5.黄体;6.表层上皮(排卵窝)。

图 2-11　几种家畜卵巢的比较

(资料来源:家畜繁殖学,张忠诚,2001 年)

3.马

卵巢为肾形,较大,附着缘宽大,游离缘上有排卵窝,卵泡发育成熟后均在此凹陷内破裂排出卵子。马的卵巢由卵巢系膜吊在腹腔腰区肾脏后方,左侧的卵巢位于第四腰椎、第五腰椎左侧的横突末端下方,即左侧髋结节的下内侧,而右侧卵巢位于第三腰椎、第四腰椎横突之下,靠近腹腔顶。因此位置比较高且靠前。

4.猪

卵巢变化较大,位于荐骨岬的两旁,随着胎次的增多逐渐移向前下方。其在初生时呈肾形,进入初情期前,由于许多卵泡发育则呈桑葚形,随着发情周期的进程,卵巢上有大小不等的卵泡、红体和黄体突出于卵巢表面,凹凸不平,掩盖了卵巢组织,似串状葡萄,常被发达的卵巢囊所包裹,左侧卵巢常大于右侧卵巢。

5.兔

卵巢呈肾形,位于肾的后方,由短的卵巢系膜悬于腹腔内。

6.犬

卵巢较小,呈扁平的长卵圆形,位于同侧肾脏的后方,每个卵巢都隐藏在一个富有脂肪的卵巢囊中。

(二)卵巢的组织构造

卵巢由皮质部和髓质部组成(图 2-12),两者的基质都是结缔组织。皮质内含不同发育阶段的卵泡、红体、白体和黄体,其形状结构因发育阶段不同而有很大变化。皮质部的结缔组织含有许多成纤维细胞、胶原纤维、网状纤维、血管、神经和平滑肌纤维。血管分为小支进入皮质,并在卵泡膜上构成血管网。髓质部含有许多细小血管、神经,由卵巢门出入,所以卵巢门上没有皮质。卵巢门上有成群较大的上皮样细胞,称为门细胞。门细胞具有分泌雄激素的功能。

牛、羊、猪卵巢的髓质在内,皮质在外(图 2-11)。由于卵巢外表无浆膜覆盖,故卵泡可在卵巢皮质的任何部位排卵。马卵巢的髓质在外,皮质在内(图 2-11),其卵巢门为髓质,在卵巢门的对侧有数毫米深的凹陷,形成排卵窝,生殖上皮及其下面的皮质部都狭缩于排卵窝区,故其排卵只能在排卵窝处。

幼年家畜的卵巢生殖上皮为柱状或立方形细胞所构成。当家畜逐渐长大时,这些细胞变得扁平。在初情期以前,卵巢皮质内含有许多原始卵泡,从而为母畜的繁殖奠定了基础。

(三)卵巢的功能

1.卵泡的发育与排卵

卵巢皮质部分布着许多原始卵泡(图 2-12 的 1)。卵泡发育从原始卵泡,经过初级卵泡、次级卵泡、三级卵泡到成熟卵泡(图 2-12 的 4、5、6)。其在发育过程中不能最终成熟而退化的卵泡,萎缩成为闭锁卵泡。成熟卵泡排卵后的卵泡腔皱缩,腔内形成凝血块,称为血体或红体,以后随着脂色素的增加,逐渐变成黄体(图 2-12 的 21),黄体退化后形成白体(图 2-12 的 22)。

2.分泌激素

在卵泡发育过程中,包围在卵泡细胞外的两层卵巢皮质基质细胞形成卵泡膜。卵泡膜可分为血管性的内膜(图 2-12 的 9)和纤维性的外膜(图 2-12 的 7),其中内膜可分泌雌激素。此外,排卵后的黄体可分泌孕激素,卵泡还可以分泌抑制素、卵泡抑素以及活化素。

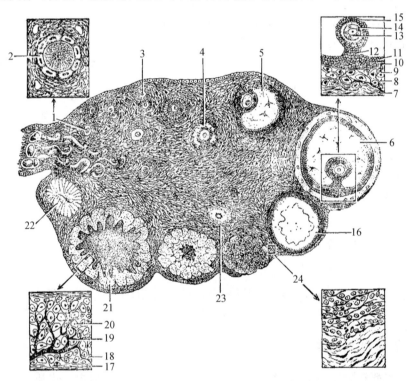

1.原始卵泡;2.卵泡细胞;3.卵母细胞;4.三级卵泡早期;5.三级卵泡晚期;6.成熟卵泡;7.卵泡外膜;8.卵泡膜血管;9.卵泡内膜;10.基膜;11.颗粒细胞;12.卵丘;13.卵细胞;14.透明带;15.放射冠;16.刚排过卵的卵泡空腔;17.由外膜形成的黄体细胞;18.由内膜形成的黄体细胞;19.血管;20.由颗粒细胞形成的黄体细胞;21.黄体;22.白体;23.萎缩卵泡;24.间质细胞。

图 2-12 家畜卵巢的组织结构

(资料来源:家畜繁殖学,张忠诚,2001)

二、输 卵 管

(一)输卵管的位置与形态

输卵管(oviduct)是卵子进入子宫的通道,通过宫管连接部与子宫角相连接,附着在子宫阔韧带外缘形成的输卵管系膜上,长而弯曲。输卵管长度与弯曲随动物不同而异,以马最为弯曲(表2-6)。输卵管的腹腔口紧靠卵巢,扩大呈漏斗状,称为漏斗,其面积猪为$87\sim93$ cm^2,牛为$20\sim30$ cm^2,羊为$6\sim10$ cm^2。漏斗的边缘不整齐,形似花边,称为输卵管伞(fimbria tubea)。输卵管伞的一处附着于卵巢的上端,马附着于排卵窝。其中,牛、羊的伞部不发达,马的伞部发达,猪的伞部最发达。输卵管伞的前半部贴于卵巢囊前部的内侧面,后半部向后下方敞开,游离缘恰好位于卵巢前上方,在卵巢囊内自由地罩着卵巢的大部分,与卵子的收集密切相关。紧接漏斗的膨大部,称为输卵管壶腹(ampulla of the oviduct),是精子和卵子受精的部位。壶腹后段变细,称为峡部(isthmus)。峡部末端有输卵管子宫口直接与子宫角相通。牛、羊由于子宫角尖端较细,所以输卵管与子宫角之间无明显界限,发情时形成一个明显的弯曲。马的宫管连接部形成一个小乳头。猪的宫管连接部周围具有长的指状突起,括约肌发达。犬和猫输卵管的特点是先环绕卵巢大致一周,且被包埋在卵巢囊的脂肪中,延伸出卵巢后即与子宫角相接。

表 2-6　成年母畜生殖道的解剖比较

项目	牛	绵羊	猪	马
输卵管长度/cm	25	$15\sim19$	$15\sim30$	$20\sim30$
子宫类型	对分子宫	对分子宫	双角子宫	双角子宫
子宫角长度/cm	$35\sim40$	$10\sim12$	$40\sim65$	$15\sim25$
子宫体长度/cm	$2\sim4$	$1\sim2$	5	$15\sim20$
子宫内膜表面	$70\sim120$ 个子宫阜	$88\sim96$ 个子宫阜	略显纵襞	纵襞显著
子宫颈外径/cm	$8\sim10$	$4\sim10$	10	$7\sim8$
子宫颈长度/cm	$3\sim4$	$2\sim3$	$2\sim3$	$3.5\sim4$
子宫颈管形状	$2\sim5$ 个轮状环	轮状环	螺旋状	纵襞明显
子宫颈口形状	小而突出阴道	小而突出阴道	不明显	明显突出于阴道
阴道前部长度/cm	$25\sim30$	$10\sim14$	$10\sim15$	$20\sim35$
阴瓣	不明显	发达	不明显	发达
前庭长度/cm	$10\sim12$	$2.5\sim3$	$6\sim8$	$10\sim12$

资料来源:动物繁殖学,王元兴、郎介金,1997。

(二)输卵管的组织构造

输卵管的管壁从外向内依次由浆膜、肌层和黏膜构成(图2-13)。肌层可分为内层的环状或螺旋形肌束和外层的纵行肌束,其中混有斜行纤维。肌层从卵巢端到子宫端逐渐增厚,使整个管壁能协调地收缩。黏膜形成若干初级纵襞,特别是在壶腹内分出许多次级纵襞。牛、羊有

4个初级纵襞,每一个初级纵襞又有若干次级纵襞。马壶腹中的次级纵襞多达 60 余个。黏膜衬以柱状纤毛细胞和无纤毛楔形细胞,其中无纤毛楔形细胞为分泌细胞。纤毛细胞在输卵管的卵巢端(特别是伞部)较为普遍,越向子宫端越少。这种细胞有一种细长而能摆动的纤毛伸入管腔,能向子宫方向摆动。峡部的分泌细胞比纤毛细胞高,纤毛几乎伸不到管腔。分泌细胞含有特殊的分泌颗粒,其大小和数量在不同种间和发情的不同时期有很大变化。楔形细胞大多是排空的分泌细胞。

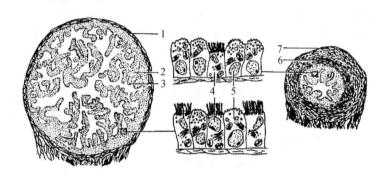

1.浆膜;2.初级纵襞;3.次级纵襞;4.纤毛细胞;5.分泌细胞;6.纵行肌层;7.环行肌层。

图 2-13　输卵管的横断面

(资料来源:家畜繁殖学,张忠诚,2001)

(三)输卵管的功能

1.接纳卵子,并运送卵子和精子

排卵时,输卵管伞部完成卵子的接纳,然后借助输卵管管壁纤毛的摆动、管壁的分节蠕动和逆蠕动以及由此引起的液体流动,将伞部接纳的卵子向壶腹部运送;将精子反向由峡部向壶腹部运送;受精后,将受精卵经壶峡结合部、峡部、宫管结合部运送到子宫角。

2.精子的获能、卵子受精和受精卵卵裂

受精前,精子在输卵管内运行的过程中完成获能,以获得受精能力;输卵管壶腹部为精卵结合的受精部位;输卵管峡部是早期受精卵卵裂的场所。

3.分泌机能

在卵巢激素的影响下,输卵管上皮的分泌细胞的分泌物的量在不同的生理阶段有很大的变化。发情时,分泌量增多,pH 为 7~8。分泌物主要为各种氨基酸、葡萄糖、乳酸、黏蛋白及黏多糖。它们是维持精子、卵子受精能力以及早期胚胎发育的重要物质基础。

三、子　宫

(一)子宫的位置与形态

子宫(uterus)大部分位于腹腔,少部分位于骨盆腔,背侧为直肠,腹侧为膀胱,前接输卵管,后连阴道,借助于子宫阔韧带悬于腰下腹腔。大多数哺乳动物的子宫可分为子宫角、子宫体和子宫颈。子宫可分为 4 种类型:①牛、羊、猫和犬的子宫角基部之间有一个纵隔,将 2 个子宫角分开,称为对分子宫;②马的子宫无此纵隔,猪也不明显,均称为双角子宫;③人、猴等灵长

类的子宫没有子宫角,输卵管直接与子宫体相连,这种子宫称为单子宫;④兔比较特殊,它的两子宫角不会合成子宫体,而是分别同时开口于阴道,故称为双子宫。子宫颈前端以子宫内口和子宫体相通,后端突入阴道内,称为子宫颈阴道部,其开口为子宫外口。

1. 子宫角及子宫体

(1)牛　牛的子宫角呈绵羊角状弯曲,有大、小 2 个弯,大弯游离,小弯有子宫阔韧带附着,神经、血管由此出入。其位于骨盆腔内,经产多胎的母牛不同程度地垂入腹腔,与子宫两角基部纵隔相对应的外部有一个纵沟,称为角间沟;子宫体短。子宫黏膜有突出于表面的半圆形子宫阜(uterine caruncle),阜上没有子宫腺。水牛子宫角弯曲较小,接近平直。

(2)羊　羊的子宫形状与牛的相似,只是小些。绵羊的子宫黏膜有时有黑斑,山羊的子宫阜较绵羊多。羊的子宫阜中央有一个凹陷,当妊娠时,胎儿胎盘子叶上的绒毛嵌入此凹陷。

(3)马　马的子宫角为扁圆形,前端钝,中部稍向下垂呈弧形,大弯在下,小弯在上;子宫体呈扁圆形,较长,与其他家畜相比最为发达,其前端与子宫角交界处称为子宫底;子宫黏膜有许多纵行皱襞,充满于子宫腔中。

(4)猪　猪的子宫角长而弯曲,形似小肠,俗称"花肠",但管壁较厚,且有较发达的纵行肌纤维;子宫体短,子宫黏膜也有纵行皱襞,但不如马的显著。

(5)犬、猫　犬和猫的子宫角形似小肠但较为平直,弯曲较小,两子宫角于膀胱上方分叉后向前延伸到位于肾脏后面的卵巢。

猪、犬、猫和兔等多胎动物的子宫角特别长,说明子宫角长度与多胎性呈正相关。不同动物子宫各部分的大小参见表 2-6。

2. 子宫颈

子宫体与阴道的连接部为子宫颈(cervix),是由较厚实的括约肌组成的一条狭窄的管腔。不同动物的子宫颈结构各异(图 2-14)。

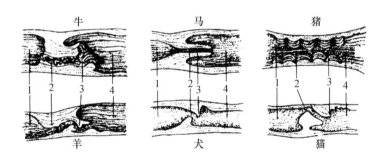

1.子宫体;2.子宫颈;3.子宫颈外口;4.阴道。

图 2-14　常见家畜子宫颈的正中矢状剖面

(资料来源:动物繁殖学,王元兴、郎介金,1997)

(1)牛　子宫颈长为 5～10 cm,粗为 3～4 cm,壁厚而硬,不发情时管腔封闭很紧,发情时也只能稍微开放。子宫颈阴道部粗大,突入阴道 2～3 cm;黏膜有放射状皱襞,经产牛的皱襞有时肥大如菜花状;子宫颈肌的环状层很厚,分为 2 层:内层和黏膜固有层,构成 2～5 个横的新月形皱襞,彼此嵌合,使子宫颈管成为螺旋状。环状层和纵行层之间有一层稠密的血管网,所以子宫颈破裂时出血很多。子宫颈黏膜由 2 类柱状上皮细胞组成,即具有运动纤毛的纤毛细胞和无纤毛的分泌细胞。发情时,其分泌活动增强。

（2）羊　子宫颈阴道部仅为上、下 2 片或 3 片凸出，上片较大，子宫颈外口的位置多偏于右侧。

（3）马　子宫颈长达 5～7 cm，粗为 2.5～3.5 cm，较牛的短而细，壁也较薄较软；黏膜形成纵行皱襞，子宫颈阴道部长为 2～4 cm，黏膜上有放射状皱襞。不发情时，子宫颈口封闭，但收缩不紧，可容一指伸入，发情时稍微开张。

（4）猪　子宫颈长达 10～18 cm，内壁有左、右两排彼此交错的半圆形凸起，中部的较大，越靠近两端越小；子宫颈后端逐渐过渡为阴道，没有明显的阴道部。当发情时，子宫颈管开放，所以在给猪输精时，很容易穿过子宫颈而将输精器插入子宫体内。

（5）犬　子宫颈长度为 0.3～1 cm，末端管壁逐渐增厚，无明显的子宫颈内口。

（6）猫　子宫颈短，仅长为 2 cm，子宫颈前部和两侧由阴道穹隆环绕，但背侧部仅有增厚的子宫壁且直接与阴道壁相连，形成向后 V 形开口的子宫颈外口。

（二）子宫的组织构造

子宫的组织构造从外向内依次为浆膜、肌层和黏膜 3 层。浆膜与子宫阔韧带的浆膜相连。肌层的外层薄，为纵行的肌纤维；肌层的内层厚，为螺旋形的环状肌纤维。子宫颈肌是子宫肌的附着点，同时也是子宫的括约肌，内层特别厚，且有致密的胶原纤维和弹性纤维，是子宫颈皱襞的主要构成部分。内、外两层交界处有交错的肌束和血管网，固有层含有子宫腺。子宫腺以子宫角最为发达，子宫体较少，子宫颈则在皱襞之间的深处有腺状结构，其余部分为柱状细胞，能分泌黏液。

（三）子宫的功能

1.贮存、筛选和运送精液，有助于精子获能

发情配种后，开张的子宫颈口有利于精子进入，并具有阻止死精子和畸形精子进入子宫的能力，以防止过多的精子到达受精部位。大量的精子贮存在子宫颈隐窝内。进入子宫的精子借助子宫肌的收缩作用被运送到输卵管，在子宫内膜分泌物和分泌液的作用下，使精子获能，并运行精子到受精部位。

2.孕体的早期发育、附植、妊娠和分娩

子宫内膜的分泌物和渗出物以及内膜糖、脂肪、蛋白质的代谢物，可为孕体（囊胚到附植）提供营养需要。当胚泡附植时，子宫内膜形成母体胎盘与胎儿胎盘结合，为胎儿的生长发育创造良好的环境。在妊娠时，通过胎盘实现胎儿与母体间营养、排泄物的交换。随胎儿生长的要求，子宫在大小、形态及位置上发生显著变化。子宫颈黏液高度黏稠形成栓塞，封闭子宫颈口，起屏障作用，防止子宫感染。分娩前，子宫颈栓塞液化，子宫颈扩张，胎儿和胎膜随着子宫的收缩娩出。

3.调节卵巢黄体功能

未妊娠母畜的子宫内膜分泌前列腺素（$PGF_{2\alpha}$），使卵巢上的黄体退化，引起新一轮卵泡发育并导致雌性动物发情，在雌性动物生殖调控中发挥着重要作用。

四、阴　道

阴道（vagina）既为母畜的交配器官，又为胎儿娩出的通道。其背侧为直肠，腹侧为膀胱和尿道。阴道腔为一个扁平的缝隙，前端有子宫颈阴道部突入其中（子宫颈阴道部周围的阴道

腔,称为阴道穹隆),后端和尿生殖前庭之间以尿道外口及阴瓣为界。常见家畜的阴道长度:牛为 25～30 cm,羊为 10～14 cm,猪为 10～15 cm,马为 20～35 cm。

阴道壁由上皮、肌膜和浆膜组成。猪、羊、马的阴道上皮由无腺体的复层扁平上皮细胞构成,在接近子宫颈的前部有一些分泌细胞,上皮表层不角化;牛的阴道上皮由有腺体的复层扁平上皮细胞构成。在雌性动物发情周期的不同阶段,阴道上皮细胞谱处于变化之中。阴道的肌膜不如子宫外部发达,其由厚的内环层和薄的外纵层构成,后者延续到子宫内的一定距离。肌层中有丰富的血管、神经束和小群神经细胞以及疏松和致密的结缔组织。除有其他动物所有的后括约肌(在阴道和前庭的连接处)外,牛还具有特殊的前括约肌。

阴道在生殖过程中除具有交配功能外,它也是交配后的精子储存库,精子在此处集聚和保存,并不断向子宫供应。阴道的生化和微生物环境能保护生殖道免受微生物入侵。阴道通过收缩、扩张、复原、分泌和吸收等功能,排出子宫黏膜及输卵管的分泌物。同时阴道又是分娩时的产道。

五、外生殖器

(一)尿生殖前庭

尿生殖前庭(urogenital vestibule)为从阴瓣到阴门裂的部分,前高后低,稍微倾斜。尿生殖前庭自阴门下联合至尿道外口的长度:牛约为 10 cm,马为 8～12 cm,猪为 5～8 cm,羊为 2.5～3 cm。牛的尿生殖前庭腹侧有一黏膜形成的盲囊,称为尿道下憩室。在前庭两侧壁的黏膜下层有前庭大腺和前庭小腺,为分支管状腺,发情时分泌增多。牛的前庭小腺不发达。尿生殖前庭为产道和排尿、交配的器官。

(二)阴唇

阴唇(labium vulva)分左、右 2 片,构成阴门,其上下端联合形成阴门的上下角。牛、羊和猪的阴门下角呈锐角;而马、驴则相反,阴门上角较尖,下角浑圆。两阴唇间的开口为阴门裂。阴唇的外面是皮肤,内为黏膜,两者之间有阴门括约肌和大量结缔组织。

(三)阴蒂

阴蒂(clitoridis)位于阴门裂下角的凹陷(阴蒂窝)内,由海绵体构成,覆以复层扁平上皮,具有丰富的感觉神经末梢,为阴茎的同源器官。马的阴蒂最发达,猪的长而弯曲,末端为一小圆锥。

复习思考题

1. 阐述雄性动物生殖系统主要器官组成及其生理功能。
2. 阐述雌性动物生殖系统主要器官组成及其生理功能。
3. 比较常见雄性动物(猪、牛、羊、马)副性腺的解剖结构差异。
4. 副性腺的主要功能有哪些?
5. 睾丸用什么方式保持其温度低于体温? 在生产上,采取什么措施来防止炎热带来的公畜生殖机能下降?
6. 比较常见雌性动物(猪、牛、羊、马)子宫的解剖结构差异。

第三章

生 殖 激 素

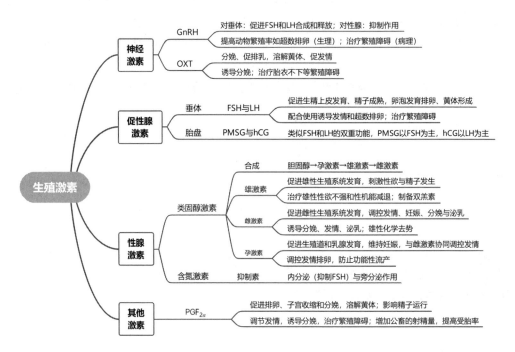

生殖激素是与生殖过程直接相关的激素，主要由下丘脑、垂体、性腺和胎盘等产生，作用于配子发生、排卵、受精、妊娠和分娩等动物生殖过程的所有环节，广泛应用于畜牧生产中。本章首先介绍生殖激素的种类和共性作用特点，然后重点介绍神经激素、促性腺激素、性腺激素和前列腺素等的化学结构、生理功能、分泌调节及其应用，最后简单介绍生殖激素的测定方法。

Reproductive hormones are hormones directly related to reproduction process, which are mainly produced by the hypothalamus, pituitary, gonads, and placenta. Reproductive hormones act on all aspects of animal reproduction, including gametogenesis, ovulation, fertilization, pregnancy, and parturition, etc. Reproductive hormones are widely used in animal husbandry. This chapter firstly introduces their kinds, and the general characteristics of action; then focuses on the chemical structure, physiological function, secretion and regulation, and the application for neurohormones, gonadotropins, sex gland hormones and prostaglandins, etc. ; finally, the determination methods of reproductive hormones are simply introduced.

中国科学家人工合成牛胰岛素

1958年8月中国科学家提出了人工合成胰岛素的宏伟目标,凭借热爱祖国、献身科学事业、奋勇攀登世界科技高峰的顽强拼搏精神,进行艰苦的创造性的科学研究。在长达6年的科学攻关中,科学家们完成了大量精细的实验,写下了难以计数的实验记录,终于在1965年9月17日实现了目标,第一次人工合成了与天然牛胰岛素分子化学结构相同,并具有完整生物活性的蛋白质。

▶ 第一节 生殖激素概述

激素是由有机体产生的,经体液循环或空气传播等途径作用于靶器官或靶细胞,能够调节机体生理机能的微量的信息传递物质或生物活性物质。生殖激素是众多激素中的一类激素,其可以分为不同的种类,但具有共同的作用特点。

一、生殖激素的概念

在哺乳动物中,几乎所有的激素都会直接或间接地影响生殖机能。有些激素,如下丘脑分泌的促性腺激素释放激素、垂体或胎盘分泌的促性腺激素及睾丸或卵巢分泌的性腺激素等,直接调节动物的配子发生、发情、排卵、受精、妊娠和分娩等,这些直接作用于生殖过程的激素被称为生殖激素(reproductive hormone)。有些激素则通过维持机体正常的生理状态而间接作用于生殖过程,这些激素被称为次要生殖激素(secondary hormones of reproduction),如生长激素等。通常,生殖激素由内分泌腺体产生,故又称之为生殖内分泌激素(reproductive endocrine hormone)。

动物的生殖是一个十分复杂的生理过程,而生殖激素的作用贯穿其始终。在配子发生、性行为、受精、妊娠、分娩和泌乳等整个生殖过程中,生殖激素的调节促使有关器官和组织产生相应的变化,通过这些机能的相互协调,严格有序的生殖生理事件依次发生。一般来说,生殖活动受到下丘脑-垂体-性腺轴的调控。下丘脑分泌的激素作用于垂体,进而作用于性腺;性腺分泌的激素对垂体和下丘脑有反馈作用,从而维持血液中生殖激素的相对稳定。该轴上的任一环节出现问题都可能导致动物的繁殖障碍。随着对激素作用的深入研究,有些激素(如抑制素)会通过旁分泌等方式发挥作用。因此,生殖激素的协调平衡是维持生殖活动的内在生理基础。次要生殖激素,如垂体前叶分泌的生长激素、促甲状腺激素和促肾上腺皮质激素,垂体后叶释放的加压素(或称抗利尿激素)以及甲状腺激素、肾上腺皮质激素、胰岛素和甲状旁腺素等可以通过调节或维持动物机体正常的生命活动和代谢机能间接参与生殖活动。例如,肾上腺皮质激素对分娩起重要作用;甲状腺素影响垂体促性腺激素的分泌、乳汁的分泌以及繁殖活动的季节性。因此,生殖激素的概念和范围是相对的,与其他激素的界限也难以截然分开。

随着现代畜牧业的快速发展,利用外源生殖激素调控动物繁殖过程的技术越来越受到人们的重视。例如,发情控制、超数排卵、分娩控制和繁殖障碍治疗等都需要借助生殖激素。所有这些技术对于调节繁殖过程、开发繁殖潜力、加速品种改良和提高生产性能等都有重要的意义,而生殖激素的合理应用则成为这些技术推广的重要环节。因此,必须对生殖激素的生理作用、相互关系以及调节机理有清楚的认识,从而合理应用生殖激素促进畜牧业的发展。

二、生殖激素的分类

为了便于理解和应用,生殖激素可按生理功能、化学本质和来源进行分类。

(一)根据生理功能分类

1.神经激素

神经激素是指由脑部神经细胞核团(如下丘脑的弓状核和松果腺等)分泌的激素,主要调节脑内外生殖激素的分泌活动,如促性腺激素释放激素和褪黑激素等。

2.促性腺激素

促性腺激素是指由垂体前叶或胎盘分泌的具有调控性腺功能的激素,如促卵泡素、促黄体素、孕马血清促性腺激素和人绒毛膜促性腺激素等。

3.性腺激素

性腺激素是指由睾丸或卵巢分泌,对生殖活动以及下丘脑和垂体的分泌活动有直接或间接作用的激素,如雌激素、雄激素、孕激素和抑制素等。

4.其他激素

其他激素还包括组织激素和外激素等。某些激素可以调控卵巢功能,如前列腺素,所有组织器官均可分泌。外激素是指由外分泌腺体(有管腺)分泌,以空气或水等为媒介物传递,影响同种动物的性行为和性机能的激素,如公猪睾丸分泌的雄甾烯酮。

(二)根据化学本质分类

1.含氮激素

含氮激素包括蛋白质、多肽和氨基酸衍生物类激素等,如脑部神经核团分泌的促性腺激素释放激素,垂体分泌的促卵泡素,胎盘分泌的孕马血清促性腺激素和性腺分泌的抑制素等。多肽是分子量相对较小的分子,而一些糖蛋白激素的表面含有碳水化合物,其数量决定激素的半衰期,即糖基化的程度越高,激素的半衰期越长,其分子量可从几百到 70 000 不等(图 3-1)。

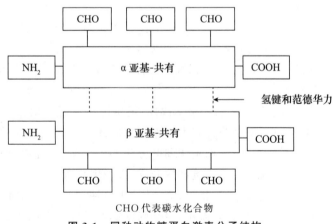

CHO 代表碳水化合物

图 3-1 同种动物糖蛋白激素分子结构

2.类固醇激素

类固醇激素又称甾体激素,主要由性腺(睾丸)和卵巢分泌,具有一个共同的被称为环戊烷多氢菲的分子核,由 4 个环构成(图 3-2)。甾体激素源于胆固醇,通过酶转化等复杂的通路合成,雄性和雌性的生殖系统能产生显著的变化。

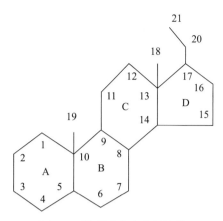

图 3-2　类固醇激素分子结构

3.脂肪酸类激素

脂肪酸类激素包括不饱和脂肪酸的衍生物,如子宫、前列腺和精囊腺分泌的前列腺素(图 3-3)以及某些外分泌腺体分泌的外激素。

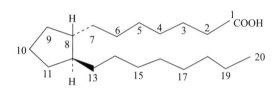

图 3-3　脂肪酸类激素分子结构

(三)根据来源分类

根据来源可将生殖激素分为下丘脑激素、松果腺激素、垂体激素、性腺激素和胎盘激素等。各类生殖激素的名称、来源、化学性质和生理功能见表 3-1。

表 3-1　生殖激素的种类、来源及主要功能

种类	名称	简称	主要来源	化学特性	主要功能
神经激素	促性腺激素释放激素	GnRH	下丘脑	10 肽	促进垂体合成与释放 FSH 和 LH
	促性腺激素抑制激素	GnIH	下丘脑	12 肽	抑制促性腺激素的合成与分泌,促进一些动物摄食
	催乳素释放激素	PRH	下丘脑	83 肽	促进垂体合成和释放催乳素
	催乳素释放抑制因子	PIF 或 PRIF	下丘脑	多肽	抑制垂体合成和释放催乳素
	催产素	OXT	下丘脑合成,垂体后叶释放	9 肽	促进子宫收缩、乳汁排出,并能溶解黄体
	褪黑激素	MLT	松果腺	色胺	将外界光照刺激转变为内分泌信号,调控性腺发育

续表3-1

种类	名称	简称	主要来源	化学特性	主要功能
促性腺激素	促卵泡素	FSH	腺垂体	糖蛋白	促进卵泡发育和成熟及精子发生
	促黄体素	LH	腺垂体	糖蛋白	促进排卵和黄体生成及雄激素和孕激素的分泌
	催乳素	PRL	腺垂体	蛋白质	促进乳腺发育和乳汁分泌,增强黄体分泌机能和母性行为
	人绒毛膜促性腺激素	hCG	灵长类胎盘绒毛膜	糖蛋白	与LH类似
	马绒毛膜促性腺激素	eCG/PMSG	马属尿膜绒毛膜	糖蛋白	与FSH类似,并促进马属动物副黄体的形成
性腺激素	雌激素	E	卵巢	类固醇	促进发情行为,维持第二性征,刺激雌性生殖道和子宫腺体及乳腺导管发育,并刺激子宫收缩
	雄激素	A	睾丸	类固醇	促进副性腺的发育和精子发生,维持第二性征和性欲
	孕激素	P	卵巢和胎盘	类固醇	与雌激素协同调节发情,抑制子宫收缩,维持妊娠,促进子宫腺体和乳腺腺泡的发育
	抑制素	IBN	卵巢和睾丸	糖蛋白	抑制垂体合成和释放FSH
	活化素	ATN	卵巢和睾丸	蛋白质	促进垂体合成和释放FSH
	卵泡抑素	FST	卵巢和睾丸	蛋白质	抑制垂体合成和释放FSH
	松弛素	RLX	卵巢和子宫	多肽	促进子宫颈、耻骨联合和骨盆韧带松弛
其他	前列腺素	PG	广泛分布	脂肪酸	溶解黄体,促进子宫收缩
	外激素	PHE	外分泌腺	脂肪酸、萜烯等	影响性行为和性活动

三、生殖激素的作用特点

生殖激素虽然种类很多,作用复杂,但是在对靶组织或靶器官发挥作用时具有一些共同特点。

(一)作用的特异性

生殖激素释放后,在传递途中虽然与各处的组织细胞有广泛接触,但是只作用于特定的靶组织或靶器官,与其特异性受体结合后产生生物学效应。肽类和蛋白质激素的受体存在于靶细胞膜上,激素结合其胞外结构域,引起跨膜结构域的改变,激活G蛋白,活化腺苷酸酶,继而活化蛋白激酶,最后合成新产物。类固醇激素为脂溶性,其可通过靶细胞膜进行被动运输,与靶细胞质或核中的特异性受体结合,从而合成新产物。

(二)活性丧失较快

由于受到分解酶的作用,生殖激素在体内的活性一般会很快丧失,具有相对较短的半衰期,如$PGF_{2\alpha}$仅有几秒,但少数激素可达数天,如eCG等。半衰期越长,潜在的生物活性就越强。通常,半衰期短的激素在体内呈脉冲性释放,若在体外应用时,应根据靶组织或靶器官的生理变化过程确定一次或者多次给药,这样才能产生适宜的生物学效应;半衰期长的激素只需一次给药即可产生生物学效应。大部分激素从注射到出现明显生理反应之间存在潜伏期。例如,孕酮注射进机体 10～20 min 就有 90％的孕酮从血液中消失,其作用要在若干小时,甚至若干天后才表现出来。

(三)作用的高效性

动物体内生殖激素含量极低,通常血液中的含量只有 $10^{-12}～10^{-9}$ g/mL,但激素与其受体结合后,在细胞内发生一系列酶促放大作用,导致明显的生理反应。例如,动物体内孕酮水平只要达到 $6×10^{-9}$ g/mL,便可维持正常妊娠。

(四)作用依赖于分泌模式和持续时间

生殖激素以 3 种模式分泌(图 3-4):第 1 种模式是间歇性分泌。激素在神经系统的控制下与受体紧密联系。当下丘脑的神经去极化,神经肽瞬间释放,垂体前叶激素也因此以间断的方式释放。间歇性释放形成的可预测的类型被称作脉冲分泌,此种方式的动物具有正常的发情周期。动物初情期的激素也呈间歇性释放,其是不可预测的。第 2 种模式是基础分泌。此种方式的激素浓度低,且脉冲幅度小。第 3 种模式是持续分泌。激素以相对稳定的形式持续释放较长一段时间,如发情间期或妊娠期间的孕激素会持续性释放,以控制发情或妊娠。

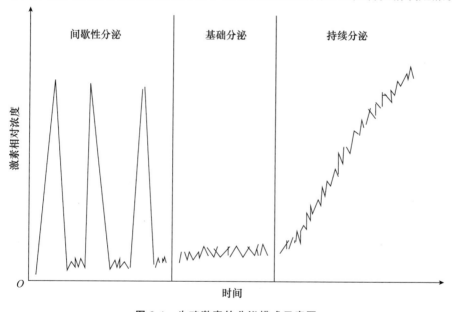

图 3-4 生殖激素的分泌模式示意图

(资料来源:*Reproduction in farm animals*,Hafez ESE,2000)

(五)激素之间有协同或拮抗作用

某种生殖激素在其他生殖激素的参与下,其生物学活性增强的现象称为协同作用。如催产素可以刺激子宫收缩,在雌激素协同作用下,其促子宫收缩的作用更明显。相反,生殖激素的生物学活性受到抑制或减弱的现象称为拮抗作用。如雌激素促进子宫收缩,孕酮抑制子宫收缩,即孕酮对雌激素的促子宫收缩效应具有拮抗作用。

▶ 第二节 神经激素

繁殖过程由神经系统和内分泌系统的相互作用进行调节。神经系统的基本作用是将外部刺激转换成神经信号。简单神经反射中的神经能够释放神经递质直接作用于靶组织,而神经内分泌反射则是神经激素进入血液对远处的靶组织发挥作用。神经内分泌反射起始于感觉神经元,将神经信号传入脊髓,与脊髓的中间神经元形成突触,从脊髓传出的传出神经元与下丘脑的神经元形成突触。下丘脑神经元末梢释放小分子物质,经血液循环或通过局部扩散作用调节其他器官的功能,这些小分子物质被称为神经激素;合成和分泌神经激素的神经细胞称之为神经内分泌细胞。

神经内分泌细胞具有神经细胞和内分泌细胞的特征,其胞浆内含有神经分泌颗粒。这些细胞的一端(传入端)与其他神经细胞形成突触联系,将神经冲动传递至细胞体,另一端(传出端)则往往与血管紧密接触。神经内分泌细胞的分泌物不是像神经递质那样进入突触间隙,而是进入血液循环,进而作用于靶器官。

神经内分泌系统主要包括下丘脑的神经细胞及其与神经垂体的联系。在这一联系中,视上核与室旁核的神经细胞接受感觉传入的神经冲动,通过垂体释放抗利尿激素(加压素)和催产素进入血液循环,分别调节肾脏对水的重吸收和子宫平滑肌的收缩。下丘脑促垂体区的肽能神经细胞合成神经激素(释放或抑制激素),沿神经轴突运送至正中隆起处,由此进入垂体门静脉,转运至腺垂体,控制腺垂体激素的合成和分泌。哺乳动物的松果腺也是一个神经内分泌器官,它接受交感神经的支配,分泌松果腺激素来调节体内多种生理活动。此外,从脑、垂体和肠中还分离出具有吗啡活性的神经肽,被统称为内源性吗啡样物质。它们可能对垂体分泌某些激素具有调节作用,从而表现出其神经激素活性,如促性腺激素、催乳素、生长激素和促肾上腺皮质激素等。

一、下丘脑激素概述

(一)下丘脑的解剖结构和机能特点

下丘脑(hypothalamus)是大脑腹面比较特殊的一部分,由大量被称为下丘脑神经核团的神经细胞组成,两侧对称,解剖结构由视交叉、乳头体、灰白结节和正中隆起等组成(图3-5)。其内部构造包括中央的内侧区和外周的外侧区。

下丘脑内侧区的神经核团通常划分为前组、结节组和后组三个部分。前组

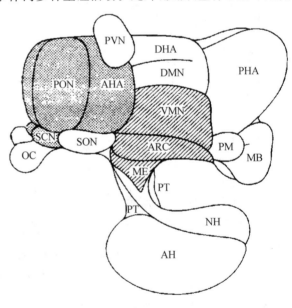

AH. 腺垂体;ARC. 弓状核;AHA. 前下丘脑区;DHA. 背下丘脑区;DMN. 背中核;ME. 正中隆起;NH. 神经垂体;MB. 乳头体;PM. 乳头体前核;OC. 视交叉;PVN. 室旁核;PON. 视前核;PHA. 后区;PT. 结节部;SCN. 视交叉上核;SON. 视上核;VMN. 腹中核。

图 3-5 下丘脑内侧区主要神经核团和垂体

(资料来源:*Reproduction in farm animals*,Hafez ESE,2000)

包括视前核、前下丘脑区、视交叉上核、视上核和室旁核等。结节组包括背中核、腹中核和弓状核。其中前下丘脑区、视前核和视交叉上核等可调控垂体在排卵前促卵泡素(FSH)和促黄体素(LH)的分泌活动,被称为周期分泌中枢;腹中核、弓状核和正中隆起等可调节 FSH 和 LH 的持续分泌,被称为持续分泌中枢(图 3-5)。后组包括结节部、乳头体前核等。周期分泌中枢、持续分泌中枢、室旁核及视上核对繁殖过程有直接的影响。

(二)下丘脑激素的种类

下丘脑具有神经调节和内分泌调节的双重功能,由下丘脑神经细胞合成并分泌的激素主要包括释放激素和抑制激素(或因子)。激素与因子的区别是激素的分子结构、化学特性、生物学作用及其作用机制等均已明确,而因子仅生物学作用已明确,化学特性尤其是分子结构尚不清楚。下丘脑生殖激素主要有促性腺激素释放激素、促性腺激素抑制激素、催乳素释放激素、催乳素抑制因子和催产素等(表 3-2)。

表 3-2　下丘脑激素的种类及生理作用

分类	激素名称	英文缩写	化学本质	合成部位	主要生理作用
释放激素	促性腺激素释放激素	GnRH	10 肽	弓状核等	促进 FSH 与 LH 合成和释放
	催乳素释放激素	PRH	83 肽		促进 PRL 合成和释放
	生长激素释放激素	GHRH	44 肽	视前区核	促进 GH 合成和释放
	促甲状腺激素释放激素	TRH	3 肽	正中隆起	促进 TSH 与 PRL 合成和释放
	促肾上腺皮质素释放激素	CRH	41 肽	室旁核等	促进 ACTH 合成和释放
	促黑素细胞素释放激素	MRH	5 肽		促进 MSH 合成和释放
抑制激素(因子)	促性腺激素抑制激素	GnIH	12 肽	室旁核等	抑制 FSH 和 LH 释放,促进禽类摄食
	生长抑素	SS	14 肽	视前核、室旁核等	抑制 GH 和 PRL 合成和释放
	催乳素抑制因子	PIF	肽或胺类		抑制 PRL 合成和释放
	促黑素细胞素抑制激素	MIH	3 肽	可能是 OXT 的降解产物	抑制 MSH 合成和释放
其他	催产素	OXT	9 肽	视上核、室旁核	促进子宫收缩、乳汁排出
	抗利尿激素	ADH	9 肽	视上核、室旁核	减少尿量,升高血压

二、促性腺激素释放激素

促性腺激素释放激素(gonadotrophin-releasing hormone,GnRH)主要由下丘脑内侧视前核、前下丘脑区、弓状核和视交叉上核等神经核团分泌。此外,松果腺和胎盘也能合成 GnRH。在其他脑区和脑外组织,如胰腺、肠、颈神经和视网膜及肿瘤组织也发现类似于 GnRH 的物质存在。1971 年,Schally 和 Guillemin 等从猪的下丘脑中分离、纯化得到 GnRH 的纯品,其同事阐明了 GnRH 的分子结构,并通过进一步研究发现,GnRH 同时对 LH 和 FSH 的分泌和释放有促进作用,因此过去也称之为促黄体素释放激素(luteinizing hormone-releasing hormone,LH-RH 或 LRH)或促卵泡素释放激素(follicle-stimulating hormone-releasing hormone,FSH-RH)。

(一)GnRH 的化学特性

哺乳动物 GnRH 具有相同的分子结构,是由 9 种氨基酸组成的直链式十肽化合物,分子量为 1 181;禽类、两栖类和鱼类 GnRH 的分子结构则与哺乳动物有所不同(表 3-3)。

天然 GnRH 在体内极易失活,半衰期约为 2～4 min。肽链中第 5 位和第 6 位、第 6 位和第 7 位、第 9 位和第 10 位氨基酸间的肽键极易水解。用 D-氨基酸置换第 6 位甘氨酸,或去掉第 10 位的甘氨酸后,在第 9 位的脯氨酸后接上乙酰氨,可合成多种生物活性增强的类似物,即激动剂(GnRH agonists,GnRHa)。如 LRH-A$_1$(促排 1 号)、LRH-A$_2$(促排 2 号)、LRH-A$_3$(促排 3 号)和"巴塞林"(Buserelin,又名 Receptal 或 HOE766)等,其生物活性比天然 GnRH 高数十倍至百倍。相反,用 D-氨基酸取代第 6 位以外的 L-氨基酸,则可降低 GnRH 的生物活性,甚至拮抗 GnRH 的生物活性,即拮抗剂(GnRH antagonists,GnRHant)。

表 3-3 各种动物 GnRH 的分子结构

动物种类	英文缩写	分子结构
哺乳类(mammal)	m-GnRH	pGlu—His—Trp—Ser—Tyr—Gly—Leu—Arg—Pro—Gly—NH$_2$
鸡(chicken)	c-GnRH-I	pGlu—His—Trp—Ser—Tyr—Gly—Leu—*Gln*—Pro—Gly—NH$_2$
	c-GnRH-II	pGlu—His—Trp—Ser—*His*—Gly—*Trp*—*Tyr*—Pro—Gly—NH$_2$
鲷鱼(sea bream)	sb-GnRH	pGlu—His—Trp—Ser—Tyr—Gly—Leu—*Ser*—Pro—Gly—NH$_2$
鲑鱼(salmon)	s-GnRH	pGlu—His—Trp—Ser—Tyr—Gly—*Trp*—*Leu*—Pro—Gly—NH$_2$
鲶鱼(catfish)	cf-GnRH	pGlu—His—Trp—Ser—*His*—Gly—Leu—*Asn*—Pro—Gly—NH$_2$
鲨鱼(dogfish)	df-GnRH	pGlu—His—Trp—Ser—*His*—Gly—*Trp*—*Leu*—Pro—Gly—NH$_2$
七鳃鳗(lamprey)	l-GnRH-I	pGlu—His—*Tyr*—Ser—*Leu*—*Glu*—*Trp*—*Trp*—Pro—Gly—NH$_2$
	l-GnRH-II	pGlu—His—*Tyr*—Ser—*His*—*Asp*—*Trp*—*Trp*—Pro—Gly—NH$_2$

资料来源:动物繁殖学,杨利国,2003。

注:斜体标记表示与哺乳类 GnRH 对应位点不同的氨基酸。

(二)GnRH 的生理作用

GnRH 可以促进垂体 LH 和 FSH 的合成与释放,从而影响性腺激素的产生。

1.对垂体的作用

下丘脑分泌的 GnRH 经垂体门脉系统作用于腺垂体(图 3-6)。此门脉系统包含垂体上动脉、初级门脉丛(周期分泌中枢和紧张分泌中枢神经元终止处)、运输含激素血液的垂体门脉血管、将血液(及激素)运输至垂体前叶细胞的次级门脉丛。GnRH 与垂体前叶细胞膜受体结合,通过激活腺苷酸环化酶/cAMP/蛋白激酶体系,促进垂体 LH 与FSH 的合成和分泌。

LH 和 FSH 对 GnRH 的促分泌作用反

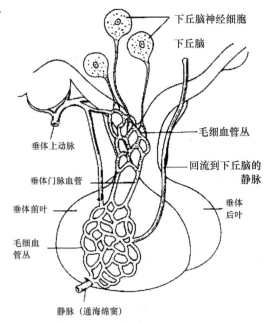

图 3-6 下丘脑与垂体关系

(资料来源:*Reproduction in farm animals*,Hafez ESE,2000)

应有所不同。当 GnRH 以较高频率(1 次/h)释放且作用时间较短时,其主要促进 LH 分泌;当 GnRH 以较低频率(1 次/3 h)释放且持续释放时,其主要引起 FSH 分泌。因此,在 GnRH 刺激下,垂体细胞 LH 的分泌会出现明显的脉冲,而 FSH 的分泌则缓慢而持久。GnRH 会长期持续性作用于垂体,垂体会进入不应期,从而导致 FSH 和 LH 分泌量减少,性腺类固醇(睾酮或雌激素)降低至去势水平,这种作用是可逆的。因此,GnRH 在临床上可作为儿童中枢性性早熟的治疗方案。

2.对性腺的作用

GnRH 不仅通过影响垂体 LH 和 FSH 的分泌调节性腺功能,而且直接作用于性腺,其对性腺的作用是抑制性的。在人和大鼠的卵巢颗粒黄体细胞上存在 GnRH 的低亲和力受体,GnRH 可直接与这些受体结合,抑制生殖机能。

(三)GnRH 的分泌调节

GnRH 的分泌一方面受中枢神经系统的控制,即体内环境因子刺激脑细胞分泌神经递质或神经肽影响下丘脑神经细胞的分泌机能;另一方面受内分泌的调节,包括松果腺激素和靶腺激素的反馈调节。

1.中枢神经系统的调控

来自体内的各种刺激可以通过高级神经中枢产生神经递质和神经多肽来影响 GnRH 的分泌。由于神经系统的调节是反射性的,因而刺激各种感觉器官(视觉、嗅觉、触觉、听觉)产生的信号传入中枢神经系统后,可反射性调节 GnRH 的分泌。如"公羊效应""公牛效应"等,异性动物的气味、姿态、鸣叫和机体的相互接触等都构成一种刺激,影响母畜的生殖机能,促进发情和排卵。在分泌 GnRH 的神经核团周围存在儿茶酚胺神经纤维和神经递质,刺激中枢去甲肾上腺素能神经纤维或肾上腺素能神经纤维或在第三脑室灌注去甲肾上腺素或肾上腺素激动剂,均可抑制 GnRH 分泌。内源性阿片肽具有类似的抑制作用。促肾上腺皮质激素释放激素可通过增强阿片肽的活性来抑制 GnRH 的释放。

2.松果腺激素的调控

松果腺借助褪黑激素的分泌将外界环境变化传入机体,调节生殖活动,下丘脑、垂体所控制的激素分泌呈昼夜节律性。褪黑激素可以调控下丘脑-垂体-卵巢轴功能,幼年时能防止过早性成熟,成年后可使下丘脑对雌激素的正反馈不发生反应,从而不会引起 GnRH 的释放,抑制排卵。羊松果腺中的 GnRH 浓度比下丘脑中的 GnRH 浓度高 20 倍,表明松果腺可能是 GnRH 分泌的又一个来源。

3.靶腺激素的反馈调节

GnRH 的靶腺是垂体和性腺。目前公认的有长反馈、短反馈和超短反馈三种机制维持 GnRH 分泌的相对恒定。

(1)长反馈　性腺激素通过体液途径作用于下丘脑,引起 GnRH 分泌减少(负反馈)或增加(正反馈)。由于 GnRH 神经元并不含性腺类固醇激素的受体,因此性腺激素对 GnRH 的反馈调节必须依赖于下丘脑的其他神经元产生的神经递质介导。

(2)短反馈　垂体激素作用于下丘脑,影响 GnRH 分泌。

(3)超短反馈　血液中的 GnRH 作用于下丘脑,调节自身 GnRH 分泌。

4.下丘脑调节 GnRH 分泌的两个中枢

雌雄两性 GnRH 分泌的调节大致相同,只是雌性动物的分泌呈周期性,而雄性动物无周期性。出现这种差异的原因是下丘脑存在 GnRH 分泌持续中枢和周期中枢。雌激素对持续中枢有负反馈调节作用,对周期中枢有正反馈调节作用,从而在排卵前出现雌激素分泌高峰。孕酮对周期中枢有抑制作用,孕酮的大量分泌(如黄体期和妊娠期)对 GnRH 的分泌有抑制作用,并阻遏雌激素对垂体分泌的刺激作用。雄性动物的周期中枢因雄激素的抑制而无明显活动,其周期性不明显。

(四)GnRH 的应用

在生理剂量范围内,GnRH 诱导雌性动物发情与排卵,促进雄性动物精子发生,提高配种受胎率。长期大剂量使用 GnRH,则会抑制排卵,影响胚胎附植和妊娠等生理活动。目前,人工合成的 GnRH 类似物已被广泛应用于畜牧生产和兽医临床,以达到提高家畜的繁殖力或治疗繁殖疾病的目的。

1.诱导母畜产后发情

母牛肌内注射促排 3 号 50～100 μg;断奶母猪肌内注射 20～25 μg 可有效诱导发情。

2.提高情期受胎率

母猪配种前 2 h 或配种后 10 d 内注射 GnRH 类似物 100～200 μg,可提高情期受胎率 20%～30%,增加平均窝产活仔数 2～3 只。

3.提高超数排卵的效果

母羊于第 1 次配种时注射促排 3 号 15～20 μg,可以促进排卵,增加可用胚胎数,提高超排效果。

4.治疗卵泡囊肿和排卵异常

应用 GnRH 类似物(LRH-A$_3$)可治疗牛卵巢静止和卵泡囊肿,剂量分别为 200～400 μg 和 400～600 μg。

5.治疗公畜不育

由于 GnRH 能刺激公畜垂体分泌间质细胞刺激素,促进雄激素分泌、睾丸发育和精子成熟,因此其可用于治疗雄性动物性欲减弱、精液品质下降等。

6.公畜去势

GnRH 与大分子载体偶联后对动物进行免疫,可诱导机体产生特异性抗体,中和内源 GnRH,导致垂体接受 GnRH 的刺激减弱,从而使性腺发生退行性变化,达到去势目的。例如,用 GnRH 主动免疫公兔和公猪,间质细胞出现退行性变化,睾丸重量明显减轻,睾丸萎缩。

7.抱窝母鸡催醒

注射 GnRH 可使抱窝母鸡醒窝,恢复产卵。

8.诱导亲鱼产卵

鱼类每千克体重注射 5～10 μg GnRH 类似物(LRH-A$_2$)可诱导亲鱼产卵。

三、促性腺激素抑制激素

促性腺激素抑制激素（gonadotropin-inhibitory hormone，GnIH）是 2000 年 Tsutsui 及其同事在日本鹌鹑下丘脑发现的一种含有 12 个氨基酸的精氨酰-苯丙酰胺（RF 酰胺）神经肽（RF amide related peptide，RFRP）。因为它对鸟类垂体前叶促性腺激素的分泌有抑制作用，故将其命名为促性腺激素抑制激素。此后，GnIH 及其同系物于各类动物中相继被发现，因它们都具有特征性的 C 端氨基酸序列 LPXRF（X＝L 或 P），故被称为 RF 酰胺相关肽（RFRP）。

（一）GnIH 的化学特性

哺乳动物 GnIH 主要分布于下丘脑的背中核、视前核和室旁核，另外，睾丸、附睾和输精管中也有 RFRP 神经元分布。禽类 GnIH 主要分布于下丘脑核背内侧区和室旁核。

GnIH 的分子结构具有种属特异性。哺乳动物 *RFRP* 基因至少能编码两种生物学上有效的 GnIH 同源肽（表 3-4），分别为 RFRP-1 和 RFRP-3。RFRP-2 在大鼠和牛的下丘脑中相继被鉴定，但并非 RF 酰胺相关肽。鸟类 GnIH 是由 12 个氨基酸残基组成的肽。

表 3-4　GnIH 及其相关肽的氨基酸组成

动物	名称	氨基酸序列
羊	RFRP-1	SLTFEEVKDWGPKIKMNTPAVNKMPPSAANLPLRF
	RFRP-3	VPNLPQRF
牛	RFRP-1	SLTFEEVKDWAPKIKMNKPVVNKMPPSAANLPLRF
	RFRP-3	AMAHLPLRLGKNREDSLSRWVPNLPQRF
大鼠	RFRP-1	SVTFQELKDWGAKKDIKMSPAPANKVPHSAANLPLRF
	RFRP-3	ANMEAGTMSHFPSLPQRF
小鼠	RFRP-1	VPHSAANLPLRF
	RFRP-3	NMEAGTRSHFPSLPQRF
鹌鹑	GnIH	SIKPSAYLPLRF
	GnIH-RP-1	SLNFEEMKDWGSKNFMKVNTPTVNKVPNSVANLPLRF
	GnIH-RP-2	SSIQSLLNLPQRF

（二）GnIH 的生理作用

GnIH（或 RFRP）的生理作用主要是通过作用于垂体细胞或下丘脑 GnRH 神经元，抑制垂体促性腺激素的分泌和释放。另外，性腺中存在的 GnIH 可能通过自分泌或旁分泌作用于性腺类固醇的合成与生殖细胞的成熟。

羊在繁殖季节 RFRP-3 显著下降，同时与 RFRP-3 神经元紧密相接的 RFRP-3 纤维也明显减少。外源注射 GnIH 可阻碍繁殖季节中 LH 的脉冲式释放和排卵前 LH 的剧烈升高。母猪 RFRP-3 的受体 GRP-147 在下丘脑、垂体前叶以及卵巢颗粒细胞中均有分布。以合适浓度的 RFRP-3 转染体外培养的下丘脑细胞、垂体细胞以及颗粒细胞可抑制相应的 GnRH、LH、FSH、E_2 及 P_4 水平。

鸡的 GnIH 通过自分泌或旁分泌的方式作用于其受体,可能会干扰 LH 和 FSH 的信号传导,从而影响卵泡的募集、成熟以及精子的发生。家雀 GnIH 可表达于睾丸,抑制睾酮的分泌。金鱼腹腔注射 GnIH-Ⅱ 与 GnIH-Ⅲ 可抑制下丘脑 GnRH 以及垂体 FSHβ mRNA 表达,而仅 GnIH-Ⅱ 明显抑制 LHβ mRNA 水平。体外试验发现,GnIH-Ⅲ 仅抑制 GnRH 刺激的 FSHβ 的合成。

(三)GnIH 的分泌调节

1.褪黑激素的影响

松果体摘除结合眼摘除使下丘脑 GnIH mRNA 前体及成熟 GnIH 合成减少。在黑暗中,鹌鹑 GnIH mRNA 的合成及 GnIH 的释放比白昼更多,同时血浆促黄体激素浓度有所下降,说明褪黑激素能作用于 GnIH 神经元。

2.季节的影响

家麻雀春、秋两季 GnIH 反应性不同,秋季 GnIH 的阳性神经元比春季更多,但 GnIH 阳性神经元反应性只在春季有显著的增加。金鱼垂体 GnIH 受体 mRNA 也受到季节的影响。

3.激素的影响

性成熟前低浓度的卵巢雌激素可提高 RFRP mRNA 水平。糖皮质激素兴奋剂地塞米松可以提高下丘脑细胞模型的 RFRP 和 GRP-147 mRNA 水平。当性活跃期间的雄性鹌鹑遇见雌性鹌鹑时,会通过增加下丘脑室旁核中的去甲肾上腺素(NE)分泌,促进 GnIH 前体 mRNA 表达,降低血浆 LH 浓度。

4.发育阶段的影响

小鼠下丘脑 RFRP-3 在性成熟期前极度活跃,在繁殖期下降。随着小鼠年龄增长,当繁殖行为减少时,RFRP-3 活性又增加。雄性仓鼠在繁殖期的下丘脑 RFRP mRNA 含量高于非繁殖期,而雌性仓鼠在繁殖期的 RFRP mRNA 最低。无论雌性,还是雄性,7 周龄时的 GnRH mRNA 水平最高。在猪的发情周期中,下丘脑 GnIH 及其受体 mRNA 水平在发情期最低,而在发情前期及间情期含量最高。

四、催 产 素

1895 年,Oliver 和 Schafer 发现垂体抽提液能刺激血管收缩,升高血压,并引起子宫平滑肌收缩和泌乳等生理现象,该抽提液有加速分娩的作用而被命名为催产素(oxytocin,OXT)。直至 1954 年才由 du Vigneaud 等分离、纯化得到 OXT 和加压素(vasopressin,VP,又名抗利尿激素,antidiuretic hormone,ADH),并阐明其化学结构与功能的关系。

(一)OXT 的化学特性

OXT 和 VP 主要由下丘脑视上核和室旁核合成,在神经垂体中贮存并释放。早期根据其释放部位将其称为垂体后叶激素。通常这两种激素与其相应的运载蛋白以疏松结合的形式被浓缩成分泌颗粒进入神经垂体,在适当的生理刺激时再被释放入血液。牛、羊卵巢黄体细胞以及松果腺也可分泌 OXT。松果腺分泌的 OXT 主要有 8-精加催素（AVT）和 8-赖加催素（LVT）。

虽然不同动物 OXT 和 VP 的分子结构不同，但均为含一个二硫键的九肽（图 3-7），在中性或碱性溶液中易被破坏，酸性溶液中较稳定。其在体内的半衰期很短，仅为 2～3 min。OXT 和 VP 仅有 2 个氨基酸不同，即 OXT 第 3 位为异亮氨酸，第 8 位为亮氨酸。人和猪的 VP 在结构上仅有第 8 位氨基酸不同，分别为精氨酸加压素和赖氨酸加压素。

OXT 的活性中心是第 2 位的酪氨酸及第 5 位的天冬酰胺，第 3 位的异亮氨酸与第 8 位的亮氨酸对 OXT 的生物活性和专一性非常重要。改变第 4 位和第 7 位氨基酸残基，其促子宫收缩的作用会更专一。去除第 1 位游离氨基可以减弱 OXT 的极性，使其渗透性增强，提高活性。将第 4 位谷氨酰胺改为苏氨酸，则促子宫收缩活性成倍增加。将第 7 位脯氨酸残基用噻唑烷基-4-羧酸取代后制成的 OXT 类似物，促子宫收缩活性为天然 OXT 的 2 倍。将第 1 位的游离氨基改成羟基、第 4 位谷氨酰胺改成苏氨酸制成的类似物，促子宫收缩活性比天然 OXT 高 8 倍。

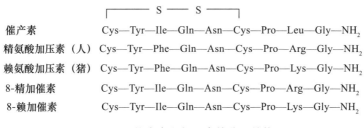

图 3-7　催产素和加压素的分子结构

（二）OXT 的生理作用

1. 刺激生殖道肌肉收缩

在母畜分娩时，其 OXT 水平升高，子宫阵缩增强，促使胎儿和胎衣排出；产后仔畜吮乳促进 OXT 释放，子宫收缩增强，有利于胎衣排出和子宫复原；交配或输精刺激引起 OXT 释放，促使输卵管和子宫平滑肌收缩，有助于精子和卵子在母畜生殖道内的运行。

2. 刺激排乳

乳汁依靠乳头括约肌的控制，保留在乳池内。OXT 能刺激乳腺导管肌上皮细胞收缩，使乳汁从腺泡排出，还可以使乳腺的大导管、乳池外周的平滑肌松弛。

3. 对黄体的作用

OXT 通过刺激子宫分泌 $PGF_{2\alpha}$，引起黄体溶解进而诱导发情。卵巢黄体产生的 OXT 可通过自分泌和旁分泌作用来调节黄体的功能。

4. 对雄性动物的作用

如果性成熟前的公兔长期使用 OXT，就能增加睾丸重量和曲精细管直径，并能刺激间质细胞的分泌活动。公马在交配前的血浆 OXT 水平很低，而交配后明显升高，表明 OXT 不仅有类似于促黄体素的作用，也可能与性行为有关。在绵羊采精时，注射 OXT，精液量与精子数均有所提高。

5. 具有 VP 的作用

由于 OXT 与 VP 化学结构类似，因此两者的生理作用也有类似之处，但活性存在差别。

OXT 抗利尿和升高血压的作用仅为 VP 的 $0.5\% \sim 1\%$。同样,VP 也具有微弱的 OXT 效应。

(三)OXT 的分泌调节

垂体后叶 OXT 的释放主要受神经反射性调节,外周组织(如睾丸、黄体、肾上腺、胸腺和胎盘)OXT 的释放主要受旁分泌和自分泌调节。

来自体内外(如阴道、乳腺或异性)的刺激通过神经传导途径传入脑区,引起下丘脑活动,进一步促进神经垂体呈脉冲性释放 OXT。例如,交配时,阴茎刺激阴道,引起垂体 OXT 释放,增强子宫收缩,有助于精子运行;同时,雄性动物受到异性刺激(触觉等),引起 OXT 释放增加,促进输精管及附睾收缩,增加精液的射出量。又如,分娩时胎儿对产道的刺激经脊髓传入大脑,引起下丘脑室旁核合成大量 OXT,经垂体后叶释放,作用于生殖道,促进分娩。

体液因素也可直接或间接影响 OXT 的合成和释放。例如,雌激素能增加外周血液中神经垂体蛋白(OXT 运载蛋白)的水平,并对 OXT 受体的合成具有促进作用,因此对 OXT 的生物学作用具有协同效应。

卵巢中 OXT 的释放可能与黄体及子宫机能有关。例如,肌内注射 $PGF_{2\alpha}$ 或其类似物可促使卵巢迅速释放 OXT;绵羊发情周期中每克黄体组织(湿重)的 OXT 含量为 1 706 ng,而同期切除子宫后则降至 15 ng 以下。

(四)OXT 的应用

1.诱发同期分娩

临产母牛在注射地塞米松 48 h 后,按每千克体重静脉滴注 $5 \sim 7$ μg OXT 类似物,4 h 后即分娩。当母猪妊娠 112 d 时,注射 $PGF_{2\alpha}$ 类似物,16 h 后给予 OXT,可在 4 h 内完成分娩。

2.提高受胎率

奶牛输精前 $1 \sim 2$ min 向子宫内注射 OXT $5 \sim 10$ IU,可使一次输精受胎率提高 $6\% \sim 22\%$。

3.终止妊娠

在母牛或母马不当配种后 1 周内,每天注射 OXT $100 \sim 200$ IU,能抑制黄体的发育而终止妊娠,一般于处理后 $8 \sim 10$ d 返情。

4.治疗繁殖疾病

治疗持久黄体、黄体囊肿、胎衣不下、子宫脱出、子宫出血、泌乳不良等,促进子宫内容物(如恶露、子宫积脓或木乃伊)排出和产后子宫恢复。预先用雌激素处理可增强子宫对 OXT 的敏感性。助产时使用 OXT 可治疗持久黄体,应注意使用剂量。若剂量过高,子宫收缩的节律性就将被破坏,导致难产。一般马和牛的 OXT 用量为 $30 \sim 50$ IU,猪和羊的 OXT 用量为 $10 \sim 20$ IU。

五、松果腺激素

松果腺又名松果体,因外形似松果而得名。1896 年 Otto Heubner 发现一名患松果腺肿瘤的男孩有性早熟的现象,推测可能是肿瘤的出现抑制了松果腺中延缓性成熟的激素释放,因而使性成熟提前。由于当时手段的限制,松果腺未能得到深入研究,甚至被误认为是退化器官。直至 1958 年,Lerner 等从牛松果腺提取物中分离出具有使青蛙皮肤褪色的高活性物质,并命名为褪黑激素(melatonin,MLT),松果腺才重新引起重视。现已证明,松果腺是一个重要的神经内分泌器官,对机体生殖系统、内分泌系统、生物节律、免疫系统和中枢神经系统都有调节作用。

(一)松果腺激素的种类

松果腺内存在三大类激素,即吲哚类、肽类和前列腺素,其中主要为吲哚类的褪黑激素。

1.吲哚类

(1)褪黑激素 褪黑激素的学名为 N-乙酰-5-甲氧色胺,可调控生殖器官发育及生殖系统功能。

(2)其他 如 5-羟色胺、5-甲氧色胺、N-乙酰-5-羟色胺、5-羟吲哚乙酸和 5-甲氧色醇等,其中 5-甲氧色醇的作用类似于褪黑激素,但活性较低,作用时间较短。

2.肽类

(1)8-精加催素和 8-赖加催素 其结构为具有 OXT 的 6 肽环和 VP 的 3 肽侧链,第 8 位分别是精氨酸和赖氨酸。

(2)GnRH 和 TRH 哺乳动物的松果腺 GnRH 比同种动物下丘脑中的含量高 4～10 倍,TRH 与下丘脑的含量相当。此外,松果腺内还有 OXT、VP 和儿茶酚胺类物质,如多巴胺和去甲肾上腺素。

3.前列腺素

鲑鱼松果腺中的 PGE 和 PGF 含量很高,这可能与生殖机能的调节有关。

(二)褪黑激素

哺乳动物 MLT 主要来源于松果腺。此外,小脑、视网膜、副泪腺、肠道、免疫器官、卵巢和睾丸等组织亦可产生少量 MLT;某些变温动物的眼睛、脑部和皮肤亦能合成 MLT。松果腺中的 MLT 含量为 $0.05～0.4\ \mu g/g$。

1.MLT 的生物合成与代谢

色氨酸在色氨酸羟化酶和辅因子 O_2、Fe^{2+}、四氢喋啶的作用下,其可氧化形成 5-羟色胺酸,继而在芳香族氨基酸脱羧酶和辅因子磷酸吡哆醛的作用下转变成 5-羟色胺(5-HT),再经过系列酶的作用形成 MLT(图 3-8)。MLT 合成酶的昼夜变化导致 MLT 呈节律性分泌。

MLT 可以迅速通过血脑屏障,进入脑组织。MLT 在肝脏微粒体羟化酶的催化下,羟化成 6-羟 MLT,与硫酸盐或葡萄糖醛酸结合,经尿排出。因此,测定尿中 6-羟 MLT 复合物含量可以反映血液中 MLT 水平。

2.MLT 的生理作用

除参与生殖机能的调节外,MLT 还具有免疫调节、抗氧化及镇静镇痛等作用。

(1)对生殖系统的调节作用 MLT 主要控制促性腺激素及性腺激素的合成与分泌,并调节动物的初情期发育及繁殖周期。MLT 对生殖系统的调节作用分为间接作用和直接作用。由脑组织合成的 MLT 可通过调节下丘脑-垂体-性腺轴功能发挥作用,而性腺组织分泌的 MLT 可直接作用于生殖器官,调节其功能。MLT 可使生殖器官萎缩,导致子宫与卵巢的 DNA 含量下降。MLT 可抑制下丘脑 GnRH 的释放,延缓未成年动物的性成熟,降低促性腺激素诱发的排卵效应,阻断由绒毛膜促性腺激素引起的排卵与子宫增殖反应,缩短黄体寿命,降低孕酮含量。MLT 对生殖系统的影响在季节性繁殖的动物上更为突出,表现为抑制长日照动物而刺激短日照动物的生殖活动。虽然效应不同,但 MLT 供给的持续性是引起性腺反应的关键。因此,MLT 对性腺的作用不能被简单地定义为促进或抑制作用。

(2)其他作用　在适当的季节补充 MLT 可促进貂、貉的皮毛生长,增加绒山羊的产绒量;减少内源性 MLT(实行人工光照)可提高产奶量,关键是要把握好处理的时间。另外,MLT 还具有免疫调节和镇静、镇痛的作用。

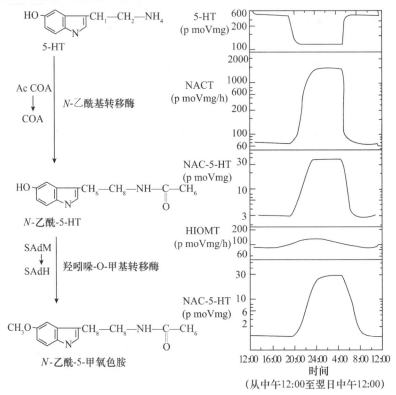

SAdM. S-腺苷基甲硫氨酸;SAdH. S-腺苷基组氨酸;5-HT. 5-羟色胺(又名血清素);NACT. N-乙酰基转移酶(也可缩写为 NAT);NAC-5-HT. N-乙酰-5-羟色胺;HIOMT. 羟吲哚-O-甲基转移酶;MLT. N-乙酰-5-甲氧色胺(又名褪黑激素)。

图 3-8　MLT 的生物合成(左)及 MLT 合成酶的昼夜变化(右)
(资料来源:神经内分泌学,谢启文,1990)

3.MLT 分泌的节律性

(1)日节律　日节律是指 MLT 分泌在一天内的周期性变化。夜间 MLT 合成酶增加,促进 MLT 合成,大部分动物合成高峰期通常在凌晨 2:00。禽类排卵(产蛋)和哺乳动物生殖内分泌激素在 24 h 内的变化规律与此有关。

(2)月节律　月节律是指 MLT 分泌在一定时期(1 个月以内)的周期性变化。动物的发情周期与此有关。

(3)年节律或季节性节律　年节律是指 MLT 分泌在一年内的周期性变化,通常动物的季节性发情与此有关。如绵羊、鹿及野生动物的发情排卵多发生于长日照与短日照交替的季节。

4.MLT 的分泌调节

(1)神经调节　哺乳动物 MLT 的分泌节律依赖于视网膜接受光信号触发的内源性自律

结构。光线经视网膜转换为神经冲动后作用于松果腺细胞,通过 α_1 和 β_1(主要 β_1)肾上腺素能受体介导 MLT 的释放。此外,神经肽、P 物质、降钙素基因相关肽、血管活性肠肽、催产素及加压素均可调节 5-HT,从而影响 MLT 分泌。

鸟类的视网膜松果腺通路具有调节 MLT 分泌的作用,但这种作用是次要的。低等动物松果腺细胞是感光细胞,光照直接调节松果腺 MLT 的合成和分泌,而神经调节的作用更小。

(2)环境因素 环境因素主要包括光照强度、时间、周期和电磁场。母羊的 MLT 在清晨分泌下降,若清晨之后将羊继续置于黑暗中,则 MLT 下降不明显。白天 MLT 水平较低,而夜间则较高。新生或成年大鼠接受 60 Hz、18～130 kV/m 的低频电磁场 23 d 后,夜间 MLT 合成和分泌峰值下降。地磁方向的改变能明显降低 NACT 的活性,进而减少大鼠 MLT 含量。

(3)非环境因素 MLT 分泌还受睡眠/清醒周期、冬眠、食物和激素的影响。大鼠切除垂体后松果腺功能下降,而外源性催乳素能改善松果腺的功能。另外,哺乳动物给予 GnRH 可提高松果腺 HIOMT 的活性,增加 MLT 的合成。高剂量雌二醇能抑制 HIOMT 的活性,使松果腺 MLT 的含量降低。此外,许多抑制剂能抑制松果腺合成 MLT,如 α-丙基二羟苯乙酰胺、GnRH 和普萘洛尔。

六、释放或抑制激素(因子)

下丘脑还存在调节垂体催乳素(prolactin,PRL)释放的催乳素释放激素(prolactin releasing hormone,PRH)和催乳素抑制因子(prolactin inhibiting factor,PIF)等。

(一)催乳素释放激素

Hinuma 等于 1998 年首先从牛下丘脑分离得到来源于同一前体的 2 种催乳素释放肽(prolactin releasing peptide,PrRP),分别为含 31 个氨基酸的 PrRP31 和 20 个氨基酸的 PrRP20,其前体即为编码 98 个氨基酸的催乳素释放激素(prolactin releasing hormone,PRH)。不同种属 PRH 大小不同,人、绵羊、犬、大鼠和小鼠 PRH 由 83～98 个氨基酸残基组成,分子量为 9 000～11 000,有 1 个氨基末端信号肽和 2 个内部剪切位点,经翻译后加工形成 2 种催乳素释放肽。PRH 主要通过调节 PRL 的释放而调控生殖和泌乳。另外,PrRP 还可通过刺激 ACTH 等分泌使机体适应环境的改变或通过调控摄食维持能量稳态。

(二)催乳素抑制因子

早在 1964 年 Schally 等就发现下丘脑提取物中存在 PIF,但因多巴胺也抑制 PRL 分泌,因此,有人认为 PIF 也是多巴胺。但又有研究发现,当下丘脑或垂体柄发生破坏性病变时,或将动物的垂体移植到身体的其他部位时,所有垂体激素的合成和分泌都会减少,唯有 PRL 分泌增多;人类在哺乳期 PRL 分泌增多,而注射多巴胺不能减少泌乳量。所以 PIF 是一种独立存在且能抑制 PRL 释放的因子。但迄今未能分离、纯化出 PIF。

(三)促黑素细胞素释放因子和抑制因子

在下丘脑还发现了能控制垂体促黑素细胞素(melanophore-stimulating hormone,MSH)释放的促黑素细胞素释放因子(melanophore-stimulating hormone releasing factor,MRF)和促黑素细胞素抑制因子(melanophore-stimulating hormone releasing inhibition factor,MIF)。

MIF 可能是催产素的裂解产物——脯-亮-甘-NH_2 小分子肽,但尚未定论。

▶ 第三节　垂体促性腺激素

　　垂体(hypophysis)是重要的神经内分泌器官,可分泌多种蛋白质激素调节动物的生长、发育、代谢及生殖等活动。垂体位于脑下部的蝶鞍(蝶骨内的一个凹陷处)内,以狭窄的垂体柄与下丘脑相连,故又称为脑下垂体。垂体由腺垂体和神经垂体组成(图 3-9)。腺垂体(adeno-hypophysis)由远侧部、结节部和中间部组成。神经垂体(neurohypophysis)由神经部和漏斗部组成,其中漏斗部包括漏斗柄、灰结节的正中隆起。远侧部和结节部合称为垂体前叶(anterior pituitary),神经部和中间部合称为垂体后叶(posterior pituitary)。

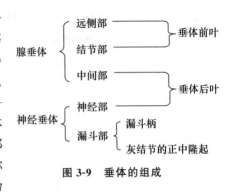

图 3-9　垂体的组成

　　垂体远侧部为腺体组织,是构成垂体前叶的主要部分,可分泌垂体促性腺激素等。结节部是否有内分泌功能,尚无定论。中间部是介于远侧部和神经部之间的一条窄的组织带,哺乳动物的中间部不发达。后叶神经部是神经垂体的主要部分,下丘脑合成的催产素和加压素通过神经细胞轴索,顺着漏斗柄到达后叶贮存和释放。下丘脑与腺垂体之间独特的垂体门脉系统是下丘脑调节腺垂体激素分泌的主要神经体液途径,保证了极微量的下丘脑释放激素不必经过体液循环而迅速直接地运输至腺垂体。

　　垂体中分泌激素的细胞主要位于腺垂体。用苏木精、曙红、苯胺蓝或偶氮染料染色发现,易染细胞的胞质中含有一些特殊颗粒,而难染细胞不含分泌颗粒,可能是易染细胞的前体或分泌后残体。易染细胞可分为嗜酸性细胞和嗜碱性细胞。这些细胞至少分泌 7 种激素(表 3-5),其中 LH 和 FSH 主要以性腺为靶器官,PRL 因与黄体分泌孕酮有关,所以这三种激素又称为促性腺激素(gonadotrophic hormone,GTH)。

表 3-5　腺垂体分泌细胞及其分泌的激素

细胞类型	颗粒大小/ $10^{-3}\,\mu m$	染色反应			分泌的激素
		一般	橘黄 G	PAS[*]	
促卵泡素细胞	200	嗜碱性	—	+	促卵泡素(FSH)
促黄体素细胞	200	嗜碱性	—	+	促黄体素(LH)
催乳素细胞	600	嗜酸性	+	—	催乳素(PRL)
生长激素细胞	350	嗜酸性	+	—	生长激素(GH)
促肾上腺皮质激素细胞	100	不染色			促肾上腺皮质激素(ACTH)
促甲状腺激素细胞	140	嗜碱性	—	+	促甲状腺激素(TSH)
促黑细胞素细胞(两栖类)		嗜碱性	—	+	促黑素细胞激素(MSH)

资料来源:普通内分泌学,刘以训,1983。

注 [*] PAS 为过碘酸-Schiff 反应。

一、促卵泡素

(一)FSH 的化学特性

促卵泡素(follitropin)又称卵泡刺激素(follicle stimulating hormone，FSH)，是指由 α 和 β 亚基组成的糖蛋白激素。垂体中的 FSH 含量较少，且提取和纯化较难，稳定性差，半衰期约为 5 h。

猪的 FSH 分子量约为 29 000，绵羊的 FSH 分子量为 25 000～30 000 或 32 700～33 800（用沉积分析法测得），马的 FSH 分子量约为 32 600，人的 FSH 分子量为 30 000。马、羊、牛的等电点(isoelectric point，pI)分别为 4.1、4.6 和 4.8。

FSH 分子结构具有不均一性。人的 FSH 的 α 亚基有 3 种，分别含 92、90 和 89 个氨基酸残基。这三种亚基所占的比例分别为 60%、30% 和 10%。人的 FSH β 亚基的 N 末端也不均一，大约由 115 个氨基酸残基组成。

α 亚基和 β 亚基都是由蛋白质和糖基以共价键结合组成。糖基部分对激素在靶细胞上表现活性不重要，可减缓激素分子在体内被蛋白水解酶降解。

各种糖蛋白激素 α 亚基糖基侧链的数目和位置相同，即都有 2 个糖基侧链位于第 49 位和第 75 位氨基酸残基。相反，β 亚基糖基侧链的数目和位置不同。人的 FSH 的 β 亚基有 2 个糖基侧链，分别位于第 7 位和第 24 位氨基酸残基。

(二)FSH 的生理作用

1.对雌性动物的作用

(1)刺激卵泡生长和发育　当卵泡生长至出现卵泡腔时，FSH 能够刺激其继续发育至接近成熟。FSH 与颗粒细胞上的受体结合后诱导 LH 受体形成，同时活化芳香化酶，将来自卵泡内膜细胞的雄激素转化为雌二醇，后者协同 FSH 使颗粒细胞增生，内膜细胞分化，卵泡液形成，卵泡腔扩大，从而使卵泡发育。

(2)刺激卵巢生长　FSH 可刺激卵巢生长，增加卵巢重量。过量的 FSH 会导致很多囊性卵泡，伴有卵巢明显增大。提高 FSH 的浓度并不能加快卵泡生长速度，却能降低卵泡闭锁量，使大卵泡的数目增加。

(3)与 LH 配合产生雌激素　卵泡膜细胞含有专一的 LH 受体和并不专一的 FSH 受体。其能单独合成雌激素，速度很慢，可使大量睾酮转变为二氢睾酮，后者不能转化为雌激素。卵泡只有在 FSH 和 LH 的共同作用下，由膜细胞和颗粒细胞协同作用，才能产生大量的雌激素，以适应卵泡成熟和排卵的需要。这是因为 FSH 能与卵泡颗粒细胞上专一的 FSH 受体结合，诱导芳香化酶的合成；LH 刺激卵泡膜细胞产生的雄激素经扩散作用通过基底膜进入颗粒细胞，经芳香化酶作用形成雌激素。这种双细胞双促性腺激素作用模式一般存在于发育中的卵泡。

(4)与 LH 协同作用诱发排卵　排卵的发生要求 FSH 和 LH 达到一定浓度，且比例适宜。例如，给牛注射无 LH 活性的垂体制剂，能引起很多小卵泡和中等卵泡发育，但不能排卵；给牛注射含有 FSH 和 LH 的垂体制剂，则能引起排卵和黄体的形成。

2.对雄性动物的作用

(1)刺激曲精细管上皮和次级精母细胞的发育　如果切除性成熟动物的垂体，精子生成就立即停止,并伴有生殖器官萎缩;如果给予 FSH,则刺激精细管上皮的分裂活动,精子细胞就增多,睾丸就增大。

(2)协同刺激精子发育成熟 FSH 刺激支持细胞分泌雄激素结合蛋白。雄激素结合蛋白与睾酮结合可维持曲精细管内睾酮的高水平。另外,FSH 对包裹在支持细胞中的精子释放也具有一定作用。

垂体中 FSH 与 LH 的比例影响 FSH 的生物学效应。不同动物垂体中的 FSH/LH 比例及其绝对含量的不同可能会影响动物发情时间的长短、排卵时间的早晚和发情表现的强弱。在马、牛、羊、猪中,垂体 FSH 的含量以牛最低,以马最高;绵羊和猪介于两者之间,仅为母马的1/10;发情持续时间以牛最短,以马最长;在发生安静排卵的动物占发情动物的比例中,以牛最高,以马最低。

二、促黄体素

(一)LH 的化学特性

促黄体素(luteinizing hormone,LH)又称促间质细胞素(interstitial cell stimulating hormone,ICSH),也是由 α 和 β 亚基组成的糖蛋白激素,分子结构同 FSH。LH 的化学稳定性较好,在提取和纯化过程比 FSH 稳定。

猪、马、牛和羊 LH 的分子量分别为 27 000~34 000、32 500、25 200~30 000 和 28 000~32 500,pI 分别为 7.4~9.8、4.5~7.3、9.55 和 7.0~9.4。猪和羊 LH 的生物活性比牛和马LH 的生物活性的高。

(二)LH 的生理作用

1.对雌性动物的作用

(1)刺激卵泡发育成熟和诱发排卵 在发情周期,LH 协同 FSH 刺激卵泡生长发育、优势卵泡选择和最后成熟。当卵泡发育接近成熟时,LH 快速达到峰值,触发排卵。

(2)促进黄体形成 促黄体素因其能促进黄体形成而得名。有试验证明,黄体化不是颗粒细胞对 LH 的直接反应,成熟卵泡中的颗粒细胞会自发黄体化。未成熟的颗粒细胞只有加入FSH 和 LH 才能黄体化,说明 2 种促性腺激素对颗粒细胞黄体化的某一环节可能是必需的,但两者又非黄体化的直接触发者。

2.对雄性动物的作用

(1)刺激睾丸间质细胞发育和睾酮分泌 在动物被切除垂体后,睾丸间质细胞萎缩,脂肪成分丧失,注射 LH 可使间质细胞恢复正常,连续给予 LH 则引起间质细胞明显增生,与此同时,精囊腺和前列腺也增生。因此,雄性 LH 又被称为促间质细胞素。

(2)刺激精子成熟 LH 刺激睾丸间质细胞分泌睾酮,在 FSH 协同作用下促进精子充分成熟。

(三)FSH 和 LH 的分泌调节

FSH 和 LH 的分泌调节包括神经调节、靶腺激素的反馈调节以及垂体自分泌和旁分泌的调节。由于 FSH 和 LH 的分泌调节作用类似,因此在此一并介绍。

1.神经调节

中枢神经系统感受体内外信息而释放的神经递质或神经肽以及体内其他激素如瘦素、胰岛素等均可通过影响下丘脑 GnRH,调节垂体促性腺激素的分泌,而神经递质或神经肽是否能直接作用于垂体激素分泌细胞,尚无确切证据。

GnRH 对 FSH 和 LH 的调节特性随下丘脑神经细胞释放 GnRH 的频率和数量而有所不同。在黄体期,可能是 GnRH 分泌频率和数量相应降低有利于 FSH 分泌。在黄体晚期和卵泡早期,FSH 水平升高,且比 LH 早,待卵泡接近成熟时,因雌激素的正反馈作用,GnRH 分泌频率加快,分泌量增多,以利于 LH 分泌。在迄今研究过的动物中,垂体 LH 量比 FSH 量高 5~10 倍。血浆 FSH 脉冲型与 GnRH 不尽一致,表明除了和 LH 一样受到 GnRH 调控外,FSH 分泌还受其他因素的调节。如性腺内抑制素及相关多肽能选择性地抑制 FSH 分泌,而与抑制素结构类似的活化素对 FSH 有明显的促分泌作用。

2.靶腺激素的反馈调节

靶腺激素反馈调节是指性腺激素通过长反馈机制作用于垂体,使促性腺激素的分泌维持在特定水平。性腺分泌的类固醇激素通过下丘脑和垂体反馈来调节促性腺激素的分泌。

性腺激素对垂体有正反馈和负反馈调节作用。一方面,性腺类固醇激素降低垂体细胞对 GnRH 的反应性,从而减少促性腺激素的合成和分泌。在腺垂体已发现睾酮的受体,睾酮与其结合能抑制垂体促性腺激素的合成和分泌。另一方面,性腺类固醇激素能调节垂体 GnRH 受体基因的表达,如雌二醇使 GnRH 受体 mRNA 表达增加,从而刺激 LH 分泌;给予大鼠适量的雌激素刺激,可诱导排卵。这些都表明雌激素对垂体也有正反馈调节作用。

卵巢颗粒细胞和睾丸支持细胞分泌的抑制素可选择性地抑制 FSH 分泌。此外,牛卵泡液中提取出的 FSH 释放蛋白(FRP)能刺激 FSH 分泌。

3.垂体的自分泌和旁分泌调节

垂体内存在的自分泌和旁分泌系统对促性腺激素的分泌具有局部调节作用。垂体内存在的白介素、表皮生长因子、成纤维细胞生长因子、胰岛素样生长因子、神经生长因子、活化素、抑制素和卵泡抑素等相互作用,组成复杂的调节系统,其中最重要的是活化素、抑制素和卵泡抑素。

活化素与抑制素均属于转化生长因子 β(TGFβ)家族的含氮激素。虽然这两种激素主要由颗粒细胞分泌,经血液循环输送到垂体而发挥调节作用,但也存在于垂体促性腺激素细胞内,提示活化素和抑制素在垂体中的旁分泌和自分泌调节作用。抑制素选择性地抑制垂体 FSH 分泌,阻断垂体对 GnRH 的应答反应,但对 GnRH 诱导的 LH 分泌无抑制作用或抑制作用很小。与抑制素的作用正好相反,活化素能促进 FSH 分泌。在垂体还发现卵泡抑素的基因表达,它通过与活化素结合的方式降低活化素的活性,抑制 FSH 的合成和分泌。

(四)FSH 和 LH 的应用

在生理条件下,FSH 与 LH 有协同作用。正常动物的体内含有 FSH,且 FSH 制剂中往往含有大量 LH,以致在使用 FSH 制剂的同时再用 LH,其作用与效果反而会受到影响。另外,LH 来源有限,价格较高,所以在临床上常用人绒毛膜促性腺激素(hCG)或 GnRH 类似物替代。

1.提早家畜的性成熟

某些家畜的繁殖有季节性。如果出生较晚,性成熟时可能错过第一个繁殖季节,因此在对接近性成熟的母羊应用孕酮处理后,配合使用促性腺激素,可使其提早发情配种。

2.诱导泌乳乏情期的母畜发情

在母牛产后 60 d 内,采用孕酮短期处理,结合注射促性腺激素的方法,可提高其发情率和排卵率。

3.诱导排卵和超数排卵

在处理排卵延迟、不排卵的动物以及从非自发性排卵的动物获得卵子时,可在发情或人工输精前静脉注射 LH,处理后 24 h 内动物即可排卵。在胚胎移植时,为获得大量的卵子或胚胎,应用 FSH 对供体动物进行处理,促使其卵泡大量发育,并在供体配种的同时,静脉注射 LH,以促进排卵。

4.治疗不育

FSH 对雌性动物卵巢机能不全、卵泡发育停滞或交替发育,雄性动物性欲减退、精子密度不足等繁殖障碍均有较好疗效。FSH 对患持久黄体的个体能诱发其卵泡生长,促使黄体萎缩退化。

5.预防流产

黄体发育不全可引起胚胎死亡或习惯性流产。在配种时和配种后连续注射 2~3 次 LH,可刺激黄体发育和孕酮分泌,防止流产。

FSH 半衰期短,故使用时通常多次注射才能达到预期效果,一般每天 2 次,连续用药 3~4 d。如果应用缓释剂(聚乙烯吡咯烷酮或丙二醇),则只需注射 1 次。

三、催 乳 素

催乳素(prolactin,PRL)又称促乳素和促黄体生成素(luteotropin),因其能刺激鸽子嗉囊上皮细胞增生、生成嗉囊乳而得名。PRL 主要是指由腺垂体催乳素细胞分泌的肽类激素。妊娠子宫蜕膜和免疫细胞等也可分泌 PRL。

(一)PRL 的化学特性

哺乳动物 PRL 为 199 个氨基酸残基组成的单链蛋白质。羊、鼠的 PRL 分子量分别为 23 233 和 22 000,pI 为 5.7~5.8,分子结构含有 3 个二硫键。不同的动物种类,PRL 分子结构也有差异。牛和羊的 PRL 有 2 个氨基酸残基有差异;羊和猪的 PRL 分子有 36 个氨基酸残基,有差异。

(二)PRL 的生理作用

1.对雌性动物的作用

(1)刺激乳腺发育和泌乳　乳腺发育和泌乳需要性腺类固醇激素、皮质醇和 PRL 的协同作用。PRL 与雌激素协同作用于乳腺的导管系统,与孕激素协同作用于腺泡系统,刺激乳腺发育;与皮质醇协同作用于乳腺泌乳。

（2）调控卵巢机能 高产奶牛由较高的 PRL 水平抑制了卵巢机能而使受胎率降低。禽类 PRL 通过抑制卵巢对 GTH 的敏感性而引起抱窝,溴隐亭处理后可中止抱窝,恢复产蛋周期。PRL 促进大鼠新生黄体的形成,与 LH 协同维持黄体的分泌功能,故又被称为促黄体生成素,其对老化的黄体则有使之退化、溶解的作用。

（3）行为效应 在动物分娩后,其性腺激素水平降低,PRL 水平升高,母性行为增强。鸟类用 PRL 处理后,出现明显的筑巢、抱窝等行为。

（4）维持妊娠 PRL 对某些动物的妊娠维持具有促进作用。妊娠早期蜕膜分泌的 PRL 可刺激妊娠黄体表达 LH 受体或 hCG 受体,促进孕酮合成。妊娠早期注射溴隐亭可引起流产。

2.对雄性动物的作用

PRL 能使雄性啮齿动物睾丸间质细胞的 LH 受体增加,LH 的生物学作用增强。PRL 对大动物雄性性腺机能也有抑制作用。

（三）PRL 的分泌调节

1.催乳素抑制因子(PIF)和催乳素释放激素(PRH)的调节

从下丘脑中分离出的 PRH,即促乳素释放肽(PrRP)的前体可以调控 PRL 的合成与释放。目前尚未从下丘脑分离纯化出 PIF。在正常情况下,由于 PIF 对 PRL 的抑制作用,性成熟后的母畜尽管乳腺已发育成熟,但未分娩时无乳汁分泌。

2.其他神经激素和活性物质的调节

下丘脑有多种神经激素或活性物质参与 PRL 分泌的调节,如多巴胺(dopamine,DA)、γ-氨基丁酸(gamma-aminobutyric acid,GABA)、促甲状腺激素释放激素(thyrotropin-releasing hormone,TRH)、血管活性肠肽(vasoactive intestinal peptide,VIP)、5-HT 等。这些活性物质通过门脉循环到达腺垂体或通过旁分泌、自分泌作用于 PRL 细胞,调节 PRL 分泌。

▶ 第四节 胎盘促性腺激素

胎盘是胚胎在发育过程中形成的维系母体与胎儿的重要器官,同时也是一个相对独立的临时器官。胎盘不仅可以分泌孕激素、雌激素、胎盘催乳素,而且还可产生 eCG(马)、dCG(驴)、oCG(绵羊)等促性腺激素。本节主要介绍在生产和临床上应用价值较高的 2 种胎盘促性腺激素:孕马血清促性腺激素和人绒毛膜促性腺激素。

一、孕马血清促性腺激素

孕马血清促性腺激素(pregnant mare's gonadotrophin,PMSG)主要由马属动物胎盘的尿膜绒毛膜子宫内膜杯(endometrial cups)细胞产生,是胚胎的代谢产物,所以又称马绒毛膜促性腺激素(equine chorionic gonadotrophin,eCG)。血液中的 PMSG 含量受马匹类型、妊娠期和胎体遗传型等因素的影响,其中胎体遗传型是影响 PMSG 分泌量的重要因素(图 3-10)。

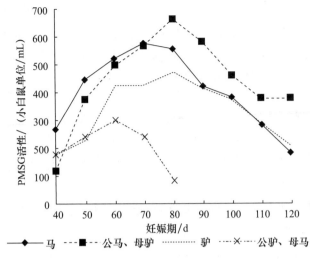

图 3-10　马和驴及其杂种妊娠期的血液中 PMSG 活性

(资料来源:动物繁殖学,杨利国,2003)

(一)PMSG 的化学特性

PMSG 是由 α 和 β 亚基组成的糖蛋白激素,分子量为 53 000,pI 为 1.8～2.4,水溶液中呈酸性。PMSG 的末端含有的大量唾液酸,因此半衰期较长,达 40～125 h。

PMSG 分子不稳定,高温、酸、碱以及蛋白分解酶均可使其丧失生物学活性,冷冻干燥和反复冻融也会降低其生物学活性。PMSG 的分离提纯较其他糖蛋白激素困难,目前通过研究其肽链的编码 DNA,已经推算出 2 个亚基的氨基酸序列。

(二)PMSG 的生理作用

PMSG 同时具有 FSH 和 LH 活性,但主要是类 FSH 作用。

1.对雌性动物的作用

PMSG 具有促进卵泡发育、排卵和黄体形成的功能。同时作为母马的妊娠激素,其在妊娠 40～60 d 能够作用于卵巢,使卵泡发育,并诱发排卵,形成副黄体,作为孕酮的补充来源,以维持正常妊娠。另外,PMSG 能够经胎盘滤过由母体进入胎儿体内,刺激胎儿性腺发育。

2.对雄性动物的作用

PMSG 具有促进精细管发育和生殖细胞分化的作用。其对摘除脑垂体的雄性动物能够刺激其精子形成和副性腺的发育。

(三)PMSG 的应用

PMSG 主要用于诱导发情和超数排卵以及诱导单胎动物产多胎,还可用于治疗卵巢静止和持久黄体等繁殖疾病。由于 PMSG 的半衰期长,故其在体内的残留易引起卵巢囊肿(可使牛的卵巢达拳头般大)。囊肿卵巢分泌的类固醇激素水平异常升高不利于胚胎发育和着床。为了克服 PMSG 的残留效应,在用 PMSG 诱导发情后,可追加抗 PMSG 抗体,以中和体内残留的 PMSG,提高胚胎质量。

1.诱导发情

诱导发情主要是利用 PMSG 类 FSH 的作用,其对各种家畜均有诱导发情效果。由于个体对 PMSG 制剂反应不同,故其应用效果常有差异。

2. 同期发情

在母畜进行发情处理时,配合使用 PMSG 可提高同期发情率和受胎率。

3. 超数排卵

由于 PMSG 半衰期较长,残留的 PMSG 可能会影响早期胚胎在母畜生殖道中的发育,加之个体反应的差异较大,超排效果不稳定,因此,目前在牛、羊胚胎移植中很少单独使用 PMSG 诱导超数排卵,但 PMSG 仍是小鼠等实验动物最常用的超排激素。

4. 治疗卵巢疾病

PMSG 可防止卵泡闭锁,促进卵泡发育。

5. 刺激公羊性活动

PMSG 对治疗非条件反射的性活动抑制有效。其剂量为青年羊 200～300 IU,成年羊 500～600 IU。在公羊被注射 PMSG 后 3～4 h,性活动即旺盛,一般发生作用 1～2 d,必须在此期间使其多次交配,重新建立其条件反射。

二、人绒毛膜促性腺激素

人绒毛膜促性腺激素(human chorionic gonadotropin,hCG)主要由妊娠期胎盘合胞体滋养层细胞分泌,在孕妇的血和尿中大量存在。日本将由尿中提取的 hCG 称为孕尿促性腺激素(pregnant urinary gonadotropin,PUG)。

(一)hCG 的化学特性

hCG 是由 α 和 β 亚基组成的糖蛋白激素,分子量为 36 000～40 000,在干燥状态下极其稳定。hCG 中的糖主要是半乳糖,糖分子侧链约占 hCG 相对分子质量的 30%,蛋白质与糖分子以共价键结合。在脱糖后,hCG 与受体的结合力比未脱糖 hCG 增加 2 倍,但并不能产生生物学活性。

hCG 的 α 亚基含 92 个氨基酸,10 个半胱氨酸残基;β 亚基含 145 个氨基酸,12 个半胱氨酸残基。hCGβ 与 hLHβ 的氨基酸同源性达 80%,因此,其生理作用类似。hCGβ 亚基羧基端 28～30 个氨基酸中富含的脯氨酸可能具有抗蛋白水解酶的作用,从而延长其半衰期。β 亚基的抗血清主要对 hCGβ 亚基发生反应,而对 LHβ 亚基的反应程度要低 15%～20%。

(二)hCG 的生理作用

hCG 的生理作用与垂体 LH 类似,FSH 作用很小。从临床角度看,hCG 的作用几乎完全与 LH 等同。

1. 对雌性动物的作用

hCG 可促进卵泡发育、生长、排卵和形成黄体,并促进孕酮、雌二醇和雌三醇的合成,同时可促进子宫发育。当给予大剂量 hCG 时,能延长黄体存在时间。此外,hCG 还能短时间刺激卵巢分泌雌激素而引起发情。

2. 对雄性动物的作用

hCG 能促进睾丸合成并分泌睾酮和雄酮,刺激睾丸发育和精子生成。

(三)hCG 的应用

1.促进卵泡发育、成熟和排卵

hCG 可用于治疗卵泡交替发育引起的断续发情,促进马、驴的正常排卵。给适宜输精时期的马、驴注射 hCG 可显著提高 48 h 内的排卵率和情期受胎率。

2.诱导同期排卵

当超数排卵时,用 FSH、PMSG 或 GnRH 等诱发卵泡发育,在母畜出现发情时,再注射 hCG,可使排卵时间趋于一致。在用 PMSG 结合 hCG 对猪进行同期发情处理时,hCG 处理后 12 h 和 24 h 定时输精,可使排卵数增多,并提高受精率和产仔数。

3.治疗繁殖障碍

(1)治疗排卵延迟和不排卵 马、牛静脉注射 hCG 1 000~2 000 IU,可在 20~60 h 内排卵。

(2)治疗卵泡囊肿或慕雄狂 牛、马静脉注射 hCG 5 000~15 000 IU。

(3)促进公畜性机能发育 静脉注射剂量为马、驴、牛 1 000~5 000 IU,猪、羊 500~2 000 IU,隐睾及阳痿的马、牛 1 000~3 000 IU。

4.治疗产后缺奶

马、驴、牛 1 000~5 000 IU,猪、羊 500~2 000 IU,肌内注射 1~2 次。

(四)hCG 的副作用及过敏反应

hCG 属于糖蛋白激素,具有一定的抗原性。hCG 产品中过多的杂质可能会引起一些副作用,如有些牛在初次使用时全身发抖,产奶量下降;严重者四肢瘫软,不能站立。约 1% 的母马会出现副作用,副作用一般发生于静脉注射之后,表现为出汗、不安、尿频。

hCG 过敏反应常见于奶牛,表现为虚脱、痉挛、血压下降、体温不定、水肿、溢血、呕吐和腹泻、瘙痒和荨麻疹。为了预防过敏反应,可在皮下注射少量(1~2 mg)hCG,使家畜脱敏,3~4 h 后,再注入余下药物。另外,应尽量避免采用静脉注射。如果在注射少量 hCG 之后发现有过敏反应,则在 12 h 内不应再进行注射。

▶ 第五节　性腺激素

性腺激素是指睾丸和卵巢产生的激素。睾丸产生的主要有雄激素(androgen)。卵巢产生的主要有雌激素(estrogen)、孕激素(progestin)和松弛素(relaxin)等。此外,睾丸和卵巢均能产生抑制素(inhibin,IBN)。肾上腺皮质和胎盘也可产生性腺激素。

性腺激素依据其化学性质可分为类固醇激素和含氮激素。类固醇激素又称为甾体激素,是带有不同侧链的环戊烷多氢菲的衍生物。某些类固醇激素之前的 α- 和 β-,表示和环上 17 位碳原子所连羟基与角上甲基位置是(β-,实线)否(α-,虚线)在同一平面。

一、雄激素

雄激素主要由睾丸间质细胞产生,肾上腺皮质也能分泌少量雄激素,其主要形式为睾酮(testosterone)。母畜雄激素主要来源于肾上腺皮质。卵泡内膜细胞也可以分泌少量雄激素,其中主要是雄烯二酮(androstenedione)和睾酮。

（一）雄激素的化学特性

雄激素分子含有 19 个碳原子。公畜体内能产生十多种雄激素,其中主要是睾酮、脱氢表雄酮、雄烯二酮和雄酮。这四种雄激素的相对活性之比为 100∶16∶12∶10。通常以睾酮代表雄激素,睾酮只有转化为二氢睾酮后才能与靶细胞核上的受体结合。

母畜在各个繁殖阶段体液中均可检测出睾酮。绵羊卵泡液中睾酮与雌二醇之比反映了卵泡生理的完整性和生活力。例如,睾酮浓度偏高是大卵泡闭锁的先兆。

人工合成的雄激素类似物主要有甲基睾酮和丙酸睾酮,其生物学效价远比睾酮高,并可口服。其原因是其能直接被消化道的淋巴系统吸收,不必经门静脉,已免被肝脏内的酶作用而失去活性。

（二）雄激素的生理作用

1.对雄性动物的作用

雄激素的生理作用主要表现为使公畜产生并维持第二性征;刺激并维持雄性生殖系统的发育,调节雄性外阴部、尿液、体表及其他组织中外激素的产生;刺激并维持公畜的性欲及性行为;刺激精子发生,促进精子成熟,延长附睾中精子寿命。

2.对雌性动物的作用

雄激素对雌性动物的作用比较复杂,主要包括以下 2 个方面。

(1)拮抗作用　雄激素可抑制雌激素引起的阴道上皮角质化。对于幼年动物而言,雄激素可引起雌性动物雄性化,表现为阴蒂过度生长成阴茎状,尤其在胚胎期给母畜应用雄激素,可使雌性胚胎失去生殖能力。异性孪生母犊不育症发生的原因可能是在胚胎期,雄性胚胎分泌的雄激素通过胎盘血管吻合支作用于雌性胚胎,引起雌性胚胎生殖器官发育异常。

(2)非拮抗作用　雄激素对维持雌性动物的性欲和第二性征的发育具有重要作用。雄激素还通过为雌激素的生物合成提供原料来提高雌激素的生物活性。三合激素(由孕酮 12.5 mg、丙酸睾酮 25 mg 和苯甲酸雌二醇 1.5 mg 组成)就是配合应用雄激素诱导母畜发情排卵的典型实例。

（三）雄激素的应用

1.治疗雄性繁殖障碍

雄激素主要用于治疗公畜性欲不强(如阳痿)和性机能衰退。需要注意的是,正常雄性动物应用雄激素处理虽在短时期内可提高性欲,但对提高精液品质不利,更有可能通过负反馈调节影响性欲。因此,临床在应用雄激素时必须慎重。

2.试情

用雄激素长期处理的母牛具有类似公牛的性行为,其可用作试情牛。

3.雄激素免疫促进排卵

雄烯二酮和睾酮是卵巢合成雌激素的前体。利用睾酮和雄烯二酮免疫绵羊,抑制卵巢雌激素的合成与分泌,延迟雌激素对下丘脑的负反馈作用,从而使卵巢上有更多的卵泡发育和排卵,这就是双羔素的原理。

二、雌 激 素

雌激素主要产生于卵泡颗粒细胞和胎盘,此外,卵巢间质细胞和肾上腺皮质等也能少量产生雌激素。除动物可产生雌激素外,某些植物也可产生具有雌激素活性的物质,即植物雌激素(plant estrogen 或 phytoestrogen)。

(一)雌激素的化学特性

动物雌激素分子含有 18 个碳原子,主要有 17β-雌二醇(17β-E_2)、雌酮(E_1)和雌三醇(E_3),其中以雌二醇的生物学活性为最强,以雌三醇为最弱。

卵泡内膜细胞在 LH 作用下合成的雄激素,在颗粒细胞中经 FSH 诱导的芳香化酶作用,转化成雌酮和雌二醇,后两者可以相互转化。一般认为,雌三醇是雌酮和雌二醇的代谢产物。雌二醇的半衰期为 5～20 min。

马和猪的睾丸能产生大量雌激素,主要是以硫酸盐形式存在的雌酮。成年公猪分泌雌酮硫酸盐的总量相当于睾酮总量的 1/2。公畜雌激素的分泌区别于母畜的周期性特点,其表现为阵发性、昼夜节律和季节性变化。公马睾丸和母马妊娠期间胎儿性腺与胎盘协同产生 2 种马属动物特有的雌激素,分别为马烯雌酮和马萘雌酮。孕马尿中的雌激素以马烯雌酮为主,马萘雌酮含量相对较少。

人工合成的雌激素主要有己烯雌酚和己雌酚等。植物雌激素分子中没有类固醇结构,但仍具有雌激素生物活性。来源于豆科和葛科等植物的雌激素主要有米雌酚、染料木因、巴渥凯宁、福母乃丁、黄豆苷原、香豆雌酚和补骨脂丁等(图 3-11)。

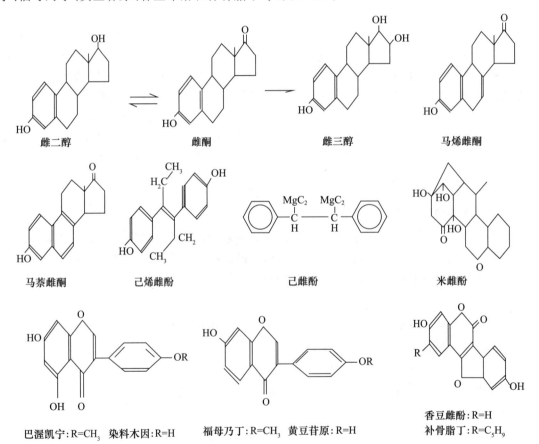

图 3-11　动植物机体中存在的雌激素及人工合成类似物的分子结构

(资料来源:动物繁殖学,杨利国,2003)

(二)雌激素的生理作用

1.对雌性动物的作用

雌激素在雌性动物各个生长发育阶段都有一定的生理作用。

(1)胚胎期 促进胚胎期子宫和阴道的充分发育。

(2)初情期前 抑制下丘脑 GnRH 的分泌,促进第二性征的形成,骨骺软骨较早骨化而使骨骼较小、骨盆相对宽大,皮下脂肪易沉积、皮肤软薄,乳房发育等。

(3)初情期 促进下丘脑和垂体的生殖内分泌活动。

(4)发情周期 调节下丘脑-垂体-性腺轴的生理机能:作用于中枢神经系统,诱导发情行为;刺激卵泡发育;刺激子宫和阴道腺上皮增生、角质化,并分泌稀薄黏液,为交配做好准备;刺激子宫和阴道平滑肌收缩,促进精子运行,以利于精卵结合,完成受精。

(5)妊娠期和泌乳期 刺激乳腺管道系统发育,与孕激素协同刺激和维持乳腺发育,与催乳素协同促进乳腺发育和乳汁分泌。

(6)分娩期 对分娩启动具有一定作用,与 OXT 协同刺激子宫平滑肌收缩,促进分娩。

2.对雄性动物的作用

雌激素对雄性动物的生殖活动主要表现为抑制效应。大剂量雌激素可引起雄性胚胎雌性化,并抑制雄性第二性征的形成和性行为,使成年雄性动物精液品质下降,乳腺发育并出现雌性的行为特征。对某些动物而言,雌激素还可引起生殖器官萎缩,精子生成减少,雄性特征消失。

(三)雌激素的应用

雌激素在临床上主要配合其他药物用于诱导发情、治疗胎衣不下、诱导流产等。对于牛和山羊而言,雌激素单独使用可使其乳腺腺泡系统发育到一定程度,并能泌乳,在临床上可用于诱导泌乳。在其他动物中,雌激素单独应用虽可诱导发情,但一般不排卵。在用雌激素诱导发情时,必须等到下一个情期才能配种。对于雄性动物而言,雌激素可促使睾丸萎缩,副性腺退化,因而可用于化学去势。

三、孕 激 素

初情期前的雌性动物的孕激素主要由卵泡内膜细胞和颗粒细胞分泌;第一次发情并形成黄体后,孕激素主要由卵巢上的黄体分泌。动物妊娠以后,黄体持续产生孕酮维持妊娠。大多数动物的整个妊娠期都依赖黄体产生的孕酮维持妊娠,而马和绵羊在妊娠后期则依赖胎盘产生的孕酮维持妊娠。雄性动物中的睾丸间质细胞及肾上腺皮质细胞也可分泌孕激素。

(一)孕激素的化学特性

孕激素分子含 21 个碳原子,动物体内以孕酮(又称黄体酮,progesterone,P_4)的生物活性为最高,故通常以孕酮代表孕激素。天然孕激素还有孕烯醇酮、孕烷二醇、去氧皮质酮等。

人工合成的孕激素有异炔诺酮(norethynodrel)和甲羟孕酮(medroxyprogesterone acetate)(图 3-12)。孕激素既是合成雄激素和雌激素的前体,又是具有独立生理功能的性腺类固醇激素。

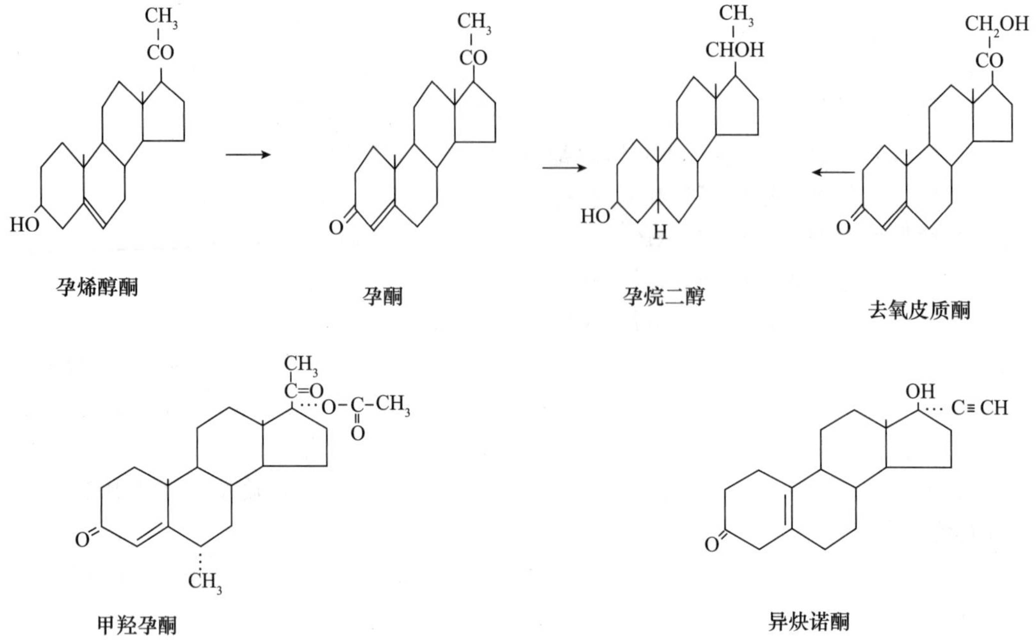

图 3-12　天然孕激素和人工合成类似物的分子结构

（资料来源：动物繁殖学，杨利国，2003）

(二)孕激素的生理作用

1.促进生殖道充分发育

生殖道受到雌激素的刺激开始发育，只有经孕酮作用，才能充分发育。子宫黏膜经雌激素作用后，由孕酮维持黏膜上皮的增生并刺激和维持子宫腺体的增长及分泌活动。

2.协同雌激素促进母畜表现出性欲和性兴奋

只有在少量孕酮协同下，中枢神经接受雌激素的刺激，母畜才能表现出性欲和性兴奋。否则，卵巢中虽有卵泡发育排卵，但母畜没有外部发情表现，而出现安静发情（又称隐性发情或暗发情）。绵羊经过漫长的乏情季节后的第一个发情期因卵巢上无黄体分泌孕酮，往往表现安静发情。这种现象也见于初情期的青年牛及产后期的母牛。

3.抑制发情和排卵

孕酮对下丘脑的周期中枢有很强的负反馈作用，可抑制 GnRH 分泌，从而抑制 LH 峰的形成。因此，在黄体溶解之前，卵巢上虽有卵泡生长，但不能迅速发育；孕酮能抑制性中枢，使母畜不表现发情，卵泡也不能排卵。有报道指出，牛在发情初期注射少量孕酮可以促进其排卵。

4.维持妊娠

发情周期中的孕酮水平随着黄体的发育而升高，黄体期内不论有无胚胎存在，孕酮都会促进子宫内膜增生，抑制子宫肌的活动，为妊娠做准备（即孕向发育）。胚胎到达子宫后，母体随即发生妊娠识别反应，子宫内膜不再向血液释放 $PGF_{2\alpha}$，黄体得以继续存在。孕酮继续作用于子宫内膜，刺激腺体增长和子宫乳分泌，降低子宫肌的兴奋性，便于胚胎附植。同时，在孕酮的作用下，子宫颈收缩，子宫颈及阴道上皮分泌黏稠黏液，形成黏液栓，防止外物侵入子宫，以利于保胎。孕酮还能抑制母体对胎儿抗原的免疫反应,从而使拥有一半异体的胎儿得以在子宫中存留。

5.促进乳腺发育

雌激素与孕酮可协同作用促进乳腺发育。在雌激素刺激乳腺导管发育的基础上,孕酮刺激乳腺腺泡系统的发育。

(三)孕激素的应用

孕激素主要用于治疗由黄体机能失调而引起的习惯性流产、诱导发情和同期发情等。

1.同期发情

卵巢上卵泡发育是以卵泡波的形式不间断地发生,外源性孕酮能够抑制垂体促性腺激素的释放,从而抑制卵泡成熟。一旦终止孕酮的作用,解除了孕酮对促性腺激素释放的抑制,可使家畜在短期内出现卵泡成熟、排卵和发情。据此,在生产实践中已将孕酮应用于牛、绵羊和山羊的同期发情。采用口服、注射、皮下埋植或阴道放置孕酮缓释装置的方法,使母畜保持13～16 d高孕酮水平状态,然后同期撤除孕酮,最终达到同期发情的目的。

2.超数排卵

连续应用孕酮13～16 d,于撤除孕酮的当天或撤除前24 h给予PMSG,牛在孕酮撤除后48～96 h排卵,羊在36～48 h后开始发情,继而排卵。

四、抑 制 素

抑制素(inhibin,IBN)主要由卵巢卵泡颗粒细胞和睾丸支持细胞分泌。此外,胎盘和前列腺等也可分泌抑制素。睾丸和卵巢中还发现了与IBN分子结构类似的生物活性物质,即活化素(又称激活素,activins,ATN)和卵泡抑素(follistatins,FST)。

(一)抑制素的化学特性

抑制素是由α和β亚基组成的糖蛋白激素,α和β亚基结合才能表现出IBN的生物学活性。α亚基上有糖基化位点,单个α亚基不具有抑制素生物学活性,但可以抑制FSH与其受体结合。β亚基有多种类型(A、B、C、D、E),与α亚基通过二硫键连接形成多种类型的抑制素,如$IBNA(\alpha\beta_A)$、$IBNB(\alpha\beta_B)$等。牛卵泡液中的IBN分子量为31 000～100 000,猪精液中的IBN分子量为18 000～31 000。IBN遇热不稳定,有机溶剂、活性炭、氧化剂、还原剂等均可不同程度地破坏其活性,其冻干状态下较稳定。

β亚基通过同源或异源结合形成活化素$A(\beta_A\beta_A)$、活化素$B(\beta_B\beta_B)$和活化素$AB(\beta_A\beta_B)$等。β亚基氨基酸同源性达70%,均含9个半胱氨酸,其序列与MIF类似。因此,IBN、ATN、FST、MIF等都是TGF-β超家族成员。

卵泡抑素又名FSH抑制蛋白(FSH suppressing protein),是在牛和猪的卵泡液中提取纯化IBN时发现的单链多肽分子,主要由卵巢颗粒细胞分泌。此外,在大鼠肾、肾上腺、心脏、肌肉、垂体、大脑皮层和子宫等器官中均发现FST的mRNA表达,因此,垂体、肾上腺也是FST的分泌器官。

(二)抑制素的生理作用

抑制素调节FSH水平(内分泌)或作为局部因子(旁分泌和自分泌)在卵泡发育、排卵和闭锁过程中起重要作用。抑制素是 FSH 分泌的主要抑制因子和卵巢上生长卵泡数的化学信号,是决定种属特异性排卵率的关键激素。作为 TGF-β 超家族的成员,抑制素具有自分泌和旁分泌生长因子的活性,参与垂体、性腺和胎盘等多种器官细胞的生长和分化。

1.抑制 FSH 合成和分泌

抑制素直接作用于垂体,通过调节腺苷酸环化酶(AC)活性来影响 FSH 合成。抑制素会引起垂体细胞 cGMP 分泌增加和 cAMP 合成减少。在垂体细胞中添加 cAMP 能对抗抑制素对 FSH 的抑制作用。Braden 认为抑制素阻断了 GnRH 受体合成,从而抑制了 FSH 的合成与分泌。也有研究认为,抑制素作用受到性腺 FSHR 的调节,抑制素 α 亚基与性腺 FSHR 结合起到拮抗 FSH 的作用。

2.调节性腺机能

卵巢内存在大量游离抑制素 α 亚基,抑制 FSH 与其受体结合,进而削弱 FSH 对颗粒细胞的调节作用。体外转染抑制素表达质粒可促进牛卵泡颗粒细胞的增殖。抑制素可促进 LH 刺激的大鼠和人卵泡膜细胞产生雄激素,而抑制小鼠原代颗粒细胞 FSH 诱导的芳香化酶活性和孕酮水平。抑制素与其他细胞因子共培养可刺激卵母细胞核和细胞质成熟。抑制素 α 亚基在颗粒细胞中的持续表达可能会抑制卵母细胞组织型纤溶酶原激活因子(tPA)mRNA 翻译的启动,而在即将排卵时抑制素表达的突然下降使 tPA mRNA 的翻译启动,以利于卵子成熟释放。在雄性,抑制素还能直接抑制 B 型精原细胞的增殖,这种生精抑制作用对于精原细胞数量的维持和防止曲精细管过度生长都具有重要意义。

与 IBN 相反,活化素的生理作用可以促进垂体 FSH 分泌,进而促进卵泡发育。与 IBN 类似,FST 的生理作用可以特异性抑制 FSH 的释放,但生物活性只有 IBN 的 1/3。此外,FST 可以促进胚胎的早期发育和分化。

(三)IBN 的应用

家畜的配子生成与 FSH 水平高度相关,降低抑制素水平,以增加 FSH 分泌,提高家畜繁殖力。繁殖力高的 Booroola 美利奴羊卵巢中的抑制素含量较低,而血液中的 FSH 浓度较高。抑制素主动或被动免疫可中和内源性抑制素,提高内源性 FSH 水平,从而诱导动物发情和超数排卵。抑制素或其亚基主动或被动免疫提高了绵羊、山羊、牛、猪和豚鼠的繁殖力和家禽的产蛋性能。基于此,应用基因免疫技术(裸 DNA 疫苗或以细菌为载体的疫苗)可望提高畜禽的繁殖性能。

五、松 弛 素

松弛素(relaxin,RLN)主要是由妊娠期的卵巢黄体细胞分泌的肽类激素。子宫内膜、胎盘、心房、肾脏、雄性动物的前列腺和睾丸组织也可分泌少量松弛素。松弛素因其最初被发现能松弛耻骨韧带而得名。血液松弛素水平一般随着妊娠的进程而逐渐升高,分娩前达到高峰,分娩后即消失。

(一)松弛素的化学特性

松弛素前体由 2 条(A、B)或 3 条(A、B、C)链组成。灵长类动物的松弛素有 3 个编码基因

（RLN1、RLN2、RLN3），对应产物为 H1-、H2-、H3-RLN；啮齿类动物有 2 个编码基因（RLN1 和 RLN3）。成熟肽 RLN3 是由 A 和 B 链通过 3 个二硫键组成，分子量约为 6 000。不同动物的松弛素分子结构略有差异。猪的松弛素 A 链含有 22 个氨基酸残基，B 链含有 26～32 个氨基酸残基，表明松弛素不是单纯一种物质，而是一类多肽物质。

（二）松弛素的生理作用

RLN1 的生理作用目前还不清楚。在正常情况下，RLN2 单独对生殖道和有关组织的作用很小，只有经过雌激素和孕激素的预先作用，才能发挥出较强的作用。RLN2 的主要作用表现为促进子宫内膜为附植做准备；抑制妊娠早期子宫活动，促进子宫基质重建，以利于妊娠维持；诱导胶原组织重建，软化产道，以利于分娩；促进乳腺发育和分化；松弛子宫、乳腺、肺和心脏的血管。RLN3 对性欲、饮食和应激反应等具有调控作用。

（三）松弛素的应用

目前，国外采用组织提取法生产出 Releasin、Cervilaxin 和 Lutrexin 等商品制剂，采用基因工程技术生产出人 H2-松弛素。松弛素在临床上可用于子宫镇痛、预防流产和早产以及诱导分娩等。

▶ 第六节　其他激素

除下丘脑-垂体-性腺轴外，机体其他组织和器官也可以产生与生殖机能相关的激素，如前列腺素、瘦素、脂联素和外激素等。

一、前列腺素

早在 20 世纪 30 年代，人们就发现精液中含有调节子宫收缩的物质，并推测其来源于前列腺，因此将其命名为前列腺素（prostaglandin，PG）。后来经研究发现，前列腺素广泛存在于机体的各种组织，主要以旁分泌和自分泌方式发挥局部调控作用。有些前列腺素，如血管内皮合成的前列环素（prostacyclin，PGI_2）可进入血液循环，以典型的内分泌方式发挥作用。前列腺素的分布与组织部位、生理活动阶段及动物种类有关，以精液和精囊腺中的含量为最高。子宫局部的前列腺素（prostaglandins，PGs）含量和种类随母畜生殖周期而变化，妊娠影响 PGs 的水平。

（一）前列腺素的化学特性

前列腺素是一类共同骨架为 20 个碳原子的长链不饱和羟基脂肪酸，故称为前列酸（prostanoic acid，PA），其具有 1 个环戊烷和 2 个脂肪酸侧链，分子量为 300～400。按环戊烷和脂肪酸侧链中的不饱和程度与取代基（羟基、酮基）和双键位置的不同，可将已知的天然 PGs 分为三类九型。三类代表环外双键数目，在右下角用 1、2、3 表示（图 3-13）；九型代表环上取代基和双键位置，用 A、B、C、D、E、F、O、H、I 表示。其中在 C-11 有羟基的称 PGE，在 C-9 和 C-11 都有羟基的为 PGF。侧链取代基有 α-和 β-两种构型，分别用虚线和实线表示（图 3-14）。α 是指 C-9 上羟基的构型，右下角数字表示侧链中双键的数目，如 $PGF_{2\alpha}$。PGF 和 PGE 与动物繁殖的关系密切。

天然 PGs 极不稳定,静脉注射极易被分解(约 95％在 1 min 内被代谢)。此外,天然 PGs 的生物活性范围广,使用时易产生副作用。人工合成的 PG 类似物比天然激素作用时间长,生物活性高,副作用小。如 $PGF_{2\alpha}$ 类似物——前列氟酚(fluprostenol,ICI-81008)和前列氯酚(cloprostenol,ICI-80996)的活性分别相当于天然 $PGF_{2\alpha}$ 的 100 倍和 200 倍。在临床上,常用的产品有氯前列醇钠。

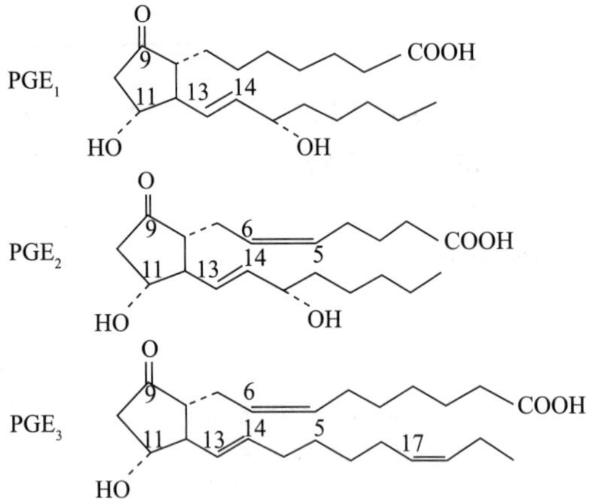

图 3-13 三类 PGE 的化学结构
(资料来源:动物繁殖学,杨利国,2003)

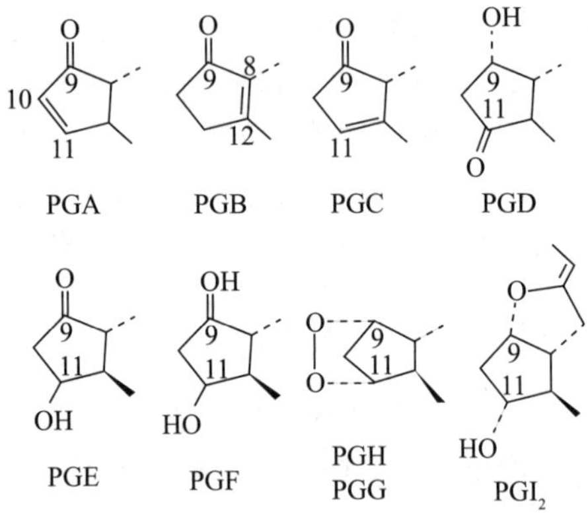

图 3-14 九型 PGs 环上取代基和双键的位置
(资料来源:动物繁殖学,杨利国,2003)

(二)前列腺素的生理作用

作为局部激素,前列腺素以自分泌和旁分泌的方式调节消化、呼吸、循环、神经、泌尿和生殖等系统功能。前列腺素调节生殖的具体过程与其种类有关,也因作用部位及动物所处的生理阶段而有所差异。

1.对雌性动物的作用

(1)对卵巢的作用 PGs 对卵巢的作用主要是影响排卵和溶解黄体。

①对黄体溶解的影响。PGE_2 调节早期黄体的发育,$PGF_{2\alpha}$ 溶解黄体。子宫内膜分泌的 $PGF_{2\alpha}$ 通过子宫卵巢微血管系统进入卵巢(图 3-15),作用于其受体介导黄体退化,可在几分钟内耗尽黄体内的腺苷酸环化酶(AC),使 LH 受体与 AC 解离,减少促性腺激素信号从毛细血管向黄体细胞的转导。$PGF_{2\alpha}$ 溶解黄体的作用在灵长类不如牛和绵羊显著。通常,牛、羊、马和大鼠等动物的黄体对 $PGF_{2\alpha}$ 比较敏感。$PGF_{2\alpha}$ 溶解黄体的作用时间因动物种类不同而不同(表 3-6)。

表 3-6 $PGF_{2\alpha}$ 溶解黄体的时间

种类	排卵后的时间	种类	排卵后的时间
牛	4	犬	24
羊	4	豚鼠	9
猪	10～12	地鼠	3
马	4	大鼠	4

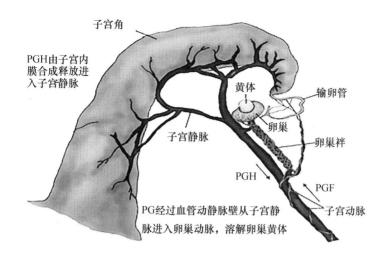

图 3-15　子宫内膜产生的前列腺素到达卵巢的途径

（资料来源：*Animal Reproduction Science*，Forde N，et al，2011）

②对排卵前卵泡的作用。前列腺素直接作用于卵泡促进其排卵。$PGF_{2\alpha}$ 通过刺激卵泡壁平滑肌的收缩，促使卵泡破裂。猪卵泡液中的 $PGF_{2\alpha}$ 浓度在接近排卵时显著增加，在排卵前或排卵时达最高峰。PGE_1 则抑制排卵。

（2）对输卵管的作用　PGs 影响输卵管的收缩。PGE_1 和 PGE_2 使输卵管前 3/4 段松弛，后 1/4 段收缩；$PGF_{3\alpha}$ 使各段肌肉松弛，$PGF_{1\alpha}$ 和 $PGF_{2\alpha}$ 能使各段肌肉收缩。这些作用影响配子或受精卵的运行，从而影响受精和胚胎着床。输卵管下段收缩可使卵子停留在输卵管中，使其等待受精。相反，$PGF_{2\alpha}$ 可以加速卵子由输卵管向子宫运行，使其没有机会受精。因此，在胚胎移植过程中，若 $PGF_{2\alpha}$ 使用时间不当，就可能收集不到受精卵。

（3）对子宫的作用　子宫内膜既是 PGs 的合成部位，又是其作用部位。在非妊娠期，子宫内膜分泌的 $PGF_{2\alpha}$、PGE_2 和肌层分泌的 PGI_2 都与子宫平滑肌的收缩具有密切关系。PGE 和 PGF 对子宫平滑肌都有强烈的刺激作用。小剂量 PGE 能促进子宫对其他刺激的敏感性，较大剂量的 PGE 则对子宫有直接刺激作用。PGs 可以促进 OXT 分泌，PGE_2 可提高妊娠子宫对催产素的敏感性，故两者合用具有协同作用。

（4）对内分泌的影响　PGs 对丘脑下部的作用因其种类不同而存在差异。PGF 能够引起 GnRH 的释放，进而促使垂体释放 LH 和 FSH；PGE_2 和 PGE_1 都具有促进垂体释放 LH 和 FSH 的作用，但 PGE_1 的作用较小。

2.对雄性动物的作用

在 LH 的影响下，睾丸不但能分泌睾酮，而且能分泌 PGs。PGs 对公畜生殖机能的作用尚不确定。

（1）刺激睾丸被膜、输精管及精囊腺收缩　应用 PGs 短期处理雄性动物（8 d，用量为 50 μg）不影响其生殖能力。如果用量过大，就会抑制睾丸的内分泌功能，降低雄激素水平。

（2）影响雄性生殖力　给大鼠注射适量 $PGF_{2\alpha}$，可增加睾丸重量，增加精子数量。精液中的 PGs 含量降低会导致雄性生殖力下降。精液中的 PGs 的活性与男性生育力的降低也具有密切关系。

(三)前列腺素的应用

PGs 可用于调节家畜卵巢和子宫机能,控制分娩,提高人工授精效果和治疗繁殖疾病等。

1. 调节发情周期

$PGF_{2\alpha}$ 及其类似物通过溶解黄体作用调节牛、绵羊、山羊和马等的发情周期,如诱导发情、同期发情,以便于集中进行人工授精或胚胎移植。

2. 分娩控制

PGs 通过人工流产,母畜能排出不需要的胎儿,家畜也可提前分娩,达到同期分娩,或者达到仔畜皮毛利用等特殊目的;对延期分娩的母牛也有良好的催产作用。

3. 治疗繁殖疾病

PGs 可治疗持久黄体、卵巢囊肿、子宫复旧不全、慢性子宫内膜炎、子宫积脓和干尸化胎儿等疾病。

4. 增加射精量

给未用性腺激素制剂处理的公牛和公兔注射 $PGF_{2\alpha}$,2 h 内可以增加其射精量。对 7 头公牛于采精前 30 min 肌内注射 $40\sim80$ mg $PGF_{2\alpha}$,结果显示,其比注射 0.7 mg 或 20 mg $PGF_{2\alpha}$ 的公牛多采了 33% 的精子。

5. 提高人工授精效果

在绵羊鲜精稀释液中添加 10 ng/mL PGE_2 和 1 ng/mL $PGF_{2\alpha}$,受胎率能从 72.5% 提高到 96.6%;在冷冻精液中添加 PGs,受胎率能从 23% 提高到 46%。

二、瘦 素

瘦素(leptin)为 ob 基因(肥胖基因)的蛋白产物,因能使动物变瘦而得名。Leptin 源于希腊字 Leotos,意为“瘦”,通过与中枢神经系统的瘦素受体(OB-R)结合调节体内的能量平衡、脂肪贮存及内分泌功能,促进动物生殖系统的发育与维持妊娠。

(一)瘦素的化学特性

瘦素是指由脂肪细胞分泌的一种蛋白质激素,相对分子质量约为 18 000,N 端有 21 个氨基酸残基为分泌信号肽,链内的 2 个半胱氨酸残基构成 1 个二硫键。哺乳动物的瘦素有高度的保守性,牛、小鼠的瘦素氨基酸残基与猪的同源性分别达 93%、87%。

肥胖型(ob/ob)小鼠由于其 ob 基因在第 105 位发生由 C→T 的突变,该位点的精氨酸密码子 CGA→终止密码子 TGA,从而使 ob 基因表达产物活性丧失,不分泌瘦素,表现为肥胖。

瘦素主要在脂肪组织中表达,下丘脑、卵巢颗粒细胞及睾丸间质细胞也可表达低水平瘦素。目前已在下丘脑、腺垂体、性腺、子宫以及肾、心、肺、肝和骨骼肌等部位检测到瘦素的受体。

(二)瘦素的生理作用

1. 神经内分泌作用

瘦素及其受体在 GnRH 分泌神经元中均有表达。瘦素经血液循环至下丘脑,促进 GnRH

分泌,诱导 FSH 和 LH 释放。由严格控制饮食等引起的营养摄入不足而对下丘脑和垂体造成的负面影响在很大程度上就是缺乏瘦素,造成 GnRH 释放减少,进而导致 LH 释放减少。

瘦素也可通过下丘脑-垂体-性腺轴的作用启动初情期的发育,即瘦素可作为启动青春期发育的一个重要的信号。在正常的初情期前小鼠被注射瘦素后,可以加速其初情期启动。对缺乏瘦素的小鼠和严格营养摄入限制的动物注射瘦素也有类似作用。

2.对性腺的作用

给雌性肥胖小鼠注射瘦素可使卵巢上各级卵泡明显增加。瘦素可促进卵泡中类固醇激素的合成,过高浓度的瘦素则抑制卵泡的生长。给予瘦素会增强牛胚胎发育的能力,减少囊胚中凋亡细胞的数量。瘦素处理雄性大鼠,能增强睾丸精细管内细胞的活性。

3.对妊娠的作用

现已证实,胎盘能合成瘦素。妊娠期的瘦素水平比妊娠前的瘦素水平明显升高,妊娠中后期的瘦素水平明显高于妊娠早期。妊娠后的瘦素浓度以及子宫内膜瘦素受体的增加,与宫腔内胚胎发育以及能量调节利用有关。瘦素能促进胚胎附植。瘦素缺乏会显著影响小鼠胚胎的附植过程,甚至导致胚胎附植失败。妊娠期间的湖羊(双胎)的瘦素水平显著高于新疆细毛羊(单胎)。这是由双羔导致的瘦素水平升高,还是由瘦素水平的升高导致的双羔,尚不清楚。

4.对胎儿发育的作用

分娩时的脐血瘦素水平与胎儿出生体重和体重指数明显相关。患有严重疾病的婴儿血清瘦素水平下降,表明瘦素对维持健康与正常发育具有积极作用。此外,瘦素可降低骨质吸收,有利于骨块形成,促进骨骼的发育。

5.对乳腺发育和乳汁分泌的作用

乳腺上皮细胞可以表达并分泌瘦素,乳汁中的瘦素水平较高。乳汁中的瘦素经幼畜的胃肠道吸收入血,调节新生儿生长发育。母体分娩后的瘦素水平一般会在较短时间内下降到妊娠前水平。在哺乳期间,母体虽为满足哺乳需要而摄食明显增加,但由瘦素的昼夜节律丧失造成的低瘦素血症也可能是哺乳动物摄食增加的原因之一。

三、脂联素

脂联素(adiponectin,ADPN)是指由脂肪细胞分泌的一种内源性生物活性物质。脂联素具有抗糖尿病、抗动脉粥样硬化、抗炎症、防止肝纤维化、抑制肿瘤生长、影响骨代谢等作用。哺乳动物下丘脑、垂体、性腺、输卵管、子宫、胎盘也表达脂联素及其受体,表明脂联素对生殖活动亦有调控作用。

(一)脂联素的化学特性

脂联素最初发现于人体皮下脂肪组织、血浆和鼠科动物的脂肪细胞中。目前,鸡、狗、猪、牛和猕猴的脂联素序列已被阐明。猪、牛、大鼠和小鼠的脂联素分别由 243 个、240 个、244 个和 247 个氨基酸组成,均包括 N 端信号肽序列、特异序列(非同源区)、由 22 个氨基酸组成的胶原重复序列以及球状序列 4 部分。其中,球状区是脂联素生物活性的关键部位,与 TNF-的结构相似,与胶原Ⅷ、X 和补体 C1q 高度同源。血浆 ADPN 以球状和不同分子量的聚体形式存在。其浓度和构型与精浆及卵泡液中的有所不同,且年龄影响其浓度,山羊血液 ADPN 高达 33 $\mu g/mL$。

脂联素受体(adiponectin receptor,AdipoR)存在2种亚型:AdipoR1和AdipoR2,两者均含有7次跨膜结构,它们在结构和功能上与G蛋白偶联受体相反。脂联素受体的N端位于细胞膜内,C末端位于细胞膜外。同一物种的AdipoRl和AdipoR2之间同源性较低,不同种属动物间AdipoRl和AdipoR2的核酸与氨基酸序列同源性均较高。AdipoR1主要在骨骼肌上表达,而AdipoR2在肝脏上表达较丰富。在脂联素与其受体结合后,激活下游腺苷酸活化蛋白激酶(adenosine monophosphate activated protein kinase,AMPK)、p38丝裂原活化蛋白激酶(p38 MAPK)和过氧化物酶体增殖物激活受体-γ(PPAR-γ)等多种信号转导因子,进而发挥多种生物学作用。

(二)脂联素的生理作用

脂联素受体广泛分布于外周组织和器官中,对机体全身代谢产生多效作用。越来越多的研究表明,脂联素在生殖系统中有直接作用。猪和牛血清ADPN水平均与发情周期有关。哺乳动物卵巢组织(如卵母细胞、颗粒细胞、膜细胞和黄体细胞等)、胚胎、胎盘中广泛表达脂联素受体。脂联素主要参与调控卵泡成熟和排卵、黄体生长发育、胚胎着床及早期胚胎发育。脂联素也可能是生殖功能的关键神经调节因子,即通过下丘脑和垂体腺苷酸激活蛋白激酶信号通路调节促性腺激素的分泌,进而调控生殖机能。

四、外激素

外激素(pheromone,PHE)是指机体向体外释放,传递同种个体间信息,从而引起对方产生特殊反应的一类生物活性物质。例如,公猪分泌的外激素可诱导母猪发情。大部分动物释放的外激素可刺激异性交配,并可影响同种性别动物的生殖活动或生殖周期等。这些与性活动有关的外激素,被统称为性外激素(sexual pheromone)。

(一)外激素的化学特性

外激素是指在有管腺(或外分泌腺)中全程合成产生的化学物质。某些外激素由腺体产生的化学物质经周边组织的共生生物代谢形成,需要2种或以上的化学物质参与,因此将这些物质的混合物看成是一种外激素,即外激素可能是多种化学物质的混合物。

外激素种类很多,成分结构也十分复杂。例如,由公猪睾丸合成的5α-雄甾-16烯-3酮(雄甾烯酮)和下颌腺合成的3α-羟-5-雄甾-16-烯(羟雄甾烯)与雄激素结构类似(图3-16)。

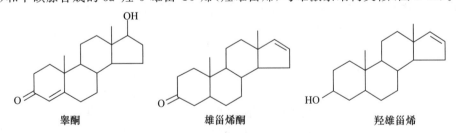

睾酮　　　　　　　　　雄甾烯酮　　　　　　　　　羟雄甾烯

图3-16 公猪分泌的性外激素与睾酮的化学结构

(资料来源:动物繁殖学,杨利国,2003)

灵长类动物(人和罗猴)的阴道可分泌乙酸、丙酸、丁酸和甲基戊酸等低级脂肪酸的混合物。麝鹿分泌的麝香酮、灵猫分泌的灵猫酮、公猪体内的麝香气味分泌物等与人工合成的香精

"馥内酯"结构相似(图 3-17)。

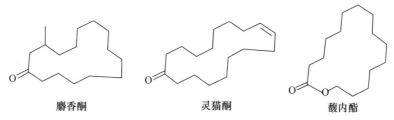

麝香酮　　　　　　灵猫酮　　　　　馥内酯

图 3-17　麝鹿和灵猫香囊分泌的性外激素与人工合成香精的化学结构
(资料来源:动物繁殖学,杨利国,2003)

(二)外激素的生理作用

1. 召唤异性

雌性动物分泌的外激素可召唤雄性,直到雌性出现发情并与之交配。这种现象在鸟类多见。同样,雄性分泌的外激素可引诱雌性接受交配。

2. 刺激求偶

如公畜嗅闻发情母畜外阴及其分泌物,母畜向公畜靠拢。

3. 激发交配

性外激素可引起雄性的交配行为以及雌性愿意接受交配的行为反应。如母猪在公猪性外激素刺激下表现出"静立反射"行为。此外,性外激素还可以调节异性和同性的生殖内分泌以及发情、排卵,如"异性刺激""公羊效应"或"群居效应"等。

(三)外激素的应用

在畜牧生产中,利用"异性刺激"效应可以促进青年母羊性成熟,使季节性乏情母羊提早发情并延长发情季节;利用性外激素调教公畜可提高精液采集的数量和质量。此外,利用外激素效应,将母猪胎衣或乳汁涂擦寄养仔猪或将两窝仔猪混在一起互相接触一段时间,使母猪辨别不出寄养仔猪,从而达到寄养成功的目的,以提高仔猪成活率和母猪利用率。国内外已应用人工合成的公猪外激素类似物进行母猪催情、试情、增加产仔数,进而提高繁殖力。

▶ 第七节　生殖激素的测定

测定生殖激素不仅可以了解其分泌部位的机能状态,进行发情鉴定、妊娠诊断或繁殖疾病的诊断,而且可以分析某些激素制品的效价和药物的治疗效果。生殖激素测定的方法主要有生物测定法、免疫测定法和理化测定法等。

一、生物测定法

生物测定法是根据激素的生物学作用而设计的测定某种新激素或制剂最基本的检测手段。该方法虽然灵敏度不高,但是能直接体现激素的生物学活性或验证其他方法的测定结果。生物测定法又可分为常规生物测定法和微量生物测定法。

(一)常规生物测定法

常规生物测定法是将待测生殖激素按一定比例稀释后,注射到某种实验动物体内,然后测定靶组织的变化。凡能引起实验动物产生生物学效应的最低激素用量,称为一个生物学单位(大鼠单位、小鼠单位等)。

1.促性腺激素测定法

FSH 的测定通常使用性成熟前或摘除垂体的雌性实验动物,观察其卵泡发育、卵巢或子宫增重等。LH(ICSH)的测定通常用雄性动物,观察其前列腺或精囊腺的变化。PMSG 的生物学活性类似于 FSH,临床上常用作 FSH 的替代品,测定方法同 FSH。

2.性腺激素测定法

雌激素的测定通常用阴道涂片检查、子宫增重、雏鸡输卵管增重等方法。孕酮的测定通常用子宫内膜增重、尿中孕三醇含量、兔子宫碳酸酐酶含量等方法。雄激素的测定通常采用鸡冠发育反应的方法。

(二)微量生物测定法

微量生物测定法又称为细胞培养生物测定法,是指采用体外培养靶细胞,通过测定待测激素作用后的靶细胞分泌物含量,间接计算待测激素的生物活性。该方法比常规生物测定法的灵敏度高,但因操作复杂,故一般仅用于因含量低以致无法用常规生物测定法进行测定的激素样本。

微量生物测定法必须满足的条件:激素作用的靶细胞容易分离,且分离培养后在一段时间内具有分泌机能;靶细胞可以分泌某种可以测定的物质;测定这种物质的方法灵敏度高,操作简便、快速(一般为 RIA 或 ELISA 法)。

二、免疫测定法

以生殖激素或其与载体蛋白质的偶联物作为抗原免疫机体能刺激抗体产生,从而与生殖激素发生特异性结合。这种利用抗原抗体反应的特异性检测激素的方法称为免疫测定法。抗原抗体反应后可直接形成沉淀或浊度,灵敏度为 $5\sim10\ \mu g/mL$。动物体内生殖激素含量极低(血液中的含量一般为 $10^{-12}\sim10^{-9}\ g/mL$),为此可将检测试剂中的抗原或抗体用可测定的物质加以标记,然后通过检测免疫反应产物中标记物的活性,间接计算待测激素的含量。

(一)免疫测定法的分类

根据标记物种类的不同,可对免疫测定法进行分类。应用放射性同位素、生物酶或荧光素制备标记物建立的免疫测定方法分别被称为放射免疫测定法(radio immunoassay,RIA)、酶免疫测定法(enzyme immunoassay,EIA)和荧光免疫测定法(fluorescence immunoassay,FIA)。在 EIA 技术基础上,应用化学发光物代替常规酶或其底物建立的方法被称为化学发光免疫测定法(chemiluminescence immunoassay,CLIA)。

(二)免疫测定法的基本原理

免疫测定法通常由免疫反应、分离系统(结合物与游离物分离)和检测系统组成。

1.免疫反应

抗原(标准品 sAg 或待测样本 tAg)和标记抗原(Ag＊)均可与其特异性抗体(Ab)结合,形成抗原-抗体反应物。因为抗原与 Ag＊ 竞争结合抗体,因此 Ag＊-Ab 的生成量随待测抗原浓度的升高而降低,同时在反应体系中还存在未与抗体结合,即游离的标记抗原(图 3-18)。

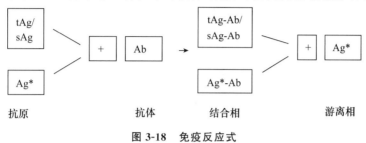

图 3-18　免疫反应式

2.分离系统

分离系统用于将免疫反应生成的结合相标记物(Ag＊-Ab)与游离相标记物(Ag＊)进行分离。RIA 常用活性炭(用于小分子激素的测定)或抗抗体(二抗)将结合物与游离物分离;EIA 和 FIA 常用固相载体结合洗涤的方法分离。

3.检测系统

不同的标记物要求用不同的检测系统检测。RIA 采用放射性同位素的衰变检测器检测分离物中放射性同位素的活性。EIA 利用酶标专用读数器读取反应产物的吸光值。FIA 和 CLIA 则测定反应产物的荧光强度或化学发光强度。

(三)免疫测定法的结果计算

以空白对照孔(标准品含量为 0)与 Ab 结合率为 100%,计算不同标准品浓度与抗体的结合率,即 B/B_0,其中 B_0 为空白对照孔的检测值,B 为不同标准品浓度的检测值。以标准抗原的量为横坐标,相应的结合率为纵坐标作标准曲线(图 3-19)。为缩小误差,可将曲线转换成直线。测量待测样本时,其他条件不变,即可利用该标准曲线查找得到相应的抗原含量。

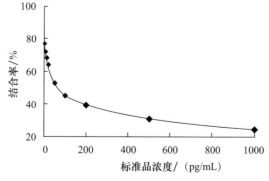

图 3-19　标准曲线

三、理化测定法

（一）化学测定法

化学测定法是指根据特定基团与化学试剂进行颜色反应来测定物质的含量。早在 20 世纪 50 年代对类固醇激素的检测常采用这种方法。由于化学测定法灵敏度较低，只能检出 mg/mL 水平的样本，因此现已被色谱法和电泳法所取代。

（二）色谱法

色谱法不仅可用于所有激素的定量测定，还可用于激素的提取与纯化。由于定量测定的灵敏度较低（约 μg/mL 水平），操作烦琐，所以色谱法多用于大规模提取或合成的激素检测，如激素生产厂家的质量控制等。

（三）电泳法

电泳法不仅可以记录电泳区带图谱或计算其含量，还可用于测定蛋白质激素的分子量。

复习思考题

1. 简述生殖激素的作用特点。
2. 简述促性腺激素释放激素的生理作用。
3. 简述垂体促性腺激素的生理作用。
4. 简述胎盘促性腺激素的生理作用。
5. 简述性腺类固醇激素的生理作用。
6. 前列腺素 $PGF_{2\alpha}$ 对雌性动物有何作用？

第四章

雄性动物生殖生理

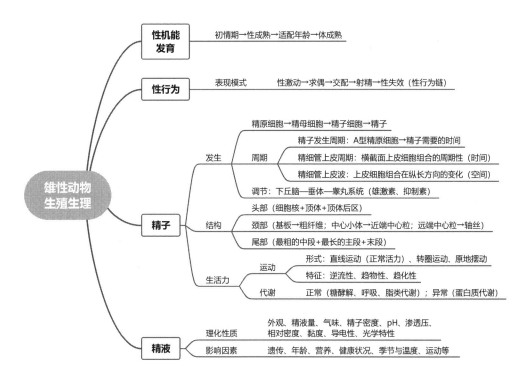

雄性动物的生殖机能主要通过产生精子和交配等生理活动来实现。精子发生包括精原细胞的增殖、精母细胞的发育与成熟分裂和精子的形成三个阶段。精液品质直接影响受精和胚胎发育等繁殖过程。本章主要介绍雄性动物的性机能发育过程、性行为及影响因素、精子的发生和成熟、精子的形态结构与化学组成、精子的生活力和精液等。

Male animal achieves its reproductive function primarily by producing sperm, mating and other physiological activities. Spermatogenesis consists of three stages that are proliferation of spermatogenic cells, development and meiosis of spermatocytes, formation of sperm. The semen quality directly affects the reproductive process such as fertilization, embryonic development, etc. This chapter mainly introduces reproductive development of male animals, sexual behavior and its influencing factors, spermatogenesis and sperm maturation, morphological structure, chemical composition and viability of sperm, semen, etc.

中国科学家在雄性生殖生理领域的重大发现

中国科学院北京基因组所研究员刘江及其研究团队以斑马鱼为模型发现,子代会选择性地继承父本而抛弃母本的 DNA 甲基化图谱,从而揭示了精子对遗传使命的新贡献,颠覆了传统上认为早期胚胎发育主要由卵子决定的观念,有助于揭开从受精卵到个体发育的奥秘。该成果于 2013 发表于 *Cell*。

▶ 第一节 雄性动物性机能的发育及性行为

一、雄性动物性机能的发育

性机能的发育是指动物从出生前性别分化、生殖器官形成到出生后性发育、性成熟和性衰老的全过程。雄性动物性机能发育过程一般分为初情期、性成熟期和繁殖机能停止期三个阶段,它们是连续的又有一定区别的生理发育时期。雄性的性行为是雄性动物性机能发育到一定阶段而出现的特殊行为序列,是雄性动物完成交配过程的保证。雄性的性行为属于无条件反射,即性本能,会受到外界条件刺激的影响,因此在生产中可加以利用;同时,也可以通过饲养管理来提高其性机能。

(一)初情期前雄性动物性机能的发育

初情期前,雄性动物性机能需经历出生前、出生后至初情期阶段的发育过程。出生前,随着胎儿进入性别分化期,雄性胎儿性腺发育为睾丸,生殖索增殖延伸,形成精细管索和睾丸网,生殖细胞分布于精细管索中。随着胎儿的继续发育,精细管索间的间质细胞开始分泌雄激素。随着间质细胞对促性腺激素的敏感性提高,其分泌机能则依赖于促性腺激素的调节。在出生前或出生后不久,睾丸通过腹股沟管从腹腔下降到阴囊内。从性别分化到初情期之前,睾丸的生长发育是缓慢的,其主要是精细管索的延长。直到初情期启动阶段,精原细胞的分化和第一个精子发生序列细胞组合的出现,睾丸才进入快速生长发育阶段,此时精细管索分化为精细管,开始精子的发生过程。

(二)初情期

雄性动物的初情期是指第一次释放有受精能力的精子,并表现完整性行为序列的时期。初情期标志着雄性动物开始具有使雌性动物受孕的能力,同时雄性动物的生殖器官和身体发育也进入最迅速的生理阶段。此时,雄性动物的繁殖力较低,需要持续几周才能达到正常的繁殖水平。雄性动物出现初情期的年龄一般比雌性动物晚。在正常的饲养管理条件下,引进品种的绵羊、山羊和猪的初情期为 7 月龄,牛的初情期为 12 月龄,马的初情期为 15～18 月龄,兔的初情期为 3～4 月龄。在生产实践中,由于初情期已初步具有繁殖能力,因此应在雄性动物进入初情期之前,将不同性别动物分群饲养,防止幼畜任意交配和生殖;要加强饲养管理,满足雄性动物这一阶段的营养需要,保证初情期正常启动。

雄性动物初情期受品种、光照、营养、环境温度、体重、生长速度及亲代的年龄等多种因素的影响。不同畜种之间的初情期有明显差异。即使是同一畜种,不同品种之间也会存在一定差异。培育品种一般早于原始品种达到初情期。对于季节性繁殖动物而言,光照对雄性动物初情期的启动具有重要影响。此外,营养水平也是雄性动物初情期启动的关键因素。在生产实践中,营养水平过低或过高都会导致初情期推迟,适当的营养水平可提早初情期的到来。因此,在生产中要做到雄性动物的合理饲喂,保证初情期正常启动。

(三)性成熟

雄性动物性成熟是指继初情期之后,其机体和生殖器官经过进一步发育,生殖机能完善,具备正常生育能力的时期。与初情期相似,雄性动物的性成熟一般要比雌性动物晚。在这一时期,虽然性机能已达到成熟,但是性成熟一般早于体成熟,故雄性动物的身体还未完全发育成熟,还需再经过一段时间的发育才能适应正常繁殖对机体生理的要求。因此,在生产实践中应考虑适宜配种年龄的问题(表 4-1)。

表 4-1　各种雄性动物性成熟和体成熟的时间参数　　　　　　　　　月龄

畜种	性成熟期	体成熟期	畜种	性成熟期	体成熟期
牛	10~18	24~36	羊	5~8	12~15
水牛	18~30	36~48	兔	3~4	6~8
猪	3~6	9~12	马	18~24	36~48

(四)适配年龄

适配年龄是指根据雄性动物自身发育情况和使用目的,人为确定的用于配种的年龄阶段,而不是一个特定的生理阶段。由于性成熟一般早于体成熟,因此在生产实践中,为保证雄性动物自身的充分发育和保持高繁殖效率,一般根据品种、个体发育规律、繁殖能力和使用目的,将雄性动物的适配年龄在性成熟年龄的基础上推迟一定时间。

二、雄性动物的性行为

(一)雄性动物性行为的表现

性行为(sexual behavior)是指动物在两性接触过程中表现出来的特殊行为,在体内激素和体外特定因素(外激素及嗅觉、听觉、视觉和触觉等感官刺激)的共同作用下引起的特殊反应。

雄性动物性行为的表现模式主要包括性激动、求偶、勃起、爬跨、交合、射精、射精结束(性失效)等连续的性行为过程(图 4-1)。这些行为是动物的遗传天性,保留着野生时代的某些特点,严格按一定的顺序表现,既不能前后颠倒,也不能省略或超越,因此将这一系列定型的性行为表现称为性行为链(sexual behavior chain)或性行为序列(sequence of sexual behavior)。在性活动过程中,雄性动物的完整性行为链是顺利完成交配和人工采精的必要条件。如果性行为序列发生混乱或缺失,就可能造成雄性动物交配或采精失败。不同种属动物的性行为序列时间的长短是不同的。相比较而言,猪和马性行为序列表现和完成交配的时间较长,而牛和羊的序列表现和完成交配时间要短得多。

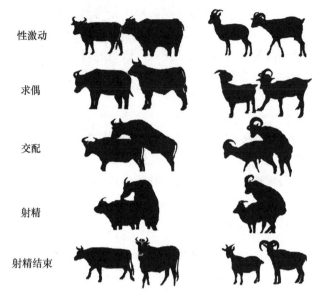

性激动

求偶

交配

射精

射精结束

图 4-1　性行为流程

1.性激动

性激动(sexual arousal)是指雄性动物接触雌性动物时产生的性兴奋或性冲动现象。雄性动物可以通过眼、耳、鼻等感觉器官将异性的刺激转变为神经冲动,激发求偶交配的欲望。

2.求偶

求偶(courtship)是指雄性动物为了诱使雌性动物接受交配而向雌性动物做出某些特殊姿势和动作的过程。嗅闻雌性动物的尿液和外阴部等是各种动物最常见的求偶行为。除猪外,很多雄性动物在嗅闻雌性动物尿液后可出现翘起上唇的现象,即翻唇反应。公山羊在嗅闻母羊尿液后还会出现频频排尿的现象。除此之外,雄性动物还常以特殊叫声或与雌性动物身体的接触来表现求偶的欲望。

3.交配

交配(copulation)是由勃起、爬跨和交合等几个连续而紧密结合的性行为构成。雄性动物在性激动和短促的求偶行为之后,很快发生阴茎部分勃起并迅速将前肢跨到雌性动物背上。如果雌性动物静立并接受爬跨,雄性动物则将下颌部紧贴雌性动物背部,同时腹部肌群收缩,将勃起的阴茎快速插入雌性动物的阴道,完成交合过程。未进入发情状态的雌性动物往往抗拒和躲避雄性动物的爬跨。在初次配种时,单独饲养的后备雄性动物常常不能很快产生性兴奋,甚至逃避发情雌性动物的求偶行为,因此需要与雌性动物多次接触才能产生正常的交配行为。

4.射精

射精(ejaculation)是指雄性动物将精液排放在雌性动物生殖道内的过程。公牛、公羊在射精前呈现以臀部用力前冲的交配动作。在人工采精时,可根据这一动作的显现判断是否射精。在自然交配中,根据射精部位的不同,可将射精分为阴道射精型和子宫射精型。牛和羊将精液射到子宫颈附近的阴道部位,这种射精形式称为阴道射精型;猪和马射出的精子直接进入子宫颈或子宫的深部,这种射精形式称为子宫射精型。不同动物的射精持续时间也不同,牛、羊射精持续时间短,一般在 1 s 内完成;公马经过几次抽动,在 30~40 s 内射精,重型公马可达 1 min 以上才射精;公猪在交配时由于射精量大,且分段射精,故交配射精的持续时间长,为 5~10 min,有时甚至持续 15~20 min。

5. 性失效

性失效(refractoriness)是指射精完毕后,雄性动物立即爬下,即射精结束、性欲消失的阶段。性失效的持续时间变化范围很大,个体间差异也很大。体质健壮而性欲强的青壮年雄性动物能在极短时间后再度勃起而反复交配。雄性动物交配的频率因品种、个体、气候及性刺激的性质不同而有很大差异。

(二)引起雄性动物性行为的机理

雄性动物性行为是通过感觉器官接受异性及环境的刺激,经过神经和内分泌系统对感官信息的整合作用而产生的。性行为的主要生理信号是性激素。动物需要一定的性激素水平才能表现正常性行为。然而,性激素只为性行为的启动提供生理信号,这些信号必须经过中枢神经系统的处理才能引起性行为。来自外界的性刺激也是由神经机制引发的性行为。

1. 感官刺激

家畜的配偶识别和交配离不开感官刺激。通过嗅觉、视觉、听觉和触觉,雄性动物可以感受外界的刺激并引发性行为。不同家畜利用感觉的能力不同,对激发性活动的感官刺激强度的敏感性也不同,一般以嗅觉最强烈,视觉、触觉和听觉次之。另外,某种感觉能力的丧失和减退会影响雄性动物的性活动,这种影响可以从另一种感觉的代偿性增强中得到一定程度的补偿。如视力丧失的雄性动物,其嗅觉或其他感觉的敏感性通常会增强。

(1)嗅觉刺激　雄性动物和雌性动物对嗅觉的刺激都很敏感。它们可以向体外释放性外激素,通过对嗅觉的刺激诱使异性产生性行为。在繁殖季节或雌性动物的发情期,大量分泌的性外激素经空气等媒介散布,刺激异性的嗅觉从而使异性产生性行为。例如,公猪颌下腺和包皮腺产生异味浓烈的分泌物,对母猪的发情有很强的刺激作用;发情犬、猫及狐狸等动物的尿液气味能吸引同种雄性动物并促使其产生性行为。需要注意的是,在雄性动物识别发情雌性动物时,嗅觉是重要的,但不是必需的。试验证明,切除嗅球并未削弱公羊和公猫的性行为。

(2)视觉和听觉刺激　雄性动物可以通过视觉和听觉感受发情雌性动物外观以及叫声的刺激,加强其性行为。一头训练有素的雄性动物可以在假台畜的诱导下完成人工采精;失聪及丧失视觉的雄性动物的配种能力将大大降低,甚至丧失种用价值;也有将公马蒙上头部使它与母驴或它不愿交配的一些母马交配的做法。

(3)触觉刺激　在交配过程中,阴道内适宜的温度、润滑度和压力有利于雄性动物射精。去除视觉、嗅觉或听觉的动物只要允许配偶之间接触,仍可交配。牛和羊的阴茎对温度十分敏感,马和猪则对压力更敏感。在人工授精实践中,基于阴茎感受器的触觉刺激可诱导插入和射精的原理设计了假阴道采精法和公猪手握式采精法。

2. 激素

LH 刺激睾丸间质细胞产生睾酮,作用于前下丘脑区——视前区,与来自发情期的雌性动物适当刺激的共同作用,引起雄性动物性行为。对于非季节性繁殖动物而言,雄性动物全年保持较高的雄激素水平和性欲,而季节性繁殖的动物只在繁殖季节具有性欲。

3.神经系统

血液中性激素的水平与中枢神经系统的传感和协调作用是引发雄性动物性行为的重要条件。神经系统对性行为活动具有最直接的作用,可以整合激素和感官刺激使其转化为性冲动。当血液中的性腺激素与中枢特定感受器结合时,可以将激素信号转变为性欲冲动,引起性腺以外的生殖器官发生反应。这种特定感受位点存在于性中枢,一部分存在于视前区,孤立于下丘脑-垂体-性腺轴调节系统之外,大脑皮质和中脑也参与性行为控制。在雄性动物中,皮质的感觉运动协调区损伤会抑制交配行为;杏仁核或梨形皮质损伤或切除,雄猫表现性行为过度,犬则不然。通过乙酰胆碱的中枢传递刺激海马,增加前下丘脑区神经元的活动,动物表现出阴茎勃起、舔外生殖器等性行为。刺激隔区可引起阴茎勃起,连续刺激一段时间有精液排出。季节性繁殖行为是中枢神经对性腺激素反应性改变的结果。嗅球、中隔、杏仁核、海马等边缘系统可能是调控性行为的更高级中枢,是控制两性动物情绪状态的主要部位。

(三)影响雄性动物性行为的因素

雄性动物性行为表现的强度、形式和性反应敏感性等受遗传、自然环境、群体环境、性经验、生理状态、社群地位及交配前的性刺激等因素的影响。对这些因素的认识和研究,有助于雄性动物的合理使用和管理。

1.遗传因素

在不同种类、品种,甚至个体之间,性欲的强弱和性行为的表现均有很大的差异。例如,肉用公牛比奶用公牛性行为迟钝,瘤牛则更迟钝;约克夏公猪采精训练比杜洛克容易;骑乘马性行为反应比重型马敏感,但性行为强度不如重型马。孪生雄性动物之间的上述差异较小。

2.自然环境

季节和气候条件对雄性动物性行为的影响很大。在雌性动物发情旺季和配种季节,雄性动物的性行为也相应活跃。炎热的夏季即使身体健壮、性欲强的雄性动物,其性行为也会受到抑制,精液品质和采精能力都会显著降低,出现"夏季不孕症"。温带和热带培育的品种在北方严寒的冬季性行为会受到不同程度的抑制。光照以及气候的突然变化也会影响雄性动物的性行为。

3.群体环境

缺乏群体生活经验会影响雄性动物性行为。幼龄动物在玩耍时相互爬跨对成年后的性行为形成有重要意义。例如,从3周龄起单独饲养的公猪很少有性行为。其原因可能是缺乏爬跨经验。当动物群中新出现的发情雌性个体时,雄性个体的性活动就会增加,这种现象称为库里吉氏效应(Coolidge effect),又称柯立芝效应或新奇效应。在畜牧生产中可以利用这种效应,例如,可通过更换母牛来提高公牛的性欲。另外,一些与管理有关的环境因素也会影响动物的性行为。例如,采精时,周围的人太多、地面滑等因素都可抑制雄性动物的性行为。

4.性经验

性经验对于性行为的表现有很大的影响。如果动物在去势前有相当多的性经验,那么去势也能保持交配行为,甚至在初情期前去势也消除不了性行为。有1/3在初情期前去势的公牛会爬跨母牛。一旦性行为被"学会",外部刺激就足以引发这些行为。缺乏适当的性经验比激素水平异常对性行为的影响更普遍。完全缺乏性经验、同性性经验、太多或不愉快的性经验都会导致性行为异常。

5.生理状态

青壮年时期的雄性动物的性功能处于活跃状态,性欲强烈,性行为表现明显;老龄雄性动物则性功能减弱甚至性行为消失。在体弱、有病、过度疲劳或严重营养不良的生理状态下,雄性动物的性活动会受到抑制。营养过度的肥胖雄性动物也易发生性机能减弱,甚至因自身体重负担过大而造成爬跨困难。另外,家畜对异性配偶的选择有个体偏向性,雌性动物的发情状态、体形、毛色和对雄性动物的亲善反应程度等也会影响雄性动物的性行为。

6.社群地位

在自然放牧的畜群中,雄性动物仍会保留野生动物的某些群体习惯,如通过争斗确定社群地位等。具有争斗优势的健壮雄性动物占据较高的社群地位,在群体中产生威慑影响,其他雄性动物常因这种威慑力而被迫放弃对雌性动物的争夺,性欲及性行为受到抑制。雄性动物的社群地位并不与其经济性状相关。放牧场地狭小且雄性动物数量过多会加剧这种情况的发生;扩大放牧场地,合理搭配公母比例将会增大雄性动物配种的机会,发挥其繁殖能力。

7.管理

加强管理可以明显改善雄性动物的性行为。初情期前被单独或隔离饲养到了性成熟的雄雌动物易发生因性经验不足的性行为异常,这种性行为异常可通过调教进行纠正。因此,同群饲养管理方式有利于性行为的形成和发展。

在临交配或采精前,加强对雄性动物的嗅觉、触觉和视觉等感官刺激,有利于雄性动物性机能潜力的发挥,达到缩短采精时间,提高射精量和增加精子密度的目的。例如,当雄性动物与雌性动物(或台畜)接触时,可适当牵制公牛 5～10 min 或让其进行 2～3 次徒劳的爬跨。此外,选择体形及毛色等最受雄性动物喜爱的发情雌性动物作为台畜,可以增强雄性动物性行为。

对雄性动物的粗放管理以及配种或采精措施的不当会抑制雄性动物的性行为。雄性动物交配或采精过程的不良刺激会抑制或中断其性行为,甚至可能造成阳痿等性机能障碍,如惊吓、疼痛、攻击等。此外,在一定时间内,雄性动物交配或采精频率过大也会损害其性机能,因此应该人为控制家畜交配或采精的频率。

▶ 第二节　精子的发生与成熟

在哺乳动物胚胎发育期,原始生殖细胞(primordial germ cells,PGCs)在精细管(seminiferous tubule)上皮内经数次有丝分裂形成精原细胞(spermatogonium),并保持静止状态直到初情期,然后在适宜的环境条件下,每隔一段时间都有一部分精原细胞发育成为精子并在附睾内成熟、排出。该过程有着严格的同源群现象和周期性变化规律。

一、精子的发生

(一)精细管上皮的基本结构

精细管上皮含有 2 种基本细胞:支持细胞(sertoli cell 或称塞托利细胞、足细胞、滋养细胞)及处于各个发育阶段的生精细胞。

生精细胞包括精原细胞、初级精母细胞、次级精母细胞、精子细胞和分化中的精子。精原细胞靠近精细管基膜,由基膜向管腔依次排列为不同发育时期的生精细胞(图 4-2)。

支持细胞比生殖细胞大且一般不再分裂,附着于生精上皮的基底层,穿过生殖细胞间伸向管腔,为精子发生提供了合适的环境。

在性别分化过程中,支持细胞分泌抗缪勒氏管激素(anti-Müllerian hormone,AMH),在初情期后分泌抑制素和活化素,协同调控 FSH 的分泌,分泌的雄激素结合蛋白能促进精子发生和成熟,也可分泌芳香化酶,将睾酮转变为 17β-雌二醇,以刺激精子发生。此外,支持细胞还具有滋养精子细胞和吞噬残余细胞质的作用。

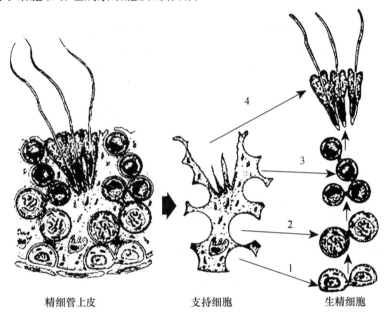

精细管上皮   支持细胞   生精细胞

1.精原细胞;2.精母细胞;3.圆形精细胞;4.变形精细胞。

图 4-2 精细管上皮及精子发生

(资料来源:*Cell Biol*,Fawcett DW,1974)

(二)精子发生

精子发生(spermatogenesis)是指精子在睾丸内产生的全过程,即生精细胞由精原细胞经精母细胞到精子细胞的增殖、成熟发育和精子形成的全过程(图 4-3)。

1.精原细胞的增殖

精原细胞的增殖是指精原细胞发生多次有丝分裂,最终形成精母细胞(spermatocytes)的过程。在胎儿发育时期,原始生殖细胞由胚胎卵黄囊迁移至未分化的性腺后,发生数次有丝分裂而形成性原细胞(gonocytes)。胚胎性别分化完成后,在雄性胎儿,性原细胞分化形成 A_0 型精原细胞。A_0 型精原细胞可依次分裂成 $A_1 \sim A_4$ 型精原细胞。A_4 型精原细胞继续分裂,形成中间型精原细胞(intermediate spermatogonia,In 型)以及 B 型精原细胞。对于 A_1 型精原细胞,其中一个分裂出最终形成精子的生殖细胞(germinal cell),另一个以精原干细胞形式替代 A_0 型精原细胞,成为下一个精子发生周期的起始细胞。1 个 A_1 型精原细胞形成 1 个 A_2 型精原细胞,然后逐级分裂,最后形成 B 型精原细胞。位于精细管基底小室的 B 型精原细胞进行最后一次有丝分裂,形成初级精母细胞(primary spermatocytes),从而结束精原细胞的增殖阶段。

2.精母细胞的发育与成熟分裂

精母细胞的发育与成熟分裂包括初级和次级精母细胞的发育变化过程,完成了2次成熟分裂,最后形成精子细胞。

初级精母细胞在形成以后移动到精细管的管腔小室(adluminal compartment)内,其在生精细胞中体积最大。初级精母细胞在静止期进行 DNA 复制与蛋白质合成,随后经过第 1 次减数分裂前期、中期、后期和末期,成对染色体分离,形成 2 个为单倍体的次级精母细胞(secondary spermatocytes)。

次级精母细胞一般位于初级精母细胞的内侧,体积较初级精母细胞小,一旦形成即经历很短的间期后进入第 2 次成熟分裂,最终每个次级精母细胞对等分裂产生 2 个单倍体的精子细胞(spermatids)。该阶段时间短暂,因此,次级精母细胞在组织学切片上几乎看不到。

由精原细胞形成次级精母细胞的每一次分裂,细胞都不会完全分离,形成的细胞通过细胞质桥(bridges of cytoplasm)相互连接以确保细胞的同步发育。

3.精子的形成

精子的形成是指圆形的精子细胞通过一系列的形态变化转变为精子(spermatozoa)的过程,包括核染色质浓缩、精子尾部(sperm tail)或鞭毛(flagellar apparatus)以及顶体帽(acrosomal cap)的形成等过程(图 4-4)。精子的形成大致分为 4 个阶段:高尔基体阶段、顶体帽阶段、顶体阶段与成熟阶段。

(1)高尔基体阶段 精子的顶体由高尔基复合体形成。高尔基复合体产生许多小液泡,彼此合成集合体。随着液泡的扩大,在液泡中出现一个小的致密体,称顶体前颗粒(proacrosomal granule)。有时也会产生几个液泡和几个颗粒,最后形

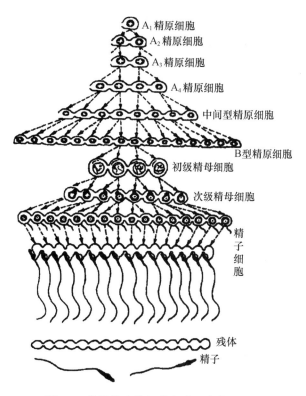

图 4-3 精子发生期间的各种细胞类型

（资料来源:*Reproduction in Farm Animals*,Hafez ESE,1987）

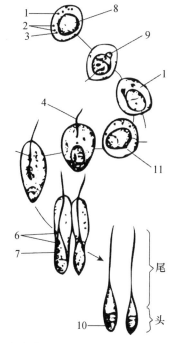

1.高尔基复合体;2、6.线粒体;3、7.中心粒;4.鞭毛;
5.终环;8.细胞核;9.顶体泡;10.顶体帽;11.尾管。

图 4-4 精子的形成

（资料来源:动物繁殖学实验教程,王锋,2008）

成一个大液泡,这就是顶体囊,内含一个大颗粒,叫顶体颗粒(acrosomal granule)。同时,近端中心粒迁移到最接近核的位置,并在此形成精子尾,附着在精子头上的基部。

(2)顶体帽阶段　液泡失去液体,液泡壁扩展至核前半部,形成一个双层膜结构,称顶体帽,内含顶体颗粒。顶体颗粒物质进一步分散于整个顶体帽。精子的顶体(acrosome)形成由末端中心体所形成的尾部轴丝延伸到细胞质外部。在发育的早期,轴丝极像内含9对小管包围着2个中心管的纤毛结构。

(3)顶体阶段　顶体阶段以核、顶体和精子尾部的主要变化为特征。核的变化包括染色质浓缩为致密的颗粒,并形成伸长而平展的结构。核组蛋白逐渐被过渡蛋白(transitional proteins)所替代。黏在核上的顶体也随核的形态变化而浓缩并伸长。不同物种在形态变化的细微差异导致了伸长的精子细胞和精子的物种差异。

伴随着核的形态变化,细胞质迁到核尾部,即正在发育的精子尾的近端部分。细胞质内与微管连接的部分形成临时性的圆柱形鞘膜,称为微管轴(manchette)。

(4)成熟阶段　成熟阶段以伸长的精子最终变形完成并即将释放到精细管内腔为特征。在核内,随着过渡蛋白被鱼精蛋白(protamine)所替代,染色质颗粒逐渐浓缩,并均匀地分布于整个精子核。

其在成熟期间围绕着轴丝形成了纤维鞘及9根粗纤丝(coarse fiber)。9根粗纤丝分别与9对轴丝的微管连接并延续到精子的颈部。纤维鞘从颈部覆盖到精子末段部分的起始部位。终环是线粒体鞘最后一圈处的质膜内折形成的致密环形板状结构,用以防止精子运动时鞘向尾部移位。

在精子形成的较晚时期,微管轴消失,支持细胞将精子细胞伸长后残留的细胞质变形为球形小叶(spheroidal lobule),这种情况被称为残体(residual bodies)。残体的形成标志着成熟阶段完成,伸长的精子细胞即将释放。此时的精子细胞无运动能力,处于无生殖能力状态。

二、精子发生周期和精细管上皮周期

在精子的发展中,以A型精原细胞分裂增殖开始,一直到精子细胞变态成精子,这个过程所需要的时间称为精子发生周期(spermatogenic cycle)。各种家畜精子的发生周期为猪44～45 d,牛60 d左右,绵羊49～50 d,马50 d左右。

在从精原细胞分裂到精子的形成所经历的多次细胞分裂中,除精原细胞早期几次分裂形成各自独立的精原细胞外,其余几次分裂产生的每2个子细胞间都存在细胞质桥。此种结构使同一细胞分裂产生的同族细胞连成一个细胞群,并使其同步分裂、分化,同时不断向精细管腔移行。

当一群同族细胞发育并向管腔移行时,另一群同族细胞也开始进行同步发育,其发育阶段晚于上一批同源细胞群。因此,在不同时间点,曲精细管的同一横截面上可见不同的同族细胞群形成的组合,称细胞组合。不同细胞组合的出现显示了精子发生的不同时期(阶段),其中牛为12期,某些动物可划分为14期(图4-5)。

当同一种细胞组合距再次出现时,有一个明显的时间间隔,这个时间间隔被称为精细管上皮周期(cycle of the seminiferous epithelium)。不同物种的精细管上皮周期的长度不同:猪为9 d,羊为10 d,马为12 d,牛为14 d,兔为11 d,大鼠为12 d,小鼠为8 d。

曲精细管的任何一个局部每经历一个精细管上皮周期,都意味着在该部位释放了一次精子。一般每个精子发生周期相当于 4～5 个精细管上皮周期,即每经历一个精子发生周期就有 4～5 批精子释放。就雄性动物的睾丸或每一条精细管而言,精子的产生应该是连续且相对稳定的。就精细管上皮的某一局部而言,精子的释放并非连续的。

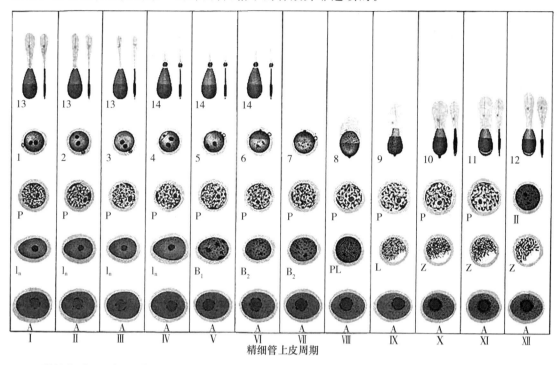

A. A 型精原细胞;In. 中间型精原细胞;B_1. B_1 型精原细胞;B_2. B_2 型精原细胞;PL. 细线期前期初级精母细胞;L. 细线期初级精母细胞;Z. 合线期初级精母细胞;P. 粗线期初级精母细胞;Ⅱ. 次级精母细胞;1～14. 精细胞。

图 4-5　牛精子发生精细管上皮类型和周期分期

(资料来源:*American Journal of Anatomy*,Berndston W E,1974)

三、精细管上皮波

精细管纵长方向在不同的片段会出现不同的细胞组合,每个片段长度大致相同,且各片段细胞组合排列顺序与精细管上皮周期各阶段基本相似,并具有周期性表现,这种空间上的规律性变化称为精细管上皮波(spermatogenic wave)(图 4-6)。

牛的每个精细管上皮波长度约为 1 cm,每条精细管约有 13 个波。这种结构保证了精子生成的持续性和数量的有效性。

四、血睾屏障

睾丸组织和血液之间形成障壁,以保证精细管液中各种离子和蛋白质浓度不同于血液和淋巴,这种障壁称为血睾屏障(blood-testis barrier,BTB)。血睾屏障是动物睾丸中血管和精细管之间的物理屏障,可阻止血液和淋巴液中的有害物质进入精细管,以避免发育中的生精细胞受到损害(图 4-7)。

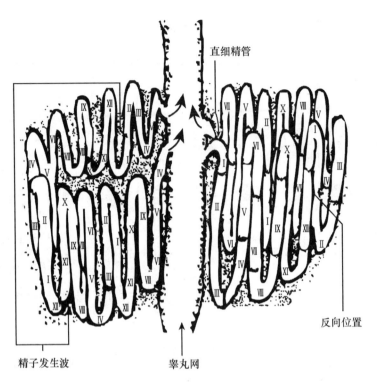

图 4-6　牛的精细管上皮波

（资料来源：*Reproduction in Farm Animals*，Hafez ESE，1993）

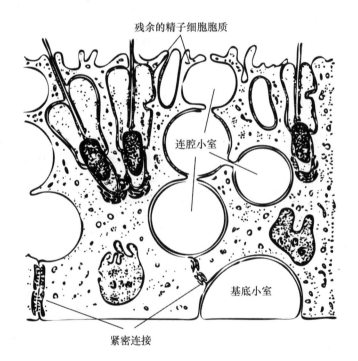

图 4-7　血睾屏障的紧密连接

肌细胞连接(myoid layer junction)是由围绕着曲精细管基膜上的一层收缩肌细胞组成。在某些物种中,细胞连接间的绝大部分被相邻生长的细胞膜所封闭,其在牛、羊和猪中的发育并不完整,可能是相对不重要的渗透屏障。

支持细胞连接(sertoli junction)是血液与睾丸之间主要的渗透屏障,位于细胞基层,包含多个连接带,相对的膜相互融合,形成紧密连接。这些阻隔的连接将曲精细管分成 2 个完全的室,即基底小室(basal compartment,又称基室)和连腔小室(adluminal compartment,又称近腔室)。精原细胞和细线前期的精母细胞居于基底小室,发育程度较高的精母细胞和精细胞居于连腔小室。精原细胞发育至精母细胞后,从基底小室移入连腔小室。连腔小室可以和精细管内腔自由交流物质。

血睾屏障对于维持精子发生的环境十分重要。其不仅可以阻止某些物质的进入,而且可以保留一定量的其他物质,如雄激素结合蛋白、抑制素等。

单倍体的精子细胞会被体内免疫系统识别为外来细胞而受到免疫攻击,而血睾屏障有效阻止了精子细胞和精子所具备的抗原与自身免疫系统的接触,从而不发生免疫反应。当血睾屏障被破坏时,自身免疫性睾丸炎就会发生。

五、精子发生的调控

精子发生是一个连续不断的细胞增殖与分化的过程。FSH 和 LH 是维持精子发生的最关键因素,而垂体激素又受到下丘脑脉冲式分泌的 GnRH 的控制。支持细胞在介导激素调节过程中处于核心地位。在正常精子发生过程中,生精细胞的凋亡也受激素的调控。

(一)FSH

刺激初情期前生精上皮的分化,其在 FSH、LH 的作用下开始增生和发育;支持细胞上的FSH 受体与 FSH 结合,促进精子的发生和成熟;通过调节支持细胞间隙连接发育,促进血睾屏障形成;与睾酮协同,促进各阶段生殖细胞分化和精子成熟。

(二)LH

LH 影响间质细胞分化;与间质细胞 LH 受体结合,影响睾丸类固醇激素的合成和分泌。

(三)雄激素

与雄激素结合蛋白形成复合体,并与精子一起进入精细管管腔或附睾,以满足附睾上皮正常功能对高水平雄激素的需要,促进精子细胞变态和精子成熟;直接作用于支持细胞,提高其对 FSH 的反应能力,增加雄激素结合蛋白和精子发生相关产物的量;进入血液,负反馈作用于下丘脑和垂体,以抑制多余 LH 的产生。

(四)抑制素

经血液和淋巴循环进入垂体,通过减少垂体细胞 GnRH 受体数量,降低垂体细胞对 Gn-RH 的敏感性,降低垂体分泌 FSH 的能力,选择性抑制 FSH 分泌,保证精原细胞的稳定并阻止精细管过度增长(图 4-8)。

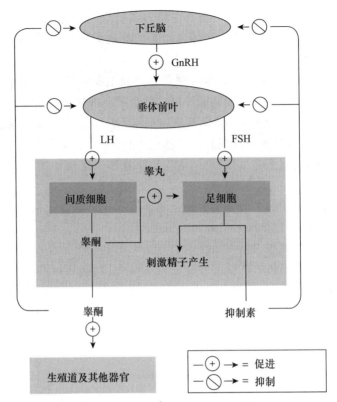

图 4-8 精子发生的内分泌调节

六、精子的转运、成熟与贮存

（一）精子的转运

睾丸中的精子进入附睾，从附睾头、附睾体到附睾尾，在高度盘曲的附睾管中被转运。在这个过程中，附睾促使精子成熟，并使其获得受精的潜能。

精子在附睾管中的转运是通过大约 3 次/min 的管壁收缩来实现的。不同家畜的精子转运时间也不同。公牛转运时间约为 7 d，公猪和公羊转运时间约为 12 d。随着射精次数的增多，转运时间可能被缩短 10%～20%。平滑肌细胞由附睾尾到输精管逐渐增加，因此，附睾的管壁收缩具有区域性差异。

（二）精子的成熟

精子在附睾转运的过程中所发生的功能性变化称为精子的成熟。初入附睾的精子缺乏运动。例如，在附睾头，精子仅呈原地摆动或转圈运动，保持相对静止，当精子被排出体外时，将很快表现出运动能力。精子逐渐成熟的过程包括精子尾部灵活性和运动类型的逐渐变化。直线前进运动的精子首先出现在附睾体中部，在附睾尾部和输精管中则有大量精子呈直线运动。附睾中精子缺乏受精能力可能也与精子的运动能力有关。

在精子成熟过程中，原生质滴由精子颈部迁移到尾部。若射精后大量精子附有原生质滴，则表明精子未经充分成熟。在某些物种中，精子的顶体会发生显著变化，但在家畜中仅表现出体积的细微变小。

精子在附睾中受精能力的发育与这些变化有关：持续前进运动潜力的发育、代谢类型和尾部结构的变化、核染色质的变化、质膜表面属性的变化、原生质滴的移动和丢失和顶体结构的改变等。

(三)精子的贮存

在睾丸输出管中,70%的精子主要贮存在附睾的尾部,2%的精子贮存在输精管中。附睾管中的精子称为腺外精子库,只有在附睾尾部的精子才能够射出。

尽管附睾的环境适宜于精子的存活,但精子并非永久贮存于附睾中。未射精的精子逐渐被排到尿中,未排出的精子则逐渐衰老退化,首先失去受精能力,然后失去运动能力,最后解体。

▶ 第三节　精子的形态结构与化学组成

发育完善的精子包括含有核酸的扁平头部、精子运动所必需的尾部及连接头尾的颈部。整个精子由质膜覆盖。各种家畜精子的外观形态有所不同,但大体相似(图4-9)。

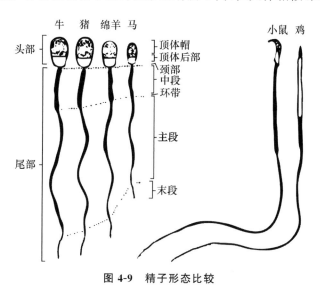

图 4-9　精子形态比较

(资料来源:*Reproduction in Farm Animals*,Hafez ESE,2008)

一、精子的形态结构

(一)头部

哺乳动物的精子头部呈椭圆形,扁平的核包含高度浓缩的染色质,染色质由与DNA复合在一起的精蛋白构成。

精子头部前端由顶体覆盖。顶体(acrosome)或顶体帽(acrosomal cap)是位于质膜和精子头前部的一层薄的双层膜囊状结构,内含与受精过程有关的精子头粒蛋白、透明质酸酶及其他水解酶(图 4-10)。在受精时,顶体的核环与顶体后部的前端部分一道与卵膜融合。顶体的畸形、缺损和脱落会使精子的受精能力降低或完全丧失。

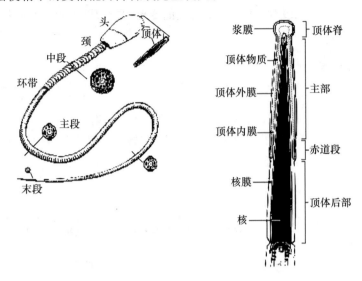

图 4-10 牛精子的组成

(资料来源:*Reproduction in Farm Animals*,Hafez ESE,2008)

(二)颈部

精子颈部位于头部之后,连接精子的头和尾,是精子最脆弱的部分。不当的体外处理和保存极易造成尾的脱离,形成无尾精子。

(三)尾部

精子尾部分为中段(middle piece)、主段(principal piece)和末段(end piece)。

(1)中段　中段位于颈部和环状部区域。中段以及整个尾部的内核部分都由 9 对放射状的微管围绕着 2 根中心纤丝组成。轴丝被 9 根粗纤丝包围,在粗纤丝之外包围着数个沿尾部纵向螺旋状围绕的线粒体。精子尾部中段是精子的能量代谢中心,线粒体能够利用果糖等单糖产生精子运动所需的 ATP。

(2)主段　主段位于中段与末段之间,由轴丝及相连的粗纤丝组成。粗纤丝为尾部的收缩提供了稳定性。

(3)末段　末段是尾部的最末部分,仅由中心轴丝组成,其外覆盖有质膜。

二、精子的化学组成

精子的主要化学组成是核酸、蛋白质酶和脂质。在精子细胞中,约 1/3 的干物质是核酸。

(一)核酸

核酸(DNA)是精子头部细胞核的主要成分,几乎全部存在于核内。核酸能将父系的遗传信息传给后代,并且也是决定后代性别的因素。通常以每亿精子所含 DNA 的量表示 DNA 含量。常见家畜精子 DNA 含量为牛 2.8~3.9 mg,绵羊 2.7~3.2 mg,猪 2.5~2.7 mg,家兔 3.1~3.5 mg。

（二）蛋白质

精子的蛋白质包括核蛋白、顶体复合蛋白及尾部收缩性蛋白 3 个部分。

核蛋白主要与 DNA 结合，对基因开启等有一定的作用。精子的核由浓缩的染色质组成，其中的 DNA 由鱼精蛋白稳固。绝大多数物种仅含鱼精蛋白，而某些物种还含有不同量的组蛋白。这些组蛋白通过硫氢键与 DNA 结合，从而对 DNA 的浓缩和稳定起重要作用。

顶体内的顶体复合蛋白主要由谷氨酸等 18 种氨基酸以及甘露糖、唾液酸等 6 种糖组成，具有蛋白分解及透明质酸酶的活性，受精时帮助精子入卵。

尾部收缩性蛋白存在于精子尾部，可能类似于肌动蛋白和肌球蛋白，此种蛋白收缩可引起精子的运动。

（三）酶

精子内含有多种酶类，其与精子运动、代谢及受精有密切联系。其中，水解酶包括脱氧核糖核酸酶、透明质酸酶、磷酸酶、糖苷酶及淀粉酶等；氧化还原酶包括乳酸脱氢酶、过氧化物酶及细胞色素等；转氨酶包括天冬氨酸氨基转移酶又称谷草转氨酶（AST 又称 GOT）、丙氨酸氨基转移酶又称谷丙转氨酶（ALT 又称 GPT）及甘油激酶等。精子顶体含有的各种酶在发生顶体反应（acrosome reaction）时释放。透明质酸酶使卵母细胞外的卵丘细胞扩散，顶体素在精子穿过透明带时可使透明带通道被打开等。精子还含有细胞色素-细胞色素氧化酶呼吸系统和糖酵解通道以及乳酸脱氢酶（LDH-X）等代谢酶。

（四）脂质

精子内的脂质主要是磷脂，多以脂蛋白和磷脂的结合状态存在，占精液中磷脂的 90%，大部分存在于精子膜及线粒体内。脂质不仅是精子的能量来源，而且对精子也起着保护作用。

▶ 第四节　精子的生活力

精子的活动力是活精子的重要特征。具有生活力的精子（活精子）未必一定有活动力。因此，对活动力和生活力应区别对待。活动力以不同的运动形式出现，能在显微镜下清楚地观察其活动状态。精子活力（motility of sperm）是指精液中呈直线运动的精子所占比率，涉及精子生存、运动和代谢的能力，易受多种因素的影响而发生改变。

一、精子的活动力

精子的活动力是指精子的运动能力。精子从精细管排出时不具备运动能力，而是在附睾中逐渐获得这种能力，但仍保持静止状态。在射精过程中，精子与副性腺分泌物混合受到激活而开始运动。精子的活动力与代谢能力有关，并受温度的影响。其活动力越强，精子消耗能量就越多，存活的时间就越短。

（一）精子的运动形式

精子靠尾部的摆动进行运动。当精子向前运动时，尾部弯曲摆动产生有节奏的横波，自尾的中段向后传输。横波对精子周围的液体产生压力,精子在液体的反作用力下向前运动。精子尾部各段的摆动程度不等,越向尾端,弯曲度越大。当每个弯曲波传出时,精子的头部向侧方移位。在光学显微镜下可以观察到的精子活动方式有直线运动、转圈运动、原地摆动等,其中只有直线运动才是正常的活动方式,转圈运动及原地摆动都表示精子正在丧失运动能力。

(二)精子的运动机制

精子的运动与肌纤维收缩时肌丝间相互滑动的原理相似,是精子尾部轴丝滑动和弯曲的结果。当静止精子被激活时,胞内 pH 和 Ca^{2+} 升高;Ca^{2+} 刺激 cAMP 酶引起 cAMP 增加,进而激活 cAMP-蛋白激酶级联反应,导致轴丝蛋白磷酸化,使精子在 Mg^{2+} 存在和 pH 升高的情况下,轴丝动力蛋白能够利用 ATP 将化学能转化为机械能,引起并维持轴丝滑动和弯曲。精子尾部中段是精子的能量代谢中心,线粒体能够利用果糖等单糖产生精子运动所需的 ATP。

(三)精子运动的特征

精子在液体或雌性生殖道内运动时表现出逆流性、趋物性和趋化性的特点。逆流性是指精子在流动的液体中向逆流方向流动,并随液体流速的增加而运动加快,在雌性生殖道内能沿管壁逆流而行。趋物性是指精子对精液或稀释液中异物(如上皮细胞、空气泡、卵黄球等)做趋向性运动的特性,即精子头部钉住异物做摆动。趋化性表现为精子具有趋向某些化学物质运动的特性。在雌性生殖道内卵细胞可能分泌某些化学物质,吸引精子向卵子运动。

(四)精子的运动速率

温度影响精子运动。在体温条件下,精子运动的速率快,随着温度的降低,其运动的速率减慢。当低于 10 ℃时,运动基本停止。精液的黏稠度、精子密度和液体的流动状态等也会影响精子的运动速率。在流动液体中,精子沿逆流方向游动,运动速度加快。不同种类动物的精子运动的速度有差异。在 37 ℃静止液体中,马的精子运动速度为 85 $\mu m/s$,牛的精子运动速度为 97~118 $\mu m/s$,绵羊的精子运动速度为 200~250 $\mu m/s$;在流速 120 $\mu m/s$ 的液体中,马的精子运动速度可以提高到 180~200 $\mu m/s$。在高倍稀释的精液中,牛的精子运动速度可以达到 132 $\mu m/s$,在子宫颈黏液中运动速度仅为 22~80 $\mu m/s$。有关测定表明,牛的精子的尾部每摆动 1 次,平均前进 8.3 μm。如果以精子长度计算,牛的精子的每秒运动距离大约为其本身长度的 2 倍。

二、精子的存活时间

精子的存活时间与其自身的代谢状况、所处环境以及精液的保存方法等因素有关。精子在雌性动物生殖道内的存活时间以及具有受精能力的时间对于确定配种间隔时间等至关重要。

(一)精子在雄性动物生殖器官内的存活时间

精子在附睾中一般可以存活 30~60 d,这与附睾内的环境条件有关。附睾内较低温度、弱酸性和抑制精子运动的成分等特殊环境使精子在附睾中处于休眠状态,不活动或微动,消耗能量少。精子在附睾内主要是利用其本身的磷脂进行代谢,而不是利用糖类,这样可以有效减少糖的消耗。牛的精子在附睾中的存活时间最长可达 60 d 以上,当保存 37 d 时,仍有 70% 的精子具备活动力。兔的精子在附睾中存活的时间也超过 60 d,当保存 40 d 时,仍具有受精能力。精子在附睾内贮存过久会使活力降低,畸形精子和死亡精子数量增加,最后变性而被吸收,也可能不经交配而流失。

(二)精子在雌性动物生殖道内的存活时间

精子在雌性动物生殖道内的存活时间和精子本身的品质有关,也与生殖道内的生理状况有关。精子含有少量的细胞质和营养物质,却是一种很活跃的细胞,所以离体后的生存时间大多比较短暂(数分钟至数日),有的即使还具有活动能力,却已丧失了受精能力。少数动物的精子的受精能力可以保持数周,有的动物的精子活力保存的时间更长。牛的精子在生殖道内的存活时间为 30～48 h,羊的精子在生殖道内的存活时间为 34～46 h,猪的精子在生殖道内的存活时间为 43 h。精子的存活时间也因其在雌性动物生殖道部位的不同而存在较大差异。阴道环境对精子的生存不利,精子在此处的存活时间不超过 4 h。精子在子宫颈的存活时间一般长于其保持受精能力的时间,如绵羊的精子为 36 h,牛的精子为 30 h。牛的精子在输卵管液内可存活 12 h,在子宫颈与阴道黏液内可存活 9 h,在子宫液内可存活 7 h。

(三)精子在体外的存活时间

精子射出后在体外的存活时间受动物的品种、精液保存方法、温度、pH 和稀释液的种类等因素的影响而有很大的差异。在低温和弱酸性环境条件下,精子的代谢与活动受到抑制,能量消耗减少,精子的存活时间可相对延长。

采用明胶稀释液在 10～14 ℃下保存,绵羊精液可保存 48 h 以上,马的精液可保存 120 h 以上,精子活力接近 0.5。牛精液在加入柠檬酸钠和卵黄等组成的稀释液后进行低温保存,保存时间可达 1 周左右。冷冻精液可长期保存。

三、精子的代谢活动

精子的代谢活动是精子维持生命和运动的基础。精子缺乏胞质成分,只能利用精清中的代谢基质和少量自身物质进行分解代谢,从而获得满足精子生理活动需要的能量。精子的分解代谢主要是糖酵解和呼吸作用,此外,也可以分解脂质及蛋白质。

精子获取能量所氧化的代谢基质的种类及性质可以由呼吸商(R. Q.)来反映。呼吸商是指精子代谢产生的 CO_2 量与消耗 O_2 量的比值(CO_2/O_2)。1 g 六碳糖完全氧化成 CO_2 及 H_2O,呼吸商为 1.0,脂质为 0.7。经过冲洗的牛精子在生理盐水中第 1 小时末呼吸商为 0.74,而在第 4 小时末为 0.83,表明已有蛋白质被分解。如在精液中加入果糖,则呼吸商可提高到 0.95。

(一)精子的糖酵解作用

糖类是维持精子生命活动的必需物质。精子本身含糖很少,必须依靠精清中的外源糖为精子提供能量。精子无论是在有氧条件还是无氧条件下,都能通过糖酵解过程将葡萄糖、果糖及甘露糖等六碳糖分解为丙酮酸或乳酸而获得能量,其中又以果糖的酵解为主,因此糖酵解也称为果糖酵解。1 mol 果糖经酵解能产生能量 150.7 kJ。精液中的其他物质也可能进入糖酵解途径,如精清中山梨醇在酶的作用下可转化为果糖而进入糖酵解;精清中的甘油磷酰胆碱则可在雌性动物生殖道中的有关酶的作用下分解为磷酸甘油,然后再进入糖酵解过程。

精液的果糖酵解能力与精子密度及活力有关。在无氧及 37 ℃条件下,10^9 个精子 1 h 内分解果糖的毫克数称为果糖酵解指数。该指数可通过测定和分析不同精液的果糖酵解能力来评价精液的质量。牛和绵羊精液的果糖酵解指数一般为 1.4~2 mg(平均为 1.74 mg);猪和马的精液因精子密度远低于牛和羊,果糖酵解指数只有 0.2~1 mg。

(二)精子的呼吸作用

精子的呼吸作用为需氧分解代谢过程,与糖酵解进程密切相关。在有氧条件下,精子可将糖酵解过程中生成的乳酸及丙酮酸等有机酸通过三羧酸循环彻底分解为 CO_2 和 H_2O,从而产生更多的能量。1 mol 果糖在有氧时最终可分解产生 2 872.1 kJ 的能量,其产生的能量是无氧酵解的 19 倍。虽然呼吸作用比糖酵解获得的能量多得多,但也会消耗大量的代谢基质,使精子在短时间内衰竭死亡。总之,隔绝空气、充入 CO_2、降低温度及 pH 等抑制精子呼吸的方法都可相对延长精子的存活时间,成为保存精液的重要方法。

精子呼吸的耗氧量通常按 10^8 个精子在 37 ℃条件下 1 h 所消耗的 O_2 量计算。因此,精子的耗氧量可以代表精子的呼吸程度,一般活力强的精子耗氧量高。但是,当精子大量消耗 O_2 而代谢基质得不到补充时,将会很快因能量的耗竭而丧失生存力。另外,耗氧量与受精能力有关。正常的牛、鸡、兔及绵羊精子的耗氧量依次为 21 μL、7 μL、11 μL 及 22 μL。精子的呼吸主要在尾部线粒体内进行,分解代谢产生的能量转化为 ATP,大部分用于满足精子活力的能量需要,其他部分用于维持精子膜完整性的主动运输功能,以防止重要的离子成分从细胞内流失。

(三)精子对脂类的代谢

精子在维持其生命活动的过程中不仅可以利用糖,也可以通过分解脂质来获得所需的能量。在缺乏外部能源物质时,精子甚至可以分解自身的磷脂来获取能量。如在附睾内的无氧和缺少外部能源的环境中,精子主要利用自身的磷脂作为代谢基质。在有氧代谢过程中,精子也能缓慢地消耗脂类,精液中的磷脂氧化成为卵磷脂,然后卵磷脂分解,释放脂肪酸,最终经氧化获得能量。当精液中有果糖存在时,甘油的代谢作用可能会受到抑制,精清中的缩醛磷脂不能分解。因此,甘油在精液的低温或冷冻保存中不仅是一种防冻剂,而且还可以作为一种能源的补充剂。此外,己酸等低级脂肪酸也可以作为绵羊、牛和犬等动物精子的能源而被氧化利用,尤其是牛和绵羊精液、脂类的代谢就显得更为重要。

(四)精子对蛋白质的代谢

在正常情况下,精子无须利用蛋白质来获得能量。在有氧及氨基酸氧化酶的作用下,精子能利用某些氨基酸,引起氨基酸的氧化脱氨基作用而产生氨。因此,精子对蛋白质的分解往往表示精液已开始变性,是精液腐败的现象。

四、外界因素对精子存活的影响

在精液射出体外后,精子的生活环境随之改变,如温度、光照辐射、pH、渗透压及化学物质等因素都会直接影响精子的代谢和生活力。其中,有些因素虽然能促进精子的活动力和代谢,但是会使精子的生存时间缩短;有些因素则能抑制精子的活动力和代谢,从而延长其生存时间。

(一)温度

动物体温是精子进行正常代谢和运动的最适温度,如哺乳动物为 37～38 ℃,鸟类为 40 ℃。动物体温不利于精子长期保存,甚至影响哺乳动物精子的正常发生。温度的变化可以改变精子的代谢和运动能力,影响精子寿命。

精子对高温的耐受性差,一般不超过 45 ℃。当温度超过这个限度时,精子经过短促的热僵直后立即死亡。在 40～44 ℃高温环境中,精子的代谢和运动异常增强,能量物质在短时间内迅速耗竭,可能很快失去生存力。绵羊对高温特别敏感,公羊处于高温环境中(如 36 ℃以上)会导致少精,而且大多数精子会发生死亡或变性。

低温也会伤害精子。当新鲜精液由体温急剧降至 10 ℃以下时,精子受到不可逆的冷打击,失去生活力,很快死亡,这种现象被称为精子冷休克。这种现象可能是因精子细胞膜在冷打击中受到破坏,细胞内三磷酸腺苷、部分蛋白质(细胞色素)和钾等成分漏出,渗透压升高,精子糖酵解和呼吸过程受阻,最终造成精子结构和活力发生不可逆的变化。在含有卵黄、奶类或甘油等的稀释液中,精子可以免受冷休克的伤害,从而可在低温(0～5 ℃)或超低温度(−196 ℃)环境中有效保存。在低温环境时,精子的代谢活动和运动受到抑制,能量消耗减少,故存活时间相应延长。在冷冻过程中,冰晶对精子细胞结构会造成机械性损伤;在超低温冷冻环境中,精子的代谢和活动基本停止。当温度恢复时,精子的活动力仍能恢复,能继续进行代谢,这正是精液冷冻和低温保存的主要理论根据。

(二)光照和辐射

可见光和紫外线及各种射线均会对精子的生活力产生影响。由于日光中的红外线能使精液温度升高,因此对精液进行短时间的日光照射,能刺激精子的氧摄取量和活动力,加速精子的呼吸和运动,导致代谢物积累过多,从而造成对精子的毒害作用。紫外线对精子的影响取决于其剂量强度。波长为 366 nm 的紫外线比波长为 254 nm 的紫外线抑制精子活动力的效果强。荧光对精子的损害低于日光。对在白色荧光和在暗处条件下保存牛精液的比较发现,死精子数随光照强度的增强而大为增加,精子活动力和代谢率降低,所以实验室内的日光灯对精子也有不良影响。

射线的辐射对精子的代谢、活动力、受精能力等均可产生损害作用。当射线的剂量高于 8.26 C/kg 时,精子的代谢和活动力会受到影响;低剂量的辐射(0.025～0.21 C/kg)可使精子发生遗传学损伤,或者造成受精能力的丧失。

(三)pH

精液 pH 的变化可以明显地影响精子的代谢和活动力。在 pH 较低的偏酸性环境中,精子的代谢和活动力受到抑制;当精液的 pH 升高时,精子代谢和呼吸增强,运动和能量消耗加剧,精子寿命相对缩短。因此,pH 偏低更有利于精液的保存,可采用向精液中充入饱和 CO_2 或用碳酸盐的方法使 pH 降低。精子适宜的 pH 范围因动物种类不同而有差异:一般牛为 6.9～7.0,绵羊为 7.0～7.2,猪为 7.2～7.5,兔为 6.8,鸡为 7.3。

(四)渗透压

精子与其周围的精液基本上是等渗的。如果精清部分的渗透压高,就会使精子本身因为脱水而出现皱缩;反之,低渗透压则易使精子膨胀。当上述2种变化严重时,精子都可能会死亡。精子对不同的渗透压有逐渐适应的能力,这是细胞膜使精子内、外的渗透压缓缓地趋于平衡的结果。但这种适应能力有一定的限度,并且和液体中的电解质也有很大关系。不同物质的渗透压和精子的完整性也会对精子内、外渗透压的平衡产生影响。与相对分子质量高及有负电荷的物质相比,相对分子质量低及非离子物质穿透精子膜的速度更快,因此也能在更短的时间内使精子内、外渗透压达到平衡。精液的渗透压可用冰点下降度(Δ)来表示。家畜精液的冰点下降的温度范围为$-0.65 \sim -0.55$ ℃。精子对渗透压的耐受范围一般是等渗液的50%~150%。在精液冷冻液中,精液稀释液的渗透压因工艺的特殊要求而超出正常的范围。

(五)电解质

精子的代谢和活动力也受环境中离子类型和浓度的影响。电解质对精子膜的通透性比非电解质(如糖类)弱,高浓度的电解质易破坏精子与精清的等渗性,造成精子的损伤。一定量的电解质对精子的正常刺激和代谢是必要的。因为它能在精液中起缓冲作用,特别是一些弱碱性盐类,如柠檬酸盐、磷酸盐等溶液,具有良好的缓冲性能,对维持精液 pH 的相对稳定具有重要作用。电解质的作用取决于电解所产生的阴、阳离子及其浓度,对精子的影响也因动物种类的不同而存在差异。

由于阴离子能除去精子表面的脂类,使精子凝集,所以对精子的损害一般要大于阳离子。K^+、Na^+、Ca^{2+} 及 Mg^{2+} 等对精子的影响主要是对精子的代谢和活动力所起的刺激或抑制作用。例如,在哺乳动物中,精清中少量 K^+ 能促进精子呼吸、糖酵解和运动,高浓度 K^+ 对精子代谢和运动有抑制作用。某些金属离子对维持精子的代谢和活动力具有重要作用,很容易因过量而引起精子死亡,如 Fe^{2+}、Cu^{2+}、Zn^{2+} 等。

(六)精液稀释和浓缩

精液稀释后不仅容量扩大,而且精子代谢和活动力也发生变化。其影响取决于稀释液中的缓冲剂能否使精子内、外的 pH 和渗透压趋于平衡,是否含有可逆的酸抑制成分和防止能量消耗的其他因素。在稀释过程中,精液中的某些抑制代谢的物质浓度降低,故而使精子代谢和活动力加强。稀释超过一定程度可使精子内的 K^+、Ca^{2+}、Mg^{2+} 渗出,Na^+ 渗入,精子膜表面发生变化,通透性增大,从而使精子活力和受精力大为降低。特别是仅含有单纯或多种电解质的稀释液的不良影响更为显著。因此,每种稀释液应有适当的稀释倍数和范围。在稀释液中加入卵黄成分并做分步稀释,可以减少高倍稀释对精子的有害影响。

与精液的稀释相反,马和猪的精液可弃去一部分精清,尤其是其中的胶质块或再经浓缩处理虽不加稀释液仍能使精子的生活力保存较久或比全精液保存时间适当延长。供冷冻的精液都采用浓缩精液或取其富含精子部分,以减少授精量。马的浓缩精液每毫升可增加到 7 亿个精子,在解冻后仍有较长的存活时间。离心处理虽是常用的精液处理手段,但不能高速离心。例如,对马和猪的精液,离心速度宜在 1 500 r/min 以内。如果离心速度超过 2 000 r/min,则精子中的一些酶和磷脂成分易损失。更快的离心速度对任何精子都是有害的。

（七）气相

氧对精子的呼吸是必不可少的。精子在有氧的环境中，能量消耗增加，CO_2 积累增多，在缺氧的情况下，CO_2 积累能抑制精子的活动。在 100％ CO_2 的气相条件下，精子的直线运动停止。若用氮或氧代替 CO_2，精子的运动可以得到恢复。另外，25％以上的 CO_2 可抑制牛、山羊和猪精子的呼吸和糖酵解能力。

（八）药品

在精液或稀释液中加抗生素等药物能抑制精液中病原微生物的繁殖，从而延长精子的存活时间。在冷冻精液的稀释液中加入甘油对精子具有防冻保护作用，以提高精子复苏率。激素可以影响精子的有氧代谢，如胰岛素能促进糖酵解，甲状腺素能促进精子呼吸以及果糖和葡萄糖的分解。睾酮、雄烯二酮、孕酮等能抑制精子的呼吸，在有氧条件下能促进糖酵解。

有些药品能抑制和杀死精子，如酒精等一些消毒药品能直接杀死精子。因此，在精液处理中，应注意避免精液与消毒药品等的接触。

五、精子的凝集性

引起精子凝集的原因有 2 种：一是理化因素凝集；二是免疫学凝集。其中，受理化因素影响发生的凝集现象在生产实践中更常见。

（一）理化因素凝集

理化因素造成的精子凝集现象既可能是由某些化学药品引起的，也可能是由操作不当造成的。例如，在精液稀释、冲洗精子、冷休克、金属盐处理、改变 pH 和渗透压以及加入普通血清时，都可能发生精子凝集现象。通常可见几个或许多精子头对头或尾对尾聚集在一起，造成精子异常，影响精液品质。某些电解质能够夺去精子细胞膜的脂类，也能使被覆在精子表面的精清蛋白或脂蛋白受到损失，从而使精子发生凝集的可能性增加。

（二）免疫学凝集

精子具有抗原性，可诱导机体产生抗精子抗体。在有补体存在的情况下，这种抗精子抗体可抑制精子运动而发生凝集反应。精子的抗原性是在精子产生和成熟过程中获得的。虽然精子在正常情况下不与免疫系统接触，但对动物机体本身的免疫系统来说也是一种异己物质。

精子抗原的种类很多，除种属特异和精子特异的抗原外，它们还有精子特异性抗原、组织相容性抗原、精子包被抗原等。

1.精子特异性抗原

哺乳动物的精子至少有 3～4 种抗原与精子的特异性有关。如牛有 4 种精子特异性抗原，其中一种仅位于精子头部，另一种仅位于尾部，其他两种头、尾都有。印度水牛的精子中存在 3 种精子特异性抗原。

2.组织相容性抗原

已证实，人和小鼠等动物的精子存在组织相容性抗原。用异种品系小鼠的精子免疫小鼠以及用制备的抗血清进行细胞凝集试验时都发现,精子能够与血清中的细胞凝集抗体结合,而这些血清对各品系小鼠红细胞都具有凝集能力,从而证实小鼠精子存在组织相容性抗原,即H-2抗原。人的这种组织相容性抗原则被称为人类白细胞抗原、HLA抗原。

3.精子包被抗原

精子包被抗原是指精子在通过雄性生殖道时获得的一种抗原。在精清中,有一种成分和精子相互作用并包裹精子,即精子包被抗原(spermatozoa-coating antigen,SCA),如乳铁蛋白(lactoferrin)。

不仅精子本身有抗原性,精液中来源于副性腺的分泌物也有抗原性,而且抗原性更强。例如,牛附睾中的精子注入家兔体内得到的抗血清,补体结合反应的滴定值远远低于由射出精子或精清作抗原的免疫血清,甚至没有抗精液的抗体产生。在精子的凝集过程中,尾对尾的凝集比头对头的凝集更多见,凝集反应的速率取决于抗体的浓度。

精子及精清都具有免疫原性,与动物机体的免疫系统接触就可产生特异性抗体。高浓度抗体具有的作用:①可破坏精子的代谢作用,使精子细胞膜膨胀,膜的渗透性发生改变,最终造成精子死亡;②阻碍精子的运行;③增强吞噬细胞对精子的吞噬作用;④抑制卵泡的生长。因此,雌性动物体内高浓度的抗精子抗体会导致雌性动物的免疫性不孕。

▶ 第五节 精 液

一、精液的组成

精液(semen)是指由精子(sperm)和精清(seminal plasma)组成的细胞悬液。精子的主要化学成分为核酸、蛋白质和脂类,精清构成精液的液体部分。

精清主要来自副性腺,此外,还有少量来自睾丸和附睾。不同动物副性腺数量、大小和结构存在的差异致使精清的化学组成也有明显的差异。即使是同种动物或同一个体,不同的采精方法、采精频率也会使精清成分发生一定的变化。精清的化学组成如下。

(一)糖类

大多数哺乳动物精清中都含有糖类物质,主要有果糖、山梨醇和肌醇等。各种糖的浓度在不同动物,甚至不同个体间有很大的差异,其中羊和牛的精清中的果糖浓度较高,而马、猪和鸡精清中的果糖含量较低。果糖主要来源于精囊腺,少量来源于壶腹腺。山梨醇和肌醇也来源于精囊腺。山梨醇可氧化为果糖被精子利用。肌醇在猪精清中含量很高,但不能被精子利用,可能对维持渗透压有一定作用。

(二)蛋白质、氨基酸类

精清中的蛋白质含量很低,一般为3%～7%,包括免疫球蛋白A(IgA)类。在动物射精后,精液中的某些蛋白质常因蛋白酶的作用而发生变化,不可透析性氮的浓度降低,而非蛋白氮和氨基酸的含量增加。在牛精清中已发现17种游离氨基酸,其中谷氨酸含量最高,占38%。精清中的游离氨基酸是精子有氧代谢可利用的基质。精清中有一种唾液酸附黏蛋白,另外,还有麦角硫因(ergothioneine)等,其在猪、马精液中的含量较多。由于它具有还原硫基的特性,故在精子被排出时起保护作用。

(三)脂类

精清中的脂类物质主要是来源于前列腺的磷脂,如磷脂酰胺、乙酰胆碱、乙胺醇等,其中卵磷脂对延长精子寿命和抗低温打击有一定的作用。精清中的脂类还包含胆固醇、甘油二磷脂、甘油三磷脂及蜡酯。牛、猪、马和犬精清中的磷脂多以甘油磷酰胆碱(glyceryl phosphoryl choline,GPC)的形式存在。GPC 主要是附睾的分泌物,不能被精子直接利用,但可被雌性动物生殖道内激酶分解为磷酸甘油,成为精子可利用的能源物质。

(四)酶类

精清中含多种酶类,其中大部分来自副性腺,少数由精子渗出。例如,绵羊精清中的转氨酶(AST/GOT)主要来自附睾和精囊腺,牛精清中的转氨酶(ALT/GPT 和 AST/GOT)主要来自附睾。精子在冷休克或深度低温冷冻时由于代谢降低,酶就会从细胞中"渗漏出来",如精清中的乳酸脱氢酶(LDH)。精清中的酶类是精子蛋白质、脂类和糖类分解代谢的催化剂。

(五)有机酸类

哺乳动物精清中有多种有机酸,主要有柠檬酸、乳酸等。通常柠檬酸在动物精清中浓度很高,但不易被精子利用。有机酸对维持精液的正常 pH 和刺激雌性动物生殖道平滑肌收缩具有重要作用。

(六)维生素

精清中的维生素种类和含量与动物本身的营养和饲料有关。常见的有核黄素(维生素 B_2)、维生素 C、泛酸、烟酸等。精清中的维生素可提高精子的活力和密度。

(七)激素

精清含有多种激素,如雄激素、雌激素、PG、FSH、LH、生长激素、催乳素、胰岛素、胰高血糖素等。大多数哺乳动物精清的 PGs 浓度低于 100 ng/mL,而绵羊和山羊至少有 40 μg/mL 的 PGE。PGs 作用于平滑肌,可促进精子在雌性生殖道中的运行。

(八)无机离子

精清中的无机离子对维持渗透压和 pH 具有重要作用。精清中的无机离子主要有 Na^+、K^+、Mg^{2+}、Ca^{2+}、Cl^-、PO_4^{3-} 和 HCO_3^- 等,其中 Na^+ 和 K^+ 是主要的阳离子,Cl^- 是主要的阴离子。K^+ 可以影响精子的生活力。

在自然交配情况下,精清作为精子的载体,对精子具有保护作用,是必不可少的,特别是对阴道射精型动物(如牛、羊)更加重要。但是精清对受精并不是必需的,因为精子要完成获能,还必须排除精清,一些动物用附睾精子受精也能受孕。

二、精液的理化性质

精液的理化性状一般包括精液的外观、气味、精液量、精子密度、pH、渗透压、相对密度、黏度、导电性及光学特性等。

(一)外观

精液的外观因动物种类、个体及饲料性质等的不同而有差异,一般为不透明的灰白色、乳白色或浅乳黄色。精液密度越大,色泽越深,反之则越淡。牛精液一般为乳白色或灰白色,也有少数公牛的精液呈淡黄色,这与饲料种类及公牛的遗传性有关。绵羊和山羊的精液精子密度大,浓稠。马精液颜色为半透明的乳白色,其中含有较多黏稠胶状的精囊腺分泌物,黏性强,胶状物的分泌量与个体性兴奋程度有关。猪精液为白色或灰白色,其中含有固态胶状物,富有黏着性。

未经稀释的动物精液因密度大、活力强,在玻璃容器中或在显微镜下观察可看到精液翻腾呈现漩涡云雾状,这是精子强烈运动的结果,也是精液品质良好的表现。精液的质量越好,这种状态就越明显。精液的云雾状运动一般多见于牛、羊、鹿的精液以及猪、犬的浓厚部分精液。

(二)气味

精液一般无味或略带腥味,有的动物精液带有其本身固有的气味,如牛、羊精液略有膻味。精液出现异味很可能是由精液变质、生殖器官炎症、精液存放时间过长造成的。精液中的蛋白质等有机成分变性也可使精液发生变质而出现异味。精液气味的异常往往伴有色泽的改变。

(三)精液量

精液量是指雄性动物一次射精采集到的精液体积。由于动物种类不同,生殖器官,特别是副性腺的数量、形态和构造存在差异,故不同动物的射精量相差很多。牛、羊、鸡等动物射精量小,而猪、马等动物射精量大。同一品种或同一个体的射精量也因遗传、营养、气候、采精频率等因素影响而有差异。同一种动物的射精量有一正常范围。如果动物射精量太大超出正常范围,则可能是由过多的副性腺分泌或其他异物(尿、假阴道漏水)混入导致的。

(四)精子密度

精子密度又称精子浓度(sperm concentration),是指每毫升精液中所含的精子数量。一般精液量多的动物每毫升所含的精子数少,精液量少的动物每毫升中所含的精子数多。精子密度也因动物年龄、种类的差异而有变化。

(五)pH

一般新采集的原精液 pH 近中性,牛、羊的精液呈弱酸性,而马、猪的精液呈弱碱性。决定精液 pH 的主要是副性腺的分泌液。精子生存的最低 pH 为 5.5,最高 pH 为 10。各种动物精液的 pH 都有一定的范围。家畜精液的 pH 会随畜种、个体、采精方法及副性腺分泌物等因素的不同而有所变化。例如,黄牛用假阴道法采得的精液 pH 为 6.4,而用按摩法采集的精液 pH 为 7.85;猪最初射出的精液为弱碱性,而精子浓厚部分的精液则呈弱酸性。采出的精液在体外持续停留可能会受到环境温度、精子密度、代谢等因素的影响,从而造成 pH 不同程度地降低。当精液被微生物污染或精子大量死亡时,精子自身的分解导致氨含量增高,pH 上升。

（六）渗透压

精液的渗透压以冰点下降度（Δ）表示，其正常范围为−0.65～−0.55 ℃，一般为−0.6 ℃。渗透压也可以用渗透压克分子浓度（osmolarity，Osm）表示，1 L水中含有1 Osm溶质的溶液能使水的冰点下降1.86 ℃。如果精液的冰点下降度（Δ）为−0.61 ℃，则它所含的溶质总浓度为0.61/1.86＝0.382，或以382 mOsm表示。精液渗透压的种间差异不仅很小，而且精清和精液的渗透压是一致的，约为324 mOsm。在配制精液稀释液时，应考虑渗透压的要求。

（七）相对密度

精子的相对密度取决于精子的密度。精子密度大，则相对密度大；精子密度小，则相对密度小。若将采出的精液静置一段时间，精子及某些化学物质就会下沉，表明精液的相对密度比水大。成熟精子的相对密度高于精清，精液的相对密度一般都大于1。而未完全成熟的精子由于细胞核内和细胞质含有较多水分，故相对密度较小。因此，若精液中未成熟精子的比例过高，则精液的相对密度就降低。

（八）黏度

精液的黏度与精子的密度及精清中所含黏蛋白唾液酸的量有关。黏度以蒸馏水在20 ℃作为一个单位标准，以厘泊（cP，1 cP＝10^{-3} Pa·S）表示。精清的黏度大于精子，含胶状物多的精液其黏度相应增大。

（九）导电性

精液的导电性是由精液中的盐类或离子造成的。离子的含量越高，导电性能越强。因此，可通过测定精液的导电性，估计精液中电解质的含量及其性质。精液的导电性以在25 ℃条件下测得的精液的电阻值表示，单位为欧姆（Ω）×10^{-4}。精液的导电性与射精量也有一定的关系，其中绵羊的精液导电性最低，牛的精液的导电性次之，猪和马的精液的导电性最高。

（十）光学特性

精液中的精子和各种化学物质使精液对光线的吸收性和透过性不同。一般而言，精子密度大，透光性就差；精子密度小，透光性就强。因此，可以利用光学特性，用分光光度计测定精液中的精子密度。

三、影响精液性状的因素

精液性状的好坏可通过精液品质来说明。精液品质是动物精液受精能力的指标，包括射精量、精液外观、精子密度、精子活力、精子形态以及精液生理生化特征等。精液品质主要受以下几种因素影响。

（一）动物的种类和品种

不同种类动物的精液品质差异很大。猪和马的射精量大，精液略偏碱性，精子密度低，精液中含有较多胶状物;牛和羊等动物射精量小,精液略偏酸性,精子密度高。长白猪的射精量在冬季可以达到291.05 mL,而同期的杜洛克猪只有197.59 mL,这主要是由种间或品种间的遗传特性所决定的。

(二)个体

同一品种、同一家系、同一饲养条件下、不同动物个体之间的精液品质也有所不同。有些个体性欲强、身体健壮,产生的精液数量多、品质好;有些个体的精液品质较差。

(三)年龄

同一个体在不同年龄阶段的精液品质也有差异。对于同一个体而言,其精液品质会随着年龄的变化而变化,一般从性成熟到壮龄,精液量和精子密度逐年增加,壮龄以后逐年下降。有研究认为,3～4岁公牛的精液质量较好,受胎率最高,5岁以后种公牛的精液质量、受胎率下降。公猪在24～29月龄的精液量和精子密度最高。大约克公猪的精液量在8月龄时较少,于9～12月龄时开始上升,2～3岁时保持产精高峰期,4岁时开始下降,5岁时的精液量明显减少。

(四)营养

营养水平对雄性动物的精液品质有显著的影响。营养不足、营养组成和饲料搭配不科学会使青年雄性动物的性成熟推迟,精子的形成受到抑制,成年雄性动物精液质量下降,受胎率下降;营养过好,特别是饲料的能量水平过高会导致雄性动物过肥,性欲下降,畸形精子增多;当饲料中缺乏蛋白质、维生素、微量元素或饲料质量较差时,雄性动物的健康和精液品质均会受到影响。此外,激素对于提高雄性动物的精液品质有不可忽视的作用,严重的甲状腺功能亢进或不足会影响生殖功能。因此,只有满足雄性动物对各种营养成分的需要,才能产生优质的精液。

(五)季节与温度

季节性繁殖动物在繁殖季节的精液品质好,在非繁殖季节的精液品质差;非季节性繁殖动物在夏天和早秋的高温时期,热应激会影响睾丸的正常生精机能,精液中的死精和畸形精子比例增加,精子密度降低,活力下降,精液的品质显著下降。当环境温度超过30 ℃时,阴囊和睾丸就失去热调节能力,精子生成障碍影响精液品质。种公牛最适宜的环境温度为8～20 ℃。种公猪的春季睾酮水平最高,精液品质最高;秋冬季的精液品质各项指标均优于夏季。公猪最适宜的环境温度为18～20 ℃。

(六)健康状况

雄性动物的健康状况对精液品质有重要影响。生殖系统疾病(如睾丸炎、附睾炎)、传染病(如布鲁氏菌病)等可降低精液品质和雄性动物的生育能力,严重时导致生精障碍,甚至不育,失去性欲。发热性疾病以及一些炎症由免疫应答反应而引起体温升高,从而使睾丸和附睾温度升高,间接地影响精液的品质。因此,保证雄性动物的健康对提高精液品质具有重要意义。

（七）运动

运动对雄性动物的精液品质也有很大的影响。适当的运动可确保公牛性情开朗,改进体质,增强性欲,促进精子的生成,精液品质较好,并可以阻止其体形变胖或肢蹄变形。相反,缺乏运动或运动过量可能导致公牛的性格变差,易患消化系统疾病和肢蹄病等。严重时可以导致精液品质下降,影响公牛的配种能力和精液品质。因此,公牛必须保持适当的运动,不宜于拴系式饲养。

（八）其他

自然交配时的配种频率、人工授精时的采精技术、采精频率等都可能影响精液品质。例如,采精频率过高、采精技术不当或技术不熟练等均可使精液品质下降,受胎率降低。公牛的配种次数以每周 2～3 次为宜,如果每天配种 1 次,则连续几天后要休息 1 d。青年公牛一般每周配种不超过 2 次。1～2 岁和 5 岁以上的配种公猪每周可采精 1 次,2～4 岁配种公猪每隔 0.5～1 d 可采精 1 次。过度配种会影响繁殖能力和精液品质,合理的采精频率是保证雄性动物健康体质和精液优良品质的必要条件。另外,有些化学物质具有雄性生殖毒性,能使精子生成受阻,精液品质下降。例如,棉酚作用于精子发育过程的不同阶段,其最终表现为精子减少,导致不育;二硫化碳可引起睾丸萎缩,精子生成障碍,严重时会导致染色体异常。

复习思考题

1.影响雄性动物性行为的因素有哪些?
2.简述精子发生的过程。
3.什么是血睾屏障?
4.什么是精子发生周期?什么是精细管上皮周期?
5.简述精子发生的调控机理。
6.外界因素对精子的存活有何影响?
7.影响精液性状的因素有哪些?

第五章

雌性动物性机能及其调控

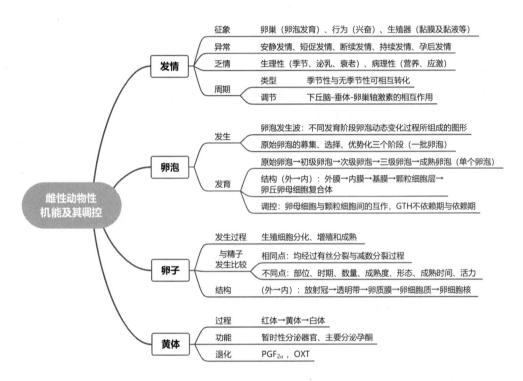

雌性动物的性机能发育阶段包括初情期、性成熟、体成熟和繁殖机能停止期。发情是雌性动物最基本的性活动表现形式，受遗传、环境及饲养管理等因素的影响。发情周期是雌性动物周期性的性活动，可分为卵泡期和黄体期，是下丘脑-垂体-卵巢轴所分泌激素相互调控的结果。卵泡发生在卵巢中表现为卵泡波的形式。在每个卵泡发生波中，数百个原始卵泡经过募集、选择与优势化3个阶段发育成熟。卵子是从成熟的优势卵泡中排出来的，卵子发生包括卵原细胞的增殖与初级卵母细胞的形成、卵母细胞的生长和成熟等阶段。发情鉴定和发情控制技术对畜牧业生产意义重大。本章介绍了雌性动物的性机能发育过程、卵泡发育、卵子发生、发情与发情周期、发情鉴定方法以及诱导发情、同期发情和排卵控制等技术。

The developmental stages of sexual function in female animals involve puberty, sexual maturity, physical maturity and cease stage of reproduction. Estrus, the basic form of sexual activity is affected by heredity, environment, feeding and management and other factors. Estrus cycle, consisting of follicular phase and luteal phase, is periodic sex behavior of female animals. Estrus cycle is regulated by hormones of hypothalamus-pituitary-ovarian axis. Folliculogenesis, developed as the form of follicle waves, consists of recruitment, selection and dominance stages. Ova is released from matured follicle and oogenesis includes proliferation of oogonia and formation of primary oocyte, growth and maturation of oocyte. Estrus diagnosis and control are very important for animal reproduction. This chapter mainly describes the process of sexual function development, follicular development, oogenesis, estrus and estrus cycle, estrus diagnosis method in female animals, as well as estrus induction, estrus synchronization and ovulation control and so on.

中国科学家在雌性动物生殖生理领域的重大发现

上海交通大学生命科学技术学院教授吴际及其研究团队在成年哺乳动物卵巢中发现了雌性生殖干细胞,撼动了生殖与发育研究领域80多年的定论,即出生后卵巢无生殖干细胞存在。该成果于2009发表于国际著名期刊 *Nature Cell Biology*。

▶ 第一节　雌性动物性机能的发育阶段

雌性动物出生后的性机能发育阶段的划分与雄性动物相同,即分为初情期、性成熟期、体成熟期和繁殖机能停止期。具体来说,雌性动物在初情期开始获得繁殖能力,发育到性成熟期的繁殖能力基本达到正常水平,然后至体成熟,到一定年龄后,由于机体衰老,繁殖机能逐渐下降,最后繁殖机能停止。

一、初 情 期

初情期(puberty)是指雌性动物在出生后,当达到一定年龄和(或)体重时,第一次出现发情并排卵的时期。在这个时期,雌性动物虽然开始具有繁殖能力,但是发情表现不完全,发情周期也往往不正常,其生殖器官仍处于进一步的生长发育过程中。

在初情期以前,雌性动物的生殖道和卵巢随着动物年龄的增长而逐渐生长发育,但速度缓慢。卵巢存在卵泡的生长,但在发育过程中不会发育成熟,最终退化闭锁,然后新的生长卵泡再次出现,并再次退化,如此反复进行,直到初情期,卵泡才能发育成熟并排卵。

初情期的生殖调节与下丘脑-垂体-卵巢轴的生长和分泌机能有关。在初情期前,垂体发育很快,同时对下丘脑的 GnRH 已有反应能力;在接近初情期时,下丘脑 GnRH 的脉冲性释放增强,促进了垂体促性腺激素 (gonadotropic hormone,GTH)的分泌。当到达初情期时,释放到血液中的 GTH 的量明显增加,从而引发卵巢卵泡的发育和成熟,卵巢的体积和质量均增加,卵泡分泌的 E_2 进入血液,刺激生殖道的生长和发育。例如,仔猪在 $169\sim186$ 日龄时卵巢的质量平均增加 32%,子宫的质量增加 72%,子宫角的长度增加 58%。绵羊和牛初情期的第一次发情往往表现为安静发情,卵巢上有卵泡成熟和排卵。因之前卵巢上没有黄体,所以其缺少少量 P_4 协同 E_2 刺激发情的表现。

初情期的长短与动物繁殖力的高低有关。就动物种类而言,一般初情期早的动物的繁殖力较高。动物的初情期也受下列因素的影响。

1.品种

一般来说,对于个体小的品种而言,其初情期比个体大的品种的初情期早。例如,在奶牛中,娟姗牛的平均初情期为 8 月龄,荷斯坦牛的平均初情期为 11 月龄,爱尔夏牛的平均初情期为 13 月龄。乳牛的初情期一般比肉牛的初情期早。我国一些地方品种(如太湖猪、长江三角洲白山羊等)的初情期比国外体形大的品种的初情期种早。

2. 气候

气候因素(包括光照、温度、湿度等)对初情期也有很大影响。例如,我国南方比北方的光照时间长,气候湿热,各种动物的初情期较早。同样,热带地区动物的初情期比寒带和温带动物的初情期早。

3. 营养

大多数家畜初情期的年龄与体重密切相关,营养是影响初情期的一个重要因素。一般来说,高营养水平可促进动物生殖腺发育,使达到初情期体重所需的时间较短,所以其初情期较早。相反,若严重营养不良或蛋白质、维生素和矿物质缺乏,则动物生长缓慢,垂体 GTH 分泌不足,初情期推迟。如荷斯坦牛的营养水平从 60% 升到 140%,初情期月龄则从 16.6 缩短至 8.5(表 5-1)。动物机体发育成熟和体脂含量对初情期的早晚都具有重要的调节作用,仅仅过高的饲养水平和脂肪蓄积并不能提早初情期。例如,如果猪的营养过剩,体况过肥,其初情期反而推迟。

表 5-1　3 种营养水平对荷斯坦奶牛初情期的年龄和体重的影响

总可消化养分摄入量	初情期/月龄	初情期体重/kg
低(60%)	16.6(13.6~18.5)	244.9(195.0~260.1)
正常(100%)	11.3(8.5~12.7)	263.1(199.6~294.8)
高(140%)	8.5(6.7~9.9)	263.1(208.7~290.3)

资料来源:动物繁殖学,杨利国,2003。

4. 出生季节

出生季节对初情期的影响主要与营养水平和气候因素有关。对于季节性发情的动物而言,其初情期受出生季节的影响更大。如果在气候适宜、饲草饲料丰富的季节出生,动物的生长速度较快,初情期较早;如果在气候和环境条件恶劣、饲草饲料资源短缺的季节出生,动物正常的生长发育势必受到影响,初情期被推迟。例如,在春季出生的绵羊的初情期为 5~6 月龄;在秋季出生的绵羊的初情期为 10~12 月龄。

此外,在饲养管理中,动物在群体饲养下有助于提早初情期;雌雄动物之间嗅觉和视觉的异性作用可以明显提早雌雄动物的初情期(图 5-1)。

二、性成熟期

性的成熟是生殖机能成熟的过程。雌性动物在初情期的生殖器官和机能仍处继续发育。一旦生殖器官发育成熟,发情和排卵正常,并具有正常的生殖能力,即达到了性成熟(sexual maturity)。影响初情期的因素同样对性成熟产生影响。

母猪初情期28周　　母猪初情期32周

母猪初情期24周
（公、母猪无身体接触）

母猪初情期24周
（公、母猪身体接触）

图 5-1　小群或公母混养对母猪初情期的影响

（资料来源：*Pathways to Pregnancy and Parturition*，Senger PL，2003）

三、适配年龄和体成熟期

适配年龄又称配种适龄，是指动物适宜配种的年龄。体成熟是指机体各器官组织发育完成，并具有动物固有的外貌特征。动物发育至性成熟期虽然已具有正常的繁殖能力，但是否适宜配种，这是畜牧生产中的一个实际问题。处于性成熟期的雌性动物虽然可以配种受孕，但此时身体仍未完全发育成熟。若过早受孕，妊娠后期有限的营养在分配上就会对胎儿及母畜产生很大的影响：一方面将影响胎儿的生长发育和新生动物的成活，如易出现窝仔数少、后代不强壮现象；另一方面也将影响母体的发育，导致母猪难产的发生，缩短其繁殖年限。据报道，母猪二胎繁殖障碍综合征的发生（指初产母猪进入第二轮生殖周期，断奶后母猪因失重过多，发情率低，再次配种困难，母猪淘汰率高等现象）与配种年龄过早有关。因此，确定适配年龄既要照顾动物机体发育的成熟，又要考虑经济价值的利用。在生产中，一般选择性成熟之后、体成熟之前的一定时期才开始配种。

在适配年龄上，除考虑上述影响初情期和性成熟的因素外，还应根据个体生长发育情况和使用目的而定，对雌性家畜的要求比对雄性家畜的要求更重要。适配年龄一般比性成熟晚一些。在开始配种时，体重应为其成年体重的 70% 左右。

四、繁殖机能停止期

雌性动物的繁殖能力有一定的年限。动物从出生至繁殖能力消失的时期，称为繁殖能力停止期或繁殖终止期。其长短与动物的种类、饲养管理以及动物本身健康状况等因素有关。各种雌性动物的性机能发育期见表 5-2。

表 5-2　各种雌性动物的性机能发育期

动物种类	初情期	性成熟期	适配期	体成熟期	繁殖终止期/岁
黄牛	8～12 月龄	10～14 月龄	1.5～2.0 岁	2～3 岁	13～15
水牛	10～15 月龄	15～20 月龄	2.5～3.0 岁	3～4 岁	13～15
猪	3～6 月龄	5～8 月龄	8～12 月龄	9～12 月龄	6～8
绵羊	4～5 月龄	6～10 月龄	12～18 月龄	12～15 月龄	8～11
山羊	4～6 月龄	6～10 月龄	12～18 月龄	12～15 月龄	7～8
马	12 月龄	15～18 月龄	2.5～3.0 岁	3～4 岁	18～20
驴	8～12 月龄	18～30 月龄	24～30 月龄	3～4 岁	
犬	6～8 月龄	8～14 月龄	12～18 月龄		
兔	4 月龄	5～6 月龄	6～7 月龄	6～8 月龄	3～4
鹿		16～18 月龄	30～36 月龄		
骆驼	24～36 月龄	30～40 月龄	3.5～4 岁	5～6 岁	20
猫	6～8 月龄	8～10 月龄	12 月龄		8
鸡		5～6 月龄			
鸭		6～7 月龄			
小鼠	30～40 日龄	36～42 日龄	65～80 日龄		1～2

资料来源：动物繁殖学，王元兴，1993。

▶ 第二节　发情和发情周期

雌性动物生长发育到一定年龄后，在垂体促性腺激素的作用下，卵巢上的卵泡发育并分泌雌激素，引起生殖器官和性行为的一系列变化，出现性欲，这种生理状态称为发情（oestrus，heat）。发情是雌性动物最基本的性活动表现形式，而且在繁殖季节呈周期性变化。

一、发　情

卵巢上卵泡的发育、成熟和雌二醇（E_2）产生是发情的本质，外部生殖器官和性行为的变化是发情的外部表现。在发情时，动物表现出对异性接触的喜悦和交配欲望，称为性欲（libido）。雌性动物除了正常发情、产后发情和生理性乏情以外，还经常遇到异常发情和病理性乏情等现象。

(一)发情征象

发情征象（estrous signs）是指性欲表现与生殖系统在发情时的特征。其主要表现在 3 个方面：卵巢变化、生殖道变化和行为变化。这三个方面的变化程度因发情的不同阶段而有差异。一般来说，在发情盛期最为明显，在发情前期和后期则减弱。此外，畜种不同和同一品种不同个体之间的发情征象表现程度也有差异。

1.卵巢变化

雌性动物(如牛、猪等)一般在发情开始前3~4 d卵巢上黄体开始消退,处于这一阶段卵泡波的卵泡开始生长,E_2分泌量增加;至发情前2~3 d,卵泡迅速发育,卵泡内膜增生,卵泡液分泌增多,卵泡体积增大,E_2大量分泌,卵泡壁变薄而突出于卵巢表面。至发情征象消失时,卵泡已发育成熟,卵泡体积最大。在激素的作用下,卵泡壁破裂,次级卵母细胞连同放射冠、透明带和卵泡液一起排出,即排卵。

2.行为变化

卵泡分泌大量的E_2刺激中枢神经系统,使雌性动物在发情时表现出明显不同于平时的行为特点,即兴奋不安,对外界的变化刺激十分敏感,食欲减退,泌乳量减少,时常鸣叫,放牧时常离群独自行走,喜接近雄性动物,举尾拱背,频频排尿,表现出性欲,在爬跨时站立不动。

3.生殖道变化

由于E_2的大量分泌,孕激素(P_4)分泌减少,发情雌性动物在生殖道血管、黏膜、肌肉以及黏液性状等方面都会发生明显的变化。

在发情时,随着卵泡分泌E_2量的增加,生殖道血管增生并充血,至排卵前,卵泡达到最大体积,在E_2分泌量最大时,生殖道充血最为明显。排卵时,E_2水平将骤然降低,往往可引起犬和一些牛(45%~90%)的生殖道血管发生破裂,少量血从生殖道内流出,在犬上称为"滴血",但并不影响正常的受精,在其他动物极少发生这种现象。

发情时,生殖道黏膜上皮细胞和子宫腺体都会发生一系列变化。以牛为例,发情时,输卵管上皮细胞增高;子宫黏膜层增厚,子宫腺体发育加快并产生许多分支,分泌大量黏液,上皮细胞快速增长;子宫颈上皮细胞的高度也有所增加;阴道黏膜充血和水肿。其中外阴在发情时充血、肿胀以及从阴道内流出大量黏液的现象是鉴别发情的主要特征之一。由于这种征象随着卵泡发育程度的不同而不同,因此,结合行为变化特点,其也可作为确定动物适宜输精时间的依据。

发情时,子宫肌细胞的大小和活动也发生变化,表现为子宫肌细胞变长,收缩频率加快,收缩幅度减小。通常,E_2使子宫肌肉收缩增强,而P_4使收缩活动减弱。

(二)异常发情

雌性动物的异常发情(abnormal estrus)时常发生。雌性动物在初情期至性成熟前由于性机能尚未发育完全或在性成熟以后由于环境条件的变化,如劳役过重、营养不良、内分泌失调、泌乳过多、饲养管理不当、温度的突变等以及繁殖季节的开始阶段均易发生异常发情。雌性动物常见的异常发情主要有以下几种。

1.安静发情

安静发情(silent heat)又称隐性发情或安静排卵,是指发情时缺乏发情的外表征象,但卵巢上有卵泡的发育、成熟并排卵。安静发情常见于产后带仔的牛、马和羊。在产后第一次发情、每天挤奶次数过多或体质瘦弱的母牛以及青年或营养不良的动物等都会出现安静发情。当连续2次发情之间的间隔时间相当于正常发情间隔的2倍或3倍时,即可怀疑中间有安静发情发生。引起安静发情的原因可能是体内有关激素分泌失调。例如,E_2分泌不足;PRL分泌不足或缺乏,引起黄体早期退化,致使P_4分泌量不足,降低下丘脑对E_2的敏感性。在发情季节的第一个发情期,绵羊安静发情的比例较高与之前缺乏黄体有关;在繁殖季节结束时发生的安静发情可能与 E_2 浓度低下有关。

2. 短促发情

短促发情(short estrus)是指动物发情持续时间短,多发生于青年动物和乳牛。其原因可能是发育的卵泡很快成熟破裂排卵或卵泡突然停止发育或发育受阻等神经-内分泌系统的功能失调。

3. 断续发情

断续发情(split estrus)是指雌性动物发情延续时间长,但发情时断时续,多见于一些动物在营养不良或繁殖季节初始时。这是由卵泡交替发育所致,即先发育的卵泡中途发生退化,新的卵泡又再发育。当转入正常发情时,雌性动物有可能发生排卵,配种也可能受孕。

4. 慕雄狂

慕雄狂(nymphomania)常见于牛和猪,马也可发生,表现为持续强烈的发情行为。患慕雄狂的雌性动物发情周期不正常,发情期长短不一,经常从阴户流出透明黏液,外阴浮肿,荐坐韧带松弛,同时尾根举起,配种不受孕。例如,患慕雄狂的母马发情持续时间可达 $10\sim40$ d,但并不排卵。慕雄狂发生的原因与卵泡囊肿(follicular cyst)有关。并不是所有的卵泡囊肿都具有慕雄狂症状,也不是只有卵泡囊肿才引起慕雄狂,其他原因,如卵巢炎、卵巢肿瘤以及下丘脑、垂体、肾上腺等内分泌器官机能紊乱等均可发生慕雄狂。

5. 孕后发情

孕后发情(post-partum estrus,foal heat)又称妊娠发情,是指在怀孕期仍有发情表现。母牛在怀孕最初 3 个月内常有 $3\%\sim5\%$ 的母牛表现发情,绵羊孕后发情率可达 30%。在一些动物均有异期复孕(superfetation)的个别现象,致使孕畜妊娠期满后相隔数天或一周两次分娩,如大鼠、小鼠、兔、牛和绵(山)羊等。引起孕后发情的原因很复杂,尚未彻底弄清。推测其主要原因为激素分泌失调,如妊娠黄体分泌 P_4 不足,而胎盘分泌 E_2 过多等。

(三)产后发情

产后发情(postpartum estrus)是指动物分娩后的第一次发情,不同动物的产后发情各有其特点。

1. 母猪

母猪在分娩后 $3\sim6$ d 内一般可出现发情,但是卵巢不排卵。在仔猪断奶后一周之内,80% 左右的母猪出现产后第一次正常发情。如因仔猪死亡等而提前结束哺乳期,就可在断奶后数天发情。虽然在哺乳期间也有发情的母猪,但这种情况较少。

2. 母马

母马往往在产驹后 $6\sim12$ d 发情。其一般发情表现不明显,甚至无发情。卵巢有卵泡发育且可排卵,若配种可受孕,又称"配血驹"。

3. 母牛

母牛一般可在产后 $40\sim50$ d 发情。耕牛,特别是水牛一般在产后发情较晚,往往经数月,甚至 1 年以上才出现发情。其主要原因是饲养管理不善或使役过度。

4. 母羊

母羊大多在产后 2～3 月发情,不哺乳的母羊可在产后 20 d 左右发情。

5. 母兔

母兔在产后 1～2 d 就会发情,卵巢上有卵泡发育成熟并排卵。

6. 大鼠和小鼠

大鼠和小鼠一般在产后 2～3 周第一次发情。

(四)发情的季节性特点

雌性动物的发情不仅受神经内分泌调控,也受外界环境条件的影响。按照发情的季节性特点,各种动物被分为季节性发情动物和全年发情动物(无季节性发情)(表 5-3)。

表 5-3 动物发情的季节性

动物种类	季节性发情					全年发情 (无季节性发情)
	季节性多次发情				季节性单次发情	
	春	夏	秋	冬		
马	√	√	√			牛、猪、部分品种绵羊 (如湖羊、寒羊)
驴	√	√	√			
绵羊			√	√		
山羊	√		√	√	犬(晚春、秋末、冬初)	
牦牛		√				
鹿			√	√		
骆驼	√			√		
野兔	1—8 月					

资料来源:兽医产科学,赵兴绪,2009。

1. 季节性发情动物

季节变化是影响雌性动物生殖活动,特别是发情周期的重要环境因素,可以通过神经系统发挥作用。有些动物在一年中于某个季节才表现发情,这一季节称为发情(繁殖)季节,如马、骆驼、犬和猫等;在其他季节,由于卵巢处于相对静止状态,无周期性的功能活动,因此称为非繁殖季节或乏情季节。在发情季节,有些动物有多个发情周期,称为季节性多次发情(polyestrus),如马、驴和绵羊等;有些动物在发情季节只有一个发情周期,称为季节性单次发情(monoestrus),如犬。

2. 全年发情动物(无季节性发情)

属于全年发情动物类型的动物全年均可发情,无发情季节之分,配种没有明显的季节性。猪、牛、湖羊以及地中海品种的绵羊等属于此类型。

动物发情周期之所以有季节性,一般认为是长期自然选择的结果。在未驯化前,处于原始的自然条件下的动物只有在全年比较适宜的季节发情配种,才能保证所生幼仔有充足的食物及适宜的环境,适合幼仔的成活。例如,马的发情季节为春季,妊娠期为 11 个月,则分娩季节为春季,这时有利于幼驹成活;某些绵羊的发情季节在秋季,妊娠期为 5 个月,则分娩季节也为春季。动物的发情季节并不是固定不变的,而是随着驯化程度的加深、饲养管理的改善,动物繁殖的季节性限制也会发生改变,甚至季节性不明显。例如,高度驯化的纯种马或温暖地区进行舍饲的母马的发情季节性就不太明显,甚至不受季节限制。反之,如果全年发情的母畜饲养管理长期非常粗放,则其发情也有集中于某一季节的趋势,如牛、猪等。

(五)乏情

乏情(anestrus)是指长期不发情,卵巢处于相对静止状态,无周期性的功能活动。乏情分为生理性乏情与病理性乏情。在妊娠和泌乳期间、非繁殖季节以及由衰老引起的不发情均属于生理性乏情;由营养不良、疾病等引起的暂时性或永久性卵巢功能活动降低,以致不发情等属于病理性乏情。

1. 季节性乏情

具有季节性繁殖的动物在非繁殖季节,卵巢上无卵泡的发育和成熟,生殖道无周期性变化,即为季节性乏情。季节性乏情因畜种、品种和环境而异。例如,马多在短日照的冬、春季乏情,此时卵巢小而硬,既无大卵泡,也无黄体;一些绵羊品种在夏季乏情。

2. 泌乳性乏情

有些动物在产后泌乳期间由于卵巢周期性活动机能受到抑制而不发情,即为泌乳性乏情。泌乳性乏情的发生和持续时间因畜种和品种不同而有很大差异。母猪在哺乳期间的发情和排卵受到抑制。在正常情况下,母猪是在仔猪断奶后才发情。母牛在产后 2 周左右就会出现发情和排卵。因哺乳或挤乳方法不同而有所差异,如挤乳奶牛在产后 30~70 d 就表现发情,而哺乳的黄牛和肉牛在产后往往需要 90~100 d 或更长时间才能发情。每天挤乳多次比每天挤乳 2 次的母牛出现发情的时间要晚。母绵羊在泌乳期的乏情持续时间一般为 5~7 周,而大部分母羊在羔羊断奶后 2 周左右才发情。此外,分娩季节、哺乳仔数和产后子宫复原程度等对乏情的发生和持续时间也有影响,如春季分娩的母牛的乏情期较短;高产奶牛或哺乳仔数多的动物的乏情期一般较长。

雌性动物在泌乳期间的乏情原因是在泌乳期间过多的泌乳。如吮乳或挤乳的刺激而诱发外周血浆中 PRL 浓度的升高。一方面,PRL 对下丘脑产生负反馈作用,抑制了 GnRH 的释放,进而使腺垂体 FSH 分泌减少和 LH 合成量降低,致使动物不发情;另一方面,泌乳过多会抑制卵巢周期性活动的恢复,进而影响发情。肉用母牛产后哺乳对泌乳期乏情的影响如图 5-2 所示。

3. 营养性乏情

日粮中的营养水平对卵巢机能活动有明显的影响。营养不良可以抑制发情,即为营养性乏情,其对青年动物的影响比对成年动物的影响更大。例如,能量水平过低,矿物质、微量元素和维生素缺乏都会引起哺乳母牛和断奶母猪乏情;放牧母牛和绵羊缺磷可引起卵巢机能失调;饲料缺锰可导致青年母猪和母牛卵巢机能障碍;缺乏维生素 A 和维生素 E 会出现性周期的不规律或不发情。

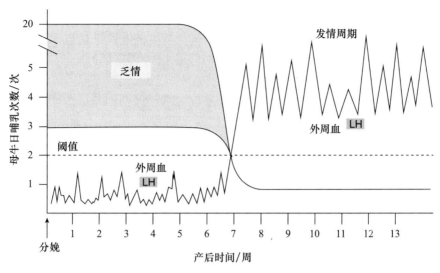

图 5-2 肉用母牛产后哺乳对泌乳期乏情的影响

（资料来源：*Pathways to Pregnancy and Parturition*，Senger PL，2003）

4.应激性乏情

不同环境引起的应激，如严寒或炎热等恶劣气候、畜群密集、使役过度、栏舍卫生不良、长途运输等都可抑制发情、排卵及黄体功能，即为应激性乏情。这些应激因素可抑制下丘脑-垂体-卵巢轴的机能。

5.衰老性乏情

动物因衰老使下丘脑-垂体-性腺轴的功能减退，导致垂体 GTH 分泌减少或卵巢对激素的反应性降低，不足以激发和维持卵巢机能活动而不表现发情，即为衰老性乏情。

二、发情周期

发情周期（estrus cycle）是指雌性动物周期性的性活动，即在初情期后，生理或非妊娠条件下，雌性动物生殖器官乃至整个机体发生一系列周期性的变化，这种变化周而复始（非发情季节除外），一直到性机能停止活动的年龄为止。发情周期的计算是从一次发情开始到下一次发情开始的间隔时间或从一次发情周期的排卵期到下一次发情周期的排卵期。在实践中通常采用前一种计算方法。

（一）发情周期阶段的划分

根据机体所发生的一系列变化，动物发情周期可分为几个阶段，一般多采用四期分法和二期分法。

1.四期分法

四期分法主要根据动物的精神状态、性欲反应、卵巢以及生殖道的生理变化等 4 个方面进行综合判断，将发情周期分为发情前期、发情期、发情后期和间情期 4 个阶段（图 5-3）。

（1）发情前期（proestrus） 发情前期为发情的准备时期。此期的特征为卵巢中上一个发情周期所产生的黄体进一步萎缩，新的卵泡开始生长；E_2 分泌增加，血中的 P_4 水平逐渐降低;生殖道上皮增生,轻微充血肿胀,子宫腺体略有生长,但仍保持较直,具有少数分支,腺体活动逐渐增强,分泌少量稀薄黏液,无明显的发情征象。对于发情周期为 21 d 的动物而言(猪、牛、羊等),如果以发情征象开始出现时为发情周期的第 1 天,则发情前期相当于前一个发情周期的第 16～18 天。

(2)发情期(estrus)　发情期是明显发情征象的时期。此期的特征为卵巢上的卵泡迅速发育,E_2 分泌增多,强烈刺激生殖道,阴道及外阴部充血、肿胀明显,子宫颈管松弛,子宫黏膜显著增生,子宫角和子宫体充血,肌层收缩加强,腺体分泌增多,有大量透明稀薄黏液排出;性欲达到高潮;排卵多在这个时期的末期进行。发情期相当于发情周期的第 1～2 天。

(3)发情后期(metestrus)　发情后期又称后情期,此时发情征象逐渐消失,是排卵后黄体开始形成的时期。此期的特征为动物由性欲激动逐渐转入安静状态,E_2 分泌显著减少,P_4 开始分泌作用于生殖道;子宫颈管逐渐收缩、封闭,腺体分泌活动渐减,黏液分泌量少而黏稠,子宫肌层蠕动逐渐减弱;子宫内膜逐渐增厚,子宫腺体逐渐发育。发情后期就相当于发情周期的第 3～4 天。

(4)间情期(diestrus)　间情期又称休情期,是黄体的活动期。此期的特征为动物性欲已完全停止,精神状态恢复正常。在间情期的早期,黄体继续发育增大,分泌大量 P_4 作用于子宫,使子宫内膜增厚,腺体高度发育增生,大而弯曲分支多,分泌活动旺盛,以产生子宫乳供胚胎发育营养。如果卵子受精,这一阶段将延续下去,动物不再发情;如未孕,则增厚的子宫内膜回缩,腺体变小,分泌活动停止,周期黄体开始退化萎缩,P_4 分泌减少,卵巢上新的卵泡开始发育,将进入下一个发情周期的前期。这一阶段就相当于发情周期的第 5～15 天。

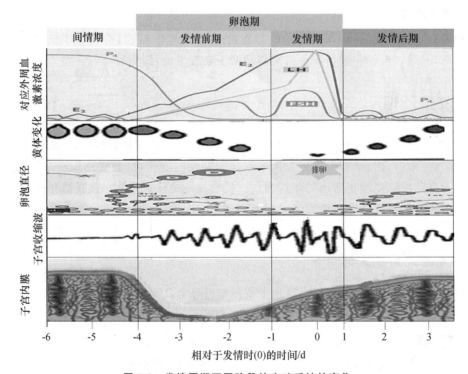

图 5-3　发情周期不同阶段的生殖系统的变化

(资料来源:*Pathways to Pregnancy and Parturition*,Senger PL,2003)

2.二期分法

二期分法主要根据卵泡发育和黄体形成情况,将发情周期分为卵泡期和黄体期。

(1)卵泡期(follicular phase)　卵泡期是指黄体消失,卵泡逐渐发育、增大直到排卵为止。卵泡期相当于四期分法中的发情前期和发情期。

(2)黄体期(luteal phase)　黄体期是指从排卵后形成黄体,直到黄体萎缩退化为止。黄体期相当于四期分法中的发情后期和间情期。在这一阶段,虽然卵巢上也有卵泡发育,但一般均难以发育成熟和排卵。

(二)发情周期的调节

雌性动物的发情周期在实质上是卵泡期和黄体期的交替循环。卵泡的生长发育与排卵以及黄体的形成和退化是受到神经激素调节和外界环境因素的影响。不同的动物对外界环境条件反应存在差异。由于松果腺激素对生殖活动调节的作用,马、羊的发情有季节性,而牛的发情没有季节性。外界环境的变化通过不同途径影响中枢神经系统而起作用,刺激下丘脑 Gn-RH 的合成和释放,由垂体门脉系统运送到腺垂体,刺激腺垂体 GTH 的产生和释放,进而促进卵巢分泌性腺激素。卵巢分泌的性腺激素和腺垂体分泌的 GTH 互相作用以维持平衡和协调,使发情周期正常进行。因此,发情周期的循环可以说是下丘脑-垂体-卵巢轴所分泌激素相互作用的结果(图 5-4)。

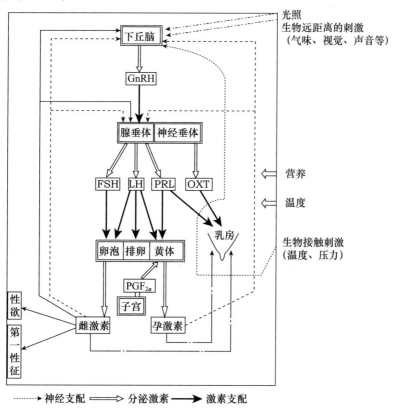

图 5-4　下丘脑、垂体及卵巢的激素调节雌性动物发情周期

当雌性动物生长至初情期时,下丘脑分泌的 GnRH 会调节 GTH 的分泌,FSH 刺激卵泡生长发育,同时 LH 和 FSH 的协同作用促进卵泡进一步生长并分泌 E_2。E_2 又与 FSH 的协同作用促使颗粒细胞的 FSH 和 LH 受体增加,使卵巢对这两种 GTH 的结合力增强,因而加速卵泡的生长,并增加 E_2 和卵泡抑制素的分泌量。这些激素作用于中枢神经系统,E_2 引起发情表现,并刺激子宫上皮分泌黏液;卵泡抑制素抑制下丘脑和垂体对 FSH 的分泌,进而抑制卵巢新卵泡的发育。

当 E_2 大量分泌时,一方面通过负反馈作用于下丘脑和腺垂体,抑制 FSH 的分泌;另一方面通过正反馈促进腺垂体释放 LH,LH 浓度在排卵前达最高峰,引起卵泡的成熟破裂而排卵。垂体前叶分泌 LH 呈脉冲性,脉冲频率和振幅的变化与发情周期密切相关。在黄体期,P_4 水平升高,P_4 对下丘脑和垂体前叶的负反馈调节作用使 LH 脉冲释放频率减弱。在卵泡期,当黄体退化时,P_4 的减少和 E_2 水平的增加使 LH 脉冲频率又显著增加(图 5-5)。

排卵后,卵泡颗粒层细胞在少量 LH 的作用下形成黄体并分泌 P_4。此外,在卵泡期,当 E_2 分泌量升高时,负反馈降低了下丘脑 PIF 的释放,引起 PRL 释放量的增加。PRL 与 LH 的协同作用促进和维持黄体分泌 P_4。当 P_4 分泌量升至一定浓度时,P_4 对下丘脑和垂体产生负反馈作用,抑制腺垂体 FSH 和 LH 的分泌,致使卵巢上优势卵泡不能发育成熟和排卵,并抑制中枢神经系统的性中枢,使动物不再表现发情。同时,P_4 也作用于生殖道及子宫,使之发生有利于胚胎附植的生理性变化(孕向发育)。

当妊娠识别时,胚泡释放早孕因子,抑制子宫内膜产生 $PGF_{2\alpha}$,黄体功能得以维持并成为妊娠黄体。若卵子未受精,则黄体维持一段时间后,在子宫内膜产生的 $PGF_{2\alpha}$ 作用下,黄体逐渐萎缩退化,P_4 分泌量急剧下降,解除对下丘脑的抑制,腺垂体又释放 FSH,促使卵巢上新的卵泡开始发育。与此同时,子宫内膜增生的组织开始退化,生殖道转变为发情前状态。由于新的卵泡发育还不大,E_2 分泌量较少,动物未表现明显的发情征象。随着黄体的完全退化,腺垂体释放的 GTH 浓度逐渐增多,卵巢上新的卵泡迅速发育,E_2 分泌量大增,于是下一次的发情又开始。正常的发情周期就是这样周而复始地进行着。因此,子宫在调节雌性动物生殖活动中不仅发挥着重要作用,而且其受容性可能与产仔数也有一定的关系。

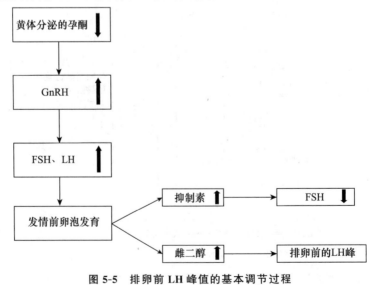

图 5-5　排卵前 LH 峰值的基本调节过程

(资料来源:*Pathways to Pregnancy and Parturition*,Senger PL,2003)

(三)影响发情和发情周期的因素

1.遗传因素

遗传因素对雌性动物发情和发情周期的影响不仅表现为不同动物种类、同种动物不同品种以及同一品种不同家系或个体之间的发情周期长短不一,也表现为动物繁殖的季节性和无季节性,包括在发情季节内不同动物发情周期数的差异等。遗传因素是影响发情和发情周期的主要因素。表 5-4 为不同绵羊品种在发情季节的发情周期。

表 5-4 不同绵羊品种在发情季节的发情周期

项目	品种					
	山地黑面羊	威尔士山地羊	边区莱斯特羊	罗姆尼羊	萨福克羊	有角陶赛特羊
发情周期数量/个	6.9	7.0	7.2	9.7	10.2	12.4
发情周期/d	20.1	19	18.2	17.6	18.5	18.0

资料来源:家畜繁殖学,张忠诚,2000。

2.环境气候因素

(1)光照 光照时间的变化对于季节性发情动物发情周期的影响较明显。某些动物在日照时间延长时,开始出现发情或产蛋,这些动物通常称为长日照繁殖动物(long day breeder),如马、貂和蛋鸡;对于绵羊和鹿等动物而言,开始发情的季节是在光照时间缩短时,所以称为短日照繁殖动物(short day breeder)。因此,在生产中,可根据动物生殖活动对光照时间长短反应性的不同,采用人工改变光照时间来提高动物的繁殖性能,如产蛋时间的控制。通常,光照对长日照繁殖动物的发情具有刺激作用,而对短日照动物的发情具有抑制作用。

(2)温度 温度几乎对所有动物的发情都产生影响。猪、牛、羊等动物对高温环境特别敏感,高温可以抑制发情,并影响采食量,进而降低繁殖性能。例如,牛和猪虽为无季节性繁殖动物,但是一般在夏季的发情率较低,而且异常发情增加。同样,在异常寒冷的冬天,也不利于一些动物的发情。一般南方地区的夏季与高温联系在一起。如果在高温季节的湿度也很高,以致不利于机体的散热,就可加剧高温对发情的影响程度。

3.饲养管理水平

饲养管理水平对发情和发情周期的影响主要体现在营养水平和某些营养因子对发情的作用。通常适宜的饲养管理水平有利于动物的发情,而由饲养水平过高或过低导致的动物过肥或过瘦均会影响发情。对于季节性繁殖动物而言,饲料充足,营养水平高,可以适当提早其发情季节的到来或推迟发情季节的结束。例如,绵羊在发情季节到来之前对其采用催情补饲的方法不但可以适当提早发情季节的开始,而且可以增加产双羔的概率。

对于无季节性繁殖的动物而言,营养水平也会影响其繁殖性能。例如,牛在严重营养不良时会停止发情,或者即使发情,也往往不正常,表现出发情不明显、发情但不排卵、排卵期延迟等不同症状。若饲料充足,动物营养状况良好,则发情排卵正常,受胎率也较高。

幼仔的吮乳能够抑制产后动物的发情。其原因是动物的乳头在受到吮乳刺激后产生的神经冲动,通过神经反射途径传至下丘脑,促进 PRL 分泌增多或抑制 GnRH 释放,进而抑制产后动物的发情和排卵。因此,通过断奶的方法(如仔猪的断奶),可解除吮乳对发情的抑制作用,促使产后动物及时发情。

同种动物之间的性外激素可对发情和发情周期产生影响。在生产实践中,往往可利用雄性动物或其分泌物、排泄物促进雌性动物的繁殖性能和发情表现。例如,在从非繁殖季节向繁殖季节的过渡阶段,羊群中放入公羊可以提早母羊发情。此外,某些生物活性物质对动物的发情也有直接影响,例如,豆粕和葛藤等植物含有的雌激素活性生物碱对雌性动物具有催情作用。

(四)各种动物在发情周期的生殖激素变化

1.牛

母牛的 P_4 浓度在近发情时低于 1.0 ng/mL,直到发情第 5 天仍无明显升高,自此之后明显升高,直到发情周期的第 16 天或第 17 天,整个黄体期平均为 5.4 ng/mL,平均峰值为 6～8 ng/mL;在发情周期的第 16 天或第 17 天至第 19 天,P_4 浓度突然下降,而雌激素浓度出现高峰,引起发情。排卵前,卵泡分泌的大量 E_2 对下丘脑和垂体产生正反馈作用,引起排卵前的 LH 峰,继而导致排卵。排卵前的 LH 峰一般发生在发情开始后 12 h 左右。其作用是先刺激,然后迅速抑制 P_4 的合成,使 P_4 浓度下降。母牛在发情周期的任何时候只要 P_4 浓度急剧下降,4 d 内就会有一个卵泡发育。如果在卵泡期每隔 1 h 采一次血来测定 LH 含量,就会发现 LH 呈脉冲性释放(图 5-6)。

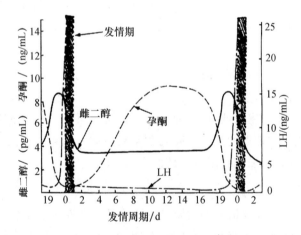

图 5-6　母牛在发情周期的外周血中的激素水平

(资料来源:Hunter RHF,1980)

2.猪

母猪的卵泡期外周血浆 E_2 浓度由 10～30 pg/mL 增加到 60～90 pg/mL,比其他家畜高;排卵前的 LH 峰值为 4～5 ng/mL,比其他家畜低;在 LH 峰后 40～48 h 排卵。母猪 P_4 浓度由排卵前小于 1.0 ng/mL 增加到黄体期中期的 20～35 ng/mL,远比其他家畜的 P_4 浓度高(图 5-7)。

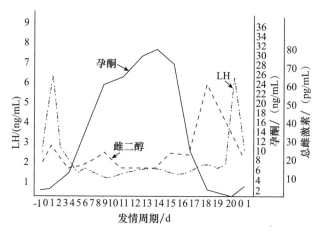

图 5-7　母猪在发情周期的外周血中激素水平

（资料来源：Bearden HG，Fuquary J，1980）

3.绵羊

绵羊在发情周期的激素的变化在许多方面与牛相似。不同的是在发情周期的初始几天,外周血中 P_4 浓度低,第 3～11 天迅速升高。绵羊在黄体期至少出现 2 次卵泡生长峰,因而在血中可检出 2 个 E_2 峰。第 2 个 E_2 峰明显与排卵率相关,第 2 个峰越明显,预示排卵率越高。绵羊一般在发情周期第 14 天进入卵泡期,此时 P_4 浓度急剧下降,负反馈作用消失,于是引起 LH 水平升高,出现排卵前 LH 高峰;同时促进 E_2 水平迅速升高,出现与 LH 峰几乎呈平行状态的 E_2 峰(图 5-8)。

4.马

母马在发情周期的激素变化有 3 个特点:①大多数哺乳动物的 LH 峰不仅出现时间很短,而且出现在排卵前的 12～14 h。而母马的 LH 峰是在排卵前数天开始慢慢上升,逐渐形成高峰,然后降低,持续约 10 d,因此马的发情持续时间比其他动物长。②马在发情周期有 2 个 FSH 峰,一个发生在发情后期和间情早期,另一个发生在间情期的中期。在一个卵泡生长并排卵后,常常又有其他卵泡继续生长,有些卵泡可能在第一次排卵后 24 h 排卵,有些在黄体期排卵,有些在黄体期退化。③马的 E_2 峰在临近发情期出现,而其他动物是在发情前期出现,如牛、羊、猪等。P_4 浓度在排卵后 24 h 开始上升,排卵后的 4～5 d 达到峰值,并维持到排卵后的 4～15 d(图 5-9)。

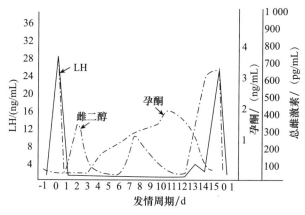

图 5-8　绵羊在发情周期的外周血中的激素水平

（资料来源：Bearden HG，Fuquary J，1980）

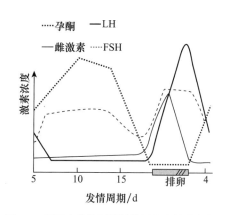

图 5-9　母马在发情周期的外周血中的激素水平

（资料来源：Bearden HG，Fuquary J，1980）

(五)各种动物发情周期特点

各种动物在发情周期的有关参数的比较见表 5-5。

1.牛

(1)发情周期　母牛的发情周期平均为 21 d,青年母牛的发情周期一般比成年母牛短。与肉牛和奶牛相比,水牛的发情缺少明显的发情征象,且在发情时母牛的相互爬跨不及 1/3,一些母牛似乎表现为安静发情或长周期发情。因此,对水牛进行发情鉴定最可靠的方法是公牛的试情。奶牛在发情各阶段的表现见表 5-6。

(2)发情期　母牛的发情期因季节不同而略有差异,这与气候和营养情况有关。一般情况下,温暖季节较寒冷季节发情期短,营养情况好的母牛的发情期比营养情况差的母牛的发情期短。牛的发情行为表现比较明显,黄牛比水牛更明显。牛在发情时会爬跨其他母牛及接受其他母牛爬跨。有统计显示,当母牛处于发情期时,其平均爬跨其他牛的次数为 7.75 次/h,被爬跨的次数为 31.52 次/h,而非发情牛爬跨其他牛和被爬跨的次数分别为 0.38 次/h 和 0.13 次/h。在发情后期有时由阴门排出血迹。

(3)卵巢变化特点　牛的成熟黄体为球形或椭圆形,通常稍突出于卵巢表面,其大小与卵泡相似,甚至较大,直径为 20~25 mm。黄体形成初期较软,以后增大变硬,其颜色从浅褐色渐变到周期的第 7 天为浅黄色,然后又渐变到周期的第 14 天为金黄色,以后变为橘红色,最后成砖红色。牛的黄体退化较慢,一般在排卵后 14~15 天开始退化,老龄牛的黄体又比青年牛的黄体退化慢且较不完全,退化的黄体在卵巢上遗留一个暗红色残迹,往往可维持数月之久。

水牛右卵巢的排卵频率较左卵巢高。水牛的黄体体积在最大时的平均重量为 0.72~1.54 g,黄体颜色为粉红色,退化时变为灰色。

2.羊

(1)发情周期及发情期　绵羊的发情周期平均为 17 d,比山羊短。在发情季节的初期和晚期,绵羊发情不正常的较多。羊在发情季节的旺季,发情周期最短,此后逐渐变长;营养水平低的发情周期比营养水平高的发情周期长;品种间差异不明显,肉用品种的发情周期比毛用品种的发情周期稍短。

绵羊发情期的长短因年龄不同而略有差异:通常当年出生的绵羊较短,年老的绵羊较长。在发情季节的初期和晚期,发情期通常较短。经常在一起的公、母羊比不经常在一起的公、母羊发情期可能短些。品种间差异不明显。

绵羊在发情时征象不明显,仅稍有不安、摆尾,阴唇稍肿胀、充血,黏膜湿润等。在生产中,绵羊的发情鉴定主要借助于试情法。山羊发情较绵羊明显,其阴唇肿胀、充血,且常摆尾,大声哞叫,爬跨其他母羊等。

(2)卵巢变化特点　母羊在发情前期卵巢有一个或一个以上的卵泡发育。发情期卵泡的增长速度很快。交配可使发情期稍微缩短,排卵时间稍提前。排卵后,卵泡破口处被凝血块封闭,卵泡壁向内增长,排卵后 30 h,黄体形成。黄体最大体积时的直径约为 9 mm。黄体颜色起初为粉红色,随着间情期进展,颜色逐渐变淡。卵巢排卵数目有种属和品种间的差异,多胎绵羊和山羊在 4 岁或 5 岁之前,一般排卵率和多胎性随年龄增长而提高,多胎品种排卵可达 3~6 个,其后随年龄增长而下降。

表 5-5　各种动物在发情周期的有关参数

有关参数	牛	水牛	猪	绵羊	山羊	马	驴	骆驼	兔	犬	大鼠	小鼠
发情周期/d	21(18~24)	21~23	21(17~25)	17(14~20)	20~21	21(16~25)	23(21~25)	10~20	8~15	7~9	4~5	4~6
发情期/h	18(12~21)	22(24~48)	48~72	24~36	40(18~48)	120~168	120~144	24~168	72(48~96)	8~14	数小时~27	9~20
黄体期/d	17		15~16	14		14						
卵泡期/d	3~4		5~6	2~3							10~14(1~2)*	10~14(1~2)*
排卵期/h	发情结束后 10~15	发情结束后 11	发情开始后 20~36	发情开始后 20~30	发情开始后 35~40	发情开始后 72~120	发情开始后 72~120	交配后 30~48	交配后 10~12	发情开始后 24~48	发情开始后 48~72	发情开始后 第2天早晨
成熟卵泡直径/mm	12~19	10~12	8~12	5~10		25~70	12~18	11~24			12~20	12~20
产后第一次发情/d	奶牛:35~50 黄牛:60~100	55(25~116)	断奶后 5~7	下个发情季节	下个发情季节	6~13	12~18	约 1/3 在产后 15~35 d 有卵泡发育排卵	第 2 天或断奶后 27 d	数月		

资料来源:动物繁殖学,王元兴,1993。

注:* 未进行交配和排卵刺激。

表 5-6　奶牛在发情各阶段的表现

项目	初期	中期	后期
外观表现	精神不安,敏感,人接近时站立,左右回顾,阴门充血水肿	食欲不振,产奶量下降,阴门水肿	阴门水肿开始减退,稍有皱纹
爬跨行为	追爬其他母牛,但不让其他母牛爬跨	被爬不动或相互爬跨	逃避爬跨,但有时仍有追爬其他母牛
黏液变化	透明,少而薄,不呈牵丝,但不易断	半透明,多而薄,呈牵丝状,用食指和拇指拉缩7~8次不断	透明,少而厚,牵丝状稍差,黏度减退,用指和拇指拉时易断
卵泡变化	卵泡开始发育,但小而不明显,卵泡膜厚而硬	卵泡大,直径可达1~1.5 cm,膜薄,紧张而且光滑	卵泡突出于卵巢表面,水泡感明显,卵泡膜薄而有柔软感
持续时间/h	8	8~18	18~24

资料来源:动物繁殖学,王元兴,郎介金,1997。

3.猪

(1)发情周期及发情期 不同年龄和品种的母猪,其发情周期差别不大。当在酷暑和严寒季节或饲养管理不善时,母猪会暂时不出现发情。品种、年龄、胎次对于母猪的发情期有一定影响,一般成年母猪比青年母猪略长。母猪排卵数的多少因品种、年龄、胎次、营养水平而异。青年母猪的排卵数少于成年母猪,其排卵数随发情次数增长而增多。营养水平高且日粮搭配合理的,排卵数也较多。

(2)卵巢变化特点 在母猪发情开始前2~3 d,卵泡开始迅速增大,直到发情后18 h为止。卵泡大小不一致,成熟卵泡呈橘红色。其原因可能是微血管网密布于卵泡的表面。在母猪中,常发现因动脉充血而有血液渗入卵泡腔形成的"出血卵泡"。当卵泡顶端出现透明区时,表示即将排卵。母猪的排卵是一个陆续的过程,从排第一个卵子到最后一个卵子的间隔时间为1~7 h,一般为4 h左右。母猪黄体起初因腔内充满暗红色的凝固血块而呈暗红色,至发情周期的第15天,渐变为浅紫色;第18天,变为浅黄色,以后变为白色。

4.马

(1)发情周期及发情期 母马的发情周期平均为21 d(16~25 d),发情持续时间一般为5~7 d。马的发情期在我国北方通常于3—4月开始,4—6月为最旺盛期,7—8月因天气炎热而减退,以后便进入休情期;而在南方则于1—2月便开始发情配种。母马的发情期因品种、个体、年龄、营养、环境条件及使役情况等不同而有所差别。老龄、饲养水平低以及在发情季节早期,母马的发情期一般较长。引起母马发情期较长的主要原因有以下几点。

①卵巢结构的特殊性。马的卵巢髓质在外,皮质在内,存在排卵窝。在卵泡发育中,要使卵泡增大到足以达到排卵窝而发生卵泡破裂所需的时间较长。发情持续时间可以反映这种动物卵泡发育时间的长短。

②母马卵巢对FSH的反应不及其他动物(如牛、羊)敏感,卵泡发育至完全成熟需要的时间因此也较长。

③在母马发情周期中,有2个FSH峰使LH的分泌量显著少于FSH,故排卵时间延迟。

(2)卵巢变化特点 与其他母畜不同,母马卵巢最突出的是其具有排卵窝,成熟卵泡只能在此破裂排卵。左、右两侧卵巢在连续的各个发情期不一定交替排卵,左卵巢的排卵频率较右卵巢多。成熟卵泡破裂后,卵泡腔逐渐充满大量血液,形成柔软有弹性的血液凝块。母马黄体体积仅为排卵时卵泡大小的1/2~3/4,成熟的黄体细胞很大,周围出现空泡化。母马的黄体随着周期的进展而变为褐色,排卵后第17天黄体开始退化,颜色变深,完全退化约需7周。母马卵巢的另一重要特点是怀孕母马卵巢不但有主黄体(又称原发黄体),而且有副黄体。怀孕后子宫内膜杯分泌PMSG,故母马在怀孕前期仍有新的卵泡发育,有的卵泡闭锁黄体化,形成副黄体;有的卵泡仍能排卵,从而形成副黄体。

5.犬

(1)发情周期及发情期 犬的初情期在品种之间差异很大,体格小的犬初情期比体格大的初情期要早。母犬为季节性单次发情,26%的家犬一年仅发情1次;约65%的家犬一年发情2次;野犬和狼犬一般一年发情1次。犬的发情周期可分为发情前期、发情期、发情间期和乏情期。

(2)卵巢变化特点 母犬的发情期,即为母犬接受爬跨交配的时期,其排卵过程往往需要几个小时;母犬的间情期较长,排卵后未妊娠黄体功能可维持75 d左右。对于一年只发情1

次的犬而言,此期甚至可持续近 1 年时间。在每一个完整的发情周期中,长期处于黄体酮作用下的子宫会出现内膜增生过度和囊肿性变化。这些变化极易引起感染,这种现象多见于老龄母犬。

6.猫

家猫初情期早的在 5 月龄时就可出现第 1 次发情,较晚的可延迟到 12 月龄;纯种猫的初情期比家猫的初情期要迟。猫是季节性多次发情的动物,一年有 2～3 次的发情周期。成年母猫在发情时经常嘶叫,并频频排尿,发出求偶信号,外出次数增多,静卧休息时间减少,有些猫对主人特别温顺亲近,有些猫在发情时异常凶暴,攻击主人。

当母猫发情接受公猫的交配后,其交配次数增加或注射促排激素均可诱导多排卵。在排卵后的 16～17 d,孕激素含量达到峰值,如未受孕,20 d 后逐渐下降,并延续到 40～44 d 黄体退化。

母猫产后发情的时间很短促,可在产后 24 h 左右发情。在一般情况下,母猫多在小猫断乳后 14～21 d 发情。

▶ 第三节　卵泡发生、发育与卵子发生

在雌性动物出生前后,其卵巢上已形成大量原始卵泡,构成卵泡库。初情期以后,这些原始卵泡会分期分批有规律地开始生长发育,呈现动态的变化过程,在卵巢上会同时存在 2 种及以上不同发育时期的卵泡。这种从原始卵泡发育至初级、次级、三级以至成熟卵泡动态变化过程所组成的图形,即为卵泡发生波(follicle wave)。现已证实,几乎所有的哺乳动物在一个发情周期中均可出现 2 个或 3 个卵泡发生波(图 5-10)。在每个卵泡发生波中,按照卵泡发生阶段,其可分为卵泡的募集、选择和优势化 3 个阶段,重在关注卵泡群的发生发展;按照卵泡发育过程,其依次分为原始卵泡、初级卵泡、次级卵泡、三级卵泡和成熟卵泡 5 个时期,重在关注单个卵泡的变化过程。在这些卵泡的发生、发育过程中,其绝大多数在不同发育时期均面临闭锁退化的命运。只有极少数经历 5 个时期发育至成熟的卵泡,才有望排卵。与此同时,其中的卵母细胞与所在卵泡的发育过程和命运紧密相关,也相应地进行生长、发育、成熟或退化。

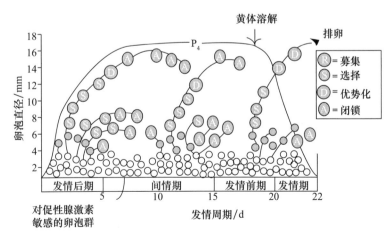

图 5-10　卵泡发生波

(资料来源:*Journal of Animal Science*,Lucy 等,1992)

一、卵泡发生

卵泡发生(folliculogenesis)与发情周期类似,也呈周期性变化。卵泡发生是指在每个卵泡发生波中卵泡群的整体变化过程,包括募集(recruitment)、选择(selection)和优势化(dominance)3个阶段,其中绝大部分卵泡(约99.9%)发生闭锁(图5-11),只有极少数能发育至排卵优势卵泡,并有望最终排卵。

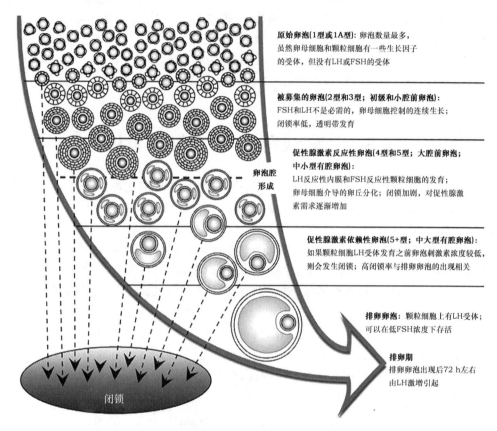

图 5-11　哺乳动物卵泡发育与闭锁模式

(资料来源:*Reproduction*,*Fertility & Development*,Scaramuzzi RJ 等,2011)

(一)卵泡募集

在卵泡形成后,部分原始卵泡脱离原始卵泡库,开始缓慢生长,此即所谓的原始卵泡启动募集。在每个发情周期中,当内分泌环境(主要是指促性腺激素分泌情况)发生变化时,能够对这种变化发生应答的募集卵泡开始加快生长。

(二)卵泡选择

参与募集的卵泡并非都能够发育排卵,大多数卵泡要发生闭锁退化,只有少数(具体数目有种属特异性)能发育成为优势卵泡,这一过程称为选择。在卵泡选择的过程中,通常将那些相对于其他卵泡具有发育优势性的卵泡称为优势卵泡(dominant follicle,DF),其他卵泡则称为劣势卵泡或从属卵泡(subordinate follicles,SF)。优势卵泡不一定破裂排卵,其直径是所有卵泡中最大的,且这种发育上的优势性必须持续一段时间。

(三)卵泡优势化

被选择的卵泡即确立优势化的地位,它们继续发育,其体积逐渐变大,激素分泌能力增强,从而抑制从属卵泡(落选的募集卵泡)的生长及下一卵泡波的出现,这个过程称为优势化。在多卵泡波动物中,并非所有优势化后的卵泡(graafian follicles)都能够成熟排卵。因此,优势卵泡又分为排卵优势卵泡与非排卵优势卵泡。排卵优势卵泡最终要排出成熟卵母细胞,而非排卵优势卵泡会发生闭锁,从而开始下一个卵泡波。决定优势卵泡是否成熟排卵的主要因素是卵泡波与黄体溶解的同步性,且在排卵前卵泡达到最大直径。牛的排卵前卵泡直径为 13～15 mm,绵羊的排卵前卵泡直径为 5～7 mm,山羊的排卵前卵泡直径为 9～10 mm,马的排卵前卵泡直径为 40 mm 左右。

二、卵泡发育

(一)卵泡发育过程

卵泡发育(follicular development)是指卵泡由原始卵泡(primordial follicle)依次发育形成初级卵泡(primary follicle)、次级卵泡(secondary follicle)、三级卵泡(third follicle)和成熟卵泡(mature follicle)的生理过程。卵泡发育的整个过程都是在一个复杂的调控系统控制下有序进行的,涉及内分泌、旁分泌、自分泌及各种细胞因子等调控(图 5-12)。只有成熟卵泡才能经过 5 个完整的发育时期,而绝大多数卵泡都会在某一发育时期因闭锁而停止发育,未能进入下一个发育时期。

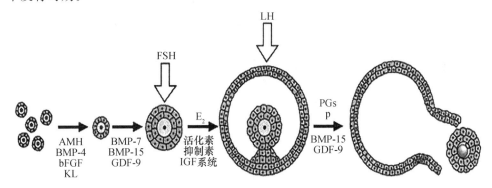

图 5-12 卵泡生长发育各阶段的主要调控因子

(资料来源:*Human Reproduction Update*,Hennebold JD,2004)

此外,还有一些其他卵泡发育分类方法,将初级卵泡、次级卵泡和三级卵泡 3 个时期统称为生长卵泡。根据卵泡是否出现卵泡腔(antrum),其可分为腔前卵泡(preantral follicle)和有腔卵泡(antral follicle),将三级卵泡以前的卵泡统称为腔前卵泡。三级卵泡和成熟卵泡合称为有腔卵泡(图 5-13)。

1. 原始卵泡

原始卵泡的核心为卵母细胞,周围包裹一层扁平状的颗粒细胞前体细胞,没有卵泡膜。大量的原始卵泡在形成后聚集在卵巢的皮质部,形成原始卵泡库。原始卵泡库是卵泡发育的基础,其中卵泡的发育过程贯穿于动物的整个生殖周期。家畜的原始卵泡在刚形成时约为几百万个,出生时,仅剩下十多万个。家畜的原始卵泡不仅不会再增加,而且最终发育成熟的卵泡仅是极少数。其他的原始卵泡均在储备或发育过程中退化。

2.初级卵泡

在原始卵泡生长启动后,一方面,卵母细胞周围的颗粒细胞会由原来的扁平状变为立方状或柱状。初级卵泡排列在卵巢皮质外围,卵泡膜尚未形成,也无卵泡腔。在初级卵泡的发育过程中,FSH 受体开始在颗粒细胞上表达。此时的卵母细胞也开始表达生长分化因子 9 (growth differentiation factor 9,GDF9),GDF9 在促进颗粒细胞增殖和膜细胞发育过程中起着重要作用。另一方面,卵母细胞开始表达连接蛋白 37(connexin37,Cx37),与颗粒细胞开始形成间隙连接。通过该连接,营养物质从颗粒细胞运输到卵母细胞,增加卵母细胞减数分裂恢复过程中所需物质的储存;卵母细胞产生的信号则传递给颗粒细胞,防止其分化或凋亡过快,以维持颗粒细胞与卵泡的发育。

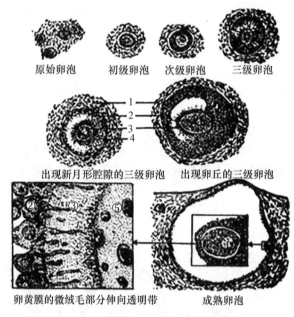

1.卵泡外膜;2.颗粒细胞层;3.透明带;4.卵丘;5.卵黄。

图 5-13　卵泡发育模式

(资料来源:胚胎学基础,Patten,1964)

3.次级卵泡

在生长发育过程中,初级卵泡移向卵巢皮质的中央,这时颗粒细胞增殖,形成 2 层及 2 层以上的圆柱状颗粒细胞。这些颗粒细胞与卵母细胞的细胞膜紧紧相连,随着卵泡的生长,卵泡细胞分泌物积聚在卵黄膜与颗粒细胞之间,形成透明带。同时,次级卵泡开始出现膜细胞的发育。膜细胞分化的功能性标记是骨形态发生蛋白-4(bone morphogenetic protein,BMP-4)的表达。此时,膜细胞上也开始表达促黄体激素受体(luteinizing hormone receptor,LHR)。膜细胞可以在 LH 的作用下分泌雄激素,雄激素到达颗粒细胞被转化成雌激素。雌激素对颗粒细胞有正、负反馈作用,刺激颗粒细胞的有丝分裂,进而促进颗粒细胞增殖和卵泡发育。

4.三级卵泡

随着卵泡的发育,颗粒细胞层进一步增加,并出现颗粒细胞之间的分离,形成许多不规则的腔隙,充满由颗粒细胞分泌的卵泡液,各个小腔隙逐渐合并形成新月形的卵泡腔。随着卵泡液增多,卵泡腔也逐渐扩大,卵母细胞被挤向一边,并被包裹在一团颗粒细胞中,在卵泡腔中形成半岛突出,称之为卵丘(cumulus oophorus)。其余颗粒细胞紧贴于卵泡腔的周围,形成壁颗粒细胞层。卵泡腔形成的早晚与卵泡发育程度有关。发育快的卵泡,卵泡腔形成的较早。在颗粒层外周形成的卵泡膜可分为内膜和外膜,其中内膜为上皮细胞,并分布有许多血管,内膜细胞具有分泌类固醇激素的能力;外膜由纤维细胞构成。

5.成熟卵泡

三级卵泡继续生长,卵泡液增多,卵泡腔增大,卵泡扩展到整个卵巢的皮质部而突出于卵巢的表面。当卵泡发育到最大体积时,卵泡壁变薄,卵泡腔内的卵泡液体积增加到最大,这时的卵泡称为成熟卵泡或排卵前卵泡。发育成熟的卵泡结构由外向内分别是卵泡外膜、卵泡内膜、基膜、颗粒细胞层、卵丘、透明带和卵母细胞。

从初级卵泡开始,经卵泡的各个时期发育至排卵。这个时段的大鼠需要 21 d,绵羊需要 6 个月。其中绵羊卵泡从初级卵泡发育至卵泡腔出现需要 130 d,卵泡腔出现至排卵需 45 d。在发情时,各种动物能够发育成熟的卵泡数:牛和马一般只有 1 个,猪有 10~25 个,绵羊有 1~3 个,兔有 5 个,大鼠有 10 个,小鼠有 8 个,仓鼠有 6 个。各种动物成熟卵泡的直径大小差异很大:牛为 12~19 mm,猪为 8~12 mm,马为 25~70 mm,绵羊为 5~10 mm,山羊为 7~10 mm,犬为 2~4 mm。

(二)卵泡发育的调控机制

1.卵泡发育过程中卵母细胞与颗粒细胞间的互作

在卵巢卵泡中,卵母细胞与颗粒细胞之间的高度协调与互作不仅非常重要,而且非常复杂,这主要体现在卵母细胞与颗粒细胞之间的调控环在卵泡发育过程中的信息传递等方面的重要作用(图 5-14)。卵母细胞处于调控中心地位,影响着颗粒细胞的功能和分化,而颗粒细胞能够提供卵母细胞所需的能量和物质。当卵母细胞生长到一定程度时,就会抑制颗粒细胞对卵母细胞生长的促进作用。许多研究表明,参与形成卵母细胞/颗粒细胞调控环的因子可能包括 GDF-9 和骨形态发生蛋白 15(BMP-15)等。

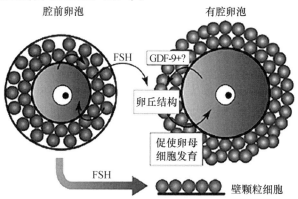

图 5-14　卵泡发育过程中的颗粒细胞与卵母细胞的互作

(资料来源:*Reproduction*,Eppig JJ,2001)

2.卵泡发育中的激素调控

在雌性哺乳动物中,卵泡发育及排卵发生受下丘脑-垂体-卵巢轴激素协调控制。在中枢神经的调控下,下丘脑、垂体和卵巢构成了一个完整的反馈系统,相互制约、相互协调,维持生殖系统相对稳定(图 5-15)。垂体通过释放 FSH 和 LH 调控排卵相关基因表达,并诱导卵泡的生长和发育至排卵前优势卵泡。原始卵泡发育成为排卵前卵泡需经历 2 个时期,即促性腺激素(GTH)不依赖期和依赖期。在这 2 个时期,颗粒细胞和内膜细胞的增殖类型可以明显区分开来。在不依赖期,大小不一的卵泡表现出不同的有丝分裂活性,每个卵泡均有各自的生长特性,主要受生长因子的调节。在依赖期,FSH 和 LH 起主要调节作用。促性腺激素的主要调节作用表现在 FSH 促进颗粒细胞的增殖;FSH 和 LH 协同促进卵泡体细胞的分化,调节其旁分泌作用;FSH 和 LH 诱导卵母细胞恢复减数分裂、成熟和排卵;LH 诱导颗粒细胞黄体化,促进黄体形成。此外,与

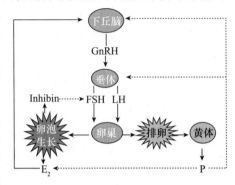

图 5-15　下丘脑-垂体-卵巢轴对
卵泡发育的影响

GTH 分泌和释放有关的 GnRH、E_2、P_4 等也直接或间接参与卵泡发育的调节。

卵泡颗粒细胞和内膜细胞之间相隔一层基膜,2 种细胞之间的信息传导主要依靠可穿透基膜的可溶性因子 SGS。SGS 在信息传递过程中充当细胞与细胞之间相互作用的调节剂。例如,卵泡合成的睾酮可作为芳香化酶作用的底物,进而影响 FSH 诱导的颗粒细胞 SGS 发生过程。由颗粒细胞衍生的 17β-E_2 既可以自主分泌形式,又可协同 FSH 刺激颗粒细胞的增殖机能。此外,内膜细胞的分泌产物也可促进颗粒细胞增殖。原始卵泡和初级卵泡不能分泌转化生长因子 α(transforming growth factor-α,TGF-α),在这以后的卵泡发育阶段,间质细胞在颗粒细胞外围重新组织,形成内膜,分泌 TGF-α,通过扩散作用穿越基膜,刺激颗粒细胞分泌。卵泡进一步发育至排卵前卵泡,转化生长因子 β(transforming growth factor-β,TGF-β)水平升高,颗粒细胞的有丝分裂作用减弱。TGF-β 对大多数上皮细胞具有生长抑制作用,对中胚层细胞具有促进作用和抑制作用。TGF-β 水平升高既可抑制颗粒细胞的有丝分裂,又可促进FSH 诱导的芳香化酶活性,刺激类固醇激素生成。

三、卵子发生

卵子的发生(oogenesis)是指雌性生殖细胞增殖、分化和成熟的过程。其包括下列 3 个阶段。

(一)卵原细胞的增殖与初级卵母细胞的形成

在胚胎性别分化后,胎儿的原始生殖细胞分化为卵原细胞(oogonium)。它是含有高尔基体、线粒体、细胞核和一个或多个核仁的典型细胞,并通过多次有丝分裂,形成许多卵原细胞,这个时期称为增殖期。增殖期的长短因动物种类不同而有所差异,通常在出生前或出生后不久即停止。牛和绵羊卵原细胞的增殖期分别在胚胎期的 45～110 d 和 35～90 d,猪的增殖期持续时间长,从胚胎期 30 d 至出生后 7 d。

卵原细胞在增殖结束后陆续发育成为初级卵母细胞,通过第一次成熟分裂前期的细线期、

偶线期和粗线期,然后停滞在双线期,称为静止期或核网期,也称为休眠期。此时的细胞核大而明显,有核膜、灯刷染色体、核仁和核质,异染色质很少,看起来呈泡状,该细胞核就被称为生发泡(germinal vesicle,GV)。与此同时,这些初级卵母细胞在短时间内被卵泡细胞包围形成原始卵泡。当原始卵泡出现后不久,有的卵泡及卵母细胞便开始闭锁或退化,出生前后卵母细胞的数量已减少很多,如每头母牛出生时仅有 6 万~10 万个卵母细胞,而且卵泡的闭锁还在继续。正常未闭锁的卵泡则以原始卵泡及初级卵母细胞的形式持续存在于卵巢的皮质层。在初情期之后,只有在每次卵泡发展中被"募集"的那些卵泡及其卵母细胞,才能开始进入下一阶段的生长发育。

(二)卵母细胞的生长

动物在进入初情期后,在每个卵泡发生波中都有一批原始卵泡在一些信号分子的作用下被"募集"开始生长发育。随着颗粒细胞不断的有丝分裂增殖和卵泡的发育,由卵母细胞及颗粒细胞共同分泌某些物质形成透明带,在颗粒细胞之间开始形成卵泡腔。附着在卵母细胞外的卵丘颗粒细胞通过卵母细胞外围的微绒毛为其提供营养物质,为以后的发育提供能量来源。

随着卵泡的发育,其卵母细胞进入迅速生长阶段,形成大量的卵黄。对于大多数物种而言,当卵泡发育到腔前卵泡结束即卵泡腔形成时,卵母细胞才完成生长,达到其最大体积,并逐渐积累了卵母细胞成熟所需的蛋白质和 mRNA,乃至一些受精和早期胚胎发育的物质,获得了进一步成熟分裂和受精的能力。因受卵泡液中卵母细胞成熟抑制因子的作用,其细胞核中的染色体仍处于第一次减数分裂的双线期。这种状态一直维持至成熟卵泡排卵前才结束。

(三)卵母细胞的成熟

随着优势卵泡的发育成熟,其卵母细胞从核网期的减数分裂停滞状态中恢复,表现为核崩解,即生发泡破裂(germinal vesicle breakdown,GVBD),然后经过 2 次成熟分裂才能完成其成熟过程(图 5-16)。不同于体细胞的有丝分裂和精子的减数分裂,卵母细胞的 2 次减数分裂都是一种胞质不均等分裂。细胞骨架蛋白(如 α-tubulin)、囊泡运输蛋白(如 Rab23)和驱动蛋白(如 Kif17)等在卵母细胞的减数分裂中起关键作用。这些蛋白的动态变化参与了卵母细胞成熟的诸多过程,如纺锤体组装、迁移以及极体的排出等。卵母细胞的减数分裂阶段不仅容易受到体内外因素的影响,而且不良因素易导致遗传疾病的发生。在进行第一次成熟分裂时,初级卵母细胞的核向细胞膜移动,核仁和核膜消失,染色体聚集成致密状态,中心小体分为 2 个中心小粒,并在其周围出现星状体,这些星状体分散形成纺锤体,染色体成对排列在纺锤体的赤道板上。进入第一次减数分裂中期的初级卵母细胞通过固定染色可清晰观察到联会的染色体排列于赤道板

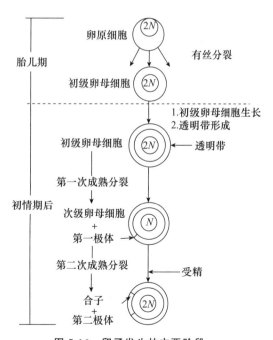

图 5-16　卵子发生的主要阶段

(资料来源:牛羊繁殖学,王锋、王元兴,2003)

两侧,并在着丝点的作用下由纺锤丝牵引准备向细胞两极移动,此时的纺锤丝呈伞状排列。在第一次成熟分裂末期,纺锤体旋转,成对染色体分离,大约在排卵前不久才完成第一次成熟分裂,由一半染色体及少量的细胞质构成的小细胞被排到卵周隙中,称为第一极体(polar body,Pb);含有大部分细胞质的卵母细胞则称为次级卵母细胞(secondary oocyte),其所含的染色体数仅为初级卵母细胞的一半,成为单倍体(N)。研究表明,染色体黏合素(cohesin)蛋白及其调节因子(如释放因子Wapl)在第一次减数分裂过程中对染色体的精确分离起关键作用。

在第一次成熟分裂以后,次级卵母细胞不经过间期的DNA合成复制而直接进入第二次成熟分裂。第二次成熟分裂持续时间很短促,其过程类似于有丝分裂过程,停滞于第二次成熟分裂的中期,在赤道板上与第一次减数分裂类似,每个染色体中的2个染色单体被纺锤丝朝两个方向牵引。

实际上,在排卵时,大多数动物的卵子并未完全成熟,马、犬和狐狸的卵子在排卵后才完成第一次成熟分裂,牛、羊、猪等仅排出处于第二次成熟分裂中期的次级卵母细胞和第一极体。待精子穿过透明带触及卵质膜时,处于发育停滞时期的次级卵母细胞才被激活并很快完成第二次成熟分裂,每个染色体中的2个染色单体被均分到2个细胞中,虽然DNA含量减少了一半,但染色体数目并未减少,仍为单倍体。其中一个细胞很小,仅含有少量的细胞质,位于卵周隙中,被称为第二极体;另一个细胞,即卵子(雌配子)很大,含有丰富的细胞质,将与进入的精子(雄配子)结合形成合子(受精卵),恢复二倍体。一般而言,GVBD代表减数分裂恢复的开始,第一极体的排出标志着卵母细胞达到核成熟,而第二极体则为受精的标志。

卵母细胞减数分裂恢复的调控极为复杂。在此过程中,促性腺激素扮演着一个非常重要的角色。研究发现,LH受体仅出现在大卵泡的颗粒细胞上,卵母细胞及卵丘细胞上没有LH受体,FSH受体则存在于包括卵丘细胞在内的所有颗粒细胞上,所以促性腺激素通过卵泡颗粒细胞来调节卵母细胞发育成熟。除了FSH和LH之外,GnRH、生长激素(growth hormone,GH)、表皮生长因子(epidermal growth factor,EGF)和TGF等也显现出诱导卵母细胞恢复减数分裂的能力。除此之外,一些信号转导因子也都在卵母细胞减数分裂恢复中起着作用,如蛋白激酶A、蛋白激酶C、丝裂原激活蛋白激酶(MAPK)等。总之,在卵子发生过程中,一个初级卵母细胞仅变成一个卵子,而在精子发生过程中,一个初级精母细胞可变成4个精子。精子和卵子的发生各有其特点和区别(表5-7)。

表5-7　精子和卵子发生的特点和异同

特点	精子	卵子
发生部位	睾丸曲精细管	卵巢皮质部和输卵管
增殖时期	一直到停止繁殖年龄为止	在胎儿期或出生后
从初级到成熟	一个初级精母细胞分裂为4个精子	一个卵母细胞仅发育成一个卵子,并放出极体
排出时	为成熟的精子	第一次成熟分裂完成或处于第二次成熟分裂中期的次级卵母细胞
形态	形态发生变化,蝌蚪状	形态不发生变化,卵圆形
发生成熟时间	从精母细胞到变成精子发生的时间较为稳定	成熟时间不定,与卵泡发育密切相关
活力	有活动力	无活动力

资料来源:牛羊繁殖学,王锋、王元兴,2003。

四、卵泡闭锁

虽然动物卵巢中的原始卵泡经过历次卵泡募集而分批离开原始卵泡库开始发育,但是只有极少数能发育成熟并排卵,绝大多数卵泡在不同发育时期因发生闭锁(atresia)退化而不能进一步发育。因此,在卵泡发育过程中,以卵泡闭锁退化为主,出生前的退化卵泡数比出生后的退化卵泡数多,初情期前比初情期后的退化卵泡数多。卵泡的绝对数随年龄的增长而减少。如初生母犊约有 75 000 个卵泡,10～14 岁时约有 25 000 个卵泡,20 岁时只有 3 000 个卵泡左右。

卵泡闭锁包括颗粒细胞和卵母细胞的一系列形态学变化。其主要特征是染色体浓缩,核膜起皱,颗粒细胞发生固缩,颗粒细胞离开颗粒细胞层,悬浮于卵泡液中,卵丘细胞发生分解,卵母细胞发生异常分裂或碎裂,透明带玻璃化并增厚等。卵泡闭锁发生在卵泡发育的各个阶段,其中原始卵泡闭锁较少见,初级卵泡闭锁最多。卵泡闭锁是一种正常的生理过程,且普遍存在于雌性哺乳动物的生长发育过程,所以卵母细胞的数量要远远多于释放出来的卵子数量。卵泡的生长发育或者闭锁是由颗粒细胞形态上的变化、增殖、凋亡以及类固醇激素合成能力下降引起的。除了受孕激素、雌激素的调控外,这个过程还受生长激素、胰岛素样生长因子、表皮生长因子等多种因子的调控。随着表观遗传研究的深入,长链非编码 RNA(long non-coding RNA,lncRNA)、微小 RNA(microRNA,miRNA)、环状 RNA(circular RNA,circRNA)等非编码 RNA(non coding RNA, lncRNA)在哺乳动物卵泡发育及闭锁过程中的调控作用日益受到关注,这为深入探究卵泡发育调控机理奠定了基础,尤其是为揭示多胎机理提供了契机。

▶ 第四节　排卵与黄体形成及退化

在发情期,成熟卵泡破裂,排出的卵子进入输卵管壶腹部等待受精,而破裂的卵泡经过一系列的变化形成黄体(corpus luteum,CL)。卵泡期分泌 E_2 的颗粒细胞在短时间内,转变为分泌 P_4 的黄体细胞。黄体分泌 P_4 作用于生殖道,使之朝着孕向发育。如未受精,一段时间后黄体就退化。

一、排　卵

排卵(ovulation)是指卵巢表面的成熟卵泡发生破裂,包围有卵丘细胞的卵母细胞从卵泡内排出的过程。随着卵泡的发育和成熟,卵泡液不断增多,卵泡容积增大并凸起于卵巢表面,卵泡内压并没有升高。突出的卵泡壁扩张导致卵泡膜血管分布增加、充血,毛细血管通透性增强,血液成分向卵泡腔渗出。随着卵泡液的增加,卵泡外膜的胶原纤维分离,内膜通过裂口而突出,形成一个乳头状的小突起,称为排卵点(ovulation point)。排卵点膨胀,卵母细胞及其周围的放射冠细胞冲出,被输卵管伞接纳。

(一)排卵类型

大多数哺乳动物排卵都具有周期性。根据卵巢排卵特点和黄体的功能,哺乳动物的排卵可分为 2 种类型,即自发排卵和诱发排卵。自发排卵就是卵泡发育成熟后自行破裂排卵并形成黄体。自发排卵动物的特点是排卵频率有规律,不需要交配刺激,排卵完全是由内生自发排卵激素的变化引起的,如猪、马、牛和羊等。诱发排卵又称为刺激性排卵,是指必须通过交配或其他方式刺激后才能排卵,并形成功能性黄体,如兔、猫科动物、雪貂和水貂等。除兔以外,诱发排卵动物的交配时间相对较长(骆驼约 1 h)或交配频率相对较高(狮子在每个发情期交配超过 100 次)。这样的交配模式可确保发生足够的神经刺激,从而诱发排卵。

无论是自发排卵还是诱发排卵,都与 LH 作用有关。LH 的作用途径有所不同。自发排卵的动物在排卵前 LH 的分泌具有周期性,是由神经和内分泌系统相互作用激发的,不取决于交配刺激;诱发排卵则必须经过一定条件刺激,引起神经-内分泌反射而产生排卵前 LH 峰,促使卵泡成熟和排卵。有些类型的动物只有当子宫颈受到适当刺激后,神经冲动才能由子宫颈或阴道传到下丘脑的神经核,引起 GnRH 释放,GnRH 沿垂体门脉系统到达垂体前叶,刺激其分泌 LH,从而形成排卵前 LH 峰。

(二)排卵时间和排卵部位

排卵是成熟卵泡在 LH 峰作用下产生的。从排卵前 LH 峰至排卵的间隔时间因动物种类而异,排卵均发生在发情期的后期或发情结束后。

除卵巢门外,大多数哺乳动物在卵巢表面的任何部位都可发生排卵,唯有马属动物的排卵部位仅限于卵巢中央的排卵窝(ovulation fossa)。

(三)排卵过程

在排卵前,卵泡经历三大变化:卵母细胞细胞质和细胞核成熟;卵丘细胞聚合力松懈;卵泡外壁变薄、破裂。所有这些变化都是由 LH 和 FSH 的释放量骤增并达到一定比例时引起的。

1.卵母细胞

成熟卵泡的卵丘细胞逐渐分离,只有靠近透明带的卵丘细胞才得以保留,围绕卵母细胞形成放射冠。卵母细胞在排卵前 LH 峰之后 3 h 恢复减数分裂,细胞核(生发泡)破裂,进而发育到第二次减数分裂中期并排出第一极体,于排卵前 1 h 结束,这个过程称为细胞核成熟。

2.颗粒细胞

排卵前,卵泡壁的颗粒细胞开始脂肪变性,卵泡液渗入卵丘细胞之间,使卵丘细胞聚合力减弱,并与颗粒细胞层逐渐分离,最后在卵泡顶部处颗粒细胞完全消失。约在排卵前 2 h 颗粒细胞长出突起,穿过基底层,为排卵后黄体发育时卵泡膜细胞和血管侵入颗粒细胞层做准备。

3.卵泡膜细胞

在接近排卵时,卵泡膜的上皮细胞发生退行性变化,并释放出纤维蛋白分解酶,同时酶活性提高。此酶对卵泡膜有分解作用,可使卵泡壁变薄而破裂。

(四)排卵机制

导致成熟卵泡破裂和卵子排出的确切机理至今仍不十分清楚。过去认为排卵主要是卵巢平滑肌收缩,卵泡液不断增加使卵泡内压力升高,卵泡壁不断变薄所致。近来的研究发现,卵泡并不是体积达到最大限度时才破裂,也不是卵泡内液体压力升高而导致卵泡破裂。对兔、大鼠等实验动物的测定表明,成熟卵泡的内压并不升高;通过腹腔镜观察,排卵是一个缓慢的流失过程,而不是一个崩破过程。排卵不是单一因素而是多种因素作用的结果。

各种动物血浆中 LH 的水平在卵泡早期比较平稳,到达中期稍有升高,于排卵前达到最高峰。LH 峰值出现可以激发卵泡膜中腺苷酸环化酶的活性,导致 cAMP 增加,由此引起颗粒细胞黄体化,使卵泡内 P_4 增加,并激活卵泡中的蛋白分解酶、胶原酶等。随着 LH 的激增,膜细胞开始由生产 T 转而合成 P_4,从而引起 P_4 水平在优势卵泡内显著升高。P_4 水平的升高对于排卵是非常必要的。因为 P_4 可以刺激内膜细胞合成胶原酶。胶原酶可以分解胶原,进而消化结缔组织。最终消化掉主要由结缔组织构成的白膜-卵巢的外层。在胶原酶"消化"白膜胶原的同时,卵泡内的卵泡液体积增加。因此,卵泡增大与白膜的酶降解过程密切相关。这些酶作用于卵泡壁的胶原结构,使其张力下降,膨胀性增加,最后引起排卵。试验表明,LH 可使卵巢上的卵泡全部破裂,但只有配合 FSH 使用时才能排出成熟卵子。这充分说明 LH 和 FSH 两者的协同作用。因此,有人将 LH 和 FSH 的混合物称为排卵诱发激素(ovulation inducing hormone,OIH)。

此外,P_4、PGE_2 及 $PGF_{2\alpha}$ 等激素也对排卵起重要作用。在排卵过程中,卵泡外膜发生水肿,导致卵泡膜纤维分解酶增加,使纤维蛋白分解,同时细胞的聚合力松懈,因而使卵泡外膜分离,这些变化是由于排卵出现在 LH 峰后,E_2 含量减少而 P_4 含量增加。当接近排卵时,在 GTH 的作用下,成熟卵泡的 cAMP 明显增加,刺激 PG 合成,于是卵泡中的 PGE_2 及 $PGF_{2\alpha}$ 浓度显著升高。PGE_2 能增强纤维蛋白分解酶原的产生,从而增加纤维蛋白分解酶的活性,使卵泡膜分解破裂。PGE_2 还可以刺激颗粒细胞合成 P_4 及本身黄体化,促进卵泡顶端上皮细胞溶酶体的破裂,使上皮细胞脱落,顶端形成排卵点。$PGF_{2\alpha}$ 则引起颗粒细胞内的溶酶体细胞破裂,释放出溶酶体酶。溶酶体酶可以导致卵泡的结缔组织进一步消化。同时,$PGF_{2\alpha}$ 也会引起卵巢平滑肌收缩。因此,间歇性收缩可能会增加局部压力,从而造成排卵点从卵巢表面突出。目前多数研究者认为,酶在排卵过程中的作用尤为重要。通过电镜观察,排卵裂口处的局部溶解是从卵巢表面上皮细胞开始的,细胞先增大,胞质内所含各种蛋白分解酶的溶酶体增多,释放的蛋白分解酶进入细胞外间隙,下面的白膜、卵泡内膜与外膜的结缔组织崩解,致使卵泡壁在酶的作用下发生溶解。

二、卵子的形态结构

在成熟卵泡破裂后,排出的卵子除了大小因动物种类不同有较大差异以外,其形态和结构是基本一致的。

(一)卵子的形态和大小

哺乳动物的卵子(ovum)为圆球形,其直径大小因所含卵黄量多少而有不同,变异范围较大,透明带内卵母细胞的直径一般为 $80\sim200~\mu m$,为精子体积的 1 万倍以上。家畜的卵子的直径一般小于 $185~\mu m$,其中牛的卵子的直径为 $120\sim140~\mu m$,绵羊的卵子的直径为 $140\sim185~\mu m$,猪的卵子的直径为 $120\sim170~\mu m$,马的卵子的直径为 $120\sim180~\mu m$,家兔的卵子的直径为 $120\sim130~\mu m$。

（二）卵子的结构

卵子依次由放射冠（corona radiata）、透明带（zona pellucida）、卵质膜（plasma membrane）、卵细胞质及卵细胞核等组成（图5-17）。

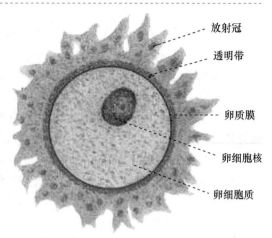

图 5-17　哺乳动物排卵时的卵子结构

1.放射冠

放射冠是由内层卵丘细胞环绕卵母细胞呈放射状排列形成的。这些细胞的胞质突起斜着或不定向地穿入透明带，并与卵母细胞的微绒毛相交织。排卵后的卵子进入输卵管后数小时，由于输卵管黏膜分泌纤维分解酶的作用，放射冠细胞便会脱落形成裸卵。马在排卵时无放射冠细胞，但周围有一层不整齐的胶状物包裹着，这些胶状物在 2 d 内也会消失。

2.透明带

透明带是由卵质膜分泌物和卵泡细胞分泌物共同形成的均质半透膜。其厚度远远超过卵质膜，可以被蛋白分解酶（如胰蛋白酶和胰凝乳蛋白酶）所溶解。在卵质膜与透明带之间，由于卵母细胞的发育，特别是第一极体形成后卵母细胞的收缩会形成一定的空隙，即卵周隙（perivitelline space，PVS）。透明带具有保护卵子的作用，精子能否穿过透明带有种属选择性。

3.卵质膜

卵质膜具有与体细胞原生质膜相似的结构。其作用是使卵子有选择地吸收无机离子和代谢物质，且在精卵结合时可发生皮质反应，阻止多精入卵。

4.卵细胞核

发育成熟的卵母细胞有一个大的球形核，核有明显的核膜，包含着 1 个至数个染色质核仁，其位置一般不在细胞质的中心。

5.卵细胞质

卵细胞质的外观和颜色因动物种类不同而有明显差异。其主要原因是卵黄和脂肪小滴的含量不同。马和猪的卵黄比牛和羊的卵黄多。由于马的卵子充满了折光性强的脂肪小滴，所以马的卵黄颜色稍黑；猪的卵黄为深灰色；牛、绵羊的卵子因含脂肪小滴少，颜色较浅，呈灰色；在山羊和兔的卵子中，卵黄颗粒很细，分布均匀，在成熟分裂和受精时，容易看到核的变化。

在卵细胞质内含线粒体、高尔基体以及不同于体细胞的皮质颗粒（cortical granule）等细胞器。皮质颗粒分散排列在卵质膜边缘附近，为单层膜构成的小泡，直径为 $0.2 \sim 0.5\ \mu m$。皮质颗粒在核网期的数量少，在第一次减数分裂期的数量显著增加。

三、黄体的形成与退化

成熟卵泡在破裂排出卵子后开始黄体化，形成黄体，黄体分泌的 P_4 作用于生殖道，使之向妊娠方向变化。若母畜没有妊娠，黄体维持数十天后开始退化，这种黄体被称为周期性黄体；若母畜妊娠，则黄体不退化，转变为妊娠黄体。大多数动物的妊娠黄体一直维持到分娩前才退化,但马例外,其妊娠黄体一般维持到妊娠期第 160 天左右才退化,然后依靠胎盘分泌的 P_4 来维持妊娠。

(一)黄体的形成

黄体(图 5-18)是一种暂时性内分泌器官,主要分泌孕酮。黄体开始生长很快,牛、绵羊的黄体在第 4 天达到最大体积的 50%~60%。黄体发育到最大体积的时间因动物种类而异,例如,牛、绵羊、猪和马的黄体分别在排卵后的第 10 天、第 7~9 天、第 12~13 天和第 14 天达到最大体积。

成熟卵泡在破裂排卵后卵泡液流出,卵泡壁塌陷、皱缩,从破裂的卵泡壁流出血液和淋巴液,并聚集在卵泡腔内形成血凝块,称为红体(corpus hemorrhagicum,CH)。黄体的形成过程由 LH 控制。具体来说,在排卵前,卵泡基膜部分解体,从而造成膜细胞与颗粒细胞的界限消失。在排卵期间,卵泡液从卵泡流出,同时,卵泡壁塌陷,形成许多褶皱。这些褶皱的交错汇集引起了膜细胞和颗粒细胞的混合,从而形成一个由结缔组织细胞、膜细胞和颗粒细胞等组成的腺体,即黄体。一般来说,膜细胞来源和颗粒细胞来源的黄体细胞彼此均匀混合在一起(人和其他灵长类动物除外)。大黄体细胞来源于颗粒细胞,小黄体细胞来源于膜细胞。将膜细胞与颗粒细胞分离的基底膜的一部分仍然保留,构成黄体的结缔组织。不同动物黄体的颜色不同。一般牛的黄体因黄素多而呈黄色;水牛的黄体呈粉红色,萎缩时,变成灰色;羊的黄体为黄色;猪的黄体发育过程中为肉色,萎缩时稍带黄色。

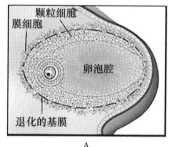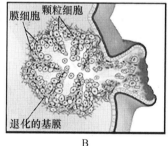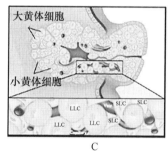

A.排卵前卵泡:排卵前卵泡由排列在卵泡壁上的颗粒细胞组成。在胶原酶的作用下,分隔颗粒细胞与内膜细胞的基底膜在排卵前逐渐退化,造成颗粒细胞与内膜细胞之间的混合;B.血红体:在排卵期间,许多小血管破裂导致局部出血,卵巢表面的血凝块有时在排卵后渗透到卵泡的中心。在卵泡液和卵母细胞排出后,卵泡塌陷成褶皱,内膜细胞和颗粒细胞开始混合,残余的基底膜参与形成黄体的结缔组织;C.功能性黄体:成熟的黄体由大黄体细胞(large luteal cells,LLC)即原来的颗粒细胞和小黄体细胞(small luteal cells,SLC)即原来的膜细胞组成。有时会在黄体中心形成一个小的腔室。

图 5-18　黄体的形成

(资料来源:*Pathways to Pregnancy and Parturition*,Senger PL,2003)

(二)黄体的退化

当黄体退化时,由颗粒细胞转化的黄体细胞退化很快,即细胞质空泡化及核萎缩。随着微血管退化,供血减少,黄体体积逐渐变小,黄体细胞的数量也显著减少,颗粒层细胞逐渐被纤维细胞所代替,黄体细胞间结缔组织侵入、增殖,最后整个黄体细胞被结缔组织所代替,形成一个斑痕,颜色变白,称为白体(corpus albicans,CA),残留在卵巢上。大多数动物的白体持续到下一周期的黄体期,此时的功能性新黄体与大部分退化的白体共存。当退化至第二个发情周期时,白体仅有疤痕存在,其形态已不清晰。

黄体功能的丧失先表现为 P_4 的分泌降低,然后黄体组织消失,即黄体溶解。不同动物黄体退化机制是复杂而有所区别的。对家畜和多数啮齿动物而言,子宫来源的 $PGF_{2\alpha}$ 是主要的溶黄体因子。子宫所分泌的 $PGF_{2\alpha}$ 通过逆流传递机制进入卵巢动脉运输至卵巢。对于反刍动物、猪和多数啮齿动物而言,子宫分泌的 $PGF_{2\alpha}$ 的溶黄体作用具有局部效应。因为切除黄体同侧的子宫角,黄体退化受到抑制,而切除对侧子宫角则没有影响。对于灵长类而言,子宫产生的 $PGF_{2\alpha}$ 对黄体退化似乎不是必需的,而黄体产生的 $PGF_{2\alpha}$ 可能对调节黄体的寿命起到主要作用。对猴和绵羊的研究表明,$PGF_{2\alpha}$ 和 E_2 的相互作用对于正常的黄体溶解是重要的。E_2 可能会调节黄体 $PGF_{2\alpha}$ 受体的水平。

$PGF_{2\alpha}$ 诱发黄体类固醇合成抑制可能由蛋白激酶 C(PKC)活化途径介导,而 $PGF_{2\alpha}$ 的溶黄体作用最有可能通过细胞凋亡实现,此过程由细胞内游离的 Ca^{2+} 浓度升高作为信号。$PGF_{2\alpha}$ 活化磷脂酶 C,使细胞内的游离 Ca^{2+} 浓度增加和 PKC 活化,启动黄体退化。在 $PGF_{2\alpha}$ 引起黄体溶解期间,黄体细胞发生凋亡,DNA 被内切酶裂解成碎片。

▶ 第五节　发情鉴定

一、发情鉴定方法

发情鉴定(detection of estrus)是动物繁殖工作的重要环节。通过发情鉴定,可以判断动物的发情阶段,预测排卵时间,以确定适宜配种期,及时进行配种或人工授精,从而达到提高受胎率的目的。此外,通过发情鉴定还可以检查动物发情是否正常,以便发现问题,及时解决。

动物在发情时既有外部表现,也有内部特征。外部表现是可以直接观察到的现象,而内部特征是指生殖器官的变化,其中卵泡的发育才是本质。因此,在进行发情鉴定时,不仅要观察动物的外部表现,而且要掌握卵泡发育状况,还应考虑影响发情的各种因素。只有进行综合的科学分析,才能做出准确的判断。

发情鉴定的方法有多种,但在实际应用时,要根据各种动物的发情特征,坚持重点与一般相结合的原则进行。无论采用何种方法,在发情鉴定前,均应了解动物的繁殖历史、发情过程及其相关的繁殖记录。

(一)外部观察法

外部观察法是各种动物发情鉴定最常用的方法。此法主要通过观察动物的外部表现和精神状态来判断其发情情况。例如,动物在发情时常表现为精神不安,鸣叫,食欲减退,外阴部充血肿胀、湿润,流有黏液以及黏液的数量、颜色和黏性等发生变化,频繁地排尿,并对周围环境和雄性动物反应敏感,爬跨行为等。

动物的发情表现随发情进程由弱到强,再由强到弱,至发情结束后消失,因此,在发情鉴定时,要根据不同动物的发情特点,最好从动物发情开始时便定期观察,以便了解其变化过程。

(二)试情法

试情法是根据雌性动物在性欲及性行为上对雄性动物的反应,判断其是否发情和发情程度。雌性动物在发情时通常表现为喜接近雄性,接受爬跨等;在不发情或发情结束后则表现为远离雄性,当强行牵引接近时,往往会出现躲避,甚至踢、咬等抗拒行为。试情法适用于猪、羊、水牛等各种动物,应用较广泛。

一般选用体质健壮、性欲旺盛、无恶癖的非种用公畜作为专用试情公畜,采用结扎输精管、阴茎移位或试情布兜腹下等方法避免发生交配,定期对母畜进行试情,以便及时掌握母畜的发情状况和性欲表现程度。

(三)阴道检查法

阴道检查法是指应用阴道开张器或阴道扩张筒插入动物阴道,借用光源观察阴道黏膜颜色、充血程度,子宫颈的颜色、肿胀度及开口的大小和黏液的数量、颜色和黏度、有无黏液流出等来判断动物是否发情的方法。检查时,阴道开张器或扩张筒要洗净消毒,防止感染,同时在插入时要小心谨慎,以免损伤阴道黏膜和尿道外口。本法由于不能准确判断动物的排卵时间,故在生产中只作为一种辅助性检查手段。

(四)直肠检查法

直肠检查法是指将手臂伸入母畜直肠内,隔着直肠壁用手指触摸卵巢及卵泡的发育情况,如卵巢的大小、形状、质地,卵泡发育的部位、大小、弹性、卵泡壁厚薄以及卵泡是否破裂,有无黄体等。检查时,要有步骤地进行,触摸卵泡发育情况,切勿用力压挤,以免挤破卵泡。

结合外部发情征象,直肠检查法能较准确地判断卵泡发育程度,以确定适宜的配种时间;必要时也可顺便进行妊娠诊断,以免将孕畜配种而发生流产。因此,直肠检查法在生产上广泛应用于牛、马等大型家畜,但术者须经多次实践,积累丰富经验,方能正确掌握。此外,由于操作时术者须脱掉衣服(冬季)才能将手臂伸进动物直肠,故容易引起术者感冒和风湿性关节炎等病。此外,如果保护不妥(不戴长臂手套),术者还易感染某些人畜共患病,如布鲁氏菌病等。

(五)生殖激素检测法

生殖激素检测法是指应用激素测定技术,如 EIA 和 RIA 等,通过检测体液(血浆、血清、乳汁、尿液等)中生殖激素(FSH、LH、雌激素、孕酮等)水平,根据发情周期中生殖激素的变化规律判断发情的方法。例如,当用 RIA 测定母牛血清中孕酮的含量为 $0.2\sim0.48$ ng/mL 时,输精后的情期受胎率可达 51%。目前,国外已有多种激素 EIA 检测试剂盒用于发情鉴定。

(六)电测法

电测法即应用电阻表测定雌性动物阴道黏液的电阻值进行发情鉴定,以便确定适宜的输精时间。黏液和黏膜的总电阻与黏液中的盐类、糖和酶等含量有关,这与卵泡发育的程度有关,一般在发情期电阻值降低,而在发情周期其他阶段则趋升高。

(七)计步法

计步法主要适用于自动化管理水平高的大中型奶牛场母牛的辅助发情鉴定,其理论依据为母牛发情时其运动量会增大。具体方法为在母牛腿上固定一个带信号发射装置的计步器,机房中的接收器可以接收每头牛的计步器信号,然后传入计算机终端,从而测定每头母牛每天的运动量。若某头牛运动量持续增加,则表示其可能开始发情,提示配种员应对其进行重点观察,若与直肠检查相结合则效果更佳。

(八)生殖道黏液 pH 测定法

在雌性动物的发情周期,生殖道黏液 pH 呈现一定的变化规律,即一般在发情盛期为中性或偏碱性,黄体期偏酸性。测定生殖道黏液 pH 虽然不能明显区分发情周期的各阶段,但是在一定 pH 范围内输精的受胎率较高。因此,在发情周期正常时,雌性动物在发情中测定生殖道黏液 pH 更有参考价值。

此外,发情鉴定方法还有子宫颈黏液透析法、宫颈黏液结晶法、离子选择性电极法、阴道上皮细胞或者口腔黏液抹片法等。根据母牛在不同季节发情时特有的体温升降变化,也可分析从阴道测得的体温数据来进行发情鉴定。

二、各种动物的发情鉴定

(一)牛

发情期较短的母牛发情时的外部表现比较明显,因此,母牛的发情鉴定主要依靠外部观察,并结合试情和阴道检查。必要时,可进行直肠检查,以判断发情阶段和确定适宜输精时间。目前,对母牛的发情可根据母牛发情时的行为等特征性生理指标的变化,也可借助电子信息技术对单一生理指标或多种生理指标进行综合分析判断。

1.外部观察

根据母牛爬跨行为或接受爬跨反应来鉴定母牛发情是一种常用的方法。在奶牛场,一般早晚进行观察。母牛在发情时常被其他母牛爬跨,并且爬跨其他母牛。发情初期的母牛表现出不安,食欲减退,四处走动,并不接受爬跨,阴道、子宫颈呈轻微的充血,流出少量牵缕性差的透明黏液,隔离饲养的牛常大声哞叫。母牛在发情盛期时接受爬跨,表现出静立不动,两后肢叉开举尾。另外,发情母牛更表现为精神不安,食欲减退,甚至拒食,大声哞叫,反刍减少,产乳量下降,常弓腰举尾,频频排尿。发情盛期的母牛阴户明显肿胀发亮、充血、皱襞展开,阴道、子宫黏膜充血,子宫颈口开张,从阴门流出大量蛋清样黏液,牵缕性强。在发情盛期过后,母牛不甚愿意接受爬跨,从阴道内流出的黏液透明,稍混杂一些乳白色丝状物,量较少,黏性不如发情盛期,不久后,黏液便呈半透明状,即透明黏液中夹有一些不均匀的乳白色黏液,黏性较差,黏液变成乳白色,似浓炼乳状,量少,母牛拒绝接受爬跨,表示发情停止。发情母牛从阴户流出的黏液往往混有少量血液,有时黏液呈淡红色。

水牛的发情表现没有黄牛、奶牛明显,也兴奋不安,常站在一边抬头观望,头仰起,注意外界的动静,吃草减少,偶尔鸣叫离群,常有公牛跟随;当发情开始时,外阴部微充血肿胀,黏膜稍红,子宫颈口微开,黏液量少,稀薄透明,不接受爬跨;在发情盛期,外阴充血肿胀明显,子宫颈口开张,排出大量透明、牵缕性强的黏液;在发情末期,征象逐渐减退至消失。

2.直肠检查

发情期短的母牛一般在发情期配种 1～2 次即可,不一定要用直肠检查法来鉴定排卵时间。对于排卵延迟或提前的一些母牛而言,如我国南方多数黄牛及水牛卵泡发育慢,排卵期延迟,为了正确判断其排卵时间,以确定配种适期,除了进行外部观察及试情外,还有必要进行直肠检查。

母牛在间情期的多数情况是一侧卵巢大些,卵巢上有大小不等的黄体突出于表面。在发情期,通过直肠触诊,母牛卵泡的发育过程可分为 4 期(图 5-19)。

第一期(卵泡出现期):卵巢稍增大,卵泡直径为 0.50~0.75 cm,触诊时为软化点,波动不明显,母牛一般已开始有发情表现。从发情开始算起,此期约持续 10 h。

第二期(卵泡发育期):卵泡直径达 1.0~1.5 cm,呈小球状,波动明显,这一期持续 10~12 h。在此期后半期,发情表现已减弱,甚至消失。

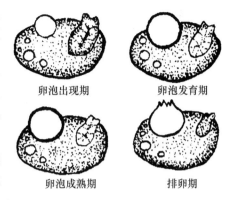

卵泡出现期　　　　卵泡发育期

卵泡成熟期　　　　排卵期

图 5-19　卵泡发育模式

第三期(卵泡成熟期):卵泡不再增大,但卵泡壁变薄,紧张性增强,触诊时有一触即破之感,这一期持续 6~8 h。

第四期(排卵期):卵泡破裂排卵,由于卵泡液流失,卵泡壁变松软,成为一个小凹陷。排卵后 6~8 h,开始变为黄体。原来的卵泡开始被填平,可触摸到质地柔软的新黄体。

3.电子信息技术鉴定

母牛发情特征性生理指标数据的采集、传输与分析是通过电子监测系统完成的。电子监测系统一般由数据检测装置、采集装置和上位机系统 3 个部分组成。为获取检测需要的特征性生理指标,检测装置可设置在母牛身体上能敏感检测或专门检测牛奶中特有生理指标数据变化的位置,采集装置对检测的数据进行收集和传输,上位机系统接收、存储和分析数据,通过软件显示结果。

发情阶段和排卵时间的判断准确程度取决于发情所致的特征性指标变化的参数与应有生理事件之间的相关性以及一些对特征性指标参数影响的因素,如母牛品种、所处生理状态、季节、营养状况和管理方式等。在发情过程中,母牛会伴随一定程度的体温升高、活动量增加、阴道黏液电阻值降低、奶孕酮浓度降低和产奶量下降等参数的改变。根据这些参数在发情周期中的变化规律,逐日或定时监测阴道温度、固定在牛后腿跖部的计步器所测得的步态数、阴道黏液 Ω 值、牛奶孕酮浓度值和产奶量,将指标数据比对其参数,对牛进行发情鉴定和排卵时间的判断。在生产实践中,结合 2 个特征性指标检测比依据单一指标数据更能提高发情鉴定的效率及排卵时间预测的准确性。

(二)猪

在母猪发情时,其外阴部发情征象及行为表现明显,因此发情鉴定主要采用外部观察法。母猪在发情时对公猪反应特别敏感,故可利用公猪试情,根据其喜接近公猪、接受爬跨的安定程度,判断发情及发情期的阶段。如无公猪也可对其采用压背法,即用手按压母猪背部,如母猪静立不动,出现“静立反射(immobility response)”,则表示该母猪的发情已达到高潮。但是一般仅有 48% 的发情母猪呈现静立反射;若公猪在场,则 100% 出现静立反射。由于母猪对公猪的气味异常敏感,故可将由类固醇激素组成的公猪气味剂或公猪尿液或其包皮囊冲洗液(内有性外激素)进行喷雾,或者用一段末端扎有布的木棒,布上蘸有公猪的尿液或精清,放入母猪栏内,观察母猪反应,以鉴定是否发情。由于发情母猪对公猪的叫声异常敏感,因此也可辅以播放公猪求偶叫声的录音来鉴定母猪是否发情。

母猪发情时的行为表现特征是当发情开始时,表现出不安,有时鸣叫,阴部微充血肿胀,食欲稍减退,之后,阴部充血肿胀较明显,微湿润,喜爬跨其他猪,同时也开始接受其他猪爬跨,交配欲出现;在发情盛期时,母猪的性欲逐渐趋向旺盛,阴门充血肿胀显著,可见其他母猪频频爬跨其上或静立一处,若有所思,此时若用公猪试情,则接受公猪爬跨,安定不动,过后,性欲渐降,阴部充血肿胀逐渐消退,阴门淡红,微皱,间或有变成紫红的,阴门较干,表情迟滞,喜静伏,这时便是配种适期,再之后,阴门充血肿胀消退,性欲减退,食欲恢复正常。如用公猪试情,则不接受公猪爬跨。

(三)羊

绵羊和山羊的发情状态有所不同。绵羊的发情行为表现不明显,主要依靠试情法,结合外部观察进行发情鉴定。

试情法是指将试情公羊按一定比例(1∶40)每天1次或早晚各1次放入母羊群中,也可在试情公羊的腹部戴上有标记的装置(发情鉴定器)或在胸前涂搽染料,当公羊爬跨时就可将标志印在母羊臀部,从而认出发情母羊;还可将试情公羊牵至母羊圈栏外,根据母羊在发情时的行为征象进行鉴定。

母羊在发情时主要表现为:喜欢并主动接近公羊或被公羊尾随时母羊摇尾示意,求偶明显,山羊在发情时大声哞叫,寻盼公羊等;在发情盛期时,当公羊用前蹄踢其腹部及爬跨时则静立不动或回顾公羊。发情母羊的外阴部充血肿胀不明显,只有少量黏液分泌,有的发情母羊甚至看不到黏液。发情母羊很少爬跨其他母羊。

(四)兔

与其他动物不同,兔的发情周期很不规律,没有严格的周期性,且其变化范围较大,一般为8~15 d。母兔的发情鉴定主要通过外部观察和阴道检查法判断。当外部观察时,发情母兔表现出活跃不安、站立、仰头、左顾右盼,食欲减少,摩擦下颚,后肢强力击拍笼底,爬跨其他母兔,喜接近公兔。在进行阴道检查时,主要检查阴道黏膜。阴道黏膜苍白为未发情,不接受公兔交配,如果此时输精,也有受胎可能,但产仔甚少;如果阴道黏膜呈淡红色,湿润有光泽,则为发情中期;如果阴道黏膜呈紫红色而光泽减退,则为发情后期。

(五)犬

犬一般在春季3—5月和秋季9—11月各发情1次,发情周期很长。发情鉴定一般是以外部观察和阴道检查为主。

在母犬处于发情前期时,其表现出兴奋不安,对口令反应迟钝,饮水量增多,排尿次数增加,引诱公犬,但不接受爬跨,阴门略肿胀,开始有血样排出物,持续时间为7~9 d;在发情期,母犬主动接近公犬,摆出交配的姿势,尾根抬起,尾巴偏向一侧露出阴门,外阴部肿胀明显,阴门血样排出物大为减少,并且变成粉红色,持续时间为4~12 d。在此期间,卵巢上的卵泡迅速发育成熟,大约在第3天前后排卵。在发情后期,母犬变得性情驯服,拒绝公犬爬跨,阴道血样排出物变成褐色或黑色,以至停止排出,外阴部变得软瘪。

(六)马

马的卵泡发育期较长,只靠外部观察及阴道检查难以判断其排卵期。但马的卵泡发育较大,规律性明显。因此,马的发情鉴定一般以直肠检查卵泡发育状况为主,外部观察、试情和阴道检查法为辅。

1.直肠检查卵泡发育特点

第一期(卵泡出现期):一侧卵巢内有一个及数个卵泡发育,以后其中一个获得发育优势,因此卵巢形状改变,体积增大,但初期卵泡硬、小、有弹性。此期一般持续1～3 d。

第二期(卵泡发育期):在这一阶段中,获得发育优势的卵泡体积增大,充满卵泡液,可感到微弱波动,突出卵巢部分呈圆形,有较强的弹性。在此阶段,一般母马都已发情。此期一般维持1～3 d。

第三期(卵泡逐渐成熟期):卵巢体积增大,卵泡继续增大,呈球形,柔软有弹性,波动明显,排卵窝由深渐浅,卵泡壁厚而韧。此期维持1～3 d。

第四期(卵泡成熟期):卵巢体积增大,形似一大圆球,卵泡内液体波动明显,弹性减弱,最后完全变软,卵泡壁变薄,接近排卵时,用手按压可改变其形状,甚至有一触即破之感。此期持续时间短,约24 h,长的卵泡成熟期可达2～3 d。

第五期(排卵期):卵泡完全成熟后,便进入排卵期。此时卵泡形状不正,有显著流动性,卵泡壁薄而软,卵泡壁破裂后,卵泡液流失,需2～3 h完全排空。

第六期(黄体形成期):卵泡液排出后,卵泡内腔变空,卵泡壁凹陷松懈,用手捏时,可感到两层薄皮,滑动手指可感觉到摩擦音,渐渐收缩,由薄变厚。原卵泡腔内流入血液形成红体,逐渐发育成扁圆肉状突起,最后形成黄体,有肉样感或面团状。此期可持续6～12 h(图5-20)。

在利用直肠检查鉴定卵泡形态时,应注意卵泡与黄体的区别。在正常情况下,卵泡和黄体的形状和质地均不同,同时卵泡是进行性变化,黄体是退行性变化,经过几次检查,前后对照,两者就易区别。当在黄体发育的一定时期时,黄体的形状和质地极易和发育的卵泡混淆。在直肠检查中,黄体和卵泡的主要区别:①绝大多数卵泡呈圆形,少数为扁圆形,而黄体几乎都是扁圆形或不规则的三角形;②卵泡有弹性和液体波动感,接近成熟的卵泡与卵巢实质连接处界限不明显,而黄体有肉团感,在一定时期内与卵巢实际的界限明显;③卵泡表面光滑,而黄体表面粗糙;④卵泡从发育成熟至排卵有越变越软的趋势,而黄体在形成过程中越变越硬。

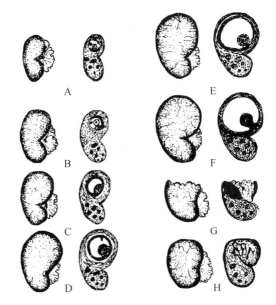

A.发情期正常卵巢,无卵泡发育;B.卵泡发育第一期,卵巢一端变大;C.卵泡发育第二期,卵巢一端膨大有波动感;D.卵泡发育第三期,卵泡端呈球形,波动明显,较软;E.卵泡发育第四期,卵泡壁薄而紧张,弹性强;F.卵泡开始破裂,为排卵阶段,卵巢柔软无弹性;G.卵泡液排空阶段,卵巢无固定性状;H.黄体形成阶段,卵巢柔软有弹性,无波动。

图5-20 发情母马卵巢中的卵泡发育过程外观及剖面模式
(资料来源:家畜繁殖学,董伟,1984)

2.外部观察

外部观察主要是根据性兴奋和性行为表现判断母马发情的情况。

3.阴道检查

阴道检查是通过观察阴道黏膜颜色、

分泌物的量及黏液性状、子宫颈变化来判断发情阶段。

在间情期,母马阴道黏膜苍白,表面粗糙,如欲插入开张器或手臂会感到很大阻力。在接近发情期时,阴道分泌物的黏性减小,黏膜充血,表面较光滑。在发情前期及发情盛期,阴道黏膜充血显著,黏液的变化更加明显。

母马子宫颈的变化在发情鉴定上有很大意义。在间情期,子宫颈质地较硬,呈钝锥状,常常位于阴道下方,其开口处为少量黏稠胶状分泌物所封闭。在发情期间,尤其是在接近排卵时,子宫颈位置向后方移动,子宫颈部的肌肉敏感性增加,检查时易引起收缩,颈口的皱襞由松弛的花瓣状变成较坚硬的锥状突起,随后又恢复松弛状态。这种收缩和松弛变化可能与交配过程中精液运行至子宫内的生理有关。

▶ 第六节　发情控制

发情控制技术是指利用激素或饲养管理等措施,控制母畜个体或群体发情并排卵。它包括诱导发情(estrus induction)、同期发情(estrus synchronization)和排卵控制(ovulation control)等。随着家畜发情控制技术的不断改进和完善,其已成为动物繁殖管理的重要技术措施而被广泛应用。

一、诱导发情

诱导发情是指对因生理和病理原因不能正常发情的性成熟雌性动物,借助外源激素和管理措施来引起其正常发情和排卵的技术,以缩短雌性动物的繁殖周期,使之比在自然情况下提前配种,增加胎次,提高繁殖力,繁殖更多的后代。

雌性动物的乏情状态可分为 2 种情况:①生理性乏情,如季节性繁殖动物在非繁殖季节无发情周期,产后在哺乳期间的乏情,雌性动物达到初情期年龄后仍未发情等;②病理性乏情,如持久黄体、卵巢静止或萎缩等。

(一)基本原理

诱导发情是指根据生殖内分泌激素对母畜发情的调控原理建立和发展起来的一种技术措施。雌性动物的发情活动既直接受到生殖内分泌激素的调控,也受到外界因素的影响。诱导发情所使用的激素主要有 FSH、LH、eCG、hCG、GnRH、E_2、P_4、PG 等。在诱导发情中,FSH、LH、eCG 和 hCG 对雌性动物的卵泡发育、成熟和排卵具有直接促进作用,其他激素则通过参与对雌性动物发情的调控机制,经正向调节(如 GnRH)、反馈调节(如 E_2、P_4)或间接的调节过程(如 $PGF_{2\alpha}$)等来调控垂体分泌 FSH 和 LH。

在实践中,FSH 和 eCG 是作为直接促进卵泡发育的首选激素;hCG、LH 和 GnRH 则多辅助性地应用于促进卵泡的成熟和排卵,其中 GnRH 也可用来间接促进卵泡的发育。E_2 可诱导雌性动物出现明显的发情表现(如性欲、性兴奋及阴道黏液等)。卵巢通常缺乏卵泡发育和排卵的重要生理基础,必须等到下一次发情才能配种。P_4 对垂体 GTH 的分泌活动具有负反馈调节作用,抑制发情和排卵。当连续多日接受 P_4 处理的乏情动物突然撤除 P_4 的抑制作用时,其可出现发情和排卵活动。$PGF_{2\alpha}$ 有溶解黄体的作用,以解除 P_4 对发情活动的抑制,诱导动物的发情。

雌性动物的一切活动始终是在内分泌和神经系统的共同作用下进行的。诱导发情除激素处理外,神经刺激也可使性机能趋于活跃,如改变光照条件、给予异性刺激或幼仔断奶(哺乳刺激的终止)等措施。青年雌性动物或舍饲动物加强运动也能激发其发情。神经刺激产生的这种效应也是通过下丘脑-垂体-卵巢轴的调节才得以实现的,所以作为诱导发情的一种方法,神经刺激的效果(间接的)一般不是像激素处理(直接的)那样明显而准确,而是较迟缓。

(二)各种动物诱导发情的方法

1.牛

初情期后较长时期不发情的青年母牛或带犊哺乳的乏情母牛可对其采用 P_4 结合 eCG 的方法。用 P_4(阴道栓剂、埋植剂或注射剂)先处理 12 d,然后在处理结束时一次性注射 eCG 800~1 000 IU,母牛会在处理完成之后 1.5~5 d 内发情。母牛对其单独使用 P_4 栓剂(如 PRID 或 CIDR)或埋植剂(SyncpMate B)处理 12~14 d 通常也可产生较好的诱导效果。

产后泌乳奶牛可以在产后 14 d 用 GnRH 类似物(LRH-A2 或 LRH-A3)进行处理,每天肌内注射 1 次,每次 0.2~0.4 mg,连续处理 2~3 次后母牛可出现发情和排卵。一个疗程处理后 10 d 内仍未见发情的,可再次处理。

因持久黄体引起乏情的母牛对其使用 $PGF_{2\alpha}$ 或其类似物可以产生良好的效果。目前,我国常用的 PG 类似物有氯前列烯醇,一次性肌内注射 0.2~0.4 mg 即可获得良好的效果。此外,子宫内灌注 PG 或其类似物也可达到同样的效果。

2.羊

初情期母羊或非繁殖季节的乏情母羊可以对其通过激素处理或某些饲养管理措施以达到诱导发情的目的。一般而言,诱导发情的时间愈接近繁殖配种季节,诱导效果愈好。

常用的方法有单独使用 eCG 或与 P_4 联合使用。在 eCG 单独使用时,只需给每只羊肌内注射 1 次,剂量为 500~800 IU。在联合使用 P_4 和 eCG 时,P_4 可选用阴道栓或皮下埋植。首先用 P_4 处理 12~14 d,然后在处理的最后 1 天注射 500~800 IU 的 eCG 制剂,母羊一般在处理结束后 2~4 d 发情。卵巢上含有黄体的母羊对其可采用氯前列烯醇(每只羊 0.1~0.2 mg)进行处理,也可收到良好效果。

对母羊采用一些饲养管理措施也可达到良好的诱导发情效果,其中"补饲催情""公羊效应"是生产中常用的诱导发情方法。"补饲催情"是指在母羊发情季节即将到来时,加强饲养管理,对母羊补饲适量精料,提高营养水平,以促进母羊发情。"公羊效应"是指在配种季节到来之前数周,将一定数量公羊放入母羊群,可激发乏情母羊卵巢活动,促使母羊非繁殖季节性的乏情提早结束。"公羊效应"也可促进泌乳期的母羊提早结束乏情。

绵羊的诱导发情还可通过创造人工气候环境来实现。在温带地区,绵羊的发情季节是在日照时间开始缩短的季节,所以利用人工控制光照和湿度的方法也可引起母羊发情。

3.猪

母猪主要采用仔猪断奶、激素和公猪刺激等诱导发情的方法。母猪在哺乳期通常不发情,只是在仔猪断奶后才出现正常发情。因此,诱导哺乳母猪发情主要采用仔猪断奶的方法,母猪在断奶后 1 周左右即可恢复正常发情。如果在断奶时配合肌内注射氯前列烯醇 0.2 mg,就可以获得更好的发情效果。但是一些在断奶后超过 10 d 仍未发情的母猪对其可采用育情素 CSG600(eCG 400 IU+hCG 200 IU)或 PG-600 肌内注射来诱导发情。

达到性成熟年龄(8～9月龄)仍未发情的后备母猪可加强其运动,采用育情素 CSG600 或 PG-600 肌内注射,促进发情。利用异性刺激或嗅闻公猪尿液等方法有助于诱导母猪的发情;采用鼻部喷洒人工合成的公猪外激素方法也可使乏情母猪在数日后发情并排卵。

二、同期发情

同期发情是指利用某些激素制剂人为地调控并调整一群雌性动物发情周期的进程,使之在预定的时间内集中发情的技术。在畜牧生产中,诱导一批母畜在一周内或数天内同时发情,也可称之为同期发情。在胚胎移植过程中,一般要求所处理的雌性动物的发情相差时间不超过 1 d。在牛、羊和猪的生产中,应用该项技术可以促进人工授精技术和胚胎移植技术的推广,使其能够在畜群中定时、集中和成批地进行。此外,该项技术不仅有利于动物的批量生产和科学化饲养管理,而且配种、妊娠、分娩和仔畜护理等生产过程也可以相继同期化,以节省人力和时间,降低管理成本,利于防疫措施的开展。

(一)同期发情的基本原理

黄体期约占整个发情周期时间的 2/3。黄体分泌的孕酮抑制卵泡发育和成熟,只有黄体消退,孕酮下降后,卵泡才能发育至成熟阶段,雌性动物进而表现发情。因此,控制雌性动物黄体的消长是控制发情的关键。

在自然条件下,对于任何一群雌性动物而言,每个个体均随机地处于发情周期的不同阶段,如卵泡期或黄体期的早、中、晚各期,因此,单个雌性动物的发情是随机的。同期发情就是应用外源激素,有意识地干预某些雌性动物的发情过程,暂时打乱自然发情周期的规律,继而将发情周期的进程调整到统一的步调之内,人为地造成发情同期化,也就是将雌性动物的卵巢机能状态调整一致。同期发情和诱导发情的区别在于:诱导发情的对象通常是处于乏情状态的雌性个体,并不强调群体数量,而同期发情则是针对周期性发情或处于乏情状态的群体雌性动物;诱导发情并不严格要求准确的发情时间,而同期发情则希望被处理的一群雌性动物在预定的日期,或者在相当短的时间范围内集中发情,所以也可称为群集发情。现行的同期发情技术有 2 种途径:一是人为地制造黄体期;二是消除黄体。

人为地制造黄体期是指对群体雌性动物同时使用 P_4 处理。在处理期间,即使卵巢上的黄体自然消退,由于外源孕激素的作用,卵泡发育成熟也仍然受到抑制。外源 P_4 不影响黄体的自然消退。如果外源孕激素作用的时间足够长,则所有动物的黄体在孕激素处理期间都会消退而无卵泡发育至成熟。在撤出外源 P_4 后,解除了抑制,雌性动物就可能在同一时期内出现发情和排卵(图 5-21)。

消除雌性动物卵巢上黄体的一种有效、便捷方法是肌内注射 $PGF_{2\alpha}$ 或其类似物。在 $PGF_{2\alpha}$ 处理后,黄体消退,卵泡便可发育至成熟,从而导致同期发情。由于不同动物的黄体在其发育初期对 $PGF_{2\alpha}$ 反应敏感时间不同,因此,$PGF_{2\alpha}$ 一次处理后,不同动物的发情率存在差异。例如,牛和羊的黄体必须在上次排卵后第 5 天或第 4 天才对 $PGF_{2\alpha}$ 敏感,而母猪是在上次排卵后 10～11 d 以上黄体才对 $PGF_{2\alpha}$ 有反应,故在一次 $PGF_{2\alpha}$ 处理后,牛和羊的发情率理论值为 70% 左右,而猪的发情率理论值仅约为 50%(图 5-22)。

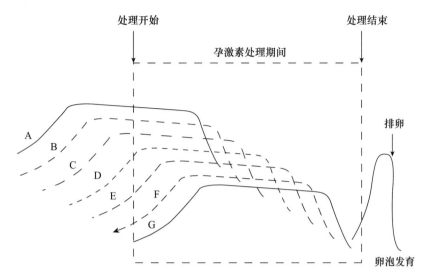

A～G 曲线分别代表不同母畜在孕激素处理开始时其卵巢黄体的发育阶段及处理期间无卵泡发育成熟。

图 5-21 群体母畜孕激素处理后黄体退化及卵泡发育

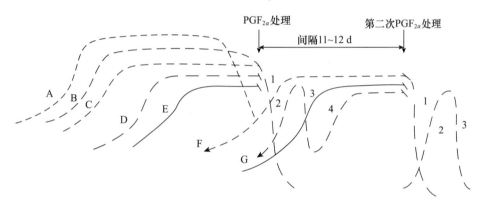

A～C 曲线分别代表不同个体母牛在 $PGF_{2\alpha}$ 处理时卵巢上黄体状况；F 和 G 2 条曲线表示在 $PGF_{2\alpha}$ 处理时卵巢上黄体状况，正处于上次排卵后 5 d 内的发展阶段，$PGF_{2\alpha}$ 处理无效；1.$PGF_{2\alpha}$ 处理后黄体消退；2.卵泡发育；3.排卵；4.黄体形成。

图 5-22 前列腺素处理母畜后黄体消退和卵泡发育情况

（二）诱导同期发情的处理方法

诱导雌性动物同期发情常采用激素处理的方法。某些动物（如猪）也可对其采用哺乳仔猪同时断奶的方法。用于同期发情的激素有孕激素、PG 和促进卵泡发育及排卵的激素。激素处理方法包括不同的给药途径和方式。

1.孕激素(P_4)的施用方法

（1）口服法 口服法仅限于那些不易被消化道降解的激素，如人工合成的孕激素类似物。操作时，将孕激素药物均匀拌入饲料中饲喂，直至药物处理结束为止。这种方法可用于舍饲动物。其缺点是在群饲时，个体实际摄取剂量不够准确。

（2）注射法 注射方式有皮下注射、静脉注射或肌内注射等。此法虽能准确地控制药物用量,但是某些 P_4 药物需要在一个处理期内多次注射,使用不方便。

(3)阴道栓塞法　目前,国外商品化的孕激素阴道栓剂有 2 种,即 PRID(progesterone intravaginal device)和 CIDR(controlled internal drug release)。前者为硅胶环螺旋栓剂,内衬有不锈钢芯片;后者为 T 形硅胶栓剂,可借助各自的安装器具放入阴道。

我国主要采用自制的孕激素海绵栓剂。其制作方法为自制系有细绳的海绵栓(直径:牛约为 10 cm,羊为 2～3 cm),并进行灭菌处理,然后取适量药物,如 MAP 40～60 mg、FGA 20～40 mg、P_4 150～300 mg 或 18-甲基炔诺酮 10～15 mg,溶于清洁的植物油中,最后用海绵栓吸取药液并撒布适量无刺激性消毒药物。在使用时,利用开腔器扩张阴道,用长柄钳夹住海绵栓送于阴道深部,让细绳的一端暴露于阴门外。在撤除栓剂时,可牵拉栓剂的系绳将其取出(图 5-23)。

P_4 的处理有短期(9～12 d)和长期(16～18 d)2 种。在长期处理后,发情同期率较高,但受胎率偏低;短期处理后,发情同期率较低(一部分母牛可能仍处于天然黄体期),而受胎率接近或相当正常水平。P_4 的短期处理往往结合 PG 的处理方法,以解决由长期处理所引起的受胎率低的问题。其方法是在结束 P_4 处理的前 1 天或当天,肌内注射 1 次前列腺素药物。

阴道栓塞法具有持续释放孕酮药物和易于取出的优点,故广泛应用于牛和羊等动物。需要注意的是,在放置阴道海绵栓时,应在阴道海绵栓中添加杀菌、消炎药物,以避免阴道的炎症反应;有时会发生阴道海绵栓脱落现象。水牛不适于该种方法处理。因为水牛喜泡水,污水可沿着留在外阴部的引线进入阴道,造成阴道感染。

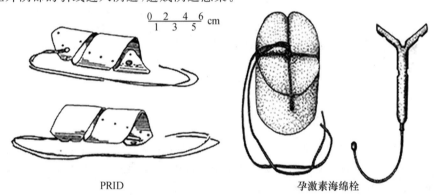

PRID　　　　　　　　　　　　孕激素海绵栓

图 5-23　孕激素阴道释放装置

(4)皮下埋植法　将成形的 P_4 埋植剂或装有药物(如 18-甲基炔诺酮 10～25 mg)的有孔细管埋植于雌性动物皮下组织,经过若干天的处理后取出。在使用时,可用兽医套管针将埋植剂或药管埋入耳背皮下。在埋植期间,P_4 从细管中缓慢释放而被吸收,从而发挥作用(图 5-24)。

(5)透皮贴法　将孕激素透皮贴(含有 6 mg 甲基孕酮和 0.75 mg 炔雌醇)粘在产后母牛的尾根腹侧 7 d,以促进激素吸收进入血液循环,同时用胶带覆盖透皮贴以防粪尿污染,可以起到与 CIDR 相当的效果,且不会引起阴道炎症。

利用 P_4 进行同期发情的处理分为 3 类:①单独使用 P_4;②P_4 与 PG 类药物的结合;③P_4 与促卵泡发育及排卵激素的结合。其中 P_4 结合促卵泡发育和排卵激素的处理可以在一定程度上改善同期发情处理的效果,提高同期发情率,使同期发情时间更趋于一致。与孕激素配合使用的激素有 eCG、FSH、GnRH、hCG 及 LH,以 eCG 和 GnRH 较为常用。

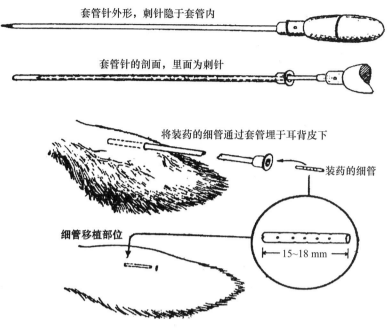

套管针外形,刺针隐于套管内

套管针的剖面,里面为刺针

将装药的细管通过套管埋于耳背皮下

装药的细管

细管移植部位

15~18 mm

图 5-24　激素埋植工具与埋植方法

(资料来源:家畜繁殖学,董伟,1984)

2.PG 类药物的施用方法

PG 类的用药途径一般采用肌内注射或直接注入子宫,也有采用阴唇注射或阴道内注入等方法。生殖道或阴唇施药比肌内注射的用药量少。

利用 PG 进行同期发情的处理分为 2 类:①单独使用 PG 的处理方法;②结合其他激素的处理方法。单独使用 PG 的处理方法又可分为一次处理法和两次处理法。一次处理法只需对雌性动物注射 1 次 PG 类药物,但该方法只能使部分动物实现同期发情。两次 PG 处理法可以克服一次处理中部分雌性动物不能同期发情的不足,通常是在第 1 次处理后的 9～12 d,再做第 2 次处理。PG 两次处理方法应用于牛和羊的同期发情,可以获得较高的同期发情率。目前,我国生产的 PG 类似物主要有氯前列烯醇和 15-甲基前列腺素 $F_{2\alpha}$ 等。

(三)各种动物同期发情处理方案

同期发情效果一方面与所用的激素种类、质量和投药方式等因素有直接关系,另一方面也取决于动物的体况、季节等环境条件,因此,在同期发情处理时,要综合考虑各种因素,制定具体的处理方案。

1.牛

(1)孕激素长时间(12～16 d)给药方案　主要采用孕激素阴道栓塞法和皮下埋植法进行处理。在处理结束后的 5 d 内,大多数母牛出现发情症状。

(2)PG 给药方案　一次性肌内注射 0.2～0.4 mg 氯前列烯醇或 1～2 mg $PGF_{2\alpha}$,或者间隔 9～12 d,两次注射 PG 或其类似物。大多数母牛可在药物处理后的 2～5 d 内发情排卵。

(3)孕激素-PG 方案　先用孕激素处理 7 d,在撤出孕激素处理的前 1 天,肌内注射氯前列烯醇 0.4 mg 或阴道注入 0.2 mg。母牛可在处理结束后的 2～3 d 内发情排卵。

(4)PG-GnRH 方案　先肌内注射 GnRH（500 µg），间隔 6 d，再肌内注射氯前列烯醇 0.4 mg。

2.羊

(1)孕激素-eCG 方案　先用孕激素阴道栓处理 12～14 d,然后在撤除栓剂前 1～2 d,视体重注射 350～800 IU eCG,2～3 d 内母羊发情。

(2)PG 方案　在繁殖季节,采用 1 次或 2 次氯前列烯醇肌内注射,用量一般为 0.1 mg。

3.猪

目前,对于哺乳母猪诱导同期发情通常采用同期断奶的方法。母猪一般在断奶后 3～9 d 内发情。如果在断奶时配合注射氯前列烯醇 0.2～0.3 mg,母猪 1 周内的同期发情率就可达 85% ～90%;也可注射 eCG 400～800 IU 或者注射 CSG600 或 PG600（eCG 400 IU＋hCG 200 IU）。

国外某些孕激素类药物(如 Altrenogen)可用于母猪的同期发情处理。如每天通过饲料口服 Altrenogen,剂量为 12.5～15 mg/(头·d),连续用药 14～18 d,处理结束后 3～8 d,母猪发情率为 90% 以上,但卵巢囊肿的发生率较高。

同期发情技术今后仍须研究如何提高可育性发情率,使排卵趋于正常,排卵更加集中,以便制定出一套包括投药和输精在内的综合性技术、实施方案和工作日程表,从而有利于实行定时的人工授精。

三、排卵控制

排卵控制包括控制排卵时间和控制排卵数。排卵时间的控制有别于同期发情和诱导发情。虽然在后两种情况下控制了发情,在理论上会自然排卵,但是在同期发情或诱导发情后,雌性动物的发情排卵有较大的变化范围,不能精确预测。控制排卵时间是指在发情即将到来或已经到来时,给予 GTH 或 GnRH 处理,以准确控制排卵的时间,即利用外源激素来替代体内激素促进卵泡成熟和/或排卵。外源的 GTH 或 GnRH 可能与体内的激素同时发挥作用,也可能在体内激素分泌高峰之前发挥作用,从而促使卵泡成熟,提早破裂,排出卵子,以实现排卵时间的控制。

卵巢卵泡发育以卵泡波形式呈现,通过外源激素可调控群体母畜卵泡同步发育,在排卵时间上可使群体母畜在预定的某个时间节点同时排卵,称为同步排卵(synchronization of ovulation, Ovsynch)。以奶牛为例,经典 Ovsynch 程序是指由 GnRH-PGF$_{2a}$-GnRH 激素三针剂调节卵泡发育和排卵同步化。当群体奶牛中的每个个体处于发情周期的随机阶段时,在同步排卵调控的程序中,第一针剂 GnRH 的处理（0 d）诱导卵巢优势卵泡发生排卵,使之形成黄体,同时启动新的卵泡发生波;在 7 d 内优势卵泡出现,此时进行第二针剂 PGF$_{2a}$ 处理以溶解黄体,解除 P$_4$ 的负反馈,优势卵泡得以继续发育成熟,母牛表现出发情;卵泡发育各阶段的时长一般都相对较稳定,在 PGF$_{2a}$ 处理后 56 h,进行最后一针剂 GnRH 的处理,以诱导 LH 峰值的出现,导致成熟卵泡同步排卵。若进行定时输精,则输精时间可安排在最后一针剂 GnRH 处理后 16 h。

相对于同期发情而言,同步排卵一般是针对周期发情正常的雌性动物,强调被处理的群体在预定某个时间节点同时排卵。同步排卵调控程序应用于人工授精,也可被称为定时输精程序(Timed-AI),在生产实践中可省去发情鉴定。

控制排卵数是指利用外源激素增加排卵数,其可分为 2 种情况:①在进行胚胎移植时,对供体动物需要进行超数排卵;②限制性的适当增加排卵数,以达到产多胎的目的。例如,母牛由产单胎增加为产双胎或使部分羊由产双胎增加为产三胎等。诱发产双胎和超数排卵虽然只是量的差异,但目的完全不同:前者是自然妊娠,后者则必须进行移植,所以这两个术语的含义应有所区别。

(一)诱发排卵

排卵前,垂体前叶分泌大量 LH,在血液中形成 LH 浓度高峰,促使卵泡成熟和排卵。诱发排卵(induction of ovulation)即是利用外源激素替代体内 LH 峰值。在猪、牛、羊上,LH 峰出现的时间与开始表现出发情行为(接受交配)的时间有密切联系,所以在生产中,对发情动物肌内注射或静脉注射 LH 或 GnRH 诱导 LH 峰,即可达到诱发排卵的目的。

1.牛

肉牛和奶牛从发情至排卵的时间相对较为稳定,一般在发情结束后 12 h 排卵。有少数发情牛可能会在发情后延至数十小时才能排卵,因此,需要应用外源激素促进排卵。水牛从发情到排卵的时间变化较大,从几小时到数十小时,有时甚至不排卵,以致水牛受胎率普遍低下,因此,在人工授精和自然交配中,更需要应用诱导排卵方法,提高受胎率。

牛诱导排卵的用药时间一般在配种前数小时,激素用量为 50～100 IU LH,1 000～2 000 IU hCG,50～150 μg LRH-A2 或 LRH-A3。

2.猪

在母猪发情出现压背反射时,肌内注射 500 IU 的 hCG 或 25～100 μg 的 LRH-A2 或 LRH-A3,数小时后进行配种。

3.兔

兔是诱发性排卵动物,可通过输精管结扎的公兔强制交配诱发排卵,也可注射 5～10 IU FSH 或 50～100 IU hCG。

(二)同步排卵

目前,同步排卵结合人工授精技术的定时输精主要应用在奶牛生产中。由于经典 Ovsynch 程序应用效果受奶牛不同种群、产奶水平、健康状况等因素的影响,因此生产中将经典 Ovsynch 程序与同步化的辅助措施相结合,以提高同步排卵和定时输精效果,形成更为综合的奶牛卵巢卵泡发育和排卵时间的调控程序。

1.经典 Ovsynch 程序

先肌内注射 GnRH 100 μg,7 d 后注射 0.4～0.6 mg 氯前列烯醇,56 h 后第二次注射 GnRH 100 μg,在第二次注射 GnRH 后 16 h 进行输精。该程序可在牛发情周期 5～10 d 时应用。

2.Presynch 程序

在牛产后 35～40 d,第一次肌内注射氯前列烯醇 0.4～0.6 mg,间隔 14 d 第二次同剂量注射氯前列烯醇,间隔 11 d 实施经典 Ovsynch 程序和定时输精。

3.G6G/Ovsynch 程序

先肌内注射氯前列烯醇 0.4～0.6 mg,间隔 2 d 注射 GnRH 100 μg,间隔 6 d 实施经典

Ovsynch 程序和定时输精。

(三)诱发产多胎

一般而言,动物排卵数与窝产仔数高度相关,排卵数多,妊娠产仔数也多。激素诱发产双胎主要用于牛和单胎品种的绵羊,处理后经过配种,使其正常妊娠。在这种情况下,一般是增加动物的双胎比例,提高产仔数。但是在外源激素实际应用上,不可能保证每个个体均能产双胎,同时又要避免多胎。因为多胎会对单胎动物造成妊娠困难、胚胎发育不良和死亡、新生动物不易成活等。若本来产双胎较多的绵羊和山羊品种,则可以诱发产 3 胎。

诱发产双胎和诱发发情既是不同的概念,又不同于超数排卵。其主要表现为激素使用方法和剂量的不同。限制性增加雌性动物的排卵数,一方面可通过控制 GTH 的使用剂量,限制卵泡的成熟和排卵数,目前常用的 GTH 主要有 PMSG、FSH、hCG、LH 等;另一方面也可采用激素为抗原的主动或被动免疫动物,中和体内相应生殖激素,使其生物活性部分或全部丧失,引起生殖内分泌的动态平衡系统发生定向移动,产生预期的生理变化。例如,将类固醇类激素与大分子蛋白质结合以增强免疫原性,通过主动或被动免疫动物,降低卵泡发育过程中机体体液内雌激素等性腺激素的量,削弱其对下丘脑和垂体的负反馈,促使垂体 FSH 分泌量的增加,进而导致卵泡发育数增加。目前常用的抗原主要有 T、雄烯二酮(E_2 合成的前体)和 E_2、P_4 等。

抑制素免疫是通过主动或被动免疫,中和体内抑制素水平,降低对垂体 FSH 分泌的抑制作用,使体内 FSH 水平升高,增加排卵率。由于不同种属动物的抑制素结构具有很强的同源性,因此不同动物之间的抑制素可相互交叉作用。常用的免疫原有卵泡液或精液中提取的抑制素活性物以及人工合成的抑制素肽片段、重组 α 亚基等。国内外双羔素(苗)免疫原的主要成分如表 5-8 所列。

在应用兰双,配种前,公、母羊分开(隔离)饲养管理,对母羊进行 2 次免疫注射,第一次在配种开始前 42 d 皮下注射 1 mL,21 d 进行第二次免疫注射,注射剂量两次相同,再过 21 d 即可人工授精或自然交配。在最初诱导双胎时,只是单独使用 PMSG 和 FSH,随着生殖激素研究的进展,现在主要将几种促性腺激素制成复合制剂。例如,我国新疆试验的"新八一绵羊双羔素",即是一类人工复合激素制剂。

通过生殖激素的免疫途径提高动物繁殖力具有广阔的应用前景。由于动物生殖内分泌调节是非常复杂的生理活动,其内分泌生理状态在不同的种属或个体之间存在差异,因此,该项技术的应用效果仍然有限,结果的准确性和可靠性仍难预测,许多方面还未形成常规的技术措施。

表 5-8　国内外双羔素(苗)免疫原的主要成分

研制单位	双羔素(苗)免疫原的主要成分
澳大利亚(澳双)	雄烯二酮-Tα-羧乙基硫醚·人血清白蛋白
中国农业科学院兰州畜牧与兽医研究所(兰双)	睾酮-3-羧甲基肟·牛血清白蛋白
中国科学院上海生命科学研究院生物化学与细胞生物学研究所(上双)	睾酮-3-羧甲基硫醚·牛血清白蛋白 睾酮-17-琥珀酸半脂·牛血清白蛋白
中国科学院新疆化学研究所(新双)	雄烯二-11α·牛血清白蛋白
南京农业大学与中国科学院上海有机化学研究所(南双)	雄烯二酮羧甲基硫醚·人血清白蛋白

资料来源:动物繁殖生物技术,桑润滋,2010。

复习思考题

1. 根据性机能和机体发育特点,分析配种适龄的意义。

2. 试述雌性动物在卵泡期的行为和外阴部的一般变化。

3. 雌性动物主要的异常发情有哪些形式?

4. 试述母畜发情周期的调节机理。

5. 简述正常卵子的形态结构。

6. 简述卵泡募集、选择和优势化过程。

7. 如何理解动物各种发情鉴定方法的生理基础及其鉴定的特点?

8. 试述动物同期发情的机理。

9. 试述奶牛同步排卵的调控机理。

第六章

人工授精

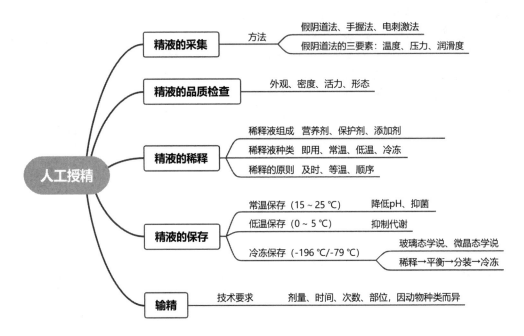

人工授精显著提高了优秀种公畜的利用率，加快了品种改良，是现代畜牧生产中重要的实用技术之一。人工授精的基本技术环节包括精液的采集、精液的品质检查、精液的稀释、精液的保存和运输以及输精等。本章介绍人工授精的发展简史、采精方法、精液品质检查、精液稀释、精液保存及各种家畜的输精技术等。

Artificial insemination（AI）improves the utilization rate of top sire significantly, and accelerates breed improvement, which is one of the important practical technologies in modern farming production. The main basic technological steps of artificial insemination include the semen collection, quality examination, dilution, preservation and insemination, etc. This chapter introduces the history of AI, methods of semen collection, semen quality examination, semen dilution, semen preservation, insemination techniques of various domestic animals, etc.

我国养马学的开拓者,畜牧史和家畜繁殖学奠基人——谢成侠

　　1914 年出生于浙江杭州的贫困市民家庭,中学毕业后在沪学医,高中毕业后考取浙江医药专门学校,由于受到时局动荡和家中经济拮据的影响无力攻读,1932 年被陆军兽医学校录取,毕业后分配于句容马场。1946 年留美,深得导师嘉赏,后因南京政府危在旦夕,中断学业,回到祖国。1949 年任教于浙江大学农学院,自此,他以坚忍不拔的奋发精神,从事农业教育。他不辞劳苦地走遍我国边疆主要牧区,深入农村,进行调查研究,劳心于著作和译述,撰写论文,其数以百万字计。他对于工作向来有计划性及系统性;首先,完成养马方面应尽的责任;其次,在兽医科学基础上为大力发展家畜繁殖科技而奋斗。其主要著作有《中国养马史》《家畜繁殖原理》《中国养牛羊史》《养马学》《中国养禽史》《中国马驴品种志》等。

▶ 第一节 人工授精概述

　　配种是动物繁衍后代的生殖现象。配种方法一般可分为自然交配(natural mating)和人工授精(artificial insemination,AI)。人工授精显著提高了优秀种公畜的利用率,减少了种公畜的数量,从而节省了圈舍及饲养管理费用。在现代化牧场中,人工授精已逐渐取代了自然交配。

一、动物的配种方法

(一)自然交配

1.自由交配

　　自由交配是指在群体自然状态下雄性和雌性动物的随意交配,多见于群体放牧饲养条件下公母畜的繁殖。若控制适宜的公母比例,自由交配一般不会造成雄性动物的过度交配。其缺点是后代血缘不清,易造成近亲交配或早配,可通过每年群与群之间有计划地调换公畜来避免近交。

2.人工辅助交配

　　人工辅助交配(artificial assistant mating)是指将公母畜分开饲养,在配种期内用试情公畜试情,有计划地安排公母畜配种。这种交配方式既可提高种公畜的利用率,增加利用年限,又能有计划地选配,提高后代质量。

(二)人工授精

　　人工授精是指利用器械采集雄性动物的精液,在体外对精液进行处理或保存,再用器械将精液输入雌性动物生殖道内使其受孕的一种配种方式。人工授精的基本技术环节包括精液的采集、精液的品质检查、精液的稀释、精液的保存和运输以及输精等。其优点有以下几个方面。

1.最大限度地提高良种公畜的繁殖效率和种用价值

在运用人工授精技术时,种公畜一次射出的精子可给十几头母畜,甚至几百头母畜配种(表6-1)。

2.加快品种改良速度,加速育种进程

人工授精可极大地提高公畜的配种能力,优秀种公畜的遗传基因能够迅速扩大,后代生产性能可迅速提高,加速了品种改良。

3.节约成本

采用人工授精可减少种公畜的饲养头数,降低繁殖成本。

4.有利于疾病防控

人工授精可避免在自然配种时公母畜必须直接接触的时空特点,防止各种疾病的传播。

5.有利于母畜受胎

人工授精可克服公母畜因体格相差过大不易交配或因生殖道异常不易受胎的困难,及时发现不孕症等生殖疾病,有利于提高母畜的受胎率。

6.有利于引种

在国际和地区间的交流和贸易中,人工授精可代替种公畜的引进。应用人工授精技术必须遵守操作规程,对种公畜进行严格的健康检查和遗传性能鉴定,防止遗传缺陷和某些通过精液传播的疾病被迅速扩散和蔓延。

表 6-1　人工授精与自然交配配种效率比较

畜种	自然交配每年每头公畜可配母畜数	人工授精	
		每次采精可配母畜数	每年每头公畜可配母畜数
猪/头	20～30	5～15	200～400
牛/头	20～40	20～25 100～200(冻精)	500～2 000 6 000～12 000(冻精)
羊/只	30～50	20～40	700～1 000
马/匹	30～50	5～12	200～400

资料来源:动物繁殖学,杨利国,2003。

二、人工授精发展简史

最早有文献记载的人工授精可追溯到1780年意大利生理学家 Spallanzani 对犬进行人工授精,获得3只小犬。1914年,罗马大学生理学教授 Amnantea G 研制了第一个假阴道,用于犬的采精。20世纪40年代,俄国科学家仿制了马、牛、绵羊用假阴道,研制出电子采精仪,可对不接受假阴道采精或阴茎有障碍的公畜进行采精。

威斯康星大学的 PhiJlips PH 和 Lardy HA 发现,卵黄-磷酸盐稀释液对精液具有缓冲和营养作用,Salisbary GW 等对这种稀释液进行改进。20世纪中期,宾夕法尼亚大学的 Dmquist JO 首次通过使用青霉素和链霉素控制牛精液中的细菌污染,显著提高了人工授精的

受胎率。1951 年,Pukes AS 和 Polge C 成功研究精液冷冻保存的方法,对甘油在哺乳动物精液冷冻中的作用进行了探讨。精液冷冻最初是用干冰作为冷冻剂。1957 年,美国"育种者服务组织"率先使用液氮作为冷冻剂。最早的冻精是颗粒冻精或玻璃安瓿冻精,Sorensen 于 1940 年将细管冻精引进美国。法国的 Cassouese 研究小组进一步发展和完善了细管冻精。

早期的输精仅是将精液输送到母畜的阴道内,受胎率较低。随着阴道扩张器和输精枪的使用,精液可部分输送到子宫颈内。1937 年,丹麦兽医发明了母牛直肠把握子宫颈法输精,这种方法一直沿用至今,成为大型家畜有效的配种方式。近年来,随着腹腔镜技术的发展,腹腔镜辅助人工授精成为将精液注入绵羊和山羊子宫腔的新方法。

我国家畜的人工授精始于 1936 年,最早在江苏的句容种马场。绵羊人工授精自 1940 年开始在新疆及西北其他地区引进使用,以后逐渐在全国各地区展开。1952 年,奶牛的人工授精首先在北京双桥农场应用。牛的人工授精已在全国大部分地区得到普及推广,青年母牛性控精液输精后受胎率达 55%,母犊率达 93%。家禽人工授精始于 1954 年,20 世纪 80 年代中期进入发展阶段,20 世纪 90 年代取得突破性进展,目前已得到广泛应用。猪的人工授精自 20 世纪 50 年代起已得到推广应用。目前部分地区开始了绵羊腹腔镜输精技术,其具有低剂量、准定位、高效率等特点,受胎率平均可达到 80% 以上。

▶ 第二节　精液的采集

精液的采集(semen collection)是人工授精工作中的重要技术环节,是指利用器械采集到量多、质优、无污染的精液。

一、采精前的准备

(一)采精场地

采精应设专用场地,以便使公畜建立稳固的条件反射。采精场地要求宽敞、平坦、安静、清洁,最好在采精室(棚)内进行。场内设采精架以保定台畜或设假台畜供公畜爬跨。采精场地与精液处理室相连或接近。

(二)台畜的准备

一般利用活台畜(mount)或假台畜(dummy)采精(图 6-1)。台畜的选择应尽量满足种公畜的要求。活台畜要求性情温顺、体格健壮、大小适中、健康无病,选择发情良好的母畜效果最好,经训练的公畜也可作台畜。采精前,将台畜保定在采精架内,对后躯特别是尾根、外阴、肛门等处进行清洗、擦干以保持清洁。

假台畜简单方便且安全可靠,各种家畜均可采用。假台畜的制作一般模仿母畜轮廓或外面披有母畜的畜皮。假台畜骨架可用木材或金属制成,要求大小适宜、坚固稳定、表面柔软干净。猪的采精台较简单,其可做成轻巧灵活的长凳状或具有高低调节的装置。

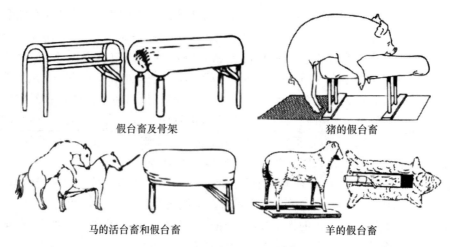

假台畜及骨架   猪的假台畜

马的活台畜和假台畜   羊的假台畜

图 6-1　采精用的台畜

(资料来源:*Reproduction in Farm Animals*,Hafez ESE,2008)

(三)种公畜的准备和调教

利用假台畜进行采精时,必须对种公畜进行调教,使其建立条件反射。对种公畜的调教方法:①在假台畜旁牵一头发情母畜,诱使其爬跨数次,但不使其交配,当公畜性兴奋达高峰时即牵向假台畜使其爬跨;②在假台畜后躯涂抹发情母畜的阴道分泌物或尿液,刺激公畜的性欲并引诱其爬跨,经过几次采精后即可调教成功;③将待调教的公畜栓系在假台畜附近,让其观看另一头已调教好的公畜爬跨假台畜采精,然后再诱导其爬跨。

一般综合采用上述方法对种公畜进行爬跨调教。在调教过程中,应反复训练,耐心诱导,切勿有粗暴、恐吓等不良刺激,以免引起性抑制。在第一次采精成功后,还要经过几次巩固,以建立稳定的条件反射,并注意在非配种季节的定期采精。此外,要注意人畜安全和公畜生殖器官的清洁卫生。对不适于用台畜采精的野生雄兽,要制作专供采精用的保定器(笼),供其站立或侧卧保定,以防意外伤害事故发生。

二、采精方法

常用的采精方法包括假阴道法、手握法和电刺激法等。适宜的采精方法可从 4 个方面进行判断:①采精不能损伤公畜的生殖器官;②不能因某种采精方法而降低精液品质;③能够采集到射出的全部精液;④器械要尽可能简单,方法要简便。

(一)假阴道法

假阴道法是指用假阴道模拟母畜阴道内环境条件(温度、压力和润滑度等),诱导公畜在其中射精,从而获取精液的方法。此法适用于各种家畜。

1.假阴道结构

假阴道为筒状,主要由外壳、内胎、集精杯(瓶、管)及附件构成。外壳由硬橡胶或轻质铁皮制成,上有一个小孔,可由此注入温水和吹入空气。内胎由柔软而富有弹性的橡胶制成,装在外壳内,构成假阴道内壁。集精杯由棕色玻璃或橡胶制成,装在假阴道的一端。此外,还有固定集精杯用的外套、固定内胎用的胶圈、连接集精杯用的橡胶漏斗等。各种家畜的假阴道结构基本相同(图 6-2)。

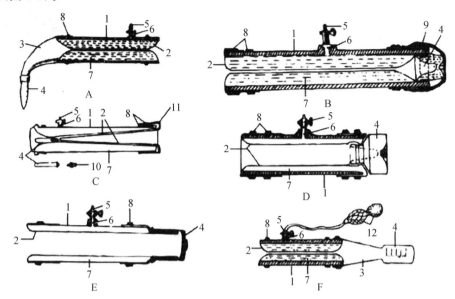

A.欧美式牛用假阴道;B.苏联式牛用假阴道;C.西川式牛用假阴道;D.羊用假阴道;E.马用假阴道;F.猪用假阴道。
1.外壳;2.内胎;3.橡胶漏斗;4.集精杯;5.气门活塞;6.注水孔;7.温水;8.固定胶圈;9.集精杯固定套;10.瓶口小管;11.假阴道入口泡沫垫;12.双链球。

图 6-2　各种动物的假阴道

(资料来源:动物繁殖学实验教程,王锋,2008)

2.假阴道的准备

假阴道应尽量模仿发情母畜的阴道环境。温度、压力、润滑度是顺利采得精液的 3 项基本条件(图 6-3 和图 6-4)。

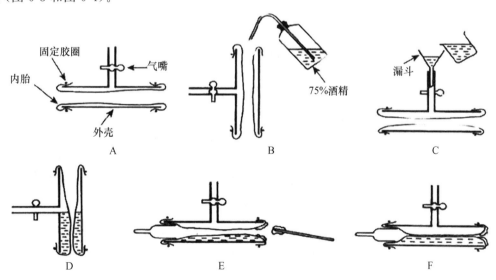

A.将内胎固定在外壳上;B.用酒精冲洗消毒内胎;C.向内胎与外壳的空隙注水;D.注水量不超过气嘴处;E.润滑假阴道与公畜阴茎接触的一端;F.安装好的假阴道。

图 6-3　羊假阴道的安装(Ⅰ)

(资料来源:*Salmon's Artificial Insemination of Sheep and Goats*,Evans G,Maxwell WMC,1988)

（1）温度 假阴道内胎的温度因畜种而异，一般控制在 38～42 ℃，可通过注入相当于假阴道内、外壳之间容积的 1/2～2/3 的温水来保持。集精杯的温度也宜保持为 34～35 ℃，以防止射精后温度变化对精子的影响。

（2）压力 借助注水和空气来调节假阴道内的压力。压力不足不能刺激公畜射精，压力过大则使阴茎不易插入或插入后不能射精。一般以假阴道内胎入口处以形成"Y"形或"X"形为宜。

（3）润滑度 用消毒的润滑剂对假阴道内表面加以润滑，涂抹范围是假阴道的阴茎插入端周围距外口 1/3 处。注意润滑剂的涂抹要适量、均匀。若涂抹量过多，在采精后润滑剂可能会流入精液，造成精液的污染。

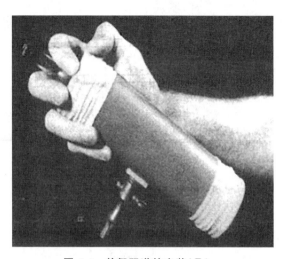

图 6-4 羊假阴道的安装（Ⅱ）

（**资料来源**：*Salmon's Artificial Insemination of Sheep and Goats*，Evans G，Maxwell WMC，1988）

假阴道在使用前必须进行消毒，可在采精前数小时用 75％酒精擦拭内胎，也可在临采精前消毒，但必须用精液稀释液冲洗，完全去除酒精。另外，还要注意凡是接触精液的部分，如集精杯、橡胶漏斗等也应严格消毒。

3.采精操作

当公牛采精时，采精人员应站立于台畜右后侧，右手握住假阴道，集精杯一端向上。当公畜爬跨时，假阴道与公畜阴茎方向成一直线，将阴茎导入假阴道入口内，公畜后躯出现向前冲的动作时即表示射精，随后将假阴道集精杯向下倾斜，以便精液完全流入集精杯内（图 6-5）。当公畜爬下，阴茎自行软缩，采精员迅速取下假阴道，打开放气阀放出空气，立即将其送入精液处理室，取下集精杯，进行精液品质检查。

羊的假阴道结构与牛的相似，但尺寸较小，其采精方法与牛相似（图 6-6）。在采用假阴道法采集牛、羊精液时，切勿用手直接抓握阴茎，可用掌心托住包皮将阴茎导入假阴道。

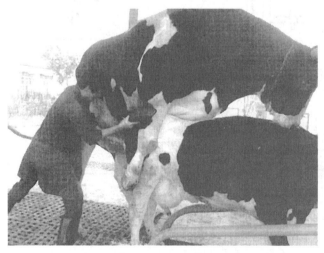

图 6-5 牛的假阴道法采精

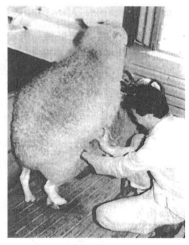

图 6-6 羊的假阴道法采精

公马和公驴对假阴道压力的要求较高，可用手握住阴茎中后部导入假阴道。由于阴茎在假阴道内来回抽动数次才能射精（图 6-7），因此采精时要牢固地将假阴道固定于台畜尻部。在马、驴射精时，阴茎基部、尾根部呈现有节奏的收缩和搏动。

对公兔采精时，以手握假阴道置于台兔后肢外侧，当公兔爬跨台兔时，将假阴道口趋近阴茎挺出方向，公兔阴茎一旦插入假阴道内，就会前后抽动数秒钟，随后向前一挺，后肢蜷缩向一侧倒下，同时发出叫声，表示射精结束。

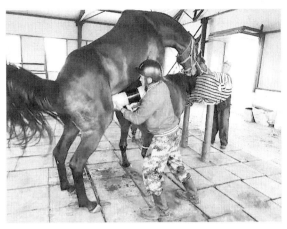

图 6-7　马的假阴道法采精

（二）手握法

手握法适用于公猪及公犬。采用手握法能选择性采集到精液的浓稠部分。其缺点是精液容易被污染和精子易受低温打击，在生产中应予以注意。

1. 公猪的手握法采精

手握法采精的原理是模仿母猪子宫颈对公猪螺旋状阴茎龟头的约束力而引起射精，在采精时，公猪的龟头必须固定，方可实施节奏性松紧刺激射精。

操作时，采精员应戴上灭菌乳胶手套，一只手持瓶口带有特制滤纸或 4 层纱布的集精瓶，蹲在假台畜一侧，待公猪爬跨台猪后，先用 0.1% 高锰酸钾溶液清洗阴茎包皮及其周围，然后用灭菌生理盐水冲洗并擦干。当阴茎从包皮内开始伸出时，立即抓握阴茎的螺旋状龟头，待其抽送片刻后，手呈拳状有节奏地对阴茎施加压力，以不使阴茎滑脱为准。待阴茎充分勃起时，顺势向前牵引则能引起公猪射精，此时，应停止施加压力。若射精暂停，再次刺激龟头，直到射精结束（图 6-8）。

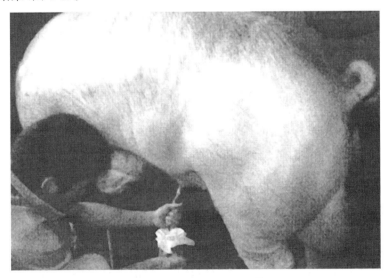

图 6-8　公猪的手握法采精

2.公犬的手握法采精

采精员位于公犬左侧，右手戴上乳胶手套，轻缓地抓住公犬阴茎，左手握住玻璃试管及漏斗。用拇指和食指握住阴茎，轻轻从包皮拉出，将龟头球握在手掌内并给予适当的压力，大部分公犬阴茎即会充分勃起，有的公犬需经按摩包皮后阴茎方能勃起，大约经 20 s 即射精。在采精时，要注意不能使阴茎接触器械，否则会抑制射精，延长采精时间。由于公犬分段射精，故可在射精间隙更换集精容器。

（三）电刺激法

电刺激采精法是指通过电流刺激公畜腰椎有关神经和输精管壶腹部引起射精的方法。此法适用于各种动物，尤其是种用价值高但失去爬跨能力的优良种畜及难以调教爬跨的野生动物等。

电刺激采精仪由电极探头和可调电流电压两部分组成。电压变化范围是 0～30 V。电极探头上的正、负极有 2 种排列方式：一种是相距 4 cm 的环形可变极性的正、负极；另一种是沿电极探头纵轴排列的 4 根导线，2 个正极，2 个负极。在采用电刺激法采精时，电极一般置于直肠内副性腺的正上方。电刺激的频率、电压、电流及时间要依据动物种类、大小和个体特性而定。各种动物电刺激采精的参数见表 6-2。

表 6-2　各种家畜电刺激采精的参数

动物种类	频率/Hz	电压/V	电流/mA	通电时间/s	
				持续时间	间隔时间
牛	20～30	3～6～9～12～16	150～250	3～5	5～10
绵羊、山羊	40～50	3～6～9～12	40～100	5	10
猪	30～40	3～6～9～12～16	50～150	5～10	5～10
家兔	15～20	3～6～9～12	100	3～5	5～10

资料来源：家畜繁殖学，张忠诚，2004。

三、采精频率

采精频率（frequence of semen collection）是指公畜每周的采精次数。为维持种公畜正常的性生理机能及精液品质，保持其健康的体况，应合理安排种公畜的采精频率。

采精频率应根据公畜正常生理状况下的射精量、精子总数、精子活率、精子畸形率以及饲养管理状况等因素来决定。睾丸生产精子的能力有限。研究表明，1 g 睾丸组织可产生精子数约为 5 000 万/周，因此，随意增加采精次数，不但会降低精液质量，而且还会对公畜的生殖机能和健康状况造成不良影响。一般而言，在生产中，处于科学饲养管理条件下的壮龄公畜可以适当增加对其的采精次数。

成年公牛一般每周采精 2 d，每天间隔 0.5 h 以上，连采 2 次，也可隔天采精，每周采 3 d；青年公牛的精子产量比成年公牛的精子产量少 1/2～1/3，采精次数应酌减。公绵羊和公山羊的附睾贮精量大，但是射精量少，配种季节短，因此，羊的采精次数可增加。1.5 岁左右公羊的初次采精一般应每天 1～2 次；2.5 岁以上的公羊的初次采精则应每天采 2～4 次或第一次采精后间隔 5～10 min,采第二次。公猪和公马在每次射精时排出大量的精子,很快使附睾尾部贮存的精子彻底排空,故宜隔天采精 1 次;如果生产需要每天采精 1 次,则在 1 周内连续采精几天后停采休息 1～2 d。犬的采精频率依其精子产生的生理特性,可隔天采精 1 次。

二维码视频 6-1
羊的假阴道法采精

在精液品质检查时,出现未成熟精子、精子尾部近头端有未脱落原生质滴、种公畜性欲下降等则表明公畜采精过频,应立即减少或停止采精。

▶ 第三节 精液的品质检查

精液品质检查的主要目的是鉴定所采精液品质的优劣,以确定所采精液的取舍和制作输精的剂量,同时也为精液稀释、分装保存和运输提供依据。精液品质高低在一定程度上也反映了种公畜的饲养管理状态、生殖机能和技术操作水平等。

精液品质检查在采精后应迅速进行,使其能够反映精液最初的品质状况。一般要求在采精后迅速将其置于 37 ℃的温度下检查,以防止温度骤降对精子造成的打击,评定结果要准确,取样要均匀。

精液品质检查的项目分为常规检查项目和定期检查项目。常规检查项目包括射精量、活率、密度、色泽、气味、混浊度和 pH 等。定期检查项目包括死活精子数量检查、精子计数、精子形态、精子存活时间及指数、亚甲蓝褪色试验、精子抗力及其他项目等。无论何种检查,单一的指标都不能完全评价精液质量,应综合多项指标来评定。另外,还要检查精液样品中的白细胞、红细胞、未成熟的精细胞、结晶体、碎片和凝集情况等。

一、精液的物理特性检查

精液应有均匀、不透明的外观,表明其精子密度高。半透明状的精液含精子数较少。精液应不含毛发和其他污染物。含块状物的(猪和马精液中的凝胶样物质除外)凝固状精液表明生殖系统可能有炎症。

(一)精液量

精液量(semen volume)是指公畜一次射出的精液总体积。精液量可从有刻度的集精管上测得或直接用小量筒或注射器针管测量(图 6-9)。猪、马、驴的精液应先用灭菌纱布或特制滤纸过滤,除去精液内含有的胶状物后再测量。

精液量因动物种类、品种、个体及年龄不同而有差别。每头公畜的射精量一般具有一定的正常范围。如果量太多,则可能是副性腺分泌物过多或其他异物(尿、假阴道漏水)混入;如果量太少,则可能是采精方法不当,采精过频或生殖器官机能衰退等。评定公畜正常射精量应以一定时间内多次射精总量的平均数为依据。

图 6-9 羊精液品质的肉眼检查

(资料来源:*Salmon's Artificial Insemination of Sheep and Goats*,Evans G,Maxwell WMC,1988)

（二）色泽

正常精液的色泽一般为乳白色、浅灰色或浅乳黄色。精液密度越高,色泽越深;反之,则越浅。牛、羊正常精液呈乳白色或浅乳黄色,水牛为乳白色或灰白色,猪、马、兔为淡乳白色或灰白色。

若精液呈淡绿色,则可能混有脓液;若精液呈淡红色,则可能混有血液;若精液呈尿黄色,则可能混有尿液。当精液色泽异常时,应及时查明病因,对症治疗。如果公畜采食了某些含核黄素丰富的饲料,则精液颜色常常变成鹅绒黄色,这是一种正常的精液色泽。

（三）气味

精液一般有特殊的腥味,有的带有动物本身固有的气味,如牛、羊精液略有膻味。气味异常者常伴有色泽的改变。

（四）云雾状

云雾状的明显程度代表着高浓度的精液中精子活力的高低,是一个综合指标。这种状况的出现表示精子不仅密度大,而且活率高。在肉眼观察时,可见一团云雾漂浮在精液中。正常牛、羊精液因精子密度大可出现云雾状,而马、猪的精子密度低,其云雾状不明显或者肉眼观察不到。

（五）pH

一般新采集的精液 pH 接近中性,牛、羊精液呈弱酸性,而马、猪精液呈弱碱性。精液的pH 受畜种、个体、采精方法及副性腺分泌物等因素的影响而有所变化。猪最初射出的精液为弱碱性,而采集精子浓稠部分的精液则呈弱酸性。当公畜患有附睾炎或睾丸萎缩症时,其精液呈偏碱性。

二、精液的显微镜检查

精液显微镜下检查的指标主要包括精子活率、精子密度、精子形态和活精子百分率等。

（一）精子活率

1.精子活率的概述

精子活率(sperm motility)是指精液中呈直线前进运动(progressive motion)的精子数占精子总数的百分比,也称为活力。直线前进运动是指精子近似直线地从一点移动或前进到另一点。活力直接反映精子的运动能力,与精子的受精能力密切相关,是评定精液品质的一个重要指标,一般在采精后、精液处理前后及输精前进行检查。

各种家畜的新鲜精液精子活率一般在 50%～80%。精子活率低于 40% 的精液不适宜应用,除非是来自特别优秀的种公牛而以降低受胎率为代价。浓稠、密度大的牛、羊的精液可用生理盐水或稀释液将原精液稀释后,再观察。

2.精子活率的检测方法

取一滴精液轻轻滴于载玻片上,盖上盖玻片,置于 37 ℃显微恒温台或保温箱内,在 400～600 倍下观察精子运动状态并评定精子活率的等级。精子活率常采用十级评分制,精子 100%

呈直线前进运动的评为 1.0,90% 的评为 0.9,依此类推。精子活率也可用 5 分制评定,即所观察的精子 100% 呈直线前进运动的评为 5 分;80% 的评为 4 分;60% 的评为 3 分;40% 的评为 2 分;20% 的评为 1 分;不足 20% 的评为 0 分。观察时应将原地旋转、倒退或原地摆动的精子与直线前进运动的精子相区别。在使用新鲜精液进行人工授精时,精子活率要求不低于 0.6;冷冻保存的精液在冷冻前的活率应在 0.65 以上,解冻后的精子活率应在 0.35 以上。

(二)精子密度

精子密度也称精子浓度(sperm concentration),是指每毫升精液中所含的精子数量。精子密度的大小直接关系到精液稀释倍数和输精剂量的有效精子数,也是评定精液品质的重要指标之一。

1.估测法

估测法与检查精子活率的方法相同,一般在观察精子活率的同时进行,只是精液不做稀释。采用估测法,精子密度可分为密、中、稀三个等级。

(1)密 整个视野内充满精子,完全看不到精子之间的间隙和单个精子的活动。

(2)中 在视野内精子之间有相当于一个精子长度的明显间隙,可见到单个精子活动。

(3)稀 视野内精子之间的间隙较大,超过一个精子长度,可看到单个精子的运动情况。

由于此法受检查者主观因素的影响,故误差较大。各种公畜精子的密度差异很大,三级标准具体到每种公畜也有不同。牛的原精液精子密度一般为 10×10^8 个/mL 左右,最高为 20×10^8 个/mL;羊的原精液精子密度一般为 $(20 \sim 30) \times 10^8$ 个/mL;牛的原精液精子密度以 $(10 \sim 20) \times 10^8$ 个/mL 为密,以 $(8 \sim 10) \times 10^8$ 个/mL 为中,以 8×10^8 个/mL 以下为稀;羊的原精液精子密度以 25×10^8 个/mL 以上为密,以 $(20 \sim 25) \times 10^8$ 个/mL 为中,以 20×10^8 个/mL 以下为稀。猪、马的原精液精子密度以 2×10^8 个/mL 以上为密,以 $(1 \sim 2) \times 10^8$ 个/mL 为中,以 1×10^8 个/mL 以下为稀。

2.计数法(血细胞计法)

用血细胞计数可准确测定精子密度。其基本原理是血细胞板的计数室的深为 0.1 mm,底部为正方形,长和宽各为 1.0 mm,底部正方形又划分成 25 个小方格,即计数室(图 6-10),通过计数,计算出计数室 0.1 mm³ 精液中的精子数,再根据稀释倍数计算出精子密度。其计算公式为:

1 mL 精液中的精子数(精子密度)=0.1 mm³ 中的精子数×10×1 000×稀释倍数

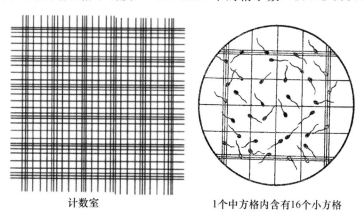

计数室　　　　　　　　1个中方格内含有16个小方格

图 6-10　血细胞计数室

在利用血细胞板计算精子密度时,应预先对精液进行稀释,以便于清晰观察和计数。牛、羊的精液一般稀释 200 倍,猪、马的精液一般稀释 100 倍。所用稀释液必须能杀死精子。常用的稀释液有 3% NaCl 溶液、含 5%氯化三苯基四氮唑的生理盐水、含 5%氯胺 T 的生理盐水或 5 g $NaHCO_3$ 和 1 mL35%的浓甲醛加生理盐水至 100 mL 组成的混合溶液。

3.光电比色计测定法

光电比色计测定法是指利用精子数越多其透光性越低的线性关系,通过透光度的测定来估测精子密度。该法快捷、准确、方便,已被普遍应用。

首先,制备精子密度和透光性线性关系标准表或标准图,将精液梯度稀释,并用血细胞计数法计算精子密度,从而制成已知系列各级精子密度的标准管;其次,使用光电比色计测定其透光度,根据透光度求出每相差 1%透光度级差的精子数,编制成精子密度差数表以备用。在检测样本时,只需将原精液按 1:(80~200)倍的比例稀释,先用光电比色计测定其透光度,然后根据透光度查精子密度差数表,即可从中找出其相对应的精子密度值。稀释时先向专用的比色管中加入一定量的 2.9%柠檬酸钠溶液,再加入所需剂量的精液,并使两者充分混匀。通常的稀释倍数是 80 倍、100 倍或 160 倍,样品的透光率为 80%~90%,以便取得最可靠的测定值。最新型的光电比色计(精子测定仪)已事先把标准曲线贮存在控制仪器的微电脑中,使用时自动对测定的精液样品进行稀释,可直接计算出或打印出样品的精子密度、建议的稀释倍数和稀释液的加入量等数据。

在利用光电比色计测定法进行精子密度测定时,应注意避免精液内的细胞碎屑、血细胞和副性腺分泌的胶状物等干扰透光性而造成误差。

4.电子颗粒计数仪测定法

电子颗粒计数仪能准确测定精子密度,其准确度比血细胞计或光电比色计更高,使用时将仪器调整到测定颗粒物挡位,以便只对样品中的精子细胞进行计数。其原理是已做稀释的精液样品在通过一个特制的直径很小的毛细管时,每次只有一个精子细胞在两个电极之间能通过,精子头部引起的电阻剧增被计数器记录,从而进行计数。

(三)精子形态

精子形态是否正常与受精率密切相关。大多数公畜的精液都含有一些畸形精子,但是在一般情况下,这与受精能力低不一定有关。如果精液中的畸形、顶体异常精子过多(如畸形精子比例超过 20%),则其受精能力必然降低。因此,为保证一定的受胎率,检查精子形态十分重要。

1.精子畸形率

精子畸形率是指精液中畸形精子数占精子总数的百分率。测定方法是将精子抹片(如若密度大可用生理盐水稀释),待自然干燥后,用 95%的酒精固定 3 min,然后置入蓝墨水(或用伊红、龙胆紫、亚甲蓝等)中染色 5 min,再用蒸馏水冲洗染料,自然风干后在 400~600 倍下检查 200~500 个精子,计算出畸形精子的百分率,计算公式为:

$$精子畸形率=畸形精子数/精子总数×100\%$$

畸形精子一般有头部畸形、颈部畸形、中段畸形、主段畸形 4 类。如头尾分离,精子尾部中段的前端、中部或末端附着有原生质滴,尾部卷圈或弯曲及其他形式畸形。在正常精液中,一般以精子尾部畸形比较多见,而头部畸形和颈部畸形较少见(图 6-11)。

精子畸形率一般不应超过 20%(牛、水牛<15%,羊<14%,猪<18%,马<12%),如精子畸形率过高,则表示精液品质不良,不能用于输精,否则会降低受胎率。精液中出现大量畸形精子的原因可能是精子在生成过程受阻或副性腺及尿生殖道分泌物发生病理变化,也可能是在精液处理过程中操作不当,精子受到外界不良因素的影响。

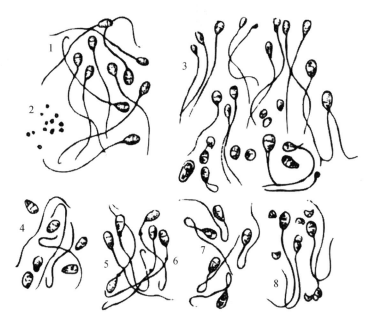

1.正常精子;2.游离原生质滴;3.各种畸形精子;4.头部脱落;5.附有原生质滴;6.附有远侧原生质滴;7.尾部扭曲;8.顶体脱落。

图 6-11 畸形精子类型

2.精子顶体异常率

精子顶体异常率是指精液中顶体异常的精子占精子总数的百分率。正常精子顶体内含有多种与受精有关的酶类,在受精过程中起着重要的作用。在正常情况下,牛精子顶体异常率平均为 5.9%,猪为 2.3%。精子顶体异常率显著增加(牛超过 14%,猪超过 4.3%)会直接影响受胎率。

精子顶体异常一般表现为顶体膨胀、顶体缺损、顶体部分脱落和顶体完全脱落等。顶体异常发生的原因可能与精子生成过程和副性腺分泌物异常有关,也与精子在体外保存不当、遭受低温打击特别是冷冻伤害等有关。因此,精子顶体异常率是评定液态保存和冷冻保存精液品质的重要指标之一。

常用的检查方法是将精液样本制成抹片,自然干燥后在固定液中固定片刻,水洗后使用吉姆萨染液染色 90～120 min,再经水洗、干燥后用树脂封装,置于高倍显微镜或相差显微镜下观察 200 个以上精子,计算出顶体异常率。

(四)活精子百分率

在特定的染料中(如伊红-苯胺黑),活精子不着色,死精子着色,从而将死、活精子加以区别。其原因是活精子的细胞膜为半透膜,能够阻止色素的侵入;而精子死亡后,其细胞膜特别是头部核后帽的通透性增强,易着色,且死亡时间越长,染色越深。检查方法是将精液抹片

（图 6-12）染色后，在显微镜下计数活精子所占的百分比。用此法测得的结果要比实际精子活率高，因为除了直线前进运动的精子不着色外，其他失去正常运动能力的尚未死亡的精子也不着色。

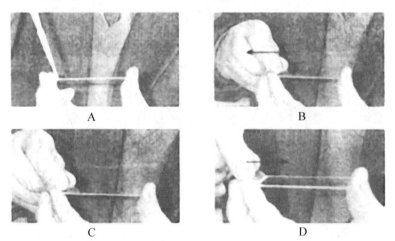

A.将1滴精液样本滴于洁净的载玻片右侧；B.用另一载玻片从精液左侧与精液接触；C.精液均匀地分布于载玻片边缘；D.以 30°平稳地向前推，使精液均匀地涂抹在载玻片上。

图 6-12　精液抹片

三、精液的生物化学检查

（一）精子存活时间及存活指数

精子存活时间是指精子在体外一定保存条件下的总生存时间。精子存活指数是指精子存活时间内，将相邻两次检查的精子活率的平均值与其间隔时间相乘，其乘积的总和。精子存活指数是精子存活时间及其活率变化的一项综合指标。精子存活时间越长，存活指数也越大。精子存活时间及存活指数与受精率密切相关，可用于评价筛选精液稀释液、稀释倍数、保存温度等。

在检查时，将稀释后的精液置于一定的温度下（0～5 ℃或 37 ℃），间隔一定时间检查活率，直至无活动精子或只有个别精子呈摆动活动为止。

精子存活时间(h)＝检查间隔时间的总和－最末两次检查间隔时间的一半

精子存活指数＝每前后相邻两次检查精子活率的平均值与间隔时间乘积的总和

（二）精子代谢能力测定

活精子具有分解代谢的能力。虽然精子在低温和冷冻状态下停止了运动，但是其代谢活动理论上并未绝对停止。精子自身所贮存的能量物质有限。在正常情况下，精子代谢过程中主要利用其生活环境中的外源性营养物质，其中以糖类为主。参与精子直接分解代谢的糖都是单糖。无论是有氧状态还是无氧状态，精子均可通过糖酵解或呼吸作用而获得能量。精子代谢能力越强，消耗糖和氧气越多，表明活动力越强，说明精子的活动力与其本身的一些主要代谢机能密切相关。因此，精子的活力、密度与所消耗的营养和氧气量有一定关系，检测精子的代谢能力可作为评估精液品质的辅助指标。精液果糖分解测定实验、美蓝褪色实验、精子耗氧量测定等方法可以检测精子的代谢能力。

四、精液的微生物学检查

正常精液内不含任何微生物。在体外受污染后不仅使精子存活时间缩短,受精率降低,而且还严重地影响母畜的繁殖效果,特别是含有病原微生物的精液,人工授精后易造成传染病的人为扩散传播。因此,精液的微生物检查是精液品质检查的重要指标之一。

检查应严格按照常规微生物学检验操作规程进行,主要检测精液细菌的菌落数及其病原微生物。根据《牛冷冻精液》(GB 4143—2008)规定,解冻后的精液应无病原微生物,每毫升精液中细菌菌落数(上限)为800个。目前在家畜精液内已发现的病原微生物:布鲁氏杆菌、结核杆菌、副结核杆菌、钩端螺旋体、衣原体、支原体、传染性牛鼻气管炎病毒(IBRV)、传染性阴道炎病毒(IPV)、蓝舌病病毒、白血病病毒、传染性肺炎病毒、牛痘病毒、传染性流产菌、胎儿弧菌、溶血性链球菌、化脓杆菌和葡萄球菌等,此外,还有假性单孢子菌、毛霉菌、白霉菌等。

随着现代计算机技术和图像技术的发展、仪器设备制造业的进步,精液的自动化检测技术得到了长足发展。我们可借助精液品质自动分析仪、流式细胞计数仪等先进仪器高效率检测多项指标,不仅能提高对精液受精率的预测能力,也有利于理解和弄清精子形态与其受精率的确切关系。精子质量的检查也由形态检查逐步深入到 DNA 分子水平检测。

▶ 第四节　精液的稀释

精液的稀释是指向精液中加入一定量适宜精子存活、保持受精能力的稀释液。精液的稀释可扩大精液量,延长精子在体外的存活时间,增强其受精能力,充分提高优良种公畜的配种效率,有利于精子的保存和运输。

一、稀释液的主要成分和作用

稀释液的主要成分包括营养物质、保护性物质和其他添加剂。

(一)营养物质

营养物质用于补充精子生存和运动所消耗的能量。常用的营养物质主要有果糖、葡萄糖等糖类物质以及卵黄和奶类(鲜全奶、脱脂乳或纯奶粉)等。

(二)保护性物质

保护性物质包括维持精液 pH 的缓冲物质、防止精子冷休克的防冷抗冻物质以及抗菌物质等。

1.缓冲物质

缓冲物质用以维持精液适当的 pH,以利于精子存活。在保存过程中,精液随着精子代谢产物如乳酸和二氧化碳的积累,pH 会逐渐降低,超过一定的限度,精子会发生不可逆的变性。因此,为防止精液保存过程中的 pH 变化,常加入一些缓冲物质。常用的缓冲物质有柠檬酸钠、酒石酸钾钠、磷酸氢二钠、磷酸二氢钾以及近年来应用的三羟甲基氨基甲烷(Tris)、乙二胺四乙酸(EDTA)等。

2.防冷抗冻物质

在低温保存精液时,常需降温处理,尤其是当从 20 ℃急剧降温至 0 ℃时,精子易受冷刺激,常发生冷休克,造成不可逆的死亡。这是因为精子内的缩醛磷脂熔点高,低温容易冻结,进而妨碍精子的正常代谢,造成不可逆的变性而死亡。防冷休克物质以卵磷脂效果最好,卵磷脂的熔点低,进入精子体内后,可以代替缩醛磷脂,在低温下不易冻结,从而保护精子生存。常用的精子防冷刺激物质是卵黄或者奶类。

在精液冷冻保存过程中,冷冻液中还需加入抗冻物质以降低冰晶对精子的伤害程度。常用的抗冻剂有甘油、乙二醇、二甲基亚砜(DMSO)等。

3.抗菌物质

从精液中分离出来的微生物种类众多,其中大多数是非病原性的,其与精子竞争营养,且其代谢产物不利于精子存活,故在精液稀释液中应加入一定量的抗生素,以有利于抑制细菌的繁衍。常用的抗生素有青霉素、链霉素以及氨苯磺胺等。

(三)其他添加剂

其他添加剂的主要作用是改善精子外在环境的理化特性以及母畜生殖道的生理机能,有利于提高受精机会,促进受精卵的发育。其他添加剂主要包括酶类、激素类和维生素类。

1.酶类

如过氧化氢酶能分解精子代谢过程中产生的过氧化氢,消除其危害,以维持精子活率;β-淀粉酶能促进精子获能,提高受胎率。

2.激素类

如添加催产素、前列腺素可促进母畜生殖道的蠕动,有利于精子向受精部位运行,提高受精率。

3.维生素类

如维生素 B_1、维生素 B_2、维生素 B_{12}、维生素 C 等能改善精子活率。

二、稀释液的种类与配制

(一)精液稀释液的种类

精液稀释液的种类很多。其选用的原则是以稀释保存效果好、简单易配、价格低廉为依据。根据精液稀释液的用途和性质可将之分为 4 类。

1.现用稀释液

常以简单的等渗糖类或奶类配制而成,也可用生理盐水。现用稀释液适用于采集的新鲜精液,以扩大精液量、增加配种头数为目的,采精后立即稀释,进行输精。

2.常温保存稀释液

适用于精液常温(15～25 ℃)短期保存,一般 pH 偏酸性。

3.低温保存稀释液

适用于精液低温(0~5 ℃)保存,以卵黄和奶类抗冷休克物质为主。

4.冷冻保存稀释液

适用于精液冷冻(−196 ℃或−79 ℃)保存,成分较为复杂,含有糖类、卵黄以及乙二醇、甘油、二甲基亚砜(DMSO)等抗冻剂。

(二)精液稀释液的配制

配制和分装稀释液的一切用具都必须刷洗干净、严格消毒,用前经稀释液冲洗。配制稀释液的试剂一般应选择分析纯,按配方准确称量。精液稀释液的成分不宜使用人用口服葡萄糖,也不宜使用未知含糖量的奶粉或炼乳;卵黄要取自新鲜鸡蛋,不要混入蛋清或卵黄膜等杂物;稀释用水最好使用 pH 7.0 左右的中性新鲜蒸馏水,不能用普通水代替;新购的抗菌药物在大批使用前最好对其进行效果预试。只有证明这些新购抗菌药物对精子确实无毒害作用、安全可靠,才可使用。

配制稀释液的各种溶液要进行过滤,除去杂质异物,然后采用高压蒸汽消毒。抗生素、卵黄、酶类、激素等应在稀释液消毒冷却后,在临用前添加。氨苯磺胺可先溶解于少量蒸馏水中,单独加热到 80 ℃,待完全溶解后再加入稀释液中。鲜奶或奶粉溶液需先单独过滤,然后在水浴中加热至 92~95 ℃,维持 10 min,以杀死混入奶中的微生物,并使奶中的乳烃素对精子的不利作用得到抑制;使用脱脂乳更适宜,因为脂肪球较少有利精子活率的观察评定。

要认真检查已配制好稀释液的稀释效果,发现问题及时纠正。配制好的稀释液如不现用,应注意密封冷藏。凡不符合配方要求,或者超过有效贮存期的稀释液都应废弃。

三、精液稀释的方法和稀释倍数

(一)精液稀释方法

精液采集后,为防止精子发生冷休克现象,应迅速置于 30 ℃的保温瓶中,并尽快送入实验室进行稀释。精液在稀释前应先检查其活率和密度,然后确定稀释倍数。先将精液与稀释液同时置于 30 ℃左右的恒温箱或水浴锅内,进行短暂的同温处理,然后将稀释液沿器皿壁缓慢加入精液中,并轻轻摇动,使之均匀混合。如果进行 20 倍以上的高倍稀释,则要分两步进行,即先加入稀释液总量的 1/3~1/2,混合均匀后,隔 10 min,再加入剩余的稀释液,以防稀释打击。在稀释完毕后,再进行活率、密度检查,如活率与稀释前一样即可进行分装、保存。

(二)稀释倍数

精液的稀释倍数过大,对精子存活不利且严重影响受胎率;稀释倍数过小,则不能充分发挥精液的利用率,所以应准确计算精液的稀释倍数。精液的适宜稀释倍数与动物的种类及稀释液种类密切相关,应依据保存前后的密度和活率及有效精子数计算,以保证每个输精剂量所含直线前进运动的精子数不低于输精标准要求(表 6-3)。例如,牛的有效精子数一般为 1 000 万个,受精力高的精液可减少到 700 万～800 万个,而受精力稍差的精液可增加到 1 500 万个。

表 6-3　精液的一般稀释倍数和输精剂量

家畜种类	稀释倍数	输精剂量/mL	每个输精剂量的有效精子数/亿个
奶牛、肉牛	5～40	0.2～1	0.2～0.5
水牛	5～20	0.2～1	0.2～0.5
马	2～3	15～30	2.5～5
驴	2～3	15～20	2～5
绵羊	2～4	0.05～0.2	0.3～0.5
山羊	2～4	0.5	0.3～0.5
猪	2～4	20～50	20～50
兔	3～5	0.2～0.5	0.15～0.3

资料来源:家畜繁殖学,张忠诚,2004。

▶ 第五节　精液的保存和运输

精液保存(semen preservation)的目的是延长精子的存活时间及维持其受精能力,以便长途运输或长期保存,扩大精液的使用范围,增加受配母畜头数,提高种公畜的配种效能。精液的保存方法可分为液态保存和冷冻保存。液态保存是指精液稀释后的保存温度在 0 ℃ 以上,以液态形式作短期保存。液态保存又分为常温保存(15～25 ℃)和低温保存(0～5 ℃)。冷冻保存是指将采集到的新鲜精液,经过稀释、降温等处理后,主要利用液氮(-196 ℃)或干冰(-79 ℃)作为冷源,以冻结的形式保存于超低温环境中进行长期保存的方法。冷冻保存可用于保存各种家畜的精液。目前牛精液的冷冻保存最为成熟。常温和低温保存的精液是液态,故又称为液态保存。冷冻保存的精液是固态,故又称为固态保存。

一、常温保存

常温保存的温度一般为 15～25 ℃。由于常温保存的温度允许有一定的变化幅度,故春秋季可将精液置于室内,夏季可置于地窖或空调房间,所以常温保存又称室温保存或变温保存。一般将稀释后的精液分装、密封,用纱布或毛巾包好,置于 15～25 ℃ 环境下避光保存。用此法保存不需要特殊设备,简单易行,便于普及推广。其适用于各种家畜精液的短期保存,特别适用于猪的全份精液保存。

(一)保存原理

精子在一定的偏酸环境中运动和代谢处于可逆抑制状态,即在弱酸性环境中,精子的活动受到抑制,降低了能量消耗;pH 一旦恢复到中性,精子即可复苏正常。因此,可在精液稀释液中加入弱酸性物质,调整精子的酸性环境,通常把 pH 调整到 6.35 左右,以达到保存精子的目的。

不同酸类物质对精子产生的抑制、复苏效果不同。一般认为精子在含有机酸稀释液中的可逆抑制、复苏较无机酸的效果好。为使稀释液的 pH 达到所需范围,通常可以在稀释液中充入二氧化碳,如伊利尼变温稀释液(IVT),或者利用精子本身在代谢中产生的酸自行调节pH;如康奈尔大学稀释液(CUE),或者向稀释液中加入有机酸,如己酸稀释液(CME)。

精子在常温保存时须隔绝空气,维持偏酸环境,并加入必要的营养物质(如单糖)。由于常温保存下也利于微生物的生长繁殖,因此,稀释液中必须加入抗生素。

(二)稀释液

各种家畜精液常用的常温保存稀释液配方见表 6-4 和表 6-5。除自行配制外,也可直接购买商品稀释液。

表 6-4　牛、羊精液常温保存稀释液

成分	牛		绵羊		山羊	
	伊利尼变温稀释液(IVT)[*]	康奈尔大学稀释液(CUE)	葡-柠-卵液	RH 透明液	葡-柠-EDTA 液	羊奶液
基础液						
葡萄糖/g	0.3	0.3	3	—	3	—
碳酸氢钠/g	0.21	0.21	—	—	—	—
二水柠檬酸钠/g	2.00	1.45	1.4	—	1.4	—
氯化钾/g	0.04	0.04	—	—	—	—
氨基己酸/g	—	0.937	—	—	—	—
氨苯磺胺/g	0.3	0.3	—	—	—	—
EDTA/g	—	—	—	—	0.12	—
蔗糖/g	—	—	—	—	1.8	—
甘油/mL	—	—	—	—	—	—
羊奶/mL	—	—	—	—	—	100
磺胺甲基嘧啶钠/g	—	—	—	0.15	—	—
明胶/g	—	—	—	10	—	—
蒸馏水/mL	100	100	100	100	100	—
稀释液						
基础液/%	90	80	80	100	100	100
卵黄/%	10	20	20	—	10	—
青霉素/(IU/mL)	1 000	1 000	1 000	1 000	1 000	1 000
双氢链霉素/(μg/mL)	1 000	1 000	1 000	1 000	1 000	1 000

资料来源:动物繁殖学,王锋,2012。

注:[*] 充 CO_2 20 min,pH 调至 6.35。

表 6-5　猪、马、驴精液常温保存稀释液

成分	猪			马、驴		
	葡-柠液	葡-柠-EDTA-Tris 液	葡-柠-EDTA 液	奶-卵液	葡-柠-Tris 液	奶液
基础液						
葡萄糖/g	3	11.5	26	—	2	—
碳酸氢钠/g	2.4	1.25	1.2	—	—	—
二水柠檬酸钠/g	24.3	11.7	8	—	1.8	—
氯化钾/g	0.4	—	—	—	—	—
乙酰半胱氨酸/g	0.05	0.1	—	—	—	—
氨基己酸/g	—	—	—	—	—	—
氨苯磺胺/g	—	—	—	—	—	—
EDTA/g	—	2.3	2.4	—	—	—
BSA/g	—	5.0	2.5	—	—	—
Tris/g	—	6.5	—	—	35.8	—
HEPES/g	—	—	9	—	—	—
柠檬酸盐/g	—	4.1	—	—	—	—
牛(羊)奶/mL	—	—	—	10	—	100
蒸馏水/mL	100	100	100	—	100	—
稀释液						
基础液/%	—	—	—	92	85	97
卵黄/%	—	—	30	8.0	15	3.0
青霉素/(IU/mL)	1 000	1 000	1 000	1 000	1 000	1 000
双氢链霉素/(μg/mL)	1 000	1 000	1 000	1 000	1 000	1 000

资料来源:动物繁殖学,王锋,2012。

二、低温保存

低温保存的温度一般为 0～5 ℃。在精液进行低温保存时,应采取慢速降温的方法,以防冷休克的发生。先将稀释后的精液按一个输精量(羊 10～20 头份为一个输精量)分装到一个小试管或玻璃瓶中,封口,包以数层棉花或纱布,最外层用塑料袋扎好,防止水分渗入。将包装好的精液放到低温环境(冰箱)中,经 1～2 h 即降至 0～5 ℃。在保存过程中,要维持温度的恒定,防止升温。如特殊情况或运输,可用广口保温瓶进行,在保温瓶中加七八成满的冰块,将包装好的精液放在冰块上,盖好,注意定期添加冰源。在低温保存处理时,精子由于冷刺激易发生冷休克,故一般使用含有卵黄的稀释液。

低温保存的时间可长达 7 d,但超过 3 d 的精液的受精率将会下降。在贮存期间,装精液的小瓶应每天轻微地摇晃 1～2 次,使精子悬浮起来,以防止精子头部互相粘连。低温保

存的精液在输精前要进行升温处理,即可将装有精液的试管或小瓶直接浸入 30 ℃温水中进行升温。

(一)保存原理

当温度缓慢降至 0～5 ℃时,精子呈现休眠状态,精子代谢机能和活动力减弱,此时精子的物质代谢和能量代谢均降到较低水平,废物累积减少,且此温度不利微生物的繁殖,从而达到保存目的。当温度回升后,精子又逐渐恢复正常代谢机能而不丧失其受精能力。为避免精子发生冷休克,在稀释液中需添加一定的卵黄、奶类等抗冻物质,并采取缓慢降温的方法。

(二)稀释液

各种家畜精液常用的低温保存稀释液配方见表 6-6 和表 6-7。

表 6-6　牛、羊精液低温保存稀释液

成分	牛			绵羊			山羊	
	葡-柠-卵液	CEP 液	葡-柠-奶液	葡-柠-卵液	果-柠-Tris 液	奶-卵液	葡-柠-卵液	奶粉液
基础液								
二水柠檬酸钠/g	1.4	16.2	1.0	3.0	2.8	—	2.8	—
奶粉/g	—	—	3.0	—	—	10	—	10
果糖/g	—	12.5	—	—	1.5	—	—	—
山梨糖醇/mg	—	1.0	—	—	—	—	—	—
葡萄糖/g	3.0	—	2.0	3.0	—	—	0.8	—
氨基己酸/g	—	—	—	—	—	—	—	—
Tris/g	—	16.2	—	—	3.6	—	—	—
EDTA/g	—	—	—	—	—	—	—	—
蒸馏水/mL	100	100	100	100	100	100	100	100
稀释液								
基础液/%	80	70	80	80	90	90	80	100
卵黄/%	20	30	20	20	10	10	20	—
青霉素/(IU/mL)	1 000	1 000	1 000	1 000	1 000	1 000	1 000	1 000
双氢链霉素/(μg/mL)	1 000	1 000	1 000	1 000	1 000	1 000	1 000	1 000

资料来源:动物繁殖学,王锋,2012。

表 6-7　猪、马、驴精液低温保存稀释液

成分	猪			马		驴	
	葡-柠-卵液	普-卵液	葡-柠-奶液	葡-卵液	葡-酒石酸钾钠-卵液	奶-卵液	葡-柠-Tris液
基础液							
二水柠檬酸钠/g	14.8	—	0.39	—	—	—	—
柠檬酸/g	—	—	—	—	—	—	3.8
牛奶/g	—	—	75	—	—	10	—
葡萄糖/g	11.0	5.0	0.5	7.0	5.76	7.0	3.1
氨基己酸/g	—	—	—	—	—	—	—
EDTA/g	—	—	—	—	—	—	—
Tris/g	24.2	—	—	—	—	—	5.0
甘油/%	6.4	—	—	—	—	—	—
氨苯磺胺/g	—	—	0.1	—	—	—	—
酒石酸钾钠/g	—	—	—	—	0.67	—	—
蒸馏水/mL	100	100	25	100	100	100	100
稀释液							
基础液/%	—	80	100	95	92	99.2	97
卵黄/%	20	20	—	5	8	0.8	3
青霉素/(IU/mL)	1 000	1 000	1 000	1 000	1 000	1 000	1 000
双氢链霉素/(μg/mL)	1 000	1 000	1 000	1 000	1 000	1 000	1 000

资料来源:动物繁殖学,王锋,2012。

三、冷冻保存

冷冻保存的温度是−196 ℃。由于冷冻精液可长期保存,故其使用不受时间和地域的限制。精液的冷冻保存可充分提高优良公畜的利用率,能确保大量发情母畜的配种需要,为推动畜群的快速改良、扩繁、育种以及动物基因库的建立提供重要的技术手段。

(一)保存原理

温度变化直接影响精子本身运动能力和代谢能力。在超低温状态下,精子运动完全停止,从理论上讲,代谢不应归于零,但基本已无基质消耗,因此可以长期保存;而当温度回升、精子恢复代谢和运动时,其受精能力也可恢复。精液在冷冻过程中为什么没有死亡,复苏后仍具有活力,对此科学工作者做过许多探索和解释,玻璃态学说、微晶态学说……可谓众说纷纭,一直未有定论,其中比较公认的是玻璃态学说。

玻璃态学说认为,在冷冻保护剂的作用下,精液在冷冻过程中采用一定的降温速率,可形成玻璃化(vitrification),从而防止精子水分冰晶化(crystallization)而造成精子死亡。冰晶化

是指水在降温过程中,且在一定温度条件下,水分子重新按几何图形排列形成冰晶的过程。冰晶对精子有害,且冰晶越大危害越大。只有在$-60\sim-4\ ℃$的缓慢降温条件下,降温越慢,形成的冰晶才越大。由于在$-25\sim-15\ ℃$时最容易形成冰晶,故对精子危害最大。

精液在冷冻过程中对精子的伤害主要有化学损伤和物理损伤两个方面。化学损伤又称"胞外冰晶",是在以较慢速率降温时发生的。胞外冰晶的形成破坏了溶液内溶质分布的均衡性,形成精子周围的局部高渗,水分子由精子内向外渗透,精子膜内的溶质浓度和渗透压增高,造成细胞脱水,从而使精子发生不可逆的化学伤害而死亡。物理损伤又称"胞内冰晶",是在过快降温时水分子来不及向胞外渗透就在细胞内结晶形成的。胞内冰晶对细胞膜和细胞内的细胞骨架、细胞器会造成机械损伤,从而导致精子死亡。

玻璃化的冰冻状态是指水分子在超低温下仍保持原来自然的无序的排列状态,形成玻璃样的坚硬而均匀的固体。精子在这样的状态下不会发生细胞脱水,细胞保持正常的结构,精子解冻后可以复苏。因此,为尽量减少冰晶的形成,克服由冰晶引起的化学损伤和物理损伤。在实践中,精液冷冻常采用的措施主要有使用抗冻剂,采用适当的降温速率,初冻温度应低于有害温区等。精液应迅速通过发生冰晶的温度范围,保存在远远低于这种温度范围内的超低温条件下,保持玻璃化冻结状态。形成玻璃化的温度区域是$-250\sim-60\ ℃$,但这一过程具有不稳定的可逆性,当缓慢升温时又先转化为冰晶化,再液化,这同样会造成精子死亡。

基于以上原理,在冷冻精液制作和使用中,无论是升温还是降温,都必须快速通过对精子危害的冰晶化温区。因此,应在稀释液中添加抗冻物质以增强精子的抗冻能力,防止冰晶化,如甘油。如果甘油浓度过高,其对精子也有危害作用,如伤害精子的顶体和颈部、使尾部弯曲、破坏某些酶类等,从而影响受胎,所以应掌握甘油的用量,一般在牛冷冻精液中通常加入5%～7%的甘油。除甘油外,其他多羟化合物都具有抗冻作用,如二甲基亚砜(DMSO)、三羟甲基氨基甲烷(Tris)、糖类等。

(二)冷冻保存程序

精液冷冻程序包括精液的稀释、降温、分装和冷冻等过程。精液采集后应尽快等温稀释,评定质量。

1.冷冻精液的冷源

冷冻精液在制作和保存过程中都要求保持超低温状态。早期的冷冻精液使用固体二氧化碳(干冰,$-79\ ℃$)作为冷源,现主要使用液氮($-196\ ℃$)作为冷源,液氮的温度可以恒定地保持在$-196\ ℃$,距冰晶形成的危险温区的温差大,利于精液的冷冻贮存,且效果安全可靠,便于使用操作。液氮是空气中的氮气经分离、压缩形成的一种无色、无味、无毒的一种液体,准确的沸点温度为$-195.8\ ℃$。液氮具有很强的挥发性,当温度升至$18\ ℃$时,其体积可膨胀680倍,故使用时要防止喷溅、冻伤、窒息等。

2.液氮容器

液氮容器是指用于贮存、运输液氮和保存冷冻精液的必备设备。其包括液氮贮运容器和冻精贮存容器,前者为贮存和运输液氮用,后者为专门保存冻精用。当前冷冻精液专门使用的液氮罐型号较多,其结构大体相同。

(1)液氮罐的结构　液氮罐由外壳、内层、真空夹层、颈管、盖塞、贮精提筒等结构组成

（图 6-13）。

液氮罐有内、外两层。外层称为外壳，其上部是罐口；内层也称为内胆，其中的空间称为内槽，可将液氮和冷冻精液贮存于内槽。内槽的底部有底座，用于固定贮精提筒。内、外两层间的空隙为夹层，处于真空状态，夹层中装有绝热材料和吸附剂，以增强罐体的绝热性能，使液氮蒸发量小，延长容器的使用寿命。颈管有一定的长度，用绝热黏剂将罐的内、外两层连接。其顶部为罐口，与盖塞之间有孔隙，以利于蒸发的氮气排出，从而保证安全，同时具备绝热性能，以尽量减少液氮的汽化量。盖塞由绝热性能良好的塑料制成，以阻止液氮蒸发，且有固定贮精提筒手柄的凹槽。贮精提筒置于罐内槽中，可以贮放细管及颗粒精液，其手柄挂于罐口边上，以盖塞固定。为携带运输方便，中小型液氮罐有一个外套并附有挎背用的皮带。

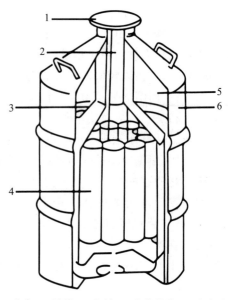

1. 盖塞；2. 颈管；3. 内层；4. 贮精提筒；5. 真空夹层；6. 外壳。

图 6-13　液氮罐的结构

（2）液氮罐的使用

①液氮的添加。在初次添加液氮时，应少量且慢，使整个罐部温度均匀地降低，然后再添满，即应有预冷的阶段，最好用大漏斗以防止液氮直接冲击颈部。当液氮消耗掉 1/2 时，应及时补充液氮。罐内液氮的剩余量可用称重法估算，也可用带刻度的木尺或细木条等插至罐底，过几秒取出，测量结霜的长度来估算。

②贮存及取用精液。在贮存精液时，必须迅速放入经预冷的贮精提筒内，浸入液氮面以下，将提筒底部套入底座，手柄置于罐口的槽沟内，颗粒精液可装入纱布袋内，浸入液氮，系一标签细绳固定在罐口外。在取用精液时，操作要敏捷迅速，贮精提筒提至颈管基部 5 s 内完成，要注意不要摩擦颈管内壁，且不可过分弯曲提筒的手柄（先推到对面，再提起来），取完精液后，应将精液容器再次浸入液氮内。

③液氮罐的保养。液氮罐应放置在阴凉、干燥、通风良好的室内，在使用和搬运过程中要防止碰撞。注意保护盖塞和罐的颈管部，此部分质地脆弱易损坏，罐体不可横放。每年应清理一次罐内杂物，将空罐放置 2 d 后，用 40～50 ℃中性洗涤剂擦洗，再用清水多遍冲洗，然后自然干燥或用吹风机吹干方可使用。如罐的外壁结霜，说明罐的真空失效，应尽快将精液转移到其他贮存罐中。

3. 精液的稀释

冷冻前的精液稀释方法包括一步稀释法和两步稀释法。一步稀释法是指将采得的精液与含有甘油抗冻剂的稀释液一次性按稀释比例等温稀释，使每一剂量的细管（颗粒、安瓿）冻精解冻后精子活率达到规定标准。一般每支细管精液约含精子 1 000 万个（性控精液约含 210 万个），每个颗粒约含 1 200 万个，每个安瓿约含 1 500 万个。两步稀释法是指将采得的精液先用不含甘油的第一稀释液稀释至最终倍数的 1/2，然后将稀释后的精液经过 1～1.5 h，当温度降至 4～5 ℃时，用含甘油的第二稀释液等温第二次稀释。此法可减少甘油抗冻剂对精子的化学毒害作用时间。

在稀释精液前，要检查精液品质。其质量优劣与冷冻效果密切相关。例如，《牛人工授精技术规程》（NY/T 1335—2007）要求如下：鲜精精子活率＞65%，精子密度≥8 亿/mL，精子畸形率≤15%。精液稀释后必须取样检测精子活率,稀释后的精子活率不应低于原精液的精子活率。

4. 分装与平衡

(1)分装

①细管精液。现冷冻精液多采用 0.25 mL、0.5 mL 的塑料细管。其具有颗粒、安瓿法两者拥有的优点。细管精液的机械化生产极为方便,多采用自动细管冻精分装装置。细管精液不与外界环境接触,且细管上可标记畜号、品种、日期等,易于贮存,冻后效果较好,是较为理想的剂型。

②颗粒精液。将处理好的稀释精液直接进行降温平衡,然后再滴冻成颗粒状。其制作简便,利于推广,可充分利用液氮罐。但颗粒精液的有效精子数不易标准化。其原因是滴冻时颗粒大小不一,且不易标记,品种或个体之间易混淆,精液暴露在外,易污染,大多精液需解冻液解冻。

③安瓿精液。用硅酸盐硬质玻璃制成的安瓿盛装精液,用酒精灯封口。安瓿冻精虽剂量准确、不污染、易标记,但体积大、贮存不便、易爆裂,所以生产中基本不采用。

(2)平衡　将稀释的精液缓慢降温至 4～5 ℃,并在此温度中放置一定时间,以增强精子的耐冻性,这个处理过程称为平衡。平衡的机理仍不太清楚,有人认为平衡能使甘油充分渗入精子内部,活性物质达到细胞内外平衡。平衡时间与冷冻速率、稀释液种类、冷冻方法和动物种类等有关。美国的平衡时间为 6～12 h,加拿大的平衡时间为 6～18 h,英国的平衡时间为 12～18 h,中国的平衡时间为 2～4 h。

5. 精液的冷冻

(1)细管精液冷冻法　将冷冻细管平放在距液氮面 2～2.5 cm 的细管架上,冷冻温度在 −120～−80 ℃停留 5～7 min,待精液冻结后,直接投入液氮中,收集于指形管后装入纱布袋中,做好标记,置于液氮罐保存。工厂化细管精液的冷冻方法是使用控制液氮喷量的自动记温速冻器,−60～5 ℃每分钟下降 4 ℃,−60 ℃后尽快降温至 −196 ℃。

(2)颗粒精液冷冻法　在装有液氮的广口保温容器内置一铜纱网或聚四氟乙烯凹板(氟板),在距液氮面 1～2 cm 位置预冷数分钟,然后将平衡后的精液均匀地滴冻在网面或板上,每粒约 0.1 mL。当停留 2～4 min 后颗粒颜色变白时,将颗粒置于液氮内,取样 1～2 粒解冻,检查精子活率,活率达 0.3 以上者则收集在小瓶或纱布袋中,并做好标记,置于液氮罐中保存。

滴冻时要注意滴管事先预冷,与平衡温度一致;操作要迅速准确,防止精液温度回升;颗粒大小要均匀;在每滴完一头公畜精液后,必须更换滴管、氟板等用具。颗粒冻精曾在牛中被广泛应用,现在在猪、马、绵羊等家畜的冻精中被应用。

6. 细管型精液分装和封口

细管型冷冻精液采用聚氯乙烯塑料细管来装精液,主要有 0.25 mL(微型细管)和 0.5 mL(中型细管)2 种,长度均为 133 mm,外径分别为 2.0 mm 和 2.8 mm。在生产中,牛的冻精多用 0.25 mL 型。细管的一端是开口的,另一端由塞柱结构封口。塞柱的总长度约为 20 mm,由两截棉线塞中间夹封口粉组成。在塞柱遇到液体(精液)之后,封口粉立即凝固成凝胶状,该端管腔被堵塞,以起到封口作用。

在细管精液分装机分装精液时,细管被等距离水平排列在橡胶传送带上,传送到某一固定位置,负责抽吸真空的针头和抽吸精液的针头同时插入细管的两端,将一定量的精液抽吸到细管中,使棉塞端内的封口粉凝固,此端即被封口;然后将细管传送到下一位置,把注入精液的开口端用封口仪封口并压扁。

7.精液的解冻

精液的解冻方法直接影响解冻后的精子活率。不同畜种及剂型的冷冻精液,其解冻温度和方法不同。解冻温度有 3 种:低温冰水解冻(0～5 ℃)、温水解冻(30～40 ℃)以及高温解冻(50～80 ℃)。一般细管冷冻精液可直接浸入(38±2)℃温水中解冻。颗粒冻是先将装有解冻液的小试管置于(38±2)℃的水浴中加热,然后投入 1 粒冻精,摇动至融化。解冻后的精子活率只有不低于 0.3 才能使用,解冻后应立即输精,不宜再保存。

8.冷冻精液的保存

冷冻精液的保存原则是精液不能脱离液氮,确保其完全浸入液氮。由于每取一次就用一次精液,这样就会使整个包装的冷冻精液脱离液氮一次,从而造成了温度的升降。若取用不当易,就会造成精液品质下降,因而在取用精液时不可将精液提筒超越液氮罐颈部下沿,脱离液氮时间不得超过 10 s。在保存中,还应注意不能混杂不同品种、个体的精液。

四、精液的运输

冷冻精液的运输应由专人负责,要查验所运输的冷冻精液的公畜品种、畜号、数量及精子活率等指标,符合要求后方可运输,到达目的地后办好交接手续。运输前要确保液氮容器的保温性能良好,充满液氮;容器外应罩好保护套,安放牢固;装卸时要轻拿轻放,严禁碰撞翻倒;运输中应避免强烈震动和暴晒,随时检查,必要时需补充液氮。

▶ 第六节 输 精

输精(insemination)是指将一定量的合格精液适时而准确地输入到发情母畜生殖道内的一定部位使其妊娠的操作技术。这是人工授精技术的最后一个重要环节,是确保获得较高受胎率的关键。

一、输精前的准备

(一)输精人员的准备

输精人员应身着工作服,指甲剪短磨光,手洗净擦干后用 75% 酒精消毒,如须手臂伸入阴道内,手臂也要清洗消毒并涂以灭菌稀释液。当牛直肠把握输精时,应戴长臂手套并涂以肥皂或少量润滑剂。

(二)输精器材的准备

各种输精用具在使用前必须彻底清洗、消毒,再用稀释液冲洗。玻璃和金属输精器可用蒸汽、75% 酒精消毒或置于高温干燥箱内消毒;输精胶管可用蒸汽、酒精消毒,并在输精前用稀释液冲洗 2～3 次。阴道开张器及其他金属器材等用具可高温干燥消毒或浸泡消毒,也可用酒精火焰消毒。

输精枪一般以每头母畜一支为宜,当输精枪数量不足时,可用75%酒精棉球涂擦消毒外壁,然后用稀释液冲洗外壁及管腔2～3次后再次使用。

(三)精液的准备

精液必须符合各种动物输精所要求的输精剂量、精子活率等级及有效精子数等。

(四)母畜的准备

经发情鉴定已确定要配种的母畜在输精前应进行适当的保定。牛一般在输精架内或拴系于牛床上保定输精。马、驴可在输精架内或后肢用脚绊保定。母羊可实行横杆保定,使羊头朝下,前肢着地,后腹部压伏在横杆上,后肢离地保定;也可让羊站立地面,输精人员坐在坑内进行输精或将羊保定在一个升高的输精架内或转盘式输精架台上。母猪一般不用保定,在圈舍内就地站立输精即可。

母畜保定后,将尾巴拉向一侧,清洗阴门及会阴部,再用消毒液进行消毒,然后用灭菌的生理盐水冲洗,灭菌布擦干。

二、输精的基本技术要求

输精剂量和输入有效精子数应根据母畜种类、年龄、胎次、子宫大小等生理状况及精液类型确定。猪、马、驴的输精量比牛、羊、兔的输精量多。体形大、经产、产后配种和子宫松弛的母畜的应适当增加输精量。超数排卵处理的母畜的输精量和有效精子数应比一般配种母畜的输精量和有效精子数更多。适宜的输精时间通常是根据母畜发情鉴定的结果来确定,应同时考虑其排卵时间和精子获能时间、精子在母畜生殖道内维持受精能力时间、卵子维持受精能力时间和精液类型等,以利于精子和卵子结合。各种家畜的输精要求见表6-8。

表 6-8　各种家畜的输精要求

项目	牛、水牛		马、驴		猪		绵羊、山羊		兔	
	液体	冷冻	液体	冷冻	液体	冷冻	液体	冷冻	液体	冷冻
输精剂量/mL	1～2	0.2～1.0	15～30	30～40	30～40	20～30	0.05～0.1	0.1～0.2	0.2～0.5	0.2～0.5
输入有效精子数/亿个	0.3～0.5	0.1～0.2	0.1～0.2	2.5～5.0	1.5～3.0	20～50	10～20	0.5～0.7	0.15～0.2	0.15～0.3
适宜输精时间	发情后10～20 h或排卵前10～20 h		接近排卵时,卵泡发育第4～5期,或发情第2天开始隔天1次至发情结束		发情后19～30 h或开始接受"压背试验"后8～12 h		发情后10～36 h		诱发排卵后2～6 h	
输精次数	1～2		1～3		1～2		1～2		1～2	
输精间隔时间/h	8～10		24～28		12～18		8～10		8～10	
输精部位	子宫颈深部或子宫体内		子宫颈内		子宫颈内		子宫颈内		子宫颈内	

资料来源:家畜繁殖学,张忠诚,2004。

三、各种家畜的输精方法

(一)牛的输精方法

1.阴道开张器输精法

使用阴道开张器(直径为 2～3 cm,长为 35～40 cm)扩张母牛阴道,借助光源(如手电筒、额镜等)找到子宫颈外口,把输精器插入子宫颈 1～2 cm,将精液缓缓注入,随后撤出输精器和取出开张器。此法输精部位浅,受胎率较低,已基本停止使用。

2.直肠把握子宫颈输精法

直肠把握子宫颈输精法是母牛普遍采用的输精方法。其优点是输精部位深,可防止母牛努责造成的精液逆流,用具简单,操作方便,不易感染,受胎率比开张器法提高 10％～20％。同时,通过直肠检查触摸卵巢变化,进一步判断发情或妊娠情况,还可发现卵巢和子宫疾病。

直肠把握子宫颈输精方法与直肠检查相似。输精时,将母牛保定,左手臂戴上薄膜手套,涂抹少量润滑剂,伸入母牛的直肠内,掏出过多的宿粪。外阴部用清洁温水冲洗、擦干。输精器清洗干净并消毒,输精时再用灭菌的生理盐水或稀释液冲洗 2～3 次后吸取精液。操作人员用手隔着直肠握住子宫颈后端(注意不要把握过前,以免造成宫口游离下垂,输精器不易插入)并固定,手臂下压使阴门开张;另一只手持输精器,倾斜30°由阴门插入,先向上倾斜避开尿道口,再转入水平前伸至子宫颈外口,左、右手配合绕过子宫颈螺旋皱褶,使输精器前端到达子宫颈内口 5～8 cm(接近子宫颈内口)处,随即注入精液。如果精液受阻,可将输精器稍后退,同时将精液注入,然后撤出输精器。

应注意的是,操作过程要防止粗暴,插入输精器应小心谨慎,不可用力过猛,以防损伤阴道壁和子宫颈。在插入输精器时,应注意防止污染输精器,其前端只能与阴道黏膜接触。如子宫颈过细或过粗难以把握,可将子宫颈挤向骨盆侧壁固定后再输精。插入输精器后,手要松握,并随牛移动,以防伤害母牛。如子宫颈难以插入,可用扩宫棒扩张或用开张器检查子宫颈是否不正、狭窄。如果在输精器抽出后发现大量精液残留在输精器内,就应重新输精。

(二)羊的输精方法

羊常用的输精方法有阴道开张器输精法和输精枪阴道插入法,近年来也使用腹腔内窥镜子宫角输精法进行输精。

1.阴道开张器输精法

将发情母羊固定在输精架内或由助手用两腿夹住母羊颈部,两手提起母羊后肢将羊保定好(图 6-14)。洗净并擦干其外阴部,将已消毒的开张器顺阴门裂方向合并插入阴道,旋转45°后,打开开张器,并借助光源(手电筒或额镜等)找到子宫颈外口,把输精器插入子宫颈内 1～2 cm,将精液缓缓注入,随后撤出输精器和取出阴道开张器。

2.输精枪阴道插入法

阴道较狭小、阴道开张器插入困难的母羊可对其采用模拟自然交配的方法,将精液用输精枪输入到阴道的底部。操作方法是把母羊两后腿提起倒立,用两腿夹住羊的前驱进行保定,操作人员用手拨开母羊阴户,沿母羊背部方向将输精枪插入至阴道底部输精。输精完毕后,轻轻抽出输精枪,并在母羊背部拍打一下,以防精液逆流。为操作方便,可在输精架后挖一个凹坑,输精人员坐于凹坑中进行输精操作。简易输精架也可设计成横杆架,输精时将羊两后肢架于输精架上离开地面,后高前低,以便于输精(图6-15)。

图6-14 羊的阴道开张器输精法

图6-15 羊简易输精架输精

3.腹腔内窥镜子宫角输精法

对于冷冻精液而言,使用子宫颈输精法受胎率较低,可采用腹腔内窥镜进行子宫角输精,以提高受胎率。供体羊发情后开始禁食、禁水,在发情后12～18 h利用腹腔内窥镜输精。将待输精母羊固定在专用保定架上,呈仰卧状,使母羊呈头部低臀部高之势,与地面呈45°。剪去乳头近腹部被毛,用清水擦洗干净并消毒。在腹中线左、右两侧34 cm处,用带套管的锥头穿透腹壁进入腹腔,分别放入窥镜和探棒,开启电源,从窥镜即可看到羊的腹腔内容物,利用探棒轻轻翻动找到子宫角。拔出探棒,放入装好精液的输精管,利用输精管针头扎入一侧子宫角3 cm处,输入1/2精液后拔出针头。用同样的方法将剩余的精液输入另一侧子宫角内,结束后,缓慢抽出输精管、窥镜及套管(图6-16)。

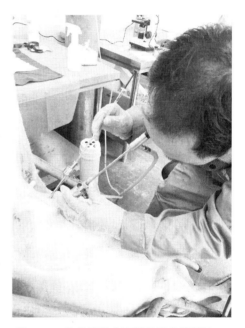

图6-16 羊的腹腔内窥镜子宫角输精法

(三)猪的输精方法

母猪的阴道与子宫颈结合处无明显界限,因此对猪的输精可采用输精管插入法(图6-17)。目前输精管多采用一次性海绵头或螺旋头输精管,前者适用于经产母猪,后者适用于后备母猪。液态精液常用瓶装或袋装。将输精管插入阴门,先稍向上再水平,边插入边逆时针旋转,经抽送2～3次,直至不能前进为止,输精管即可经子宫颈口达到子宫内,然后向外拉出一点,借助压力或推力缓缓输入精液。输入精液时间一般为3～5 min,注射器或输精瓶(袋)一定要倾斜抬高,以利精液输入。在出现精液倒流时,应及时调整输精的位置,减慢输入速度或暂停一段时间,再进行输精,切勿强行将精液挤入母猪体内。在输精完毕后,缓慢抽出输精管,并用手捏母猪的腰部,防止精液倒流。

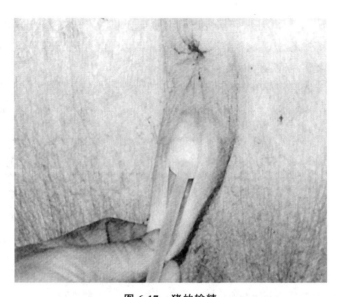

图 6-17　猪的输精

（资料来源：*Reproduction in Farm Animals*，Hafez ESE，2008）

（四）马、驴的输精方法

马、驴的输精一般采用胶管导入法。输精人员左手持注射器，右手握输精胶管，管的尖端隐于手掌中，缓慢伸入阴道内，当手指触到子宫颈口后，以食指伸入颈口，将输精胶管前端导入马子宫颈腔内 10～15 cm（驴 8～12 cm）深处，缓慢注入精液，然后缓慢抽出输精胶管，并用手指轻轻按捏子宫颈外口，以刺激子宫颈收缩，防止精液倒流。

四、提高人工授精受胎率的措施

保证人工授精受胎率的要素是母畜繁殖机能和营养状况良好、优质精液和适时输精。

（一）加强饲养管理，保持母畜正常体况

加强母畜配前饲养管理，确保母畜正常的繁殖机能是进行人工授精配种受胎的前提。体况差的母畜要对其提供足量的能量、蛋白质、矿物质和维生素，充足的饮水以及适于正常活动的环境。特别要注意维生素和微量元素的供给充足，若缺乏会造成繁殖性能下降。例如，缺乏维生素 A 会导致母牛不发情、不孕、死胎、胎衣不下；缺乏磷可造成情期推迟或假发情（发情不排卵）等。

（二）细心观察，做好发情鉴定

发情鉴定是基础，适时配种是保障，这些都有助于提高受胎率。在实际工作中，发情鉴定应做到勤看、勤摸、勤问。只有做到准确的发情鉴定，抓住适时的配种时机，才能提高人工授精的受胎率。

发情鉴定主要是通过观察母畜的外部表现和精神状态来判断其发情状态。母畜在发情初期一般都表现为兴奋不安，常走动，对外界刺激敏感；在发情盛期，阴门肿胀有光泽，发情母畜表现安静，愿意接受爬跨，并常有黏液从阴道流出；在发情盛期过后，不愿接受爬跨，逐渐转为

安静。各种家畜的发情表现也有不同。

在对奶牛和肉牛采用外部观察法鉴别发情时,每天至少观察 3 次,每次不少于 30 min。观察时间应为 6:00~7:00、10:00~11:00 和 17:00~19:00。此外,晚上的观察还可安排在挤奶完成后的 30 min 内。个别牛只可通过直肠检查法进行确认。检查内容包括有无成熟卵泡及卵泡的大小、质地等,以此确定是否真发情或是否可以适时输精。安静发情、断续发情、持续发情、长期不发情以及配后 2 个月以上返情的牛只必须对其进行直肠检查。患有卵巢疾病的牛应对其进行及时治疗。

水牛的发情征象不如黄牛,也不如其他家畜那样明显。据统计,约有 24% 的水牛属于隐性发情,故需要认真去观察,发现发情时间和规律。母水牛在每年的 8 月至翌年的 3 月发情较为集中和明显,5—7 月发情很少;发情周期平均为 21 d,发情持续 2~6 d,平均为 3 d;一般在发情结束后 8~12 h 排卵。母水牛在产后 45~60 d 发情,也有个别水牛的产后发情时间较长。部分奶水牛发情不太明显,掌握适时输精比较困难。群放的牛可在其中放入试情公牛以准确及时地发现发情母牛,适时配种,这对提高受胎率有重要作用。

绵羊的发情征象不太明显,发情持续时间也较短,在大群饲养时不易被发现,常利用公羊试情来判断母羊是否发情。母羊发情持续期一般为 24~48 h,一般在发情结束前排卵,排卵时间在发情开始后 12~41 h。山羊的排卵时间比绵羊稍迟,一般在发情开始后 30~40 h。

母猪发情主要通过发情征象和对公猪的反应判断。发情母猪对公猪敏感,公猪接近、叫声、气味都会引起母猪的反应,如眼发呆,尾翘起,颤抖,头向前倾,颈伸直,耳竖起(直耳品种),推之不动,喜欢接近公猪;当性欲高时,公猪会主动爬跨其他母猪或公猪,引起其他猪惊叫。

(三)适时输精

输精是为了使足够量的精子在正确的时间到达输卵管壶腹部,以便和卵子及时结合,最终受孕。因此,准确把握输精时间,使用正确的输精方法对提高受胎率极为重要。精子在生殖道内的存活时间一般为 18~30 h,深部注入的精子需要 4~6 h 的获能过程才能到达输卵管壶腹部与卵子结合受精,真正有受精能力的时间约 24 h。卵子在生殖道内的存活时间为 12~24 h,精子进入母畜生殖道,到达受精部位需几十分钟到数小时。因此,输精安排在母畜发情排卵时最适宜。

若母牛在上午 9:00 以前发情,则当日午后配种;若母牛在 9:00~14:00 发情,则当日晚配种;若母牛在下午或晚上发情,则翌日早晨配种。同时可以考虑采用"老配早,小配晚,不老不小配中间"的经验。

母羊的最佳输精时间是发情后的 18~24 h。采取早、晚两次试情的方法选择发情母羊,即早晨选出的发情母羊到下午输一次精,翌日早上重复输一次精;晚上选出的发情母羊到翌日早上第一次输精,下午重复输一次精,这样可大大提高受胎率。

母猪的最佳配种时间可根据以下情况判断:一是阴户变化。发情初期为粉红色,当阴户变为深红色,水肿稍微消退,有稍微皱缩时为最佳配种时间。二是阴户黏液。在发情初期,用手捻,无黏度。当有黏度、颜色为浅白色时,则为最佳配种时间。三是静立反射。发情后按压母猪腰臀部,母猪很安定、四肢直立、两耳竖立,呈现"静立反射"。在母猪出现"静立反射"后的 8~12 h 就可配种,即早上出现反射,下午配种;下午出现反射,则翌日早上配种。另外,初产母猪晚一点配,即在发情结束前配种,经产母猪可早配。

一天之中,母兔在中午 12:00 配种受胎率最低,只有 50%;傍晚次之;24:00 配种受胎率最高,可达 84%。在生产上,应提倡母兔 21:00~22:00 时配种。

(四)掌握正确的输精方法

要严格按照操作规程进行输精,并注意一些细节。例如,猪的人工授精应尽量模仿自然交配的过程。一是要对母猪刺激,如输精员骑在母猪身上,使母猪也有被压的感觉;对母猪的阴部进行按摩,增强母猪性兴奋;在母猪头部对面要有一头公猪,让母猪嗅到公猪的气味或让公猪与母猪接触。二是输精时间应控制在 5~15 min。

(五)及早进行妊娠检查

进行早期妊娠诊断是减少空怀、提高繁殖效率的重要措施之一。要在防止漏配、误配和胎儿流产等方面都具有重要意义。在一般情况下,怀孕母畜不再表现发情,且性情温顺,食欲增加,体况变好,被毛光滑,行为谨慎安稳。

复习思考题

1. 人工授精的优点有哪些?

2. 假阴道采精的原理是什么? 适合假阴道法采精的家畜有哪些?

3. 假阴道由哪些基本部件组成? 假阴道的安装有何要求?

4. 采精有哪些基本要求?

5. 精液品质检查有哪些指标? 其意义是什么?

6. 精液稀释的主要目的是什么? 稀释液成分可分为哪几类? 不同类型的保存方法在稀释液成分上有什么区别?

7. 试述精液的低温保存和常温保存的原理。

8. 如何计算精液的稀释倍数?

9. 精液冷冻保存有何意义? 其原理是什么?

10. 试述冷冻精液制作的基本程序。

11. 如何提高人工授精的受胎率?

第七章

受精与妊娠

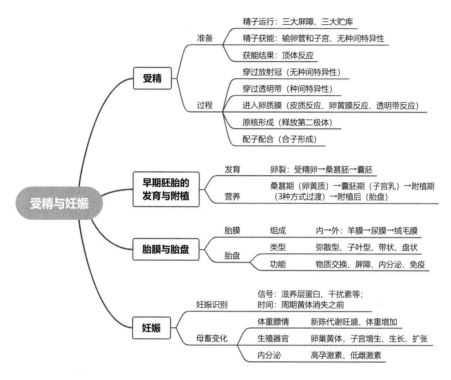

受精是指输卵管伞部接纳的卵子在壶腹部被精子穿入，经历一系列复杂过程后形成合子的过程。受精卵在从输卵管运行到子宫的过程中进行卵裂，随后发育为孵化囊胚结束其游离状态并在子宫内膜上附植。孕体在子宫内的发育需要足够的营养和适宜的内环境。形成的胎盘是一个胎儿与母体物质交换的临时性器官，也是一个可以分泌激素维持妊娠的内分泌器官。妊娠是合子在雌性哺乳动物的子宫中发育的复杂生理阶段。早期准确的妊娠诊断对于提高雌性动物繁殖效率意义重大。本章介绍受精、早期胚胎发育、胎膜与胎盘、妊娠及妊娠诊断的方法。

Fertilization, a complicated multi-step process of zygote formation, takes place in the oviduct ampulla, where a viable spermatozoon penetrates the oocyte picked up by the oviduct infundibulum. The zygote undergoes cleavage while traversing the oviduct, entering the uterus and then the blastula subsequently terminates free-floating state and implants in the dam endometrium. The conceptus development in uterus needs appropriate nutrition and internal environment. Placenta is a temporary organ which provides an interface for metabolic exchange between the dam and the fetus, and produces hormones to maintain pregnancy. Pregnancy is a complicated physiological process that a zygote develops into fetus eventually in the female mammalian uterus. Early and accurate gestation diagnosis is crucial to increase animal reproductive efficiency. This chapter describes fertilization, early embryo development, fetal membranes and placenta, pregnancy and gestation diagnosis methods.

中国科学家在受精和胎儿妊娠机理研究领域取得突破
——中国科学家重构人类胚胎着床过程

北大-清华生命联合中心结合体外模拟人类着床策略和高精度单细胞多组学测序技术，首次利用单细胞转录组和 DNA 甲基化组图谱重构了人类胚胎着床过程，系统解析了这一关键发育过程中的基因表达调控网络和 DNA 甲基化动态变化过程，提示基因表达调控网络和 DNA 甲基化可能共同协调决定囊胚阶段后的细胞谱系命运。该成果于 2019 年 8 月 22 日发表于 *Nature*。

▶ 第一节 受 精

受精(fertilization)是单倍体配子(精子和卵子)融合形成合子(zygote)的过程。受精前的精子、卵子都要发生一系列变化，并经过复杂的过程才能结合，完成受精。受精卵是新生命的起始，普遍存在于动植物有性生殖中。形成的合子既保存了双亲的遗传基因，又通过自身产生的变异，生物物种变得多样化，在生物进化史上有重要意义。

一、精子和卵子在受精前的准备

(一)配子的运行

配子的运行(transport of gametes)包括精子的运行和卵子的运行。精子的运行是指精子由射精部位(或输精部位)经过阴道、子宫和输卵管峡部后到达受精部位(输卵管壶腹部)的过程。卵子的运行是指卵子由卵巢排出后，经过输卵管伞部到达受精部位的过程。无论是自然交配还是人工授精，精子都必须运行到输卵管壶腹部才能与卵子相遇，进而完成受精。在此过程中，不同动物精子的贮存部位、到达受精部位的时间和精子数量都存在差异。

1. 精子在雌性生殖道的运行

(1)精子在雌性生殖道的运行过程　阴道型射精动物精子运行时会遇到第一道栅栏——子宫颈。精子很难通过子宫颈是由于子宫颈结构和分泌物的特性。牛、羊子宫颈黏膜上有许多沟槽，处于发情期时的子宫颈黏膜上皮细胞具有旺盛的分泌作用，形成许多腺窝(crypt)(隐窝)。精子在运行时一部分进入腺窝，形成第一个精子贮库(sperm reservoir)；另一部分则进入子宫。通过子宫颈的第一次筛选，一部分正常的精子和运动能力差的精子滞留在阴道内或腺窝中，从而保证了适量的运动受精能力强的精子进入子宫。不能进入子宫颈的精子被白细胞吞噬或随阴道黏液排出体外。进入子宫的精子大部分进入子宫内膜腺，形成第二个精子贮库。精子可以从这个贮库不断被释放进入输卵管。进入子宫内膜腺的精子会加强子宫内膜白细胞反应，这时死精子和活动能力差的精子被吞噬。在由子宫角尖端进入输卵管时，剩余的精子由于输卵管平滑肌收缩和管腔狭窄会大量滞留,不断释放,从而在宫管结合部形成第二道栅栏。进入输卵管的精子继续前进,经过输卵管峡部时会被收缩的括约肌而阻挡,壶峡连接部是精子到达受精部位的第三道栅栏,精子不能进入输卵管壶腹部,形成了第三个精子贮库,这些精子在排卵时才游向壶腹部与卵子接触。受精前的精子在峡部贮存可能是哺乳动物的一般规律。在排卵时,只有获能精子才能从贮存位点释放,通过精子的趋化性引导向卵子运行。精子贮库的精子缓慢释放可维持受精部位的活精子数。精子在雌性生殖道的运行路线如图7-1所示。

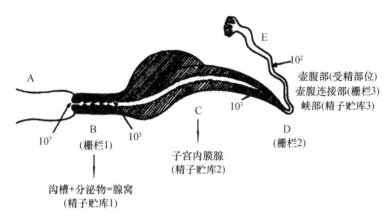

A.生殖道;B.子宫颈;C.子宫;D.宫管结合部;E.输卵管。

图7-1　精子在雌性生殖道的运行路线

(2)精子在雌性生殖道内的运行机理　精子在由射精部位向受精部位的运行时受多种因素的影响,包括雄雌两性动物生殖道肌肉收缩、激素和神经的调控、生殖道液体流动等。精子运行的最初动力由雄性动物提供,雄性动物尿生殖道肌肉严格有序的收缩使精液被强有力的射出。母马在交配时由于公马阴茎的抽动使子宫内产生负压,子宫颈具有吸入精液进入子宫的作用。发情的雌性动物在激素和神经的调控下,其生殖道的肌肉收缩,这是精子运行的主要动力。例如,穿过子宫颈的精子在阴道和子宫肌的收缩下进入子宫;子宫内膜腺中贮存的精子在子宫肌和输卵管膜系统的收缩下不断被释放通过子宫。首先,交配刺激引起催产素的释放,对子宫和输卵管肌肉收缩具有促进作用;其次,肾上腺素、乙酰胆碱、组织胺和各种血管收缩物质都能暂时改变子宫和输卵管的收缩能力。

生殖道内的液体会影响精子的运行,精子可随这些液体流入腺窝。进入雌性生殖道的精子被生殖道内的分泌液高度稀释。生殖道黏液的pH过酸(pH<5.8)或偏碱均可使精子失去活力,而微碱性能增强精子的活力。子宫颈分泌的黏液具有许多液流学特性,如黏滞性、延展性、流动弹性和可塑性等。这些液流学特性受激素的调节具有明显的周期性变化。在发情期,网状结构松散、黏胶纤维分支平行排列且间隙大(水样),形成了"允许"精子通过的通道等,这些均有利于精子的通过;在非发情期,黏液中的高黏滞成分黏胶纤维分支形成网状,构成不规则的间隙,黏液很厚,导致精子不易通过。炎症、激素的异常分泌等都会影响黏液成分,不利于精子通过。卵泡液、输卵管液等能使精子的活力增强。腔液的某些酶,如清蛋白酶、AKP酶、肽酶的减少以及黏蛋白和氯化钠浓度的增加也能促进精子的运行。除此之外,精子虽然可以借助自身的运动到达受精部位,但是这种作用是次要的。受交感和副交感神经系统的控制,精子可通过尾部的运动向前摆动。这种活动只是在精子通过雌性生殖道的关键部位时起

作用,如穿透子宫颈黏液,进入子宫颈隐窝和子宫内膜腺。此外,受精时,精子穿透卵母细胞也必须依靠其尾部鞭毛的运动。精液中本身含有促进精子运动的物质,如 $PGF_{2\alpha}$、E_2 等。由精囊腺分泌的 $PGF_{2\alpha}$ 被雌性生殖道吸收后,其可促进子宫和输卵管的肌肉收缩。

(3)精子在雌性生殖道内的运行速度和维持受精能力的时间 精子运行速度与雌性动物的生理状态、黏液的性状以及雌性动物的胎次都有密切关系(表 7-1)。交配后,精子运输可分为明显的 2 个阶段:快速运输阶段(rapid transportation phase)和持续运输阶段(sustained transportation phase)。在交配几分钟后就可发现输卵管存有精子,即交配后在很短时间内可将精子运到受精部位,这种精子难以存活,不参与受精,所以更重要的是持续运输阶段,即精子从"精子贮库"(子宫颈和宫管结合部),以液流的方式远距离运输到输卵管。输卵管内有受精能力精子的输送相当慢。牛的生殖道的长约为 65 cm,牛的精子在体外的最大运行速率为 126 cm/h,因此到达输卵管壶腹部最快的精子也需要 30 min。牛、羊在交配后的 15 min 内就有精子到达输卵管壶腹部,所以体内液体环境帮助了精子运行。在交配时,大量猪的精液直接射入子宫,但在 2 h 内,子宫中已很少有精液残留,在宫管连接处则可找到很多精子,这些精子可在宫管连接处保留 24 h,并逐步流向输卵管,48 h 后即全部消失。在牛和绵羊配种后的 1~24 h,子宫和输卵管中的精子数逐渐增加。因此,精子的运行具有快速运行、缓慢释放的特点。

表 7-1 各种动物射精部位及在输卵管出现精子的最早时间

物种	射精部位	射精到输卵管出现精子的时间/min	到达受精部位的精子数/个
猪	子宫颈、子宫体	15~30	1 000
牛	阴道	2~13	很少
绵羊	阴道	6	600~700
兔	阴道	数分钟	250~500
犬	子宫体	数分钟	50~100
猫	阴道、子宫颈	—	40~120
小鼠	子宫体	15	<100
大鼠	子宫体	15~30	50~100
仓鼠	子宫体	2~60	很少
豚鼠	子宫体	15	25~50

资料来源:家畜繁殖学,张忠诚,2004。

精子在雌性动物生殖道内存活和保持受精能力时间的长短与精子本身的生存能力有关,也与雌性动物生殖道的生理状况有关。精子在雌性动物生殖道内的存活时间为 1~2 d,如牛的精子存活时间为 15~56 h,猪的精子存活时间为 50 h,羊的精子存活时间为 48 h,而马的精子存活时间最长可达 6 d。精子维持受精能力的时间比存活时间要短,如牛的精子维持受精能力的时间为 28 h,猪的精子维持受精能力的时间为 24 h,绵羊的精子维持受精能力的时间为 30~36 h,马的精子维持受精能力的时间为 5~6 d,犬的精子维持受精能力的时间为 2 d。绵羊有受精力的精子在配种后的 6~8 h 进入输卵管,并保留在壶峡连接处峡部一侧 18 h,直到排卵时才释放入壶腹。由于阴道黏膜的酸性分泌物对精子存活不利,故射精后的精子在雌性生殖道的生存时间远比在雄性生殖道内的生存时间短。牛、羊的精子在阴道内仅能存活

1～6 h。精子在输卵管内的被高度稀释,输卵管内精子糖酵解需要的酶浓度低于精液,对精子存活不利,故子宫和输卵管内的精子存活时间相对较短。然而,子宫颈和宫管结合部的精子存活时间长达30～48 h。这对于确定配种时间、配种间隔具有重要的参考意义。

2.卵子在生殖道内的运行

(1)卵子的接纳　在接近排卵时,雌性动物输卵管伞充血、开放,借助输卵管系膜肌肉的活动紧贴于卵巢表面,并通过由卵巢固有韧带收缩引起的围绕自身纵轴做的旋转运动,伞的表面可以紧贴卵巢囊的开口部(图7-2)。

卵子排出后附着于排卵点上,通常被黏稠的放射冠细胞包围,在输卵管伞黏膜纤毛的摆动下,被扫入输卵管喇叭口,在液流作用下进入输卵管,这个过程称之为卵子的接纳(ovum pick up)。

卵子的收集与伞部和卵巢的解剖特点有关。大鼠和小鼠的输卵管伞口封闭在卵巢囊中,故卵子进入输卵管主要靠卵巢囊分泌液的流动。兔的输卵管伞部和间质部比较发达。在排卵时,伞部往往接近并覆盖在卵巢表面。猪的输卵管系膜在伞部周围形成帽状薄膜,掩盖在卵巢表面,因而排出的卵子可直接进入输卵管。

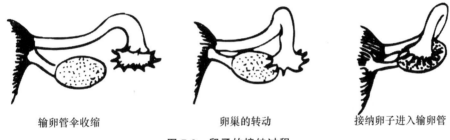

输卵管伞收缩　　　　　　卵巢的转动　　　　　接纳卵子进入输卵管

图7-2　卵子的接纳过程

(资料来源:*Reproduction in Farm Animals*,Hafez ESE,1993)

(2)卵子在输卵管内的运行及机理　卵子在输卵管内运行不是一直向前,而是随着壶腹管壁的收缩波呈间歇性向前移行。在运行的过程中,某些动物卵子周围的放射冠会逐渐脱落或退化,使卵母细胞裸露。牛和绵羊的放射冠一般在排卵后几小时退去。进入壶腹下端的卵子与已运行到此处的精子相遇,完成受精。多数动物的受精卵在壶峡连接部停留时间可达2 d左右。受精卵随后在输卵管逆蠕动减弱和正向蠕动加强以及肌肉的松弛的共同作用下运行至宫管结合部并短暂滞留,当其括约肌松弛时,受精卵随液流迅速进入子宫。

与精子不同,卵子本身并不具备运动能力。卵子或胚胎在输卵管内的运行主要依赖输卵管壁纤毛的摆动、平滑肌的收缩和输卵管腔内液体的流动。输卵管壁平滑肌受交感神经肾上腺素能神经支配。壶腹部神经纤维分布较少,而峡部较多。输卵管上存在 α 和 β 两种受体,可分别引起环形肌收缩和松弛。在卵子运行中,雌激素分泌量增多或经外源雌激素处理都可延长卵子在壶峡连接部的时间;孕激素的作用则相反。在发情期,当壶峡连接部封闭时,输卵管逆蠕动、纤毛摆动和液体的流向朝向腹腔使卵子难于下行;在发情后期,纤毛摆动方向和液体流动方向相反,在两种力的共同作用下,胚胎或卵子下行。

(3)卵子在雌性生殖道内的运行速度和维持受精能力的时间　卵子的运行速度因输卵管各部位的生理特点而存在差异。分泌细胞和纤毛细胞对卵子的运行有很大的作用。壶腹部管腔相对较大,肌肉较薄。由于精卵相互作用需要输卵管液作为介质,所以分泌细胞在壶腹部特别丰富。卵子能在很短时间内被运送到壶腹部。例如,兔在排卵后的6～15 min,猪在排卵后4～5 min内即可到达。纤毛细胞数量从壶腹向峡部逐渐减少。峡部管腔是整个输卵管最狭窄的部分,腔内纤毛细胞数量少,有大量分泌细胞。卵子在峡部的运行速度则相对较慢。排出的卵子保持受精能力的时间比精子要短(表 7-2)。卵子在输卵管保持受精能力的时间多数在 1 d 之内,只有犬的卵子在输卵管保持受精能力的时间可长达 4.5 d。卵子在壶腹部才具有正常的受精能力,进入峡部后迅速失去受精能力,进入子宫后则完全失去受精能力。如果卵子未受精,则随之老化,被输卵管分泌物包裹,丧失受精能力,最后破裂崩解。因某些特殊情况落入腹腔的卵子多数死亡,极少数造成宫外孕现象。卵子的运行具有慢速运行、存活时间短、易退化的特点。

表 7-2　卵子在输卵管内保持受精能力的时间

动物	时间	动物	时间
牛	18～20/h	犬	4.5/d
猪	8～12/h	豚鼠	20/h
绵羊	12～16/h	大鼠	12/h
马	4～20/h	小鼠	6～15/h
兔	6～8/h	猴	23/h

资料来源:家畜繁殖学,张忠诚,2004。

(二)配子在受精前的准备

受精前,精子和卵子都要经历进一步生理成熟的阶段,才能顺利完成受精过程,这个过程为受精卵的发育奠定了基础。

1.精子在受精前的准备

(1)精子获能　刚射出的精子不能穿入卵子与之结合,只有在雌性生殖道子宫或输卵管内经历一段时间,达到生理成熟,才具备受精能力的现象,称为精子获能(capacitation)。在精子获能的过程中,外膜发生一系列的形态、生理、生化等方面的变化。这一生理现象是由美籍华人学者张明觉和澳大利亚的 Austin 在 1951 年分别发现的。研究表明,包括驯养的动物在内的几乎所有动物的精子只有获能后才具有受精能力。

不同的动物精子获能的部位有差异。对于子宫型射精的动物而言,精子获能开始于子宫,完成于输卵管。对于阴道型射精的动物而言,流入阴道的子宫液可使精子获能,因此,精子获能始于阴道,但获能最有效的部位仍然是子宫和输卵管(图 7-3),子宫和输卵管对精子获能起协同作用。猪、牛精子获能的主要部位在输卵管。据报道,某些动物的精子也可以在结肠、眼前房、精囊腺内获能。大鼠、小鼠和人的精子,甚至在简单培养液中培养就可获能。

精子获能既无严格的器官特异性,也无种间特异性。获能反应既可在同种动物的雌性生殖道内完成,也可在异种动物的雌性生殖道内完成。

附睾内的成熟精子没有完全的受精能力。附睾精子包被有精子表面分子(蛋白质和糖类),射出后的这些表面分子渐渐变成精清蛋白,经雌性生殖道孵育后,精子表面分子及精清蛋白均脱落,此时暴露出的精子才可与卵母细胞的透明带结合。

精清中存在的一种抗受精物质,称之为去能因子(decapacitation factor),分子量为 30 000,溶于水,并具有极强的热稳定性,加热至 65 ℃和冷冻均不能使去能因子失活。精子顶体酶能溶解卵子外周的保护层是使精子和卵子相接触并融合的主要酶类。附睾或射出精液中的去能因子可抑制精子获能，稳定顶体。其与精子结合后对顶体水解酶起着抑制作用，使核糖体稳定，并阻止酶释放，因此又称之为"顶体稳定因子(acrosome stability factor)"。

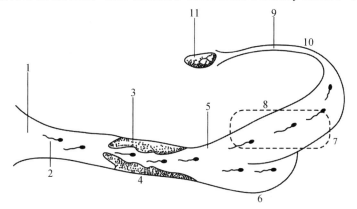

1.阴道；2.射出精子(含高水平胆固醇、氨基多糖等)；3.子宫颈；4.子宫黏液(去除精清和不活动精子)；5.子宫；6.雌激素水平较高时，子宫分泌物有助于去除精子表面各种成分；7.获能(去除精子表面胆固醇、氨基多糖及其他成分)；8.去能(精子和精清孵育)；9.输卵管；10.Ca^{2+}、低水平的胆固醇和氨基多糖；11.卵巢。

图 7-3　精子通过雌性生殖道的获能过程
(资料来源：动物生殖生理学，郑行，1994)

因此，精子获能的实质是使精子去掉去能因子或使去能因子失活的过程。去能因子不是某种特殊物质，而是一系列对精子获能有抑制作用的物质。

雌性生殖道中的 α-淀粉酶和 β-淀粉酶被认为是获能因子。胰蛋白酶、β-葡萄糖苷酶和唾液淀粉酶等也能使去能因子失活，尤其 β-淀粉酶能水解由糖蛋白构成的去能因子使顶体酶类游离并恢复其活性，从而溶解卵子外围保护层，精子得以穿越。仓鼠的卵丘细胞分泌的葡萄糖苷酶(glucosidase)可使精子获能，某些动物的血清也可使精子获能。发情母兔的子宫液中的肽酶以及子宫和输卵管液中的淀粉酶均对精子获能有效。这些酶在兔、猪、牛、大鼠和小鼠等动物的发情前期和发情期活性升高。除上述物质外，获能因子可能还有丙酮酸、乳酸、葡萄糖、重碳酸盐、白蛋白等蛋白复合物。体外研究精子获能作用发现，还有许多物质对获能有影响，如钙离子、受精素、葡萄糖醛酸酶、血清和类固醇等。研究发现，Zn^{2+} 在精子细胞激活中具有重要的调控作用，Zn^{2+} 可以依赖于 SPE-8 信号通路的方式促进线虫精子细胞的体外成熟，并在雌雄同体及雄虫储精囊中高度富集。Zn^{2+} 在线虫生殖腺细胞中的定位及转运机制还未有报道。

精子获能是一个可逆过程。实际上，其与精子表面物质的附着与消失有关。获能精子若重新放入动物精清或附睾液，与去能因子相结合，则又会失去受精能力，这个过程被称为"去能"。而经去能处理的精子在子宫和输卵管孵育后，又可获能，这个过程被称为"再获能"。

精子获能不仅受获能因子和去能因子的相互作用，而且受性腺类固醇激素的影响。在一般情况下，在发情母畜生殖道内最有利于精子获能。其原因是此时处于雌激素作用期，在孕激素作用下则抑制获能。有时不同种类动物的同一种激素对精子获能的影响不完全一致。各种动物的精子获能所需的时间有明显的差别(表 7-3)，其中牛的精子获能所需的时间为 3～4 h，猪的精子获能所需的时间为 3～6 h，绵羊的精子获能所需的时间为 1.5 h，兔的精子获能所需的时间为 5～6 h。

表 7-3　不同动物精子获能时间　　　　　　　　　　　　　　　h

动物	获能时间	动物	获能时间
牛	3～4(20)	仓鼠	2～4
猪	3～6	大鼠	2～3
绵羊	1.5	小鼠	1～2(<1)
兔	5～6	雪貂	3.5～11.5
犬	7	猴	5～6
豚鼠	4～6		

资料来源：动物繁殖学，杨利国，2003。

(2)精子的超激活　获能后的精子耗氧量增加，运动的速度和方式发生改变，尾部摆动的幅度和频率明显增加。1970年，Yanagimachi在研究金黄仓鼠精子体外获能时首次观察到精子产生高幅度摆尾的不对称急剧运动。在随后的研究过程中，Yanagimachi将这种运动模式命名为精子超激活运动(hyperactivation)。Demott和Suarez在研究小鼠精子时发现，只有具有超激活运动的精子才能与输卵管上皮分离。其研究证明，无法发生超激活运动的精子不能顺利穿越输卵管与卵子结合，正常的受精从而受到影响。

哺乳动物精子的超激活运动形式主要取决于尾部长度以及鞭毛鞘的厚度。物种之间虽然有差异，但是基本特点均为精子鞭毛弯曲幅度增加和不对称性的摆动。体外研究发现，激发和维持精子超激活运动的因素有 Ca^{2+}、cAMP、碳酸氢盐以及蛋白磷酸化。一般认为，精子获能的主要意义在于精子能做好顶体反应的准备和精子超激活，促使精子穿越透明带。

(3)精子的顶体反应　获能后的精子在受精部位与卵子相遇会出现顶体帽膨大，精子头部的质膜(spermatozoal plasma membrane)从赤道段向前变得疏松，与顶体外膜(outer acrosomal membrane)多处相融合(fusion)。融合后的膜形成许多泡状结构(vesculation)，随后这些泡状物脱落造成顶体膜局部破裂，顶体内的酶类被释放出来，以溶解卵丘、放射冠和透明带，这个过程被称为顶体反应(acrosome reaction)(图7-4)。这个反应既是精卵融合所必需的，也是精子获能后的必然结果。顶体反应通过释放顶体酶系，主要是透明质酸酶和顶体素，为精子穿越卵子与卵质膜发生融合，进入卵内打通道路奠定了基础。对羊、猪、兔以及豚鼠的IVF研究发现，顶体酶系的释放不是迅速的，而是逐渐的过程。这种方式有利于精子在一定时间内穿透卵子的放射冠。

顶体反应使精子能够溶出一个进入透明带的小孔，同时保持透明带的完整性。这种完整性非常重要，因为其阻止了早期胚胎卵裂球游离出透明带。精子发生顶体反应的速度与物种以及精子周围的环境有关。Ca^{2+}的存在与否是影响顶体反应的重要因素。实际上，精子顶体的结构不稳定。在精子衰老和死亡后，顶体都会自动破裂；如果在人工操作时对精子处理不当，就会导致顶体破裂。这些顶体破裂，也称为"假性"顶体反应，其与受精时的顶体反应(即"真性"顶体反应)有着本质的不同。

2.卵子在受精前的准备

一般认为刚排出的卵子还没有成熟，卵子在排出后2～3 h才被精子穿入。卵子的激活可视为个体发育的起点。其主要表现为卵质膜通透性的改变、皮质颗粒外排、受精膜形成等。调整发生在卵子激活之后，它是确保受精卵正常分裂所必需的卵内的先行变化。例如，马和犬排出的卵子仅为初级卵母细胞,尚未完成第一次成熟分裂,需要在输卵管进一步成熟,达到第二次成熟分裂中期,才具备被精子穿透的能力。此外,在大鼠、小鼠和兔的卵子排出后,其皮质颗粒数量不断增加,并向卵子的皮质部迁移。当皮质颗粒数达到最多时,卵子受精能力最强。当卵子在输卵管期间时,透明带和卵质膜表面会发生一些变化,如出现透明带精子受体以及卵质膜亚显微结构的变化等。

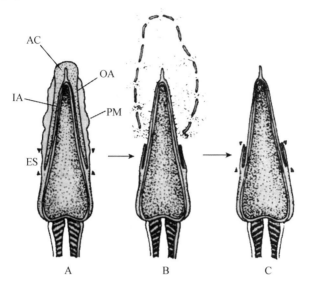

A. 顶体完整的精子,顶体周围细胞膜轮廓不规则;B. 顶体反应:质膜与顶体外膜多处融合,空泡化,内容物膨胀、外溢;C. 当精子开始穿过透明带时,顶体脱落。

AC. 顶体;OA. 顶体外膜;IA. 顶体内膜;PM. 质膜;ES. 赤道段。

图 7-4　精子的顶体反应过程

(资料来源:家畜繁殖学,张忠诚,2004)

二、受精过程

(一)受精过程

哺乳动物的受精(fertilization)主要包括精子穿越放射冠(卵丘细胞)、精子穿越透明带、精子进入卵子质膜、雌雄原核形成和配子配合(cyngamy)等(图 7-5)。

1. 精子穿越放射冠(卵丘细胞)

放射冠是包围在卵子透明带外的卵丘细胞层(颗粒细胞),呈放射状,卵丘细胞之间由胶样基质粘连。该基质主要由透明质酸多聚体组成。精子顶体反应释放的透明质酸酶可使基质溶解,从而使精子穿越放射冠接触透明带,因此,通过卵丘细胞层的精子必须是获能的、顶体完整的。精子表面 PH-20 蛋白的氨基端序列与透明质酸酶有 36% 的同源性,具有的透明质酸酶活性可使卵丘细胞层数分钟内迅速散开。精子在附睾内成熟后,PH-20 定位于头后部质膜和顶体内膜,顶体内的膜中 PH-20 的量是头后部质膜内的 2 倍。当顶体完整的获能精子穿越卵丘细胞层时,起到透明质酸酶作用的只是头后部质膜 PH-20,与顶体内膜 PH-20 无关。对于啮齿类动物而言,放射冠对刺激精子活力和增加精卵结合机会有一定的作用。

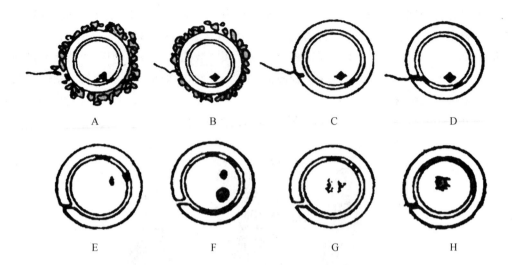

A.精卵相遇,精子穿入放射冠;B.精子发生顶体反应,并接触透明带;C、D.精子释放顶体酶,水解透明带,进入卵周隙;E.精子头膨胀,同时卵子完成第二次成熟分裂;F.雄雌原核形成,释放第二极体;G.原核融合,向中央移动,核膜消失;H.第一次卵裂开始。

图 7-5　受精过程

（资料来源：*Reproduction in Farm Animals*,Hafez ESE,1993）

2.精子穿越透明带

　　穿过放射冠的精子与透明带接触并附着其上,随后与透明带上的精子受体相结合。精子受体为有明显种间特异性的糖蛋白,因此,又称之为透明带蛋白(ZP)。已发现 3 种透明带蛋白,即 ZP1、ZP2 和 ZP3。精子和透明带初级结合通过透明带蛋白 ZP3,至少 3 种精子质膜上的蛋白质与透明带初级结合。相关的研究结果发现,精子穿越透明带与 Acrosin、RNase10、Prss37 和 PMIS2 共 4 种蛋白质相关。这四种蛋白质当在精子与透明带之间形成稳定的绑定或结合状态时发挥着必不可少的作用。精子和透明带次级结合由透明带 ZP2 和精子顶体内膜的顶体酶原/顶体酶介导,个别动物除外。

　　精子顶体含有的多种酶(如透明质酸酶、脂酶、磷酸酶和磷脂酶 A2 等)相互协调配合对精子穿越透明带具有重要作用。它们在数量和质量上存在种间差异。顶体反应释放顶体酶,将透明带溶出一条通道使精子得以穿越,与卵质膜接触。此外,精子超活化也起重要作用。

　　精子穿越透明带触及卵质膜的瞬间会激活卵子,使之从休眠状态苏醒,同时,透明带立即封闭以防止其他精子进入。当卵母细胞膜发生收缩时,由卵母细胞释放某种物质到卵的表面和卵周隙,这一变化称为透明带反应(zona reaction)。这是阻挡多精子入卵的屏障之一。兔的卵子无透明带反应,受精后可在透明带内发现许多精子,其多余的精子被称为补充精子。在其他动物透明带内极少见到补充精子。在多种动物的精子穿越透明带时,其头部斜向或垂直方向穿入。通常精子附着于透明带 5～15 min 即可穿过透明带,并留下一条狭长的孔道。

3.精子进入卵质膜

　　精子进入透明带到达卵周隙,与卵子质膜(即卵黄膜)接触后,位于精子头后部质膜的受精素(fertilin,又称 ADAM)与卵母细胞质膜上的整合素发生识别和结合,并启动精子与卵母细胞的质膜融合系统。卵质膜表面有大量的微绒毛,当精子与卵质膜接触时,即被微绒毛抱合,躺在卵子表面,通过微绒毛收缩而被拉入卵内。卵质膜和精子赤道部融合使精子头部完全进入卵母细胞。精子进入卵母细胞的部位形成一个明显的突起,称受精锥(fertilization cone)。

在精子进入卵黄膜后,卵黄膜立即发生变化,表现出卵黄紧缩和卵黄膜增厚,并排出部分液体进入卵周隙,这种变化称为卵黄膜反应(vitelline membrane reaction)。这个反应具有阻止多精子入卵的作用,因此,又被称为卵黄膜封闭作用(vitelline block reaction)或多精入卵阻滞,这是受精过程中防止多精受精的第二道屏障。一些物种既有透明带反应,又有卵黄膜反应;另一些物种只有其中之一。

4.雌雄原核形成

在精子进入卵细胞后被卵质膜微绒毛拖入卵内的精子核在细胞质相关因子的作用下开始破裂、膨胀、解聚,形成球状核,核内出现多个核仁,然后重新形成核膜,核仁增大融合,最后形成一个比原细胞核大的雄原核。而被激活的次级卵母细胞完成第二次减数分裂,排出第二极体。卵细胞核染色体分散并向中央移动,在移行过程中,逐渐形成核膜,由最初不规则到最后变为球形,出现核仁,形成雌原核。雌雄原核难以区分,靠近原核处有精子尾部的判定为雄原核。除猪外,其他动物的雌原核都略小于雄原核。

许多动物(如海胆、蛙等)精子头部入卵后旋转180°,精子中心体位于核前端,朝向卵子中央。雄原核形成与生发泡破裂(GVBD)有关。精子核去致密(解聚)因子或该因子上游调节物可能贮存在生发泡内。在GVBD后,这些成分释放到细胞质中,精子核才能解聚进而发育成雄原核。如果抑制GVBD,进入的精子核就不能发育成雄原核。

5.配子配合

精卵质膜的融合仅仅是受精的开始。只有当精卵的细胞核结合在一起,受精才真正完成。两原核在形成后同步发育。卵子中的微管和微丝被激活,重新排列,雌雄原核均向中心移动,且在彼此靠近的过程中分别独立完成一次DNA复制。原核接触部位相互交错。松散的染色质高度卷曲成致密染色体,两核膜破裂,核膜、核仁消失,染色体混合、合并,形成二倍体核。随后,染色体排列在赤道板上出现纺锤体,到达第一次卵裂中期,受精过程至此结束。

研究表明,哺乳动物并不形成合子核,雌雄原核相互靠拢后没有融合而是联合,不是由一个共同的核膜来包被,而是像两个气球一样靠在一起。对于哺乳动物来说,当到核联合时,受精已经完成。第一次卵裂后形成2个卵裂球核,双亲细胞核内的物质才真正融合。两性原核融合起保证双亲遗传的作用,并恢复双倍体。受精不仅启动DNA的复制,而且激活卵内的mRNA、rRNA等遗传信息,合成胚胎发育所需要的蛋白质。

(二)异常受精

哺乳动物异常受精(abnormal fertilization)占2%～3%,其中以多精受精、单核发育和双雌核受精较为多见。颗粒细胞和透明带异常、卵子功能异常、受精环境异常是异常受精的常见原因。

1.多精受精

多精受精是指在受精时有2个或2个以上的精子穿入卵母细胞。这种情况与卵子阻止多精入卵的机能不完善有关。例如,卵母细胞发育尚未成熟或已老化造成的皮质颗粒释放障碍、卵子透明带损伤都会引起多精受精。一些动物的卵子允许补充精子进入并形成雄原核,但只允许其中一个与雌原核发生融合,这种现象被称为生理性多精受精。鸟类的多精受精情况比较普遍,哺乳动物的多精受精仅为 $1\%\sim 2\%$。一般来说,动物的多精入卵是异常受精。猪的延迟配种或输精会导致 15% 的多精入卵率;绵羊在发情 $36\sim 48$ h 后输精会造成较高的多精受精或出现多核卵裂球。在畜牧生产中,雌性动物配种和输精延迟都可能导致多精受精。

当多精受精发生时,多余精子形成的原核一般都比较小。研究者普遍认为,多精受精可导致受精卵发育停止或形成非整倍体。若 2 个精子同时参与受精,就会出现 3 个原核,形成三倍体。对于哺乳动物而言,其胚胎最多可发育到妊娠中期就会死亡。

2.单核发育

单核发育是指精子入卵激活卵子后,只有其中一个雄原核或雌原核发育,另一个未发育,即只有一个核激活发生类似受精现象。若雌核激活,称为雌核发育;若雄核激活,称为雄核发育。

在鱼类的生殖过程中,有时会出现激活的卵子和未排出的第二极体发育成为二倍体的现象。但单核发育在哺乳动物少有,且不能正常发育。

与雌核发育不同,孤雌生殖(parthenogenesis)也称单性生殖,是指卵子不经受精而发育成子代的一种现象。其主要见于无脊椎动物中的某些昆虫及鸟类。火鸡的单性生殖率高达 41.7%,其后代均为雄性,少数能正常产生精子,具备繁殖能力。

3.双雌核受精

在卵子成熟分裂中,由于极体未排出,造成卵内有 2 个卵核,发育为 2 个雌原核,出现双雌核受精现象。双雌核受精在猪和金田鼠的受精过程中比较多见。延迟交配、输精或在受精前卵子老化等都可能引起双雌核发育、受精。母猪在发情 36 h 后再配种或输精,其双雌核率可达 20% 以上。

▶ 第二节　早期胚胎的发育与附植

受精完成后,形成了二倍体的合子(又称受精卵),开始进行有丝分裂(卵裂)并向子宫迁移,形成的囊胚在子宫中附植,结束游离状态,与母体开始建立联系。

一、早期胚胎的发育

合子形成后即进行有丝分裂。早期胚胎发育在输卵管内开始。通过一系列有序的细胞增殖和分化,胚胎由单细胞变成多细胞,由简单细胞团分化为各种组织、器官,最后发育成完整个体。早期胚胎是指哺乳动物由受精卵开始到尚未与子宫建立组织联系,处于游离阶段的胚胎。不同种类动物的胚胎发育及进入子宫的时间有明显的种间差异(表 7-4)。

表 7-4　各种动物受精卵发育及进入子宫的时间

动物种类	胚胎发育/h					进入子宫	
	2 细胞	4 细胞	8 细胞	16 细胞	桑葚胚	时间/d	发生阶段
小鼠	24～38	38～50	50～60	60～70	68～80	3	桑葚胚
大鼠	37～61	57～85	64～87	84～92	96～120	4	桑葚胚
豚鼠	30～35	30～75	80	—	100～115	3.5	8 细胞期
兔	24～26	26～32	32～40	40～48	50～68	3	囊胚期
猫	40～50	76～90	—	90～96	＜150	4～8	囊胚期
犬	96	—	144	196	204～216	8.5～9	桑葚胚
山羊	24～48	48～60	72	72～96	96～120	4	10～16 细胞期
绵羊	36～38	42	48	67～72	96	3～4	16 细胞期
猪	21～51	51～66	66～72	90～110	110～114	2～2.5	4～6 细胞期
马	24	30～36	50～60	72	98～106	6	囊胚期
牛	27～42	44～65	46～90	96～120	120～144	4～5	8～16 细胞期

资料来源:动物繁殖学,王元兴,1993。

注:马、牛、犬为排卵后时间,其他动物为交配后时间。

(一)卵裂

早期胚胎发育有一段时间在透明带内进行,胚胎细胞(卵裂球)数量不断增加,但总体积并不增加,且有减小的趋势,这种现象被称为卵裂(cleavage)。卵裂所产生的子细胞称为卵裂球(blastomere)。与其他低等动物相比,哺乳动物的卵裂速度较慢,细胞周期为 12～24 h。其中,在第 3 次卵裂后,卵裂球分裂不完全同步。在体内,卵裂是胚胎在向子宫角的移行过程中完成的。在胚胎发育早期,每一个卵裂球都具有发育成健康、独立个体的潜能。2 细胞期、4 细胞期和 8 细胞期胚胎卵裂球都具有发育全能性(totipotent)。根据形态特征可将早期胚胎发育为合子、2 细胞期、4 细胞期、8 细胞期、桑葚胚和囊胚期(图 7-6)。

(二)桑葚胚

胚胎在透明带内进行有丝分裂,卵裂球数目呈几何级数增加。当胚胎卵裂球数达到 16～32 个时,细胞间紧密连接,形成致密细胞团,形似桑葚,称为桑葚胚(morula)。

随着胚胎发育,细胞间界线逐渐消失,胚胎外缘光滑,体积减小,整个胚胎形成一个紧缩细胞团,这个过程称为胚胎致密化(embryonic compaction),这时的胚胎称为致密桑葚胚(compact morula)。动物种类不同,胚胎开始致密化的时期也不同,小鼠、猪的胚胎开始于 8 细胞期,牛和羊的胚胎开始于 32 细胞期至 64 细胞期。在桑葚胚阶段,透明带内的胚胎总质量继续减少。与成熟卵子相比,牛胚胎总质量减少 20%,绵羊胚胎减少 40%。桑葚胚阶段发育所需营养物质主要来自胚胎自身,部分来自输卵管液或子宫液。当细胞出现初步分化时,其胚胎仍在透明带内。

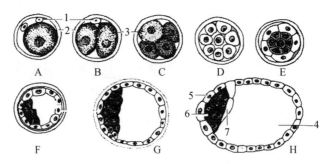

A 合子(受精卵,单细胞期);B. 2 细胞期;C. 4 细胞期;D. 8 细胞期;E. 桑葚胚;F～H. 囊胚期。

1. 极体;2. 透明带;3. 卵裂球;4. 囊胚腔;5. 滋养层;6. 内细胞团;7. 内胚层。

图 7-6　受精卵的发育

(资料来源:家畜繁殖学,张忠诚,2004)

(三)囊胚

桑葚胚继续发育,细胞开始分化,出现细胞定位现象。胚胎一端细胞较大,密集成团称为内细胞团(inner cell mass,ICM);另一端细胞较小,沿透明带内壁排列扩展,称为滋养层(trophoblast)。滋养层和内细胞团之间出现囊胚腔,这个发育阶段的胚胎叫作囊胚(blastocyst)。

随着胚胎发育,囊胚腔不断扩大,透明带变薄,胚胎体积逐渐超过原卵母细胞体积,这时的胚胎称为扩张囊胚(expanded blastocyst)。扩张囊胚进一步发育,液体充满囊胚腔,内部压力增加,囊胚细胞从透明带开口裂缝被挤出,直至完全脱出透明带,这个过程称为囊胚孵化(hatching),脱离透明带的囊胚称为孵化囊胚(hatched blastocyst)或胚泡。在囊胚阶段,内细胞团进一步发育为胚胎本身,滋养层发育为胎膜(embryonic membrane)和胎盘(placenta)。囊胚一旦脱离透明带,即迅速扩展增大。这个阶段的特点:①滋养层细胞外表面有密集微绒毛,选择吸收营养物质,供胚胎发育需要,以后主要发育成为绒毛膜;内细胞团进一步分化为内胚层、中胚层和外胚层,最终形成胎儿;②胚胎基因组转录和表达活性增加,发育明显加快;③胚胎在子宫内时的营养物质主要来源于子宫乳;④胚胎孵化过程中或孵化后产生妊娠信号,与母体子宫建立初步联系。

(四)原肠胚

囊胚进一步发育会出现 2 种变化:①内细胞团顶部滋养层退化,内细胞团裸露,称为胚盘(blastoderm);②胚盘下方衍生出内胚层(endoderm),沿滋养层内壁延伸、扩展,衬附在滋养层内壁上,这时的胚胎称为原肠胚(gastrula)。在内胚层发展中,除绵羊是由内细胞团分离出来外,其他动物均由滋养层发育而来。

原肠胚进一步发育,在滋养层(又称外胚层,ectoderm)和内胚层之间出现中胚层(mesoderm),进一步分化为体壁中胚层(somatic mesoderm)和脏壁中胚层(splanchnic mesoderm),2 个中胚层之间的腔隙,构成以后的体腔(coelom)。3 个胚层的建立和形成为胎膜和胚体(conceptus)各类器官的分化奠定了基础。

(五)胚胎扩张或伸长

在原肠化过程中,胚胎进入快速发育期,体积增加很快,有的动物胚胎还发生形态变化,由球形变成管形,最终变为线形。马在胚胎早期发育中一直保持球形,孵化后的直径每天递增

$2\sim3$ mm，配种后 $17\sim19$ d 胚胎直径与子宫腔相当。胚胎伸长与妊娠信号产生几乎同时进行，胚胎伸长或扩张(embryonic elongation or expansion)传递妊娠信号，母体做出反应，促使周期黄体转化为妊娠黄体，保证胎儿进一步发育。胚胎伸长主要由胚体外双层膜完成，胚体本身大小变化很小。通过分析胚胎伸长前后 DNA 总量的变化发现，胚胎伸长主要依靠细胞间重组，而不是靠胚胎细胞增殖来实现。

二、胚泡的附植

胚泡在子宫内发育的初期阶段处于游离状态，并不和子宫内膜发生联系，这种关系称为胚泡游离。由于胚泡内液体不断增加，体积变大，胚泡在子宫内活动逐步受限，与子宫壁相贴附，随后才和子宫内膜(endometrium)发生组织及生理联系，位置固定下来，这个过程称为附植(implantation)，又称附着、植入或着床。

当胚泡在游离阶段时，单胎(monotocous)动物胚泡可因子宫壁收缩由一侧子宫角迁移到另一侧子宫角；多胎(multiparous)动物胚泡也可向对侧子宫角迁移，这个过程称为胚泡内迁。牛胚泡一般无内迁现象。

(一)附植部位

通常，胚泡在子宫内附植的部位是对胚胎发育最有利的位置。其基本选择在子宫血管稠密、营养供应充足的部位；胚泡间有适当距离，以防止拥挤。胚泡附植一般位于子宫系膜对侧。多胎动物通过子宫内迁均匀分布在两侧子宫角内；牛、羊是单胎动物，其胚泡常在子宫角下 1/3 处。当马为双胎时，则分别位于两侧子宫角；当马为单胎时，则常迁至对侧子宫角，而产后首次发情受孕的胚胎多在上一胎的空角基部(图 7-7)。

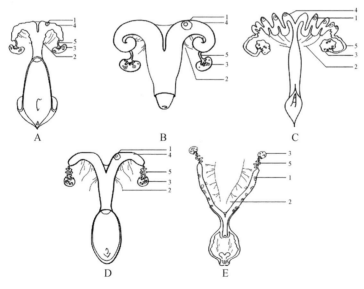

A.牛；B.羊；C.猪；D.马；E.小鼠

1.胚泡；2.子宫系膜；3.卵巢；4.子宫角；5.输卵管。

图 7-7　各种动物的附植部位

(资料来源:吕丽华、石磊设计,李雪,山西农业大学,2019)

(二)附植时间

胚泡附植是一个渐进的过程,确切附植时间差异较大。在游离期之后,胚泡与子宫内膜即开始疏松附植。紧密附植的时间发生在此后较长一段时间内,且有明显的种间差异(表7-5),最终以胎盘建立结束。

子宫环境和胚胎发育的同步程度对胚泡附植具有重要意义。不同步是导致胚泡附植失败和早期死亡的原因之一,在进行胚胎移植时需特别注意。

表7-5 胚泡附植的进程(以排卵后的时间计算) d

动物品种	妊娠识别	疏松附植	紧密附植
猪	10~12	12~13	25~26
牛	16~19	28~32	40~45
绵羊	12~13	14~16	28~35
马	14~16	35~40	95~105

资料来源:家畜繁殖学,张忠诚,2004。

(三)附植过程中子宫内膜的变化

排卵前,子宫内膜处于增生期;排卵后,子宫内膜转为分泌期。分泌期的子宫内膜组织形态学变化较大,子宫内膜充血、增厚,上皮增生,内膜腺体增长弯曲,腺腔的直径增加,腺体分泌能力增强,子宫肌的收缩和紧张度减弱,为胚泡附植提供有利的环境条件。同时,子宫内膜的间质水肿明显,间质内的螺旋动脉曲扩张,并弯曲呈螺旋状,为胚泡附植做好血液供应的准备。胚泡与子宫内膜相互作用的最初表现是胚泡着床部位间质血管通透性增加。

雌激素的致敏和孕激素的生理作用是子宫产生这些变化的主要原因。其中,孕激素增强子宫内膜腺分泌功能;除使子宫内膜增生外,雌激素还促进子宫释放蛋白水解酶,使其消化子宫液中的大分子物质,为胚泡发育提供营养。子宫乳(uterine milk)成为胚泡附植过程中的主要营养来源。同时,水解酶使透明带溶解、滋养层细胞增生、滋养层逐渐侵入子宫上皮(uterine epithelium)和基质层(stroma),引起附植现象出现。水解酶还在胚泡疏松附植和子宫内膜的蜕膜化(decidua)等过程中发挥重要作用。随着研究的深入,科学家们还发现了许多起着连接作用的蛋白与胚泡的成功附植关系密切,如纤连蛋白(fibronectin,Fn)、玻连蛋白(vitronectin)及Ⅲ、Ⅴ、Ⅵ型胶原(collagen)等。

(四)影响胚泡附植的因素

1.母体因素

母体子宫内膜是胚泡附植的场所。其容受性的建立对附植很重要,超过半数的胚泡附植失败是由子宫内膜不容受胚胎造成的。首先,子宫内膜的形态、厚度及血流对附植影响很大;其次,子宫内膜形态变化异常、内膜不成熟、对胚泡容受性降低、子宫内膜的厚度不足或过厚等都会造成胚泡附植率的明显降低。

母体激素,特别是卵巢类固醇激素对胚泡附植具有重要作用,其中孕激素的作用更为重要,而小剂量雌激素的作用是容受子宫内膜和传递胚泡给予的信息。激素对胚泡附植的作用存在种间差异。小鼠和大鼠应在雌激素和孕激素协同作用下才能引起子宫内膜发生相应变化,并具备分泌功能。雌激素可抑制上皮细胞的吞噬作用,为胚泡存活和附植创造条件。而豚鼠只有在孕酮的条件下发生胚泡附植。对于其他动物而言,在胚泡附植的激素调控过程中,母体雌激素和孕激素水平及其比值变化对胚泡附植十分重要,过高和过低都可能导致附植失败。

2.胚泡因素

当胚泡到达宫腔后,一方面可通过机械性作用刺激子宫内膜增生,并使临近血管扩张、通透性增加,局部代谢增强;另一方面胚泡可以表达多种胚源性生物活性分子,如甾体激素、hCG、黏附分子、基质重金属酶 MMPs、细胞因子、生长因子等。胚泡分泌的生物活性因子虽然量很少,但是局部作用明显,对附植十分重要。

胚泡一旦形成,即可促进分泌激素和维持黄体功能。其中孕酮对于整个子宫是一种抗炎剂,可抑制子宫对胚泡的炎性反应。同时其对于即将附植的部位又可改变其毛细血管通透性(capillary permeability),表现出炎性反应,为胚泡滋养层与子宫内膜的进一步接触,乃至胎盘形成奠定基础。胚泡雌激素则对附植部位的孕酮起着一定的拮抗作用,以更有利于胚泡和子宫内膜相互作用。胚胎的质量对成功附植也起着决定性作用,质量较差的胚胎植入子宫内膜的能力较低。

3.子宫对胚泡的容受性

子宫内膜对胚泡的接受能力称为子宫内膜容受性(endometrial receptivity)。子宫内膜只在某一限定的时期对胚泡具有接受性,这个时期大约持续 24 h,且不同种类的动物有一定差异。一旦超过了该时期,子宫内膜容受性迅速下降,就会拒绝胚泡的植入。子宫对胚泡的这种容受性使子宫分泌特异蛋白,在附植过程中起关键作用。同时,胚泡对子宫内环境存在依附性。只有子宫内环境变化与胚泡发育同步,胚泡才可能顺利实现附植。胚泡和子宫内膜之间任何一方不协调都可能造成附植中断。

4.免疫因素

胚泡并非完全来自母体,附植可以看作是一个异种移植物植入的过程,因此,在理论上,子宫对胚泡应有一定的免疫排斥反应。半同种异体抗原的胚胎不被母体排斥,淋巴细胞在附植过程中具有非常重要的作用。子宫内膜淋巴细胞占间质细胞总数的 $10\% \sim 15\%$,包括 T 淋巴细胞、NK 细胞。T 淋巴细胞主要通过分泌细胞因子参与附植,激活的 T 淋巴细胞和非激活的 T 细胞之间的平衡是控制胚胎侵入的关键因素。

5.肽激素

肽激素(uteroglobulin)是在胚泡附植前后,子宫组织分泌产生的一种特异球蛋白。对兔的研究发现,肽激素的出现和消失与附植胚泡的生长发育有关,对胚泡发育具有刺激作用,所以又称胚激肽。它的合成和分泌受雌激素和孕酮调节。妊娠母猪子宫液中也有类似的物质,除促进胚泡发育外,还对附植时子宫与滋养层细胞蛋白溶酶的分泌有调控作用,可与孕酮结合,保护胚泡。

三、胚胎发育各阶段的营养来源

不同发育阶段的胚胎的营养来源存在较大差异。桑葚胚阶段主要依靠自身贮备的卵黄提供胚胎发育的营养。囊胚阶段主要靠子宫乳提供营养。透明带消失后的胚泡发育速度很快,营养需要量激增,卵黄逐渐耗尽。子宫乳是由增生的子宫上皮分泌的糖原、蛋白等营养物质和聚集在子宫内与子宫腔内的细胞碎屑、红细胞和淋巴球等构成的组织营养物。其中蛋白质高达 10%～20%,其可通过简单扩散、渗透进入囊胚。

在胎盘的形成和附植过程中,胚胎摄取营养主要有 3 种形式:吸收和吞噬子宫乳;通过滋养层吞噬子宫上皮细胞碎屑;通过正在形成的胎盘吸收来自母体的营养物质。在前期,牛、羊的胚胎摄取营养以前 2 种为主;在后期有第 3 种参与;猪的胚胎摄取营养以第 1 种和第 3 种为主;马的胚胎摄取营养以第 1 种为主。

在胎盘形成后,胚胎通过胎盘与母体进行物质交换,获取营养,这是新生儿出生前取得营养的主要方式。

四、双胎和多胎

单胎动物中的双胎(twin)大多来自 2 个不同受精卵,又称双合子孪生(dizygotic twins)。单胎动物的双胎率受品种、年龄和环境影响较大。但是少数双胎也可来自同一个合子,即由一个受精卵产生 2 个完全一致的后代,又称为单合子孪生(monozygotic twins)或同卵双胎(identical twins)。同卵双胎只在少数物种出现,如牛。这种形式的双胎约占双胎总数的 10%。同卵双胎在自然情况下是由附植后内细胞团分化为 2 个原条所产生的,也可在实验室中通过胚胎克隆(显微操作分离卵裂球或分割囊胚)的方法获得。

在自然情况下,奶牛的双胎率为 3.5%,而肉牛的双胎率低于 1%。在双胎中,若两子宫角各有 1 个胚泡,其生活力就不会受到影响。在这种情况下,排卵率则成为双胎的主要限制因素。当牛怀双胎时,由于相邻孕体的尿膜绒毛膜血管形成吻合支,导致共同的血液循环,从而使大约 91% 的异性双胎雌性不育(freemartin)。异性双胎雌性不育在绵羊、山羊和猪中少见。

绵羊多胎品种可窝产 2 只以上的羔,如芬兰羊和布鲁拉美利奴羊。我国湖羊、寒羊等绵羊以及济宁青山羊等都是多胎品种。这些多胎品种一般有较高的排卵率或存在多胎基因,也可能与 FSH 分泌水平有关。

马排双卵的现象并不少见,但异卵双胎只占 1%～3%。其原因是在双胎妊娠过程中会出现 1 个或 2 个胚胎在发育早期死亡,易发生流产(abortion)、木乃伊胎(mummy)或初生死亡。双胎在子宫内死亡通常是由胎盘或子宫不能适应双胎需要造成的。实际上,双胎的胎盘总面积与单胎差不多。

外源促性腺激素处理可增加排卵数,提高双胎率。由于卵巢的反应差异较大,其双胎效果不稳定。一般同侧卵巢排 2 个卵的双胎可能性要小于两侧卵巢各排 1 个卵。牛、山羊胚胎移植效果表明,采用双侧子宫角分别移入 1 枚胚胎的做法可获 60%～70% 的双胎率。

卵巢类固醇激素,特别是雄酮或雌酮免疫可明显提高绵羊的排卵率,但对牛的效果稍差。采用抑制素免疫可使绵羊的排卵提高 3～4 倍,猪的排卵提高 35%。

▶ 第三节　胎膜与胎盘

胎膜是指包裹在胎儿周围的几层膜的总称。胎盘是指胎膜和妊娠子宫共同构成的复合体,是一个极其复杂的器官,具有物质运转、合成与分解代谢、分泌激素、免疫及维持胎儿在子宫内正常发育等多种功能。

一、胎膜和胎囊

孕体(conceptus)是早期发生阶段的胚胎或附植后胎儿及其附属膜的总称。胚胎孵化后,孕体开始快速生长。例如,奶牛在妊娠第 13 天,囊胚直径约为 3 mm;在第 17 天,囊胚长度可达到 250 mm,呈丝线状;至妊娠的第 18 天,囊胚伸入对侧子宫角。猪的囊胚发育更为迅速,在妊娠的第 10 天,囊胚呈球形,直径为 2 mm,随后 1~2 d,长度可达 200 mm 左右,在第 16 天,长度则达 800~1 000 mm。孕体的显著生长源于一套被称为胚胎外膜(extraembryonic membranes)或胎膜的急剧发育。猪、绵羊和奶牛附植时的囊胚均呈丝线状,而马囊胚仍保持球形。

胎膜是胎儿的附属膜,是胎儿本体以外包被胎儿的几层膜的总称,包括卵黄囊(yolk sac)、绒毛膜(chorion)、羊膜(amnion)、尿膜(allantois)和脐带(umbilical cord)。胎膜的作用是与母体子宫黏膜交换养分、气体及代谢产物,对胎儿的发育极为重要。由于胎膜在胎儿出生后即被摒弃,所以它是一个临时性器官。胎囊(fetal sac)是指由胎膜形成的包围胎儿的囊腔,一般指卵黄囊、羊膜囊和尿囊(图 7-8)。

(一)卵黄囊

当原肠胚发育为胚内和胚外两部分时,其胚外部分即形成卵黄囊。卵黄囊外层和内层分别由胚外脏壁中胚层和胚外内胚层形成。猪、牛、羊的卵黄囊较长,可达胚泡两端。卵黄囊上有稠密的血管网,早期的胚胎发育借助卵黄囊吸收子宫乳养分和排出废物。随着胎盘形成,卵黄囊的作用逐步减弱并萎缩,最后只在脐带中留下遗迹(relic)。

(二)羊膜囊

羊膜囊由腹侧胚外外胚层和胚外体壁中胚层构成,呈半透明状。羊膜囊由发育完全的羊膜形成,内含羊水(amniotic fluid)。

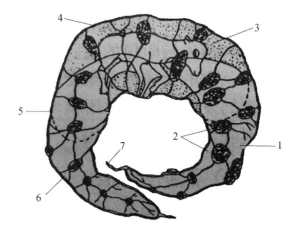

1.尿囊腔;2.子叶;3.羊膜腔;4.羊膜绒毛膜;5.绒毛膜;6.尿膜绒毛膜;7.绒毛膜坏死端。

图 7-8　牛的胎膜和胎囊

(资料来源:*Reproduction in Farm Animals*,Hafez ESE,1993)

(三)尿囊

尿囊由胚胎后肠端向腹侧方向突出而成,外层为胚外脏壁中胚层,内层为胚外内胚层。尿膜在扩展中与绒毛膜内层贴近,并共同分化出血管,通过脐带将胎儿和胎盘血液循环连接起来,尿膜与绒毛膜融合形成尿膜绒毛膜,成为胎儿胎盘。尿囊内的尿水是由胎儿膀胱的尿液通过脐尿管排入尿囊内而形成的。

(四)绒毛膜

绒毛膜是胎膜的最外层,表面覆盖绒毛(villi)。绒毛膜由胚外外胚层和胚外体壁中胚层构成,是胎儿胎盘的最外层。

(五)脐带

脐带为胎儿和胎膜间连系的带状物。其外层由羊膜包被,马脐带还可由尿膜包被。脐带内有脐尿管(urachus)、脐动脉(umbilical artery)、脐静脉(umbilical vein)、肉冻状组织和卵黄囊遗迹等结构。脐带长度的种间差异较大:猪为 20~25 cm,牛 30~40 cm,羊 7~12 cm。由于子宫和阴道总长度较长,故分娩时多数自行断开;马的脐带长为 70~100 cm,在分娩时,脐带一般不能自行断开。

多胎动物的胎儿一般都各具一套完整的胎膜。例如,猪的一个子宫角常有几个胎儿,各有独立的胎膜存在,由于子宫容积有限,尿膜与绒毛膜常相连并列。当单胎动物怀双胎时,来自 2 个不同合子发育的双胎各自有一套独立的胎膜。单合子孪生的胎儿情况则相对复杂:若是由单一内细胞团分化为 2 个原条产生的双胎,则其绒毛膜共用一套,有时羊膜也是共用的;若是由单个囊胚内的细胞团在附植前分成 2 套,则各自的绒毛膜和羊膜独立。

二、胎 液

(一)胎液的概述

胎液(fetal fluid)包括来自羊膜囊的羊水和尿囊的尿水。其来源广泛,成分比较复杂,主要包括胎儿肾脏的排泄物,羊膜及羊膜上皮的分泌物,胎儿唾液腺分泌物和颊黏膜、肺和气管的分泌物。胎水呈弱碱性,含蛋白质、脂肪、尿素、肌酸酐、激素、维生素、盐及糖类等物质。

(二)胎液的作用

胎液的主要作用:①胎囊的液体环境可缓冲外部压力和机械刺激,有利于附植;②在胎儿发育过程中,避免脐带挤压造成血液供应障碍,防止胎儿与周围组织粘连;③分娩时,润滑产道,扩张子宫颈,有利于胎儿顺利排出;④低渗的尿囊液可维持胎儿血浆渗透压,保证母体血液的正常循环。

三、胎 盘

胎盘(placenta)是指由胎儿尿膜绒毛膜(猪还包括羊膜绒毛膜)和妊娠子宫黏膜共同构成的复合体,前者称胎儿胎盘,后者称母体胎盘。胎儿胎盘和母体胎盘都有各自的血管系统,并通过胎盘进行物质交换。

(一)胎盘的分类

绒毛膜表面的细小绒毛从绒毛膜向子宫内膜突进,是胎儿与母体进行物质交换的功能性单位。根据母体子宫黏膜和胎儿尿膜绒毛膜(chorioallantoic membrane)的组织结构和融合程度以及尿膜绒毛膜表面绒毛的分布状况,胎盘可分为以下几种类型(表 7-6、图 7-9)。

表 7-6 胎盘的分类、组织结构及对分娩的影响

物种	胎盘分类		
	绒毛膜绒毛类型	母体-胎儿屏障	分娩时母体组织变化
猪	弥散型	上皮绒毛膜型	无蜕膜
马	弥散型和微子叶型	上皮绒毛膜型	无蜕膜
绵羊、山羊、牛、水牛	子叶型	结缔组织绒毛膜型	少量蜕膜
猫、犬	带状	内皮绒毛膜型	中量蜕膜(半蜕膜)
猴	盘状	血绒毛膜型	大量蜕膜(蜕膜)

资料来源:*Reproduction in Farm Animals*,Hafez ESE,1987。

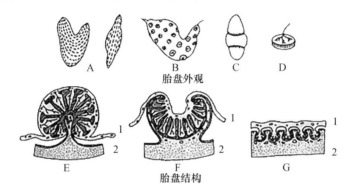

A. 弥散型胎盘(左:马;右:猪);B. 子叶型胎盘;C. 带状胎盘;D. 盘状胎盘。

E. 牛的胎盘(子包母型子叶);F. 羊的胎盘(母包子型子叶);G. 马的胎盘。

1. 尿膜绒毛膜(胎儿胎盘);2. 子宫胎膜(母体胎盘)。

图 7-9 胎盘外观和结构

(资料来源:*Reproduction in Farm Animals*,Hafez ESE,1993)

1. 弥散型胎盘

弥散型胎盘(diffuse placenta)的绒毛(chorionic villi)基本上均匀分布在绒毛膜表面,疏密略有不同。猪、马和骆驼属于此类型。每一绒毛内都有动脉和静脉毛细血管分布,与胎儿胎盘相对应的母体子宫黏膜上皮向深部凹陷成腺窝,绒毛与腺窝上皮接触,故在结构上又称上皮绒毛膜胎盘(epitheliochorial placenta)。

猪的弥散型胎盘有一个绒毛状表面,紧密排列的微绒毛覆盖整个绒毛膜表面。马的胎盘有许多特殊绒毛膜绒毛"微区域",称之为微子叶(microcotyledons),是胎儿-母体接触面微小分散区域,称之为子宫内膜杯(endometrial cups,EC)。子宫内膜杯的直径从几毫米到几厘米不等,其源于胚胎滋养层和子宫内膜。胎盘表面有 5~10 个子宫内膜杯覆盖其上,子宫内膜杯在孕体附植时产生绒毛膜促性腺激素,到妊娠的第 60 天,子宫内膜杯在子宫腔内开始蜕皮,逐渐失去功能。

弥散型胎盘有 6 层组织结构构成胎盘屏障,即母体子宫上皮、子宫内膜结缔组织、血管内皮、胎儿绒毛上皮、结缔组织和血管内皮。此类胎盘构造简单,胎儿和母体胎盘结合不甚牢固,易发生流产,但分娩时出血较少,胎衣易脱落。

2. 子叶型胎盘

在子叶型胎盘(cotyledonary placenta)中,胎儿尿膜绒毛膜的绒毛集中成许多绒毛丛(又称胎儿子叶),嵌入母体子宫黏膜上皮腺窝(又称母体子叶)。子叶之间的绒毛膜表面一般较光

滑,无绒毛存在。牛、羊属于此类型。

子叶型胎盘在组织结构上,子叶型胎盘在妊娠前4个月左右与上皮绒毛膜胎盘相同。之后,母体子叶上皮变性,萎缩消失,母体胎盘的结缔组织直接与胎儿绒毛接触,变为结缔组织绒毛膜胎盘,故也称之为上皮绒毛与结缔组织绒毛膜混合型胎盘。

这种类型的胎盘母子联系紧密,分娩时新生儿不易发生窒息。绵羊有90～100个子叶分布在绒毛膜表面,牛有70～120个分布在绒毛膜表面。胎儿胎盘和母体胎盘(子宫阜)共同组成子叶。羊为中间凹陷的母体子叶,分娩时胎衣容易分离;牛的母体子叶呈凸出的饼状,产后胎衣脱离较为困难,易出现胎衣不下状况。在分娩过程中,由于牛、羊胎盘的组织结构特点,常出现胎儿胎盘脱落带下少量子宫黏膜结缔组织,并有出血现象,故这种现象又称为半蜕膜胎盘(half deciduate placenta)。

3.带状胎盘

胎盘是长形囊状,绒毛集中于绒毛膜中央,呈环带状,所以被称为带状胎盘,又称之为环状胎盘。犬、猫等食肉动物为带状胎盘(zonary placenta)。

带状胎盘的组织结构特点是胎儿胎盘和母体胎盘附着部位的子宫黏膜上皮被破坏,绒毛直接与子宫血管内皮相接触,故也被称绒毛内皮胎盘(endotheliochorial placenta)。此类胎盘在分娩过程中可造成母体胎盘组织脱落,血管破裂出血,故又称之为半蜕膜胎盘。

4.圆盘状胎盘

在胎盘发育过程中,胎儿胎盘的绒毛逐渐集中于一个圆形区域内,绒毛膜以1个或2个很明显的圆盘为特征,这就是圆盘状胎盘(discoid placenta)。这些圆盘绒毛膜绒毛与子宫内膜相贴,提供了一个营养和代谢废物交换的区域。灵长类动物的胎盘就属于这一类型。绒毛浸入子宫黏膜,穿过血管内皮直接浸入血液,故又称之为血液绒毛膜胎盘。此类胎盘在分娩中会造成子宫黏膜脱落、出血,故也称之为蜕膜胎盘(deciduate placenta)。

(二)胎盘的物质交换

胎儿和母体间的物质交换靠胎盘完成。在胎盘中,胎儿和母体的血液循环并不直接相通,而是靠绒毛膜和子宫黏膜的紧密接触。胎儿借助胎盘从母体血液中获得氧和所需的营养物质。在胎盘中,物质交换的方式主要有简单扩散(迅速扩散)、主动运输、吞噬作用(吞食)和吸液作用(吞水)等(表7-7)。

表 7-7 胎盘转运物质的种类及方式

组别	物质	生理作用	交换机制
1	电解质、水和呼吸气体	维持体内生化环境的稳定或保护胎儿免于突然死亡	简单扩散(迅速扩散)
2	氨基酸、糖和大多数水溶性维生素	为胎儿发育提供营养	主动运输
3	各种激素	胎儿生长的变化或维持妊娠	简单扩散(缓慢扩散)
4	药物和麻醉剂、血浆蛋白、抗体和整个细胞	免疫或毒性作用	简单扩散(迅速扩散)、吸液作用(吞水)或通过胎膜孔漏出

资料来源:*Reproduction in Farm Animals*,Hafez ESE,1987。

胎盘的气体交换与出生后动物的呼吸机制不同。动物出生后的肺是气体与血液系统间完成交换的重要器官,而胎盘则是母体血液与胎儿血液进行气体交换的器官。由于胎儿血红蛋白对氧的亲和力高,脐动脉的未氧合血运送到胎盘,在胎盘完成与氧的结合,然后脐静脉将氧合血运输给胎儿。同时,由于胎儿血液对 CO_2 亲和力低,故有利于 CO_2 从胎儿传递到母体,实现 CO_2 的排出。

对反刍动物的研究表明,胎儿血糖水平高于母体,且以果糖为主,而母体则以葡萄糖为主,这说明胎盘有将来自母体葡萄糖转化为果糖的功能。蛋白质不能经胎盘直接运输,只有在分解为氨基酸后,才能通过胎盘被胎儿吸收并合成新的蛋白质。虽然母体血脂含量通常高于胎儿,但血脂却不能直接通过胎盘,只有分解为脂肪酸和甘油后,才能被胎儿吸收。水分和电解质可自由通过胎膜,尤其是铁、铜、钙、磷等矿物质容易通过胎盘。水溶性维生素可通过胎盘被胎儿利用,而脂溶性维生素(如维生素 A、维生素 D、维生素 E 等)常被胎盘阻隔。一般来说,胎盘可使一切激素渗透,特别是雌激素和孕激素容易通过胎盘,而多肽类激素通过较慢。对于绵羊和山羊而言,其肾上腺皮质醇不能经胎盘进入胎儿。

(三)胎盘屏障

为满足自身生长发育的需要,胎儿既要同母体进行物质交换,又要保持自身内环境同母体内环境的差异,而胎盘的特殊结构就是实现这种矛盾统一的生理作用屏障,这种屏障被称为胎盘屏障(placental barrier)。在这个屏障作用下,尽管多种物质可以经各种转运方式进入和通过胎盘,但是还具有严格的选择性。有些物质不经改变就可经胎盘在母体血液和胎儿血液之间进行交换,有些物质则必须在胎盘分解成比较简单的物质才能进入胎儿血液。胎盘内的高活性酶系统有很强的物质分解和合成的能力。此外,还有些物质,特别是有害物质通常不能通过胎盘来保护胎儿的生长发育环境。

胎盘对抗体的运输也具有明显的屏障作用。例如,作为母体的豚鼠和兔血清中的抗体能够通过胎盘进入胎儿使其获得被动免疫能力;小鼠、大鼠、猫和狗等动物只有少量抗体由胎盘进入胎儿,其大部分抗体是在出生后从初乳中获得;猪、山羊、绵羊、牛和马等动物的抗体不能通过胎盘进入胎儿,因此幼仔只能从初乳中获得抗体。

(四)胎盘的免疫功能

胎儿胎盘可部分看作是母体的同种移植物,即同种异体移植组织。胎盘乃至胎儿不受母体排斥是由胎盘特定的免疫功能所致。

胎盘免疫的确切机理虽然尚待进一步明确,但以下观点在一定程度上可以解释胎盘的免疫作用:①胎盘滋养层的组织抗原性很弱,不足以引起母体的排斥反应;②滋养层细胞外覆盖的带有负电荷的唾液黏蛋白对母体淋巴细胞的免疫排斥具有抑制作用,使滋养层得以保护;③孕酮可抑制母体胎盘对来自父本的组织相容性抗原的免疫排斥;④妊娠所引起的雌性动物内分泌系统变化可有效抑制母体对胎儿免疫排斥,如 hCG 可防御母体对滋养层的攻击,妊娠后期还有催乳素的协同作用。

(五)胎盘的分泌功能

胎盘是一个临时性的内分泌器官,几乎可以产生卵巢和垂体所分泌的所有性腺激素和促性腺激素。胎盘所分泌的雌激素、孕激素、松弛素和催乳素的化学结构和生理功能与卵巢和垂体分泌的同种激素相同,如马胎盘产生的 PMSG(eCG)。

胎盘产生的孕激素对于动物维持妊娠具有重要的作用。妊娠前半期主要靠黄体分泌孕酮维持妊娠,此时若切除卵巢可导致流产,如牛、绵羊、犬、猫和豚鼠等。在部分动物的妊娠后半期,其黄体虽然存在,但维持妊娠所需的孕酮主要由胎盘分泌,这时若切除卵巢,妊娠仍可继续维持。例如,绵羊怀孕 50 d 以后,维持妊娠的孕酮主要来自胎盘;母马的妊娠黄体一般维持到妊娠期第 160 天左右退化,然后依靠胎盘分泌的孕酮来维持妊娠。对于部分动物而言,胎盘在形成并具有分泌激素功能时,胎盘和黄体产生的孕激素共同维持妊娠。例如,猪、山羊和兔不管处于妊娠哪个阶段,去除黄体都会终止妊娠;牛在妊娠 8 个月时去除黄体将会导致流产。妊娠母体血液中的孕酮增加在不同物种中达到峰值的时间各异。应该指出的是,即使胎盘接管妊娠黄体,黄体在整个妊娠过程中也依然产生孕酮。马属动物在妊娠开始 2 个月时主要是妊娠黄体(corpus luteum gravidarum)分泌孕酮;在妊娠 2~5 个月时由副黄体(accessory corpus luteum)分泌孕酮,与妊娠黄体共同维持妊娠;在妊娠 5 个月以后卵巢上的黄体相继退化,主要靠由胎盘产生的孕酮维持妊娠,若在这段时间切除卵巢对妊娠没有影响。

雌激素也是胎盘产生的重要激素。特别是在妊娠最后阶段,大多数物种在这一时期雌激素出现峰值往往是接近分娩的信号。

胎盘松弛素存在于马、猫、猪、兔和猴。兔松弛素完全是由胎盘产生,而不是由卵巢分泌。然而,牛在妊娠期间的松弛素并不出现在胎盘;在分娩中,松弛素可能既来源于卵巢,也来源于胎盘。奶牛摘除卵巢并不会导致产犊困难。因此,松弛素的生理作用对于牛而言可能更为复杂。

某些胎盘激素能促进雌性动物乳房功能完善和胎儿发育。例如,胎盘催乳素促胎儿生长效果及催乳效果在不同物种间存在差异,其中牛和羊的催乳活性超过促生长活性。

(六)胎儿循环

一旦胎儿脱离母体,就必须通过肺与外界交换气体,依靠小肠吸收营养,利用肾脏排出废物。在胎儿阶段,这三方面的生理功能完全由胎盘与母体实现,胎盘是胎儿临时代替行使上述三种功能的器官。因此,胎儿循环在实质上是胎儿同胎盘之间的物质循环。胎儿心脏和血管系统存在某些特殊结构,左心房同右心房并联,左心室同右心室并联,似乎只有一个心房和心室在工作。回到心房的静脉血既有来自胎儿各器官的"陈旧"血液,也有来自胎盘的"新鲜"血液,两者在心房混合后进入心室,再由心室加压泵送到胎儿各器官系统和胎盘。脐动脉和脐静脉在胎盘形成毛细血管网,动脉和静脉两套血管系统在此处汇合。胎儿胎盘和母体胎盘在毛细血管之间进行物质和气体的交换和转运。

▶ 第四节　妊　娠

妊娠是哺乳动物所特有的一种生理现象,是自卵子受精开始一直到胎儿发育成熟后与其附属物共同排出前,母体所发生的复杂生理过程。其主要包括妊娠的识别与建立、妊娠的维持等阶段。

一、妊娠的识别与建立

在妊娠早期,胚胎产生某种化学因子或激素作为妊娠信号(pregnancy signal)传递给母体,母体遂做出相应的生理反应,以识别和确认胚胎的存在,由此,母体和孕体之间建立起密切的联系,这个过程称为妊娠识别(maternal pregnancy recognition)。

妊娠识别的实质是胚胎产生的某种抗溶黄体物质作用于母体的子宫或/和黄体,阻止或抵消 $PGF_{2\alpha}$ 的溶黄体作用,使黄体变为妊娠黄体,维持雌性动物妊娠。不同动物妊娠信号的物质形式有着明显的差异。灵长类的猕猴的囊胚合胞体滋养层产生 hCG;牛、羊胚胎产生滋养层糖蛋白;猪囊胚滋养外胚层合成雌酮和雌二醇以及在子宫内合成硫酸雌酮。这些物质都具有抗溶黄体、促进妊娠建立和维持的作用。

在母体妊娠识别后,即进入妊娠的生理状态。不同动物妊娠识别的时间有差异:猪为配种后的 10～12 d,牛为配种后的 16～17 d,绵羊为配种后的 12～13 d,马为配种后的 14～16 d。

二、妊娠的维持

妊娠的维持(pregnancy maintenance)是指母体和胎盘所产生相关激素间的协调和平衡过程,其中孕激素是维持妊娠的重要激素。在排卵前后,雌激素和孕酮含量的变化是子宫内膜增生、胚泡附植的主要动因。在整个妊娠期,孕酮对妊娠的维持体现了多方面的作用:①抑制雌激素和催产素对子宫肌的收缩作用,使胎儿发育处于平静而稳定的环境;②促进子宫颈栓的形成,防止妊娠期间异物和病原微生物侵入子宫、危及胎儿;③抑制垂体 FSH 分泌和释放,抑制卵巢上卵泡发育和雌性动物发情;④妊娠后期孕酮水平的下降有利于分娩的启动。

雌激素和孕激素的协同作用,首先可改变子宫基质,增强子宫弹性,促进子宫肌纤维和胶原纤维增长,以满足胎儿、胎膜和胎水增长对空间扩张的需求;其次,还可刺激和维持子宫内膜血管的发育,为子宫和胎儿发育提供营养来源。

三、妊娠识别和维持的机理

妊娠的识别和维持是一个在特定发育时期内涉及母体和胎儿的复杂生理过程,其中包括囊胚激活、子宫容受性建立、胚胎黏附、子宫蜕膜化及胎盘发育等。其既涉及由激素主导的机体大环境,又关系到细胞与分子水平众多动态变化的信号分子调控的母-胎互作微环境。

牛、绵羊和山羊都利用孕体合成的干扰素-τ 作为母体妊娠识别的信号。随着孕体的形状从球形变为细丝状,孕体开始分泌干扰素-τ。干扰素-τ 是一类新的 19 kDa 的 I 型干扰素,以前被命名为滋养层蛋白-1。干扰素-τ 的表达具有发育阶段特异性,绵羊胚胎滋养层在妊娠的第 8～21 天表达干扰素-τ,在妊娠的第 15 天时干扰素表达量最高;牛在妊娠的第 15～24 天表达干扰素-τ;山羊胚体在妊娠的第 14～20 天表达 2 种干扰素-τ。已证实,红鹿及长颈鹿在着床前胚胎也分泌多种干扰素-τ。最近发现,胰岛素样生长因子 I 及 II(IGF-I 和 IGF-II)、白细胞介素-3(IL-3)等很多来自母体的因子均参与对干扰素-τ 表达的调控。在反刍动物中,子宫脉冲式分泌 $PGF_{2\alpha}$ 会引起黄体退化。然而,干扰素-τ 主要通过抑制雌激素诱导的催产素受体的增加来抑制 $PGF_{2\alpha}$ 的脉冲式释放。

猪为多次发情、自发性排卵的多胎动物。猪的黄体调节是子宫依赖性的。来自子宫内膜的脉冲式的 $PGF_{2\alpha}$ 释放提供了一个溶解黄体信号,可引起黄体退化。猪的孕体在大约妊娠第 11 天提供信号,阻止由黄体退化而导致的孕酮浓度降低。开始延伸的胚胎滋养层细胞释放的雌激素可能是母体妊娠识别的最迟信号,迅速延伸的孕体可合成和分泌雌激素,对黄体的功能起到保护性作用。

　　马胚胎不同于猪,其并不延伸,而是在妊娠的第12～14天形成一个包被的球形结构,这对黄体的维持至关重要。在黄体存在的关键时期,子宫中胚胎和胎膜的存在可能对抑制子宫内膜中$PGF_{2\alpha}$的合成与黄体溶解是必需的。马中的抗黄体溶解的因子既不是猪中的雌激素,也不是牛和绵羊中的干扰素。马是高等灵长类动物以外能产生eCG的唯一一种属动物,eCG最早出现于妊娠第35天的母体血液中。妊娠母马的eCG可刺激血中孕酮浓度增加,这主要通过刺激另外的卵巢卵泡的黄体化来实现。eCG在马的妊娠过程中是否为必需,仍无定论。

四、妊娠期及其影响因素

　　各种动物妊娠期(gestation period)有明显差异(表7-8)。同种动物妊娠期也受到年龄、胎儿数、胎儿性别和环境等因素的影响。一般而言,早熟品种的妊娠期较短;当初产雌性动物及单胎动物怀双胎、怀雄性胎儿以及胎儿个体较大等时,其妊娠期相对缩短;当多胎动物怀胎数偏多时,妊娠期缩短;家猪的妊娠期比野猪的妊娠期短;小型犬的妊娠期比大型犬的妊娠期短;马怀骡的妊娠期延长。

表 7-8　各种动物的妊娠期　　　　　　　　　　　　　　　　d

种类	平均	范围	种类	平均	范围
牛	282	276～290	貉	61	54～65
水牛	307	295～315	狗獾	220	210～240
牦牛	255	226～289	鼬獾	65	57～80
猪	114	102～140	狐	52	50～61
羊	150	146～161	狼	62	55～70
马	340	320～350	花面狸	60	55～68
驴	360	350～370	猞猁	71	67～74
骆驼	389	370～390	河狸	106	105～107
犬	62	59～65	艾虎	42	40～46
猫	60	55～65	水獭	56	51～71
家兔	30	28～33	獭兔	31	30～33
野兔	51	50～52	麝鼠	28	25～30
大鼠	22	20～25	毛丝鼠	111	105～118
小鼠	22	20～25	海狸鼠	133	120～140
豚鼠	60	59～62	麝	185	178～192
梅花鹿	235	229～241	象	660	
马鹿	250	241～265	虎	154	
长颈鹿	420	402～431	狮	110	
水貂	47	37～91	鲸	456	

资料来源:家畜繁殖学,朱士恩,2009。

五、雌性动物妊娠变化

(一)全身的变化

妊娠后,随着胎儿生长,母体新陈代谢加强,食欲增加,消化能力提高,营养状况改善,体重增加,被毛光润。妊娠后期,生长发育迅速的胎儿需要从母体获取大量营养,因此母体往往消耗前期储存的营养以供胎儿需要。如果饲养水平不高,可造成母体在妊娠中后期体重明显减轻,甚至造成胎儿死亡。此外,胎儿生长发育到最快的阶段也是钙、磷等矿物质需要量最多的阶段,若不能从饲料中得到及时补充,则易造成雌性动物缺钙,出现后肢跛行、牙齿磨损快、产后瘫痪等症状。

随着子宫体积增大,母体腹主动脉和腹腔、盆腔中静脉因受子宫压迫,血液循环不畅,躯干后部和后肢出现淤血,并且呼吸运动浅而快,肺活量变小。此外,母体还会出现血液凝固能力增强、红细胞沉降速度加快等现象。

(二)生殖器官的变化

1.卵巢变化

在动物配种后,如果没有妊娠,卵巢上的黄体就会退化;如果妊娠,则黄体会继续存在,进而发育成妊娠黄体,从而中断发情周期。在整个妊娠期,孕酮对于妊娠的维持和胚胎的发育至关重要。牛在妊娠早期,若黄体分泌的孕酮量少,达不到维持妊娠的需要量或在妊娠最末一个月以前摘除黄体,则妊娠母牛会在3~8 d内发生流产。妊娠期的黄体细胞在实际上是不断变化的,其机能足以影响妊娠的发展。在妊娠16~33 d时,母牛黄体细胞经历未成熟、成熟和开始退化3个过程。在成熟黄体期,其不仅细胞数量增多,而且细胞体积增大,而未成熟的黄体细胞数相应减少。在妊娠的第18~28天,母牛这两种类型的黄体细胞约占全部黄体细胞的83%。绵羊在妊娠前期的卵巢变化与牛相似。但其仅在妊娠的前1/3期内需要黄体存在,在妊娠的第115天时,黄体体积缩小。猪的妊娠期的黄体数目往往比胎儿数目多,妊娠后也有再发情的现象。牛在妊娠期的黄体虽然不突出在卵巢表面,但会保持较大的体积,直至分娩前。

一般来说,黄体能够维持整个妊娠期直至分娩或分娩后的若干天。但是马和驴除外,马和驴的副黄体可来自黄体化的卵泡或排卵后形成的黄体。马和驴的黄体在妊娠第5个月时开始萎缩消退;在妊娠到7个月时仅剩下黄体的遗迹;在妊娠的最后2周,卵巢开始活动,所以其分娩后很快就会发情。

此外,在雌性动物妊娠后,其卵巢的位置随胎儿体积和子宫质量的增大而向腹腔前下方沉移,子宫阔韧带由于负重而紧张拉长。在马妊娠的3个月后,其卵巢位置不仅向腹腔前下方移动,而且两侧卵巢都逐渐向正中矢状面靠拢。

2.内生殖道变化

无论是单胎动物还是多胎动物,动物妊娠后的子宫发生增生、生长、扩展的具体时间随动物品种的不同而异。在胚泡附植前,由于孕酮的作用,子宫内膜增生,血管分支增多,子宫腺增长、卷曲,白细胞浸润;在胚泡附植后,子宫肌层肥大,结缔组织基质广泛增生,纤维和胶原含量增加。子宫在扩展期间自身生长减慢,胎儿迅速生长,子宫肌层变薄,纤维拉长。由于孕激素的作用,子宫活动被抑制,对外界刺激的反应性降低,对 OXT、雌激素的敏感性降低,故其在这个阶段处于生理安静状态。

(1)体积与位置　在妊娠后,子宫的发育不仅表现为黏膜增生,而且子宫肌肉组织也在生长,特别是孕侧子宫角和子宫体的体积增大。在单胎妊娠时,子宫增大先从孕角和子宫体开始。马胚泡为圆形,多位于一侧子宫角和子宫体交界处,所以扩大首先发生在交界处。在整个妊娠期,孕角的增长比空角大很多,两者从妊娠初期开始出现不对称。牛、羊、马孕角的增大主要是大弯向前扩张,小弯则伸长不大。马的子宫体也扩大(胎儿主要在子宫体内)。在妊娠末期,牛、羊子宫占据腹腔的右半,并超过中线达到左侧,瘤胃被挤向前。马的子宫位于腹腔中部,有时也偏向左侧或右侧。猪的子宫角最长,可达 1.5～3 m,曲折的位于腹底,并向前抵达横膈。在妊娠后期,子宫肌纤维逐渐肥大增生,结缔组织基质亦增加。基质的变化对妊娠子宫相应变化的进展和产后子宫的复原奠定了基础。由于胎儿生长及胎水增多,子宫发生扩张,子宫壁随着妊娠逐渐变薄,尤以妊娠后期最为显著。羊在妊娠末期子宫壁可以薄至 1 mm,因而在进行手术助产时应注意防止破裂。

(2)黏膜　受精后,子宫黏膜在雌激素和孕酮的先后作用下,血液供应增多,上皮增生,黏膜增厚,并形成大量皱襞,面积增大。子宫腺扩张、伸长,细胞中的糖原增多,且分泌量增多,有利于囊胚的附植,并供给胚胎发育所需要的营养物质,以后,黏膜形成母体胎盘。牛、羊属于子叶型胎盘,母体胎盘是由子宫黏膜上的子宫阜构成,子叶在妊娠中后期明显增大,孕角中的子叶要比空角大。在妊娠的前 5 个月,马的子宫黏膜上形成子宫内膜杯,能够产生 PMSG,可能对维持妊娠起平衡作用。

(3)子宫颈　妊娠后,子宫颈收缩很紧而且变粗,子宫颈的黏膜层增厚。同时,由于宫颈内膜腺管的增加,黏膜上皮的单细胞腺分泌一种黏稠的黏液,填充于子宫颈内,称为子宫颈栓。与此同时,子宫颈括约肌的收缩使子宫颈管处于完全封闭状态,这样可以防止外物进入子宫内,起到保护胎儿的作用。子宫颈栓在妊娠初期呈透明、浅白色,妊娠中后期变为淡黄色,更黏稠,且分泌量逐渐增多,并流入阴道内,使阴道黏膜变得黏涩。子宫颈分泌物较多,新分泌的黏液代替旧黏液,子宫颈栓常常更新。因此,牛在妊娠后常可见被排出的旧黏液黏附于阴门外下角。马的子宫颈栓较少,子宫颈封闭较松,手指可以伸入。马的子宫颈栓受到破坏后,其可在3 d 左右发生流产。此外,妊娠后的子宫颈的位置也往往稍偏向一侧,质地较硬。牛子宫颈往往稍变扁,马的子宫颈细圆而硬。在妊娠中后期,子宫由于重量增大而下沉至腹腔,子宫颈因受子宫牵连由骨盆腔移至耻骨前缘的前下方,直到妊娠后期。在临产前数周,由于子宫扩张和胎位上移,子宫颈才又回到骨盆腔内。

(4)血液供应　妊娠子宫的血液供应量随胎儿发育所需要的营养增多而逐渐增加。在母羊妊娠的第 80 天,通过子宫的血液流量为 200 mL/min;当妊娠至第 150 天时,血液流量达1 000 mL/min 以上;未孕母羊子宫血液流量只有 25 mL/min。因此,妊娠期分布于子宫的血管分支逐渐增多,主要是血管增粗,尤其是子宫中动脉和后动脉的变化特别明显。牛、马妊娠末期的子宫中的动脉可变到如食指或拇指粗细。在动脉变粗的同时,由于黏膜层增生、加厚,动脉内膜的皱襞也变厚且与肌层的联系变得疏松,因此原清楚有力的脉搏在血液流过时继而变为间隔不明显的流水样颤动,这种现象称之为妊娠脉搏。孕角一侧出现妊娠脉搏要比空角早,因而在生产实践中,通过直肠检查动物的妊娠脉搏可作为妊娠诊断的重要依据。

(5)子宫阔韧带　妊娠后,子宫阔韧带中的平滑肌纤维及结缔组织增生,子宫阔韧带变厚。此外,由于子宫重量的逐渐增加,子宫下沉,因而使子宫阔韧带伸长并且绷得很紧。

3.外生殖道变化

在妊娠初期,阴唇收缩,阴门裂紧闭。随着妊娠期的进展,阴唇水肿程度增加,牛的这种变化比马明显。初次妊娠的牛在妊娠 5 个月时,经产母牛在妊娠 7 个月时出现这种变化。妊娠后的阴道黏膜的颜色变苍白,黏膜上覆盖有从子宫颈分泌出来的浓稠黏液,该黏膜并不滑润,插入和拔出开腟器时感到滞涩。在妊娠末期,阴唇、阴道因发生水肿而变得柔软。

(三)妊娠期间的内分泌变化

除马以外,多数哺乳动物的妊娠黄体在整个妊娠期都持续存在。兔、猫和犬等在妊娠期内垂体功能不可缺少;小鼠、大鼠、豚鼠和猴等在妊娠后半期切除垂体并会不引起流产,只对泌乳有影响。在不同种动物的妊娠维持中,垂体促性腺激素对孕酮分泌调节能力具有明显的种间差异。

在妊娠期间,母体内分泌系统将发生相应变化。妊娠期的垂体促甲状腺激素和促肾上腺皮质激素分泌增多。由于孕激素通过对下丘脑的负反馈作用而抑制垂体 LH 的分泌,故妊娠期间的卵巢无成熟卵泡产生,也不排卵。妊娠后的垂体催乳素分泌增加,在分娩后促使乳腺分泌乳汁。在妊娠期间,母体内雌激素的变化因动物品种不同而存在差异。牛、羊等反刍动物随着妊娠的进展,雌激素含量随之增加。变化最明显的是母马:当其妊娠 3 个月时,血浆中的雌激素浓度维持在低水平,之后随着妊娠期的延长而稳定上升;在其妊娠 7~10 个月时,雌激素含量达到最高峰。

六、妊娠母畜饲养管理

(一)妊娠母牛的饲养管理

在舍饲情况下,妊娠母牛按饲养标准配合日粮,营养不必增加需要量,但要保证日粮的全价性;应以优质青干草及青贮饲料为主,添加适当的精饲料和青绿多汁饲料,尤其是满足矿物质元素和维生素 A、维生素 D、维生素 E 的需要量;每天饲喂 2~3 次,上槽时保证有充分采食青贮饲料的时间。

在母牛妊娠后期,应重点做好保胎工作,要防止挤撞、猛跑;雨天不要放牧和进行驱赶,防止滑倒;不要采食大量易产气的幼嫩豆科牧草,严禁饲喂冰冻或霉变的饲料;饮水清洁充足,运动适量。种用牛难产率很高,尤其是初产者,要做好助产的准备工作,保证安全产犊。

(二)妊娠母羊的饲养管理

母羊妊娠期一般分为前期(3 个月)和后期(2 个月)。

妊娠前期是指母羊妊娠后的前 3 个月,这个时期的胎儿生长发育缓慢。饲养的主要目的是保持母羊合适的体况和膘情,与空怀期母羊的饲养标准和方法比较接近。妊娠母羊在夏季以饲喂青草为主,可以根据母羊当时的膘情合理控制精料量。在冬季以及青草类饲料缺乏的季节,一般饲草的营养价值不能满足妊娠母羊的营养所需,要进行补饲适量青干草和精饲料。

在妊娠后期,胎儿生长发育迅速,羔羊初生质量的 $80\%~90\%$ 在此期完成,故母羊的营养要全价。因此,在妊娠的最后 5~6 周,怀单羔母羊可在常规饲粮的基础上增加 12%,怀双羔母羊则增加 25%。日粮由干草、青贮料、精料组成;精料的比例在产前 3~6 周增至 18%~30%,同时要注意适量运动,避免母羊过肥,以防难产。

(三)妊娠母猪的饲养管理

妊娠母猪配合日粮的能量和蛋白质水平应略高于营养需要量;不得饲喂发霉、变质、带毒或有刺激性的饲料,以免造成母猪流产;饲料不要经常更换,需要更换时应做好 2 种饲料的过渡;青贮饲料要合理加工调制,改善适口性,适当增加饲喂次数。

在管理上,妊娠初期 30 d 应保证母猪恢复体力,让其吃好、睡好和少运动,可以合群管理;妊娠中期 30 d 要让母猪充分运动,每天至少 1～2 h;妊娠后期应逐渐减少运动量或让母猪自由活动;产前几天停止运动,单圈饲养,并随时观察母猪表现,结合预产期判断其分娩征兆。一般母猪在产前 5～7 d 按日粮采食量减少 30% 的饲喂量,对瘦弱的母猪不减料;日粮应增加麸皮或麸皮汤,以防产后便秘。

▶ 第五节　妊娠诊断

在雌性动物配种后,为判断其是否妊娠、妊娠时间以及胎儿和生殖器官的生理状况,应用临床和实验室的方法进行检查,这个过程称为妊娠诊断(pregnancy diagnosis)。妊娠诊断的方法很多,在生产实践中的应用要考虑到准确、经济、实用。

一、妊娠诊断的意义

妊娠诊断的目的是确定雌性动物是否已经妊娠,以便按妊娠动物的饲养管理特点,维持动物的健康,保证胎儿正常发育,防止胚胎的早期死亡或流产。如果确定没有妊娠,则应密切注意其下次发情,做好再次配种工作,并及时找出未孕原因。例如,交配时间和配种方法是否合适、雄性动物精液品质是否合格、动物生殖器官是否患病等,以便在下次配种时做出必要的改进或对患病动物及时治疗。

妊娠诊断不但要求准确,而且要能尽早确诊,这对于生产实践中提高繁殖效率具有重要意义。若不能早期做出妊娠诊断,有的雌性动物虽未妊娠,但又不返情,经过较长时间后才发现未孕,从而延长了空怀时间。对于牛而言,这种情况则不仅影响泌乳量,而且能少产一胎,耽误一个泌乳期;对于马而言,这种情况可能会导致其错过本年度的配种季节,推迟到第二年才能配种;对于猪、羊等动物或其他经济动物而言,这种情况均会造成严重的经济损失。因此,有效的妊娠诊断方法,尤其是早期妊娠诊断历来为畜牧业工作者所重视。

理想的妊娠诊断方法应具备:适用于早期妊娠诊断;准确率高;对母体及胎儿无影响;方法简便,容易掌握,费用低廉。

二、妊娠诊断的依据

通过对配种后雌性动物进行内部检查、外部检查和实验室检查等,按照以下依据判断是否妊娠。

(一)孕体存在

直接或间接检查胎儿、胎膜和胎水的存在。

(二)母体变化

检查或观察与妊娠有关的母体变化,如腹部轮廓变化、通过直肠触摸子宫动脉变化等;由生殖激素分泌变化引起的相应母体变化,如发情表现、阴道变化、宫颈黏液性状和外源激素诱导的生理反应等。

(三)激素及特异性物质

检查与妊娠有关的激素变化,如尿液雌激素、血中孕酮测定以及母马血液 eCG 测定等;由于胚胎出现和发育产生的特异物质,如早孕因子的免疫诊断等。

三、妊娠诊断的方法

妊娠诊断的方法有很多种,主要包括外部检查法、直肠检查法、阴道检查法、免疫学诊断法、血或奶中孕酮水平测定法、超声波诊断法、外源生殖激素诊断法、表面等离子共振免疫传感测定法、妊娠相关蛋白测定法和其他妊娠诊断方法等。这些方法各有其优缺点。在生产中,应根据实际情况灵活选用。

(一)外部检查法

外部检查法主要是根据雌性动物妊娠后的行为变化和外部表现来判断是否妊娠的方法。例如,周期发情停止,食欲增进,膘情改善,毛色光泽,性情温顺;行动谨慎安稳;妊娠中期或后期的腹围增大,偏向一侧(牛、羊为右侧,猪为下腹部,马为左侧)突出;乳房胀大,牛、马和驴有腹下水肿现象;牛妊娠在 8 个月时,马和驴在妊娠 6 个月时可见胎动;妊娠后期(猪在 2 个月后,牛在 7 个月后,马、驴在 8 个月后)隔着右侧(牛、羊)或左侧(马、驴)或最后两对乳头上方(猪)的腹壁可触摸到胎儿;当胎儿胸部紧贴母体腹壁时,可听到胎心音。

雌性动物妊娠的外部表现多在妊娠的中、后期才比较明显,难以做出早期是否妊娠的判断。特别是某些动物在妊娠早期常出现假发情现象,容易造成误诊。此外,配种后由营养、生殖疾患或环境应激造成的乏情现象也有可能被误认为是妊娠表现。

(二)直肠检查法

直肠检查法是大动物早期妊娠诊断准确有效的方法之一。通过直肠壁直接触摸卵巢、子宫、胎囊和子叶的形态、大小和变化,及时了解妊娠进程,判断妊娠的大体月份,既无须复杂的设备,又可判断动物的假发情、假怀孕、生殖器官疾病和胎儿的死活。因此,直肠检查被广泛应用于牛、马和驴等大动物的早期妊娠诊断。

直肠检查诊断妊娠的主要依据是妊娠后生殖器官所发生的相应变化。在直肠检查中,根据妊娠的不同阶段,检查的侧重点有所不同。妊娠初期主要以卵巢上黄体的状态,子宫角形状、对称性和质地变化为主;胎泡形成后主要以胎囊的存在和大小为主,并判断子叶的有无和直径;胎囊下沉入腹腔则以卵巢位置、子宫颈紧张度和子宫动脉妊娠脉搏为主。

1.牛直肠检查妊娠诊断的技术要点

(1)19~22 d 胎泡不易感觉,子宫变化也不明显。如果卵巢上有成熟的黄体存在,则是妊娠的重要表现;如果卵巢无明显黄体而有接近成熟的卵泡,同时子宫角有勃起反应,说明母牛正在发情。

(2)30 d 两侧子宫角出现不对称,孕角比空角粗而松软,有液体感,孕角膨大处子宫壁变薄,空角硬而有弹性,弯曲明显。当用手指轻握孕角从一端向另一端滑动时,有胎泡从指间滑落的感觉。当用拇指和食指轻轻捏起孕侧子宫角,再突然放松时,可感到子宫壁内先有一层薄膜滑开,此为尚未附植的胎膜。

(3)60 d 孕角更粗,两角悬殊,孕角波动明显,角间沟稍平坦,可以触摸到整个子宫。

(4)90 d 孕角如婴儿头排球大小,波动感强,子宫开始沉入腹腔,子宫颈前移,紧张度增强。孕角侧子宫动脉增粗,开始出现妊娠脉搏,角间沟消失。

寻找子宫动脉的方法是在手入直肠后,手心向上贴着椎体向前移动,在岬部前方可摸到腹主动脉的最后一个分支髂内动脉,其根部的第一分支即为子宫动脉。

(5)120 d 子宫全部沉入腹腔,子宫颈已越过耻骨前缘,可摸到子宫背侧的子叶,大小如蚕豆或黄豆,可触到胎儿,孕侧子宫动脉妊娠脉搏明显。

(6)120 d后 子宫进一步膨大,沉入腹腔,手已无法触到子宫的全部;子叶逐渐增大至胡桃或鸡蛋大小;子宫动脉粗如拇指,双侧都有明显的妊娠脉搏。妊娠后期可触到胎头、四肢及各部。

孕牛直肠检查的主要变化如图 7-10 所示。在直肠检查妊娠诊断时应注意:①要综合判断;②与孕期发情区别;③当怀双胎时,多为双侧同样扩大,2 个黄体在一侧或两侧卵巢上;④正确区分妊娠子宫与子宫疾病;⑤正确区分妊娠子宫与充满尿液的膀胱。

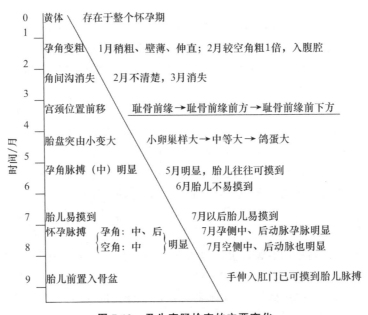

图 7-10 孕牛直肠检查的主要变化

(资料来源:牛羊繁殖学,王锋、王元兴,2003)

2.马和驴直肠检查妊娠诊断的要点

马、驴的卵巢和子宫的早期妊娠反应出现得比牛的早期妊娠反应早,某些个体在妊娠 2 周左右就已有变化。马和驴直肠检查妊娠诊断要点相似,以下以母马为例。

(1)16～18 d 子宫角收缩呈圆柱状,壁肥厚变硬,中间有弹性,子宫角基部摸到大如鸽蛋胎泡;空角弯曲、较长,孕角平直或弯曲。

(2)20～25 d 子宫角进一步收缩硬化,触摸时有香肠般感觉,空角弯曲增大,孕角弯曲由胎泡上方开始;子宫底凹沟明显,胎泡大如乒乓球,波动明显。

(3)25~30 d　子宫角变化不大,胎泡增大如鸡蛋或鸭蛋,孕角缩短下沉,卵巢下降。

(4)30~40 d　孕角胎泡迅速增大,体积如拳,直径为 6~8 cm。

(5)40~50 d　孕角胎泡直径为 10~12 cm,孕角进一步下沉,卵巢韧带紧张。胎泡部位的子宫壁变薄。

(6)60~70 d　孕角胎泡直径为 12~16 cm,呈椭圆形;可触及孕角尖端和空角全部;两侧卵巢因下沉而靠近。

(7)80~90 d　孕角胎泡直径为 25 cm 左右,两侧子宫角被胎泡充满,胎泡下沉并向下突出,很难摸到子宫全部,卵巢系膜拉紧,卵巢向腹腔靠近。

(8)90 d 以后　孕角胎泡渐沉入腹腔,触到部分胎泡,卵巢进一步靠近,一手触到两卵巢。

(9)150 d　孕侧子宫动脉妊娠脉搏出现,感觉到胎驹活动。

3.直肠检查进行妊娠诊断应注意的问题

(1)区分妊娠子宫和异常子宫　由子宫炎症造成的子宫积脓或积水也会导致一侧子宫角和子宫体膨大,质量增加,子宫下沉带动卵巢位置下降,其现象类似于妊娠,故应仔细触摸才能做出诊断。通常当马子宫积脓或积水时,子宫角无圆、细、硬的感觉,无胚泡形体感;牛无子叶出现;一般不会出现子宫动脉的妊娠脉搏现象。

(2)正确判断妊娠和假孕　马、驴出现假孕的比例较多,在配种后无返情表现,子宫角呈怀孕征象,阴道变化与妊娠相似。在配种 40 d 以上的直肠检查可见,整个子宫并无胎泡存在,卵巢上无卵泡发育和排卵。经多次检查,一旦确诊为假孕,可用 40 ℃生理盐水冲洗子宫几次,灌注抗生素,促使其重新发情配种。

(3)正确区分胎泡和膀胱　当牛、马等在膀胱充满尿液时,其大小和妊娠 70~90 d 的胎泡相似,直肠检查时容易混淆。区别的要领是膀胱呈梨形,正常情况下位于子宫下方,两侧无牵连物,表面不光滑,有网状感;胎泡则偏于一侧子宫角基部,表面光滑,质地均匀。

(4)孕后发情　在母马妊娠早期,排卵的对侧卵巢常有卵泡发育,并有轻微的发情表现。对于这种现象,在直肠检查时要根据子宫是否具有典型的妊娠变化来进行判断,卵巢上若无明显的成熟卵泡即可被认为是假发情。在配种后的 20 d,妊娠牛偶尔也会出现发情的外部表现。

(5)一些特殊变化　当母牛怀双胎时,两侧的子宫角对称;马、驴的胚胎未在子宫角基部着床,而是位于子宫角上部或尖端。这些特殊情况都可能在生产中遇到,因此直肠检查需要综合判断。

(三)阴道检查法

在动物妊娠后,其阴道呈规律性变化,可作为妊娠判断的指标,但一般不能作为妊娠诊断的主要依据。

1.阴道黏膜

在各种动物妊娠 3 周后,其阴道黏膜由未孕时的粉红变为苍白色,表面干燥、无光泽、滞涩,阴道收缩变紧,插入开膣器时感到有阻力。

2.阴道黏液

牛的阴道黏液变化最为明显:妊娠 1.5~2 个月,子宫颈口有黏稠黏液,量少;3~4 个月后,量增多,为灰白或灰黄色糊状黏液;6 个月以后,黏液变为稀薄而透明。在羊妊娠 20 d

后,黏液由原来稀薄、透明变黏稠,可拉成丝状;若稀薄而量大,颜色呈灰白色脓样则为未孕。马妊娠后的阴道黏液变稠,由灰白变为灰黄,量增加,有芳香味,pH 由中性变为弱酸性。

电子探针用于阴道检查以判断奶牛所处的生殖生理状态。除了用于判断适宜输精时间外,电子探针也可用于早期妊娠诊断。电子探针有多种类型,其中 2009 型电子探针最常用,其柄上有一开关控制两探头间的夹角。将探头插入阴道距子宫颈 2 cm 处,测定其电阻值:电阻值>30 Ω 为妊娠,电阻值≤30 Ω 为未孕。

3. 子宫颈检查

妊娠后的子宫颈紧闭,有子宫栓存在。子宫颈位置随妊娠进展向前向下移动。牛妊娠过程中子宫颈栓有更替现象,被更替的黏液排出时,常黏附于阴门下角,并有粪土附着,这可作为妊娠表现之一。马在妊娠 3 周后,其子宫颈即收缩紧闭,开始子宫栓较少,3~4 个月以后逐渐增多,子宫颈阴道部变得细而尖。

在通过阴道检查进行妊娠判断时,有时对某些未孕但有持久黄体、或已怀孕而阴道或子宫颈发生某些病理性变化的动物会出现判断失误;阴道检查易造成母体感染和难以确定妊娠日期,也难对早期妊娠做出准确判断,因此应用阴道检查法进行妊娠诊断时务必谨慎。

(四)免疫学诊断法

免疫学诊断法是指根据免疫化学和免疫生物学的原理所进行的妊娠免疫学诊断。对动物妊娠免疫学诊断的方法研究虽然较多,但真正在实践中应用得很少。

免疫学妊娠诊断的主要依据:雌性动物在妊娠后由胚胎、胎盘及母体组织产生的某些化学物质成分、激素或酶类的含量在妊娠的过程中发生规律性变化,其中有些物质可能具有很好的抗原性,刺激动物产生免疫反应。如果用这些具有抗原性的物质去免疫动物,就会在体内产生很强的抗体,制备抗血清后,抗体只能和其诱导的抗原相同或相近的物质进行特异性结合。抗原和抗体的这种结合可以通过 2 种方法在体外被测定出来:一种是荧光染料和同位素标记,然后在显微镜下定位;另一种是利用抗体和抗原结合产生的某些物理现象,如凝集反应、沉淀反应等的有无作为妊娠诊断的依据。研究较多的有红细胞凝集抑制试验、红细胞凝集试验和沉淀反应等。

通过测定动物外周血浆硫酸雌酮(estrone sulfate,E_1S)也可判断其是否妊娠。1976 年,Perry 研究发现,母猪在妊娠 12 d 后胚泡开始分泌雌激素,主要是雌酮(E_1),然后在子宫内膜转变成结合态 E_1S(也有人认为在胎儿体内进行),最后进入血液循环。母牛在妊娠 70 d 后母体血液 E_1S 浓度升高,且奶中的 E_1S 水平与血液一致。在配种 20 d 后,采血检测的成功率较高。此外,也可通过测定尿和粪中的 E_1S 浓度进行早期妊娠诊断。这些方法进行早期妊娠诊断的准确性和稳定性还有待进一步研究。

(五)血或奶中孕酮水平测定法

在动物妊娠后,由于妊娠黄体的存在,在下一个发情期到来之前,血清和奶中的孕酮含量要明显高于未孕者。采用 RIA、ELISA 和 CPB 等测定方法,采集奶牛的血样或奶样进行孕酮水平的测定,然后与未孕奶牛测定值对比。这种方法适于进行早期妊娠诊断,判断妊娠的准确率一般为 80%~95%;对未孕判断的准确率可达 100%。造成被测雌性动物孕酮水平高的原因很多,例如,持久黄体、黄体囊肿、胚胎死亡或其他卵巢、子宫疾病等,故此法往往会造成一定比例的误诊。此外,孕酮测定的试剂盒标准误差、测定仪器和技术水平等都可能影响诊断的准确性。

除妊娠诊断外,采用孕酮测定法还可以有效地进行雌性动物的发情鉴定、持久黄体、胚胎死亡等多项监测。孕酮测定法所需仪器昂贵,技术和试剂要求精确,适合大批量测定。由于此法从采样到得到结果的时间需要几天,且其对妊娠诊断的准确率不高,故推广应用仍有较多困难。

(六)超声波诊断法

超声波诊断法(ultrasound diagnosis)是指利用超声波在传播过程中遇到母体子宫不同组织结构而出现不同反射的特性,探知胚胎是否存在以及胎动、胎儿心音和胎儿脉搏等,进而进行妊娠诊断的方法。超声波诊断法主要有3种,即A型超声波诊断法(A-mode ultrasonography)、多普勒超声波诊断法(Doppler ultrasonography)和B型超声波诊断法(B-mode ultrasonography)。

1.A型超声波诊断法

A型超声波诊断法简称A超。A超在配种后32～62 d犬的妊娠诊断准确率为90%,空怀准确率为83%;对妊娠20～30 d以后的母猪妊娠诊断准确率可达93%～100%;绵羊最早在妊娠40 d才能测出,60 d以上的准确率达100%;牛、马在妊娠60 d以上才能做出准确判断。可见,该型仪器的诊断时间在妊娠中后期才能确诊,故目前较少应用。

2.多普勒超声诊断法

多普勒超声诊断仪适于诊断妊娠和胎儿死活判断。检测的多普勒信号主要有子宫动脉血流音、胎儿心搏音、脐带血流音,胎儿活动音和胎盘血流音。其探头因用途和结构而不同,如直肠探头、阴道探头、体外探头、多晶片探头及混合探头。多普勒超声仪常因操作技术和个体差异而造成诊断时间偏长、准确率不高等问题。

3.B型超声波诊断法

B型超声波诊断法简称B超(brightness made ultrasound),是将超声回声信号以光点明暗显示出来,回声的强弱与光点的亮度一致,由点到线到面构成一幅被扫描部位组织或脏器的二维断层图像,这个图像被称为声像图。超声波在动物体内传播时由脏器或组织的声阻抗不同、界面形态不同以及脏器间密度较低的间隙等造成各脏器不同的反射规律,形成各脏器各具特点的声像图。点图像包括灰色阴影,色度范围从黑色(超声波无回声)到白色(高回声)。液体(尿液、尿囊液和羊膜液)对超声波的反射低,因此在超声图像上呈黑色;发育的骨骼是高回声,故出现白色。牛、羊、猪、驴等在配种后25～30 d可达到较为理想的诊断效果。B超诊断有时间早、速度快、准确率高等优点。用B超可通过探查胎水、胎体或胎心搏动以及胎盘来判断妊娠阶段、胎儿数、胎儿性别及胎儿的状态等。

直肠内和腹部超声波扫描探头用于小反刍动物妊娠诊断。对于腹部扫描而言,传感器放于腹股沟腹部区和其下少毛分布区的连接区域。使用一种匹配的偶联剂(如羧甲基纤维素)可以确保传感器和组织直接接触。毛发、污垢、油脂和粪便可发放声波干扰影像或产生不可阅读图像。

B超分为线阵(linear array transducer)和扇扫(sector scanner)2种。目前常用的频率有3.5 MHz、5.0 MHz和7.5 MHz,以5.0 MHz和7.5 MHz最多。小反刍动物妊娠诊断用的超声频率为3.5～7.5 MHz。虽然低频可提供较深穿透底层组织的影像,但是缺乏判断信息;虽然高频不能穿透较深组织,但是可提供结构构造的限定图像。5.0 MHz传感器最适用,腹部扫描和直肠扫描都能提供很好的诊断图像。3.5 MHz传感器对于腹部的扫描效果好。7.5 MHz传感器是妊娠早期直肠诊断的优选,也可用于检查卵巢结构。

(1)线阵超声波法　线阵超声传感器用于直肠扫描可提供很好的结果,并给出胎儿和胎盘结构,常用于牛羊妊娠18～120 d的诊断。

(2)扇形超声波法　虽然扇形传感器不像线阵功能多,但是它是腹部扫描妊娠诊断的优选方法。小扇形传感器可用于大动物直肠扫描,进行繁殖诊断;与线阵类似,虽然90°扇扫提供高质量图像,但是需要操作经验和时间;大角度扇扫提供胎儿图像,快速数出胎儿数及评估妊娠阶段。

扇扫传感器妊娠诊断限于妊娠后30～120 d的诊断。早期妊娠诊断需扫描到腹股沟区域。因为这时子宫和未妊娠时位置没有变化。在妊娠90 d后,胎儿发育很快,很难清楚观察到整个子宫。另外,在妊娠110～120 d时,胎儿骨骼变得致密,反映在超声波图像上是发散波,阻碍形成可读图像,所以在妊娠110 d后,数胎儿困难,其比妊娠早期诊断的准确性差。

(3)扇形-线阵超声波　超声波仪器的进展是混合线阵和扇扫探头的特征。新系统能为以后记起和比较储存图像,并可转移到远程计算机进行分析和图像增强等功能。妊娠诊断最佳时间要依据生产目的和所提供超声波信息的侧重点不同而异。通常,对牛进行B超妊娠诊断的理想时间是妊娠30～90 d;羊在配种后20～30 d时可以探到胎囊、胎体或胎盘,但正确判定怀胎数需要在妊娠45～50 d,这时的准确率高,以此判断;母猪在妊娠18～21 d时可以探测到胎囊,以判断妊娠,准确率较高。

妊娠诊断基于最初图像:胎液体、胎盘和胎儿结构。胚泡液体是妊娠后的最早可识别的指示,牛、羊在妊娠30 d后可用扇扫探头扫到,在妊娠45 d的液泡声像明显,胎儿可被识别;在妊娠35 d时仔细观察,可显示胎儿心跳;在妊娠约22 d时,子叶开始发育;在妊娠40 d时,沿液泡边缘出现小的灰色"C"或"O"形结构;在妊娠45 d时,骨架结构可完全鉴定,呈现非常明亮的图像。随着胎儿继续发育,其特征性结构更易鉴定。需要注意的是,当连续性测定某种结构时,二维图像如同图片急速切入,故同一结构的不同结果与声波穿透该结构的角度有关,如旋转探头90°将改变胎儿纵向图像为横向。

预测胎龄可通过测径器作图分析顶臀长或颅顶骨宽,妊娠50 d后的胎儿形态变化趋于相对恒定,妊娠天数的估测虽然较准确(误差±2 d),但是耗时。一种更快估测妊娠天数的方法是对胎儿躯干扇扫大小和以特定妊娠天数为基准的一系列拉伸或裁切的图像大小进行比对。

准确判断胎儿数取决于检测时的妊娠时间、探头和技术员的熟练程度。对多胎图像的判断要通过扫描观察,在2个胎儿之间存在一个隔膜将其分开。由于多胎母羊比单胎母羊有更多的胎盘及附属物,因此可以根据胎盘及附属物数量推测胎儿数量;在妊娠90 d后,胎儿发育太大,很难扫描到整个胎儿或所有胎儿,因此不能准确数出胎儿数。

通过超声波技术进行妊娠诊断,一般要求操作者不仅要掌握妊娠状态图像,而且还要熟悉那些未妊娠状态图像,以便做出准确判断。牛胚胎(胎儿)发育在第31天、第43天、第57天和第67天的B超诊断图像如图7-11所示。

(七)外源生殖激素诊断法

根据雌性动物对某些外源性生殖激素有无特定反应进行妊娠判断,如促黄体素释放激素-A法(luteinizing releasing hormone-A,LRH-A)。妊娠母牛体内的大量孕酮可在一定程度上拮抗外源生殖激素的作用,使之不出现发情征象,而未孕母牛则有明显的发情征象,因此母牛在配种后21～27 d,肌内注射LRH-A 200～500 μg,观察配种后的35 d内是否返情。一旦返情,则为空怀,否则为妊娠状态。

(八)表面等离子共振免疫传感测定法

表面等离子共振免疫传感测定法(surface plasmon resonance immunosensor,SPRIS)是

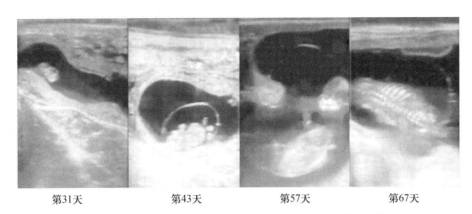

| 第31天 | 第43天 | 第57天 | 第67天 |

图7-11 妊娠不同时间的牛胚胎(胎儿)发育B超诊断图像

指表面等离子共振免疫传感器根据免疫反应原理设计,用于现场激素测定,识别溶液中的特异化合物,产生溶液中化学物质浓度的信号,用于抗原抗体特异反应时瞬间以声、光、电或数字显示样品中的待测激素含量。SPRIS用于 P_4 测定是理想的现场妊娠诊断技术。

(九)妊娠相关蛋白测定法

1.妊娠特异蛋白B测定法

妊娠特异蛋白B测定法(pregnancy specific protein B, PSPB)是一种分子量为418 000的蛋白质,由某些动物在妊娠期间的胎儿滋养层外胚层双核细胞产生,在血液中可检测。放射免疫法对奶牛血清 PSPB 检测,发现 PSPB 只在受孕奶牛中检测到。Sasser 对 5 头奶牛在整个妊娠期间的血液 PSPB 浓度的监测发现,血液 PSPB 含量随妊娠时间而渐增。当妊娠20 d 左右时,PSPB 浓度就开始升高;当妊娠 30 d 左右时,PSPB 溶液大于 1 ng/mL;在妊娠 3个月、妊娠 6 个月时,PSPB 浓度分别为(9±0.6) ng/mL、(35±6) ng/mL;在产犊前 2 天,PSPB 浓度达最高[(542±144)ng/mL],所以测定 PSPB 含量可预测奶牛妊娠时间。

2.早孕因子诊断法

早孕因子诊断法(immunosuppressive early pregnancy factor,ISEPF 或 EPF)是指早孕因子作为存在于妊娠早期母体血清、羊水中的一种免疫抑制因子,受精后的数天,甚至数小时就可检出。如小鼠在交配后 6 h,兔在配种后 6 h,大鼠、绵羊、牛、猪在配种后 4~24 h,就可测出母体血清早孕因子存在。早孕因子的免疫调节作用使胎儿在母体不被当作异体抗原而受到免疫排斥。体外培养的小鼠在受精卵 2 细胞期时就可测出 EPF,小鼠的早孕因子活性会持续到产前;奶牛、绵羊、猪几乎能持续整个孕期;猪的早孕因子峰出现在妊娠的 3~4 周。EPF 有助于判定胚胎移植是否成功及早期胚胎是否死亡和一些生殖道疾病。EPF 可作为人类及动物早期妊娠临床诊断指标。

(十)其他妊娠诊断方法

其他妊娠诊断方法主要是指在某些特定条件下进行的简单妊娠判断方法,如子宫颈-阴道黏液理化性状鉴定、尿中雌激素检查等。这些方法难易程度不同,准确率偏低,难以推广和应用。

1.血清酸滴定法

在室温下,将受检母体血清与适当浓度盐酸混合,一定摩尔浓度的硝酸滴定至适当 pH,将溶液静置,透射光下观察,根据颜色变化进行早孕诊断。当用该法检测奶牛时,如其溶液呈白色或红黄色絮状沉淀,则为妊娠;若溶液呈红色或无色透明,则为未孕,确诊率为 95.98%。对于绵羊的早孕诊断,妊娠与未孕确诊率分别为 89.6% 和 90.9%。

2.碱性磷酸酶(AKP)活力测定法

AKP 广泛分布于动物及人体各种组织和体液。AKP 随妊娠进展而增多,在妊娠动物血液中活力较高。据报道,未孕牛每 100 毫升血清 AKP 平均含量为 (3.74 ± 1.01) mg,妊娠 2 个月的血清 AKP 活力明显增高,并逐月递增。

3.PMSG 放射免疫测定法

PMSG 于母马在妊娠的第 40 天在血液中出现,第 60 天迅增至 $500 \sim 1\,000$ IU/mL,该浓度会维持 $40 \sim 65$ d。因此,在母马配种 40 d 后,用 RIA 法测定血液 PMSG,用 PMSG 放射免疫测定法对配种后 $40 \sim 65$ d 母马的妊娠诊断,确诊率达 90%。

4.辅助诊断技术

(1)子宫颈黏液测定法

①子宫颈-阴道黏液蒸馏水(10% 或 25% NaOH 溶液)煮沸法。取牛、马或驴的子宫颈-阴道附近黏液约玉米粒大小置于试管中,加蒸馏水(10% 或 25% 苛性钠溶液)5 mL,煮沸 1 min,若黏液呈白色絮状并悬浮于无色透明液体(加 NaOH 溶液黏液完全溶解呈橙黄色或褐色),判为妊娠。未孕者黏液溶解,溶液无色透明(加 NaOH 溶液有出现淡黄色的)。此法对牛的诊断准确率达 85% 以上。

②子宫颈-阴道黏液密度测试法。孕牛妊娠 $1 \sim 9$ 个月的阴道分泌物的密度为 $1.016 \sim 1.013$,而空怀者的阴道分泌物的密度小于 1.008,据此,用密度为 1.008 的硫酸铜溶液测定子宫颈-阴道黏液的密度。黏液投入硫酸铜溶液,如呈块状沉淀为妊娠,否则为空怀。

③子宫颈-阴道黏液抹片检查法。取绿豆大小子宫颈-阴道黏液置于载玻片上,制成抹片,自然风干;加几滴 10% 硝酸银,1 min 后水冲洗;加吉姆萨染液 $3 \sim 5$ 滴作用 30 min,冲洗干燥后镜检。若观察到短而细毛发状纹路,且呈紫红色或淡红色,则为妊娠;若纹路较粗,则为黄体期或妊娠 6 个月以上;若呈羊齿植物状纹路,则为发情黏液性状。

二维码视频 7-1 B 超法妊娠诊断

(2)7% 碘酒测定法　取配种后 23 d 以上的母牛的晨尿 10 mL 于试管,加 7% 碘酒 $1 \sim 2$ mL 混合,静置 $5 \sim 6$ min,观察。如果溶液呈棕褐色或青紫色,则判为已孕;如果溶液颜色无变化,则判未孕。

(3)3% 硫酸铜测定法　取配种后 $20 \sim 30$ d 母牛的中午常乳和末乳混合乳样 1 mL,在平皿中加 3% 硫酸铜 $1 \sim 3$ 滴混匀,如果呈云雾状,则判为已孕;如果无变化,则判为未孕。

复习思考题

1.受精前的配子是如何运行的?

2.简述精子获能和精子的顶体反应。

3.卵裂有什么特点?

4.什么是胚泡的附植?

5.简述胎盘的种类和特点。

6.简述胚胎发育各阶段的营养来源。

7.简述妊娠识别的机理。

8.简述妊娠诊断的方法。

第八章

分娩与助产

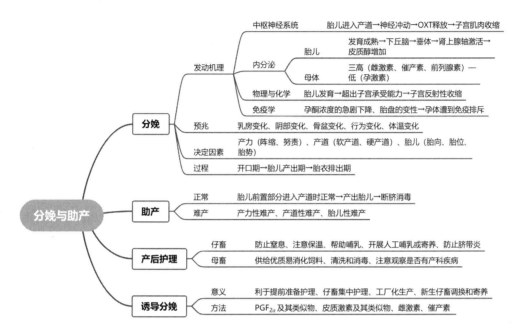

分娩是指哺乳动物将发育成熟的胎儿和胎盘从子宫中排出体外的生理过程。分娩的发动依赖于内分泌、中枢神经系统、物理与化学因素等多种因素的协调、配合,由母体和胎儿共同参与完成。分娩过程可分为开口期、胎儿产出期和胎衣排出期 3 个阶段。分娩过程顺利与否取决于产力、产道及胎儿与产道的关系,发生难产时要及时助产。产后的仔畜和母畜应精心护理,及时防治胎衣不下、子宫脱出、产后瘫痪等产后常见疾病。在妊娠期即将结束时,可利用外源激素诱导母畜在预定的时间内分娩,以方便管理。本章主要介绍了分娩启动及其影响因素、分娩预兆与分娩过程、助产、产后仔畜及母畜的护理及诱导分娩技术。

Parturition is a physiologic process by which the mature fetus and placenta are expelled from the mammalian organism. The initiation of parturition depends on the harmony and cooperation of various factors consisting of endocrine, the central nervous system, physical and chemical factors, etc. , which completed by the mother and the fetus. Parturition process can be divided into three stages including the opening period of the cervix, the expulsion period of fetus and the expulsion period of the fetal membranes. The parturition process relies on parturition force, parturient canal and the relation of fetus with parturient canal. When dystocia occurs, we must deliver in time. At post-partum, the young and female domestic animals need to be nursed, and the female domestic animals need to be prevented from retention, prolapse of uterus, post-partum paralysis and other common diseases. When pregnancy stage finishes, external hormones can be used to induce the female domestic animals to delivery at scheduled time in order to manage conveniently. This chapter mainly describes the initiation of parturition and its influencing factors, signs and process of parturition, assisted-delivery, post-partum care of newborn and mothers, parturition induction techniques.

兽医产科学的奠基人和开拓者——陈北亨

陈北亨出生于山东青岛,1950 年在美国取得学位后,婉言谢绝了条件和待遇十分丰厚的国外 3 所大学和 2 家研究机构的邀请,怀着对祖国的眷恋和热忱,毅然踏上了归国之旅,成为新中国第一批海外归来的学子。他在祖国最艰苦、最落后的大西北,在荒凉的戈壁和无边的沙漠中创立了中国兽医产科学,成为我国兽医产科学的奠基人和开拓者之一。21 世纪初,虽然他已 80 高龄,但仍组织全国高校 18 名著名专家学者,撰写了代表学科最新成就的《兽医产科学》。

▶ 第一节　分娩发动的机理

妊娠期满,哺乳动物将发育成熟的胎儿和胎盘从子宫中排出体外的生理过程,称为分娩(parturition)。分娩的发动是在内分泌、神经和机械等多种因素的协调、配合下,由母体和胎儿共同参与完成的(表 8-1)。这些因素的确切作用和相互关系至今仍未完全了解,并且在不同的物种间存在一定的差异。目前,对牛、羊和猪发动分娩的机理研究比较清楚,对马发动分娩的机理还有待深入研究。

表 8-1　关于分娩发动的一些学说

学说	可能的机制
孕酮浓度下降	妊娠时,孕酮阻断子宫肌肉收缩;临近妊娠期满时,孕酮阻断作用下降
雌激素浓度上升	克服孕酮阻断子宫肌肉收缩的作用,和/或使子宫肌肉自发性的收缩增强
子宫容积增大	克服孕酮阻断子宫肌肉收缩的作用
催产素的释放	导致雌激素致敏的子宫肌肉收缩
$PGF_{2\alpha}$ 的释放	刺激子宫肌肉收缩,引起导致孕酮下降的溶黄体作用(依赖黄体的物种)
胎儿下丘脑-垂体-肾上腺轴的激活作用	胎儿皮质醇引起孕酮下降、雌激素的上升和 $PGF_{2\alpha}$ 的释放,导致子宫肌肉收缩

资料来源:*Reproduction in Farm Animals*. Hafez ESE,2000。

一、中枢神经系统

神经系统对分娩过程具有调节作用。当子宫颈和阴道受到胎儿前置部分的压迫和刺激时,神经反射的信号经脊髓神经传入大脑再传入垂体后叶,引起催产素的释放,从而增强子宫肌肉的收缩。多数动物在夜间分娩,特别是马和驴,分娩多发生于天黑安静的时候,而犬则一般在夜间或清晨分娩。其原因可能是夜间外界光线弱并且干扰少,中枢神经易于接受来自子宫及产道的冲动信号,所以外界因素可能会影响神经系统对分娩的调节。

二、内分泌影响

(一)胎儿内分泌变化

胎儿和母体对分娩的启动发挥着重要的作用。对于反刍动物(如绵羊、山羊和牛)而言,胎儿内分泌系统对分娩的发动起决定性的作用;对于其他物种(如马)而言,其作用不明显。现已证实,牛、羊成熟胎儿的下丘脑-垂体-肾上腺系统对分娩的发动起着至关重要的作用。妊娠期的延长通常与胎儿大脑和肾上腺的发育不全(异常)有关。

切除胎羔的下丘脑、垂体或肾上腺会使母体的妊娠期延长。对切除垂体或肾上腺的胎羔灌注促肾上腺皮质激素(ACTH)或肾上腺皮质激素类似物(19碳类固醇等)又可引起分娩。进一步试验证明,用ACTH或糖皮质素滴注正常发育的胎羔,可以诱发提前分娩。另外,对胎儿内分泌的研究结果表明,分娩前的猪、牛、羊和犬胎儿血液中的皮质醇含量显著增加。虽然马在分娩前的胎儿血液中皮质醇含量增幅不大,但是肾上腺素含量却快速增长。

以绵羊为例,胎儿对分娩发动的作用可以做如下解释。胎羔在发育成熟后,其下丘脑可调节垂体分泌ACTH,促使肾上腺皮质产生皮质醇;皮质醇激活胎盘17α-羟化酶,将孕酮经雄烯二酮转化为雌激素。胎盘雌激素分泌的增加和孕酮分泌的减少激活磷脂酶A_2,该酶刺激磷脂释放合成前列腺素的原料之一——花生四烯酸。这样,在前列腺素合成酶的作用下,子宫内膜合成$PGF_{2\alpha}$,以溶解黄体并刺激子宫肌收缩。孕酮对子宫肌抑制作用的解除、雌激素含量和生理作用的增强以及胎羔排出时对产道的刺激和反射性引起催产素的释放等综合因素共同促使子宫有规律的阵缩和母体的努责,发动分娩,排出胎儿(图8-1)。

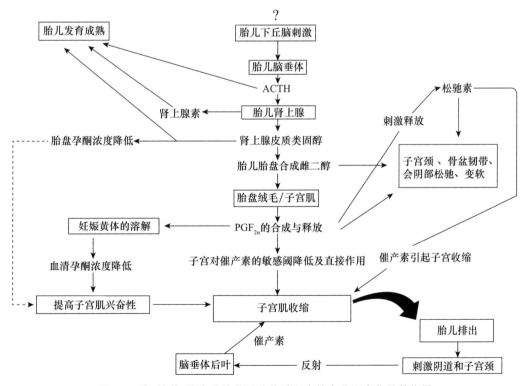

图8-1 牛、绵羊、猪在分娩前及分娩过程中的内分泌变化及其作用

(资料来源:*Veterinary Reproduction and Obstetrics*,Arthur G H,Noakes DE,1989)

（二）母体内分泌变化

母体的生殖激素变化与分娩发动有关（图 8-2）。这些变化在不同物种间的差异很大。

1.孕酮

母体血浆孕酮浓度的明显降低是动物分娩时子宫颈开张和子宫肌收缩的先决条件。在妊娠期内，孕酮一直处在高而稳定的水平，以维持子宫相对安静的状态。有人认为，这可能是孕酮影响了细胞膜外 Na^+ 和细胞内 K^+ 的交换，改变了膜电位，使膜出现超极化状态，从而抑制了子宫的自发性收缩或催产素引起的收缩作用。孕酮还可强化子宫肌 β 受体的作用，抑制子宫对兴奋的传递，最终导致子宫肌纤维的舒张和平静。临产前，由于胎儿生长迅速，其对胎盘的代谢需求增强，从而刺激胎盘合成 PGE_2。PGE_2 对胎儿下丘脑-垂体-肾上腺轴有激活作用，从而导致牛、羊和猪等在分娩前胎儿皮质醇等内分泌发生变化。

各种家畜在产前孕酮含量的变化不尽相同。孕酮开始降低的时间：牛在分娩前 4～6 周；绵羊在分娩前 1 周；山羊和猪在分娩前几天快速下降；马则在产前达到最高峰，产后迅速下降。

2.雌激素

随着妊娠时间的增长，在胎儿皮质醇增加的影响下，胎盘产生的雌激素逐渐增加。绵羊和山羊的雌激素在分娩前 16～24 h 达到高峰；牛在妊娠的第 250 天雌激素浓度开始增加，在分娩前 2～5 d 迅速达到峰值。雌激素可刺激子宫肌的生长和肌球蛋白的合成，不仅提高了子宫肌的规律性收缩能力，而且能使子宫颈、阴道、外阴及骨盆韧带（包括坐骨韧带、荐髂韧带）变得松软。雌激素还可促进子宫肌 $PGF_{2\alpha}$ 的合成和分泌以及催产素受体的表达，从而导致黄体退化，提高子宫肌对催产素的敏感性。

分娩前的雌激素水平变化在种间差异很大：有的明显升高（如绵羊、山羊、兔、牛、猪），有的无改变或缓慢上升（如豚鼠和猫），有的反而下降（如马、驴和犬）。

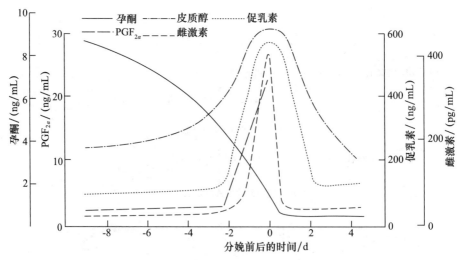

图 8-2　绵羊分娩前后外周血（除 $PGF_{2\alpha}$ 为子宫静脉血外）中激素浓度的变化

（资料来源：*Veterinary Reproduction and Obstetrics*，Arthur GH，1989）

3.催产素

牛、羊、猪和马的催产素在妊娠后期到分娩前一直维持在很低的水平；在妊娠期间，子宫催产素受体数量很少,导致子宫对催产素的敏感性低;随着妊娠的继续,子宫催产素的受体数量逐渐增加,子宫对催产素的敏感性也随之升高,妊娠末期的敏感性可增大 20 倍,所以在妊娠早期,大剂量的催产素仍不会引起子宫变化,到了妊娠末期,仅用少量催产素即可引起子宫强烈收缩。只有在分娩时,当胎儿进入产道后才大量释放,并且在胎儿头部通过产道时才出现高峰,子宫因此发生强烈收缩。因此,催产素对维持正常分娩虽然具有重要作用,但是可能不是启动分娩的主要激素。

在临产前,孕激素和雌激素比值的降低可以促进催产素的释放,胎儿及胎囊对产道的压迫和刺激也可反射性地引起催产素的释放。催产素可使子宫肌细胞膜的钠泵开放,此时大量的 Na^+ 进入细胞,而 K^+ 从膜内转向膜外,静电位的下降造成膜的反极化状态。同时,催产素能抑制依靠 ATP 产生的 Ca^{2+} 与肌质网的结合,释放大量游离的 Ca^{2+},Ca^{2+} 再与肌细胞上的收缩调节物质发生作用,引发肌动蛋白的收缩。

4.前列腺素

$PGF_{2\alpha}$ 对分娩发动起主要作用。其表现为溶解妊娠黄体,解除孕酮的抑制作用;直接刺激子宫肌收缩;刺激垂体后叶释放大量催产素。在分娩前 24 h,山羊和绵羊母体胎盘分泌的 $PGF_{2\alpha}$ 浓度剧增,其时间和趋势与雌激素相似。其他家畜也有类似的变化。

$PGF_{2\alpha}$ 对羊的分娩尤为重要,其产前子宫静脉中的 $PGF_{2\alpha}$ 增加对子宫平滑肌的收缩有直接的刺激作用。同时,$PGF_{2\alpha}$ 也可以溶解黄体,减少孕酮的分泌,进而刺激垂体后叶释放催产素,这些均有利于子宫肌的收缩和胎儿的产出。

5.松弛素

猪、牛和绵羊的松弛素主要来自黄体,兔的松弛素主要来自胎盘。松弛素可使经雌激素致敏的骨盆韧带松弛,骨盆开张,子宫颈松软,产道松弛、弹性增加。

6.皮质醇

分娩发动与胎儿肾上腺皮质激素有关。在分娩前,各种家畜皮质醇的变化不同,黄体依赖性家畜(如山羊、绵羊、兔)的产前胎儿皮质醇显著升高,母体血浆皮质醇也明显升高,猪也有类似变化;奶牛的胎儿皮质醇在产前 3~5 d 会突然升高,母体皮质醇保持不变;马在分娩前的胎儿皮质醇稍有升高,母体皮质醇保持不变。在绵羊、山羊和牛中,胎儿肾上腺释放的皮质醇通过激活胎盘中的 17α-羟化酶将孕酮转化为雌激素,母体雌激素与孕酮比值升高,这对分娩的发动起着至关重要的作用。

三、物理与化学因素

胎膜的增长以及胎儿的发育使子宫体积扩大,质量增加。特别是在妊娠后期,胎儿的迅速发育、成熟对子宫的压力超出其承受的能力,从而引起子宫反射性的收缩,发动分娩。当胎儿进入子宫颈和阴道时,会刺激子宫颈和阴道的神经感受器,反射性地引起母体垂体后叶释放催产素,从而促进子宫收缩并释放 $PGF_{2\alpha}$。催产素和 $PGF_{2\alpha}$ 含量的进一步增高会引起子宫肌先扩张,而后又收缩,这一过程逐渐加剧,最终促进胎儿的排出。

四、免疫学因素

胎儿带有父母双方的遗传物质对母体免疫系统来说是异物,理应引起母体产生免疫排斥反应。在妊娠期间,由于胎盘屏障和高浓度的孕酮等多种因素的作用,这种排斥反应受到抑制,妊娠得以维持。当胎儿发育成熟时,制约免疫排斥反应的因素消失,引起胎盘脂肪变性。在临近分娩时,由于孕酮浓度的急剧下降和胎盘的变性分离,引起母体发生免疫反应,孕体遭到排斥,从而导致子宫内膜脱落。

▶ 第二节 分娩预兆与分娩过程

随着胎儿的发育成熟,临近分娩前的母畜会发生一系列生理及行为变化。分娩时,排出胎儿的力量主要靠子宫和腹肌的强烈收缩。能否顺利产出胎儿就与胎儿在子宫内的状态、位置等密切相关。

一、分娩预兆

分娩前,母畜在生理、形态及行为方面都将发生一系列的变化,称为分娩预兆。生产中以此来估测和判断分娩的时间,以便做好接产和产后护理的准备工作。分娩预兆主要包括乳房、阴唇、骨盆韧带和行为等方面的变化(图 8-3)。不同畜种之间的分娩预兆存在一定的差异。

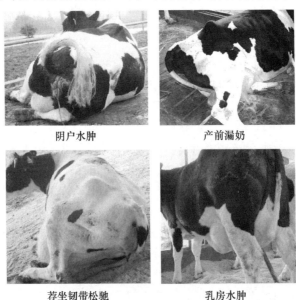

阴户水肿　　　　　　　　产前漏奶

荐坐韧带松弛　　　　　　乳房水肿

图 8-3　奶牛的分娩预兆

(一)牛

奶牛在产前(经产牛约为 10 d)可由乳头挤出少量清亮的胶样液体或初乳;在产前 2 d,除乳房极度膨胀、皮肤发红外,乳头中充满初乳,乳头表面被覆一层蜡样物质。部分奶牛在临产前出现漏奶现象,乳汁成滴或成股流出,漏奶开始后数小时至 1 d 即分娩。在分娩前约 1 周,阴唇开始逐渐柔软、肿胀,增大 2~3 倍。在分娩前 1~2 d,子宫颈开始肿大、松软。封闭子宫颈管的黏液软化,流出阴道,有时吊在阴门外,呈透明索状。荐坐韧带从分娩前 1~2 周即开始软化,至产前 12~36 h 其后缘变得非常松软,外形消失,荐骨两旁组织塌陷,俗称"塌窝"或塌胯。初产牛的这些变化表现不明显。此外,牛在产前 1 个月到产前 7~8 d 体温逐渐上升,可达 39 ℃;在分娩前 12 h 左右,体温下降 0.4~1.2 ℃。

（二）羊

羊在分娩前的子宫颈和骨盆韧带松弛,胎羔活动和子宫的敏感性增强;分娩前 12 h 子宫内压增高,子宫颈逐渐扩张;分娩前数小时,母羊精神不安,出现刨地、转动和起卧等现象。山羊阴唇变化不明显,至产前数小时或 10 余小时才显著增大,产前排出黏液。

（三）猪

在产前 3 d,猪的左、右乳头向外伸张,中部两对乳头可以挤出少量清亮液体;在产前 1 d 左右,可以挤出 1~2 滴白色初乳或出现漏奶现象。阴道的肿大开始于产前 3~5 d,有的在产前数小时排出黏液,荐坐韧带后缘变得柔软。在产前 6~12 h(有时为数天),母猪有衔草作窝现象,我国的地方猪种尤为明显。

（四）马、驴

马在产前数天乳头变粗大,开始漏出奶后往往在当天或翌日夜晚分娩。驴在产前 3~5 d 乳头基部开始膨大;在产前 2 d 整个乳头变粗大,呈圆锥状,起初从乳头中挤出的是黏稠、清亮的液体,以后即为白色初乳。阴道壁松软,明显变短,黏膜潮红,黏液由原来的浓厚、黏稠变得稀薄、滑润,但无黏液外流现象。阴唇在产前 10 余小时开始胀大,荐坐韧带后缘变柔软。

（五）兔

兔在产前数天乳房肿胀,可挤出乳汁;外阴部肿胀、充血、黏膜湿润潮红;食欲减退或绝食。在产前 2~3 d 或数小时,母兔开始衔草作窝。母兔常衔下胸前、肋下或乳房周围的毛铺入产仔箱。

（六）犬

犬在分娩前 2 周乳房开始膨大;在分娩前几天,乳腺通常含有乳汁,有的个体可挤出白色乳汁;阴道流出黏液。临产前,母犬表现出不安、喘息并寻找僻静处筑窝分娩。

二、决定分娩过程的因素

分娩过程的完成取决于产力、产道及胎儿与产道的关系。如果这三个条件能互相协调,分娩就能顺利完成,否则就可能导致难产(dystocia)。

（一）产 力

将胎儿从子宫中排出体外的力量称为产力(expulsive forces)。产力是由子宫肌、腹肌和膈肌的节律性收缩共同作用的结果。子宫肌的收缩称为阵缩,是分娩过程中的主要动力;腹肌和膈肌的收缩称为努责,它在分娩的第二期中与子宫收缩协调,对胎儿的产出具有十分重要的作用。

1. 阵缩

在分娩时,由于催产素的作用,子宫肌出现不随意的收缩,母体伴有痛觉,此为阵缩(uterine contraction,又称宫缩)。阵缩具有以下特点。

(1)节律性　阵缩一般由子宫角尖端开始,向子宫颈方向发展。起初收缩的持续时间短,力量弱,间歇时间长,以后发展为收缩时间长,力量强,间歇时间缩短。

(2)不可逆性　每次阵缩,子宫肌纤维收缩 1 次。在阵缩间歇期中,子宫肌并不恢复到原有的伸展状态。随着阵缩次数的增加,子宫肌纤维持续变短,从而使子宫壁变厚,子宫腔缩小。

(3)子宫颈扩张　子宫颈是子宫肌的附着点,阵缩迫使胎膜、胎水及胎儿向阻力小的子宫颈方向移动,已经松软的子宫颈逐步扩张。

(4)胎儿活动增强　在阵缩时,子宫肌纤维间的血管被挤压,血液循环暂时受阻,胎儿体内血液中 CO_2 浓度升高,刺激胎儿,使之活动增强,并朝向子宫颈移动和伸展。当阵缩暂停时,血液循环恢复,继续供应胎儿氧气。如果没有间歇,胎儿就有可能因缺氧而窒息。因此,间歇性阵缩具有重要的生理作用。

(5)子宫阔韧带收缩　在阵缩时,子宫阔韧带的平滑肌也随之收缩。两者结合,提举胎儿向后方移动。阵缩开始于分娩开口期,经过产出期而至胎衣排出期结束,即贯穿于整个分娩过程。

2.努责

当子宫颈管完全开张,胎儿经过子宫颈进入阴道时,刺激骨盆腔神经,引起腹肌和膈肌的反射性收缩,此为努责(abdominal and diaphragmatic muscle contraction)。母畜表现为暂停呼吸,腹肌和膈肌的收缩迫使胎儿向后移动。努责比阵缩出现晚,停止早,主要发生在胎儿产出期。

(二)产道

产道(parturient canal)是胎儿由子宫内排出体外的必经通道,由软产道和硬产道共同构成。

1.软产道

软产道包括子宫颈、阴道、阴道前庭及阴门。子宫颈是子宫的门户,妊娠时紧闭;妊娠末期到临产前,在松弛素和雌激素的共同作用下,软产道的各部分变得松弛柔软。分娩时,阵缩将胎儿向后方挤压,子宫颈管被撑开扩大,阴道也随之扩张,阴道前庭和阴门也被撑开扩大。当初产母畜在分娩时,软产道往往扩张不全,从而影响分娩过程。

2.硬产道

硬产道就是骨盆,由荐骨、前三个尾椎、髋骨及荐坐韧带所构成。骨盆可以分为 4 个部分。

(1)骨盆入口　骨盆入口即骨盆的腹腔面,上面由荐骨基部构成,两侧由髂骨体构成,下面由耻骨前缘构成。骨盆入口斜向下方,髂骨体和骨盆底构成的角度称为入口的倾斜度。骨盆入口的大小、形状、倾斜度和能否扩张与胎儿能否顺利通过有很大关系。

(2)骨盆出口　骨盆出口即骨盆腔向臀部的开口,上面由第 1～3 尾椎构成,两侧由荐坐韧带后缘构成,下面由坐骨弓围成。

(3)骨盆腔　界于骨盆入口和出口之间的空腔体,称为骨盆腔。

(4)骨盆轴　骨盆轴为通过骨盆腔中心的一条假设轴线,代表胎儿通过骨盆腔的路线。

由于家畜种类不同,骨盆构造存在一定的差异。牛的骨盆入口呈竖的长圆形,倾斜度较小,骨盆底后部向上倾斜,骨盆轴呈曲折的弧形,分娩速度比其他家畜慢;羊的骨盆入口为椭圆形,倾斜度很大,坐骨结节扁平外翻,骨盆轴与马相似,呈弧形,利于骨盆腔扩张,胎儿通过比较容易;猪的骨盆入口为椭圆形,倾斜度很大,骨盆底部宽而平坦,骨盆轴向下倾斜,且近乎直线,胎儿通过比较容易;马和驴的骨盆构造相似,近乎圆形,且倾斜度大,骨盆底宽而平,骨盆轴呈向上稍凸的短而直的弧形,分娩速度比其他家畜快。

(三)胎儿与产道的关系

1.胎儿与产道的关系

在分娩时,胎儿和母体产道的相互关系对胎儿的产出有很大影响。此外,胎儿的大小和畸形与否也会影响胎儿能否顺利产出。

(1)胎向(direction of fetus)　胎向即胎儿的方向,也就是胎儿身体纵轴和母体纵轴的关系。胎向可分为3类。

①纵向(longitudinal direction):胎儿的纵轴与母体的纵轴平行。纵向又有2种情况:胎儿头部和(或)前腿先进入产道为正生(anterior direction);后腿或臀部先进入产道为倒生(posterior direction)。

②竖向(vertical direction):胎儿的纵轴与母体纵轴呈上下垂直。胎儿的背部向着产道的称为背竖向(dorsovertical direction);腹部向着产道的,称为腹竖向(ventrovertical direction)。

③横向(transverse direction):胎儿横卧于子宫内,胎儿纵轴与母体纵轴呈水平垂直。横向又有背部向着产道和腹部向着产道(四肢伸入产道)2种:前者称为背部前置的横向[背横向(dorsotransverse direction)];后者称为腹部前置的横向[腹横向(ventrotransverse direction)]。

正常的胎向为纵向,竖向和横向均会造成难产。当然,严格的横向及竖向是没有的,横向和竖向都不是很端正地和母体纵轴垂直。

(2)胎位(position)　胎儿的背部与母体背部或腹部的关系称为胎位。胎位也有3种。

①上位(dorsal position):胎儿的背部朝向母体背部,即俯卧于子宫内。

②下位(ventral position):胎儿的背部朝向母体下腹部,即胎儿仰卧于子宫内。

③侧位(lateral position):胎儿的背部朝向母体的侧壁,即胎儿侧卧于子宫内,又可分为右侧位和左侧位。

其中,胎位为上位是正常的,下位和侧位是异常的。如果侧位倾斜不大,称为轻度侧位,仍可视为正常。

(3)胎势(posture)　胎儿在母体子宫内各部分之间的相互关系称为胎势。

正常胎势在正生时应为两前肢伸直,头颈伸直俯于前肢上,呈上位姿势进入产道。如果为倒生,则两后肢伸直进入产道。这种使胎儿以楔形进入产道的方式,容易通过产道。如果胎儿颈部弯曲,四肢屈曲,则扩大了胎儿产出时的横径,会造成难产。胎势因妊娠期长短、胎水多少、子宫腔内松紧不同而异。在妊娠前期,如果胎儿小、羊水多,胎儿在子宫内有较大的活动空间,其姿势就容易改变。在妊娠末期,胎儿的头、颈和四肢虽然屈曲在一起,但仍能正常活动。

(4)前置(presentation)　在分娩时,胎儿身体先进入产道的那一部分称为前置,又称先露。例如,正生又可称为前躯前置,倒生又可称为后躯前置。通常用"前置"一词来说明胎儿的反常情况。例如,前腿的腕部是屈曲的,没有伸直,腕部向着产道,称为腕部前置;后腿的髋关节是屈曲的,后腿伸于胎儿自身之下,坐骨向着产道,称为坐骨前置等。

及时了解产前及产出时的胎向、胎位和胎势的变化对于早期发现分娩异常,确定适宜的助产时间和方法及抢救胎儿的生命具有重要意义。在分娩时,各种家畜胎儿在子宫中的方向大多呈纵向,其中大多数为前躯前置,少数呈后躯前置。

2.胎儿产出时的胎向、胎位、胎势的变化

在妊娠期间,子宫随胎儿的发育而扩大,使胎儿与子宫形状相互适应。妊娠子宫呈椭圆形囊状,胎儿在子宫内呈蜷缩姿势,头颈向着腹部弯曲,四肢收拢屈曲于腹下,呈椭圆形。在产出时,胎儿的方向不会发生变化,因子宫内的容积不允许它发生改变,但胎位和胎势则必须改变,使其肢体成为伸长的状态,以适应骨盆的形状。胎儿保持屈曲的侧卧或仰卧姿势将不利于分娩。在阵缩时,胎儿姿势的改变主要表现为胎儿旋转,改变成背部向上的上位,头颈和四肢伸展,使整个身体呈细长姿势,以利于通过产道(图8-4)。

胎儿的正常方向必须是纵向的,否则一定会引起难产。牛、羊、马的胎儿多半是正生。倒生尽管被认为是正常的,但其难产的比例比正生要高。对于猪而言,倒生率可达40%～46%,但不会造成难产。牛、羊的瘤胃在分娩时如果比较充盈,则胎儿的方向稍斜,不会是端正的纵向。在生双胎时,2个胎儿大多数是一个正生,一个倒生,有时也可均为正生或倒生。正常的胎位是上位,但轻度侧位并不会造成难产,也被认为是正常的。胎儿有3个比较宽大的部分,即头、肩和臀。在分娩时,这三个部分难以通过产道,特别是头部。

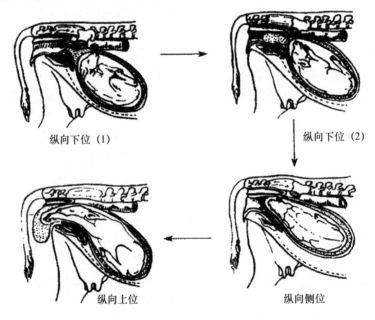

纵向下位 (1)　　　　纵向下位 (2)

纵向上位　　　　纵向侧位

图8-4　正常分娩时的胎位、胎势变化

(资料来源:动物繁殖学,王元兴、朗介金,1997)

三、分娩过程

分娩过程是指母畜从子宫和腹肌出现收缩开始到胎儿和附属物排出为止。分娩过程大体可分为子宫开口期、胎儿产出期和胎衣排出期3个阶段。实际上子宫开口期和胎儿产出期没有明显的界限。母畜分娩过程的3个阶段具有明显的种间差异性(表8-2)。

表 8-2　母畜在分娩各阶段的所需时间

畜　别		子宫开口期	胎儿产出期	双胎间隔时间	胎衣排出期
牛	平均	2～8 h	3～4 h	0.5～2 h	2～8 h
	范围	1～12 h	0.5～6 h		≤12 h
水牛	平均	1 h	20 min		3～5 h
	范围	0.5～2 h			
马	平均	12 h	10～30 min	10～20 min	20～60 min
	范围	1～24 h			
猪	平均	3～4 h	2～6 h	2～3 min(国内品种)	30 min
	范围	2～6 h	1～8 h	10～30 min(进口品种)	10～60 min
绵羊	平均	4～5 h	1.5 h	15 min	0.5～1 h
	范围	3～7 h	15 min 至 4 h	5～60 min	0.5～4 h
山羊	平均	6～7 h	3 h	5～15 min	0.5～2 h
	范围	4～8 h	0.5～4 h		

资料来源:动物繁殖学,王元兴、朗介金,1997。

(一)子宫开口期

子宫开口期(dilation of the cervix),简称开口期,也称宫颈开张期,是指从子宫开始阵缩起,到子宫颈口完全开张,与阴道的界限消失为止的时期。在此期间,产畜寻找不易受干扰的地方等待分娩,初产母畜表现为不安、常做排尿姿势、呼吸加快、起卧频繁、食欲减退等;经产者表现不甚明显。开口期的特点是只有阵缩,没有努责。开始收缩的频率低,间歇时间长,持续收缩的时间和强度低;随后收缩频率加快,收缩的强度和持续时间增加,最后每隔几分钟收缩一次。例如,牛在开口期进食及反刍均不规则,子宫阵缩为每隔 15 min 左右出现 1 次,每次维持 15～30 s;随后阵缩的频率增高,可达每 3 min 收缩 1 次;在胎儿被产出前 2 h,阵缩 12～24 次/h;当胎儿被产出时,阵缩达 48 次/h。有时牛、羊到开口末期的胎膜囊露出阴门之外。

(二)胎儿产出期

胎儿产出期(expulsion of the fetus),简称产出期,是指从子宫颈完全开张到胎儿排出为止的这段时间。在这段时间,子宫的阵缩和努责共同发生作用。努责一般在胎膜进入产道后才出现,是排出胎儿的主要动力。它比阵缩出现晚,停止早。母畜在产出期表现为烦躁不安、呼吸和脉搏加快,最后侧卧,四肢伸直,强烈努责(图 8-5)。

分娩顺利与否,和骨盆腔扩张的关系很大。骨盆腔的扩张除与骨盆韧带,特别是荐坐韧带的松弛程度有关外,还与母畜是否卧下有密切关系。母畜在分娩时多采用侧卧且后肢挺直的姿势。其原因是在卧地时有利于分娩,胎儿接近并容易进入骨盆腔;腹壁不负担内脏器官及胎儿的重量,因而收缩更为有力,有利于骨盆腔的扩张。由于荐骨、尾椎及骨盆部的韧带是臀中肌、股二头肌(马、牛)及半腱肌(马)的附着点,故当母畜侧卧且两腿向后挺直时,这些肌肉得以松弛,荐骨和尾椎能够向上活动,骨盆腔及其出口就变得容易扩张。若站立分娩,肌肉的紧张将导致荐骨后部及尾椎向下拉紧,骨盆腔及出口的扩大受到限制。

产前努责

羊水流出

图 8-5　奶牛分娩产出

在胎儿产出期,阵缩的力量、次数及持续时间增加。与此同时,胎囊及胎儿的前置部分刺激子宫颈及阴道,使垂体后叶催产素的释放量骤增,从而引起腹肌和膈肌的强烈收缩。努责与阵缩密切配合,并逐渐加强。由于强烈的阵缩及努责,胎水挤压着胎膜向完全开张的产道移动,最后胎膜破裂,排出胎水。胎儿也随着努责向产道内移动,间歇时,胎儿又稍退回子宫。在胎儿楔入骨盆之后,间歇时不能再退回。胎儿最宽部分的排出需要较长的时间,特别是胎儿头部,当通过骨盆及其出口时,母畜努责十分强烈。这时有的母牛表现出张口伸舌、呼吸促迫、眼球转动、四肢痉挛样伸直等,并且常常哞叫。在胎儿头部露出阴门以后,产畜往往稍事休息,随后继续努责,将胎儿胸部排出,然后努责骤然缓和,其余部分很快排出。如母猪产出一头仔猪后通常都有一段间歇时间,然后再努责,产出胎儿后,努责停止,母畜休息片刻便站立起来,开始照顾新生仔畜。

(三)胎衣排出期

胎衣是胎膜的总称。胎衣排出期(expulsion of the fetal membranes)是指胎儿排出后到胎衣完全排出为止的这段时间。胎儿产出后,母畜稍加休息,几分钟后,了宫恢复阵缩,但收缩的频率和强度都比较弱,伴随轻微的努责将胎衣排出(图 8-6)。猫、狗等的胎衣常随胎儿同时排出。

胎衣能够排出主要得益于分娩过程中子宫强有力的收缩,使胎盘中大量的血液排出,子宫黏膜窝(母体胎盘)张力减小、胎儿绒毛(胎儿胎盘)体积缩小、间隙加大也使绒毛容易从腺窝中脱出。因为各种动物胎盘组织结构存在差异,所以胎衣排出的时间也各不相同。

排胎衣中

排出的胎衣

图 8-6　奶牛胎衣排出

（四）各种动物的分娩特点

1.牛（包括水牛）

部分母牛在开始努责即行卧下，也有部分牛时起时卧，到胎儿前置部分进入骨盆的坐骨上棘间狭窄位置时才卧下，初产母牛，甚至到胎儿前置部分通过阴门时才卧下。牛的努责一般比较缓和，因此努责时间较长，正生时胎牛头胸部通过骨盆较慢。

通常牛的尿膜绒毛膜先形成一囊，突出于阴门外。其颜色为微黄色或褐色，随着阵缩和努责，囊状突起逐渐增大，到一定时间破裂流出尿水，称为第一胎水，接着牛的努责频率和强度增大，将羊膜绒毛膜推向阴门口。由于不断地努责，羊膜囊的体积不断增大，在此过程中犊牛的蹄在羊膜囊内明显可见。每努责一次，囊状的突起就增大一点，犊牛的蹄就多显露一点。经多次努责，羊膜囊终于破裂，流出白色混浊的羊水，称为第二胎水。这时母牛努责强度大，胎儿随努责或人工助产被娩出。据观察，尿膜和羊膜两者破裂的时间间隔平均为(65.98±54.43)min[(3～215 min)]。在自然分娩的 16 例母牛中，羊膜破裂至胎儿娩出间隔时间平均为(31.81±25.3)min[(5～95 min)]，接着便进入胎衣排出期。

2.羊

羊的分娩情况基本与牛相似。羊在一昼夜之间的各个时间都可能产羔，以 9:00～12:00 和 15:00～18:00 产羔较多，胎衣通常在分娩后 2～4 h 内被排出。

3.猪

猪的子宫收缩不同于其他家畜，除了子宫肌纵向收缩外，其还具有分节收缩的特点。猪的子宫收缩先从子宫颈最近胎儿处开始，其余部分则不收缩，继而 2 个子宫角呈不规则轮流收缩，逐步达到子宫角端，依次将胎儿排出。有时存在一个子宫角将胎儿和胎衣全部排出之后，另一个子宫角才开始收缩的情况。母猪在分娩时多为侧卧，有时也站立，随即又躺下努责。猪在分娩过程中胎儿不露在阴门之外，胎水极少，有时在每排一个胎儿之前可见少量胎水流出。在母猪努责时，后腿伸直，尾巴挺起，努责几次产出一头仔猪。产出期的持续时间依据胎儿数和间隔时间而定，通常第一个胎儿排出较慢，从第二个胎儿开始间隔时间有所缩短。从母猪起卧到产出第一仔猪需 10～60 min，间隔时间以中国猪种为最短，平均 2～3 min 排出一头仔猪；外来品种则需 10～30 min 排出一头仔猪，有的品种的间隔时间长达 1 h；杂交猪种介于两者之间，通常 5～15 min 产出一头仔猪。当胎数较少或胎儿过大时，间隔时间延长。如果产出期超过正常范围，就应检查其产道，以便及时发现问题予以解决。

4.马、驴

马和驴在产出期开始之前阴道已缩短，子宫颈后移至距阴门不远处，质地柔软，但并不开张。产畜在分娩时呈侧卧姿势。在产畜努责时，由于阴门开张，子宫颈开放，从阴门中可看到尿膜绒毛膜上呈放射状的红色绒毛。无绒毛处是和子宫颈口黏膜没有接触的部分，此处的尿膜绒毛膜比别处厚。经过几次努责，子宫颈内口附近的尿膜绒毛膜脱离子宫黏膜，并带着尿水形成一囊状物进入子宫颈，称为第一水囊。随着继续收缩，更多的尿水进入此囊，迫使此囊在阴门处破裂，流出黄褐色稀薄的第一胎水。第一水囊破裂后，尿膜羊膜囊即露于阴门口或阴门外，称为第二水囊，呈淡白色，半透明，上有弯曲的血管，可看到里面的胎蹄和羊水。在产畜强烈的努责下，第二水囊往往在胎头和前肢排出的过程中被撕裂，流出淡白或微黄色较浓稠的第二胎水。如果胎儿排出时第二水囊尚未破裂,就应立即将其撕破,以免发生窒息。

5.兔

母兔在临产前表现为精神不安,四爪刨地,顿足,弓背努责,排出胎水不久,便顺次将胎儿连同胎衣一同产出。母兔在分娩时一边产仔,一边将脐带咬断,并将胎衣吃掉。当分娩结束后,母兔出窝觅水。母兔的分娩时间较短,整个分娩过程一般只需 30 min 左右。应当注意的是,也有个别母兔在产出第一批仔兔后,间隔数小时,甚至数十小时再产第二批仔兔。因此,在分娩结束后,应认真触摸母兔腹部,以确定子宫内是否还有胎儿尚未产出。

▶ 第三节 助 产

在自然状态下,动物往往自己寻找安静的地方将胎儿产出,并让其吮吸乳汁。因此,原则上对正常分娩的母畜无须助产。助产人员的主要职责是监视母畜的分娩情况,发现问题及时给母畜必要的辅助,并对仔畜及时护理,确保两者的平安。

一、助产前的准备

(一)产房

对产房的一般要求是宽敞、清洁、干燥、安静、无贼风、阳光充足、通风良好、配有照明设施。孕畜在转入前,必须对产房墙壁及饲槽消毒,换上清洁柔软的垫草。在天冷的时候,产房必须有保温条件,特别是猪的产房,温度应不低于 15～18 ℃,否则,如果分娩时间延长,仔猪死亡率就会增加。根据配种记录和产前预兆,一般在产前 1～2 周将孕畜转入产房。

(二)药械及用品

常用的药物包括 70%酒精、5%碘酒、消毒溶液、催产药物等。常用的器械包括注射器、脱脂棉花和纱布、体温表、听诊器、细绳和产科绳、常用产科器械、毛巾、肥皂、脸盆等。

(三)助产人员

助产人员应受过助产训练,熟悉母畜分娩规律。在助产过程中,严格遵守助产操作规程及必要的值班制度,尤其在夜间。同时,在助产时要注意自身消毒和防护,防止人身受到伤害和人畜共患病的感染。

二、正常分娩的助产

(一)做好助产准备

用热水清洗并消毒母畜外阴部及其周围,用绷带缠好母畜尾根,并将尾巴拉向一侧系于颈部。在胎儿产出期开始时,助产人员应系上胶围裙,穿上胶鞋,消毒手臂,准备做必要的检查工作。

对于长毛品种动物而言,要剪掉乳房、会阴和后肢部位的长毛;用温水、肥皂水将孕畜外阴部、肛门、尾根及乳房洗净擦干,再用新洁尔灭溶液消毒。

（二）进行助产处理

1.临产检查

当大家畜的胎儿前置部分进入产道时,可将手臂伸入产道,检查胎向、胎位及胎势,对胎儿的反常做出早期诊断,及早发现,尽早矫正;除检查胎儿外,还可检查母畜骨盆有无变形,阴门、阴道及子宫颈的松软扩张程度,以判断有无因产道异常而发生难产的可能。临产检查不仅能避免难产,而且可急救胎儿。在正生时,若胎儿的三件(唇和二蹄)俱全,则可等候自然排出。

2.及时助产

当遇到下述情况时,要及时帮助拉出胎儿:母畜努责阵缩微弱,无力排出胎儿;产道狭窄或胎儿过大,产出滞缓;在正生时,胎儿头部通过阴门困难,迟迟没有进展。此外,牛、马在倒生时由于脐带可能被挤压于胎儿与骨盆底之间,妨碍血液流通,因此,应迅速将胎儿拉出,避免胎儿因氧气供应受阻而反射性地呼吸入羊水,导致窒息。当胎儿头部露出阴门之外,而羊膜尚未破裂时,应立即撕破羊膜,擦净胎儿鼻孔内的黏液,露出鼻端,便于胎儿呼吸,防止窒息。

猪相邻两个胎儿的产出间隔时间有时较长,若无强烈努责,胎儿的生命一般并无危险。若经历过强烈努责而仍未产出胎儿,则胎儿有可能会因窒息而死亡。这种情况既可以用手或助产器械拉出胎儿,也可注射催产药物,促使胎儿排出(图 8-7)。猪的死胎往往发生于最后分娩的几个胎儿中,所以在产出末期,若发现仍有胎儿且排出滞缓时,则必须用药物催产。

遇到羊水已流失,即使胎儿尚未产出,也要尽快将胎儿拉出,可抓住胎头及前肢,随母畜努责,沿骨盆轴方向拉出胎儿。在牵拉过程中,要注意保护阴门不被撕裂。

3.擦去胎儿口鼻黏液

在胎儿产出后,要立即擦去其口腔和鼻腔黏液,防止其吸入肺内引起异物性肺炎。

4.注意初生仔畜的断脐和脐带的消毒

在胎儿产出后,若脐带被自行挣断,一般可不结扎。若产出后脐带不断,则可用手捋着脐带向幼仔腹部挤压血液至体内,以增进幼仔健康,然后距脐带基部 5～10 cm 处结扎断脐。幼仔脐带的断端必须用 5%～10%碘酊或 5%碳酸溶液浸泡,以防止感染或发生破伤风。

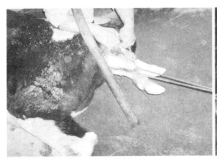

牵引助产　　　　　　　　　　　　　胎儿

图 8-7　牵引助产

三、难产的种类及其助产

(一)难产的种类及发生率

1.难产的种类

难产(dystocia)分为产力性难产、产道性难产和胎儿性难产 3 种。前两种是母体原因引起的,后一种则是胎儿原因引起的。

(1)产力性难产 产力性难产包括子宫弛缓、努责过强、破水过早和子宫疝气等。子宫弛缓(uterine inertia)是指在分娩的开口期及胎儿排出期,子宫肌层的收缩频率、持续期及强度不足,导致胎儿不能排出。努责过强(strong straining)是指母畜在分娩时子宫壁及腹壁的收缩时间长、间隙短、力量强烈,有时子宫壁的一些肌肉还会出现痉挛性的不协调收缩,形成狭窄环。破水过早(premature rupture of the allantoic sac)是指在子宫颈尚未完全松软开张、胎儿姿势尚未转正或进入产道时,胎囊即已破裂,胎水流失。

(2)产道性难产 产道性难产是指由母体软产道异常及硬产道异常而引起的难产。在软产道异常中,比较常见的有子宫捻转、子宫颈开张不全等。子宫捻转(uterine torsion)是指子宫、一侧子宫角或子宫角的一部分围绕各自的纵轴发生扭转。此病在各种动物均有发生,最常见于奶牛、羊、马和驴,猪则少见,是母体性难产的常见病因之一。子宫颈开张不全(incomplete dilation of the cervix)是牛、羊最常见的难产原因之一,其他动物则少见。另外,阴道及阴门狭窄、双子宫颈等也可造成难产。硬产道异常主要是骨盆狭窄,其中包括幼稚骨盆、骨盆变形等。

(3)胎儿性难产 胎儿性难产主要指由胎势、胎位和胎向异常和胎儿过大等引起的难产。此外,胎儿畸形或两个胎儿同时楔入产道等也能引起难产。

2.难产的发生率

难产的发生率与家畜的种类、品种、年龄、内分泌、饲养管理水平等因素有关。家畜中以牛最常发生,其难产的发生率为 3.25%,山羊难产的发生率为 3%～5%,而马和猪的难产的发生率相对较低,为 1%～2%。一般以胎儿性难产的发生率较高,约占难产总数的 80%;母体原因引起的难产较少,约占 20%。体格较大品种的难产的发生率高,如夏洛来牛由于胎儿体形较大易发生产道性难产,难产的发生率较高,为 10%～30%;一般牛群发生产道性难产的比率为 2%～10%。此外,初产母畜的难产的发生率高于经产母畜。

(二)难产的助产

难产的种类繁多、复杂。难产的助手原则是在实施助产前,必须通过对胎儿及产道的临床检查,判明难产情况。在此基础上,才能确定助产方案。

1.子宫弛缓

猪可用产科套、产科钩钳等助产器械拉出胎儿。当手或器械触及不到胎儿时,可待胎儿移至子宫颈时再拉。有时只要取出阻碍生产的胎儿后,其余胎儿会自行产出。大家畜一般都不用药物进行催产,而行牵引术。对猪和羊而言,如果手和器械触及不到胎儿,可使用OXT,促使子宫收缩。在使用前,必须确认子宫颈已经充分开张,胎势、胎位和胎儿姿势正常,且骨盆无狭窄或其他异常,否则可能加剧难产,增加助产的难度。在怀疑仔猪未产完时,也可使用 OXT。

肌肉和皮下注射 OXT 的剂量:猪和羊为 10～20 IU。为了提高子宫对催产素的敏感性,必要时可先注射苯甲酸雌二醇 4～8 mg 或乙菧酚 8～12 mg,1～2 h 后,再进行 OXT 的处理。

2. 努责过强及破水过早

用指尖掐压病畜背部皮肤,使之减缓努责。如果已破水,可以根据胎儿姿势、位置等异常情况,进行矫正后,牵引;如果子宫颈未完全松软开张,胎囊尚未破裂,为缓解子宫的收缩和努责,可注射镇静麻醉药物;如果胎儿已经死亡,矫正、牵引均无效果,可施行截胎术或剖宫产术。

3. 子宫捻转

若临产时发生子宫捻转,应首先将子宫转正,然后拉出胎儿;若产前发生捻转,应对子宫进行矫正。矫正子宫的方法通常有 4 种,即通过产道或直肠矫正胎儿及子宫、翻转母体、剖宫矫正或剖宫产。后 3 种方法主要用于捻转程度较大而产道极度狭窄,手难以进入产道或用于子宫颈尚未开放的产前捻转。

4. 子宫颈开张不全

当子宫颈开张不全时,助产取决于病因、胎儿及子宫的状况。如果牛的阵缩努责不强、胎囊未破且胎儿还活着,须稍等候,使子宫颈尽可能开张,否则过早拉出易造成胎儿或子宫颈损伤。在此期间,可注射己烯雌酚、OXT 和葡萄糖酸钙等进行药物治疗,也可根据子宫颈开张的程度、胎囊破裂与否及胎儿的死活等选用牵引术、剖宫产术或截胎。

5. 胎儿过大

对于胎儿过大引起的难产而言,可以选用的助产方法:①用牵引术协助胎儿产出(产道灌注润滑剂,缓慢牵拉);②用外阴切开术扩大产道出口;③用剖宫产术取出胎儿;④用截胎术缩小胎儿的体积,取出胎儿;⑤当母畜超出预产期且怀疑为巨型胎儿时,可用人工诱导分娩。

6. 双胎难产

对于双胎难产而言,助产原则是先推回一个胎儿,再拉出另一个胎儿,然后再将推回的胎儿拉出。在推回胎儿时,由于怀双胎的子宫容易破裂,推的时候应谨慎小心。双胎胎儿一般都比较小,拉出并无多大困难,但在推之前,须将 2 个胎儿的肢体分辨清楚,不要错把 2 个胎儿的腿拴在一起外拉。如果产程已很长,矫正及牵引均困难很大,可用剖宫产术或截胎术。双胎难产救治后多发生胎衣不下,因此应尽早用手术法剥离,并及时注射 OXT。

7. 胎势异常

对于胎势异常而言,一般需要将胎儿推回腹腔,此时,大多需要施行硬膜外麻醉,将胎儿矫正后再用牵引术拉出。胎势异常可能是单独发生,也可能与胎位、胎向异常同时发生。

8. 胎位异常

胎儿只有在正常的上位时,才能顺利产出。在救治胎位异常这类难产时,必须要将侧位或下位的胎儿矫正成上位。在矫正时,必须先将胎儿推回,然后在前置的适当部位用力转动胎儿。如果能使母畜站立,则矫正较容易。

9. 胎向异常

这类难产极难救治。救治的主要方法是转动胎儿,将竖向或横向矫正成纵向,即一般先将最近的肢体向骨盆入口处拉。如果四肢都差不多,最好将其矫正为倒生,并灌入大剂量的润滑剂,防止子宫发生损伤或破裂;如果胎儿死亡,则宜施行截胎术;当胎儿活着时,宜尽早施行剖宫产术。

二维码视频 8-1
分娩助产

▶ 第四节　产后仔畜和母畜的护理

分娩后,母畜的生殖器官发生了很大变化,机体的抵抗力减弱,为病原微生物的入侵和繁衍创造了条件,因此必须加强对母畜的护理。在新生仔畜产出后,周围环境和生活条件发生了根本性变化,为了使仔畜适应外界环境,更好地生长发育,必须加强护理。

一、新生仔畜的护理

新生仔畜是指断脐到脐带干缩脱落这个阶段的幼畜。虽然仔畜在出生后由原来的母体环境进入外界环境,生活条件和生活方式发生了巨大变化,仔畜的各个器官开始独立活动,但是其生理机能还不甚完善,抗病力和适应能力都很差,因此,这一阶段的主要任务是促使仔畜尽快适应新环境,以减少新生仔畜的病患和死亡。

(一)防止窒息

仔畜在出生后应立即清除其口腔和鼻腔的黏液,以防新生仔畜窒息。一旦出现窒息,应立即查找原因,并进行人工呼吸。

(二)注意保温

由于新生仔畜的体温调节中枢尚未发育完善,皮肤调节体温的能力也比较差,故在外界环境温度较低,特别是在冬春季节时要注意仔畜的防寒、保温。分娩后,应立即擦干羊水或让母畜舔干仔畜身上的黏液,以减少仔畜热量的散失,且利于母仔感情的建立。新生仔畜不仅对低温很敏感,而且对高温也很敏感。例如,出生 2～3 d 的羔羊在 38 ℃的温度下只能存活 2 h 左右。因此,在高热季节要注意仔畜的防暑。

(三)帮助哺乳

母畜在产后的最初几天分泌的乳汁为初乳,一般产后 4～7 d 即变为常乳。初乳的营养丰富,蛋白质、矿物质和维生素 A 等脂溶性维生素的含量较高,且容易消化,甚至有些小分子物质不经肠道消化便可直接吸收。特别是初乳内含有大量的免疫抗体,这对于新生仔畜获得免疫抗体、提高抗病能力是十分必要的。因此,新生仔畜必须尽早吃到初乳。

(四)开展人工哺乳或寄养

对因产仔过多、母畜奶头不够或母畜产后死亡等而失乳的仔畜进行人工哺乳或寄养时,要做到定时、定量、定温;当用牛奶或奶粉给其他畜种的仔畜人工哺乳时,最好除去脂肪并加入适量的糖、鱼肝油、食盐等添加剂,并做适当的稀释。

(五)防止脐带炎

一般仔畜在断脐后经 2～6 d,脐带即可干缩脱落。若在断脐后消毒不严,脐带受到污染或被尿液浸润或仔畜相互吮吸脐带,就易引起感染,进而发生脐血管及其周围组织的炎症。这种情况在犊牛和幼驹中比较常见。在脐带炎发生初期,可在脐孔周围皮下分点注射青霉素普鲁卡因溶液,并局部涂以松榴油与 5％碘酊的等量合剂;若发生脓肿,则应切开脓肿部,撒以磺胺类药粉,并用绷带保护。对于脐带坏疽性脐炎,要切除坏死组织,用消毒液清洗后,再用碘溶液、石炭酸或硝酸银腐蚀药涂抹。

二、产后母畜的护理

母畜在分娩和产后期的生殖器官发生很大变化:产道的开张、产道和黏膜的某些损伤以及分娩后子宫内沉积的大量恶露使母畜在这段时间抵抗力降低,并易于被病原微生物侵入和感染。因此,为促使产后母畜尽快恢复正常,应加强对产后母畜的护理。

母畜在产后要供给质量好、营养丰富和容易消化的饲料。根据家畜品种的不同,一般在 1～2 周即可转为常规饲料。由于恶露排出,母畜的外阴部和臀部要经常清洗和消毒,勤换洁净的垫草。役用母畜在产后 15～20 d 内应停止使役。应注意观察产后母畜的行为和状态是否有胎衣不下、阴道或子宫脱出、产后瘫痪和乳腺炎等疾病发生。一旦发现异常情况,应立即采取措施。

母畜在分娩时由于脱水严重,一般都口渴。因此,在母畜产后应及时供给新鲜清洁的温水,且饮水中最好加入少量食盐和麸皮,增强母畜体质,以利于恢复健康。

三、产后母畜子宫和卵巢的恢复

(一)子宫的恢复

分娩后,子宫黏膜表层发生变性、脱落,原属母体胎盘部分的子宫黏膜被再生黏膜代替,子宫恢复到正常的体积和功能的过程称为子宫复旧(involution of uterus)。对牛、羊来说,子宫阜的体积缩小,并能逐渐恢复到妊娠前的大小。在黏膜再生的过程中,变性脱落的子宫黏膜、白细胞、部分血液、残留在子宫内的胎水以及子宫腺分泌物等被排出,这种混合液体叫作恶露(lochia)。恶露最初为红褐色,继而变成黄褐色,最后变为无色透明。恶露排尽的时间:猪为 2～3 d,牛为 10～12 d,绵羊为 5～6 d,山羊为 12～14 d,马为 2～3 d。恶露持续的时间过长或者颜色异常有可能是子宫某些病理性变化的反应。

随着子宫黏膜的恢复和更新,子宫肌纤维也发生相应的变化。在开始阶段,子宫壁变厚,体积缩小;随后子宫肌纤维变性,部分被吸收,子宫壁变薄并逐渐恢复到原来的状态。子宫复原的时间:猪为 10 d 左右,牛为 9～12 d,水牛为 30～45 d,羊为 17～20 d,马为 13～25 d。子宫复旧的速度因家畜的种类、年龄、胎次、是否哺乳、产程长短、是否有产后感染或胎衣不下等因素而有所差异。健康状况差、年龄大、胎次多、哺乳、难产及双胎妊娠、产后发生感染或胎衣不下的母畜,其复旧较慢。

(二)卵巢的恢复

分娩后,卵巢恢复的时间在不同畜种间的差异较大。由于母马卵巢上的黄体在妊娠后半期已开始萎缩,分娩前黄体已消失,因此,母马在分娩后不久就有卵泡发育,并在产后 6～13 d 出现产后第一次发情排卵。母马此时的生殖器官尚未恢复原状,故配种受胎率低,流产率可达 12%,一般不予配种,可考虑在第二次发情时配种。

母猪在分娩后的黄体退化很快,在产后 3～5 d,部分母猪会出现无排卵的发情现象。由于绝大部分母猪正处于哺乳期,其发情和排卵受到抑制。母猪通常在断奶后 3～5 d 发情排卵。

母牛卵巢上的黄体到分娩后才被吸收,故产后第一次发情不仅出现较晚,而且往往只排卵无发情。95% 的奶牛在产后 50 d 左右出现第一次发情,只有 40% 的肉牛在产后 50 d 左右出现第一次发情。产后为哺乳犊牛而增加的挤奶次数也会使母牛在产后的发情排卵的时间延迟。

四、母畜产后常见病的防治

(一)胎衣不下

1.胎衣不下的概述

母畜分娩后胎盘(胎衣)在正常时间内未排出体外的现象称为胎衣不下或胎盘滞留(retention of fetal membranes)。

各种家畜在分娩后,马在 1.5 h,猪在 1 h,羊在 4 h,牛在 12 h 内不排出胎衣,则可认为发生了胎衣不下。各种家畜都可能发生胎衣不下。相比之下,以牛最多,尤其在饲养水平较低或生双胎的情况下,发生率可达 30%～40%。奶牛胎衣不下的发生率一般在 10% 左右,个别牧场可高达 40%。猪和马的胎盘为上皮绒毛膜型胎盘,不如牛、羊的子叶型胎盘牢固,所以胎衣不下发生率较低。

除饲养水平低可引起胎衣不下外,流产、早产、难产、子宫捻转等都能在产出和取出胎儿后由子宫收缩乏力而引起胎衣不下。此外,胎盘发生炎症、结缔组织增生使胎儿胎盘与母体胎盘发生粘连,也易导致胎衣不下。

胎衣不下有部分和全部不下之分。当发生胎衣全部不下时,胎儿胎盘的大部分仍与子宫黏膜相连,仅见一部分胎膜悬挂于阴门之外。当发生胎衣部分不下时,大部分胎衣已经排出体外,一部分胎衣仍残留在子宫内,从外部不易发现。对于牛而言,诊断的主要依据是恶露的排出时间延长,有臭味,并含有腐败胎盘碎片。马的胎衣被排出后,可在体外检查胎衣是否完整。猪的胎衣不下多为部分滞留,病猪常表现为不安,体温升高,食欲减退,泌乳减少,喜喝水,阴门内流出红褐色液体,内含胎盘碎片。检查排出的胎盘上脐带断端的数目是否与胎儿数目相符,就可判断猪的胎盘是否完全排出。

2.胎衣不下的处理

(1)促进子宫收缩 肌肉或皮下注射 OXT,促进子宫收缩,加快排出子宫内已腐败分解的胎衣碎片和液体。其剂量为牛 50～100 IU,羊和猪 5～10 IU,注射 2 次(间隔时间为 2 h)。药物处理宜早,最好在产后 8～12 h 注射。如果在分娩后 24～48 h 处理,则效果不佳。除 OXT 外,还可皮下注射麦角新碱,牛为 1～2 mg,猪为 0.2～0.4 mg。

（2）子宫内投药　在子宫黏膜与胎盘之间投放四环素族、土霉素、磺胺类或其他抗生素，以起到防止胎盘腐败及子宫感染的作用，并等待胎衣自行排出。对于大家畜而言，每次投药 1～2 g；对于小家畜而言，可向子宫内灌注 30 mL 抗生素溶液，隔天投药 1 次，连用 1～3 次。

子宫内注入"宫复康"（复方缩宫素乳剂）50～100 mL，每天 1 次，直到胎衣排出。宫复康具有消毒，促进子宫收缩的作用。其既可促进胎盘排出，又可预防子宫感染。

在子宫内注入 5％～10％盐水 1～3 L，可促使胎儿胎盘缩小后从母体胎盘上脱落，并有刺激子宫收缩的作用。然而，由于高渗盐水的刺激性强，故使用后必须及时排出。

（3）注射抗生素　在胎衣不下的早期阶段，通常采用肌内注射抗生素的方法；当出现体温升高、产道创伤或坏死时，还应根据临床症状的轻重缓急，增大药量或改用静脉注射，并配合应用提高抵抗力的支持疗法。特别对于小家畜而言，全身用药是治疗胎衣不下必不可少的。

（4）手术疗法　若经上述方法治疗后的 1～3 d 内胎衣仍不排出，应立即进行胎衣剥离手术。在手术前，将牛站立保定，用 1％来苏儿将外阴、尾根及露出的胎膜洗净消毒，并将尾拉向前侧方拴好。手术者剪短手指甲，消毒并涂上凡士林，左手握住露出阴门外的胎膜，右手指并拢，沿胎膜和阴道黏膜之间插入子宫内，先摸找最近一个粘连的胎儿子叶与子宫子叶，并把子宫子叶夹在食指与中指之间，用拇指轻轻下翻，剥离胎儿子叶，使之与子宫子叶分离，同时左手轻轻牵拉露出阴门外的胎衣。

在剥离胎衣时，要由近到远，耐心轻轻地逐个剥离。若子宫角末端剩下几个胎儿子叶不易剥离，就不要勉强硬剥，而应让其自然排出。在剥离胎衣时，一定要分清胎儿子叶和子宫子叶，防止误将子宫子叶扯下来，引起大出血。在胎衣剥完后，必须用 0.1％的高锰酸钾（或用 0.1％新洁尔灭，或其他刺激性小的消毒液）冲洗，防止子宫内膜感染。冲洗时，先将粗橡胶管（如马胃管、子宫洗涤管）的一端插至子宫的前下部，管的外端接上漏斗，倒入冲洗液 2～4 L，待漏斗液体快流完时，迅速把漏斗放低，借虹吸作用使子宫内液充分排出。有时母牛的强烈努责会自行将子宫内液体排出。这样反复冲洗 2～3 次，直至流出液体基本清亮为止。冲洗完后，子宫内放置抗生素（土霉素或金霉素 2 g，呋喃西林 1 g 或碘仿 1 g，氨苯磺胺 10 g 及磺胺噻唑 10 g），隔天 1 次，连用 2～3 次。在冲洗子宫时，橡皮管的一端要放在子宫的前下部，以便冲洗液能充分排出。插管时，要把握子宫的深浅，不要插管过深，用力过猛，以防将子宫壁穿破。

如果在处理时子宫颈口缩小，就可先肌内注射己烯雌酚（牛 10～30 mg），使子宫颈口开放，排出腐败物，然后再放入防止感染或促进子宫收缩的药物。

（二）子宫脱出

子宫角或子宫突出阴道内称为子宫内翻，内翻脱出阴门外称为子宫脱出。两者只是脱出的程度不同而已。子宫脱出多发生在分娩后的几小时，常见于奶牛。发生的原因可能是胎儿过大、助产不当、大量饮冷水和年老体衰等。

子宫内翻的母牛表现为不安、努责或频频举尾。在检查阴道时，可发现翻转的子宫角。当母牛卧下时，可以看到阴道内翻转的子宫角，此时应及时整理复位，否则子宫内翻脱出会越来越严重，甚至整个子宫会内翻脱出阴道。此时，应及早手术整复，并注射抗生素等。

（三）阴道脱出与阴道外翻

根据阴道脱出的程度同，其可分为完全脱出和不完全脱出。阴道脱出与阴道外翻多见于妊娠后期和产后。本病发生于牛和山羊,绵羊很少见到。牛和山羊多发生在妊娠后期。当阴道完全脱出时,常见阴道壁似一个排球大至一个篮球大的带状物脱出阴门之外,不能自行回缩。脱出部分由于血液循环受阻,黏膜淤血水肿,呈紫红色或暗红色。随着病程的延长,黏膜表面干燥,流出部分常被粪便、泥土污染,严重时会造成流产,甚至死亡。当阴道部分脱出时,患牛只是在卧下时从阴门突出似拳头大小的粉红色带状物,站起时脱出部分能自行缩回。当发生阴道脱出时,除稍有不安、常拱背作排尿状外,牛的全身状况多无变化;山羊可能伴有腹膜炎及败血病的症状。

阴道脱出与阴道外翻的发生原因主要是在妊娠后期胎儿过大或双胎,腹内压过高压迫阴道。其他的原因可能是胎盘分泌大量雌激素、松弛素,使阴道组织弛缓、韧带松弛。还有一些营养不良的老牛的全身组织器官松弛也容易发生阴道脱出。阴道脱出的治疗应视脱出的程度而采用阴门局部缝合等不同的治疗方法。

(四)子宫复旧不全

分娩后,子宫恢复至未孕状态的时间延长称为子宫复旧不全或子宫弛缓。本病多发生于老龄经产母畜,特别奶牛。其病因主要是老龄、瘦弱、肥胖、运动不足、胎儿过大、难产及胎衣不下等。

子宫复旧不全的患畜在产后恶露排出时间大为延长,腐败分解产物而继发子宫内膜炎,常引起体温升高、精神不振、食欲和产奶量下降。在治疗时,应增强子宫收缩,促使恶露排出,以防止子宫内膜炎的发生。

(五)产后瘫痪

产后瘫痪通常是在产后突然发生的一种严重代谢性疾病,又称急性低钙血症,中医称之为胎风或产后风。乳牛通常在分娩后 72 h 内发生,少数则在分娩过程中或分娩前数小时发病。产后瘫痪常见于喂给大量精料及营养状况良好的高产奶牛,发病率在 10% 左右,9 月的发病率最高。如果治疗不及时,就会发生死亡。

病牛在初期表现为食欲减退,反刍、瘤胃蠕动微弱或停止,精神不振,低头耷耳,肌肉发抖,站立不稳;然后是后肢出现瘫痪症状,逐渐过渡到意识消失,四肢麻痹昏睡,头颈弯曲,角膜浑浊,流泪,瞳孔放大,肛门松弛,眼睑及皮肤反射消失,体温逐渐降低,耳及四肢冰冷。如不及时治疗,可在几小时内死亡。

发生产后瘫痪的原因目前尚不清楚,一般认为与产后血钙和血糖的含量剧烈减少有关。钙具有降低肌肉兴奋的作用。钙的降低会使神经肌肉过度兴奋从而导致身体抽搐及强直性痉挛。血糖是维持脑细胞功能的必要能源物质。血糖的急剧下降使大脑皮质受到抑制,继而引起知觉消失、四肢瘫痪等症状。

治疗产后瘫痪的方法较多。补钙(静脉注射 10% 葡萄糖酸钙溶液 800～1 200 mL 或 5% 氯化钙注射液 600～800 mL)、注射维生素 D_3、乳房送风等均有较好的疗效。

▶ 第五节　诱导分娩

当妊娠期即将结束时,可利用外源激素诱导母畜在预定的时间内分娩,以便于有计划地组织人力,安排生产。

一、诱导分娩的意义

诱导分娩(induction of parturition)也称引产,是指在母畜妊娠末期的一定时间里,采用外源激素制剂处理,控制母畜在人为确定的时间内完成分娩。诱导分娩是控制分娩时间和过程的一项繁殖管理措施。如果将诱导分娩的适用时间加以扩大,不再考虑胎儿在产出时的死活以及胎儿在产出后是否具有独立生活能力,那么这就是人工流产(artificial abortion)。人工流产的概念也包括在胚胎分化完成之前人为中断妊娠。分娩控制可用于各种家畜。使用的激素主要有 $PGF_{2\alpha}$ 及其类似物、皮质激素及其类似物,此外,还有雌激素、OXT 等。通过分娩控制有效地改变母畜自发分娩的程度是有限的。根据不同家畜的妊娠期,诱导分娩的时间要适宜。可靠而安全的分娩控制的处理时间一般安排在正常预产期结束之前数日内进行。过早的诱导分娩会造成泌乳量减少等不良影响。时间提早愈多,影响愈大。由于不同品种和个体对激素的反应性存在差异,因此,诱导分娩的时间很难控制在一个狭小的时间范围内,多数母畜能在投药处理后 20～50 h 内分娩。因此,诱导分娩和人工流产都是人为中断妊娠,使孕畜将胎儿排出体外。诱导分娩的意义在于以下几点。

第一,在一定程度上可使母畜的分娩分批进行,对母畜和仔畜的护理集中进行,从而节省了人力和时间,充分而有计划地使用产房及其他设施。

第二,采用分娩控制可在预知分娩时间的前提下进行有准备的护理工作,防止母畜和仔畜可能发生的伤亡事故。

第三,与同期发情技术相配合既有利于建立工厂化畜牧业的生产模式,也有利于分娩母畜之间新生仔畜的调换、并窝和寄养。

第四,可将绝大多数母畜的分娩控制在工作日和上班时间内,以避开假日和夜间值班。

第五,胎儿在妊娠末期生长发育速度很快,诱导分娩可以减轻新生仔畜的初生重,降低因胎儿过大发生难产的可能性。其适用于母畜骨盆发育不充分、妊娠延期以及本地体格较小的母畜怀外来大型品种的杂种胎儿等情况。

二、诱导分娩的方法

(一)牛的诱导分娩

由于 ACTH 可以刺激内源性糖皮质激素的分泌,因此可以用于牛的诱导分娩。最好的药物主要是糖皮质素和 $PGF_{2\alpha}$,雌激素也可以作为辅助用药。在妊娠后期,母牛血浆中雌激素水平已升高后,进行诱导分娩效果较好。糖皮质素类药物包括地塞米松(dexamethasone)、氟米松(flumethasone)和倍他米松(betamethasone),常用的前列腺素为氯前列烯醇(cloprostenol)。

糖皮质素分长效和短效 2 种:长效型为糖皮质素的不溶性酯或悬液。其可以在预计分娩前 1 个月左右注射,用药后 2～3 周,诱发分娩;短效型多为糖皮质素的酒精或可溶性脂类溶液。其可诱发母牛在 2～4 d 内分娩。一般在母牛在预产期前 2 周用短效型进行诱导分娩,有效率为 80%～90%。例如,一次性肌内注射 20～30 mg 地塞米松或 8～10 mg 地塞米松,母牛一般在处理后 24～72 h 分娩,平均为 48 h。如果同时肌内注射 25 mg 雌二醇,就可以使从激素处理到产犊的间隔时间缩短几个小时。一次性肌内注射 25 mg PGF$_{2\alpha}$ 或 500 μg 氯前列烯醇的效果与短效型糖皮质素非常类似,即约 90% 的母牛在处理后 24～72 h 分娩。有报道称,用前列腺素诱导分娩,母牛的难产率和死胎率稍高些,所以可先用长效糖皮质素处理,引起大部分母牛分娩,对尚未分娩的母牛再用短效糖皮质素或 PGF$_{2\alpha}$ 制剂处理。过程方法可得到较为理想的引产效果。

牛的诱导分娩虽有一些成功的处理方法,但是尚存在一些问题。其主要表现为在当采用短效糖皮质素或 PGF$_{2\alpha}$ 制剂时,常伴有胎衣不下的现象。一般进行诱导分娩的时间距妊娠期满的时间不能太长,如果早于正常分娩期 1～2 周分娩,胎衣不下的比例高达 75%～90%;如果接近或已超过分娩期诱导分娩,则胎衣不下的比例为 10%～50%。

(二)羊的诱导分娩

绵羊在妊娠 144 d 时注射地塞米松(或倍他米松)10～20 mg,或 2 mg 地塞米松,多数母羊可在注射后的 40～60 h 内产羔。在妊娠 141～144 d 时,注射 15 mg PGF$_{2\alpha}$ 也能使母羊在 3～5 d 内产羔。虽然绵羊难产和胎衣不下的比例不高,但是会出现新生羔羊生活力差、死亡率高、多羔和羔羊体重偏小等问题。

山羊在整个妊娠期都依赖黄体产生孕酮,因此,使用 PGF$_{2\alpha}$ 可以成功诱导山羊分娩。一次性肌内注射 5～20 mg PGF$_{2\alpha}$ 或 62.5～125 μg 氯前列烯醇可使母羊在处理后 27～55 h 分娩,平均为 33～35 h。应注意的是,必须在妊娠 140 d 以后才能诱导分娩。

(三)猪的诱导分娩

根据猪的分娩机理,3 类激素可用于猪的诱导分娩:①肾上腺皮质激素及其类似物;②PGF$_{2\alpha}$ 及其类似物;③OXT。

猪的有效诱导分娩处理时间一般在妊娠 112 d 后,最好的药物是 PGF$_{2\alpha}$ 或其类似物。在母猪妊娠 112 d 后,一次肌内注射 10 mg PGF$_{2\alpha}$ 或 0.2～0.4 mg 氯前列烯醇可使母猪在处理后 30 h 分娩。如果早上注射药物,多数母猪通常就会在第 2 天的白天分娩。如果采用注射氯前列烯醇后 20～24 h 加注 30 IU OXT,其分娩时间就会略有提前,并能比较准确地控制分娩的时间。

在分娩前数日,先注射孕酮 3 d,每天 100 mg,第 4 天注射氯前列烯醇 0.2 mg,可使分娩时间控制在较小的范围内。

(四)马的诱导分娩

马一般采用糖皮质素、PGF$_{2\alpha}$ 和 OXT 进行诱导分娩。临近分娩的母马应对其采用低剂量的 OXT。乘用母马对其可选用地塞米松,每天 100 mg,连续注射 4 d,即可引起分娩,从药物注射到产驹的时间一般为 6.5～7 d。小型马的效果更为明显,多数母马可在 3～4 d 产驹。

PGF$_{2\alpha}$ 及其含氟的合成类似物(氟前列烯醇)也可用于马的引产。但 PGF$_{2\alpha}$ 在临近分娩时使用有造成死驹的可能;氟前列烯醇则可促使母马在 1～3 d 内完成分娩。

雌激素只有与 OXT 结合使用,才能发挥其促进分娩的作用。雌激素的预先作用可引起子宫颈扩张变软,继而在 OXT 的作用下发动分娩。

(五)犬和猫的诱导分娩

在临床上对犬和猫的诱导分娩研究还不充分,尚未找到精确诱导分娩的方法,安全有效的人工流产方法也有待建立。目前唯一安全的方法是摘除妊娠黄体。对于猫来说,妊娠的最后一周摘除黄体可能无效。

　　给犬连续注射 10 d 地塞米松,每天 2 次,每次每千克质量 0.5 mg,在妊娠 45 d 之前可引起胎儿在子宫内死亡和吸收;在妊娠 45 d 之后可引起流产。雌激素对犬有很大的毒性,因而不能使用。犬在 40 日龄之内的妊娠黄体对大多数溶黄体药物具有抵抗力。在妊娠 40 d 以后注射 $PGF_{2\alpha}$,每天 2 次,每次每千克质量 25～250 μg,可连续注射,直到流产为止。$PGF_{2\alpha}$ 对猫没有溶黄体作用。在妊娠后期,当猫处于应急状态或事先注射过 ACTH 时,每天每千克质量注射 0.5～1 mg $PGF_{2\alpha}$,连续 2 d,即可引起流产。这可能是 $PGF_{2\alpha}$ 使平滑肌收缩的结果。

复习思考题

　　1.试述家畜分娩机理。

　　2.试述决定正常分娩的因素。

　　3.家畜临近分娩时有哪些预兆?

　　4.家畜分娩分哪三个阶段?

　　5.简述正常分娩的助产方法。

　　6.试述难产的种类及其处理方法。

　　7.产后对母畜、仔畜应如何护理?

　　8.试述胎衣不下的处理方法。

　　9.试述诱导分娩的意义及主要处理方法。

第九章

泌乳与哺乳

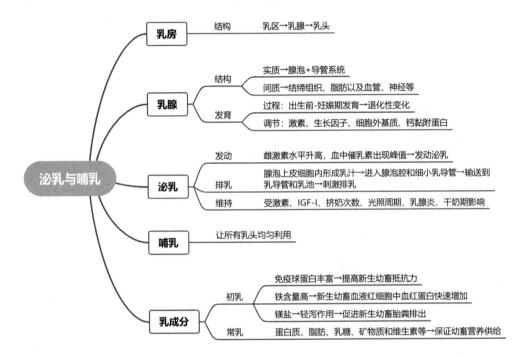

泌乳和哺乳是哺乳动物哺育后代所必需的生理活动。乳汁是幼畜生长发育的主要营养来源，也是人类理想的天然食品。乳汁分为初乳和常乳 2 种。其产生的过程包括乳腺的发育、腺泡上皮细胞的分泌以及排乳。本章就各种动物的乳房特征、乳腺的结构与发育过程、泌乳的发动与维持、哺乳及乳的成分等内容进行了介绍。

Milk secretion and lactation are essential physiological events for feeding off springs in mammals. Milk is the main nutritional source for the development of puppies, and also is the ideal and natural food for people. Milk can be divided into the colostrum and normal milk. Galactosis includes the development of mammary glands, milk secretion from acinar epithelial cells, and milk ejection. This chapter mainly describes the characters of breast in various animal species, structure and development of mammary glands, onset and maintenance of milk secretion, lactation and milk composition, etc.

中国乳业发展历史简介

新中国成立之初,百废待兴,乳业举步维艰。改革开放后,改革的浪潮突破了计划经济体制的限制,打开了乳业全面发展的时间阀门,加快了乳业的发展步伐。2008年,婴幼儿奶粉事件的暴发使当时蓬勃发展的乳业陷入低迷。自此,乳制品的法律法规及标准相继颁布,形成了逐步完善的法规标准体系。经过10年的卧薪尝胆,中国乳业已经实现了与国际先进标准对接,部分企业、部分领域已进入世界前列。2018年起,中国乳业步入振兴期。中国乳业对自身品牌不断地完善和维护,使其从一开始便立下的"做大"目标慢慢转变并实现了"做强"。

▶ 第一节　乳房及乳腺

乳房是哺乳动物所共有的特征性腺体,一般成对生长,左右对称。哺乳动物的两性都有乳房。只是雄性动物的乳房发育不完全,不具备泌乳能力。虽然各种动物的乳房结构基本相似,但是其乳房大小、形态以及乳腺和乳房的乳头数目则差异较大。

一、各种动物的乳房特征

(一)牛

牛的乳房位于牛体后躯腹壁之下,两股根部之间。其外形与品种、年龄、泌乳期、护理及组织发育程度等因素有关,有浴盆形、袋形、发育不平衡形和扁平形等。发育良好的乳房呈浴盆形。牛的乳房分为前、后、左、右4个乳区,前、后由少量结缔组织相隔,左、右则由正中悬韧带和隔膜分开。每个乳区相互独立,互不相通,各有一个完整的乳腺和一个乳头。每个乳腺就像一棵树一样,由大小不同的导管及其末端的腺泡组成。乳房的体积取决于乳腺组织的发育程度。在浴盆形乳房中,腺体组织可达75%～80%,结缔组织占20%～25%。若结缔组织超过40%,则为明显的"肉乳房"。这种乳房不仅乳汁生成量减少,而且乳房的有效容量也减少。每个乳区下端各有一个乳头,其大小、形状和质地因品种、年龄、个体、泌乳状态及泌乳期而有较大的差异,大体呈圆锥形,长为5～8 cm。

奶牛的乳头长度和相互间距离对挤奶方法影响很大。乳头长度在5 cm以下为短形,乳头长度在10 cm以上为长形,各乳头间的距离以8～12 cm为宜。乳头下端中央,有一个乳头孔,为乳头管的开口。在牛群中,20%～40%的母牛可见到副乳头,常生长在前、后乳头之间或后乳头之后或从正常乳头支生,有一定遗传性,成年后会影响挤奶,容易感染而引起乳房疾病。乳房皮肤比其他部位的皮肤更松软和薄,上面被有稀疏、柔软的长毛,分布有汗腺和皮脂腺。乳房后部皮肤到阴门裂之间有一片带有线状毛流的皮肤褶,称为乳镜,这是用来估计产乳能力的标志之一。乳镜越大,乳房就越能舒展,所含的乳汁就越多。

（二）羊

绵羊和山羊的乳房分为左、右2个乳区,每个乳区有1个乳腺和1个乳头,其解剖结构与牛相似。乳用羊(如萨能奶山羊、东弗里生奶绵羊)的乳房较为发达。绵羊的乳头皮肤比山羊和牛的乳头皮肤更薄。

（三）猪

猪的乳房有4~9对乳区,平行且对称地排列于腹正中线的两侧,前至胸骨,后至腹股沟处。每个乳区有2个乳腺,分别有各自独立的腺泡和导管系统,共同开口于同一乳头。对大白猪的研究表明,群体乳头数均值可反映品系繁殖性能水平,代表品系特征。群体乳头数下降趋势是导致闭锁群繁殖性能退化的重要诱因。保持乳头数的动力来源于母本,而乳头数改变的动力来源于父本。

（四）马

马的乳房位于两股之间,体积和游离性均较小。马的整个乳房分左、右2个乳区,每个乳区有2个乳腺。乳房的解剖结构与猪相似,每个乳腺有各自独立的腺泡和导管系统,共同开口于同一乳头上。

（五）其他动物

兔、犬和猫的乳房与猪相似,一般有5对乳区,乳池不发达,乳汁经乳头管直接排出体外。小鼠的乳房由3~4对乳区组成,对称排列于腹正中线两侧,无乳池。

二、乳腺的基本结构

乳腺主要由实质和间质组成:实质具有合成、分泌乳汁和排乳功能;间质则对实质起支持作用。乳腺的泌乳能力主要与实质部分有关,实质部分越多,泌乳能力就越强。发育良好的高产奶牛的乳房肯定大,其实质部分所占的比例一般应为75%以上。

（一）实质

乳腺的实质包括腺泡和导管系统。

1.腺泡

泌乳期的腺泡呈囊状,鸭梨形,是乳腺的基本泌乳单位。腺泡壁由腺上皮、肌上皮和基膜组成。腺上皮为单层立方或柱状上皮,在腺泡壁的最里层,是合成和分泌乳汁的地方;肌上皮在腺上皮和基膜之间,由有树枝状突起的肌上皮细胞(即星芒细胞)相互联结形成,其收缩可使腺泡缩小,排出腺泡腔内乳汁。基膜富含毛细血管,可为乳汁的合成提供营养。每个腺泡都与一个细小排乳小管——终末乳导管相连(图9-1)。多个腺泡常聚集在一起,一组一组存在,从而形成大小不等的腺小叶。

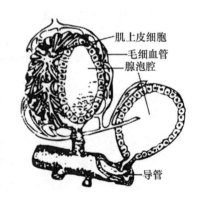

图9-1 泌乳乳腺腺泡结构

(资料来源:仿动物生殖生理学,郑行,1994)

2.导管系统

导管系统是乳腺排出乳汁的管道系统,起始于终末乳导管,逐渐汇合形成中等的乳导管、较大的乳导管和更大的乳导管,最后汇入乳池。乳导管由单层上皮细胞构成,具有泌乳功能。其管壁内含有平滑肌,在催产素的作用下收缩,排出乳汁。乳池是乳导管集合形成的膨大部,具有储留乳汁的作用。乳池分为上、下两部分,上部为乳腺乳池,下部为乳头乳池。奶牛的乳腺乳池较大,容积为 100~400 mL;乳头乳池较小,容积只有 30~45 mL。乳头乳池下端与乳头管相通,乳头管经乳头孔通向体外。

乳腺导管系统的结构和乳头管的数目在不同动物之间差异很大。牛、羊乳腺占的比例大,乳池发达,特别是乳用品种。牛的乳腺导管系统汇聚成 8~12 条大的乳导管,分别通入乳腺乳池,再通过 1 个乳头乳池和乳头管通向体外。猪、兔、犬和猫等虽然没有乳池,但是在乳头内却有多条乳头管。

(二)间质

乳腺的间质由腺泡和导管之间的结缔组织、脂肪以及血管、淋巴管、神经和韧带等组织构成。

韧带和结缔组织主要起固定和支持乳腺的作用。牛的乳房韧带有乳房悬韧带和乳房侧韧带 2 组,它们均分出许多板状支深入乳腺结缔组织,构成乳腺的网状支架。韧带富有弹性,除在固定和支持乳腺方面具有重要作用外,其还对保持乳房的正常形态具有重要意义。若悬韧带失去弹性,则乳房会出现下垂,严重者变成垂乳。

乳房血管丰富粗大,特别是在泌乳期。通向乳房的动脉和静脉血管有阴外动脉、会阴动脉、腹壁下静脉(乳静脉)、乳房前静脉和阴外静脉。它们源源不断地将营养物质输送到乳腺,满足腺泡上皮细胞产乳的需要,并将代谢产物从乳腺运出,以免影响乳腺的功能。

乳腺腺泡之间分布有许多小淋巴管,这些小淋巴管在腺小叶汇聚集合形成淋巴管,向上进入乳上淋巴结,经腹股沟至深腹股沟淋巴结或从乳上淋巴结进入直肠和生殖器官。

乳房的神经主要来自腰荐神经的腹侧支,少部分乳房的神经来自荐神经的腹侧支。乳房的传入神经主要为感觉神经,常包含在第一腰神经和第二腰神经的腹侧支、腹股沟神经和会阴神经中;传出神经则为交感神经,包括支配血管和平滑肌的运动神经。乳房有内感受器和外感受器:内感受器主要为化学和压力感受器,分布于乳腺的腺泡、导管和血管等部位;外感受器主要为机械和温度感受器,分布于乳房和乳头的皮肤。乳腺的反射性排乳与这些神经纤维和感受器有关。

三、乳腺的发育

(一)乳腺的发育过程

1.出生前的发育

乳腺是皮肤的附属腺,其结构近似皮脂腺,而功能活动则类似大汗腺。乳腺的原始腺体起源于外胚层。

(1)乳芽的形成　在腹中线两侧,前、后肢芽的连线上,多层皮肤外胚层形成嵴,成为乳腺最早可以辨认的结构——乳线。外胚层细胞沿着乳腺增生、迁移并相互融合,局部上皮增厚,形成基板(placode)。基板上皮细胞继续增生,形成上皮细胞组成的球状物,深入上皮的间充质,成为最初的乳芽。

(2)导管的形成 以牛为例,乳芽近端中心形成裂缝,并向间充质和乳头延伸形成乳腺乳池和乳头乳池。此后,在乳腺乳池的上部生长出几个次级乳芽,将形成通向乳腺乳池的乳导管,而由次级乳芽形成的乳导管又可形成下一级乳芽,从而形成乳腺的原始管道系统。同时,在乳头乳池远端的顶部形成一个有多层上皮的短管——乳头管。出生前的导管系统的发育仅限于靠近乳头基部的腺体区。

2.出生后至初情期的发育

出生时,乳腺主要由脂肪岛(为将来腺小叶发育的地方)和含有血管、神经的结缔组织组成,乳腺的主要导管(包括乳池和乳头管)、主要血管和淋巴管以及乳头的发育基本完成,已具有与成年动物相似的结构。在出生后至初情期前,乳腺的发育相对来说处在一个休止期,其发育很慢,腺泡和导管系统几乎没有发育。造成这个时期乳腺发育缓慢的主要原因是血液中的雌激素水平很低。发育休止的时间在种间有很大的差异:牛的发育休止时间为 6～8 月龄,大鼠的发育休止时间为 40 日龄,豚鼠的发育休止时间为 23～30 日龄。

牛在 6 月龄时乳腺的腺体组织和脂肪才开始生长,在 9 月龄时生长速度加快,明显快于体重的增长,为体重增长的 3.5 倍。

仔畜在断奶前可能会因吃了含有较高浓度母体激素的母乳而引起乳腺的发育。其原因是母乳中的残留激素会引起仔畜乳腺导管和腺泡的发育,甚至可使仔畜乳腺分泌被称为"巫乳"的乳汁。

3.初情期至妊娠期的发育

在初情期,乳腺的间质迅速生长,导管系统开始发育。在初情期过后,卵巢的活动使乳腺的发育受到强烈的刺激。在雌激素、催乳素和生长激素的协同作用下,乳腺的导管出现伸长、分支增加和管壁增厚的现象。随着发情周期的出现,乳腺会呈现波浪式发育,导管系统会发生周期性的变化。发情期的乳腺导管上皮细胞一般为方形,有分泌物;黄体期为圆柱形,管腔萎缩。即使在雌激素低的黄体期,导管的生长速度也仍然大于退化速度。因此,经过多个发情周期,导管就长满整个乳腺脂肪组织。

在初情期过后,乳腺的发育程度与动物的发情周期有关。对于发情周期与黄体期均比较短的动物(如大鼠、小鼠)而言,其乳腺的发育只限定在导管系统,腺泡很少发育或根本不发育;对于发情周期与黄体期均比较长的动物(如犬)而言,伴随导管系统的发育,其腺泡也有明显的发育。

4.妊娠期的发育

妊娠期是乳腺发育最快的时期。在妊娠初期,牛的血液中的雌激素水平升高,乳腺的导管系统进一步生长,导管继续延长,分支明显增多,导管数量显著增加,并深入小叶(图9-2),在导管的顶端开始形成无腔的腺泡;在妊娠中期,乳腺在孕酮的作用下,形成腺泡腔,腺泡上皮细胞由立方形转变为柱状;在妊娠后期,乳房明显增大,腺泡上皮细胞已具有分泌功能,分泌物中含有较多的脂肪球。临产时,乳腺开始分泌初乳。分娩后,开始正常的泌乳活动。

绵羊、山羊以及小反刍动物的乳腺发育与牛相似。在山羊妊娠 3～4 个月时,其腺泡开始具有分泌功能,分泌物中含有大量脂肪球。此外,山羊乳腺腺小叶常会集合形成腺叶。

猪在妊娠的第 45 天左右,其腺泡开始发育;在妊娠满 2 个月时,其已很发达,并具有分泌功能,但乳房不会出现膨胀;直到分娩前 4 天,腺泡才开始膨大;在分娩前 2 天,腺泡内才出现脂肪滴。

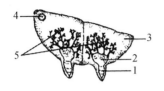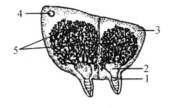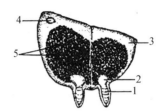

初情期前（仅乳池附近的腺管发育）　　妊娠前（腺管进一步发育）　　妊娠期（主要是腺泡发育）

1.乳头乳池;2.乳腺乳池;3.脂肪组织;4.乳上淋巴结;5.腺泡腺管系。

图 9-2　牛乳腺在不同时期的发育

（资料来源:仿兽医产科学,陈北亨、王建辰,2001）

5.乳腺的退行性变化

在泌乳动物停止哺乳或挤奶后,乳腺内压急剧增加,乳腺出现退行性变化。其主要表现为代谢活动急剧下降,泌乳能力丧失;小叶腺泡发生组织变性,腺体萎缩,间质再现脂肪;腺上皮细胞出现空泡、核浓缩甚至溶解;乳导管出现脂肪和蛋白微粒;残留乳汁渐渐被吸收;腺泡消失,仅仅留存导管系统和小叶间脂肪。当再次妊娠时,小叶腺泡才能够完全恢复。

（二）乳腺发育的调节

1.激素和生长因子

乳腺腺体的生长发育是卵巢激素和垂体激素共同作用的结果。雌激素和生长激素主要刺激乳腺导管系统的生长发育,而孕酮和催乳素主要刺激乳腺腺泡组织的发育。任何一种激素的缺乏、不足或者过量均可造成乳腺发育的欠缺或异常,从而最终影响泌乳。

（1）导管系统的发育　顶端乳芽的发育和乳导管的生长受雌激素及其受体 α（estrogen receptor α,ERα）的影响。随着雌激素及其受体 α 的增加,顶端乳芽的发育和乳导管的生长加快;反之,生长减慢。通过对缺乏激素受体或特殊生长因子的基因工程小鼠的研究证明,雌激素不能直接作用于导管系统,而是通过基质中的上皮生长因子（epidermal growth factor,EGF）的增加来促进乳腺导管的发育,即雌激素与其受体结合后,基质 EGF 增加,从而促进了乳腺导管的发育。同样,生长激素也不能直接作用于乳腺导管系统,其通过基质中的类胰岛素生长因子（insulin like growth factor,IGF-I）的增加来促进乳腺导管的发育。

乳导管分支是一个复杂的过程,受许多来自上皮或基质因子的调节,包括激素（雌激素、催乳素）、生长因子（肝细胞生长因子、转化生长因子等）、细胞外基质分子、基质金属蛋白酶、形态发生胶质和免疫细胞等。其中雌激素是乳腺导管分支产生的决定性调节因子。

大量研究表明,转化生长因子 β（transforming growth factor-β,TGF-β）可能是乳导管生长和分支的初始局部抑制因子。顶端乳芽和乳导管上皮细胞能够分泌 TGF-β,乳腺基质则有 TGF-β 受体表达,TGF-β 与受体结合能抑制肝细胞生长因子,从而抑制乳导管旁侧支和乳导管的生长,并使顶端乳芽变小,数量减少。另外,TGF-β 还能够促进甲状旁腺激素依赖性蛋白的分泌,抑制导管的生长和延长。

（2）腺泡的发育　孕酮和催乳素都参与了乳腺腺泡的形成。孕酮在妊娠期腺泡形成过程中起决定性作用。催乳素能够调节孕酮受体的表达和维持其在妊娠期的孕酮水平。

2.细胞外基质

顶端乳芽的向前生长与细胞外基质(extracellular matrix,ECM)的剧烈更新密不可分。顶端乳芽基底层中硫酸化糖胺聚糖(sulfated glycosaminoglycan,SGAGs)的增加可使基底层Ⅰ型胶原蛋白沉积,ECM增厚,从而消除顶端乳芽内细胞分裂产生的压力,顶端乳芽基部缩小至导管大小,形成乳导管。若Ⅰ型胶原蛋白沉积在顶端乳芽顶部的基底层,则会阻碍顶端乳芽的向前生长,并在Ⅰ型胶原蛋白沉积处的两侧形成2个新的乳芽,导致乳导管分叉。若Ⅰ型胶原蛋白不对称沉积,则顶端乳芽会拐弯,乳导管将会弯曲。

ECM的更新与TGF-β1和基质更新酶的作用有关。TGF-β1能够诱导细胞外基质的更新,能够抑制基质退化蛋白酶,刺激SGAGs的生成。基质更新酶包括基质金属蛋白酶(matrix metalloproteinases,MMPa)、基质糖胺聚糖糖酵解酶(如 β-葡萄糖醛酸酶)和多糖合成酶(如糖基转移酶)。抑制基质金属蛋白酶能够阻止顶端乳芽的扩展生长,减少其数量。在顶端乳芽的顶部基质中,MMP-2的表达能够分解顶端乳芽基底层蛋白如Ⅳ型胶原蛋白和层粘连蛋白,也能够调节TGF-β的活性。

3.钙黏附蛋白

上皮与基质之间以及上皮内细胞之间的正常联系对乳导管的正常发育极其重要。顶端乳芽内细胞与细胞之间联系的破坏会抑制顶端乳芽的生长。而细胞与细胞之间的联系与钙黏附蛋白(cadherin)有关。钙黏附蛋白是钙依赖性的细胞黏附蛋白,在顶端乳芽中至少有2种:一种为E-钙黏附蛋白,在顶端乳芽的腔细胞中表达。若缺乏,则腔细胞间的黏合将会被破坏,上皮DNA合成也随之急剧下降。E-钙黏附蛋白若恢复,则组织结构恢复,上皮DNA合成重新正常。另一种为P-钙黏附蛋白,在帽细胞中表达。若缺乏,则顶端乳芽帽细胞层将会被轻度破坏,DNA合成也会轻微下降。

此外,乳腺的发育还受神经系统的调节和支配。按摩乳房、挤奶或幼畜哺乳均可引起乳腺的进一步发育和维持产后的泌乳量。

▶ 第二节 泌乳的发动、维持与哺乳

在临近分娩时和分娩后,雌性动物发育完善的乳腺开始分泌乳汁的现象称为泌乳的发动。发动泌乳有很多因素,主要与分娩前后血液中的激素的浓度变化有关。泌乳发动后进入泌乳维持阶段,即进入泌乳期。泌乳期长短不仅在不同动物间存在很大差异,而且受多种因素的影响。

一、泌乳的发动与排乳

(一)泌乳的发动

大量研究表明,在分娩前后,动物血中出现的催乳素峰对泌乳的发动有直接作用。在妊娠期间,由于黄体产生大量孕酮,反馈性抑制了垂体催乳素的分泌,并使乳腺对催乳素的敏感性下降;另外,血液中高浓度的孕酮水平还会抑制雌激素对催乳素分泌的刺激作用,也使催乳素水平降低。在妊娠末期,特别是临近分娩前,妊娠黄体溶解,胎盘激素分泌能力降低,血液中的孕酮水平显著下降,对催乳素和雌激素的抑制作用被大大减弱或完全消失,乳腺对催乳素的敏

感性显著增强,导致雌激素水平升高,血液中的催乳素出现峰值,从而发动泌乳。

(二)排乳

乳汁在腺泡上皮细胞内形成后,连续分泌进入腺泡腔和细小乳导管,通过肌上皮细胞和导管壁平滑肌的反射性收缩,将乳汁周期性地输送到乳导管和乳池内,当乳头和乳房皮肤受到适当刺激后(如新生动物的吮吸或挤奶)排出体外的过程称为排乳。最先排出的乳是乳池乳,当乳头括约肌开放时,乳池乳依靠本身的重力作用便可被顺利排出;腺泡和导管内的乳由排乳反射的作用才会被排出,这些乳称为反射乳。我国黄牛、水牛和牦牛的乳池乳较少,挤奶或哺乳刺激乳房不到 1 min,便可引起排乳反射。引起猪的排乳反射需要较长时间,仔猪用鼻吻突冲撞母猪乳房 25 min 之后,才引起排乳,一般持续 30～60 s。

排乳是一个复杂的反射过程。新生动物的吮吸或挤奶可以刺激乳头和皮肤上的神经感受器,从而产生神经冲动,沿感觉神经传入脊髓,经丘脑最后到达下丘脑的视上核和室旁核,通过下丘脑-垂体神经束促使垂体后叶释放催产素。催产素经血液循环系统,到达乳腺腺泡周围的肌上皮细胞和导管周围的平滑肌细胞,使其收缩,从而引起乳汁外排(图 9-3)。由此可见,排乳反射是通过神经-体液途径完成的,故也被称为神经-内分泌反射。排乳反射比单纯的神经反射要慢。其原因是垂体后叶的催产素经血液运输至乳腺需要时间。

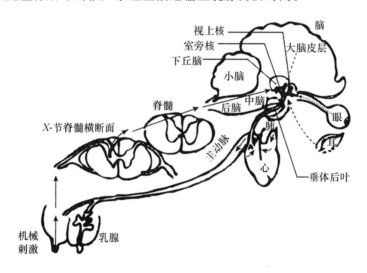

图 9-3 排乳反射的神经通路

(资料来源:仿动物生殖生理学,郑行,1994)

除了机械性刺激外,对乳房进行温热刺激也能促进乳汁的排出,如用温水擦洗乳房和乳头。在生产中,常在挤奶前用温水擦洗乳房既是卫生的要求,又能促进乳汁排出,提高产奶量。此外,挤奶和哺乳出现的各种刺激都能作为条件刺激物形成条件反射而引起排乳,如挤奶时间、地点、操作程序等。相反,异常刺激物则会抑制排乳,如疼痛刺激、剧烈运动、精神紧张和噪声等应激因素。应激时,分布于乳腺的交感神经末梢释放肾上腺素和去甲肾上腺素,使乳腺内的动脉血管和乳导管收缩,导致肌上皮细胞和平滑肌细胞内的催产素供给减少,乳导管部分闭锁。另外,肾上腺素能直接阻止催产素与肌上皮细胞上的受体结合,从而引起外周性排乳抑制。这种抑制即使用外源性催产素治疗,也难见成效。因此,建立正常的操作规程与制度对排乳至关重要,如定时、定点、定人员、技术熟练、环境安静等。

在乳牛接受挤奶或者吮乳刺激后,催产素开始分泌,但在血液中很快遭到破坏和稀释,从而使排乳效应很快减弱,4～7 min 后完全消失。因此,乳牛每次挤奶会在适当刺激后应迅速开始,以避免产奶量下降。每次挤奶应挤净。如排乳不完全,乳汁就会遗留在导管系统,乳汁分泌就会受到影响,甚至停乳,且易引起乳房疾病。其他动物与乳牛的排乳反射不同;黄牛、水牛及马属动物等家畜因乳腺系统不发达,故排乳反射具有明显的分期性;母猪的乳池极不发达,故排乳反射对维持泌乳非常重要,不吮乳时即不泌乳;部分山羊和绵羊品种没有反射也能完全挤奶。

二维码视频 9-1
自动挤奶

产后早期的挤奶应激常会引起初产牛垂体后叶催产素的释放以及乳腺排乳困难。这种情况可用外源催产素进行治疗。抗利尿激素也具有排乳作用,并可储留体内水分以满足乳汁生成。

二、哺 乳

哺乳是泌乳母畜给后代哺食乳汁的一种现象,是母畜表现出的主要母性行为,具有先天遗传特性。哺乳与幼仔的吮乳可为幼仔的生长发育提供营养,提高幼仔的抗病能力,保证后代的健康成长。另外,哺乳还有助于母仔之间感情的建立以及对幼仔的确认。

母畜在产仔后一般可正常哺乳,并表现出极强的母性行为。哺乳时,母畜摆出合适的体位以便仔畜吮吸,并常舔舐仔畜肛门等部位;仔畜则表现得兴奋活跃,常常发出一些特有的喧闹声和吮吸声。有些母畜,特别是初产母畜由于母性较弱、胆怯或缺乏经验,开始常拒绝哺乳,此时可让母畜嗅闻仔畜或者用母畜的乳汁、尿液涂在仔畜体表,经过一段时间后即可恢复正常。一般仔畜是随机吮吸乳头的,但仔猪的吮吸常有确切的定位,一般优先选择前面几对乳头。在猪生产中,尤其是头胎母猪,乳腺的发育与仔猪的吸吮有关,因此,应让所有乳头都能得到均匀利用,避免出现乳头萎缩、乳房大小不均。若要调整强弱仔猪的乳头位置,就须尽早进行;若乳头已固定,则很难调整。

在自然情况下,哺乳的频率因动物种类有很大差别:牛为 2～3 次/d,羔羊为 20～30 次/d,马驹为 60～70 次/d,仔兔为 1 次/d,仔猪约为 1 次/h。每次的哺乳时间则随仔畜年龄的增长而延长。在人工哺乳情况下,犊牛和仔猪常出现互相吮吸或互相咬尾巴的现象。其原因可能是其吮吸欲未得到满足。这种现象易引起疾病的传播,有的甚至造成恶癖,应采取积极措施坚决加以制止。

三、泌乳的维持

(一)泌乳期

在自然哺乳情况下,不同动物的泌乳期长短存在很大差异,如奶牛的泌乳期为 300 d 左右,肉牛、黄牛和水牛的泌乳期为 90～120 d,奶山羊的泌乳期为 200～250 d,绵羊的泌乳期为 120 d,猪的泌乳期为 60 d 左右,马的泌乳期为 120～130 d。在泌乳期间,乳腺的泌乳能力主要取决于乳腺细胞的数量及其分泌活性的强弱。即使在同一个泌乳期,不同时间的乳腺的泌乳能力也有明显差异。在羊的泌乳早期,乳腺细胞数量增加,分泌活性增强,产奶量提高;在其泌乳后期,乳腺细胞数量减少,分泌活性下降,产奶量降低。在牛的泌乳早期,乳腺细胞分泌活性增强;在其泌乳中期,泌乳活性基本维持不变;在其泌乳后期,泌乳细胞数量明显减少。妊娠牛在泌乳后期同时伴有乳腺细胞泌乳能力的下降。

与其他组织器官一样,泌乳期的乳腺不仅有细胞的增生,也有细胞的死亡。当乳腺细胞增生的数量大于死亡的数量时,乳腺就会生长发育;当乳腺细胞增生的数量小于死亡的数量时,乳腺就会退化萎缩。在整个泌乳期,牛乳腺细胞的增生率平均为每天 0.3%,泌乳高峰过后,乳腺细胞的死亡率平均为每天 0.56%,死亡率大于增生率。在整个泌乳期间,增生的细胞数量大概与泌乳 252 d 时乳腺存在的细胞数量相同。乳腺细胞的死亡有 2 种形式:一种是萎缩退化;另一种是在乳汁中的丢失。

(二)影响泌乳维持的因素

1.激素

(1)雌激素　妊娠可使泌乳母畜的产奶量减少。以牛为例,妊娠对产奶量的影响在怀孕 5个月后才体现出来,在妊娠的第 8 个月,孕牛的产奶量比未孕牛减少约 20%。在妊娠期间,胎盘产生雌激素,使泌乳乳腺上皮细胞萎缩退化,从而导致泌乳能力的下降。在发情周期,雌激素水平的提高对泌乳也有一定影响;在发情前期,乳汁中钠和氯增加,钾和乳糖减少;在发情期,产奶量下降。

(2)垂体激素　垂体对泌乳维持非常重要,切除垂体泌乳会立即完全停止。在垂体激素中与泌乳维持关系最密切的激素之一是生长激素。生长激素能够促进乳腺细胞的增生,维持乳腺细胞的数量,为乳汁合成提供蛋白质、盐和脂肪等营养物质。外源性生长激素常导致机体出现能量负平衡,因此其促乳腺细胞增生的作用较弱,对泌乳的促进效果有限。

(3)其他激素　肾上腺皮质激素可加速碳水化合物的动员和利用。胰岛素和胰高血糖素及其与生长激素的比例变化能决定体内营养的合成、动员和转化的方向,因此它们也能影响泌乳的维持。

2.生长因子

IGF-Ⅰ是一种促进细胞分裂和存活的因子,能诱导乳腺细胞的增生,促进细胞存活,并能推迟乳腺退化。在山羊的研究中还发现,IGF-Ⅰ具有加快乳汁合成的作用。

3.挤奶次数

在牛泌乳早期(分娩后 1～21 d),每天 4 次挤奶既可提高试验期间的产奶量,又可提高整个泌乳期的产奶量。乳腺活组织检查和核增生抗原 Ki-67 的测定都证明,增加挤奶次数能促进牛乳腺细胞的增生。对山羊而言,增加挤奶次数不仅可促进乳腺细胞的增生,还能增加乳腺分泌细胞的活性,从而提高产奶量。有人认为,由于乳中含有泌乳抑制因子,增加挤奶次数能够减轻乳汁对泌乳的反馈抑制作用。

4.光照周期

在长日照(16～18 h)下饲养的泌乳奶牛比在短日照(<12 h)下饲养的泌乳奶牛的产奶量更高。长日照可以增加催乳素的浓度,而催乳素在啮齿动物具有促进泌乳的作用。对牛的研究发现,直接注射催乳素并不能提高产奶量。长日照提高产奶量的作用与 IGF-I 分泌的增加呈正相关,因此增加光照是通过 IGF-I 来促进泌乳的。在长日照情况下,牛泌乳维持的时间更长。另外,长日照对泌乳的促进效果出现得较晚,大约在 4 周以后。

5.乳腺炎

当乳腺受到病原微生物感染时,中性粒细胞大量积聚于炎性区域,释放羟基衍生物,从而破坏乳腺上皮,影响泌乳。受损的乳腺上皮常表现为细胞脱落、破碎、核浓缩和出现空泡。中性粒细胞大量存在于腺泡腔和乳导管之内,胞浆中有脂肪颗粒、酪蛋白胶粒和细菌。

6.干奶期

如果牛要获得最大的产奶量,其干奶期必须不少于 40 d。干奶期机体可贮备营养,也有利于乳腺的生长发育和分化。在干奶期,不仅乳腺细胞的总数量增加,DNA 的合成增加,而且乳腺细胞更新的大部分($>90\%$)为上皮细胞。对大鼠的研究发现,经历干奶期比不经历干奶期的下一个泌乳期中期的乳腺细胞数量明显增加。

▶ 第三节 乳的成分

哺乳动物分泌的乳汁分为初乳和常乳 2 种:初乳就是指分娩后最初几天分泌的乳汁,一般指分娩后 5 d 内所分泌的乳汁;常乳是指分娩 5 d 后乳腺产生的乳汁,就是通常所说的奶。初乳与常乳有很大的区别(表 9-1)。

表 9-1　初乳与常乳的成分比较 　　　　　　　　　　　%

成分	初乳					常乳
	第 1 天	第 2 天	第 3 天	第 4 天	第 5 天	
总固体	23.9	17.9	14.1	13.9	13.6	12.9
蛋白质	14.0	8.4	5.1	4.2	4.1	4.0
酪蛋白	4.8	4.3	3.8	3.2	2.9	2.5
免疫球蛋白	6.0	4.2	2.4	0.2	0.1	0.09
脂肪	6.7	5.4	3.9	4.4	4.3	4.0
乳糖	2.7	3.9	4.4	4.6	4.7	4.9
矿物质	1.11	0.95	0.87	0.82	0.81	0.74
相对密度	1.056	1.040	1.035	1.033	1.033	1.032

资料来源:*Advances in Nutritional Research*,lane et al,2001。

一、初　乳

初乳含有非常丰富的蛋白质,特别是免疫球蛋白,含量高达 6% 左右,个别初乳中的免疫球蛋白可高达 15%。另外,初乳中的抗胰蛋白酶活性很高,这可保证免疫球蛋白食入后不被胰蛋白酶破坏,使其完整地被新生动物吸收。雌性动物通过初乳将免疫球蛋白转移至幼畜,这对于不能经过胎盘获得母体抗体的动物(牛、绵羊和山羊等)尤为重要。免疫球蛋白只能在出生后的短暂时间内通过新生动物的肠壁直接吸收获得。随着时间的推移,初乳中的抗胰蛋白酶活性逐渐下降(分娩后第 7 天的抗胰蛋白酶活性仅剩 1%),新生动物产生的蛋白分解酶包括胰腺产生的胰蛋白酶增加且肠壁对球蛋白的通透性下降使免疫球蛋白的吸收越来越少。动物对各种免疫球蛋白停止吸收的时间有差异:IgG 在出生后的 27 h,IgA 和 IgM 则分别在出生后的 24 h 和 16 h。若犊牛首次哺乳的时间为出生后 10～12 h,则可获得较高水平的 IgG 和 IgA,但 IgM 水平很低,这样的犊牛对大肠杆菌病有很强的易感性。因此,建议在出生后 6 h 之内让新生动物至少食入其体重 10% 的初乳。不同母畜产生的初乳的抗体浓度差异很大。对于牛而言,有的抗体浓度含量低,只有 2 mg/mL,有的抗体浓度含量高,可达 23 mg/mL,抗体浓度的平均含量为 6 mg/mL。

在生产实践中,可通过肉眼观察判断初乳质量。浓稠且呈奶油状的初乳的抗体含量高;稀薄如水的初乳的抗体浓度一般很低。造成初乳抗体浓度下降的原因有干奶期过短(短于 4 周)、产前挤奶、初乳遗漏以及初产动物等。对于初乳抗体的类型而言,则因母体接触的病原微生物或疫苗的不同而异。因此,某一母体产生的初乳只能在原来的生存环境中保护新生动物。若环境改变,因初乳不含新环境中抗原的特异性抗体,所以新生动物受到感染的可能性较高。

在奶牛初乳中,铁的含量是常乳的 10～17 倍,维生素 A 和维生素 D 分别是常乳的 10 倍和 3 倍。奶牛初乳还含有较多的钠、钙、镁、磷和氯,乳糖和钾的含量较低。因此,及时适度地哺食初乳,以利于新生犊牛血液红细胞中血红蛋白的快速增加。对于几乎没有维生素 A 的犊牛而言,适度地哺食初乳不仅能保护犊牛免受各种病原的侵袭,而且不会因哺食过多乳糖而发生腹泻。初乳中的镁盐具有轻泻作用,可促进新生动物胎粪的排出。另外,近年来的研究表明,初乳有大量的激素和促生长因子,可促进新生动物的生长以及胃肠道和其他组织器官的发育。

二、常　乳

常乳的化学成分很复杂,至少含有 100 多种成分,包括水、蛋白质、脂肪、乳糖、矿物质、维生素、酶类、色素、激素、生长因子、有机酸、气体和体细胞等(表 9-2)。常乳中各种成分的含量因动物品种、个体、泌乳期、疾病、饲料及挤奶等不同而有差异。除去奶中的水分和气体后,剩余的物质称为奶干物质或奶总固形物,而不含脂肪的固形物则称为非脂固形物。

表 9-2　各种动物乳的成分及其含量

动物种类	水分/%	脂肪/%	蛋白质/%	乳糖/%	灰分/%	能量/(MJ/kg)
奶牛	87.8	3.5	3.1	4.9	0.7	2.929
山羊	88.0	3.5	3.1	4.6	0.8	2.887
绵羊	78.2	10.4	6.8	3.7	0.9	6.276
猪	80.4	7.9	5.9	4.9	0.9	5.314
马	89.4	1.6	2.4	6.1	0.5	2.218
水牛	76.8	12.6	6.0	3.7	0.9	6.276
驴	90.3	1.3	1.8	6.2	0.4	1.966
骆驼	86.8	4.2	3.5	4.8	0.7	3.264
兔	73.6	12.2	10.4	1.8	2.0	7.531

资料来源:现代奶牛生产,梁学武,2002。

(一)乳蛋白质

牛奶蛋白质的含量平均为 3.1%,包括酪蛋白、乳白蛋白、乳球蛋白、球膜蛋白和酶,其中

95％为乳真蛋白。

酪蛋白是奶中含量最多的蛋白质,约占牛奶总蛋白质的 78％。酪蛋白具有酸凝固性,其等电点 pI 为 4.6。酸奶就是根据酪蛋白的酸凝固性制作的。奶中酪蛋白常以其钙盐或酪蛋白酸盐的形式存在。

乳白蛋白占牛奶总蛋白质的 10％～12％,分为 α-乳白蛋白、β-乳白蛋白和血清白蛋白。α-乳白蛋白是乳糖合成酶的一种,而 β-乳白蛋白则可与 κ-酪蛋白结合,影响奶的稳定性,这是牛奶加热后产生特有气味的原因。

常乳中的球蛋白含量很少,只有 0.1％。球蛋白加热易变性,当加热至 65 ℃时,开始变性;当加热至 75 ℃时,完全凝固。球膜蛋白是包围在脂肪球外表的一层蛋白质,约占奶中总蛋白质的 5％,在强酸、强碱或机械搅拌的情况下易被破坏。奶中的酶类有过氧化物酶、过氧化氢酶、磷酸酯酶和解脂酶等。

(二)乳脂

牛奶中乳脂的含量为 2.5％～6.0％,其中乳脂肪占 98％～99％。此外,乳脂还含有磷脂、甘油硬脂酸酯、游离脂肪酸和脂溶性维生素等。乳脂含热量高,易消化,是脂溶性维生素的携带者。乳脂与乳制品的组织结构、状态和风味有密切关系,是奶中最主要的成分之一。

(三)乳糖

除乳糖外,奶中的糖类还包括葡萄糖、半乳糖、果糖以及其他微量氨基寡糖类等。乳糖在牛奶中的含量相对比较恒定,为 3.6％～5.5％。乳糖可以为动物提供能量,也参与糖脂和糖蛋白的合成。有些动物由于其肠道中乳糖酶的活性较低,故过食鲜奶或奶制品常会出现乳糖不耐受症,即表现为胃肠臌胀、腹部痉挛和水样腹泻等。

(四)矿物质和维生素

奶中的无机盐含量甚微,一般不超过 1％。最主要的盐类有钙、钠、钾和镁盐,分别以磷酸盐、氯化物、柠檬酸盐和酪蛋白酸盐的形式存在。

奶中的维生素有水溶性维生素,也有脂溶性维生素。水溶性维生素有维生素 B_1、维生素 B_2、维生素 B_6 和维生素 C 等;脂溶性维生素有维生素 A 和维生素 D 等。

(五)其他成分

奶中还含有体细胞和气体。体细胞主要包括白细胞和乳腺上皮细胞。当乳腺有疾病时,白细胞数量会大大增加。CO_2、N_2 和 O_2 等气体占牛奶总体积的 5％～9％。

复习思考题

1. 简述乳腺的基本结构。
2. 简述乳腺发育的过程。
3. 简述泌乳启动的机理以及影响泌乳维持的因素。
4. 根据排乳的机理,谈谈如何提高奶牛的产奶量。
5. 与常乳相比,初乳的成分有何不同? 有何生理学意义?

第十章 配子与胚胎生物工程技术

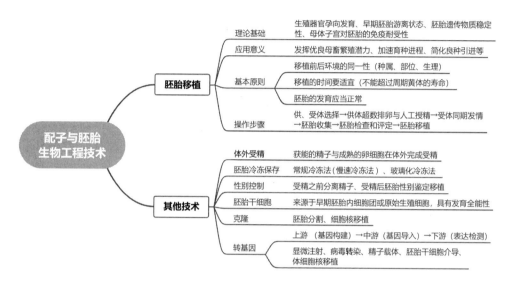

胚胎移植	理论基础	生殖器官孕向发育、早期胚胎游离状态、胚胎遗传物质稳定性、母体子宫对胚胎的免疫耐受性
	应用意义	发挥优良母畜繁殖潜力、加速育种进程、简化良种引进等
	基本原则	移植前后环境的同一性（种属、部位、生理） 移植的时间要适宜（不能超过周期黄体的寿命） 胚胎的发育应当正常
	操作步骤	供、受体选择→供体超数排卵与人工授精→受体同期发情 →胚胎收集→胚胎检查和评定→胚胎移植
其他技术	体外受精	获能的精子与成熟的卵细胞在体外完成受精
	胚胎冷冻保存	常规冷冻法（慢速冷冻法）、玻璃化冷冻法
	性别控制	受精之前分离精子、受精后胚胎性别鉴定移植
	胚胎干细胞	来源于早期胚胎内细胞团或原始生殖细胞，具有发育全能性
	克隆	胚胎分割、细胞核移植
	转基因	上游（基因构建）→中游（基因导入）→下游（表达检测） 显微注射、病毒转染、精子载体、胚胎干细胞介导、体细胞核移植

为提高良种动物繁殖效率或生产特定功能的动物，需要采用一系列技术人为干预或控制动物的繁殖过程。动物配子与胚胎生物工程技术是指在实验室条件下对动物配子或胚胎进行干预、改造和操作，按照人们的意愿生产某一性别或特定功能动物的一系列工程技术的总称。其主要包括胚胎移植、体外受精、胚胎冷冻保存、性别控制、动物转基因、动物克隆和胚胎干细胞等，在畜牧业、人类医学和生物学基础研究等方面应用前景广阔。动物配子与胚胎生物工程技术发展迅速，取得了令人瞩目的成就。本章主要介绍哺乳动物配子与胚胎生物工程中主要技术的定义、原理、研究简史、主要步骤、存在的问题及应用前景等。

In order to improve reproductivity of animals or produce animals with special functions, a series of technologies could be used for intervene or control the process of animal reproduction. Animal gamete and embryo bioengineering technologies are general term of technologies that produce animals with specific sex or special functions according to human desire by intervening, reconstructing and operating animal gamete or embryo under laboratory conditions. The technologies mainly include embryo transfer, in vitro fertilization, cryopreservation of embryos, sex control, genetic modification, animal clone, and embryonic stem cells, etc., which have bright application prospects in animal husbandry, human medicine and biological basic research. Animal gamete and embryo bioengineering technologies have developed rapidly and achieved remarkable achievements. This chapter mainly describes the definition, principles, research history, main steps, existing problems and application prospects of major techniques in mammalian gamete and embryo bioengineering.

▶ 第一节　胚胎移植技术

动物胚胎移植(embryo transfer,ET)是 20 世纪在畜牧业生产中继人工授精技术之后又一项重大的技术变革,已广泛应用于牛、羊等动物的良种快速扩繁、育种和种质资源保护等。同时,胚胎移植技术也是其他胚胎和生物工程技术研究与应用的基础手段。

一、胚胎移植技术概述

胚胎移植俗称"借腹怀胎",也被称为受精卵移植,是指将哺乳动物体内或体外生产的早期胚胎移植到生理状态相同的同种雌性动物输卵管或子宫角(人为宫腔)内,使之继续发育成正常个体的生物技术。在胚胎移植过程中,生产胚胎的雌性个体称为供体(donors),而接受胚胎并代之完成妊娠和分娩的雌性个体则称为受体(recipients)。胚胎移植产出的后代的遗传物质来自供体和与之交配的雄性个体,它们才是其生物学上的亲本,受体只是代替供体完成了胚胎的发育直至胎儿成熟和分娩的过程。因此,胚胎移植在实际上是由供体与受体分工协作、接力棒式完成的一个繁殖过程。在畜牧生产中,胚胎移植技术通常需要与供体的超数排卵技术配合应用,以获得更多的胚胎,因此,习惯上,也将这两种技术合称为超数排卵与胚胎移植技术(multiple ovulation and embryo transfer,MOET),简称为 MOET 技术。MOET 技术在种公牛选育中发挥着重要作用(图 10-1)。当然,除了超数排卵生产的体内胚胎外,移植的胚胎也可以是通过体外受精(IVF)、显微受精(ICSI)或体细胞克隆等技术生产的体外胚胎;既可以是现场生产的鲜胚,也可以是经过冷冻保存的胚胎。动物胚胎移植技术的研究至今已有 130 余年的历史,具体发展概况参见表 10-1。

1890 年,英国剑桥大学的 Walter Heape 首次将纯种安哥拉兔的 2 枚胚胎移植到 1 只已和同种交配、毛色特征完全不同的比利时兔的输卵管内,结果生出 4 只比利时仔兔和 2 只安哥拉仔兔,首次证实了胚胎移植技术的可行性。此后的 20 多年,胚胎移植技术一直停留在小动物的试验研究阶段。直到 20 世纪 30 年代前后才相继在家兔(1929)、大鼠(1933)和小鼠(1936)等动物上进一步验证了胚胎移植技术的可行性,为日后开展家畜等大动物胚胎移植技术的研究奠定了基础。

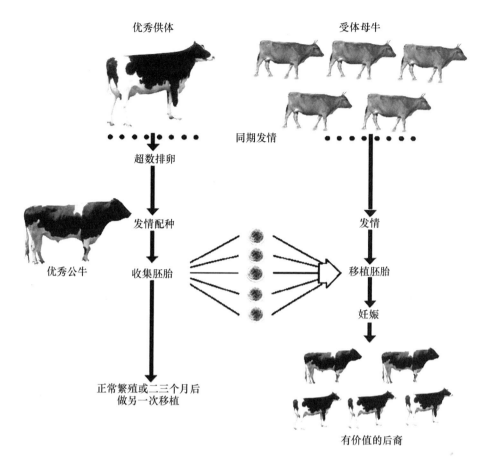

图 10-1　牛胚胎移植技术

表 10-1　哺乳动物胚胎生物技术发展主要事件

年代	成功事件	实验动物	完成人
1890	胚胎移植	家兔	Walter Heape
1932	胚胎移植	山羊	Warwick 等
1933	胚胎移植	大鼠 绵羊	Nicholas JS Warwick 等
1942	胚胎移植	小鼠	Fekete 和 Little
1951	胚胎移植	奶牛 猪	Willett 等 Kvasnichii AV
1952	胚胎低温长距离运输	家兔	Marden 和 Chang
1959	体外受精	家兔	Chang M C.
1970	胚胎分割成功	小鼠	Mullen 等
1971	第一个家畜胚胎移植商业化公司成立	牛	Alberta Livestock Transplants Ltd.
1972	胚胎超低温冷冻保存	小鼠	Whittingham 等
1973	国际胚胎移植协会成立	哺乳动物	International Embryo Transfer Society
1976	性别鉴定胚胎移植成功	牛	Hare 等

续表10-1

年代	成功事件	实验动物	完成人
1981	胚胎干细胞系建立	小鼠	Evans 和 Kaufman
1982	转基因超级鼠出生	小鼠	Palmiter 等
1983	哺乳动物胚胎细胞核移植成功	小鼠	McGrath 和 Solter
1989	通过分离 X、Y 精子控制后代性别获得成功	家兔	Johnson 等
1997	体细胞核移植成功	绵羊	Wilmut 等
2000	基因打靶后的体细胞核移植成功	绵羊	McCreath 等
2003	人-牛嵌合胚胎的建立成功	人、牛	zavos 等
2007	基因重组将体细胞改造成为"胚胎干细胞"获得成功	小鼠	Shinya Yamanaka 等
2021	人-猴嵌合胚胎建立成功	人、猕猴	Tao Tan 等

资料来源:朱士恩,家畜繁殖学,2009。

胚胎移植的山羊和绵羊分别于 1932 和 1933 年相继出世,而胚胎移植的牛和猪则分别由美国和苏联科学家在 1951 年报道。由于受当时实验设备条件和技术水平的限制,采卵和移植过程均通过外科手术完成,成功率也较低。直到 20 世纪 60 年代以后,随着胚胎的收集、培养、冷冻以及显微外科操作技术的发展和提高,家畜胚胎移植技术才取得了重要进展,并进入新的发展阶段。由于胚胎移植技术在家畜品种改良中效果显著,其应用潜力被广泛关注,故而极大地促进了胚胎移植技术在世界各地的推广应用。以胚胎移植技术为基础的体外受精、胚胎冷冻、胚胎分割与胚胎体外培养等技术都得到了迅速发展。

与国外相比,我国家畜胚胎移植技术的研究和应用起步较晚。从 20 世纪 70 年代开始,我国通过胚胎移植先后成功获得家兔(1972)、绵羊(1974)、奶牛(1978)、山羊(1980)和马(1982)的后代。20 世纪 90 年代以后,优良种畜的缺乏制约着我国畜牧业的发展,应用胚胎移植加速品种改良以及培育新品种(系)势在必行,因此各级政府和相关企业对胚胎移植技术投资力度加大、人员培训和技术研究经费充足极大地推动了我国胚胎移植技术的发展。目前,我国奶牛和绵羊、山羊的胚胎移植技术水平已达到发达国家的水平,并进入产业化应用阶段,在种公牛选育、种牛种羊快速扩繁等方面发挥着重要作用。

二、胚胎移植的生理学基础与基本原则

(一)生理学基础

动物早期胚胎能够成功实现由供体移植到受体并继续发育有其内在的生殖生理学基础。

1.供体和受体母畜发情后生殖器官的孕向发育

大多数自发排卵的动物在发情后不论是否配种或配种后是否受精,其生殖器官都会首先朝着"孕向"发生一系列相同的变化。例如,卵巢上黄体的形成与孕酮的分泌、子宫内膜组织的增生和分泌机能的增强等。这些变化都为后面胚胎可能的着床、发育创造条件,直至妊娠识别

后,受孕和未受孕的雌性动物生殖生理活动才会发生变化。其中,受孕个体朝着妊娠方向发展,黄体持续存在卵巢上分泌孕酮,转为妊娠黄体;未受孕个体卵巢上的黄体则被子宫产生的前列腺素溶解,子宫内膜增生的组织开始退化,生殖道转变为发情前状态,随后开始新的发情周期。因此,发情配种的供体与未配种的受体母畜的生殖器官在情期前半期相同的孕向发育是受体能接受移植的胚胎并代之完成妊娠、分娩过程的主要生理学基础。只有移植时受体的生理状态与胚胎的发育阶段相适应,胚胎才可继续发育。

2.早期胚胎的游离状态

供体母畜精卵结合形成的单细胞胚胎在从输卵管壶腹部迁移到子宫角的过程中不断卵裂发育直到孵化囊胚才脱去透明带,通过妊娠识别后逐渐与母体建立起实质性联系(附植);早期胚胎在此之前均为游离状态,可从母体内取出,在短时间内不会死亡,甚至可以进行显微操作、发育培养、冷冻保存等处理,再植入经同期发情处理、与供体生殖状态相同的受体输卵管或子宫角。胚胎在受体子宫角中经历妊娠识别、附植可以进一步发育并最终分娩出新的个体。因此,早期胚胎呈游离状态也是胚胎移植得以成功实施的重要基础。

3.胚胎遗传物质的稳定性

在胚胎移植中,胚胎的遗传物质在实际上来源于受精时精卵双方的亲本。尽管其后期发育由受体来完成,但发育环境只是影响其遗传潜力的发挥,移植并不会改变新生个体遗传物质来自亲本的特性。这也是胚胎移植技术能够推广应用的价值所在。

4.母体子宫对胚胎的免疫耐受性

在自然繁殖条件下,母体对遗传物质不完全一致的胚胎具有免疫耐受特性。实际上,胚胎经过附植与母体子宫建立实质性联系,母体局部免疫会逐渐发生变化,加之胚胎表面特殊免疫保护物质的存在,母体的免疫耐受性确保了胚胎的正常发育和存活。在理论上,在胚胎移植中,供体和受体之间具有相同的生理特性,受体子宫对胚胎同样具有免疫耐受性。然而,在生产实际中,一些移植的胚胎有时不能存活,除了其他因素外,这是否存在免疫学上的原因仍然值得研究。

(二)胚胎移植的基本原则

依据生殖生理学基础,为了保证动物胚胎移植的成功实施,需要遵循一些基本的原则。

1.胚胎移植前后环境的同一性

胚胎移植要求供体的胚胎发育阶段与移植后受体的生理环境相适应,主要包括以下 3 个方面。

(1)供体与受体的种属一致性　即胚胎移植供、受体双方属于同一物种。一般来说,在分类学上亲缘关系较远的物种,胚胎的组织结构、发育所需要的外界物质条件以及不同种属胎儿发育进程差异较大,在绝大多数情况下,胚胎在异种母体中不能存活或存活时间很短。因此,供体和受体虽然在分类学上必须保持种属一致,但是这并不意味着在生物进化史上,血缘关系较近、生理和解剖特点相似的不同种属个体之间进行胚胎移植就没有成功的可能性。

(2)供体和受体在生理上的一致性　即要求供体与受体在发情时间上具有同期性,以保证处于同样的生殖生理状态。

(3)供体和受体解剖部位的一致性　从输卵管或子宫内回收的胚胎应移植到受体具有

黄体一侧相同解剖部位的输卵管或子宫内,这样才能最大限度地保证移植胚胎的发育和附植。

在胚胎移植中,之所以要遵循上述同一性的原则的原因是发育中的胚胎对于母体子宫环境的变化十分敏感。母体生殖道内环境在卵巢类固醇激素的作用下处于动态变化之中。生殖道的不同部位(输卵管和子宫)具有不同的生理生化特点,环境要与胚胎发育需求一致。如果胚胎发育阶段与生殖道提供的生理环境不同,则易导致胚胎的死亡或流产。在胚胎移植实践中,供体与受体生理上的同步时间一般不能超过 ± 1 d,以 ± 0.5 d 为宜,同步时间相差越大,受胎率就越低。

2.胚胎的发育期限

排卵后形成的黄体分泌孕酮是胚胎附植、维持妊娠的必要保证。胚胎采集和移植的期限不能超过周期黄体的寿命,一般要在黄体退化之前数日进行。因此,通常家畜胚胎采集多在发情配种后的 $2\sim7$ d 内进行,受体在相同的时间内接受胚胎的移植。

3.胚胎的质量和发育潜力

各种原因导致从供体生殖道回收的胚胎不一定都适合移植。只有受精后形态、色泽正常的胚胎,才能与受体子宫顺利进行妊娠识别和胚胎附植;未受精卵和质量低劣的胚胎则无法完成发育或在发育中途退化,从而导致妊娠识别和附植失败、胚胎丢失或流产。因此,用于移植的胚胎在移植之前需要进行严格的质量评定。

4.经济效益或科学价值的考量

由于胚胎移植成本投入比较高,故在技术应用时必须充分考虑经济效益和科学价值。胚胎应具有独特经济价值或科学研究价值,如动物种质资源保护、良种推广作用、科学研究等。

三、胚胎移植的技术操作程序

胚胎移植的技术操作程序主要包括供体和受体母畜的选择、供体和受体的同期发情、供体的超数排卵、供体的配种、胚胎的采集、胚胎的检查、胚胎的移植以及供体和受体术后的护理等环节。

(一)供体和受体母畜的选择

1.供体的选择及饲养管理

通常用作胚胎移植的供体母畜应为良种或需保护的种质资源,具有较高的育种或保护价值,系谱清楚、遗传性能稳定。同时,供体应具有良好的繁殖机能和健康状态,体况中上等。对供体一般应观察 2 个或 2 个以上的正常发情周期,选择那些已经证明对超数排卵处理反应好的雌性个体。经产母畜应在生殖机能恢复正常后方可作为供体。供体的饲养环境要保持卫生、干燥、温度适宜、环境稳定,避免产生应激。供体的日粮配方应合理,以保证正常的营养状况和营养平衡。

2.受体的选择

受体可以选用价格比较低、生产性能一般、母性及适应性强的同种地方个体,并且应具有良好的繁殖性能和健康状态,体形较大。对受体一般也应观察 2 个或 2 个以上的正常发情周期。

（二）供体和受体的同期发情

为了使受体与供体的生殖器官处于相同的生理阶段以及能够有计划地合理组织胚胎移植，供体、受体需要进行发情同期化处理，也称同步发情。为了获得最佳受胎效果，受体与供体的发情时间之差要控制在 12 h 之内。如果受体与供体的发情时间之差超过 24 h（牛）或 48 h（绵羊和山羊），胚胎移植后的妊娠率就会急剧下降。由于阴道栓（CIDR）的普遍推广应用，受体与供体的同步化已基本实现程序化。

（三）供体的超数排卵

1.概念及原理

超数排卵（superovulation），简称超排，是指在雌性动物发情周期的适当时间，注射外源促性腺激素，使在卵巢中比在自然情况下有更多的卵泡发育并排卵的一项技术。超数排卵对牛、羊等单双胎动物经济效益明显，而对产多胎的猪意义则不大。超数排卵对马很难产生反应。

超数排卵在理论上是越多越好。若排出的卵子数量过多，则往往出现受精率和收集率低下的趋势。其原因可能是外源激素引起动物机体内分泌的紊乱，并排出不成熟的卵子。对牛的胚胎质量来说，每个卵巢排 8～10 个卵母细胞最合适。一般认为，经激素处理的子宫环境对胚胎发育是不利的，胚胎退化的比例往往随发情周期天数的增加而升高，即子宫回收的可用胚胎比输卵管要少。

2.超数排卵的方法

（1）牛的超数排卵

①CIDR＋FSH＋PG 法。在发情周期的任何一天，给供体牛阴道内放入 CIDR，计为 0 d，一般于第 9～13 天任何一天开始肌内注射 FSH，递减法连续注射 4 d，每天 2 次（间隔 12 h），共 8 次，在第 7 次肌内注射 FSH 时，取出 CIDR，并肌内注射 PG。在生产实践中，对于牛而言，也可以在第 5 天开始肌内注射 FSH。超数排卵方案见表 10-2。

②FSH＋PG 法。在发情周期的第 9～13 天（即黄体期）中的任何一天开始肌内注射 FSH，并逐日递减连续注射 4 d，每天等量注射 2 次（间隔 12 h）。在第 5 次注射 FSH 的同时，肌内注射氯前列烯醇（PG）0.4～0.6 mg，若采用子宫内灌注，则剂量应减半。该方法需要先对供体进行同期发情处理和观察记录。虽然这种方法有利于了解供体的繁殖状况，但是所需时间比较长，费时费力，故现在生产中已比较少。

③eCG＋PG 法。在供体发情周期的第 11～13 天中的任何一天肌内注射 eCG 一次（按每千克体重 5 IU），于注射 eCG 后的 48 h 和 60 h，分别肌内注射氯前列烯醇 0.4～0.6 mg；在发情后第一次配种的同时，注射与 eCG 等剂量的抗 eCG，以消除其半衰期长的副作用。

表 10-2　供体牛的超数排卵冲胚 CIDR＋FSH＋PG 法 16 d 方案

时间	内容
第 0 天	上午 8:00～10:00 放栓(土霉素粉＋CIDR);同时肌内注射维生素 ADE 10 mL
⋮	⋮
第 5 天	上午 7:00 FSH 3.0 mL 下午 7:00 FSH 3.0 mL
第 6 天	上午 7:00 FSH 2.0 mL 下午 7:00 FSH 2.0 mL
第 7 天	上午 7:00 FSH 1.0 mL;PG 0.6 mg/头(国产) 下午 7:00 FSH 1.0 mL;PG 0.6 mg/头(国产)
第 8 天	上午 7:00 FSH 0.5 mL 下午 7:00 FSH 0.5 mL;肌内注射维生素 ADE 10 mL
第 9 天	全天观察发情、准确记录,同时,肌内注射促排 3 号 100 μg/头(国产) 下午:第一次配种在稳定发情后 10～12 h,1 支冻精/头
第 10 天	上午:第二次配种在第一次配种后 12 h,1 支冻精/头
⋮	⋮
第 16 天	冲胚、鉴定

(2)羊的超数排卵

①CIDR＋FSH＋PG 法。CIDR 放置方法同牛,绵羊和山羊的超数排卵冲胚方案见表 10-3。

②FSH＋PG 法。在供体绵羊发情周期第 12 天或第 13 天开始肌内注射(或皮下)FSH,以日递减剂量连续注射 3 d,每次间隔 12 h,国产 FSH 总剂量为 150～300 IU;在第 5 次注射 FSH 的同时,肌内注射 PG 0.2 mg。山羊从供体发情周期的第 17 天开始注射 FSH,其他同绵羊。

表 10-3　绵羊和山羊的超数排卵冲胚方案

日程		绵羊	山羊
第 0 天	上午 7:00	①放置 CIDR;②维生素 AD	放置 CIDR
⋮	⋮	⋮	⋮
第 9 天	上午 7:00 下午 7:00	 ①FSH;②PMSG	 FSH
第 10 天	上午 7:00 下午 7:00	FSH FSH	FSH FSH
第 11 天	上午 7:00 下午 7:00	FSH FSH	FSH ①FSH;②撤栓;PG 0.2 mg
第 12 天	上午 7:00 下午 7:00	①FSH;②撤栓;PG FSH	FSH
第 13 天	上午 7:00 下午 7:00	试情 ①输精;②促排 3 号	①发情配种;②促排 3 号 25 μg ①配种;②开始禁食及禁水
第 14 天	上午 下午	开始禁食及禁水	 19:00 冲胚(1～2 细胞)
第 15 天	上午		或 10:00 冲胚
第 16 天	上午	输卵管冲胚	
第 17 天	上午 下午	 开始禁食禁水	
⋮	⋮	⋮	
第 19 天	上午	子宫角冲胚	

注:本表的方案分别由王建国、王锋提供。

③eCG 法。绵羊在供体发情周期的第 12~13 天，一次性肌内注射（或皮下）eCG 800~1 500 IU。山羊在供体发情周期的第 16~18 天一次性注射 eCG，其他同绵羊。

3.提高超数排卵效果的措施

超数排卵效果受到动物的遗传特性、体况、年龄、发情周期阶段、产后时间、卵巢功能、季节、激素的品质和用量等多种因素的影响。在实际生产中，应从以下几个方面采取措施来提高超数排卵效果。

（1）选择合适的畜群和个体　品种、个体、年龄和生理状态直接影响超数排卵效果。不仅同一个品种的不同个体对超数排卵反应有差别，并且这种结果还具有重复性和遗传性；在随机选择的群体中，每次有 25%~30% 超数排卵的母牛以及 20% 的母羊几乎没有反应或者反应较弱。因此，在生产中可以将那些反应较好的个体及其后代挑选出来，用于胚胎生产。

另外，经产母畜的超数排卵效果往往要好于初产母畜。母牛进行超数排卵的理想年龄一般为 3~8 岁，母羊为 3~5 岁。产后期的泌乳母畜和反复超数排卵的母畜的生殖机能仍然处于恢复或新的动态平衡中，因此，这些母畜对外源激素处理后的反应性较差。连续超数排卵处理 4~5 次的母畜最好要使其正常妊娠分娩一次后，再当供体使用。

（2）适宜的饲养管理　在胚胎移植实践中，一旦供体被确定，就要根据其品种特性采取适宜的饲养管理措施。其具体做法是从环境卫生、疾病防疫、日粮营养水平和防止应激等方面入手。

（3）采用科学的处理方案和优良质量的激素产品　超数排卵处理的药品直接影响胚胎的产出率。虽然国内外的 eCG、前列腺素、雌激素、孕激素等在质量上无明显差异，但是 FSH 的纯度和活性变异较大，要注意生产厂商和批次。

（四）供体的配种

在输精时，供体的外阴部必须经过清洗消毒，输精器必须保证无菌，选择合适的输精枪和输精部位，每次输精的有效精子不少于 $3×10^7$ 精子数，输精次数不少于 2 次。为了得到较多发育正常的胚胎，在对供体进行配种时，应使用活力高、密度大的精液，并加大输精量；可适当增加人工授精的次数，输精间隔 8~10 h。由于山羊黄体早期退化现象比较严重，因此，在配种后第 3 天可向其阴道内置入孕酮海绵栓，维持孕酮水平，以利于提高胚胎的回收率，改善胚胎质量。

（五）胚胎的采集

胚胎的采集又称胚胎回收或冲胚，是指利用特定的溶液和装置将早期胚胎从输卵管或子宫角中冲出并回收利用的过程。胚胎的采集分为手术法和非手术法：羊、猪、兔等中小动物的胚胎的冲洗采用腹部切开的手术法；牛、马等大家畜采用特殊装置经子宫颈管插入至子宫角直接冲洗收集胚胎的非手术法。该方法简单易行，操作方便。各种家畜的排卵时间和胚胎发育速度见表 10-4。家畜的手术法与非手术法冲胚如图 10-2 所示。胚胎的回收是胚胎移植的关键环节之一，包括冲胚液的配制、冲胚器械药品的准备、手术法回收胚胎和非手术法回收胚胎。

表 10-4　各种家畜的排卵时间和胚胎发育速度

| 畜种 | 排卵时间 | 发育速度(排卵后天数)/d | | | | | | | |
		2 细胞	4 细胞	8 细胞	16 细胞	进入子宫	囊胚形成	孵化	附植
牛	发情结束后 10～12 h	1～1.5	2～3	3	3～4	4～5	7～8	8～10	22
绵羊	发情开始后 24～30 h	1.5	2	2.5	3	3～4	6～7	7～8	15
猪	发情开始后 35～45 h	1～2	2～3	3～4	4～5	5～6	6	7～8	13
兔	交配后 10～11 h	1	1～1.5	1.5～2	2～3	2.5～3	3～4		

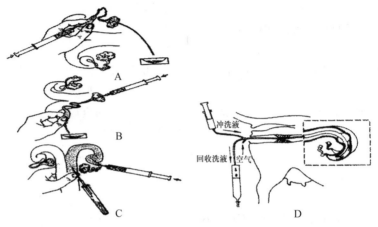

A.手术法从宫管结合部注入冲胚液；B.手术法从输卵管腹腔口注入冲胚液；C.手术法从子宫内冲洗胚胎；D.非手术法二路导管冲洗胚胎。

图 10-2　家畜的手术法冲胚与非手术法冲胚

1.冲胚液的配制

冲胚液是指用于从雌性动物生殖道内冲取胚胎和胚胎体外短时间保存的等渗溶液。尽管在胚胎移植技术研究的早期有多种溶液均可用作冲胚液，如 TCM199、Menezo、Brinster、Ham's F10 等，但是在生产实际中最常用的是杜氏磷酸缓冲液(D-PBS)，见表 10-5。

表 10-5　D-PBS 缓冲液配方

成分	含量/(g/L)
NaCl	8.00
KCl	0.20
$Na_2HPO_4(Na_2HPO_4 \cdot 12 H_2O)$	1.15(2.916)
KH_2PO_4	0.20
$CaCl_2(CaCl_2 \cdot 2 H_2O)$	0.10(0.132)
$MgCl_2(MgCl_2 \cdot 6 H_2O)$	0.10(0.2133)
丙酮酸钠	0.036
葡萄糖(葡萄糖 $\cdot H_2O$)	1.00(0.10)
青霉素	0.075
链霉素	0.005
酚红	0.005

配制的冲胚液应过滤灭菌,低温保存;也可以购买商用冲胚液。在冲胚前将冲胚液于37 ℃预热。

2.冲胚器械和药品的准备

冲胚的主要器械:①用于对子宫角导入和导出冲胚液的牛用或羊用二路式冲胚管;②用于手术法冲胚的外科手术器械,如手术刀、剪刀、止血钳和肠钳等。

冲胚必备的药品:①消毒药品,如70％酒精、碘酊、新洁尔灭;②麻醉药品,如2％利多卡因、2％普鲁卡因或2％静松灵、速眠新;③抗生素,如青霉素、链霉素等。

所有器械都要进行灭菌处理,消毒后的冲胚管及其连接导管、集卵杯在应用前要用冲胚液进行冲洗。

3.手术法回收胚胎

手术法回收胚胎多用于绵羊、山羊和兔等中小动物。

(1)术前准备　为了减轻手术时腹压的影响,一般要求在术前1天对供体禁食空腹,但并不限制饮水。最好于术前1天对术部进行剃毛。

(2)麻醉与保定　供体的麻醉既可采用2％盐酸普鲁卡因或0.5％利多卡因进行腰椎硬膜外麻醉结合术部浸润麻醉,也可采用肌内注射"速眠新"进行全麻,待手术结束后,再通过颈静脉注射"苏醒灵"快速解麻。

(3)手术方法　对于母羊而言,一般将麻醉好的供体仰卧固定于手术台上,前低后高约呈45°。手术部位可以选在乳房前腹中线,切口长一般为4～5 cm。

根据外科手术的要求,术部先常规消毒,然后盖上创布。用手术刀切开皮肤、皮下组织,并用刀柄分离肌肉,小心切开腹膜。将中指与食指并拢伸入腹腔,用两指夹住子宫角牵引至术口之外,再顺着子宫角小心拉出一侧输卵管与卵巢,观察记录卵巢上的排卵与黄体情况,并及时向暴露处喷洒生理盐水,保持术部湿润,防止粘连。根据胚胎发育阶段,冲胚方法可分为输卵管采胚法和子宫角采胚法。

①输卵管采胚法。当胚胎处于输卵管内时,采用此方法。对于羊、兔而言,在输卵管的伞部插入胚胎收集管接取冲胚液,用带有钝性针头的注射器在子宫角端部刺入子宫角,经宫管结合部导入输卵管,注入冲胚液,每侧输卵管冲胚液的用量为10～15 mL;也可以通过输卵管伞部的喇叭口将钝性针头导入输卵管,从宫管结合部收集冲胚液。

②子宫角采胚法。当羊、猪、兔等中小动物的胚胎已进入子宫角内时,可采用此法(图10-3)。过去对子宫角进行上行或下行冲洗采集胚胎,目前多采用在子宫角基部穿孔,然后插入冲胚管(两通管带气夹)进行冲洗胚胎的方法。根据子宫角的粗细,由充气管注入空气,气囊封阻子宫腔,然后由进液孔注入冲胚液,再由此孔回流导出。冲胚液用量依子宫角容积大小而定,一般每侧子宫角的用量为25～40 mL。在一侧冲洗后,用同样的方法冲洗另一侧。

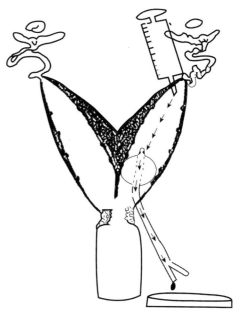

图10-3　子宫角采胚法

在冲胚操作中,要求迅速准确和无菌操作。一般来说,术后生殖器官,尤其是输卵管及子宫系膜等容易发生不同程度的粘连,严重时会造成不孕,这是手术法的最大缺点。因此,在缝合腹膜前,在子宫外面滴注适量液状石蜡或油剂青霉素,用有效防止子宫输卵管粘连。在胚胎冲洗之后,除去器械和创布,然后将子宫角等送回腹腔并复位,随后先进行腱膜、肌肉、腹膜连续缝合,然后再用结节法缝合皮肤。

4.非手术法回收胚胎

牛、马等体形较大动物一般对其采用非手术法回收胚胎。所使用的冲胚器械为专用的两通硅胶管,前端有一气囊,充气后可阻止冲胚液流出。非手术法回收胚胎都是在配种后的6~7 d进行,比手术法简便易行,对生殖道伤害小。冲胚液大多用杜氏磷酸缓冲液(D-PBS)加5%~10%牛血清白蛋白(BSA)。若操作正确、熟练,此法的回收率可达80%以上。

(1)供体牛的检查与处理　在供体牛发情的第5~6天,通过直肠检查两侧卵巢上的黄体数。冲胚前禁水、禁食10~24 h,以减轻冲胚操作时腹压和瘤胃压力的影响。

(2)保定、消毒与麻醉　冲胚操作室内的温度一般维持在20 ℃左右。在冲胚前将供体站立保定,剪去尾根上部的被毛,用碘酊和酒精脱碘消毒后,再用2%盐酸利多卡因或普鲁卡因进行荐尾椎硬膜外麻醉,使母牛镇静,子宫颈松弛,以利于冲胚。

(3)回收方法　非手术法回收胚胎的操作方法如下。

①准备工作。在清除直肠宿粪时,用清水冲洗会阴部和外阴部,再用0.1%高锰酸钾溶液冲洗消毒,并用灭菌的卫生纸擦干。

②导入冲胚管。操作者一只手在直肠内把握子宫,另一只手持内管插有金属芯的二路式或三路式冲胚导管,使其到达子宫角大弯处,由助手逐步抽出内芯,继续把冲胚管向前推进,直到冲胚管的前端距宫管结合部的距离5~10 cm为止。插管困难的动物在插管前可以先用扩张棒扩张其子宫颈,并用黏液去除器去除子宫颈黏液,然后再将导管慢慢插入子宫角。

③固定冲胚管。助手用注射器一次性向气囊充气约10 mL,然后操作者根据气囊所在子宫角的粗细,确定充气量,一般青年母牛为14~16 mL,经产母牛为18~25 mL,气囊膨胀固定在子宫角基部,以免冲胚液流入子宫体并沿子宫颈口流出,在冲胚管固定后,抽出内芯。

④冲胚。灌流冲胚液的方式有吊瓶法和注入法2种。

A.吊瓶法。将每头供体需要的冲胚液装入1 L的吊瓶,用Y形硅胶管将吊瓶和冲胚管连接在一起,然后将吊瓶挂在距母牛外阴部垂直上方1 m处。操作者用一只手控制液流开关,向子宫角灌注冲胚液20~50 mL,另一只手通过直肠按摩子宫角,在灌流的时候,用食指和拇指捏紧宫管结合部。在灌流完毕后,关闭进流阀,开启出流阀,用集卵杯或胚胎过滤漏斗收集冲胚液。

B.注入法。利用50 mL注射器将冲胚液通过内管注入子宫角,每次注入40~50 mL,然后抽出。如此反复冲洗和回收8~10次,每侧子宫角的总用量为300~500 mL。冲胚液的导出应顺畅迅速,并尽可能将冲胚液全部收回。为此,冲胚时,最好用手在直肠内将子宫角提高并向冲胚管方向略加按压,以利于冲胚液流出。当一侧子宫角冲胚结束后,用相同的方法冲洗另一侧。

⑤冲胚后处理。一侧子宫角冲完后放出气囊中的气体,退回子宫体,再通过金属内芯将冲胚管送入另一侧子宫角,采用同样方法进行冲洗。在两侧子宫角冲胚完成后,放出气囊中的一部分气体,将冲胚管抽至子宫体,灌注含320万IU青霉素和100万IU链霉素的生理盐水10 mL。

（六）胚胎的检查

胚胎的检查包括 2 个过程：一是检胚；二是胚胎质量鉴定。检胚时，需将回收到的冲胚液静置 10 min，等胚胎下沉后，移去上层液体，直接吸取底部液体，然后置于实体显微镜下检胚。目前在生产中大多采用胚胎过滤漏斗除去多余的液体，再直接检胚。检到的胚胎在用冲胚液洗净后及时移入胚胎培养液中保存。发育至不同阶段的正常牛胚胎如图 10-4 所示。

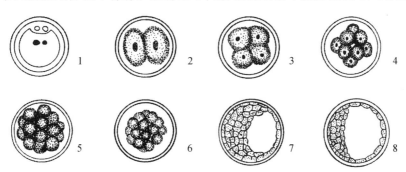

1.1 细胞期（0～2 d）；2.2 细胞期（1～3 d）；3.4 细胞期（2～3 d）；4.8 细胞期（3～5 d）；5.桑葚胚（6～7 d）；6.晚期桑葚胚（6～8 d）；7.早期囊胚（6～8 d）；8.扩张囊胚（8～9 d）。

图 10-4 不同发育阶段的正常牛胚胎

（资料来源：家畜繁殖学，张忠诚，2000）

通过形态学鉴定一般可将胚胎分为 4 级：A 级胚胎发育完好；B 级胚胎发育尚好；C 级胚胎发育一般但可用；D 级胚胎发育停止或退化。胚胎分级标准见表 10-6。如要进一步鉴定胚胎质量，就可采用荧光活体染色法和代谢测定法等。

表 10-6 胚胎分级标准

级别	标准
A 级	胚胎发育阶段与母畜发情配种的时间相吻合；胚胎形态完整、外形匀称；卵裂球轮廓清晰，大小均匀，无水泡样卵裂球；卵裂球结构紧凑，细胞密度大；色调和透明度适中；没有或只有少量游离的变性细胞，变性细胞的比例不超过 10％
B 级	胚胎发育阶段与母畜发情配种时间基本吻合；形态完整，轮廓清晰；细胞结合略显松散，密度较大；色调和透明度适中；胚胎边缘突出少量变性细胞或水泡样细胞，变性细胞的比例为 10％～20％
C 级	发育阶段比正常迟缓 1～2 d；轮廓不清楚，卵裂球大小不均匀；色泽太明或太暗；细胞密度小；游离细胞的比例达到 20％～50％，细胞联结松散；变性细胞的比例为 30％～40％
D 级	未受精卵或发育迟缓 2 d 以上；细胞团破碎；变性细胞的比例超过 50％；死亡退化的胚胎

资料来源：家畜繁殖学，朱士恩，2009。

注：A 级和 B 级胚胎可用于鲜胚移植或冷冻保存；C 级胚胎只能用于鲜胚移植，不能进行冷冻保存；D 级胚胎为不可用胚胎。

（七）胚胎的移植

受体母畜应具有明显的发情征象及发育良好的黄体，发情时间应与供体一致。与胚胎回收方法相同，移植胚胎也可分手术法和非手术法 2 种方式。

1.手术法移植

羊、猪、兔等体形较小动物一般对其采用手术法移植胚胎,受体手术部位和方法与供体冲胚基本相同。术者轻轻牵引出子宫后,找到排卵一侧的卵巢,并观察卵巢黄体数量与发育情况。只有黄体发育良好的受体,才能用于胚胎的移植。移植时,卵巢上只有 1 个黄体的受体子宫角一般只移植 1 枚胚胎,有 2 个或 2 个以上黄体的子宫角可以移植 2 枚胚胎。根据胚胎的发育阶段以及回收与移植部位一致的原则,通常应用移植管将胚胎注入黄体同侧子宫角前端或通过输卵管伞送至输卵管壶腹部,然后迅速复位子宫,缝合组织。

近年来,国内外开始对羊普遍采用腹腔内窥镜法移植胚胎。其方法是将受体母羊仰卧固定在手术床上,手术台前低后高,将羊的鼠蹊部剪毛、消毒后,从乳房前方腹中线一侧用套管针插入腹腔,冲入适量的 CO_2 鼓胀腹腔,通过腹腔镜光导纤维观察卵巢排卵和黄体发育情况。移植时,另一侧腹部刺入长注射针,通过腹腔镜观察将注射针刺入黄体发育良好侧的子宫角内,以确定在子宫腔内移植胚胎。移植后手术创孔无须缝合。

2.非手术法移植

牛、马等大家畜常对其采用非手术移植法。非手术移植法采用的器械为胚胎移植枪。受体牛在胚胎移植前应通过直肠重点检查卵巢上黄体的发育情况。只有黄体发育良好者,才能被列为待移植受体母牛。受体牛的保定、消毒与麻醉同供体处理方法一致。

对照受体的发情记录应选择适宜发育阶段和级别的胚胎,按图 10-5 所示方法封装于 0.25 mL 塑料细管内。将装有胚胎的细管从前端装入预温的移植枪管内(棉塞端朝枪内部),金属内芯轻轻插入细管的棉塞端内,套上灭菌的软外套。

在移植胚胎时,用直肠把握法将移植枪通过子宫颈管插入黄体侧子宫角的大弯处,捅破软外套,推出胚胎,然后缓慢、旋转地抽出移植枪,最后轻轻按摩子宫角 3～4 次。

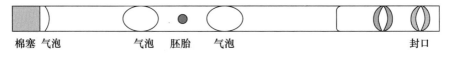

棉塞 气泡　　　　气泡　胚胎　气泡　　　　　　　　封口

图 10-5　胚胎装管

(资料来源:绵羊繁殖与育种新技术,石国庆等,2010)

(八)供体和受体术后的护理

供体在回收胚胎以后应在发情周期第 9 天左右肌内注射氯前列烯醇以溶解黄体,防止妊娠。为了防止手术引起供体和受体的继发感染,采用手术法进行胚胎移植的供体和受体母畜,一般要对其连续肌内注射抗生素一个疗程。

受体母畜应加强饲养管理,注意补充足量的维生素、微量元素,适当限制能量饲料的摄入,避免应激反应,同时应仔细观察受体在预定的发情周期是否返情。建议用超声波妊娠诊断仪在羊胚胎移植后 30 d、牛移植后 60 d 时进行检查,以确定妊娠情况,并将妊娠母畜与空怀母畜分群饲养管理。

四、胚胎移植存在的主要问题

随着胚胎生物技术的不断发展,胚胎移植技术目前已在许多畜牧业发达的欧美国家实现了商业化。虽然我国的胚胎移植技术起步晚,但是发展速度快,胚胎移植技术水平已接近国外的先进水平,并出现了一些专业公司开始商业化经营。尽管如此,胚胎移植在实际应用中仍然存在一些问题有待解决。

(一)超数排卵的效果不稳定

超数排卵并不能保证每次都能达到预期效果,不同批次的超数排卵药品可能在效价上存在差异;个体和年龄对超数排卵处理的反应不同,造成排卵率很不稳定。虽然有的个体在超数排卵处理后的卵巢上有大量卵泡发育,但是并不排卵。

(二)胚胎回收率低

研究显示,家畜在超数排卵处理后的排卵数过多往往会降低胚胎的回收率。其原因可能是卵巢在外源激素作用下体积增大,输卵管伞难以完全包被卵巢,造成一些卵子丢失。在一般情况下,家畜胚胎的回收率为 $50\% \sim 80\%$ 。应用手术法从输卵管采集胚胎的回收率要高于子宫角回收和非手术法。在采用非手术法回收牛胚胎时,完全失败的情况也时有发生,这也可能与技术熟练程度有关系。

(三)供体的再利用问题

对于熟练操作者来说,只要规范正确操作,除了推迟供体自然繁殖时间 $2 \sim 3$ 个情期以外,胚胎移植对供体自身的繁殖机能不会有太大的影响。由于供体均为经济价值较高的良种母畜,故一旦出现丧失繁殖能力的情况,造成的经济损失和影响就不可忽视。

(四)技术人员缺乏,推广网络有待完善

胚胎移植本身是一系列技术环节的集成。我国的胚胎移植技术还主要掌握在一些农业科研院校和高科技企业的专家手中,基层农牧区能够熟练操作的技术员非常稀少;缺少完善的推广网络体系,加之成本比较高,因此该项技术在畜牧生产中的应用受到了限制。

▶ 第二节　体外受精技术

体外受精(in vitro fertilization,IVF 或 external fertilization)是指哺乳动物的精子和卵子在体外人工控制的环境中完成受精过程的技术。由于它与胚胎移植技术(ET)密不可分,故又简称为 IVF-ET。在生物学中,将体外受精胚胎移植到母体后获得的动物称为试管动物(test-tube animal)。这项技术成功于 20 世纪 50 年代,并在最近 20 年发展迅速。体外受精技术可为畜群改良提供大量廉价的胚胎,对充分利用优良品种资源,缩短优秀母畜的繁殖周期,加快品种改良等有重要价值,现已成为一项重要而常规的动物繁殖生物技术。同时,该技术与细胞核移植、转基因、干细胞等技术密切相关,可为后者提供充足的实验材料和技术支持。实际上,从胚胎移植的角度看,与超数排卵后体内冲胚一样,体外受精、细胞核移植、转基因都是一种获取胚胎的方法。因此,按照胚胎的获取方法可以把胚胎移植的发展分为 3 个阶段:一是通过超数排卵直接从供体获取体内(in vivo)胚胎阶段;二是 IVF 胚胎阶段;三是体细胞核移植和转基因阶段。

一、体外受精技术的发展简史

哺乳动物体外受精的起源可追溯到 19 世纪。1878 年,德国学者 Schenk 用家兔和豚鼠进行试验,未获完全成功,仅观察到卵丘细胞扩展、第二极体释放和卵裂。1951 年,美籍华人张明觉和澳大利亚人 Austin 同时发现精子获能现象之后,哺乳动物体外受精研究进入新的发展阶段。爱德华兹于 20 世纪 50 年代就开始关注动物的受精过程,重点研究小鼠的生殖生物学,在此过程中意识到体外受精在不育治疗方面有重要的应用潜力。经过努力,爱德华兹与福勒(Ruth Fowler)合作开发出一种方法,即通过为雌性小鼠注射一定量激素而控制小鼠排卵时间和排卵数量,该方法被称为福勒-爱德华兹法;爱德华兹还将获得的卵子在体外进行促成熟处理,这些方法为进一步实现体外受精提供了良好环境。1959 年张明觉首次获得"试管兔";1959 年 Dauzier 进行绵羊体外受精,获得原核期受精卵;1973 年猪 IVF 获得成功,于 1986 年产出仔猪,1989 年得到体外成熟(*in vitro* maturation,IVM)的 IVF 仔猪;1982 年 Brackett 等得到世界首例试管犊牛;1985 年日本学者花田章等获得世界首例试管山羊。1987 年,Parrish 等用含肝素的介质处理牛的冷冻精液,然后与体外成熟的卵母细胞体外受精获得成功。这项成果对牛 IVF 的研究和应用具有重要意义。这种方法可以利用屠宰场废弃的卵巢和冷冻精液进行胚胎体外生产,不仅成本低廉,而且效果稳定。1987 年,我国学者卢克焕利用在爱尔兰建立的一整套牛体外受精技术体系生产了世界上数量最多的试管牛群,并于 1988 年成功实现了世界首例完全体外化的试管双犊。该体系的建立为牛胚胎的商业化生产打下了技术基础。随后,旭日干(1989)、范必勤(1989)、朱裕鼎(1989)、秦鹏春(1990)等相继得到试管犊牛,至今已有数十种哺乳动物获得 IVF 后代。卵母细胞体外成熟技术的快速发展使得体外受精技术和理论不断丰富。目前,牛的体外受精技术已经进入了产业化开发阶段,其卵裂率可达 80%～90%,发育至桑葚胚、囊胚阶段的胚胎可达 40%～50%,桑葚胚、囊胚超低温冷冻后继续发育率可达 70%～80%,移植后的产犊率可达 20%～30%。平均每个卵巢可获得 A 级卵母细胞 10 枚左右,受精后可获得桑葚胚或囊胚 3～4 枚,移植后产犊 12 头。

体外受精技术的成功可以为精卵结合过程、原核形成、细胞分化等研究向更高层次发展提供便利条件。同时,再现体内受精过程大大丰富了生殖生物学、发育生物学、胚胎学和分子生物学的内容,为生产和科研提供特定品种的胚胎,从而为提高家畜的生产力创造有利条件。

二、体外受精技术的基本操作程序

体外受精技术的基本操作程序包括卵母细胞的体外成熟、精子的制备获能及检测、体外受精和早期胚胎的体外培养(*in vitro* culture,IVC)等环节。

(一)卵母细胞的体外成熟

1.卵母细胞的采集
卵母细胞的采集方法可以分为离体采集和活体采集。

(1)离体采集　从屠宰场获取卵巢是体外受精研究中卵母细胞的重要来源之一。动物被屠宰后,在 30 min 内采集卵巢,用温生理盐水冲洗,放入 25～35 ℃的灭菌生理盐水或磷酸缓冲盐溶液(PBS)中,并添加青霉素、链霉素各 100 万 IU/L,3 h 内运回实验室。采用机械分离法采集卵巢表面的卵母细胞,尽量在最短的时间内获得最多的可用卵母细胞。其采集方法有如下 4 种。

①抽吸法。抽吸法就是将注射器针头刺入卵泡,将卵泡液和卵母细胞一并吸出来,再在显微镜下进行筛选。该方法适用于较大型的动物,比如,猪等。具体方法是用 5 mL 或 10 mL 注射器,连接 12～18 号针头,从卵泡中抽吸卵母细胞及卵泡液。从卵巢的侧面插入针头,一次插针采吸多个卵泡,然后注入灭菌培养皿内,沉淀数分钟后检卵。抽吸法的优点是简便、快速,可以选择目的大小卵泡,以分离到不同成熟程度的卵子。这是目前最常用的采卵方法;其缺点是不能用于小动物,且易造成卵母细胞丢失和卵丘卵母细胞复合体(cumulus oocyte complexes,COCs)损伤。

②切割法。用剪刀将卵巢一剪为二,去掉髓质,用眼科镊子及剪刀将卵巢皮质剪碎,使直径小于 1 mm;将处理好的卵巢倒入 50 mL 小烧杯,用直径约为 1 mm 的巴氏管吹打 60～80 次,在蜗旋振荡器上振荡 1～2 min,再用孔径 0.264 mm 的金属网筛挤压过滤,收集滤液,捡卵泡并计数。该方法虽然能在最短时间内获得最多的卵母细胞,但是回收的无用卵的比例增加,且易造成污染。

③剥离法。剥离法就是将凸出于卵巢表面的卵泡剥离后放在培养液中,用针刺破或用眼科剪剪破卵泡,冲出 COCs 的方法。该法的优点是能保持卵母细胞周围卵泡细胞的完整性,回收率高;其缺点是比较麻烦,浪费时间,容易造成污染。

④酶消化-机械分离。其原理为特异的酶可以使卵泡破裂,从而取出卵母细胞。其具体方法是用眼科剪将卵巢皮质部分剪成 1 mm^3 大小的块,转移,进入培养皿,加入含 0.4 g/L 胶原酶的卵泡分离液,用直径约为 1 mm 的巴氏管吹打数次,放入培养箱 20 min,取出;再用巴氏管反复吹打 50～60 次,用孔径为 0.264 mm 金属网筛挤压过滤,收集滤液,用卵泡分离液反复离心清洗 3 次,捡卵泡并计数。此法的优点是简单方便易操作;其缺点是消化时间没控制好就可能对卵子造成损伤。

(2)活体采集 活体采卵的方法主要有 B 型超声波引导法采卵、腹腔镜和手术法采卵。

2.卵母细胞的体外成熟

从卵巢上采集的卵母细胞大多处在生发泡阶段,还没有成熟到能和精子受精的阶段,故需进行进一步的成熟培养。

(1)成熟培养液及添加成分

①培养液。用于卵母细胞体外成熟的基础培养液有多种,如 TCM199、Ham's F-10、NUSC23 和 MEM 等,其中应用最为广泛的是 TCM199。TCM199 多用 Hepes 或 NaHCO$_3$ 缓冲液,以维持一定的 pH。这些基础培养液最初均是用于培养体细胞。其在培养卵母细胞时应添加一定浓度的血清,如 5%～10% 的胎牛血清(FBS)或发情牛血清(ECS)或阉公牛血清(SS)和一定浓度的促性腺激素(0.1～1.0 μg/mL FSH、5～10 μg/mL LH 和 1.0～2.0 μg/mL E$_2$ 等)。

②水。水是培养基的主要成分,因此,使用无菌、超纯的水至关重要。因为水不仅容易含有某些微生物和热原质(pyrogen),还可能会溶解有某些小分子溶质。纯化水的基本方法是蒸馏、去离子、过滤、逆渗透吸收和超滤。用直径为 0.22 μm 滤膜可以除去所有细菌(最小细菌直径约为 0.3 μm)。应经常对水的纯度和 pH 等进行严格的检测。检测水纯度的最佳方法是检测导电性,pH 用酸度计进行检测。

③生长因子和细胞因子。在基础培养基中添加各种生长因子和细胞因子,如胰岛素、

EGF、IGF-1、白血病抑制因子、转化生长因子、重组牛生长激素(rbGH)等。这些生长因子和细胞因子对卵母细胞的生长、成熟起重要调节作用。EGF 是一种卵泡卵母细胞成熟的诱导剂,能促进卵母细胞的体外成熟。Im 等发现,30 $\mu g/L$ 的 EGF 有利于牛卵泡卵母细胞的体外成熟,使处于第二次减数分裂中期的卵母细胞达 97%。

④抗氧化物质和维生素。在卵母细胞体外成熟,特别是在 20% 氧气的气相环境中,会产生许多对卵母细胞成熟和胚胎发育有害的活性氧(ROS)。它能导致线粒体功能障碍,损害 DNA、RNA 和蛋白质,抑制精卵结合,并引起细胞死亡。谷胱甘肽(GSH)能清除不利于细胞发育的过氧化物,而细胞本身能合成 GSH,且不同的发育时期细胞内的 GSH 含量不同,这在小鼠、仓鼠、牛和猪中已得到证实。外源性 GSH、巯乙胺、β-巯基乙醇、半胱氨酸和胱氨酸等已被用于不同物种的体外成熟体系。在低氧(5%或 7%氧气)条件下,卵母细胞体外成熟液是否需要添加抗氧化物质,还有待进一步研究。此外,Bormann 等在山羊卵母细胞的体外成熟液中添加维生素,以促进胚胎的发育。该研究结果证实,维生素是卵母细胞培养液中的一种重要成分。

(2)培养温度、气相和湿度

①培养温度。在不同的培养体系中,牛、猪、羊和马等家畜卵母细胞的体外成熟培养温度一般为 38~39 ℃,啮齿类动物卵母细胞的体外成熟培养温度为 37 ℃。值得注意的是,在试验中使用的 CO_2 培养箱显示屏显示的温度与内部实际温度不一定一致,甚至培养箱内不同的位置也有温差。因此,在进行正式试验前,应在培养箱内不同位置放置几支温度计,以实测温度为准对其进行校正。

②培养气相。目前常用的气相有 2 种:一种为含 5% CO_2 的空气;另一种为 5% CO_2 + 5% O_2 + 90% N_2。在这两种气相中,CO_2 很关键。它是培养基缓冲体系维持正常 pH 所必需的,所以 CO_2 气体的纯度要高,至少要达 99.99%。目前,我国的研究者多采用 5% CO_2 高氧气相体系。

③培养湿度。在 IVM 体系中,采用饱和湿度目的是防止培养液蒸发而改变培养液成分或浓度,从而保持稳定的 pH 和渗透压。在培养中,要及时补充 CO_2 和培养箱内水盆中的水,以防湿度的改变。

(3)培养时间 牛和羊的卵母细胞体外成熟培养的时间一般为 22~24 h,马的卵母细胞体外成熟培养的时间为 30~36 h,猪的卵母细胞体外成熟培养的时间为 40~44 h。

(4)培养方法 卵母细胞体外成熟的培养方法一般采用微滴法、封闭法和开放法 3 种。

①微滴法。先将成熟培养液在组织培养皿中做成 50~100 μL 的微滴并覆盖液状石蜡,然后将数枚至数十枚卵母细胞放入其中培养。该方法的主要优点是培养液的渗透压稳定,并且不容易造成污染,适用于多组对比试验或来源于不同母畜的卵母细胞的分别培养等;其缺点是成本高,液状石蜡的质量对培养结果有影响。

②封闭法。先将卵母细胞放入盛有 2~3 mL 成熟培养液的 15 mL 试管,用胶塞密封试管口并在胶塞上插入注射器针头;然后从针头充入含有 5% CO_2 的空气,充气完毕后将针头拔出;最后将试管置于恒温的培养箱或水浴中培养。此法的优点是不需要 CO_2 培养箱,罐内的温度和气相环境相对比较恒定;其缺点是操作较麻烦。

③开放法。先将 1~2 mL 成熟培养液放入四孔培养板内,每个孔内可根据需要放入 50~200 枚卵母细胞,不用覆盖液状石蜡;然后将含有卵母细胞的培养板置于恒温的含有 5% CO_2 空气的培养箱中培养。此法的优点是操作简便,不受液状石蜡质量的影响,适用于培养大量卵

母细胞,便于胚胎的工厂化生产;其缺点是渗透压容易变化,且易于受到污染。

3.卵母细胞体外成熟的判定

卵母细胞成熟是涉及核、质、膜、卵丘细胞和透明带成熟的一个复杂生物学过程。其在形态上表现为纺锤体形成,核仁致密化,染色质高度浓缩形成染色体,第一极体释放,细胞器重组,卵丘颗粒细胞扩展、膨胀和透明带软化等。

COCs经过成熟培养后在显微镜下可以看到卵丘细胞层扩散,第一极体释放;用DNA特异性染料染色后,在显微镜下进行核相观察可见卵母细胞处于MⅡ期。

4.影响卵母细胞体外成熟的因素

(1)卵母细胞采集方法　国内外用于体外受精的胚胎一般有以下几种来源:一是超数排卵处理排卵后的输卵管卵母细胞;二是排卵前的成熟卵泡;三是屠宰场屠宰母畜的离体卵巢表面的未成熟卵泡。国内外学者对体外受精的研究主要集中于对卵巢有腔卵泡卵的利用。有腔卵泡期的卵母细胞已经充分生长,细胞质中储备了大量的物质和信息,其大小也已接近成熟卵子的体积。卵子的采集通常采用机械分离法,主要有抽吸法、剖切法和剥离法。

(2)动物种类　不同的物种具有不同的生理特点,其卵母细胞体外成熟的时间、所需温度及培养基条件也不相同,成熟能力也有差异。

(3)动物年龄　同一种动物在不同年龄段的卵母细胞体外成熟的情况也有所不同。例如,对1月龄和1岁的美利奴羊卵母细胞体外成熟及其体外受精后发育潜力进行比较得出,虽然性成熟前的绵羊卵母细胞发育潜能低,体外培养囊胚率明显低于成年绵羊,但是体外囊胚的移植妊娠率没有差异。

(4)卵母细胞类型与卵泡的大小　众多研究表明,卵母细胞外的卵丘细胞参与了卵母细胞的成熟。颗粒细胞之间以及颗粒细胞和卵丘细胞之间通过广泛的间隙联结形成一个功能上的整体,卵母细胞的物质运输必须借助其周围的卵丘细胞和它们之间的细胞联结。因此,在来源于不同直径卵泡的卵母细胞在体外成熟和体外受精后,其囊胚发育率存在明显差异。

(5)卵巢的贮存时间和温度　卵巢的贮存时间和温度直接影响体外生产胚胎的效果。经过近50年的努力,虽然卵母细胞的体外成熟取得了骄人的成绩,但是存在的问题不容忽视。与体内成熟卵母细胞相比,体外成熟卵母细胞的受精率和卵裂率都较低,囊胚发育率更是低于体内,囊胚细胞数较少,细胞质量差,容易碎裂。此外,卵母细胞成熟的调控机理、细胞质成熟的判断等许多问题至今还没有完全搞清楚。随着研究的深入,存在的问题将会逐步被解决,卵母细胞的体外成熟体系将更加完善。它必将推动体外受精技术的深入发展,并进一步促进核移植、外源基因导入和胚胎干细胞的研究。

(二)精子的制备、获能及检测

1.精子的制备

用于体外受精的精液可以为新鲜精液或冷冻精液。精子制备的目的是去除精液中的精清,除去冷冻精液中的防冻剂、卵黄或牛奶等成分,筛选出活力强的精子。精子的制备一般采用的方法有悬浮法、BAS/哌可(Percoll)密度梯度离心法、上游法、涌动沉淀法、玻璃纤维过滤法和直接离心法等。

(1)悬浮法　将新鲜精液或1~2支细管冷冻精液解冻后,放入含有3~5 mL获能液或受精液的试管底部,在培养箱中孵育约30 min后,用吸管吸取上半部液体并离心洗涤1~2

次,即可获取活力较强的精子。此法适用于精子活力较差的精液。因精子往上游动不充分,故精子利用率较低。

(2)BAS/哌可(Percoll)密度梯度离心法　此法的原理是形态正常的精子的相对密度高于异常的精子,因此,经过离心平衡后,活精子将聚集于高密度的 Percoll 区,从而将受精能力高的精子与其他精子分离。常用的 Percoll 密度梯度有 2 种,即 90% 和 45%。其具体方法:首先,制备所需的各种不同密度的 Percoll 液;其次,将较高密度的 Percoll 液置于离心管的底部,较低密度的Percoll 液依次置于其上,将精液置于已形成不同密度梯度的 Percoll 液上面,并以 2 000 r/min 的速度离心 20 min,去掉上层大部分的 Percoll 液,仅保留最底部约 0.1 mL 的精液;最后,加入1~2 mL 受精液于离心管中,再以 500~700 r/min 的速度离心 5~7 min,去掉上层的受精液,仅保留最底部约 0.1 mL 的精液,供受精用。虽然此法操作较复杂,但是可获得大部分活力好的精子,精子利用率高。

(3)上游法　上游法即回收上游的精子,是常用的一项精液处理技术。此法主要用于精液质量较好的精液,比较依赖于活动精子在培养液中的运动能力,因此精子的活力非常重要。上游法的不足之处在于运动精子的回收率较低。为了提高回收率,也可以采用少量多管的直接上游,以增加精液与培养基的接触总面积。

(4)涌动沉淀法　这是一项较为复杂的精液分离技术。具体方法是使用内含一根锥形体的特制玻璃管或者塑料管,精子在 1 h 内从液化精液上层游到上层液中,随后再沉淀到内部的锥形管中,即上游法加一个沉淀的步骤。研究显示,涌动沉淀法的精子回收率和精子平均运动速度均高于上游法,对异常精子的处理效果也优于其他方法。该法的出现已经印证了实际生产中的发现,即收集到的上游时间过长的精子活力有时不如中层的精子好,因此,涌动沉淀法不适用于 IVF 的精液处理。此外,由于此法需要特殊设备,故很少在临床应用。

(5)玻璃纤维过滤法　此法的原理是运用精子的自身运动和玻璃纤维的过滤作用,使活精子与不动精子分离,从而产生高比例的顶体完整的精子。该法优选的精子穿越透明带的金黄地鼠卵实验及结合人卵透明带的数目均高于 Percoll 液处理的精子。由于滤过的标本几乎保留了所有的活动精子,故可以显著提高活动精子和功能正常精子的比例,尤其对质量差的精液分离效果较好,可除去大约 90% 的白细胞(白细胞在正常精子中常见,其产生 ROS 的量是精子产生的 100 倍)。因此,这种方法可以显著减少精液中的氧自由基,对保护精子非常重要。此外,该法还明显提高了精子染色体的完整性,可作为 ICSI 精子处理的首选方法。

(6)直接离心法　将 0.1~0.2 mL 精液直接放入含有 5~10 mL 获能液或受精液的离心管,然后离心 5 min(300 g),弃去上清液,再按上述方法离心 1 次即可。此法的优点是操作简单,精子的利用率高;其缺点是对精子没有分选作用,不宜用于精子活力较低或受精力较差的精液。随着精液冷冻保存技术的提升,该方法越来越多地被用于体外受精的精子制备。

2.精子的获能处理

精子获能的实质是使精子去掉去能因子或使去能因子失活的过程。在母畜生殖道内,精子获能的过程是母畜生殖道内的获能因子中和精子表面的去能因子,并促使精子质膜的胆固醇外流,导致膜的通透性增加;而后 Ca^{2+} 进入精子内部,激活腺苷酸环化酶,抑制磷酸二酯酶,诱发 cAMP 的浓度升高,进而导致膜蛋白重新分布,膜的稳定性下降,精子完成获能。因此,任何导致精子被膜蛋白脱除、质膜稳定性下降、通透性增加和 Ca^{2+} 内流的处理方法均有可能诱发精子的获能。目前,精子的获能处理方法主要有如下几种。

(1)肝素处理法　这是目前应用最广泛的精子获能处理方法。肝素是一种高度硫酸化的氨基多糖类化合物,当它与精子结合后,能引起 Ca^{2+} 进入精子细胞内部而导致精子的获能。具体的处理方法是直接将一定浓度($2\sim10\ \mu g/L$)的肝素添加到受精液中。同时,还有研究表明,在受精液中添加 $2\sim5\ mmol/L$ 的咖啡因,可提高卵裂率及胚胎发育率。

(2)钙离子载体法 钙离子载体 A23 187(ionophore A23 187)能直接诱发 Ca^{2+} 进入精子细胞内部,提高细胞内的 Ca^{2+} 浓度,从而导致精子的获能。因此,A23 187 被广泛用于精子的获能。具体处理方法是用含 $0.5\sim1.0\ \mu mol/L$ A23 187 的无 BSA 的 BO(Brackett and Oliphant)溶液处理精子 5 min,然后加入等量含 1% BSA 的 BO 溶液终止 A23 187 的作用,随后放入含卵母细胞的受精液中进行体外受精。

(3)高渗溶液处理法 精子的表面含有许多被膜蛋白,即所谓的"去能因子"。当用高离子强度溶液处理精子时,这些被膜蛋白将从精子的表面脱落,从而导致精子的获能。

除以上 3 种方法外,精子的获能处理还有血清蛋白法和卵泡液孵育法等。总之,精子的获能是诸多因素综合作用的结果。

3.精子获能的检测

在精子获能技术的基础上,根据精子在运动、形态、代谢上的变化特征创立了多种精子获能的评价方法。目前常用的精子获能评价方法为精子超激活运动、顶体反应、精子穿卵实验、透射电镜观察等,此外,还有去能因子鉴定法、测定精子呼吸能等方法。

(三)体外受精

体外受精是指一个将获能精子与成熟卵子共培养,完成受精的过程。卵母细胞体外受精的完成。首先,需要成熟的卵子和精子;其次,还需要一个有利于细胞存活与代谢的培养条件。因此,精子的制备、获能和受精一般在 Tyrode's (TALP)液或 BO 液中进行。

1.体外受精方法

体外受精的完成需要一个有利于精子和卵子存活的培养系统。目前,用于卵母细胞体外受精的培养系统主要包括微滴法和四孔培养板法 2 种。

(1)微滴法 微滴法是一种应用最广的培养系统。其具体做法是在塑料培养皿中用受精液做成 $20\sim40\ \mu L$ 的微滴,上覆液状石蜡,然后每滴放入体外成熟的卵母细胞 10~20 枚及获能处理的精子($(1.0\sim1.5)\times10^6$ 个/mL),在培养箱中孵育 6~24 h。微滴法的优点是受精液及精液的用量均较少,体外受精的效果亦较好;其缺点是受精的结果易受液状石蜡质量的影响,操作也相对较烦琐,成本也相对较高。

(2)四孔培养板法 在四孔培养板中每孔加入 $500\ \mu L$ 受精液和 100~150 枚体外成熟的卵母细胞,然后加入获能处理的精子($(1.0\sim1.5)\times10^6$ 个/mL),而后在培养箱中孵育 6~24 h。四孔培养板法的优点是操作相对比较简单,受精结果不受液状石蜡质量的影响;其缺点是精子的利用率相对较低,体外受精效果不如微滴法稳定。

2.体外受精质量评定

卵母细胞体外受精的成功与否通常用精子穿透率、原核形成率、受精分裂率和囊胚发育率来衡量。其中囊胚发育率最为可靠,其可反映体外受精的质量。体外受精的具体评价方法一般为固定染色法和体外培养法。

(四)早期胚胎的体外培养

在精子和卵子完成体外受精后,受精卵必须移入胚胎培养液中继续培养,直到可以用于移植或冷冻阶段。家畜一般要发育至桑葚胚或早期囊胚阶段。

1.合成液培养系统

合成液培养系统是指利用化学成分明确的基础培养液,如 SOF(synthetic oviduct fluid)液,由添加血清、BSA、氨基酸、维生素和生长因子(如 EGF、IGF)等物质构成。其优点是组成成分明确,便于研究胚胎发育过程中某一物质对胚胎的作用,有助于了解早期胚胎的发育机理;其缺点是不能很好地满足胚胎发育的营养需求,所以发育率较低。

2.共培养系统

与体细胞共培养可以有效地解决体外受精胚胎的发育阻滞问题。共培养系统常用的培养液是 TCM199 + 5%~10% 的血清,常用的体细胞是输卵管上皮细胞单层(bovine oviduct epithelial cells,BOEC)、颗粒(卵丘)细胞单层、成纤维细胞单层、巴弗洛大鼠肝细胞单层(buffalo rat liver cells,BRLC)和子宫内膜细胞单层。无论使用何种体细胞,都需要用酶将其消化为单个细胞,在平皿中培养后形成体细胞单层作为胚胎生长发育的滋养层。虽然此系统的胚胎发育率较高,胚胎质量较好,但是操作较烦琐且易污染,同时培养液的成分不明确,对研究胚胎发育所需营养物质及调控细胞代谢不利。

(1)输卵管上皮细胞单层 从屠宰场将输卵管完整收集并放在试管内运回实验室,剪去脂肪和其他组织后洗涤 3~4 次,从输卵管伞口将输卵管内的黏膜组织挤压出来,加 TCM199 混合后离心(1 500 r/min,5 min),沉淀物用 TCM199+10% FBS 混合、计数,按(1~2)×10^6 个/mL 的浓度加入微滴,覆盖液状石蜡,5% CO_2、38~39 ℃培养,每 48 h 更换一半培养液,根据其生长情况培养 2~10 d。

(2)颗粒(卵丘)细胞单层 采集完 COCs 后,取检卵平皿中剩余的含颗粒细胞的卵泡液 1 mL,加 2 mL 0.2%透明质酸酶消化 3~5 min 后,用等量培养液(TCM199+10% FBS)终止消化后离心(1 500 r/min,5 min),沉淀物用 5 mL 培养液悬浮,再离心(1 500 r/min,5 min),最终的沉淀物用培养液悬浮,加入培养液滴,并将其浓度调整为 1×10^6 个/mL,覆盖液状石蜡,5% CO_2、38~39 ℃培养 24~48 h。

(3)成纤维细胞单层 从妊娠 12~14 d 的小鼠体内取胎鼠,在 PBS 液中清洗,去掉胎儿的头、肝等内脏,将样品剪成小片,在培养液(DMEM 添加 10% FBS、青霉素 100 IU/mL、链霉素 100 μg/mL)中培养,培养条件为含 5% CO_2 的空气,37 ℃,培养 30 min 后更换培养液,以后每隔 2 d 换一次培养液。当成纤维细胞铺满皿底,呈连生状时,进行传代培养。将成纤维细胞冷冻,备用。在制备成纤维细胞单层时,将其取出,在 37 ℃水中解冻,按 1×10^5 个/mL 接种于培养皿中,培养 24 h 后备用。

3.培养方法

常用的培养方法可分为微滴法和四孔培养板法。前者是先将培养液在塑料平皿中制成 50~100 μL 的微滴,上覆液状石蜡并置于 CO_2 培养箱中平衡至少 2 h,然后将 5~20 枚早期胚胎放入微滴中培养。后者是直接将 50~100 枚早期胚胎放入含有 0.5~1.0 mL 培养液的培养孔中培养。

4.培养的温度和气相

温度是早期胚胎体外培养的重要因素之一。目前,大多数家畜早期胚胎体外培养的适宜温度为 38~39 ℃。

常用的气相有 2 种:一种为含 5% CO_2 的空气;另一种为 5% CO_2 + 5% O_2 + 90% N_2。在这两种气相中,CO_2 很关键。它是培养基缓冲体系维持正常 pH 为 7.4 左右所必需的,所以 CO_2 气体的纯度要高。

5. 胚胎的回收及其质量评定

以牛为例,整个体外受精程序从卵母细胞成熟培养开始,经过体外受精和体外培养直至受精卵发育到囊胚阶段,一共经历 8 d。一般将受精当天定为第 0 天,则受精后第 5~6 天即可回收桑葚胚,第 7~8 天回收囊胚。

三、影响体外受精的主要因素

(一)公畜的影响

取自附睾的精子比体外采集的精子容易在体外诱发获能,故通常可获得较高的受精率。此外,来自不同公畜的精液在活力、获能及顶体反应的难易程度上均存在明显差异。不同公畜个体精子的受精分裂率的差异更为明显。对于同一公畜个体在不同季节采集的精液而言,其体外受精效果无明显差异。

(二)卵巢质量

卵巢质量的好坏直接影响卵母细胞的质量,从而影响随后的体外受精效果。卵巢质量除与母畜本身的年龄、营养和健康状况有关外,从屠宰场回收卵巢的保存温度和时间对卵巢质量也有很大影响。一般卵巢在 25~35 ℃ 的 PBS 中可保存 4~6 h,对卵母细胞的质量影响不大。

(三)卵泡的大小和形态

来自不同大小卵泡的卵母细胞的发育能力也不同。在采集牛卵母细胞时,应选择直径为 2~8 mm 的明亮卵泡。

(四)卵母细胞成熟质量

体内成熟卵母细胞存在多精入卵阻滞机制。当获能精子穿过透明带进入卵黄周隙并与卵黄膜接触时,诱使卵母细胞皮质层皮质颗粒释放蛋白酶等物质进入卵黄周隙(皮质反应),这些物质作用于透明带使其结构发生改变,从而阻止其他精子穿入(透明带反应)。而体外过度成熟卵母细胞在体外受精时却存在皮质颗粒释放延迟的现象,对多精入卵阻滞存在滞后效应。多精入卵阻滞效应滞后多是由体外卵母细胞胞质成熟不完全所致。过熟或不成熟的卵母细胞胞质会出现空泡或碎片,降低卵母细胞受精率,且不利于胚胎的发育。研究证明,胞质丰满的卵母细胞比胞质缺损、内含物少的卵母细胞更有利于体外受精的进行和受精卵的发育。有资料显示,卵母细胞的成熟程度可以通过卵母细胞的透明带和颗粒细胞的层数等反映,因此,挑选颗粒细胞充分扩散的卵母细胞用于胚胎实验。

(五)水的质量

由于水是组成各种培养液的主要成分,约占 98% 以上,因此,水质的好坏对体外受精效果的影响较大。一般使用超纯水制备培养液。

(六)培养箱环境

所有体外受精程序都在 CO_2 培养箱中完成,因此, CO_2 培养箱的环境,包括 CO_2 的浓度、温度、湿度及清洁卫生尤为重要。要定期对培养箱进行洗涤和消毒,以免造成污染。

(七)血清、血清白蛋白及其他化学制剂的质量

即使同一厂家出产的同一目录号的血清、血清白蛋白及其他化学制剂,其不同批次产品的质量也有差异。因此,新购进的制剂在正式使用之前必须预先进行测试,如效果满意,则可订购足够的数量,以保证体外受精试验或生产效果的稳定性。

(八)受精液

用于体外受精的受精液有多种,不同受精液对不同物种体外受精的效果不同。

(九)促精子获能物质

在 IVF 时,在受精液中一般会添加能诱导精子获能的物质,如肝素、咖啡因、BSA、HCO_3^-、钙离子载体等。肝素通过精浆蛋白协助硫酸残基与精子的结合诱导获能。BSA 既能促进哺乳动物获能,又能防止精子之间的粘连。其在精子获能中的主要作用是介导胆固醇的外流,增加膜的不稳定性,引发钙离子内流、蛋白酪氨酸磷酸化,从而引起精子获能。Fraser 和 Abeydeera 分别在小鼠和猪受精液中添加 BSA 发现,BSA 能促进精子的获能,提高精子穿卵率。咖啡因作为精子活力的刺激剂也被广泛用于精子的获能。离子霉素可作为 Ca^{2+} 导入剂,具有比钙离子载体 A23 187 更强的 Ca^{2+} 运输能力。此外,孕酮也常用于精子的获能。

(十)精液处理方法

目前,IVF 中精子的处理常用的方法有上游法、直接洗涤法和 Percoll 密度梯度离心法等。有研究比较了上游法和 Percoll 法对体外受精的影响发现,前者处理的精液精子穿卵率显著高于后者,但在获得精子数方面,前者少于后者。离心法能使恢复活性的氧化物质引起浆膜发生超氧化反应,不利于精卵融合。有研究表明,精子在穿越 Percoll 梯度液时会诱导精子发生获能,但 Percoll 处理精子的残留液不利于 IVF 的进行。这三种精液处理方法各有利弊,研究者可根据实验室条件选择实用的实验方法。

(十一)精卵比例

精卵比例也是一个体外受精不可忽视的影响因素。在体内受精时,通过数道屏障到达受精部位的精子与卵子比一般只有 $(1\sim15):1$,而在体外受精实验中,精子密度却高达 $(0.5\sim5.0)\times10^6$ 个/mL。这是因为对精子的筛选和诱导获能处理的方法在体外环境下还不完善,诱导精子获能不完全。因此,体外环境下的受精密度远远大于体内环境。在 IVF 中,精子密度不足会降低体外受精率,而密度过高又会增加多精受精率,同时降低了胚胎发育率。目前,大多数实验室体外受精实验的精子密度一般为 1×10^6 个/mL。

四、体外受精技术存在的问题及研究方向

(一)存在的问题

1.体外生产的胚胎质量较差

目前,体外生产胚胎(IVP)的质量与体内胚胎相比还有很大差距。一方面表现在卵母细胞受精后卵裂率、囊胚发育率低于体内胚胎,形态、抗冻性与体内胚胎不同,移植妊娠率、后代发育能力低于体内胚胎,同时,产生的胎儿畸形率高、难产率高;另一方面表现在 IVP 胚胎的总细胞数较少、卵裂球形状不规则、死细胞较多、发育速度慢,同时,IVP 胚胎还存在染色体、形态、基因表达、代谢和凋亡发生等诸多方面的异常。造成这种结果的原因十分复杂,除了卵母细胞本身存在的质量问题外,最主要的原因是卵母细胞 IVM、IVF、IVC 的条件与其体内生理条件存在较大差异,不能完全满足卵母细胞和早期胚胎发育的需要。卵母细胞和早期胚胎体外培养方法仍需进一步改进。

2.卵母细胞的质量和来源

卵母细胞质量对胚胎体外生产的成败起着决定性的作用。目前研究的焦点主要集中在探索卵泡内卵母细胞的发育环境,并将其应用于体外培养条件的改善。此外,具有育种价值的母畜卵母细胞来源有限,虽然借助 B 超可以对母畜进行活体采卵,但不可避免地会增加成本,还会对供体母畜产生一定的不良影响;从屠宰场采集的卵母细胞虽可以获得较高的囊胚率,可以降低成本,但问题依然存在,即具有育种价值的母畜追踪非常困难。随着动物永久性电子身份证的出现和广泛应用,这个问题将会迎刃而解。借助电子身份证可以很容易地识别进入屠宰场母畜的身份,并根据其生产性能、血统来源等资料决定取舍。

3.胚胎发育潜力的评定

胚胎发育潜力的评定对 IVP 胚胎的成功移植、妊娠和获得正常仔畜也很重要。目前,虽然胚胎发育能力的评定大多依据其形态标准,但是这是不充分的。因为仅仅根据其形态很难判断胚胎移植后发育能力的高低。虽然 IVP 胚胎的评定指标包括卵裂率、囊胚率、囊胚细胞数、滋养层细胞与内细胞团细胞的比率以及凋亡细胞百分率等,但是很难对胚胎移植后的存活能力进行准确判断。虽然囊胚率是评定胚胎质量的一个重要指标,但是也很难据此判断它与妊娠的关系。此外,尚无证据表明囊胚细胞数、滋养层细胞与内细胞团细胞的比例,或者凋亡细胞比例与胚胎移植后的发育潜力直接相关。要确定胚胎的最终发育潜力,必须进行更多的移植实验。

4.受体母畜

受体母畜的选择也是影响 IVP 胚胎移植效果的重要因素之一。研究表明,不同受体母畜支持移植胚胎发育的能力存在较大差异。因此,应加强妊娠生理的基础研究,探索胚胎附植和妊娠维持的机理,同时应高度重视受体母畜的选择,在受体母畜正常发情周期的基础上,合理安排移植时机,提高 IVP 胚胎移植受胎率。

5.胚胎培养条件

改进受精后的培养条件可以明显地提高囊胚发育质量。囊胚发育率的提高只有通过改进

卵母细胞的质量才能实现。采用"中间受体"培养可以明显提高胚胎的质量。研究表明,绵羊输卵管适于培养从合子至囊胚阶段,甚至扩张囊胚。这种方法虽然不够完善,但至少有一个突出优点,即能够在一个最接近体内环境的条件下大量培养胚胎。

6. 产犊率低,胎儿初生重大

体外受精胚胎(尤其是牛的)移植给受体后,妊娠率低。其中,新鲜胚胎妊娠率为 $30\%\sim40\%$,产犊率比体内受精低 $15\%\sim20\%$,初生重比正常犊牛高 10%,流产率高达 20%;同时,体外受精胚胎的冷冻效果较差,冷冻胚胎妊娠率仅为 $20\%\sim30\%$,这也直接影响了这项技术的推广和应用。此外,IVP 胎儿的初生重比人工授精后代的初生重重 $3\sim4$ kg,从而导致受体母畜难产率高。

7. 多精受精

多精受精一直是体外受精的一个难题。目前,虽然判定卵母细胞成熟的标志是核成熟;但是仅仅根据核成熟来判定卵母细胞的成熟看来并不全面,卵母细胞的成熟也包括细胞质成熟、透明带成熟等。这样的卵母细胞在受精过程中才能发生协调完整的生理反应,保证多精受精阻,以及激发精子在卵母细胞内继续发育的能力。因此,有人提出为了减少多精受精,应考虑将成熟培养时间延长 $4\sim6$ h。精子获能处理时间和精子密度也是影响多精受精的一个重要因素。在一般情况下,多精受精被用于牛体外受精的浓度为每毫升含 $(1\sim6)\times10^{7}$ 个精子。培养液的 pH 和离子浓度对多精受精也有很大的影响。对猪的研究表明,当 pH 高于或低于 7.4 时,多精受精率都有增高的趋向。Ca^{2+} 不仅影响体外受精率,而且影响多精率,这也是体外受精中多精率高的一个重要原因。

8. 细胞周期的阻滞现象

Bowmane 等发现,体外培养的哺乳动物早期的胚胎(受精卵)存在着发育阻滞的现象。为克服阻滞现象、生产高质量的桑葚胚/囊胚胚胎,主要采取的方法:一是利用临时中间受体,即将牛体外受精卵放入结扎的中间受体兔或绵羊的输卵管,培养至桑葚胚或囊胚,再移植到受体或冷冻保存。二是体外受精卵在体外与体细胞联合培养。利用血清添加培养液(TCM199 + FBS)与体细胞共培养,囊胚发育率可达 40%。目前用于胚胎共培养的体细胞效果最好的是 BOEC。其培养细胞对胚胎发育的有益作用机理还不清楚。三是胚胎培养在简单的培养液中无任何体细胞支持,其中有合成输卵管液(SOF)、补充血清或 BSA 和氨基酸。

(二)研究方向

胚胎体外生产效率低的原因:一是胚胎的发育机制尚未完全阐明;二是胚胎体外生产条件与其体内生理条件存在较大差异,不能完全满足卵母细胞和早期胚胎发育的需要。因此,应从以下几个方面进行深入研究。

1. 深入研究胚胎发育的机制

通过对体内、体外胚胎发育及着床的分子机制研究,进一步优化卵母细胞和早期胚胎的体外培养体系,探索更有效的卵母细胞和胚胎冷冻方法,从而大幅度提高胚胎体外生产的效率和移植妊娠率。

2. 充分利用优良母畜的遗传资源

建立卵母细胞采集及体外受精的操作规程,追踪系谱清晰的优良母畜的卵巢去向,保证良种母畜卵母细胞的稳定来源。同时,加强腔前卵泡培养的研究,以充分利用优良母畜的遗传资源。

3.加强体外受精与其他生物技术的结合

将胚胎体外生产技术和性别控制技术相结合,生产特定性别的体外胚胎,将具有更广泛的开发的应用前景。同时,体外受精技术与体细胞核移植、转基因、干细胞等技术密切相关,可以为后者提供充足的试验材料和技术支持。这些生物技术的综合发展将对人类生活将会产生重大影响。

五、辅助受精技术

目前辅助受精技术包括精子注入法和透明带修饰法。它是指通过人为方法使精子和卵子完成受精过程,克服在某些情况下精子不能穿过透明带和卵黄膜的缺陷的一种助孕技术。

(一)精子注入法

精子注入法是指利用显微操作仪直接将精子注入卵周隙或卵母细胞的胞质的方法。前者称透明带下授精,后者称胞质内精子注射。

透明带下授精对注入的精子数有严格要求。如果是具有活力且已发生顶体反应的精子,则要单个注入;如果是没有发生顶体反应的精子,则注入的数目可适量加大。该辅助受精技术的优点是对卵母细胞的损伤小。多精入卵是制约这项技术发展的主要原因。

胞质内精子注射辅助受精技术对精子活力、形态和顶体反应没有特殊要求,只需注入单个精子即可。为提高受精率,在胞质内的精子注射后,卵子需要人为激活。

(二)透明带修饰法

透明带修饰法是指运用物理或化学方法对卵母细胞的透明带进行打孔、部分切除或撕开缺口,为精子进入卵黄周隙打开通道,然后将卵子与一定浓度的精子共培养以完成受精过程。这种辅助受精技术适用于具有一定运动能力,但顶体反应不全,无法穿过透明带的精子。它的优点是对卵子的损伤小;其缺点靠透明带反应阻止多精入卵的动物易造成其多精子受精,影响胚胎继续发育。

目前,胞质内注射精子辅助受精技术作为治疗男性受精障碍症的方法已在许多国家得以应用,由此获得的试管婴儿数已超过3 000例。透明带修饰法辅助受精技术还仅在小鼠实验中取得成功,尚未在临床上使用。

▶ 第三节　卵母细胞和胚胎冷冻保存技术

卵母细胞和胚胎冷冻保存(cryopreservation)就是通过采用冷冻保护剂和降温措施对动物的卵母细胞和早期胚胎进行冷冻,使其在超低温条件下能长期保存,解冻后仍然具备继续发育的能力。

一、卵母细胞和胚胎冷冻保存技术发展概况

近年来,卵母细胞和胚胎冷冻保存技术发展很快。由于卵母细胞和胚胎对冷冻非常敏感,因此还没有开发出冷冻效果理想的方法。哺乳动物卵母细胞和胚胎冷冻保存的研究始于20 世纪 50 年代初期,Smith 用甘油作防冻剂,将 600 枚兔的受精卵冷冻,并分别将其保存于 $-79\ ℃$ 、$-160\ ℃$ 和 $-196\ ℃$ 的温度下,解冻后培养,有 6 枚发育。

(一)常规冷冻法的发展概况

目前,卵母细胞和胚胎冷冻保存常用的方法有 2 种:常规冷冻法(conventional freezing)和玻璃化冷冻法(vitrification)。

1971 年,Whittingham 等发明了常规冷冻法,冷冻小鼠胚胎获得成功。这种方法以二甲基亚砜(DMSO)为抗冻保护剂,人工植冰后以 0.33 ℃/min 降至 $-35\ ℃$,然后再以 1 ℃/min 降至 $-80\ ℃$ 后,投入液氮中冷冻保存,整个过程大约需要 3 h,因此,这种方法又被称为慢速冷冻法。1977 年,Willadsen 等对这些方法进行了改良,将绵羊胚胎于抗冻保护剂溶液中处理后,缓慢降温至 $-35\ ℃$,再直接投入液氮保存。经过 40 多年的发展,慢速冷冻法冷冻效果已基本稳定,在世界范围内被广泛应用于胚胎冷冻保存。慢速冷冻法的优点是解冻后胚胎的存活率较高,适合规模化生产;其缺点是冷冻程序较烦琐、费时,冷冻卵母细胞的效果差,需要昂贵的程序降温仪。

(二)玻璃化冷冻法的发展概况

1985 年,Rall 等首先发明了玻璃化冷冻法,对小鼠 8 细胞期胚胎冷冻保存取得成功,自此,人们对玻璃化冷冻哺乳动物卵母细胞和胚胎进行了大量研究。与常规慢速冷冻法相比,玻璃化冷冻法的优点是操作简单,不需要程序降温仪,适合现场冷冻胚胎,冷冻卵母细胞的效果有明显提高;其缺点是还没有形成标准的操作程序,冷冻效果受冷冻方法、操作过程等因素的影响而不稳定。

二、冷冻原理

在哺乳动物的卵母细胞和细胞中,水分占细胞质的 80% 以上。当这些细胞在等渗溶液中冷却至冰点以下时,经维持一定的过冷状态后,细胞的内外均形成大量冰晶,从而导致细胞死亡。冰晶是在降温过程中的一定条件下,水分子重新按几何图形排列形成。这是造成冷冻细胞死亡的主要原因。在冷冻的细胞内形成冰晶是不可避免的,关键是所形成的冰晶的大小和数量,只要不形成对生物细胞足以造成物理性损伤的大冰晶,而是维持在微晶状态,细胞就能恢复。如果采用合理的冷冻方法,加入冷冻保护剂,细胞内的冰晶降低到最低程度,就能避免或减少冷冻伤害,使其处在超低温下(液氮 $-196\ ℃$),代谢完全停止,升温后细胞又恢复活性,从而达到长期保存的目的。细胞的冷冻保存在实际上是一个脱水的过程。当温度降至 $-5\ ℃$ 时,细胞外溶液首先形成冰晶,细胞内液则呈过冷状态。随着细胞外冰晶形成的增加,细胞外液的渗透压也增加,细胞内水分透过细胞膜,渗到细胞外,水分继续在细胞外结冰。如果冷冻的速度很慢,大量水分由细胞内流向细胞外,造成细胞内脱水,因此,细胞内就不形成

或形成很少的冰晶。相反,如果冷却速度过快,则细胞内较多水分来不及渗出而在细胞内形成冰晶。此外,冷冻损伤的大小还取决于细胞的大小和形状、细胞膜的通透性、胚胎的质量及其敏感性等。同时,品种、发育阶段、来源(如胚胎源于体内或体外)不同,这些因素的变化就很大。然而,卵母细胞和胚胎对冷冻损伤又具有明显的修复能力。在优化条件下,有时会完全或部分修复,并继续其正常发育。冷冻的基本原理是减小损伤,使其在解冻后具有继续发育的能力。

(一)常规冷冻的原理

常规冷冻又称慢速冷冻,其基本原理是在有可能造成冷冻伤害的各种因素之间找到一个最佳平衡点。这些因素包括冰晶形成、渗透压损伤、冷冻保护剂的毒性、细胞内浓缩的电解质、温度性伤害、透明带破损、细胞器及细胞骨架的变化、细胞间连接的变化等;通过对冷冻速率的控制,细胞内外的液体自由交换而不会造成严重的渗透压损伤和细胞形态变化,因此,这种方法又被称为平衡冷冻法。在冷冻的最后阶段,尽管冷冻保护剂的浓度似乎达到了一种危险的程度,但其有害性可以降到很小。当形成固态时,细胞内的冰晶被降低到一个可以接受的水平上,甚至完全没有冰晶形成。实际上,这种没有冰晶的固态水也处于玻璃化状态,也就是说,常规慢速冷冻最终也会达到玻璃化效果。

(二)玻璃化冷冻的原理

玻璃化冷冻是将细胞放入含高浓度冷冻保护剂的冷冻液,通过快速降温,细胞内外溶液形成玻璃化状态,从而降低细胞内、外冰晶形成造成的物理和化学损伤。“玻璃化”是一个物理概念,是指当水或溶液以足够快的降温速率降至$-110\sim-100\ ℃$温度区时,形成的一种具有高黏度、透明、介于液态和固态之间的玻璃状物质。纯水玻璃化的降温速率需要达到$10^7\ ℃/min$,但是如此高的降温速率很难实现。通过增加溶液黏性和减小冷冻体积可以降低玻璃化形成对降温速率的要求。因此,玻璃化冷冻的基本原理可以概括为通过使用高浓度冷冻保护剂和提高冷冻速率来阻止冰晶的形成。玻璃化冷冻的原理可以用公式表示为:

$$玻璃化冷冻成功率=\frac{冷冻和解冻速率×冷冻保存液黏度(浓度)}{冷冻体积}$$

从公式可以看出,在一定范围内,冷冻和解冻的速率越高、冷冻保护剂的浓度越高、冷冻体积(细胞、冷冻液及冷冻载体复合体)越小,玻璃化冷冻的成功率越高。

首先,为了提高玻璃化冷冻效果,使用的冷冻保护剂的浓度高达$5\sim7\ mol/L$,几乎是常规慢速冷冻的$4\sim7$倍。虽然如此高浓度的冷冻保护剂添加量可以降低冷冻中冰晶的形成,减少冰晶对细胞的损伤,但是会因渗透压升高、冷冻保护剂的毒性而造成一定程度的细胞损伤,因此,冷冻保护剂的选择和冷冻液配方一直是研究的焦点之一。其次,围绕提高冷冻速率和减小冷冻体积,科学家们也进行了大量研究,开发出了一系列玻璃化冷冻方法,如开放式拉长细管冷冻(OPS)法、冷冻环法、冷冻套管法等。目前普遍采用的冷源是液氮($-196\ ℃$),有人尝试采用温度更低的液氦($-269\ ℃$)为冷源。当冷冻体积一定时,液氦玻璃化冷冻不但可以大幅度提高冷冻速率,而且可以在一定程度上降低冷冻保护剂的使用浓度,从而降低冷冻保护剂对细胞的物理和化学伤害,提高卵母细胞和胚胎的玻璃化冷冻效果。由于液氦的价格昂贵(250元/L左右),目前仍仅限于试验研究。

(三)诱发结晶对细胞的保护作用

溶液在温度达到其冰点时不结冰,待降到冰点以下一定温度时才结晶,这种现象叫过冷现象。一般溶液只有处在静止状态或缺乏晶核时冷却才出现该现象。如果在稍低于溶液冰点时强行冷却，就可促使溶液结冰，从而防止过冷现象的产生，这种促使溶液结冰的方法称为诱发结晶或植冰（seeding）。当发生过冷现象时，如果不诱发结晶，则溶液在冰点的任意温度都可能结冰，从而给细胞带来2种不同的损伤。一是如果结冰时的温度离冰点很远（如−10 ℃以下）时，则结冰时热量的释放使溶液温度迅速上升，接着又急剧下降，细胞往往在这种温度的剧变中死亡；二是当溶液在较高的温度（冰点附近）下结冰时，水分子运动相当活跃，来不及生成排列整齐的冰晶，生成的冰晶很小，对细胞的影响不大。因此，为了防止过冷现象产生，可以在适当的温度下（−7～−3 ℃）诱发结晶。

（四）冷冻保护剂对细胞的保护作用

抗冻保护剂可以抵抗低温对细胞产生的一系列损伤，包括细胞内冰晶的形成、细胞脱水、渗透压损伤、蛋白质变性以及细胞骨架的损伤等。根据能否透过细胞膜，其可以将冷冻保护剂分为渗透性冷冻保护剂和非渗透性冷冻保护剂。

1. 渗透性冷冻保护剂

此类保护剂可以渗透到细胞内，又被称为细胞内液抗冻保护剂。常用的渗透性冷冻保护剂主要有甘油、乙二醇、二甲基亚砜、甲醇、丙二醇等。此类抗冻保护剂的特点是分子量较小，如二甲基亚砜的分子量为78.2，甘油的分子量为92.1，丙二醇的分子量为76.1，乙二醇的分子量为62.1，甲醇的分子量为32.0；易于与水均匀混合，当渗透性抗冻保护剂与溶液中的水分子结合后，可以增加溶液的黏稠度，从而减少水的结晶，起到保护的作用。渗透性抗冻保护剂均为非电解质。

由于渗透性保护剂具有以上理化特性，故在冷冻时加入渗透性保护剂可以降低细胞内溶液中盐的浓度，从而减小浓缩的盐类对细胞的危害。由于冷冻保护剂进入细胞，细胞内外压差变小，故其可以降低、减缓细胞脱水及由此引起的皱缩。同时，渗透性冷冻保护剂可以在细胞内外自由通过，故其在解冻时还可以减轻渗透性膨胀引起的损伤。

2. 非渗透性冷冻保护剂

此类保护剂不能渗透到细胞内，又被称为细胞外液抗冻保护剂。常用的非渗透性冷冻保护剂主要包括蔗糖（sucrose）、海藻糖（fucose）、棉籽糖（raffinose）、聚蔗糖（ficoll-70）、聚乙烯吡咯烷酮（polyvingylpyrrolidone，PVP）、白蛋白（albumin）以及血清等。虽然非渗透性冷冻保护剂不能透过细胞膜，但是可以防止细胞脱水，从而对被冷冻细胞产生特殊的保护作用。

在应用中，通常采用渗透性冷冻保护剂和非渗透性冷冻保护剂配合使用。在冷冻时，渗透性冷冻保护剂可以渗入细胞内部，减少细胞内冰晶的形成，从而对被冷冻细胞发挥保护作用；在解冻时，非渗透性冷冻保护剂在细胞外维持一个相对高的渗透压，防止水分进入细胞过快而造成细胞膨胀死亡。

三、卵母细胞和胚胎的冷冻保存方法

卵母细胞和胚胎在冷冻保存时可以采用常规冷冻法（慢速冷冻法）或玻璃化冷冻法。

（一）常规冷冻法（慢速冷冻法）

将细胞置于含有低浓度冷冻剂的保存液中，经过平衡、降温、诱发结冰以后，以0.3～

0.5 ℃/min 的速率缓慢降温至−35～−30 ℃,使细胞内外形成玻璃化状态。

1.保存液的配制

在室温下用等渗 PBS 溶液作为基础溶液,加入甘油、乙二醇等冷冻保护剂,配成 1～2 mol/L 的溶液。

2.平衡

将细胞在保存液中搁置 10～20 min 进行平衡。由于细胞外部的冷冻液渗透压比较高,为保持细胞内外渗透压的平衡,细胞内的水分向外渗出,细胞开始收缩;随后冷冻保护剂渗入,同时水分向细胞内回流,细胞体积得以恢复。

3.冷冻过程

将卵母细胞或胚胎及冷冻液装入 0.25 mL 塑料细管,置于程序降温仪中,以 1 ℃/min 的速率从室温降至−7～−4 ℃;用浸入液氮冷却后的镊子夹住细管的棉栓部,瞬间使冷冻液产生冰晶,即人工植冰;以 0.3 ℃/min 的缓慢速率降至−35～−30 ℃;在液氮上方熏蒸数分钟,使其在−130～−110 ℃形成玻璃化;投入液氮(−196 ℃)中保存。

4.解冻

从液氮中取出冷冻细管,立即投入 37～40 ℃的温水中快速晃动,至冷冻保存液完全溶解。

5.保护剂的去除

将溶解的冷冻细管内容物移入含 0.5 mol/L 蔗糖的 PBS 液中进行混合,约 5 min 后将卵母细胞或胚胎转移入等渗溶液中。

(二)玻璃化冷冻法

目前,已经开发出了多种玻璃化冷冻方法,这些方法各有优劣,可根据实际需要选择冷冻方法。玻璃化冷冻法所采用的冷冻液称为玻璃化液,是由以 PBS 为基础溶液,添加高浓度的冷冻保护剂配制而成。目前,已研制出多种玻璃化溶液,不同的玻璃化溶液有不同的冷冻程序。

1.一步法玻璃化冷冻

常用的玻璃化冷冻液以乙二醇为主要冷冻保护剂,添加高分子聚蔗糖和渗透压较高的蔗糖,配制成高浓度玻璃化冷冻液。与 DMSO、甘油、丙二醇等相比,乙二醇具有毒性低、分子量小,且具有很强的渗透能力及溶解后易除去的特点;聚蔗糖比聚乙二醇(PEG)容易溶解,且黏性和毒性均很低;蔗糖具有促进脱水的作用,并可通过抑制渗透入细胞内的乙二醇的量而缓和其毒性的影响,且能防止在除去乙二醇的过程中由渗透压的改变而引起的细胞膨胀。通过这三种成分组合的保存液,玻璃化溶液(EFS)具有毒性低、便于操作的优点。这种溶液已广泛应用于实验动物、家畜及人卵母细胞和胚胎的冷冻保存。

一步法玻璃化冷冻以杜氏磷酸盐缓冲液(D-PBS)为基础液,添加如下各种成分配制成 EFS:乙二醇 40%(v/v)、聚蔗糖(ficoll-70)18%(w/v)、蔗糖 0.3 mol/L。

其操作程序为在 20 ℃的室温下,将胚胎直接装入含有玻璃化溶液的塑料细管,平衡 2 min 后,投入到液氮中保存。用此方法冷冻保存 8 细胞期至早期囊胚可以获得较高的存活率,但冷冻保存卵母细胞的效果不好。

2.两步法玻璃化冷冻保存

在室温(20～25 ℃)下,先将胚胎在低浓度乙二醇(10%,v/v)溶液中预处理 5 min,然后再移至含有 EFS 的细管,平衡 0.5 min 后,将细管封口,最后投入液氮中冷冻保存。

这种方法适于冷冻囊胚。因为囊胚具有腔体。渗透性冷冻保护剂向细胞内渗透需要较长时间,如果在高浓度玻璃化溶液中直接平衡,则随着时间的延长,化学毒性对胚胎的影响就会增加,所以应先用低浓度冷冻保护剂预处理细胞,使冷冻保护剂渗透到细胞内部,然后再移入高浓度玻璃化溶液中平衡,短时间内使细胞高度脱水,冷冻保护剂充分渗透后,再进行冷冻保存。因此,两步法玻璃化冷冻既能使冷冻保护剂向细胞内充分渗透,又能降低高浓度玻璃化冷冻液的化学毒性损伤,可很好地形成玻璃化状态,提高胚胎的冻后存活率。此方法冷冻卵母细胞,尤其是 GV 期卵母细胞的效果较差。

3. 开放式拉长细管法

开放式拉长细管法(open pulled straw,OPS)是指经过改进的玻璃化冷冻保存技术。其冷冻载体是一个手工拉制的塑料管。将 0.25 mL 的塑料细管在自制的小酒精灯上小火加热,然后水平向外拉至直径为 0.8～1.0 mm;将冷冻保护液和细胞置于细管开放的末端,冷冻速率大约为 20 000 ℃/min。

冷冻保存的方法是在室温条件和 37 ℃恒温板上,细胞在含 10％乙二醇、10％ DMSO 和 80％ DPBS 的溶液中放置 5 min 后,移入玻璃化冷冻液,将 OPS 的一端浸入盛有细胞的玻璃化冷冻液,利用虹吸效应将细胞连同玻璃化冷冻液装入 OPS 管中,最后投入液氮冷冻保存。在解冻时,将 OPS 从液氮中取出,直接放入 37 ℃的解冻液,在 1～2 s 内冷冻液融化,然后,将 OPS 管中的细胞及液体吹入解冻液。

这种高速玻璃化冷冻新方法极大地减少了冷冻伤害,可以使用更低浓度的冷冻液,降低了冷冻剂的毒害作用,缩短了冷冻前、解冻后细胞与冷冻液的接触时间;同时,较小的冷冻液量有利于提高冷冻速率,可以预防冰晶的形成。因而,OPS 被较广泛地用于卵母细胞和胚胎的玻璃化冷冻,尤其是未经成熟培养的 GV 期卵母细胞的冷冻保存。

4. 冷冻环法

冷冻环法(cryoloop)的冷冻工具是一个尼龙环和一个带盖子的冷冻管。尼龙环是冷冻的直接载体,可以装进冷冻管内并和盖子相连。在冷冻时,首先将卵母细胞或胚胎放入浓度较低的玻璃化冷冻液Ⅰ(VSⅠ)中平衡,再转移至浓度较高的玻璃化冷冻液Ⅱ(VSⅡ),继续平衡;然后,将尼龙环在 VSⅡ中蘸一下,使环上形成液体薄膜,此时,将平衡后的卵母细胞或胚胎用吸管移至冷冻环的薄膜上,依靠薄膜的表面张力使其悬挂在膜的中间部分,然后浸入液氮,约 1 min 后冷冻完成,将带有卵母细胞或胚胎的冷冻环置于冷冻管(提前在液氮中预冷),拧紧盖子。这种方法的优点是冷冻速率高,冷冻效果好;其缺点是需要在显微镜下进行解冻和冲洗,操作比较烦琐。

5. 冷冻套管法

冷冻套管法(crytops)是日本科学家 Kuwayama 和 Kato 等发明的一种非常有效的快速冷冻法,并已成功地商业开发出了专用的冷冻工具。将一个薄胶片(宽为 0.4 mm、长为 20 mm、厚为 0.1 mm)连于硬塑料把柄上作为冷冻载体,同时,为了保护在冷冻中的胶片不受损伤,外面还有一个 3 cm 长的带盖塑料管。操作需要借助玻璃毛细管并在体视显微镜下进行,在冷冻前,冷冻液几乎被全部除去,卵母细胞或胚胎外面仅仅包被一层薄薄的冷冻液。

这种方法的优点是冷冻体积非常小,不到 1 μL,将 crytop 投入液氮后,可以获得极高的冷冻速率,同时解冻速率也很高,冷冻效果较好,尤其适于冷冻敏感的生物样品,如 GV 期卵母细胞和小鼠卵巢组织薄片等,目前在人卵母细胞和胚胎冷冻中使用较普遍;其缺点是专用工具的价格较高,操作复杂。

6.微滴法

微滴法(microdrop,MD)是指将卵母细胞或胚胎包裹在冷冻液中,制成体积为 $5\sim6\ \mu L$ 的微滴,然后直接滴到液氮中冷冻,微滴在表面漂浮一段时间后下沉到液氮中,然后收集起来在液氮中保存。

这一方法的优点是操作简单,不需要特殊工具;其缺点是冷冻液滴的体积比 OPS、冷冻环法等要大,同时,在浸入液氮之前,微滴漂浮在液氮面上使得冷冻的速率较低,冷冻效果不佳。

7.电镜微格法

电镜微格法(electronic microscope copper grids)是在微滴法的基础上改进而成。其目的是减小冷冻体积,提高冷冻速率。该方法以电子显微镜的铜网作为冷冻载体,将卵母细胞或胚胎及其冷冻液附着于其上,然后直接投入液氮中冷冻,冷冻微滴仅有 $0.1\sim0.5\ \mu L$。这种方法在液氮或者浆状液氮中的冷冻速率分别达到 11 000$\sim$14 000 ℃/min 和 24 000 ℃/min ,冷冻效果较好。

8.GL-tip 法

GL-tip 法(Gel-Loading tip)的冷冻载体是凝胶加样器或微量移液器吸头的顶端。将经过二次平衡后的卵母细胞或胚胎吸入其顶端,吸入的玻璃化液量约为 $0.7\ \mu L$,细胞与玻璃化冷冻液在 37 ℃条件下的接触时间为 30 s,然后将其投入液氮。

9.VitMaster 法

VitMaster 法(IMT,Israel)的基本思路是通过最大限度地减小冷冻中样品周围蒸汽的形成,提高冷冻和解冻速率。其原理是将液氮冷却,使其降到沸点(−196 ℃)以下的−205 ℃~−200 ℃,此时,将冷冻样品浸入液氮,样品周围的沸腾降到最低程度,从而增加冷冻速率。VitMaster 是一种能够在高强度液氮生物容器中形成真空的装置,当部分液氮吸收热量并蒸发时,剩余的其他液氮温度被降低并开始向固态转化,形成一种浆状液氮。将冷冻物置于浆状液氮与液氮的混合体中,确保能够以更高的冷冻速率安全地进行冷冻。这种方法的优点是冷冻效果较好,可以获得与 OPS 法或冷冻环法相当的存活率和发育率;其缺点是需要专用的真空装置。

10.最小容积法

最小容积法(minimum volume cooling,MVC)是指将极小体积的细胞及冷冻液置于 0.25 mL 细管内壁上,密封后,将细管直接浸入液氮中冷冻的方法。这种方法的优点是可以在细管内进行稀释后直接移植,适用于胚胎冷冻;其缺点是冷冻效果受操作者熟练程度的影响较大,效果不稳定。

四、影响卵母细胞和胚胎冷冻保存的因素

哺乳动物的卵母细胞和胚胎在冷冻、解冻及其移植过程中可能会受到各种损伤。卵母细胞和胚胎的冻后活力主要受以下各种因素的影响。

(一)冷冻速率和冷冻载体

据报道,只有当冷冻速率达到大约 2 500 ℃/min 时,才能使冷冻材料达到玻璃化状态。

为了提高冷冻速率,普遍的做法是采用不同的冷冻载体,尽可能缩小冷冻体积,并为此开发出了众多冷冻载体不同的冷冻方法。例如,OPS法的冷冻速率可以达到约20 000 ℃/min,不但可以增加冷冻和解冻速率,避免冰晶损伤,而且可以降低冷冻液中冷冻保护剂的浓度,使冷冻细胞快速越过-25~-15 ℃危险温度区,从而尽可能降低冰晶和冷冻保护剂对细胞膜、细胞器和细胞骨架的损伤。

(二)冷冻保护剂

将等渗溶液中的卵母细胞或胚胎冷却至冰点以下不仅在细胞外,而且在细胞内均会发生冰晶,从而导致细胞的损伤。为了防止细胞内冰晶的形成,要选择适当的冷冻保护剂。同时,冷冻保护剂都有一定的毒性,这种毒性随冷冻保护剂浓度的增高而加大。此外,毒性的强弱还受温度的影响。因此,在使用高浓度的冷冻保护液时,不仅要选择毒性低的冷冻保护剂,而且应缩短在室温下的处理时间。另外,在保存液中添加的高分子物质和糖类不仅不能透过细胞膜,而且应比细胞渗透性冷冻保护剂的毒性低,因此,混合使用可减小毒性。

(三)细胞外的冰晶

当细胞外的溶液产生冰晶时,其中的水分因逐渐固体而浓缩,还未来得及形成冰晶的水分中的盐类浓度升高,从而诱发高离子浓度的损伤(又称盐害)。与此同时,由于冷冻保护剂的浓度上升,毒性也相应升高。这个过程随保存液的进一步冷却而加剧。而离子和冷冻保护剂的这种影响随着温度的下降而变小。因此,应尽量加快冷却速度,以避免由溶液的浓缩而诱发的损害。

(四)断裂损害

断裂损害是指保存于液氮中的胚胎在解冻过程中时常发生的整个透明带或细胞的龟裂。其原因是保存液在由固相急剧转化为液相时由物质的膨胀和收缩的差异而发生的断裂面(fracture plane)。当细胞通过这种温度区域时,就会发生龟裂,称为断裂性损伤。为了防止这种伤害,在液相和固相相互转换的温区,应稍微缓慢地通过。

(五)膨胀性损伤

在冷冻卵母细胞和胚胎解冻后,其细胞内所含有的冷冻保护剂必须消除。如果将细胞直接放入低渗液,则细胞有可能会因发生膨胀而受到损害。其原因是通常细胞内外的渗透压保持相等,当细胞进入低渗溶液时,由于细胞膜对水的渗透能力远远高于对冷冻保护剂的渗透能力,细胞外水分进入细胞内的速度快于冷冻保护剂流向细胞外的速度,从而发生膨胀。为了尽量避免细胞发生膨胀,应选择容易透过细胞膜的冷冻保护剂。

(六)冷冻材料

与胚胎相比,卵母细胞对冷冻的敏感性更强。同为卵母细胞,GV期与MⅡ期的冷冻耐冻性也存在差异。此外,卵母细胞和胚胎的冷冻效果也受物种的影响。例如,慢速冷冻猫和小鼠卵母细胞的效果明显优于牛和猪。

五、卵母细胞和胚胎冷冻存在的问题

（一）冷冻保存的机理尚未完全清晰

数十年来,对卵母细胞和胚胎进行了大量研究,建立了一系列冷冻方法。截至目前,尚未建立一个完全理想的方法,其中一个重要原因是冷冻保存的机理尚未完全弄清。卵母细胞和早期胚胎对低温及冷冻非常敏感,冷冻过程不可避免地造成一定程度的形态变化和功能丧失;同时,卵母细胞和胚胎对冷冻损伤还具备一定的自我修复能力,冷冻并解冻后只有部分恢复继续发育的能力。因此,只有完全弄清楚冷冻损伤发生及自我修复的机制,才能建立更加完善的冷冻方法。

（二）冷冻保存的方法有待进一步完善

目前,卵母细胞和胚胎冷冻的主要方法有 2 种:常规冷冻法(慢速冷冻法)和玻璃化冷冻法。常规冷冻法最先应用于胚胎冷冻,经过长期改进后广泛应用于动物的早期胚胎冷冻,并且建立了标准化的冷冻程序,获得了较好的冷冻效果。由于猫和小鼠的卵母细胞对低温的敏感性相对较低,故常规冷冻的效果尚可接受。牛和猪的卵母细胞对低温更敏感,尤其是 GV 期的卵母细胞对低温更敏感,因此,常规冷冻的效果较差。经过多年的试验研究,相关学者发了一系列玻璃化冷冻法。这些方法不需要贵重的程序冷冻仪,操作简单,冷冻快速,冷冻效果与常规冷冻法相当,甚至更好,尤其适用于卵母细胞的冷冻,大有取代传统常规冷冻法的趋势。但玻璃化冷冻的效果不稳定。其受动物品种、不同玻璃化冷冻方法、操作者的技术水平等因素的影响较大,故亟须进一步完善技术方法,并针对不同品种动物的卵母细胞和胚胎开发出标准化的玻璃化冷冻方法和专用设备,使其尽快被广泛地应用于生产。

▶ 第四节　性别控制技术

性别控制(sex control)是指人为干预动物的生殖过程,使雌性动物产出人们期望性别的后代的技术。性别控制对动物,尤其是对家畜的育种和生产有着深远的意义。第一,通过控制后代的性别比例,可充分发挥受性别限制的生产性状(如泌乳)和受性别影响的生产性状(如生长速度、肉质等)的作用,以获得最大的经济效益。第二,控制后代的性别比例可增加选种强度,加快育种进程。

一、性别控制的发展概况

1902 年,McChung 在研究蝗虫精细胞时首先提出了染色体决定性别的理论。此后,Stevens 和 Wilson 用昆虫经过一系列研究后指出,雌雄个体中不同的性染色体与性别有关,并将性染色体定义为 X 染色体和 Y 染色体。随后,许多研究证实,哺乳动物的正常性别由一对性染色体决定。动物的性别取决于受精时雌雄配子所携带的性染色体类别。哺乳动物的配子中均含有一组常染色体和一条性染色体,其中卵子所含的性染色体为 X 染色体,而精子则有 2 类:一类含有 X 染色体(X 精子);另一类含有 Y 染色体(Y 精子)。1923 年,Painter 证实了有的人类精子含 X 染色体,有的人类精子含 Y 染色体,当卵子与 X 精子受精时,其后代为雌性;当卵子与 Y 精子受精时,则为雄性。基于此理论,人们研究出许多分离 X 精子和 Y 精子的方法,试图在受精之前控制后代性别。1989 年,Johnson 等首次利用流式细胞仪分选兔精液得到的 X 精子用于受精,成功获得 94% 的雌性幼仔。目前为止,流式细胞仪法仍然是最成功的精子分离方法。

1955 年,Eichwald 和 Silmser 发现雄性特异性弱组织相容性抗原(male specific minor histocompatibility-Y antigen,H-Y 抗原)后,许多人致力于用 H-Y 抗体来控制动物性别,但后来通过其他方法验证,用 H-Y 抗体来分离 X 精子和 Y 精子及胚胎性别鉴定都不理想。1959 年,Welshons 和 Jacobs 等提出 Y 染色体决定雄性的理论。1966 年,Jacobs 等发现雄性决定因子位于 Y 染色体短臂上。1989 年,Palmer 等找到了 Y 染色体上的性别决定区(sex determining region of the Y chromosome,SRY),其长度为 35 kb,编码 79 个氨基酸,在不同哺乳动物中有很强的同源性。SRY 序列的发现是哺乳动物性别决定理论的重大突破。尽管 SRY 序列诱导性别分化的机理有待深入探讨,但它对胚胎性别鉴定技术的发展有着重要意义。用分子生物学方法确定胚胎细胞中是否存在 SRY 基因来鉴定早期胚胎性别的技术已进入实际应用阶段,成为目前最有效的早期胚胎性别鉴定方法。

二、哺乳动物的性别控制技术

性别控制目前主要通过以下 2 种方式来实现:一是在受精之前,体外分离出含 X 染色体的精子和含 Y 染色体的精子,用所需性别的精子进行受精;二是在受精之后,通过对胚胎的性别进行鉴定、移植,从而获得所需性别的后代。此外,以所需性别的体细胞为核供体,进行核移植也可达到性别控制的目的。

(一)X 精子和 Y 精子的分离

1.物理分离法

物理分离法的原理是以 X 精子和 Y 精子之间存在一定的物理特性(如密度、大小、质量、形态、活力和表面电荷等)差异为依据。其分离的方法有密度梯度离心法、层流分离法和电泳法等。由于 X 精子和 Y 精子之间差异很小,用这些方法分离的效果不理想,故物理分离法已很少应用。

2.免疫学分离法

免疫学分离法的原理是 Y 精子质膜携带 H-Y 抗原,而 X 精子无此抗原,故可利用 H-Y 抗体和 H-Y 抗原免疫反应检测 Y 精子,再通过一定的程序,分离 X 精子和 Y 精子。该法的分离效果也不理想,目前很少用。

3.流式细胞仪法

流式细胞仪法是目前比较科学、可靠、准确性高的精子分离方法。其理论基础是 X 精子和 Y 精子的常染色体相同,而性染色体的 DNA 含量有差异。研究表明,家畜中 X 染色体的 DNA 含量比 Y 染色体高出 3%~4%。X 精子和 Y 精子微小的差异用流式细胞仪能检测并进行分离。

流式细胞仪分离精子的具体方法如图 10-6 所示。先将精子稀释并用荧光染料 Hoechst 33342 染色,这种染料能定量地与 DNA 结合;然后使精子连同少量稀释液逐个通过激光束,当精子通过流式细胞仪时被定位和激发。因为 X 精子比 Y 精子含更多的 DNA,所以 X 精子发出较强的荧光信号。发出的信号利用仪器和计算机系统进行扩增,并分辨出 X 精子、Y 精子及分辨模糊的精子。当含有精子的缓冲液离开激光系统时,借助颤动的流动室将垂直流下的液柱变成微小的液滴。与此同时,计算机指令液滴充电器使发光强的液滴带负电,发光弱的液滴带正电,分辨模糊的液滴不带电。当这些充电的液滴通过两块各自带正电或负电的偏斜板时,正电荷收集管收集 X 精子,负电荷收集管收集 Y 精子,分辨模糊的精子被收集到另一个管中。

目前,用流式细胞仪分离精子的速度能达到 4×10^6 个/h,分离纯度达 90% 以上。一些欧美国家已有专门出售分离家畜 X 精子和 Y 精子的公司,利用分离的精子进行的人工输

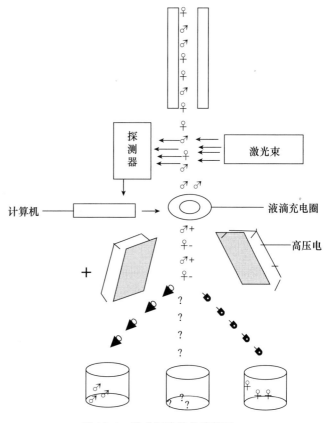

图 10-6 流式细胞仪分离精子

精受胎率达 52%,出生后代的性别与预测的性别准确率达 90% 以上。另外,日本、澳大利亚、中国等也拥有分离精子的流式细胞仪,并已经开始商业化运作。

(二)早期胚胎的性别鉴定

对移植前胚胎性别鉴定的研究稍晚于精子分离研究,因为当时还没有找到一种有效的精子分离方法。人们运用细胞遗传学、分子生物学及免疫学方法对哺乳动物附植前的胚胎进行性别鉴定,通过移植已知性别的胚胎控制后代性别的比例。最近十几年,早期胚胎性别鉴定技术有了迅速的发展,有些方法已应用于实际生产。目前,胚胎性别鉴定最有效的方法是核型分析法和分子生物学法。

1.核型分析法

哺乳动物细胞的染色体分为常染色体和性染色体。在雌雄细胞中,常染色体的同源染色体大小和形态相同,只有性染色体的形态和大小不同,雌性为 XX,雄性为 XY。因此,核型分析能鉴定胚胎性别。

核型分析法的主要操作程序:先从胚胎中取出部分细胞,用秋水仙素处理,使细胞处于有丝分裂中期;用低渗溶液使细胞膨胀,细胞膜破裂释放染色体,然后固定,吉姆萨染色制备染色体标本;通过显微摄影分析核型,确定其性染色体类型是 XX 还是 XY。核型分析法的准确率可达 100%。通过该技术进行胚胎性别鉴定的第一头小牛诞生于 1975 年。此方法需要使用 14 d 的扩张胚胎,以便有足够数量的滋养层细胞可用于核型分析。取样细胞数量多限制了该技术的推广。同时,由于获得高质量的染色体中期分裂象比较困难,操作技术烦琐且时间

长,故该技术难以在生产中推广应用。因此,目前该技术主要用于鉴定其他性别控制技术的成功率。

2.分子生物学法

分子生物学法的理论依据是 SRY 基因仅存在于染色体上,利用分子生物学技术鉴别胚胎细胞是否存在 SRY 基因,就能鉴别雄性胚胎和雌性胚胎。目前常用的方法是 PCR 鉴定法(polymerase chain reaction)和荧光原位杂交法(fluorescence in situ hybridization,FISH)2 种。

(1)PCR 鉴定法 利用显微操作仪从胚胎中取出 4~7 个细胞,提取 DNA。将提取的 DNA 与 SRY 基因的引物、dNTP(去氧单核苷酸)、PCR 缓冲液和 Taq 聚合酶混合。在以变性为 90 ℃ 30 s,退火为 55 ℃ 2 min,延伸为 72 ℃ 3 min 的条件下,PCR 扩增 50 个循环。将扩增产物进行琼脂糖电泳和溴化乙啶染色,并在紫外线下观察,根据显示的特异扩增电泳条带判断胚胎性别。1995 年,Bredbacka 等改进了 PCR 鉴定方法,即不需要通过跑胶,而是直接通过在紫外下照射扩增后的产物来确定性别,从而较大降低了污染;同时,以体视显微镜下徒手切割胚胎的方式完成了胚胎细胞的获得,使该技术更便于在生产中推广。

PCR 鉴定法取样细胞少,对胚胎的损伤小且快速而准确,准确率高达 90% 以上,目前已广泛应用于家畜,特别是牛、羊胚胎的性别鉴定。PCR 鉴定法的缺点是在操作过程中偶尔会丢失细胞,也会被血清 DNA 污染而导致误判。因此,其操作要谨慎细致,严格消毒,防止污染。

(2)荧光原位杂交法 荧光原位杂交法(FISH)是指将具有特异碱基序列的探针(probe)黏贴到染色体的特定位置,以此来判定性染色体及分析染色体构造是否异常的方法。该方法能克服在 PCR 法中由精子或其他 DNA 污染而造成的误判。

FISH 的操作步骤:首先,制备待测样本。从待鉴定的胚胎中取出几个分裂中期或间期的细胞,将细胞固定在载玻片上并去掉细胞质等非核物质。其次,制备探针。通过 PCR 或基因克隆的方法扩增出性染色体特异 DNA 片段,对 DNA 片段进行 DNA 单链切口平移(nick translation),并将与荧光物质(或蛋白质)结合的 UTP(uridine triphosphate)插入 DNA 片段制成探针。最后,探针与样本 DNA 结合。将准备好的样本和 DNA 探针在 80 ℃ 下变性,在 37 ℃ 下退火,将探针和样本单链 DNA 进行杂交。其结果是性染色体特异探针与细胞内的性染色体或染色质结合。在结束所有的杂交过程后,用荧光显微镜观察从探针发出的荧光信号来判定胚胎性别。

三、性别控制技术的发展及应用前景

迄今为止,性别控制最成功的方法是流式细胞仪分离精子法和胚胎 SRY-PCR 扩增法。然而,前者由于分离速度较慢、精子活率较低,影响了人工输精后的受胎率,故亟待解决这两个问题以满足人工输精的要求。SRY-PCR 技术鉴定胚胎性别的方法尚须解决如何提高灵敏度和缩短鉴定时间的问题。加紧研制出适用于各种家畜胚胎性别鉴定的 SRY-PCR 试剂盒使这种方法的操作简单而实用。

性别控制对动物,尤其是家畜的育种和生产有着深远的意义。在生产上,奶牛场希望从其优质、高产的核心群中繁殖出更多的母牛来更新牛群;肉牛场则希望繁殖出更多的公牛。其原因是公牛不仅生长速度比母牛快,而且阉公牛肉的价格较高。对于后裔测定来说,性别控制至少可以节省一半的时间、精力和费用。对人类来说,通过性别控制可以避免因出生与 X 染色体相关隐性疾病的婴儿而造成的痛苦,如囊性纤维化(cystic fibrosis)、血友病(hemophilia)、塔伊-萨克斯幼年型黑蒙白痴病(Tay-Sachs disease)、莱施-尼罕综合征(Lesch-Nyhan syndrome)、进行性假肥大性肌营养不良(duchenne muscular dystrophy)等。目前已发现与X染色体相关的隐性疾病有200多种。虽然这些疾病在理论上都可以诊断出来,但是诱发疾病的基因异常或缺乏对基因本身的研究导致现在只能诊断出10余种。另外,在胚胎性别鉴定的同时,还可以检查出由基因异常而引起的显性遗传疾病,如亨廷顿症(Huntington disease)等。综上所述,性别控制技术不仅在家畜生产,而且在遗传病控制方面都具有广阔的应用前景。

▶ 第五节　动物胚胎干细胞技术

干细胞是一类未成熟分化的细胞,具有长期自我增殖、自我更新和多向分化的潜能,在一定条件下,它可以分化成多种功能细胞。根据干细胞所处的发育阶段,其分为胚胎干细胞(embryonic stem cell,ES细胞)和成体干细胞(adult stem cell)2类。根据干细胞的发育潜能,又可将之分为3类:全能干细胞(totipotent stem cell,TSC)、多能干细胞(pluripotent stem cell)和单能干细胞(unipotent stem cell)。在众多类型的干细胞中,研究热点首推ES细胞。它是一种从囊胚内细胞团(inner cell mass,ICM)细胞或胎儿原始生殖细胞(primordial germ cell,PGC)中分离的一种多能性细胞,具有与胚胎细胞相似的形态特征和分化潜能,在体外培养过程中可维持未分化状态、正常二倍体核型及无限增殖能力。无论是在体外还是在体内环境,ES细胞都能被诱导分化为机体所有的细胞类型。多能性和无限增殖是ES细胞最显著的2个特性。ES细胞的分离培养建系是胚胎生物技术领域的重大成就,同时ES细胞也是现代生物技术研究的热点和焦点,具有非常重要的研究价值和潜在的应用价值。

一、胚胎干细胞概述

ES细胞研究源于畸胎瘤干细胞(teratocarcinoma stem cell,TSC)或胚胎瘤细胞(embryonic carcinoma cell,ECC)。1958年,Steven将小鼠早期胚胎移植到小鼠精巢或肾脏被膜下获得了ECC,由来源于3个胚层的多种细胞和组织无序排列构成。随后,ECC成为研究哺乳类动物发育和遗传以及细胞诱导分化的实验模型。研究人员通过尝试不同诱导因子和培养条件,成功地将ECC诱导分化为神经细胞、肌肉细胞、软骨细胞和上皮细胞等3个胚层的多种类型的细胞。1974年,Brinster将ECC注射到胚泡腔后发现,ECC参与受体胚胎的发育,获得了嵌合体。1981年,Mintz等也培养得到具有与生殖腺嵌合能力的ECC,但ECC种系间的嵌合率低,仅13%,且ECC具有肿瘤源性,生成的嵌合体在成年后易出现肿瘤,建成的ECC系有异常核型。因此,ECC作为正常细胞分化的模型并不理想。

1981年,Evans和Kaufman在ECC研究的基础上,通过对延迟着床的小鼠早期胚胎进行体外培养,首次分离得到小鼠ES细胞,并以2个人名字首字母命名为EK细胞,建立了ES细胞系。小鼠ES细胞系的建立为其他动物ES细胞的分离和体外培养开辟了通道。目前已在大鼠、仓鼠、牛、绵羊、水貂、兔、鱼、鸡、恒河猴等物种上建立了ES细胞系或类ES细胞系。

2006年,日本Yamanaka等把Oct3/4、Sox2、c-Myc和Klf4这四种转录因子引入小鼠胚胎或皮肤成纤维细胞发现,可诱导其发生转化,产生的"诱导多能干细胞"(induced pluripotent stem cells,iPS细胞)在形态、基因和蛋白表达、表观遗传修饰状态、细胞倍增能力、类胚体和畸形瘤生成能力、分化能力等方面都与胚胎干细胞极为相似。诱导多能干细胞是指通过基因转染技术将某些转录因子导入动物或人的体细胞,体细胞能直接重构成为胚胎干细胞样的多潜能细胞。iPS细胞技术的诞生将干细胞研究推进到了一个新的高度,极大地丰富了干细胞的研究内容,迄今已先后在小鼠、猕猴、大鼠和猪中取得了成功。

iPS细胞不仅在自我更新和多向分化潜能等方面都与ES细胞极其类似,而且比获得ES细胞更方便,仅需一小部分体细胞即可诱导产生(图10-7)。尽管iPS细胞还不能完全代替ES细胞,但是它回避了历来已久的伦理争议,解决了干细胞移植医学上的免疫排斥问题,是再生医学理想的种子细胞,也可作为临床药物筛选细胞模型和人类疾病治疗细胞模型。此外,由于iPS细胞可在体外长期稳定的传代培养,故它是转基因技术

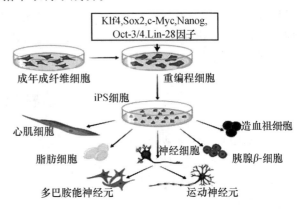

图 10-7 iPS 细胞来源及分化

中理想的种子细胞。如果其用作基因打靶受体细胞,则可在转基因动物的生产上有着广阔的应用前景。特别是对于至今尚未真正建立ES细胞系的物种而言,iPS细胞有可能成为其ES细胞的理想代替细胞并应用于科学研究和生产实际。虽然iPS细胞技术还存在安全性和诱导效率低等问题,但是随着研究的不断深入,iPS细胞技术将会更加成熟,并将在生命科学领域发挥更大的作用。这一激动人心的发现不仅进一步解决了免疫排斥和伦理学问题,深化了对细胞多能性和基因组重编程的认识,而且在药物筛选及疾病治疗方面具有巨大应用价值,进一步推动了全世界干细胞研究的热潮。

二、胚胎干细胞的形态与功能特征

(一)形态学特征

ES细胞体积小,核大,有一个或几个核仁,核质比高,核型正常,胞质结构简单,散布着大量核糖体,胞浆少,细胞界限不明显。体外培养时,细胞排列紧密,呈集落状生长,边缘折光性强,集落边缘可见少量已分化为扁平上皮细胞或梭形的成纤维细胞。用碱性磷酸酶(AKP)染色法染色,ES细胞呈棕红色,周围的成纤维细胞则呈淡黄色。小鼠ES细胞的直径为$7 \sim 18~\mu m$,猪、牛和羊的ES细胞颜色较深,直径为$12 \sim 18~\mu m$。总体来说,ES细胞具有与胚胎细胞相似的形态特征。

(二)功能特征

ES细胞在功能上具有发育全能性及不断增殖的能力。全能性是指ES细胞在解除分化抑制的条件下具有参与包括生殖腺在内的各种组织发育的潜力或发育成完整动物体的能力。其实质是细胞基因组中决定蛋白质编码的所有基因按一定时空顺序依次表达。ES细胞是能在体外大量增殖的全能性细胞,可为细胞的遗传操作和细胞分化研究提供丰富的实验材料。如果ES细胞能与去核的卵母细胞融合发育成重构胚,且重构胚经过胚胎移植发育形成个

体,则表明 ES 细胞具有全能性。例如,Campell 将绵羊的类 ES 细胞注射到去核卵母细胞中,获得重构胚,经过胚胎移植,获得了羔羊,证明了绵羊的类 ES 细胞具有发育全能性。

ES 细胞的多能性是指其具有发育成多种组织的能力,参与部分组织的形成。例如,利用骨髓基质细胞和/或其条件培养液,可诱导 ES 细胞在体外分化为造血干细胞,在维 A 酸(RA)培养液中经悬滴培养形成拟胚体,再继续贴壁培养,可见拟胚体周围有许多由内皮细胞排列而成的辐射状血管样结构;ES 细胞在 RA 与双丁酰基环腺苷磷酸(dbcAMP)共同作用下可以分化为神经胶质细胞;在 RA 诱导下,ES 细胞可分化为肌细胞;ES 细胞经悬滴培养形成的拟胚体在二甲基亚砜、胰岛素、三碘甲状腺原氨酸、胎牛血清与 RA 的共同作用下可分化为脂肪细胞。

ES 细胞多能性的检测方法很多,主要有以下几种:①类胚体形成检测,即将 ES 细胞培养在不含分化抑制物的培养基中,以形成类胚体。②体外诱导分化为三胚层细胞,即将 ES 细胞在特定培养基中进行培养,可定向分化成任一胚层的特定组织。③畸胎瘤实验,即将 ES 细胞悬液注射入同源动物或免疫缺陷动物皮下或肾囊,可形成包含 3 个胚层细胞在内的畸胎瘤。④嵌合体实验,即将 ES 细胞与胚胎细胞共同培养或者将 ES 细胞注射到囊胚腔,ES 细胞就会参与多种组织发育。例如,Kaufman 首次用小鼠 ES 细胞与囊胚嵌合,获得了第一个生殖腺嵌合体小鼠,表明 ES 细胞具有发育的多能性。

三、胚胎干细胞分离培养的技术要点

ES 细胞分离培养的原理是使具有全能性的 ICM 或 PGC 与分化抑制物共同培养,使之大量增殖而又保持未分化状态,这样代代相传,从而使 ES 细胞或者 PGC 能够成千上万倍地扩增。以下简要介绍 ES 细胞分离培养的主要技术程序。

(一)ES 细胞培养体系

ES 细胞培养体系主要有 3 种,即条件培养体系、分化抑制因子培养体系和饲养层培养体系。条件培养体系是指将细胞培养一段时间后,回收培养液来培养 ES 细胞。分化抑制因子培养体系是指将分化抑制因子白血病抑制因子(LIF)或白介素 6 等按一定浓度直接添加到细胞培养液中培养 ES 细胞。饲养层培养体系是目前最常用的 ES 细胞培养体系,饲养层一般由小鼠成纤维细胞无限系(STO)或小鼠原始胚胎成纤维细胞(PMEF)制备而成。经过丝裂霉素 C 等有丝分裂抑制剂处理后的 STO 或 PMEF,与 ICM 或 PGC 共同培养就可以分离出 ES 细胞。经过丝裂霉素 C 处理的 STO 或 PMEF 虽然失去了分裂能力,但是仍能存活并可以分泌 FGF、LIF 等因子。这些因子不仅有助于 ES 细胞的增殖,而且能抑制细胞的凋亡和分化。此外,也可以用绵羊、山羊的输卵管或子宫上皮细胞以及牛的颗粒细胞、子宫成纤维细胞等作为分化抑制培养基。

(二)ICM 及 PGC 的选择和分离

许多早期胚胎都可以作为建立 ES 细胞系的材料,如小鼠的桑葚胚(2 日龄)、囊胚(3 日龄)和扩张囊胚(4～6 日龄),猪的囊胚(7～10 日龄),绵羊的囊胚(7～9 日龄),山羊的囊胚(7～8 日龄),牛的桑葚胚(6～7 日龄)、囊胚(7～8 日龄),兔的囊胚(4～5 日龄),水貂的囊胚(8～10 日龄),仓鼠的囊胚(3 日龄)等。根据所选胚胎的发育阶段,早期胚胎 ES 细胞的分离常用普通分离法、免疫外科法、延迟着床法、热休克法和离散卵裂球法等方法。常用的PGC分离方法有机械法和消化法。分离的PGC还要进行纯化，常用的方法有密度梯度离心法、流式细胞仪分离法和免疫磁力法。

(三)ICM及PGC的培养和ES细胞的分离传代

在5% CO_2、37～39 ℃的条件下，将ICM或PGC置于饲养层或条件培养基中进行培养。培养液一般为DMEM+15% FBS。在培养液中可添加多种细胞因子或分化抑制物，如LIF、EGF、IGF等。在进行体外培养时，当ICM增殖后或PGC出现ES细胞样克隆后即可传代。ES细胞的增殖速度很快，小鼠的ES细胞每7～8 h倍增一次，猪的ES细胞每20 h倍增一次，羊的ES细胞每40～50 h倍增一次，牛的ES细胞每18～24 h倍增一次。在传代时，一般是先用加有EDTA的胰酶消化，再用微吸管将其打散成单个细胞，然后移入新的饲养层进行培养，待出现新的克隆，在其分化之前可再进行传代。

(四)ES细胞的鉴定及保存

ES细胞的鉴定方法主要有形态学鉴定、AKP染色、表面抗原检测、核型分析、体外分化实验、嵌合体实验、核移植等。ES细胞保存方法一般是程序化冷冻保存。冷冻保护液一般为DMEM+30%～50%FBS+10%DMSO。冷冻过程为4 ℃ 30 min→−20 ℃ 1～2 h→−70 ℃过夜→第2天放入液氮中长期保存。解冻一般在37 ℃水浴中快速进行，解冻后，立即用新的培养液替换冷冻保护液，随后转入CO_2培养箱中进行培养。

四、胚胎干细胞技术存在的主要问题

自从1981年建立了小鼠的ES细胞系以来，尽管ES细胞研究取得了重大的进展，但是ES细胞的研究在总体上还处于初级阶段，许多问题还有待进一步解决。

(一)分离培养系统问题

ES细胞的分离培养体系仍沿袭传统的方法，分离成功率很低。需要建立新的或者完善已有的ES细胞分离和培养体系，特别是建立无饲养层无血清培养体系，以避免人ES细胞的研究中一切动物源成分可能带来的安全问题，提高ES细胞培养体系的稳定性和可重复性。在人的ES细胞的研究中已经成功地建立起无饲养层无血清的培养体系，但是在其他物种的研究中，ES细胞的培养仍然离不开饲养层和血清。因此，ES细胞的分离培养体系仍然是此研究领域亟待解决的问题之一。

(二)分化与临床应用问题

对ES细胞的诱导分化不仅可以研究细胞分化的分子机理，而且可以修复组织损伤。然而，目前还无法对ES细胞实施专一性的诱导分化，无法在体外分化发育成完整的器官，可用于诱导分化的化学物质种类有限。ES细胞在诱导分化后被用于异体移植不仅存在免疫排斥现象，而且还可能导致畸胎瘤。因此，ES细胞分化的分子调控机制以及如何对移植的细胞进行监控和评估等一系列问题还有待于进一步研究。

（三）新来源的 ES 细胞问题

近十几年来,发展迅速的治疗性克隆、iPS 细胞等技术在利用病人正常细胞进行组织自我修复方面具有巨大的应用前景。这些方法不仅可以降低或消除传统 ES 细胞治疗所面临的免疫排斥问题,而且可以避免过多的伦理道德问题。然而,这些方法涉及的体细胞核重编程的机制尚未阐明,诱导效率仍然较低,诱导出的细胞致瘤性的概率很大。因此,在这些新型的干细胞真正应用于临床前,还有很多问题尚待解决,尤其需要深入研究 iPS 细胞的产生机理。

（四）伦理道德问题

ES 细胞的研究和应用一直牵涉许多法律、宗教和伦理学问题,除寻找可以产生多能性细胞的其他途径以外,还需要加强 ES 细胞研究的相关规范和监控。因此,保证 ES 细胞的研究在有效的监控下进行,任重道远,需要全世界科学家和各国政府的共同努力,最终使 ES 细胞的研究造福于人类。

五、胚胎干细胞技术的应用前景

ES 细胞特有的生物学特性决定了其在生物学领域有着不可估量的应用价值。在基础生物学方面,ES 细胞对于细胞分化和个体发育的分子机理具有重要的研究价值;在医学方面,ES 细胞是再生医学种子细胞的重要来源之一,同时在药理和毒理研究方面,ES 细胞也具有重要作用;在动物生产方面,核移植、嵌合体、转基因动物研究方面进行了意义重大的结合。总体而言,ES 细胞在加快良种家畜繁育、生产转基因动物、哺乳动物发育模型、基因和细胞治疗等方面有着广阔的应用前景。

（一）组织和器官的修复

ES 细胞最具有诱惑力的应用前景是修复,甚至替换功能丧失的组织和器官。由于 ES 细胞具有发育分化成机体所有类型组织细胞的潜力,因此,有可能通过移植由 ES 细胞定向分化而来的特异组织细胞或器官来治疗各种相关疾病。随着治疗性克隆和 iPS 细胞等技术的发展和完善,利用病人自身的正常细胞就可以产生相应的多能干细胞,这样产生的多能干细胞移植到病人体内不会产生免疫排斥反应。目前,使用 iPS 细胞技术修复组织器官已经取得了一定的进展,研究人员从Ⅰ型血友病小鼠模型上取健康的体细胞在体外将其诱导成 iPS 细胞,然后将其定向分化成肝脏细胞,并移植到Ⅰ型血友病小鼠的肝脏,移植后的细胞成功替代病变的肝脏细胞发挥作用,成功治愈了小鼠的Ⅰ型血友病。此项研究为病人利用自身的正常细胞产生干细胞,然后对损伤组织器官进行"自我"修复奠定了基础。

（二）克隆的供体细胞与转基因的载体

ES 细胞具有无限增殖且不改变其基因型和表型的特点。如果以 ES 细胞作为核供体进行核移植,就可以在短时间内获得大量基因型和表型完全相同的个体。ES 细胞与胚胎进行嵌合既可以解决哺乳动物远缘杂交的困难,生产出珍贵的动物,又可以进行异种动物克隆,有助于保护珍稀野生动物。目前真正建系的 ES 细胞只有小鼠、大鼠、恒河猴和人,这就限制了 ES 细胞在转基因克隆上的应用。新产生的 iPS 细胞技术在一定程度上解决了这个问题。此项技术可以在相对较短的时间内建立多能干细胞系,以用于转基因克隆的研究。

目前,生产转基因动物常用的方法是原核注射法,外源基因的整合、表达和筛选工作在个体水平上进行不仅工作烦琐、周期长、成功率低,而且产生的后代也常出现遗传性状分离的现象。而利用 ES 细胞作为基因载体,特别是利用基因打靶技术,得到基因整合的细胞,然后直接进行核移植或者通过与胚胎嵌合获得嵌合体动物,ES 细胞在嵌合体中分化发育成全能性的生殖细胞,即可得到携带目的基因的转基因动物。一个优良的 ES 细胞系不仅可以用于各种目的基因的转化,而且外源基因的整合数目、整合位点、表达程序以及稳定性等都可以在细胞水平上进行加工、筛选,从而在很大程度上加快了动物遗传工程的进程。目前已经有以 ES 细胞作为外源基因载体生产转基因动物的相关报道。

(三)类器官转分化研究

类器官(organoids)是指在体外用 3D 培养技术对干细胞或器官祖细胞进行诱导分化形成的在结构和功能上都类似目标器官或组织的三维细胞复合体。其具有稳定的表型和遗传学特征,能够在体外长期培养。根据干细胞的不同来源,类器官可简要分为组织干细胞衍生的类器官、多能干细胞(包括胚胎干细胞和诱导多能干细胞)衍生的类器官和肿瘤干细胞衍生的类器官。目前,类器官在生物学基础研究、构建疾病模型、肿瘤研究、组织再生修复、基因治疗以及药物筛选等方面显示了广阔的应用前景(图 10-8)。

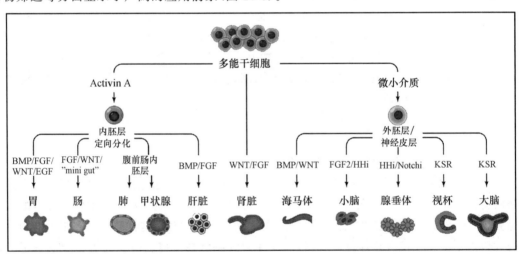

图 10-8　多能干细胞类器官转分化研究

(四)干细胞体外育种

干细胞体外育种技术正在以更早、更高效的育种潜力而逐渐被认可。该技术通过将干细胞与生殖细胞诱导分化、体外受精、基因组选择等结合,分离 ES 细胞后,根据育种目标,对胚胎干细胞进行选择,并将其在体外转分化为功能性配子进行新一轮的体外受精(IVF)。

干细胞体外育种技术可实现改变以往出生初选、断奶再选等选择时限和技术路线,显著缩短世代间隔并增强选择强度,迅速实现 30~40 倍的遗传进度。假设在牛中进行 IVF 程序,然后进行 ES 细胞分离,大约需要 4 周,生殖细胞的分化需要 2~3 月,那么通过干细胞体外育种进行的繁殖需要 3~4 个月,这将意味着世代间隔的巨大减少。此外,IVB(*in vitro* breeoling)可与其他现代技术相辅相成,以在更短的时间内对遗传改良产生更大的影响。

(五)新药的研制与开发

从理论上讲,ES细胞可以分化成机体任何组织的正常细胞,为开发新药提供大量标本,因而可用于筛选药物、鉴定新药作用的靶基因位点、筛选潜在的毒素等,从而加快药品研发及其安全性检验的研究进程。ES能模拟体内细胞对药物的反应,从而提供更好的药物筛选模型。例如,将人ES细胞诱导分化成心肌细胞,将有助于心脏病药物的开发等。ES细胞还可用于创建动物模型。目前已经建立了500余个与癌症和心血管疾病等人类疾病相关的小鼠模型,以用于药物筛选。

(六)其他研究方面

嵌合体(chimera)在生物学上是指在同一个体中基因型相异的细胞或组织混合存在的状态。将2枚胚胎(同种或异种动物胚胎)的细胞嵌合共同发育成为一个胚胎,称为嵌合胚胎;再将其移植给受体,妊娠产仔,如果该仔畜具有以上2种动物的细胞则称之为嵌合体动物。目前,在大鼠、兔、羊、牛、马等动物中均有获得嵌合体。不同物种也可以形成嵌合体。例如,将2个来自异种动物的胚胎嵌合成一个胚胎,就可以培育出异种嵌合体动物,像绵羊-山羊嵌合体既有绵羊的特征,又有山羊的特征。此外,大鼠-小鼠嵌合体、牛-水牛嵌合体、马-斑马嵌合体等都已培育成功。动物早期胚胎嵌合的方法主要分为聚合法与囊胚注入法。嵌合体技术是胚胎工程的重要组成部分。作为一种特殊的研究手段,嵌合体技术在发育生物学、细胞生物学、胚胎学、病理学、免疫学、医学以及动物生产等领域都具有重要意义。嵌合体之所以被公认为是评估干细胞多向分化潜能的金标准主要基于它们能检测正常发育组织中的细胞谱系。在猪等大动物体内通过胚胎干细胞的异种嵌合技术实现异种再造器官,将为器官移植中供体器官严重短缺提供新的方法。但嵌合体研究也存在一些问题,例如,嵌合体组织器官的特异抗原性为将来利用嵌合体生产人用器官造成了很大障碍;又如,种间嵌合体胚胎细胞分化、发育具有局限性。此外,嵌合体研究也存在一定的伦理问题,尤其是人与动物之间的嵌合问题引起了学术界和公众的高度关注和广泛争议。

胚胎干细胞能参与个体发育,并能产生包括生殖系在内的各种类型的细胞,表明ES细胞类似胚胎的ICM细胞不仅具有发育全能性,而且持有对调节正常发育所有信号的反应能力。在特定的体外培养条件和诱导剂的共同作用下,ES细胞可以经过一定的前体细胞阶段发育成属于三个胚层谱系的各种高度分化的体细胞,如神经细胞、肌肉细胞、白细胞以及成纤维细胞等。因此,ES细胞既可以作为研究特定类型细胞分化的模型,研究某些前体细胞起源和细胞谱系演变的实验体系,又可以作为基因和细胞治疗的载体使细胞工程学迈上一个新的台阶。

▶ 第六节　动物克隆技术

克隆(clone)源于希腊文klon,原意是树木的枝条繁育,在生物学上是指从一个先代细胞通过无性繁殖而产生的纯细胞系,在这个系中细胞的基因是相同的,因此也被称为无性繁殖系或无性系。动物克隆是指不经过有性生殖的方式,直接获得与亲本具有相同遗传物质后代的过程。目前哺乳动物的无性繁殖可以通过孤雌生殖、胚胎分割、细胞核移植技术实现。在一般情况下,哺乳动物的克隆仅指细胞核移植技术,包括胚胎细胞核移植和体细胞核移植技术。

一、孤雌生殖

孤雌生殖,也称单性生殖,是指卵母细胞不经过受精而发育成新个体。孤雌生殖在自然界广泛存在于爬行类、鱼类和两栖类等脊椎动物。孤雌生殖在哺乳动物中并不存在。20 世纪 90 年代初期,日本的铃木达行等通过孤雌胚胎相互嵌合的方式发现可以使重组的孤雌牛胚胎附植,并发育到 60 d。1999 年,该研究小组通过牛 8 细胞孤雌胚胎与体外受精 8 细胞胚胎相嵌合,成功获得了嵌合孤雌胚胎性状的牛犊。

近年来研究表明,印记基因的存在是哺乳动物不能完成孤雌生殖的主要原因。这是由于父源和母源基因的遗传存在不对称性,即合子有些基因只从母源染色体上表达,有些基因只从父源染色体上表达。迄今为止,在哺乳动物中已发现约 100 个印记基因。2004 年,Kono 等将敲除 H19 印记区域的供体卵母细胞核,通过核移植的方式与另一只雌鼠卵母细胞相融合,产生了第一批成活并具备生育能力的孤雌小鼠(图 10-9)。Kawahara 等通过同时敲除 H19 和 Dlk1-Dio3 印记区域进一步提高了生产孤雌小鼠的效率。近几年,单倍体胚胎干细胞体系的建立为单性生殖动物生产提供了新的平台。中国科学院动物研究所周琪带领的团队将敲除 H19 和 Dlk1-Dio2 印记区域的雌性单倍体胚胎干细胞注射到 MII 卵母细胞,成功获得成活的孤雌小鼠;将敲除 Gnas 等 7 个印记区域的雄性单倍体胚胎干细胞同精子共注射入 MII 卵母细胞,获得双父源小鼠。随着人类对印记基因的深入研究,哺乳动物单性生殖将会变为可能。

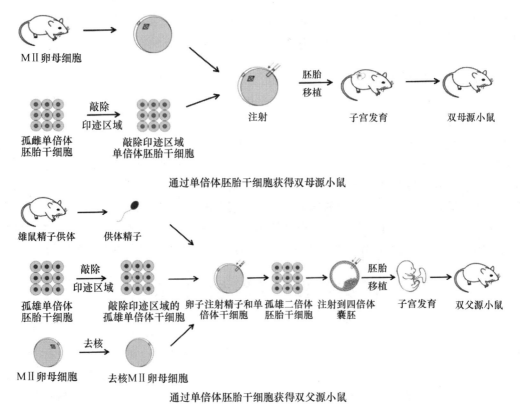

图 10-9　通过单倍体胚胎干细胞获得单性生殖小鼠

二、胚胎分割

胚胎分割(embryo splitting)是指运用显微手术的方法将哺乳动物附植前的胚胎均等地分成若干份,并使之继续发育成完整个体的生物技术。运用胚胎分割可获得同卵双生或同卵多生,有利于扩大优良家畜的规模。在奶牛业中,采用胚胎分割技术不仅可以增加获得同卵双生机会,而且可以防止出现异性孪生不育母犊。胚胎分割技术不仅是 DNA 探针法及 PCR 法鉴定胚胎性别的必要手段,而且也是制作嵌合体动物必不可少的技术环节。在实验生物学和医学研究中,运用同卵孪生后代作实验材料,可消除遗传差异,提高实验结果的准确性。

(一)胚胎分割的发展概况

Spemann 在 1904 年最先进行蛙类 2 细胞期胚胎的分割试验,并获得同卵双生后代。Pincus 等(1939)将兔 2 细胞期胚胎分离后分别移植给假孕母兔输卵管发现,2 个卵裂球都发育到囊胚。Moore 等(1968)用兔 4 细胞期和 8 细胞期胚胎中分离出的一个卵裂球生产出仔兔证实了 8 细胞期的卵裂球具有全能性。1970 年,Mullen 等通过分离小鼠 2 细胞期胚胎卵裂球,获得同卵双生小鼠。1978 年,Moustala 又将小鼠桑葚胚一分为二,也获得同卵双生小鼠。1979年,Willaden 等分离 2 细胞期绵羊胚胎的卵裂球,也获得了同卵双生的羊羔。同年,Willadsen等将 2~4 细胞期的猪胚胎分成 2 份,获得了数例同卵双生仔猪。20 世纪 80 年代以后,家畜的胚胎分割技术得到了迅速发展,Willadsen 等在总结前人经验的基础上,建立了系统的胚胎分割方法,并用该方法从绵羊的 1/4 和 1/8 胚胎获得羔羊,牛的 1/4 胚胎获得犊牛。目前,由1/2 胚胎生产的动物有小鼠、家兔、绵羊、山羊、牛、马;由 1/4 胚胎生产的动物有家兔、绵羊、猪、牛和马;由 1/8 胚胎生产的动物有家兔、绵羊和猪。在此期间,胚胎分割和卵裂球分离技术被认为是哺乳动物克隆的有效方法,并成为研究热点。然而,由于胚胎分割和卵裂球分离技术本身所固有的局限性,如获得的后代数量非常有限等,故人们也在探索如何通过细胞核移植的方法获得克隆动物。

(二)胚胎分割的基本程序

胚胎分割按胚胎的发育阶段可分为 2 种:桑葚胚之前胚胎(致密化之前)的卵裂球分离与桑葚胚或囊胚的切割。当受精卵发育到桑葚胚阶段时,卵裂球之间出现紧密结合(compaction,又称致密化),间隙连接(gap junction)逐渐发达,卵裂球之间的结合越来越紧密,细胞界限逐渐消失。因此,在致密化之前采用卵裂球分离方法,而达到桑葚胚阶段后则采用胚胎切割方法(图 10-10)。

1.分割器具的准备

胚胎分割需要的主要仪器有体视显微镜、CO_2 培养箱、倒置显微镜及显微操作仪。在进行胚胎分割之前,需要制作胚胎固定管和切割针。固定管要求末端钝圆,外径与所固定胚胎直径相近,内径依胚胎直径的大小,一般为 $10\sim30\ \mu m$。切割针有玻璃针和微刀 2 种:玻璃针一般是由拉针仪将直径为 1 mm、长为 150 mm 的毛细玻璃管拉制而成;微刀是由锋利的刮脸刀片与刀柄黏在一起制成,也有特制的胚胎切割刀。

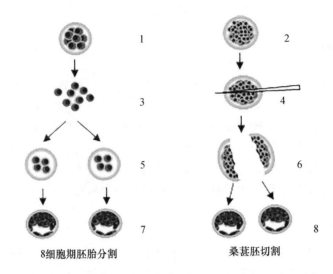

8细胞期胚胎分割　　　　　桑葚胚切割

1.8细胞期胚胎;2.桑葚胚;3.分离后的卵裂球;4.胚胎切割;5.卵裂球装入空透明带;6.分割后的胚胎;7~8.分割的胚胎培养后发育到囊胚。

图10-10　哺乳动物胚胎分割

2.胚胎预处理

为了减少分割时带来的损伤,胚胎在分割前常用链霉蛋白酶(pronase)进行短时间处理,以使透明带软化变薄或去除透明带。链霉蛋白酶的浓度为 0.2%~0.5%,一般用无钙镁离子的 PBS 液配制,酶处理时间为 2~5 min。

3.胚胎分割

(1)单个卵裂球分离　单个卵裂球分离是指对致密化之前的胚胎的卵裂球进行分离。其分离方法有显微操作法和酶消化法。

①显微操作法。先用胚胎固定管保定胚胎,再用微细玻璃管穿透透明带并吸出卵裂球或用微细玻璃针在透明带上穿刺做小切口,拔出后再用它挤压胚胎,卵裂球从小切口中挤出。

②酶消化法。胚胎用酶处理后移入不含酶的操作液,用内径略小于透明带外径的玻璃吸管反复吹打胚胎,去掉透明带,分离卵裂球。分离的卵裂球用培养液洗 3 次,均等地分为 2~4 份,并借助显微操作仪将卵裂球放入空透明带。空透明带通常用未受精卵或退化的胚胎制备。

(2)胚胎切割　胚胎切割是指对桑葚胚和囊胚进行胚胎切割,即用胚胎固定管吸住胚胎,将微针或微刀移到胚胎等分线正上方缓慢下降,轻压透明带以固定胚胎,然后继续下切,直至胚胎一分为二为止。如果没有显微操作仪,可徒手分割,但难度大,操作要求细致。

先用 0.1%~0.2%链霉蛋白酶软化透明带,在实体显微镜下用玻璃针或微刀均等切割胚胎。为防止切割时胚胎滚动,可将平皿底部划线使其粗糙。切割后的裸露半胚移入事先准备好的空透明带中或直接移植给受体。在进行囊胚切割时,要注意将内细胞团均等切割,否则内细胞团细胞数量少的半胚将会形成假囊胚。

4.单个卵裂球和分割胚的培养

为提高单个卵裂球和半胚的体外成活率和移植妊娠率,往往将单个卵裂球或半胚放入空透明带后进行体外培养(单个卵裂球也可以单独放入微滴中,直接裸露体外培养),或者用琼脂包埋后移入中间受体输卵管进行体内培养。体外培养方法与受精卵体外培养方法相同。体内培养的中间受体一般选择家兔、绵羊等动物。在胚胎移入前，先结扎输卵管峡部；在胚胎移入后，结扎输卵管壶腹部的漏斗端，以防胚胎丢失。琼脂包埋的目的是固定胚胎，便于回收，防止白细胞侵袭卵裂球，利于胚胎的正常发育。发育良好的胚胎可移植到受体子宫，使之继续发育成个体或进行再分割。

5.分割胚胎的保存和移植

如果桑葚胚和囊胚切割后有合适的受体，就可以直接移植。卵裂球分离后必须在中间受体的输卵管内或在体外培养液中培养，待发育到桑葚胚或囊胚时，才能移植给受体。如果胚胎分割后没有受体，就可以进行超低温冷冻保存。由于分割胚的耐冻性和解冻后的成活率均低于完整的胚胎，所以分割的胚胎需要在体内或体外培养到囊胚阶段，再进行冷冻保存。

（三）胚胎分割存在的问题

大部分胚胎分割后移植所产下的仔畜是正常的，有些个体存在着一些问题，有待于深入研究。

1.初生重小

在胚胎一分为二后，其胚胎细胞数减半，即使在体内或体外培养到囊胚阶段，其内细胞团的细胞数仍比正常囊胚少，而后代的初生重也相应降低，有的甚至降低到标准初生重的一半。这可能与早期胚胎细胞的分化和定位有关。其发育机理还有待深入研究。

2.毛色和斑纹

在分割胚胎移植后，其后代的表型应完全相同，但事实并非如此。有报道表明，牛6日龄胚胎分割移植后产下的同卵双生犊牛的毛色和斑纹并不完全相同。其确切的机理尚不清楚。

3.异常与畸形

据1979年法国学者报道，将8日龄正常牛囊胚分割后移植，产下一头正常的牛犊和一个畸形肉块。这有可能是由在胚胎发育过程中细胞分化不完全而引起的。

4.同卵多胎的局限性

从目前的研究来看，由1枚胚胎通过胚胎分割方式获得的后代数量有限，最好的结果是由1枚胚胎获得3头犊牛，说明用胚胎分割方法克隆动物的潜力很有限。因此，想要大量生产克隆动物必须利用细胞核移植方法。

三、细胞核移植

哺乳动物的细胞核移植技术主要包括胚胎细胞核移植技术（embryonic cell nuclear transplantation）和体细胞核移植技术（somatic cell nuclear transplantation，SCNT）。胚胎细胞核移植又称胚胎细胞克隆，是指通过显微操作将早期胚胎的单个细胞核移植到去核卵母细胞，构建新合子的生物技术。体细胞核移植技术又称体细胞克隆技术，是指将高度分化的体细胞的细胞核移入去核卵母细胞，使重构胚发育成与供体遗传物质完全相同个体的技术。

在核移植中，通常将提供细胞核的细胞称为核供体，接受细胞核的去核卵子称为核受体（受体卵子），由核供体和核受体构建的胚胎称为重构胚。哺乳动物的遗传性状主要由细胞核的遗传物质决定，所以用同一枚胚胎卵裂球或体细胞核获得的核移植后代的基因型几乎一致，故称为克隆动物。另外，通过核移植得到的胚胎也可重新作为核供体，再进行细胞核移植,此过程称为再克隆。在理论上,一枚胚胎通过克隆和再克隆方法可获得无限多的克隆动物,因其受许多因素的影响,目前还达不到无限克隆动物的水平。

动物克隆的理论基础是早期胚胎细胞或体细胞具有发育全能性,即这些细胞核被移入成熟的去核卵母细胞,在胞质内特殊因子的作用下,植入核的基因表达被重编程(reprogramming),将"发育钟"拨回到受精时的状态,恢复全能性,犹如受精卵的基因组启动个体发育一样。由于每个供体细胞核来源于同一个胚胎或个体,供体细胞的遗传物质完全相同,因而经过细胞核移植后形成的重构胚胎可以发育为具有相同遗传物质的新个体。

哺乳动物细胞核移植技术的成功具有里程碑式的科学意义。该技术的发展和成熟不仅能推动发育生物学加速发展,而且将拓展生命科学的内涵,取得对生命奥妙现象的深入理解,从而获得新的发现,揭示动物发育的重要规律。尤其是体细胞克隆动物的成功解决了核供体细胞的来源问题,从而可以有目的地克隆某个个体。在畜牧生产中,运用细胞核移植技术可实现优良家畜的大量快速扩繁,加速家畜育种进程。在动物品种资源保护中,借助细胞核移植技术,品种保存将简化为体细胞的冷冻保存。在生物技术产业中,用基因修饰的体细胞作核供体进行克隆,可显著提高转基因动物的生产效率。在医学上,细胞核移植可对高价值的特殊医学模型动物进行扩繁,还可能为人类胚胎干细胞系的建立提供早期胚胎。另外,细胞核移植克隆在获得异种移植组织器官、挽救濒危动物、抗病育种、提高转基因动物生产和性别控制的效率等方面都具有重要意义。

(一)哺乳动物细胞核移植的研究简史

1.胚胎细胞核移植研究简史

Spemann 在 1938 年最早提出将胚胎细胞核移植到去核卵母细胞中构建新胚胎的设想,由于当时受实验条件的限制未能实现。1952 年 Briggs 和 Kings 才获得两栖动物——非洲豹蛙的胚胎克隆后代。哺乳动物核移植的研究始于 1975 年,Bromhall 将兔胚的细胞核移植到未受精的卵母细胞,获得了桑葚胚,证实哺乳动物的胚胎细胞核移植是可行的。虽然 1981 年 Illmensee 和 Hoppe 报道了采用核移植技术克隆出小鼠,但其他实验室用他们的方法并没有克隆出动物。直到 1983 年,McGrath 和 Solter 等首次利用显微操作技术与细胞融合技术获得克隆小鼠,并建立重复性很高的核移植技术程序,使核移植的效率得到很大的提高。之后,哺乳动物的胚胎克隆技术得到迅速发展,相继获得了绵羊(Willadsen,1986)、牛(Prather 等,1987)、家兔(Stice 和 Robl,1988)、山羊(张涌等,1991)和猪(Prather 等,1989)的克隆后代。目前,在家畜中,绵羊和牛的胚胎克隆效果最好,美国威斯康星大学的 Stice 等(1993)已获得第四代再克隆牛囊胚和第三代克隆牛,Willadsen 等获得了第二代克隆绵羊。牛的胚胎克隆可完全摆脱体内环境,通过卵母细胞体外成熟、体外受精和胚胎细胞核移植获得克隆胚胎,由 1 枚供体胚胎最多可获得 11 头克隆犊牛。

2.体细胞核移植研究简史

20 世纪 60—70 年代,Gurdon 等用爪蟾和蝌蚪的肠细胞和体外培养的完全分化成熟的体细胞进行核移植,分别获得蝌蚪和成体爪蟾,从而证实在两栖类已分化细胞的基因组具有结构上的完整性和功能上的全能性,同时也说明体细胞核的分化是可逆的。在适当的条件下,已分化的细胞核仍能被重编程为去分化的全能性状态。1997 年 2 月,Wilmut 等将来自 6 岁绵羊的乳腺上皮细胞移入去核卵母细胞,得到了世界上第一只体细胞克隆哺乳动物,即"多莉"羊。这是对哺乳动物体细胞全能性理论的重大突破,开创了哺乳动物无性繁殖的先河。自"多莉"

诞生以来,用胎儿体细胞和成年动物体细胞进行核移植的研究发展十分迅速,先后出现了多种克隆动物(表10-7)。

表 10-7　哺乳动物体细胞克隆

出版时间/年	供体细胞物种	细胞类型	受体卵母细胞物种
种内克隆			
1996	绵羊	分化胚细胞系	绵羊
1997	绵羊	成年乳腺上皮细胞	绵羊
1998	牛	胎儿成纤维细胞(转基因)	牛
1998	牛	成年卵丘和输卵管细胞	牛
1998	小鼠	成年卵丘细胞	小鼠
1999	山羊	胎儿成纤维细胞(转基因)	山羊
2000	猪	胎儿成纤维细胞	猪
2000	猪	培养的成年颗粒细胞	猪
2002	兔	成年转基因卵丘细胞	兔
2002	猫	成年卵丘细胞	猫
2003	马骡	胎儿成纤维细胞	马骡
2003	马	成年皮肤成纤维细胞	马
2003	鼠	胎儿成纤维细胞	鼠
2005	犬	成年皮肤成纤维细胞	犬
2006	雪貂	成年卵丘细胞	雪貂
2007	红鹿	成年鹿茸生成细胞	红鹿
2007	水牛	胎儿成纤维细胞和成年颗粒细胞	水牛
2010	骆驼	成年卵丘细胞	骆驼
2018	食蟹猴	胎儿成纤维细胞	食蟹猴
种间克隆			
2000	白肢野牛	冷冻保存的成体皮肤细胞	牛
2001	摩弗伦羊	成体颗粒细胞	绵羊
2001	瘤牛	桑葚胚阶段分裂球	牛
2004	非洲野猫	成体皮肤成体成纤维细胞	猫
2004	野牛	冷冻保存的成纤维细胞	牛
2007	灰狼	成体耳部成纤维细胞	犬
2009	比利牛斯高地山羊	冷冻保存的皮肤成纤维细胞	山羊
2013	土狼	新生儿/成体成纤维细胞	犬
2017	双峰驼	成体皮肤成纤维细胞	单峰骆驼

（二）细胞核移植的操作程序

细胞核移植的基本操作程序包括受体卵子的准备、核供体细胞的准备、细胞周期的调控、注核及细胞融合、重构胚的激活和重构胚的培养及移植等（图 10-11）。每一个环节对核移植的效果都有影响。

1. 受体卵子的准备

在第二次减数分裂中期（MⅡ期），卵母细胞既可用超数排卵的方法获得，也可以用体外成熟培养未成熟卵母细胞的方法获得。去核时，将去掉卵丘细胞的 MⅡ期卵母细胞放入用液状石蜡覆盖的含 7 μg/mL 细胞松弛素 B(cytochalasin B)的显微操作液滴中，20 min 后用显微操作仪去掉卵母细胞的核。MⅡ期卵母细胞的去核方法很多，主要有以下几种。

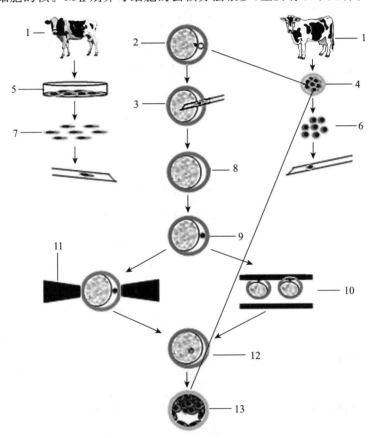

1.供体；2.MⅡ期卵子；3.去核；4.核供体胚胎；5.体细胞传代培养；6.分离的卵裂球；7.G_0/G_1 期体细胞；8.去核的卵子；9.胞质-核供体复合体；10.平行电极细胞融合；11.针式电极细胞融合；12.重构胚；13.囊胚。

图 10-11　哺乳动物细胞核移植

（1）盲吸法　由于第一极体刚排出或排出后不久，卵母细胞的核位于极体附近，因此，用显微细管吸取极体附近的部分细胞质便可去掉细胞核。然而，在清洗卵母细胞和去掉卵子周围卵丘细胞的过程中，部分卵母细胞的第一极体会移位，这样将会影响卵母细胞的去核率。

（2）半卵法　将卵母细胞切为两半，去掉含有极体的一半，然后用 2 枚不含极体的一半与供体细胞融合。该法操作烦琐，重构胚的发育率较低。

（3）荧光引导去核法 先用 Hoechst 33342（一种 DNA 染料）2～8 $\mu g/mL$ 对卵母细胞染色 10～15 min,然后在荧光显微镜下确定核的位置,去核后,再观察吸除的细胞质或去核后的卵母细胞内是否含有细胞核,以确定去核是否成功。该法去核效率与盲吸法相近。

（4）微分干涉和极性显微镜去核法 一些脂肪颗粒较少的卵母细胞（如兔和小鼠等)在微分干涉相差显微镜下可观察到染色体,因此,这类卵母细胞可直接在微分干涉相差显微镜下去核。该方法对脂肪颗粒较多的卵母细胞(如猪、牛等)无效。

（5）纺锤体观测仪去核法 纺锤体观测仪(spindle-view)可在极性光学显微镜的基础上研制出来,能直接观察到卵母细胞(包括脂肪颗粒较多的卵母细胞)的纺锤体,从而可准确地去掉卵母细胞的核。该法去核效率高,但仪器昂贵。

（6）功能性去核法 将卵母细胞放入含有 Hoechst 33342 的染色液中,然后用紫外线照射核区,从而使核丧失功能。由于经紫外线照射处理的染色体仍具有一定活性,故此法常造成核移植胚的染色体异常,对细胞有较大损伤。

（7）离心去核法 MⅡ期卵母细胞的细胞核密度大于细胞质,故用离心的方法可使没有透明带的卵母细胞核被甩向一侧而最后脱离卵母细胞。该方法必须去掉透明带,故不利于重构胚的进一步发育。

（8）化学试剂去核法 用 Etoposkle 和放射菌酮处理处于第一次减数分裂中期（MⅠ期)的卵母细胞,处理后的染色体紧密结合,不易分开,形成染色体复合体,在卵母细胞排出极体时,染色体复合体随极体一起排出。此法的缺点是 MⅠ期的时间不易掌握。

（9）末期去核法 卵母细胞成熟后被激活,再培养 3 h,使其排出第二极体,此时卵母细胞的核贴近第二极体,用去核针吸出第二极体及其附近的少量细胞质,即可去核。该法去核率高,但在卵母细胞被激活后,卵子的细胞周期很快就进入 S 期,不利于与核供体细胞周期同步化。

2.核供体细胞的准备

（1）胚胎作为核供体 胚胎可使用体内受精胚胎、体外受精胚胎及克隆胚胎。其发育阶段从 2 细胞期胚胎至囊胚均可。考虑到卵裂球的分离及细胞的融合率,一般以选用 8～32 细胞期的胚胎为宜。分离卵裂球的方法有 2 种:一种是用蛋白酶(protease)消化透明带,然后在无蛋白酶的培养液中用微管把胚胎吹打分散成单个卵裂球;另一种是借助显微操作仪,用尖锐的显微吸管穿过透明带,吸出胚胎的每个卵裂球。

（2）体细胞作为核供体 体细胞克隆的核供体细胞是体外传代培养的体细胞。根据 Campell 和 Wilmut 等的方法,体细胞需经过血清饥饿(细胞培养液中的血清浓度由 10% 逐步降为 0.5%,继续培养 5 d 左右),在细胞周期处于 G_0/G_1 期后,注入去核卵母细胞的卵周隙中(部分动物也可直接注入胞质中),经电融合和激活后获得的重构胚移植到受体,获得克隆后代。然而,众多的研究表明,血清饥饿法对供体细胞的重编程并非必需的,使用标准培养系统培养的成年牛肌肉细胞也能克隆出牛犊。Bordignon 等（2000)比较了不同培养条件对牛胎儿成纤维细胞重编程的影响,发现正常贴壁培养长满的细胞经核移植后囊胚发育率与血清饥饿贴壁培养长满的细胞相近,而悬浮培养的细胞囊胚发育率则显著下降。由此表明,在细胞培养过程中,细胞接触可使细胞进入 G_0/G_1 期。另外,将自然状态的 G_0 期细胞(如卵丘细胞)直接移入去核卵母细胞也能克隆出小鼠。

在体细胞核移植中,由于体细胞体积小,在使用平行电极时,细胞融合率低,所以常用针式电极进行细胞融合。为了解决融合率低的问题,供体细胞的细胞膜先通过反复吸吐的方式使其破裂,将胞浆和核一起注入去核卵母细胞的胞浆内,然后进行激活处理。

3.细胞周期的调控

在核移植时,受体卵子的细胞周期处于 M Ⅱ 期,如果被核移植的核供体细胞的细胞周期处于 G_2 期或 S 期,则 DNA 再次复制形成多倍体,导致核移植胚胎的死亡。因此,必须对受体卵子和供体细胞进行细胞周期同期化处理。其方法是用一种细胞微管聚合抑制剂——噻氨酯哒唑(nocodazole)或秋水仙胺(colcemid)处理卵裂球,使核供体细胞停留在有丝分裂中期,当解除 nocodazole 处理后,经过一段时间,大部分细胞核便会处于 G_1 期;也可以用阿非迪霉素(aphidicolin,APD)培养处理供体细胞。APD 是一种哺乳动物 DNA 聚合酶的可逆性抑制剂,其可将细胞周期阻抑在 G_1 期到 S 期的过渡阶段。

4.注核及细胞融合

将准备好的受体卵子和核供体细胞放入用液状石蜡覆盖的显微操作液滴中,用显微细管吸取一个供体细胞,经去核时形成的透明带切口,将供体细胞注入去核卵子的卵周隙中,并使核供体细胞与受体卵子紧密地贴在一起,便于随后的融合。

细胞融合是运用一定方法将卵裂球与去核卵子融为一体,形成重构胚的过程。融合方法有电融合法和仙台病毒法。后者由于融合效率不稳定,对胚胎发育有影响,易发生污染,所以现在已基本不用。电融合法是指将受体卵子-供体细胞复合体放入细胞融合溶液中,设置好电脉冲强度、时间及次数,待两个细胞间的接触面与脉冲电场磁力线方向垂直时进行电融合。细胞融合率与脉冲电压、脉冲持续时间、脉冲次数、电融合液及卵裂球的大小等有密切关系。

5.重构胚的激活

在正常受精过程中,精子在穿过透明带触及卵黄膜时会引起卵子内钙离子浓度升高,卵子恢复正常的细胞周期,启动胚胎发育,这一现象被称为激活。在胚胎克隆过程中,如果受体卵子的细胞周期处于 M Ⅱ 期时没有受精时那样的激活刺激,就不能恢复细胞周期,也就不能使供体核基因组重编程。虽然受体卵子在细胞融合过程中,在电刺激下也可被激活,但激活率不高。

为了提高重构胚的激活率,一般采用下列 4 种方法:①钙离子载体结合电激活、放线菌酮及细胞松弛素处理;②乙醇结合放线菌酮和细胞松弛素处理;③离子霉素或钙离子载体结合二甲腺嘌呤(6-DMAP)处理;④电激活结合三磷酸肌醇与 6-DMAP 处理。

6.重构胚的培养及移植

重构胚可在体外短时间培养后直接移植给受体,也可以先移植给中间受体,待发育到囊胚阶段后,回收胚胎,再进行冷冻保存或胚胎移植。重构胚的体外培养方法与受精卵的体外培养方法完全相同。在移植胚胎时,要遵循受体输卵管或子宫内环境必须与重构胚所处的发育阶段相吻合的原则。

(三)重构胚的发生过程

卵母细胞具备高效的重编程已分化细胞核的能力。无论哪个物种在去除卵母细胞核后,都需要完成将供体细胞核与去核卵母细胞进行注射或融合,再激活重建胚的过程。在重构胚构建的过程中,与正常受精卵相似又不同的细胞和分子事件时有发生。

1.核膜破裂和供体核早期染色体浓缩

当供体核引入去核卵母细胞的细胞质后,在卵胞质中期促进因子(M-phase-promoting

factors，MPF）的作用下，供体核将迅速发生核膜破裂，形成浓缩的中期染色体，称为早期染色体浓缩（premature chromosome condensation，PCC）。截止目前的研究，PCC 是供体细胞重编程所必需的过程。在 PCC 期间，大多数与染色质结合的蛋白质包括转录因子都将从基因组中解离。PCC 可以稳定维持数小时，直到重组卵母细胞被激活。

2. 重构胚激活

在正常受精后，精子携带的激活因子通过钙振荡以及分解卵母细胞内 MPF，从而诱导卵母细胞激活，即退出第二次减数分裂中期，启动胚胎发育。由于体细胞中不存在激活因子，因此需要模拟受精信号，通过人工激活（如电脉冲、化学激活等方法）核移植后的卵母细胞，从而启动重构胚的发育。

3. 类原核形成

激活后，供体细胞基因组进入 G_1 期并形成核膜。与正常受精的雌雄原核不同，重构胚中的原核被称为类原核（pseudo-pronucleus，PPN）。由于早期浓缩染色体的随机分布，重构胚的 PPN 数量会有所不同，通常会形成 1 或 2 个 PPN，体积也比原始的供体细胞大得多。在类原核膨大过程中，动用了大量母体蛋白来完成染色质结构等方面的巨大改变。

4. DNA 复制

小鼠在受精 5~6 h 后启动 DNA 复制，复制持续时间为 6~7 h。虽然重构胚的 DNA 复制与受精卵有相似的动力学特点，但胚胎之间存在明显的个体差异性。在自然受精合子的 DNA 复制过程中，参与 DNA 甲基化维持的蛋白质（如 DNMT1 和 UHRF1）在此阶段会向核外输出，因此新合成的 DNA（除印记基因以外）大多数是未甲基化的，从而通过 DNA 复制来完成了基因组 DNA 甲基化的被动稀释过程。核移植胚胎的 DNA 的去甲基化过程还在进一步研究。

5. 合子基因组激活

在哺乳动物受精卵早期胚胎发育时，前几个细胞周期的合成代谢是由贮存在卵母细胞质中的 RNA 完成。随着胚胎的发育，合子基因组开始启动转录，母源的 RNA 迅速降解，被合子新合成的 RNA 取代，即合子基因组激活（zygotic genome activation，ZGA）。不同物种之间的 ZGA 时间不同（如小鼠的 2 细胞时期，人的 8 细胞时期）。核移植胚胎的 ZGA 很可能利用类似的机制。研究表明，重构胚 ZGA 启动失败是一个普遍现象。Matoba 等（2014）发现，当小鼠重构胚在 ZGA 时期时，基因组约有 1 000 个区域没有被激活。

6. 重构胚的染色质、表观修饰及转录产物的重编程

由于生物体大多数细胞具有相同的遗传物质，因此，重构胚内体细胞核的重编程主要通过表观重编程来实现。在 ZGA 之前这个短暂的窗口期，重构胚需要完成染色质结构重编程、组蛋白修饰重编程、DNA 甲基化重编程、转录产物重编程等一系列过程，完成"归零"。然而，研究人员发现重构胚基因组部分区域很难重编程。对于这些区域重编程的完成而言，会提高核移植的效率。例如，在小鼠 ZGA 启动失败的重构胚中，绝大多数出现 H3 K9 三甲基化现象，当通过注射其特异的去甲基化酶 Kdm4 d mRNA 到胚胎时，能够有效缓解胚胎 ZGA 停滞现象，并提高附植前胚胎的发育能力。

（四）影响核移植效果的主要因素

哺乳动物核移植的程序烦琐，因而其影响因素也较多。归结起来，主要体现在如下几方面。

1.受体卵母细胞

用于核移植的受体细胞有分裂间期受精卵和 MⅡ期卵母细胞,其中以后者最为常用。研究表明,用去核的 2 细胞期胚胎细胞质作为核移植受体时,移入的核未膨大,重组胚致密化的时间较早,形成的囊胚小,内细胞团的细胞数少。一般 MⅡ期卵母细胞用超数排卵或体外成熟卵母细胞的方法获得。在使用超数排卵的 MⅡ期卵母细胞作受体卵子时,重构胚的发育率受采卵时间的影响,而在使用体外成熟的卵母细胞时,其质量不如体内成熟卵子,核移植胚的发育率低于体内成熟卵子。

2.核供体细胞

核供体细胞有胚胎细胞和体细胞 2 种。在以胚胎细胞作核供体时,体内胚胎优于体外胚胎。研究表明,胚胎细胞大部分处于 S 期(DNA 合成期),G_1 期(DNA 合成的准备阶段)缺乏或很短。当使用 MⅡ期的卵母细胞质时,只有 G_1 期、S 期早期的胚胎细胞与其重构后才能重新发育;当牛和羊中使用 S 期胞质时,重构胚的桑葚胚或囊胚发育率高于 MⅡ期胞质。当用体细胞作为核供体进行核移植时,用血清饥饿法调控细胞周期。但血清饥饿培养对供体细胞的重编程并非必需,自然状态的 G_0 期细胞也能克隆动物。

3.成熟卵母细胞去核

受体卵母细胞在核移植前应进行去核。如果不去核或去核不完全,受体卵细胞就将会因重构胚染色体的非整倍性或多倍体,导致发育受阻和胚胎早期死亡。卵母细胞的胞质含有不同程度的脂肪小滴和色素,细胞核不易观察。超数排卵或体外成熟的卵子通常被卵丘细胞包裹,在去除卵丘细胞过程中第一极体往往移位,不经特殊处理或借助特殊仪器很难确定核的位置。因此,卵母细胞的去核成功率仍达不到 100%。

4.细胞周期同期化

只有受体卵子和核供体细胞的细胞周期同期化,才能使重构胚正常地进行基因组的重编程。在核移植中,使用的受体卵子的细胞周期是 MⅡ期,因此需要将核供体细胞的细胞周期调控到 G_1 期。目前还没有一种方法能使一群细胞完全调控到 G_0 期或 G_1 期。注核时,在显微镜下仍不能确定哪个细胞是处于 G_1 期。

5.细胞融合

透明带下注核的卵母细胞必须对其进行融合处理,细胞融合是细胞核移植的关键步骤之一。目前常用的方法是电融合法。融合效率与脉冲电压、脉冲持续时间、脉冲次数、融合液、卵裂球的大小和卵子的日龄有密切关系。

6.重构胚激活

重构胚的正常发育依赖于卵母细胞的充分激活,重构胚发育率低的原因可能与卵母细胞未充分激活有关。在卵母细胞孤雌激活的研究中发现,卵母细胞的激活率受卵母细胞的成熟度、卵龄、电激活参数、激活方法、激活试剂的组合、处理时间等多种因素的影响。

7.重构胚培养

通过核移植形成重构胚往往在体外或体内培养到桑葚胚或囊胚。在一般情况下,重构胚的体外发育率低于体内,但体内培养方法操作烦琐,成本高,回收胚胎时往往会丢失,不利于普及。当体外培养时,重构胚的发育也与受精卵一样不仅会出现细胞发育阻滞现象,并且受培养体系、培养方法及培养液成分等多种因素的影响。例如,在体外重构胚培养时使用组蛋白脱乙酰基酶抑制剂(如 trichostatin A,TSA)可使小鼠的克隆率提高 6%,也能在一定程度提高猪和牛的克隆效率。

8.操作人员技术

动物克隆包括一系列的操作步骤,每一步都是克隆动物成功与否的关键。操作人员的知识水平、熟练程度及环境条件控制能力等都会影响核移植胚胎的发育潜力。

(五)核移植技术存在的问题

在许多科学家的不断努力下,虽然核移植技术取得了很大的进展,克隆的动物种类和数量不断增多,但是其存在的问题也不容忽视。欲使核移植技术达到实际应用阶段,尚应解决如下问题。

1.效率低

目前,胚胎克隆动物成功率为 5%~10%,体细胞克隆动物为 1%~6%。这是由于核移植的技术环节太多,每个环节都对核移植的效果产生直接的影响。目前基因组重编程的确切机制尚不清晰,配制的体外培养液和操作液不能完全满足受体卵子、供体细胞及重构胚的要求。这是导致克隆动物生产效率低的主要原因。

2.流产率和后代死亡率高

在克隆效率相对较高的克隆牛中,流产率高达 20%~50%。剖检结果表明,部分犊牛胎盘功能不完善,其血液中含氧量及生长因子的浓度都低于正常水平。另外,有些克隆牛犊脾脏、胸腺和淋巴结等未能正常发育,还有些牛犊右心室异常。这些也是导致克隆动物流产和出生后死亡的重要原因。

3.出生重过大造成难产

克隆动物在妊娠期间的体重及初生重远远超过非克隆个体,这可能是由克隆个体在胎儿阶段发育失衡造成的。对克隆牛出生 10 min 内测定的结果显示,血浆中的甲状腺素和三碘甲状腺原氨酸水平都明显低于对照组,而胰岛素水平却明显高于对照组,这也许是克隆牛犊初生重普遍偏高的原因之一。另外,培养基中血清的存在导致早期胚胎基因表达发生改变,致使许多克隆动物初生重增加。

(六)核移植技术的应用前景

核移植技术的成功是胚胎工程技术中的一个重大突破。虽然克隆动物的成功率低,但其应用前景十分广阔。

1.迅速扩繁优良畜种,加快育种进展

在育种上,可以通过体细胞培养方法建立优良家畜品种的细胞系,以此为核供体生产克隆后代,迅速扩繁优良种群,加快育种进程。

2.生产转基因动物

核移植技术可以与转基因技术结合起来,生产转基因克隆动物。这是目前制备转基因动物的最有效的方法。因为体细胞通过体外传代培养可获得大量细胞,目的基因转染细胞和筛选转基因细胞较方便。另外,克隆转基因动物将不受核移植效率的限制,只要得到很少几头转基因动物就可利用常规繁殖技术扩大转基因动物数量。

3.加深核质互作关系的研究

通过核移植技术,可以深入研究动物个体发生的核质互作关系。例如,胚胎发育的遗传因子究竟存在于卵母细胞的细胞核,还是细胞质;卵细胞周围的环境因素对核的影响大,还是对胞质的影响大;种间的核质关系究竟如何;等等。

4.肿瘤和癌细胞基因活动研究

利用核移植技术先将肿瘤或癌细胞的核移入卵母细胞,再研究重构胚的发育情况和基因调控规律,以便为肿瘤和癌症的治疗提供依据。一旦找到控制肿瘤细胞或癌细胞核活动的"机关",就可解决肿瘤细胞发生的重大理论问题。

▶ 第七节　动物转基因技术

动物转基因技术是基因工程与胚胎工程相结合的一项生物技术。转基因动物是指通过基因工程等技术对动物的基因组进行修饰,使其出现与原品种不同的性状或产物。传统的基因操作技术是将目的基因随机插入基因组,这种随机整合的方式会对后期基因编辑动物或人类疾病模型的研究带来一定的困难。近年来,ZFN、TALEN 和 CRISPR 系统等基因编辑工具的发现和应用使动物基因组定点修饰获得了突破性的进展。

一、动物转基因技术的研究意义与应用

自 1982 年美国科学家将大鼠生长激素(GH)基因导入小鼠受精卵中,获得转基因"超级鼠"以来,动物转基因技术已成为当今生命科学研究的热点,并相继在兔、羊、猪、牛、鸡、鱼和猫等动物获得转基因成功。动物转基因技术已有 40 多年的研究历程,其本质就是利用基因工程技术人为地改造动物的遗传特性。转基因动物在提高生产性能、增强抗病能力、培育新品种、建立疾病模型、器官移植等方面有着广泛的应用。此外,动物转基因技术还可以在动物活体水平上研究特定基因的结构和功能,为从分子水平到个体水平多层次、多维度地研究基因功能提供了新方法。动物转基因技术正在改变着农业生产、生物医药,甚至是整个生命科学的研究与发展面貌。

(一)在畜禽生产中的应用

动物转基因技术可以改造动物本身的基因组,实现物种内或者跨物种的遗传信息的高效、快速整合,进而快速获得目标性状突出的生物个体或种群,高效培育具有目的性状的新品种,解决传统育种中耗时长、成本高、效率低的问题,从而推动动物育种进入更高层次的阶段——基因工程育种。

1.改良动物生产性能

利用转基因技术将所需的优良基因转入待改良的群体中,增加新的遗传品质,形成优良的转基因畜禽,从而改良畜禽的生产性能,如生长速度、产奶量、产毛量、肉质等生长性状。转 GH 基因的猪生长速度明显提高,表现为大腿和肩部肌肉肥大;同时,得到较高的饲料报酬。猪、牛、羊基因组中的 MSTN 基因对肌肉生长具有抑制作用,编辑该基因可提高动物的产肉量。

2.动物抗病育种

通过克隆特定病毒基因组中的某些编码片段,对之加以一定形式的修饰后转入畜禽基因

组,如果转基因在宿主基因组中能得以表达,那么畜禽对该种病毒的感染应具有一定的抵抗能力,或者能减轻该种病毒侵染时给机体带来的危害。目前这方面的研究涉及4类基因的转移:一是存在于动物体内的抗病基因,如主要组织相容性抗原复合体基因;二是各种病原体的结构蛋白基因,如病毒的衣壳蛋白基因;三是针对病原体的RNA可人工合成的反义RNA或核酶基因;四是细胞因子及其受体基因,如白介素2基因、干扰素基因及其受体基因等。此外,通过直接敲除疾病易感基因或者病毒受体基因,可以快速培育具有抗病性状的动物新品种,这将大大加快抗病动物新品种的培育速度。

(二)在生物学领域中的应用

与原核生物相比,真核生物基因表达的程序、时间和空间受更多层次严格、精密的控制。真核生物中的转录和翻译分别在细胞核、细胞质中进行。其基因表达调控可以在多个水平上进行,涉及很多的蛋白质因子。不同组织和细胞类型所需的蛋白质因子也不同。真核生物大多是复杂的多细胞生命个体,从受精卵开始,细胞要经历不同的分化阶段。分化是不同基因特异性表达的结果,依靠机体产生的某些蛋白质因子、肽激素以及其他信号分子作为基因的调控物质。用动物转基因技术研究基因的表达调控既可以将分子、细胞和动物水平的研究统一,又能反映动物活体内的情况。

(三)在医学领域中的应用

1.动物乳腺生物反应器

动物乳腺生物反应器是指利用哺乳动物乳腺特异性表达的启动子元件构建转基因表达载体,指导并调控外源基因在乳腺中的表达,并从转基因动物的乳汁中获取重组蛋白。1987年Gordon等在转基因小鼠乳汁中得到人组织型纤溶酶原激活因子(tPA)。迄今已有人血清白蛋白、人纤维蛋白原、人乳铁蛋白等数十种人体蛋白在动物乳腺中成功表达并进入临床研究。最具有标志性的成果是2009年美国GTC公司用转基因山羊乳腺生物反应器生产的重组人抗凝血因子Ⅲ(商品名:ATryn),经美国FDA正式批准上市用于临床。这些已取得的研究成果使药物学革命处在一个新的开端,并将推动乳腺生物反应器的研究和应用进入一个新的高潮。

2.建立疾病动物模型

通过精确地激活或增强某些基因的表达,制作各种人类遗传疾病的动物模型。其研究结果具有较高的真实性,可用于诊断、治疗和新药筛选。目前已建立的人类疾病转基因动物模型有阿尔茨海默病、地中海贫血、高血压、肺气肿、成骨不全症、唐氏综合征、乙肝、镰刀形细胞贫血症、真皮炎及前列腺炎等。除用于研究由基因突变导致的人类疾病外,动物转基因技术还可用于人类病毒病的研究。由于病毒具有一定的宿主特异性,很多实验模型动物不能被人类病毒所侵染,这就给这类病毒病的研究带来了很大的困难。而转基因技术提供了解决这一难题的方法,即可将病毒或病毒受体的基因通过转基因技术转到实验鼠体内,然后进行病毒感染过程和治疗的研究。

3.提供可供人类移植的器官

当今,世界范围内人供体移植器官的严重缺乏使人们不得不重视异种器官移植的研究。动物转基因技术的发展可以将携带人免疫系统基因的转基因猪作为给人进行异种器官移植的供体。猪在体重和生理上与人类相似,其器官与人的器官大小相仿,施行手术相对快速简单。

猪既容易饲养、成熟快、数量多,也没有伦理和安全性方面的问题,所以转基因猪将为人的器官移植提供有效的器官来源途径。

二、动物转基因技术的主要环节

动物转基因技术是一项高度综合的技术。它涉及基因工程、胚胎工程和细胞培养等技术。另外,基因导入细胞的方法有多种,并且各有特点和优势。转基因动物生产的主要技术步骤包括分离与克隆目的基因;表达载体的构建;获得转基因受体细胞;基因导入;选择受体动物及移植转基因胚胎;检测转基因后代外源基因的整合表达;测定转基因动物性能及分离与纯化转基因表达产物;转基因动物的遗传性能研究以及性能选育;组建转基因动物新种群等。

(一)目的基因的选择

生产转基因动物的目的不同,所选择的目的基因也各异。选择目的基因的类型有如下几种。

1.编码或调控机体生长发育或特殊形态表征的基因

如 GH、胰岛素样生长因子 1 及生长激素释放因子等基因。

2.增强抗病作用的基因及免疫调控因子

如促衰变因子基因、鸡马立克病毒基因等。其目的在于培育出抗某些疾病或具有广谱抗病性的动物品系。

3.编码某些分泌蛋白的基因

其目的是制作动物生物反应器,生产某些昂贵的特殊药用蛋白质,如 tPA、人 α1-抗胰蛋白酶(AAT)。

(二)表达载体的构建

为了改进产品的功能和特异性高效表达,应对外源基因进行改造,并构建载体。改造并构建的外源基因一般包含调控元件的旁侧序列、结构基因序列和转录终止信号,同时还可引入报告基因与天然启动子,将强启动子序列与目的基因拼接成融合基因。用于转基因家畜的生产常选择组织特异性启动子,如乳腺反应器的表达载体常用的启动子有乳清蛋白、酪蛋白、乳球蛋白基因的启动子等。为提高外源基因的表达水平,除上游的调控序列外,表达载体还在下游插入增强子,目标基因中留内含子。

(三)外源基因的导入

根据外源基因的导入方法和对象不同,目前的方法主要有受精卵原核显微注射法、病毒转染法、精子载体法、胚胎干细胞(ES 细胞)介导法和体细胞核移植法等。

1.受精卵原核显微注射法

在受精卵形成初期,精子与卵子的遗传物质分别形成雌雄原核,还未结合到一起,且雄原核体积较大。此时,通过显微技术注入雄原核的外源基因能部分整合到胚胎中,从而在后代中获得一定比例的基因编辑个体,此即为受精卵原核显微注射法。1980 年,自 Gordon 等首次将显微注射技术用于小鼠受精卵的基因导入以来,该技术已成为制作转基因动物使用最为广泛,也最为经典的技术。

受精卵原核显微注射法的优点是基因的导入过程直观,对导入外源基因片段的大小几乎没有限制,没有化学试剂等对细胞产生的毒性等;其缺点是对设备和技术的要求较高,胚胎受到的机械损伤较大,存活率低,外源基因转入效率低.

2.病毒转染法

利用慢病毒或逆转录病毒的高效率感染和在 DNA 上的高度整合特性,可以提高基因的转染效率。借助病毒转染细胞来实现外源基因的转移是病毒感染法的基本思路。产生重组病毒的主要步骤是用 DNA 重组技术将目的基因插入载体适当位点上,实现基因重组;通过 DNA 转染技术将重组体转移到特殊构建的包装细胞,收获重组病毒。用重组病毒感染靶细胞,外源基因就随病毒整合到宿主细胞染色体上。

病毒转染法的优点是病毒可自主感染细胞,转染率高,操作方便,宿主广泛,且对细胞无伤害;插入宿主染色体后能稳定遗传;感染不同细胞的能力由外膜上的糖蛋白决定,选择不同的外壳蛋白,可赋予病毒特定的宿主,达到靶向导入的目的。病毒转染法也具有很难克服的缺点:病毒载体具有相当大的潜在危险性;病毒的序列能干扰外源基因的表达;病毒载体容纳外源基因的能力有限。

3.精子载体法

精子载体法是指将外源 DNA 结合到精子上或整合到精子基因组中,通过携带外源 DNA 的精子与卵子受精,使外源 DNA 整合到染色体中的一种转基因方法。此法克服了生产转基因动物劳动强度大、费用高等缺点,简化了繁杂的操作程序,不需要复杂、昂贵的设备。

1989 年,Lavitravo 等首次报道了对精子载体法的研究,将氯霉素乙酰转移酶基因(CAT)与小鼠附睾中的精子共孵育 30 min 后,进行体外受精和胚胎移植,获得了转基因阳性鼠,并能将该性状遗传给后代。这一研究结果立即引起同行的关注。一些实验室无法重复此类实验,并对此法提出过质疑。然而,由于该方法简便经济,故仍吸引众多的研究者在不断探索与改进。此外,辅以显微注射精细胞的基因转移、输精管注射法,体内转染成熟精子和向曲精细管中注射外源 DNA 等方法也正在探索。

4.胚胎干细胞(ES 细胞)介导法

胚胎干细胞(ES 细胞)是从早期胚胎的内细胞团分离的经过体外培养建立的多潜能细胞系,具有保持其未分化状态及潜在的分化能力。ES 细胞的最大优点是在对 ES 细胞的培养过程中,可以对其进行基因工程操作和特定的遗传修饰而不改变其分化能力。借助同源重组技术使外源基因整合到靶细胞染色体的特定位点上,实现基因定位整合,对研究基因结构与功能等有重要的意义。

该方法将外源基因定位整合到 ES 细胞基因组中的特定基因位点,进行筛选培养,制备转基因动物,可避免基因随机整合和多拷贝整合。ES 细胞已被公认是转基因动物、细胞核移植、基因治疗和功能基因研究等领域的一种非常理想的实验材料,具有广泛的应用前景。但 ES 细胞不易建株,目前在小鼠上较为成熟,应用较多。其他大动物的 ES 细胞研究仍处于探索阶段。这方面的研究一旦突破,就将为大动物转基因的定位整合开创新的局面。

5.体细胞核移植法

核移植技术的发展为转基因动物的应用带来了契机。体细胞核移植法是指将外源目的基因以 DNA 转染的方式导入能进行传代培养的动物体细胞,再以这些转基因体细胞为核供体,进行动物克隆,获得转基因克隆动物。此法的优点在于供体细胞可以预先在体外进行筛选,有助于保证产生的动物为转基因动物。此外,利用该技术有助于准确控制性别。因为只要选用雌性动物的转基因细胞,得到的后代就是雌性,故而利用核移植技术生产转基因大动物具有传统方法(如原核注射法)无可比拟的优势,即效率提高、研制周期缩短、生产成本降低等。

(四)转基因动物的鉴定

转基因动物的鉴定是制备转基因动物过程中的关键环节。转基因动物的鉴定主要集中在DNA、RNA、蛋白以及遗传稳定性层面上,具体方法有多种,并且新方法不断涌现。

1.DNA 水平的检测

DNA 水平的检测是指在 DNA 水平上对转基因动物进行检测鉴定。其具体方法包括Southern blotting、聚合酶链式反应(PCR)和斑点杂交(dot blotting)等。

Southern blotting 既是应用最早,也是最权威的转基因鉴定方法。具体步骤为提取待检动物的组织样(如鼠尾巴)或血液中的基因组 DNA,一般选择导入基因中的单一限制酶切位点,消化后电泳,转膜,选择适当的探针进行杂交,通过放射自显影获得结果。该方法的检测结果明确可靠,但过程复杂,工作量大。

PCR 技术以其方便快捷的特点得到研究者的广泛应用。该方法有时存在假阳性,因而需要在该方法所获结果的基础上进行 Southern blotting 验证。另有研究者提出,用 PCR 与酶切、Southern blotting 相结合的方法进行转基因鉴定,与传统的基因组 DNA 的 Southern blotting 分析相比,该方法更简便快捷,且对基因组 DNA 的数量、质量等要求不严格。该方法要求在引物设计时应考虑在所扩增的区域内应有不同于内源基因的单一酶切位点。

2.RNA 水平的检测

可用 Northern blotting、RT-PCR 以及 RNA 酶保护性实验在 RNA 水平对转基因的整合表达进行检测。这些方法的关键是设计特异性探针。Northern blotting 就是将 RNA 分子从电泳凝胶转移至硝酸纤维素滤膜或其他化学修饰的活性滤纸上,进行核酸杂交。后来,用于RNA 分子转移的尼龙滤膜不必预先制备活性滤纸,简单方便。与 Northern blotting 一样,RT-PCR 可用来检测外源基因转移整合至受体动物基因组序列中之后的表达情况,它们都能对特定的 mRNA 进行定量检测。不同的是,RT-PCR 具有更高的敏感性,能检测含量稀少的 mRNA,所以在转基因表达活性低时,RT-PCR 具有较强的适用性。

3.蛋白水平的检测

外源基因在转基因动物中的最终表达产物是蛋白质。目的蛋白的主要检测方法包括SDS-聚丙烯酰胺凝胶电泳法(SDS-PAGE)、酶联免疫吸附实验(ELISA)、Western blot 分析法等。SDS-PAGE 敏感直观,能结合凝胶密度扫描仪对蛋白质进行定量检测。若目的蛋白相对分子质量与其他蛋白的相对分子质量一致时,SDS-PAGE 则难以定量分析。ELISA 是一种灵敏度和特异性都较高的免疫学方法,能对目的蛋白进行定性或定量检测。由于转基因动物乳腺生物反应器的乳中含有大量的蛋白质,故 ELISA 可能影响目的蛋白检测的灵敏度。一些目的蛋白的抗体可能与乳蛋白和(或)脂类反应,造成假阳性,因此应设立严格的对照。Western blot 分析法是应用目的蛋白的特异性抗体,从混合抗原中检测出目的抗原(蛋白)。其具有凝胶电泳分辨率高和固相免疫测定的特异性与灵敏性等优点,也是最常使用的经典方法。

三、动物转基因技术的发展趋势

制备转基因动物最重要的是选择提高转基因动物外源基因表达水平的方法与途径。可有效提高转基因表达水平的技术方法有如下几种。

(一)采用适当的外源基因导入方法与整合方式

在外源 DNA 导入宿主细胞后,宿主染色体上的整合机制尚处于试验探索阶段。一般认为,外源 DNA 进入宿主细胞并非全部立即整合在染色体中,而是一部分外源 DNA 拷贝,在染色体 DNA 复制和细胞分裂几次之后丢失,只有一部分整合入染色体。采用的方法不同,整合机制也不同。从技术角度说,显微注射法的整合效率受到 DNA 浓度、缓冲液的组成成分、外源 DNA 的构型及注射部位等因素的影响。随着注射外源 DNA 浓度的增加,整合效率也随之提高,但大量外源 DNA 的注射将使胚胎成活率降低。病毒转染法整合的频率最高,有利于整合基因的表达调控。该方法由于病毒容量的限制,要求外源 DNA 片段不能太大,且得到的动物是嵌合体,从而使病毒转染法在一定程度上受到限制。同源重组法虽然整合频率不高,但对靶细胞和外源 DNA 的影响较小。该方法是能精确地修饰基因组的最有效办法。

(二)利用位点独立性元件提高转基因的表达效率

近年来,有关整合位点的研究一直受到关注。目前已公认转基因的整合具有位置效应。整合位点对表达的影响可通过在转基因构件中加入一些调控因子来解决。核基质黏附区或基因座控制区的序列可产生拷贝数依赖或不依赖位置的转基因整合表达。这种位置效应不仅影响外源基因的表达水平,也影响外源基因的发育模式。当移植至具有同一外源基因,但不同染色体整合位点的转基因小鼠中时,该基因的转录就在不同时期和不同组织中被激活。一般来讲,转基因的整合位点是高度可变的。在许多情况下,整合位点周围 DNA 侧翼区会影响表达水平以及组织特异性表达。已有实验指出,在转基因鼠的整合位点上,一些基因表现出独立表达。在某些情况下,这种表达的提高由于受到转基因编码 $5'$ 或 $3'$ 侧翼区 DNA 的影响可能具有转录调控作用。

(三)选择合适的目的基因与表达载体

目的基因的结构对转基因动物外源基因表达水平的影响已引起广泛关注。目的基因采用基因组序列可以提高表达水平。在很多情况下,基因组序列很大,有时内含子比外显子还大,故操作起来相当困难,因而很多学者提出使用微小基因进行转基因研究。微小基因在构建中删除了某些大的内含子以便于操作。靠近 $5'$ 端的内含子应最大可能地保留,以利于 mRNA 的正确拼接。外源基因在转录表达过程中的错误拼接是影响转基因表达的因素之一,适当的基因表达框的构建可使转基因高水平表达。另外,转基因表达载体的原核序列结构也是影响转基因表达的一个重要因素。有研究发现,当携带有质粒载体的 β-珠蛋白基因转入小鼠中时,珠蛋白基因不表达或表达极低;当删除载体序列时,β-珠蛋白的表达可提高 $100 \sim 1\,000$ 倍。尽管并非所有的转基因表达都受载体序列抑制,但考虑载体序列在转基因工作中对表达的影响还是必要的。

(四)利用人工染色体技术制备转基因动物

酵母人工染色体(YAC)和细菌人工染色体(BAC)载体具有克隆百万碱基对的大片段外

源基因的能力。该技术的运用能保证巨大目的基因的完整转移;保证所有顺式作用元件的完整并与结构基因的位置关系不变;目的基因上、下游的侧翼序列可以消除或减弱基因整合后的"位置效应",从而提高转基因的表达;在大片段外源基因的转移中,能提高转基因的整合率。目前,利用 YAC 载体技术已经在小鼠乳腺中高水平表达了人乳白蛋白。

(五)利用基因打靶技术制备转基因动物

基因打靶(genome editing)技术的出现和发展使转基因的定位整合成为可能,并有望成为未来转基因研究的主要发展方向。基因组编辑是指利用特异性的核酸酶,通过同源介导修复和非同源末端连接修复机制以实现外源 DNA 的插入、删除或替换,从而在基因组水平对基因及其调控元件进行定向修饰的一种基因工程手段。迄今为止,成功应用于基因组编辑的特异性核酸酶包括锌指核酸酶(zinc-finger nuclease,ZFN)、转录激活子样效应因子核酸酶(transcription activator-like effector,TALEN)和成簇规律间隔短回文重复序列(clustered regularly interspaced short palindromic repeats,CRISPR)/Cas(CRISPR associated proteins)。当 ZFN 和 TALEN 相比,CRISPR/Cas9 技术更简单、高效和低成本,曾被 *Science* 评为年度十大科学进展之一。CRISPR 是在细菌和古细菌中发现的一种用来抵御病毒或质粒入侵的获得性免疫系统。CRISPR/Cas9 基因组编辑的基本原理是靶位点特异性 crRNA 和辅助的 tracrRNA 形成嵌合向导 RNA(small guide RNA,sgRNA)后,指引 Cas9 蛋白切割目标区域的 DNA 序列,目标区域为原型间隔序列毗邻基序(protospacer adjacent motif,PAM)前的 gRNA 识别序列(图 10-12)。

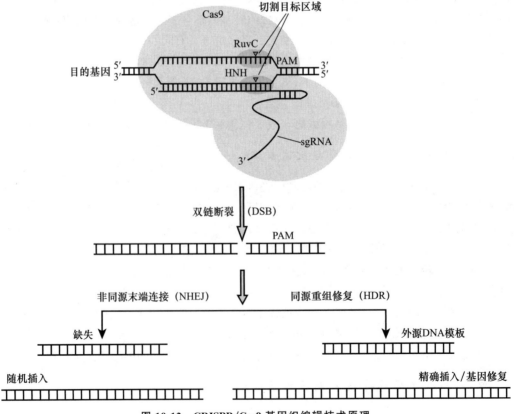

图 10-12　CRISPR/Cas9 基因组编辑技术原理

四、动物转基因技术存在的主要问题与展望

动物转基因技术是一个艰辛、复杂的系统工程。虽然它已经取得突破性进展,但仍有许多问题亟待解决。

首先,转基因技术支撑体系不够完善。这主要表现为目前转基因动物的成功率不高,体细胞克隆等技术环节还有待完善。同时,转基因动物的多病、不育以至死亡制约着转基因动物的开发前景。有些技术也会对动物健康产生危害,这就需要在转基因技术的基础理论研究方面进行更为深入的探索。CRISPR/Cas9 等基因编辑技术虽然能高效产生基因组靶位点 DNA 双链断裂,但以同源定向修复介导的定点突变和敲入效率仍然十分低下。同时,该技术存在明显的脱靶效应导致转基因或基因编辑应用方面存在安全风险。因此,如何降低基因编辑技术的脱靶效应、寻找提高基因组定点修饰效率的方法和降低制备转基因或基因编辑动物的成本等问题仍应深入探讨。随着高通量测序、全基因组水平关联分析和功能基因研究的发展和应用,越来越多的动物功能候选基因和人类疾病候选致病因子被相继发现,如何利用基因编辑技术探索基因组功能,实现生产性状的遗传改良和克服物种差异,准确模拟人类疾病,这些问题仍需要深入研究。

其次,社会对转基因动物的接受也是值得考虑的一个环节。现在还难以评估和猜测未来消费者的态度。

最后,从目前转基因动物技术的研究开发现状来看,利用转基因动物作为生物反应器生产药用及保健蛋白的应用前景被人们普遍看好。然而我国尚未制定对转基因药物的药审规定,这是转基因动物产品能否实现产业化的一个重要限制因素。要解决这个问题,需要政府制定相应的政策来推动其发展。

复习思考题

1. 胚胎移植的生理基础及基本原则是什么?

2. 简述手术法胚胎移植和非手术法胚胎移植的基本程序。

3. 影响胚胎移植以及移植后胚胎存活率的因素有哪些?

4. 胚胎移植存在哪些问题?

5. 常规冷冻和玻璃化冷冻的基本原理是什么?

6. 影响卵母细胞和胚胎冷冻保存效果的因素有哪些?

7. 简述牛体外受精技术的主要环节及影响因素。

8. 简述胚胎分割的基本程序及存在的问题。

9. 简述细胞核移植的操作程序。

10. 简述克隆技术存在的问题及应用前景。

11. 简述转基因动物生产的技术环节。

12. 简述转基因动物生产的意义。

13. 简述 X 精子和 Y 精子的主要分离方法。

14. 简述胚胎干细胞建系的技术要点。

15. 简述胚胎干细胞技术的应用前景。

第十一章

动物的繁殖障碍

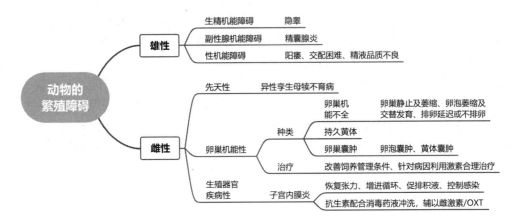

维持动物高繁殖力和高经济回报是畜牧业生产追求的目标。动物繁殖力受诸多因素的影响，包括营养、疾病、内分泌、繁殖机能、精子质量、健康状况、环境、管理和遗传等。雄性动物的繁殖障碍包括生精机能障碍、副性腺机能障碍、性机能障碍、免疫性繁殖障碍和染色体畸变等。雌性动物的繁殖障碍包括生殖器官先天性繁殖障碍、卵巢机能障碍、受精与妊娠性繁殖障碍、免疫性繁殖障碍、生殖器官疾病性繁殖障碍和由传染病引起的繁殖障碍等。本章介绍雄雌两性动物主要繁殖障碍的类型、致病机理及其防治措施。

Maintaining high fertility and economic return is the main goals of animal farming enterprises. Fertility is influenced by several factors including nutrition, disease, hormones, reproductive functions, sperm quality, physical soundness, environment, management and genetics, etc. Reproductive disorders in male animals contain obstacles of spermatogenesis function, gonadal function, sexual function and immunity, and chromosomal aberrations, etc; Reproductive failures in female animals contain congenital reproductive disorders, ovarian diseases, fertilization and pregnancy disorders, immune diseases and infectious diseases. This chapter describes the main types, mechanism, and control measures of reproductive failures in male and female animals.

提高动物福利、发展绿色畜牧业是未来的大趋势

习近平总书记曾经指出，促进农业绿色发展是农业发展关键的一环，是一次革命，也是农业供给侧结构性改革的方向。动物从野生驯养发展到家养，进而到传统的小规模饲养，再到集约化饲养的阶段，现在发展到了福利养殖的阶段。集约化养殖虽然解决了畜产品供应不足的问题，但也面临着疫病频发等新问题，从而导致消费者对产品质量的担忧。过于追求生产效率而忽视动物的生理、心理需求，导致机体免疫力降低，加之疫苗、兽药使用过多，造成了恶性循环。因此，动物福利要通过做好营养调控、环境调控、疾病防控等畜牧养殖生产系统的各个环节，增强动物自身免疫力，提高动物的繁殖力，生产安全的福利动物产品。

▶ 第一节　雄性动物的繁殖障碍

繁殖障碍（breeding difficulty），又称不育（infertility）或不孕（barrenness），是指由动物生殖机能紊乱或生殖器官畸形等因素引起的生殖活动异常，导致暂时或永久性失去繁殖能力。繁殖障碍在畜牧业生产中危害巨大，大量种畜因繁殖障碍而被淘汰。遗传、环境、饲养管理、生殖内分泌、免疫反应和某些病原微生物等因素都可能造成繁殖障碍。

雄性动物的繁殖障碍包含 2 个方面：一方面指雄性动物完全不育，即雄性动物虽已到配种年龄，但无交配能力、无精或精液品质不良、精子不能使正常的卵子受精；另一方面指雄性动物繁殖力低下，即由各种疾病或缺陷引起的雄性动物繁殖力低于正常水平。如图 11-1 所示，引起雄性动物不育的因素较多。雄性动物的繁殖障碍包括生精机能障碍、副性腺机能障碍、性机能障碍、免疫性繁殖障碍和染色体畸变等。患繁殖障碍的雄性动物虽然在种畜中占有一定的比例，但是其在生产上一直未引起足够重视。据报道，各种公牛繁殖障碍的发生率在澳大利亚为 9.3%，在欧洲为 20%。

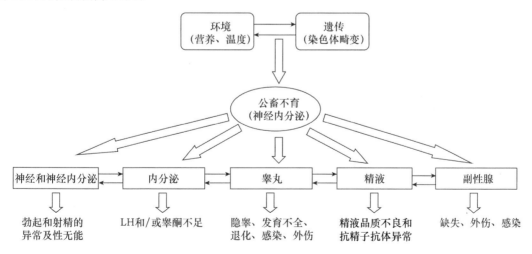

图 11-1　引起公畜不育的因素

（资料来源：*Reproduction in Farm Animals*，Hafez ESE，2000）

一、生精机能障碍

(一)隐睾

有些雄性个体在出生以后会出现一侧或双侧睾丸未能降入阴囊,仍滞留于腹腔或腹股沟内的现象,称为隐睾(cryptochidism)(图 11-2)。由于腹腔内的温度较阴囊内温度高,破坏了睾丸正常产生精子的环境,隐睾不能产生精子。单隐睾动物虽有一侧睾丸可具备正常的生精机能,但精子的产量和精子密度明显降低;双隐睾动物则完全没有生殖能力。由于睾丸的间质细胞分泌功能并未受到影响,依然可以产生雄性激素,因此,发生隐睾的雄性动物仍可维持一定的性欲和雄性特征。猪的隐睾症发生率为 1%～2%,牛的隐睾症发生率为 0.7%,犬的隐睾症发生率为 0.05%～0.1%。隐睾为隐性遗传病。为了防止隐睾的发生,一旦在一个群体中发现隐睾症,就必须淘汰所有与之有亲缘关系的个体。

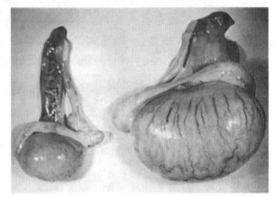

左侧为隐睾,睾丸与附睾都很小;右侧为正常睾丸

图 11-2　马正常睾丸和隐睾的对比

(二)睾丸发育不全

睾丸发育不全(testicular hypoplasia)是指雄性动物一侧或双侧睾丸的全部或部分精细管生精上皮发育不完全或缺失生精上皮,间质组织可能基本正常。本病多见于公牛和公猪。其在一些牛群中的发病率可达 25%～30%,在一些猪群中的发病率高达 60%。一些病例只有一侧睾丸发育不全,一些病例则为双侧睾丸发育不全。较轻的病例用手触诊往往不易判断,目前尚无一种简易、准确的检查方法。若对睾丸发育不全的公牛进行白细胞培养,做染色体组型分析时,就可见染色体异常。

引起睾丸发育不全的因素很多,包括遗传缺陷、生殖内分泌失调和饲养管理不当等。睾丸发育不全的公畜精液量虽然不减少,但精子数量很少,甚至无精子,一些病例即使有精子,也无活力,受胎率降低。因此,睾丸发育不全的雄性动物应及早淘汰。如果是由遗传因素引起的睾丸发育不全,其同胞,甚至其父母也应被淘汰。

二、副性腺机能障碍

精囊腺炎是一种常见于公牛的副性腺炎症,发病率为 0.8%～4.2%。精囊腺炎的病理变化往往波及输精管壶腹、附睾、前列腺、尿道球腺、尿道、膀胱、输尿管和肾脏。这些器官的炎症也可能反过来引起精囊腺炎。据报道,壶腹炎在临床上不易察觉,往往在尸检时才被发现,其发病率并不低于精囊腺炎;前列腺炎在临床上也不易确诊。尸检结果表明,43% 患有精囊腺炎的公牛同时患有前列腺炎,而在精囊腺炎发病率高达 49% 的公牛群中,尿道球腺炎发病率为 15%。因此,精囊腺炎及其并发症合称为精囊腺炎综合征(seminal vesiculitis)。单纯性的前列腺炎或尿道球腺炎在家畜中很少见。副性腺炎症可导致精子活力及存活率降低,如慢性前列腺炎可影响精子的运动、功能及精液的理化性质等。

三、性机能障碍

(一)阳痿

阳痿(impotency)是指阴茎不能勃起或虽能勃起但不能维持足够的硬度以完成交配。从未进行性交的阳痿称为原发性阳痿;原来可以正常交配,后来出现勃起障碍者为继发性阳痿。在公畜中种马发生阳痿较为常见。

由生殖内分泌机能失调引起的阳痿的原因可能是雄激素分泌不足或雌激素类物质采食过多(如大量饲喂含植物雌激素的豆科牧草等),可肌内注射雄激素、hCG 或 GnRH 类似物进行治疗。皮下或肌内注射雄激素(丙酸睾酮或苯乙酸睾酮)的用量为马和牛 100～300 mg,羊和猪 100 mg,隔天 1 次,连续应用 2～3 次;口服甲基睾酮的用量为马和牛 0.3～0.9 g,猪 0.1～0.3 g;肌内注射或静脉注射 hCG 的用量为牛和马 5 000～10 000 IU,促排 2 号的用量为100～300 μg。

(二)交配困难

交配困难主要表现为雄性动物爬跨、交配和射精等性行为发生异常。爬跨无力是老龄公牛和公猪常发生的交配障碍。蹄部腐烂、四肢外伤、后躯或脊椎发生炎症等都可造成爬跨无力。

阴茎从包皮鞘伸出不足或阴茎下垂都不能正常交配或采精。由先天性、外伤性和传染性引起的"包茎(phimosis)"或包皮口狭窄以及阴茎海绵体破裂而形成的血肿等均可妨碍阴茎的正常伸出。在公牛交配时,常见阴茎猛力伸向母牛会阴部,易发生挫伤,引起 S 状弯曲部发生血肿,并伴以包皮下垂,从而影响交配。

(三)精液品质不良

精液品质不良(low quality of semen)是指雄性动物射出的精子达不到使卵子受精所要求的标准。其主要表现为射精量少、无精、少精、死精、精子畸形和活力不强等。此外,精液中带有脓汁、血液或尿液等也是精液品质不良的表现。

引起精液品质不良的因素包括气候因素(高温、高湿)、饲养管理不善、遗传病变、生殖内分泌机能失调、感染病原微生物以及精液采集、稀释和保存过程中操作不当等。例如,动物在高温季节的精子密度和活力降低;畸形精子和顶体异常精子比例增高。另外,当猪采精间隔分别为 1～6 d 时,采精间隔时间愈长,每次射精总量、精子密度、精子活力和有效精子数均增加。在采精中,当有效精子总数降低时,表明采精频率可能过于频繁。

引起精液品质不良的因素十分复杂。在生产中,当出现精液品质不良时,应首先找出发病原因,然后采取相应措施。如果由饲养管理不当所引起的精液品质不良,就应及时改进;如果是疾病原因而继发的精液品质不良,应针对原发病进行治疗;如果由遗传方面引发的精液品质不良,就应及时淘汰。

四、免疫性繁殖障碍

现已发现哺乳动物的精子至少含有 2～3 种精子特异性抗原。在病理情况下,如睾丸或附睾损伤、炎症、精子运行通道障碍等,精子抗原进入血液与免疫系统接触便可引起自身免疫反应,即产生与精子发生免疫凝集反应的物质,引起精子的凝集,阻碍受精,使受精率降低。

五、染色体畸变

由染色体畸变、Y染色体微缺失和基因突变等引起不育的常见遗传疾病可导致雄性动物无精或少精。此外,染色体嵌合、镶嵌、常染色体继发性收缩等均可引起雄性不育。

(一)罗伯逊易位

罗伯逊易位(Robertsonian translocation)是指2条近端着丝粒染色体之间的相互易位。在着丝粒附近断裂,2条长臂通过着丝粒融合成为一条大染色体,2条短臂则连接成一条小染色体。染色体畸变会引起20%的雄性不育。易位携带者若没有重要遗传物质的丢失或增加,表型一般无明显异常。若其生殖细胞在减数分裂时产生异常的配子,就会导致生精停滞或反复流产,尤其是染色体1号、染色体3号、染色体5号、染色体6号、染色体10号的臂间倒位可以干扰减数分裂,导致减数分裂后的精子产生减少,甚至造成无精子症。罗伯逊易位是不育者常染色体的主要异常改变,60%的罗伯逊易位发生于13与14号近端着丝粒染色体,结果染色体数目减少,长臂数不变,但短臂数减少2条。一般认为,在哺乳动物的核型进化中,着丝粒融合是一种较普通的形式。它可能会干扰精母细胞粗线期X染色体正常失活,从而导致生精障碍。

(二)XXY综合征

XXY综合征(XXY syndrome)相当于人的克兰费尔特综合征(Klinefelter syndrome),在牛(61,XXY)、羊(55,XXY)、猪(39,XXY)、犬(79,XXY)、猫(38,XXY)及人(47,XXY)均有发现。虽然患病动物的表型为雄性,有正常的雄性生殖器官及性行为,但是睾丸发育不全,在组织学检查时看不到精子生成过程。虽然睾丸及附睾位于阴囊中,但均很小,射出物中不含精子。

(三)Y染色体微缺失

Y染色体含有SRY基因,能够启动睾丸的发生,决定了雄性性状。1976年,Tiepolo和Zuffardi发现,无精症患者Y染色体长臂(Yq11)缺失,故称该部位为无精子因子(azoospermia factor,AZF)。Y染色体微缺失(Y chromosomal microdeletion)发生在Y染色体上与AZF相关的多个基因上,这些基因的微缺失将导致精子发生障碍,少精、弱精、无精直至不育。

(四)嵌合体和镶嵌体

动物体内含有1种或1种以上不同源的组型不同的染色体细胞,称为异源性嵌合体(chimera)。性染色体不同的2个合子融合则可形成XX/XY嵌合体。个体含有2种或2种以上组型,但来源相同的染色体细胞,称之为镶嵌体(mosaic)。它是由单合子在减数分裂时未分离而形成。异源性镶嵌体和嵌合体虽然细胞来源不同,但是其结果一样,即这种个体不仅含有染色体组型不同的细胞,而且是随机形成的。

异源性嵌合体和镶嵌体动物的性腺和表型性别由细胞系所含的性染色体组成及其在性腺原基(gonadal primordium)中的分布情况而定。例如,一个细胞系含有Y染色体,另一个细胞系没有Y染色体,而在同一性腺中会有卵巢及睾丸组织同时发育(真两性畸形)或性腺发育不全(gonadal dysgenesis)。组织学上的特点是既有睾丸组织,又有卵巢组织,且完全具备2种性腺的固有特征。真两性畸形嵌合体、异性孪生不育母犊和XX/YY睾丸发育不完全均属于此类。

真两性畸形动物同时具有卵巢及睾丸2种组织,1个或2个性腺成为卵睾体(ovotestes)或一个为卵巢,另一个为睾丸或上述2种组织的各种组合。此病症常见于猪和奶山羊,牛和马次之。已发现猪的染色体核型:(38,XX)/(38,XY),(38,XY)/(39,XXY),(37,XO)/(38,XX)/(38,XY)。

这类畸形动物在出生时通常被认为是雌性,其外生殖器官和生殖道与雌性动物无异。在达到性成熟时,其体格一般要比正常的雌性大,头似雄性,颈部被毛竖起,乳头细小,阴茎呈杆状并且较短。至初情期时,阴蒂变大,并伴有尿道下裂,患畜不育。这种畸形动物的行为个体之间差异较大,出生时比较温驯,性成熟以后则似雄性,喜欢攻击斗殴,有的可能对雌性表现出雄性性行为。

性腺为卵睾体者,可见到不同发育阶段的卵泡,至成年时则往往性腺发育不全或长成性腺肿瘤。有时可在卵睾体的皮质部见到卵泡,在髓质部发现精细管,有的动物在精细管中还有精子生成。

▶ 第二节　雌性动物的繁殖障碍

雌性动物的繁殖障碍包括生殖器官先天性繁殖障碍、卵巢机能障碍、受精与妊娠性繁殖障碍、免疫性繁殖障碍、生殖器官疾病性繁殖障碍和由传染病引起的繁殖障碍等。雌性动物的繁殖障碍是生产中普遍存在的问题。

一、生殖器官先天性繁殖障碍

(一)生殖器官发育不全和畸形

雌性动物生殖器官发育不全主要表现为卵巢和生殖道体积较小、机能较弱或无生殖机能。例如,正常牛的卵巢直径在1~2 cm以上,而卵巢发育不全的牛卵巢直径小于1 cm;正常母猪的卵巢重量可达5 g,而发育不全的卵巢重量不到3 g,即使有卵泡,其直径也不超过2~3 mm。幼稚型动物的生殖器官常常发育不全,即使达到配种年龄也无发情表现,有时虽然发情,但屡配不孕。

各种动物均有可能发生不同程度的生殖器官畸形,约有50%的不孕猪为生殖器官畸形。虽然生殖道畸形动物有正常的发情周期和发情表现,但配种后不易受孕。常见的生殖器官畸形包括输卵管伞与输卵管或输卵管与子宫连接处堵塞、子宫角缺失(如单子宫角、无管腔实体子宫角)、子宫颈的形状和位置异常、子宫颈闭锁、双子宫颈以及阴瓣过度发育等。

(二)异性孪生母犊不育症

在异性孪生母犊中,约有95%的异性孪生母犊患不育症,异性孪生母犊不能留作种用。患不育症的异性孪生母犊主要表现为不发情,体形较大,阴门狭小,阴蒂较长,阴道短小,子宫角犹如细绳,卵巢极小,乳房极不发达,乳头与公牛类似,常无管腔。

出现这种现象的原因有2个:一个可能是由于2个胎儿的绒毛膜血管之间有吻合支,雄性胎儿的生殖腺发育较早,雄激素通过吻合支进入雌性胎儿体内,抑制卵巢皮质及生殖道的发育,因此,异性孪生不育母犊的生殖器官发育不全;另一个可能是雄性胎儿分泌的缪勒氏管抑制因子随血管吻合支进入雌性胎儿体内,使雌性胎儿生殖腺雄性化,所以异性孪生不育母犊的体态至成年时也介于雌雄之间,而且有时卵巢似睾丸。根据现代免疫学和细胞遗传学的研究结果,异性孪生母犊不育是性染色体嵌合体的作用,而不是激素的影响。其依据是异性孪生的公畜和母畜同时具有雄性和雌性细胞,异性孪生不育母牛都有血细胞嵌合体,即在胎儿出生前,雄性和雌性胎儿之间已发生了血细胞交换,所以嵌合体的孪生(包括异性孪生)动物至成年后都可以作为其双亲的植皮受体,这就说明其在子宫内已经互相交换了组织相容性抗原。

(三)种间杂种

种间杂交的后代往往无生殖能力,如马与驴杂交所生的后代骡子和駃騠因卵巢中的卵原细胞极少,睾丸中的精细管堵塞,不能产生精子,所以均无生殖能力。细胞遗传学研究发现,骡的染色体数目为单数(63条),染色体在第一次成熟分裂时不能产生联会,这可能是引起杂种不育的遗传基础。此外,马(64条)和驴(62条)的染色体组型在形态上的很大差异可能是染色体成熟分裂时不能联会的原因。

在黄牛和牦牛杂交所生的后代犏牛中,雌性有生殖能力,自然交配的情期受胎率可达74%(青海省大通牛场),但雄性无生殖能力或生殖能力降低。同样,在双峰驼与单峰驼杂交所生的后代中,雌性也有生殖能力。

二、卵巢机能障碍

在雌性动物性成熟后,卵泡发育成熟到排卵,黄体的形成到消退,形成发情周期,这个循环会在繁殖季节里反复进行,这是一个正常的生殖生理现象。如果配种后妊娠,发情周期即停止,一直到分娩后的一定时间内再次出现发情。如果未妊娠,也不出现发情,除部分季节性发情的动物以外,一般可能就是发生了卵巢机能障碍。卵巢机能障碍主要包括卵巢机能不全、持久黄体、卵巢囊肿等。

(一)卵巢机能不全

卵巢机能不全(ovarian hypofunction)是指由于卵巢的机能受到抑制,卵泡不能正常地生长、发育、成熟和排卵,发情和发情周期紊乱(图11-3、表11-1)。

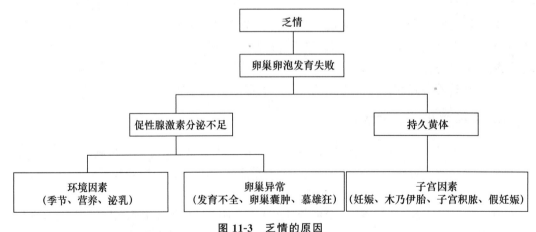

图11-3 乏情的原因

(资料来源:*Reproduction in Farm Animals*,Hafez ESE,2000)

表 11-1　几种家畜的异常发情

畜种	异常	原因	生理机制
牛	乏情	子宫积脓，木乃伊化	黄体持久
		泌乳	吸吮刺激抑制促性腺激素释放
		黄体囊肿	LH 和/或 GnRH 不足
		卵巢发育不完全和异性孪生母犊	卵巢不能分泌雌激素
		营养（主要是维生素）不足	垂体前叶分泌促性腺激素不足
	短促发情，安静发情	泌乳高峰	雌激素分泌不足
	慕雄狂	卵泡囊肿	内分泌失调
绵羊	乏情	季节、泌乳	光照影响促性腺激素的分泌
猪	乏情	泌乳	同牛
马	乏情	季节、日粮、卵巢发育不完全	同绵羊
	持续发情	繁殖季节早期	内分泌不足，卵泡只能发育到 2 cm
	断续发情	卵泡交替发育	促性腺激素分泌不足
	不发情	假妊娠	持久黄体导致妊娠早期被终止

资料来源：*Reproduction in Farm Animals*，Hafez ESE，2000。

1.卵巢静止及卵巢萎缩

卵巢静止（inactive ovary）是指卵巢的机能受到扰乱，卵巢上无卵泡发育，也无黄体存在，卵巢处于静止状态。雌性动物不表现发情如果长期得不到治疗，就可发展成卵巢萎缩。卵巢萎缩（ovarian atrophy）通常是指卵巢体积缩小而质地硬化，无活性，性机能减退。有时是一侧或两侧卵巢都发生萎缩及硬化，发情周期停止，长期不孕。在卵巢萎缩的过程中，性机能逐渐减退，卵巢体积逐渐缩小，发情征象不明显，卵泡发育不良，甚至发生闭锁。当严重萎缩时，卵巢不但小、质地硬，而且母畜长期不发情，子宫也收缩变得又细又硬。

产生卵巢静止及卵巢萎缩的主要原因：一是体质衰弱，年龄大，若同时饲养管理不当，则易使卵巢发生萎缩，变小且硬；二是卵巢疾病的后遗症，如卵巢炎、卵巢囊肿继发的后遗症。高产奶牛更容易发生卵巢萎缩。

治疗卵巢静止及卵巢萎缩，首先，应改善饲养管理条件，供给全价日粮，以促进雌性动物体况的恢复。为了加速恢复卵巢机能，可通过直肠按摩卵巢和子宫，每隔 3～5 d 按摩一次，每次 10～15 min，促进局部血液循环。其次，进行激素治疗。肌内注射 FSH：牛 100～200 IU，马 200～300 IU；注射 hCG：马、牛 2 000～3 000 IU，猪、羊 500～1 000 IU，必要时可间隔 1～2 d 重复一次；注射 PMSG：马、牛 1 000～2 000 IU，羊 200 IU，猪每千克体重 10 IU。雌激素对性中枢有兴奋作用虽可引起雌性动物外部发情征象，但不能引起卵泡发育和排卵。应用雌激素可使生殖器官血管增生、血液供给旺盛、机能加强，有助于正常发情的恢复，因此，在药物处理后的第一次发情可不必配种，待第二次自然发情时再行配种。最后，还可应用氦氖激光治疗仪照射阴蒂或地户穴，功率为 7～8 mW，照射距离为 40～50 cm，每次照射 10～15 min，每天一次，连续照射 12 d 为一个疗程。据报道，在 14 头奶牛经过一个疗程治疗后，13 头奶牛发情良好，配种后 11 头奶牛怀孕。

2.卵泡萎缩及交替发育

卵泡萎缩及交替发育（atrophy and successive development of follicles）是指卵泡不能正常发育成熟到排卵的一种卵巢机能不全的疾病。其多发生在泌乳量高、体质衰弱及长期饲养在寒冷地区的奶牛及黄牛,在早春发情的马、驴也常见此病。

引起本病的主要因素是气候和温度的影响。季节性发情动物由非繁殖季节到繁殖季节,性腺一时未能达到正常的生理活动状态。长期在寒冷地区饲养的奶牛及黄牛的牛舍温度低、保温条件差、气温变化大、饲料单一、营养成分不全、运动不足等都会引起卵泡发育障碍。

对卵泡萎缩及交替发育的动物可以利用 FSH、hCG 和 PMSG 进行治疗,也可以使用激光进行治疗,利用激光照射阴蒂及地户穴可调节生殖激素的平衡,促进卵泡发育及排卵;也可通过改善饲养管理,增加运动,对役用家畜减少使役,补饲鲜青草、麦芽进而促进发情周期的恢复;还可以利用电针疗法。此外,利用活血化瘀的中草药方剂也可治疗卵泡萎缩及交替发育。

3.排卵延迟及发情但不排卵

排卵延迟(delayed ovulation)是指卵泡发育成熟时间超出正常范围,其排卵的时间向后拖延。此病症主要是由垂体前叶分泌的促黄体素不足而引起的。此外,气温过低、营养不良、利用过度等均可引起排卵延迟。在生产中,一旦发生排卵延迟,就往往难以解决适时配种的问题,并降低种公畜的配种效率。发情但不排卵是指母畜表现正常的发情特征,卵泡有时也能发育到成熟时的大小,但不排卵。此病常见于猪和马。

对排卵延迟及发情但不排卵的动物可采用激素进行治疗。肌内注射 hCG:牛 1 000～2 000 IU,猪、羊 500 IU。肌内注射促排 2 号或促排 3 号:牛 50～150 μg,猪 25～100 μg,羊 25 μg。

(二)持久黄体

妊娠黄体或周期黄体超过正常时间而不消失,称为持久黄体(persistent corpus luteum)。在组织结构和对机体的生理作用方面,妊娠黄体或周期黄体没有区别。持久黄体分泌孕酮,可抑制卵泡成熟和发情,继而引起乏情而不育。此病常见于母牛,约有 26% 的母牛在发情周期发生持久黄体。当母牛发生持久黄体时,黄体的一部分呈圆周状或蘑菇状凸起于卵巢表面,比卵巢实质稍硬。当母马发生持久黄体时,有时伴有子宫疾病。母猪持久黄体与正常黄体相似,直径约为 12 mm。其在发生黄体囊肿时,则体积增大。

舍饲时,运动不足、饲料单一、缺乏矿物质及维生素等均可引起持久黄体。产乳量高的母牛在冬季易发生持久黄体。此外,此病常和由子宫炎症引起的前列腺素分泌减少等有关。子宫积水、积脓、子宫内有异物、干尸化都会使黄体不消退而成为持久黄体。

前列腺素及其合成类似物是治疗持久黄体最有效的激素。大多患畜在用药后 3～5 d 内发情,配种能受胎,如母牛肌内注射氯前列烯醇 0.4～0.6 mg 或子宫内注入 0.2～0.3 mg,母羊用量为 0.1 mg。此外,FSH、PMSG、雌激素以及 GnRH 类似物等也可用于治疗持久黄体。

(三)卵巢囊肿

卵巢囊肿(cystic ovaries)可分为卵泡囊肿和黄体囊肿 2 种。卵泡囊肿是由发育中的卵泡上皮变性,卵泡壁结缔组织增生变厚,卵细胞死亡,卵泡液被吸收或者增多而形成。黄体囊肿是未排卵的卵泡壁上皮发生黄体化,或者排卵后的某些原因导致黄体化不足,在黄体内形成空腔并蓄积液体。

卵泡囊肿多发生于奶牛,尤其是在高产奶牛泌乳量最高的时期。猪、马、驴也可发生卵泡囊肿。卵泡囊肿最显著的临床表现是出现"慕雄狂"。当母牛卵泡囊肿时,发情周期变短,发情期延长,表现为哞叫、不安、经常爬跨其他母牛,卵泡直径可达 3～5 cm,有时发现卵巢上有许多小的囊肿。当猪和马发生卵泡囊肿时,卵泡显著增大,马卵泡的直径可达 6～10 cm 或更大,发情周期被破坏,发情征象明显、旺盛,甚至持续发情。

黄体囊肿的临床症状是卵巢肿大而缺乏性欲,长期乏情。在直肠检查时,牛的囊肿黄体与囊肿卵泡大小相近,壁较厚而软。马和驴的囊肿卵巢最大可达 7～15 cm,感觉有明显的波动,触压有轻微的疼痛。在早春季节气温较低时,母马卵泡发育至第 3～4 期时出现排卵延迟,可出现持续发情现象,这种情况容易与卵泡囊肿混淆,必须认真检查才能进行鉴别。如果囊肿卵泡与正常卵泡大小相似,可隔一定时间(牛 2～3 d,马 7～10 d)再检查一次,以避免误诊。

卵巢囊肿可引起患畜生殖内分泌机能紊乱,通常外周血管中的孕激素水平很高,FSH、抑制素和雌激素的水平也会升高。同时,生殖内分泌机能紊乱也是引起卵巢囊肿的主要原因之一。例如,母牛在使用大剂量 PMSG 处理后易发生卵巢囊肿,严重者的卵巢直径可达 8～10 cm。卵巢囊肿的治疗多采用激素疗法。常用药物有促性腺激素、前列腺素、GnRH 类似物等。

对于治疗卵泡囊肿而言,可静脉注射 hCG:牛、马 15 000～20 000 IU,猪 2 000～3 000 IU;也可肌内注射 GnRH 类似物(促排 2 号或促排 3 号):牛、马 20 mg/(头·次),猪 50～100 μg/(头·次)。此外,GnRH 类似物还有预防作用,如在母牛产后第 12～14 天注射 GnRH 可预防卵巢囊肿的发生。

对于治疗黄体囊肿而言,氯前列烯醇是常用的药物,其作用剂量和方法同持久黄体的治疗方法。氯前列烯醇对卵泡囊肿无直接治疗作用。在治疗卵泡囊肿时,应结合 GnRH、hCG 应用,以提高治疗效果,缩短从治疗到第一次发情的时间间隔,即在应用 GnRH 或 hCG 处理卵泡囊肿后的第 9～13 天(牛)或第 12～15 天(猪),注射 $PGF_{2\alpha}$ 2～3 d 后,患畜可以发情配种。

值得注意的是,治疗卵泡囊肿和黄体囊肿所用激素完全不一样。如果用错激素,则可能会加重病情,因此,要判明卵泡囊肿和黄体囊肿,合理用药,治疗愈早,效果愈好。据报道,在患病后的 6 个月内治疗时,90％的病例可望治愈;在患病后的 6～12 个月治疗时,只有 60％～70％的治愈率。如果两侧卵巢均患囊肿,治疗效果较差。囊肿的大小和症状严重程度与治愈率密切相关,部分患畜治愈后又可复发,应引起重视。例如,经治愈的卵巢囊肿母牛在一次分娩后,20％～30％的母牛会复发。

三、受精与妊娠性繁殖障碍

(一)受精障碍

卵子或精子异常、母畜生殖道结构或机能异常、胚胎死亡等都有可能引起受精障碍。

1.卵子异常

哺乳动物的正常卵子为圆形,成熟卵子的直径(透明带除外)为 120～185 μm,各种家畜略有差异。如果卵子呈椭圆形或扁形,其体积过大(巨型)或过小,卵黄内有极体或大空泡以及透明带破裂等都为畸形卵。畸形卵是在卵母细胞成熟过程中出现的。其形成的原因既有遗传,也有内外环境突变等。畸形卵出现的比例存在品种、品系、年龄和个体差异,一般在超数排卵过程中随超数排卵后回收的卵母细胞数量的增加而比例增大。

2.精子异常

受精失败主要与精子 DNA 蛋白复合体结构的破坏有关,此外,精子老化和损伤也能使受精失败。

3.结构障碍

结构障碍是指母畜生殖道结构或功能的先天或后天异常干扰精子和(或)卵子运行到受精部位(表 11-2)。

表 11-2　造成受精失败的结构和功能因素

因素	异常	影响的动物	干扰的机理
结构性障碍			
先天	中肾管囊肿 单角子宫 双子宫颈	常见于猪、羊和牛	精子运行
后天	管腔粘连 输卵管积水 子宫角封闭	所有动物,尤其羊和猪	采卵,受精 卵子运行
功能性障碍			
激素	卵巢囊肿 子宫颈和子宫分泌 机能异常	牛和猪 牛和绵羊(含雌激素类饲草饲养)	排卵 配子运行
管理	受精延迟 受精过早 发情鉴定错误	所有物种,尤其马和猪 牛 牛	死卵子 死精子 受精失败

资料来源:*Reproduction in Farm Animals*,Hafez ESE,2000。

4.受精异常

哺乳动物正常受精是单个精子的雄原核与雌原核融合,有时也发生受精异常现象。例如,多精子受精、含 2 个雌原核卵子的单精子受精都会形成多倍体的胚胎。染色体数目异常使胚胎发育早期死亡。又如,在受精开始是正常的,后来由于雄核停止发育或雌核停止发育,形成雌核发育或雄核发育,结果形成单倍体的胚胎,胚胎也因此不能正常发育。

受精异常的主要原因是配子老化,所以在实践中应做好发情鉴定,做到适时输精,这样才有利于精卵结合,避免由配子老化而造成的早期胚胎死亡,从而提高受胎率。

5.植物雌激素

植物中含有雌激素类物质。研究发现,放牧草地上的三叶草能广泛造成绵羊的不孕。然而,植物性雌激素对不同家畜繁殖性能的影响存在差异。研究表明,与绵羊在同一地区放牧的牛、马并不会因食三叶草而患病。由三叶草引起的生殖系统疾病有 3 种表现:一是母羊不孕,即用繁殖能力正常的公羊进行多次配种,均不能受孕。在对不孕母羊尸体剖检时,可见子宫内膜发生囊肿性增生。二是难产,即由子宫乏力而发生的母体难产。其典型特征是临近分娩时没有外部症状,到期的胎儿发生死亡,在特殊情况下产出死胎。更常见的是,在产前多日胎儿已发生死亡,但不排出。三是子宫脱出,常发生于产羔后数月。未配种母羊常表现为乳房胀大和泌乳。随着三叶草饲喂时间的延长,母羊的繁殖障碍会越来越严重,难产率可高达40%,子宫脱出率可达10%。

(二)妊娠障碍

妊娠障碍主要为妊娠期死亡。妊娠期死亡又称生前死亡,约占所有不孕的 1/3。根据不同阶段,妊娠期死亡又可分以下几种,其中以为胚胎死亡和胎儿死亡为主(图 11-4)。

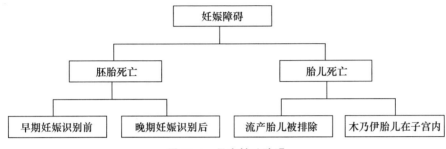

图 11-4 母畜繁殖障碍

1.胚胎死亡

绝大多数胚胎死亡发生在附植前后(表 11-3)。牛和猪在受精后 16~25 d,羊在受精后 14~21 d,马在受精后 30~60 d 容易发生胚胎死亡。25%~40% 的牛、绵羊和猪的胚胎死亡发生在精子入卵到附植结束这一段时间。在死亡的胚胎被吸收之后,母畜才能再次发情。重新发情的时间,则与胚胎死亡的时间有关。如果母牛的桑葚胚或早期囊胚在发情周期的中期以前死亡,则黄体按正常时期退化,母牛就能按期发情;如果囊胚在附植前后死亡,则黄体退化就会延迟,母牛就会延长发情周期。如果猪全部胚胎在妊娠的第 4 天死亡,母猪就能按正常周期重新发情;如果胚胎存活 4 d 以上死亡,母猪的下次发情就会延后。

胚胎死亡的原因是多方面的,如内分泌紊乱、营养不当与遗传缺陷、子宫内环境不良、热应激、泌乳、病原微生物感染和免疫能力差等。

表 11-3 胚胎死亡的原因

畜种	死亡高峰期的妊娠时间/d	发育阶段	原因
牛	8~16	囊胚孵化,开始扩大和附植结束	孕激素分泌量不足,近亲交配,多胎,纯合子,输精时间不当,染色体易位
绵羊	9~15	卵黄囊到尿囊胎盘形成	近亲交配,母体老化,血红蛋白型,过度饲喂,多胎,高温
猪	8~16	妊娠识别	近亲交配,染色体易位,拥挤,过度饲喂,高温
马	30~36	妊娠黄体退化和副黄体形成;卵黄囊到尿囊胎盘形成	泌乳,双胎,营养不当,染色体易位

资料来源:*Reproduction in Farm Animals*,Hafez ESE,2000。

2.流产

流产(abortion)是指胎儿或母体的生理过程发生紊乱或它们之间的正常关系受到破坏而使怀孕中断。流产可以发生在怀孕的各个阶段,以怀孕早期多见。在各种动物中以马属动物多见。流产不仅使胎儿夭折或发育受到影响,而且还危害母体的健康,并引起生殖器官疾病而致不育。通常人们将流产分为3类,即普通流产(非传染性流产)、传染病性流产和寄生虫病性流产。

流产的表现形式有2种,即早产和死胎。早产(premature birth)是指产出不到妊娠期满的胎儿,距分娩时间尚早,胎儿无生存力,一般不能成活。死胎(stillbirth)是指妊娠动物产出死亡的胎儿。其发生在妊娠中、后期,也是流产中常见的形式。

引起流产的因素很多。一般生殖内分泌机能紊乱和病原微生物感染是引起早期流产的主要原因;而管理不善,如过度拥挤、跌倒、蹴踢、外伤等是引起后期流产的主要原因。

3.胎儿死亡

胎儿死亡是指怀孕母体内形成的胎儿在生长发育过程中死亡或在围产期及分娩时产出死亡胎儿。

(1)木乃伊胎　木乃伊胎是指胎儿死后组织中的水分及胎水被母体吸收,胎儿变成棕黑色,好像干尸一样,保留在子宫内未被排出体外的现象。其过程是胎儿的血液供应在胎儿期受到干扰而死亡,由胎儿脐带异常或各种病毒、细菌感染子宫导致母体与胎儿胎盘分离,胎儿逐渐自溶和浸溶,最后剩下骨骼。木乃伊胎的发生还与遗传因素有关,如娟姗牛的木乃伊胎和更赛牛的木乃伊胎的发生率较高。牛的木乃伊胎多发生在妊娠后5～7个月。有时羊的木乃伊胎儿在妊娠晚期流产,有时和另一只羔羊保持到妊娠期结束后一同排出。猪的木乃伊胎一般随正常仔猪一同分娩。怀仔猪数量越多,产生木乃伊胎的概率就越高,老年母猪产木乃伊胎的情况比青年母猪更多见。

(2)围产期和新生期死亡　这是指胎儿在围产期内或分娩过程中死亡。犊牛在出生时死亡的发生率占全部出生幼畜的5%～15%,头胎、雄性胎儿及由荷斯坦或海福特公牛配种所生的犊牛发生率高。仔猪死亡率随胎次、窝产仔数增加及早产(110 d前)而升高。仔猪死亡包括2种类型:一种是胎儿于产前死亡;另一种则是产程过长导致仔猪在分娩过程中因缺氧窒息而死亡。围产期胎儿死亡的原因是多方面的,如先天性缺陷、窒息、外伤和环境因素等。

四、免疫性繁殖障碍

(一)免疫性受精障碍

精子具有免疫原性,可以刺激机体产生抗精子抗体。如果雌性动物在接受多次输精后生殖道损伤或被感染,精子抗原就可刺激机体产生抗精子抗体,该抗体可与外来精子结合而阻碍精子与卵子结合,导致屡配不孕。

雌性动物对精子抗原既有体液免疫反应,又有细胞免疫反应。在雌性生殖道(特别是子宫)中有巨噬细胞和其他免疫细胞可吞噬精子。此外,子宫颈腺体细胞也具有吞噬精子的作用。当精子接触到这些吞噬细胞和中性粒细胞时,吞噬细胞能立即予以辨认并吞噬。

在雌性生殖道内,局部免疫反应的部分主要是子宫颈,其次是子宫体、子宫角和输卵管,阴道的作用则很小。子宫颈能产生的浆细胞可分泌多种免疫球蛋白,如免疫球蛋白 A(IgA)、免疫球蛋白 G(IgG)、免疫球蛋白 M(IgM)等。如果生殖道受大肠杆菌、葡萄球菌等病原微生物的感染,子宫颈浆细胞就会增殖,黏液中就会出现更多的 IgA。此外,如果生殖道发生炎症,则抗体的产生就比生殖道正常时快1～2倍。生殖道内严重的炎症可造成形态和机能障碍,导致强烈的吞噬作用,促使精子抗体的产生,引起精子凝集。由抗精子抗体而引起的屡配不孕可让母畜停止配种1~2个情期后,母体内的抗体效价降低或消失后再次配种。

(二)胎儿和新生儿溶血

与其他有核细胞一样,红细胞具有特征性表面抗原,即血型抗原。当一个动物的红细胞进入另一个动物体内时,如果供体红细胞所带血型抗原与受体血型抗原相同,就不会产生免疫应答反应。相反,如果供体红细胞带有受体没有的抗原,则天然同族抗体的存在导致供体红细胞迅速产生免疫应答反应,引起红细胞凝集或溶血而危及生命。在人类妊娠过程中,如果胎儿的父亲是 Rh^+ 血型,母亲 Rh^- 血型,则父亲的 Rh^+ 基因可使胎儿成为 Rh^+ 血型。当胎儿的 Rh^+ 红细胞进入 Rh^- 母体内,便可刺激母体产生抗 Rh^+ 抗体。此抗体通过胎盘而进入胎儿血液循环,与胎儿的 Rh^+ 细胞结合,在补体、吞噬细胞和 K 细胞的共同作用下,将胎儿的红细胞裂解而引起胎儿死亡。

在家畜中,这种免疫性溶血主要发生于骡驹,有时也发生于马驹,仔猪和牛犊偶尔也可发生。从血型抗原来说,母马妊娠后因受到一种骡胎儿的具有父系遗传特性的抗原物质的刺激而产生一种能够抗骡驹红细胞的抗体,这种抗体出现在妊娠末期的母体血液中。由于抗体不能通过母马胎盘,所以妊娠期的抗红细胞抗体对胎儿不产生危害。在胎儿出生后,血液中的抗红细胞抗体进入初乳,骡驹吮食后经胃肠壁进入血液,引起红细胞凝集和溶解。这可能与马驹溶血病的发生有直接关系。目前,已知马的红细胞表面抗原有 Aa、Qa、R、S、Dc 及 Ua 等血型因子,大白猪和凹背猪(如宁乡猪、陆川猪等)杂交所产生的仔猪易发生溶血,可能与凹背猪没有大白猪所特有的某种血型有关。

根据同一原理,当发生白细胞同种异型免疫时(主要是中性粒细胞),虽然不一定引起胚胎死亡或畸形,但出生后会发生白细胞减少症。而血小板同种异型免疫则可引起胎儿血小板减少,血凝作用减弱,出生后可见胎儿全身出现出血及紫癜。此处,同种异型血浆蛋白也可发生免疫反应。

由免疫引起的胎儿和幼畜死亡目前尚无经济有效的治疗方法。唯一解决办法是更换与配公畜或同时使用多头公畜的精液进行配种。

(三)胚胎早期死亡

对于母体来说,胎儿中的一半遗传物质是"异体蛋白",均有可能刺激机体产生抗胎儿的抗体而对胎儿产生排斥反应。在正常情况下,母体和胚胎产生的某些物质可对胎儿和母体产生免疫耐受反应,从而维持胎儿不被排斥,如输卵管蛋白、子宫滋养层蛋白、甲胎蛋白、早孕因子等。相反,如果这些产生免疫耐受效应的物质分泌失常,则有可能引起胚胎早期死亡。

母体淋巴细胞对胎儿组织抗原发生的过敏反应也可引起胚胎死亡。例如,某些原因(如胎盘出血或偶然透过胎盘)导致母体淋巴细胞在妊娠早期已进入具有免疫力的胎儿体内。一旦获得增殖而不被胎儿排斥,这些母体淋巴细胞就可将胎儿视为异物,产生免疫反应而妨碍胎儿的正常生长发育。

如果患有某种免疫性疾病的动物在妊娠期间胎盘受到破坏,抗体就可通过胎盘进入胎儿体内,侵犯相应的组织器官,从而引起胎儿发生同样的病症。胎儿和新生儿的这类疾病都是由母体的抗体引起的,而不是由胎儿产生自身抗体引起的。

由于从母体传来的抗体都有一定的半衰期,即在胎儿体内持续的时间不会太长,待这些抗体逐渐降解、排泄殆尽后,胎儿或新生儿的这类病症便会自动消失,所以这类先天性自身免疫病都是短暂的。在妊娠期间,母体产生的肾上腺类固醇皮质激素、雌激素及孕激素等可抑制免疫应答反应,阻止产生抗体,从而使母体的自身免疫性疾病在妊娠期间自然缓解。

五、生殖器官疾病性繁殖障碍

生殖器官疾病性繁殖障碍常由人工授精、接产、胎衣不下及全身性疾病继发感染生殖器官而造成。常见的有如下几种。

(一)卵巢炎

卵巢炎(ovaritis)根据病程可分急性卵巢炎和慢性卵巢炎 2 种。急性卵巢炎多数由子宫炎、输卵管炎或其他器官的炎症引起。在某些情况下,例如,在对卵巢进行按摩、对囊肿进行穿刺时,病原微生物经血液和淋巴进入卵巢也可发生卵巢炎。

在直肠检查时,患侧卵巢体积肿大(2~4 倍),呈圆形,柔软而表面光滑,触之有疼感。卵巢上无黄体和卵泡。当急性卵巢炎转为慢性卵巢炎时,卵巢体积逐渐变小,质地有软有硬,表面也高低不平。触诊时有时有轻微疼痛,有时无疼痛反应。

急性卵巢炎的患畜表现为精神沉郁,食欲减退,甚至体温升高。慢性卵巢炎的患畜表现为无全身症状,发情周期往往不正常。

在患急性卵巢炎期间,应用大剂量抗生素(青霉素、链霉素)及磺胺类药物治疗的同时,加强饲养管理,以增强机体的抵抗力;在患慢性卵巢炎期间,实行按摩卵巢的同时,结合药物及激素疗法。

(二)输卵管炎

输卵管炎(salpingitis)是指子宫经输卵管与腹腔相通,当子宫及腹腔有炎症时均有可能扩散到输卵管,输卵管由此发生炎症,直接危害精子、卵子和受精卵,从而引起不孕。此病多见于猪,有时牛、马也会发生输卵管炎。

慢性输卵管炎由于结缔组织增生,管壁增厚,触摸如绳索状。如果急性输卵管炎导致输卵管阻塞,黏液性或脓性分泌物就会积存在输卵管内,从而呈现波动的囊泡,按压时有疼痛反应;如果患结核性输卵管炎,则会触摸到输卵管粗细不一,并有大小不等的结节。

原发性较轻的输卵管炎经及时治疗可能会痊愈,雌性动物仍具有生育能力。继发性的输卵管炎,特别是由分泌物增多发生粘连而造成阻塞的,输卵管炎往往难以治愈。

治疗时,多数采取 1%~2%NaCl 溶液冲洗子宫,然后注入抗生素及雌激素,以促进子宫、输卵管收缩,排出炎性分泌物,输卵管、子宫得到净化,生育能力得到恢复。在输卵管发生轻度粘连时,有时采取输卵管通气法也能奏效。单侧输卵管炎的患畜可能仍有生育能力,双侧输卵管炎患畜则往往会失去生育能力,应及时淘汰。

(三)子宫内膜炎

子宫内膜炎(endometritis)是指子宫黏膜发生的炎症。此病多发生于马和牛,特别是奶牛,其次是猪和羊。在生殖器官的疾病中,子宫内膜炎占的比例最大。它可直接危害精子的生存,影响受精以及胚胎的生长发育和着床,甚至引起胎儿死亡,发生流产。

1.病因

子宫内膜炎的病因主要是由人工授精、分娩、助产的消毒不严或操作不慎使子宫受到损伤或者感染而引起。患阴道炎、子宫颈炎、胎衣不下、子宫弛缓、布鲁氏菌病等疾病往往并发子宫内膜炎。此外,本交时,公畜生殖器官的炎症也可传染给母畜而发生子宫内膜炎。

引起子宫内膜炎的主要病原微生物有细菌、真菌、病毒和霉形体(支原体),如大肠杆菌、葡萄球菌属和变形杆菌;导致牛不孕、死胎、流产和其他生殖障碍的病毒有牛传染性支气管炎(LBR)、牛病毒性腹泻(BVD)、副流感病毒 3 型(PL-3)及肠毒病毒;可从患畜生殖道中分离的霉形体(支原体)有出生殖道霉形体、莱时霉形体和 T 霉形体等。

2.分类

子宫内膜炎根据炎症性质可分为隐性子宫内膜炎、黏液性子宫内膜炎、黏液性脓性子宫内膜炎和脓性子宫内膜炎 4 种。

(1)隐性子宫内膜炎　在直肠检查时,无器质性变化,发情时分泌物较多,有时分泌物不清亮透明,略微混浊。母牛发情周期正常,但屡配不孕。该病主要是根据回流液的性状进行诊断。如果有蛋白样或絮状浮游物,即可确诊。

(2)黏液性子宫内膜炎　通过直肠检查,感到子宫角变粗,子宫壁增厚,弹性减弱,收缩反应微弱。当母牛卧下或发情时,阴门会流出较多的混浊或透明而含有絮状物的黏液。子宫颈口稍开张,子宫颈、阴道黏膜充血肿胀。

(3)黏液性脓性子宫内膜炎　其特征与黏液性子宫内膜炎相似,但病理变化较严重。子宫黏膜肿胀、充血、有脓性浸润,上皮组织变性、坏死、脱落,甚至形成肉芽组织斑痕,子宫腺也可形成囊肿。当病牛发情周期不正常时,阴门往往会排出灰白色或黄褐色稀薄脓液,在尾根、阴门、大腿和飞节以上常附有脓性分泌物或形成干痂。在直肠检查时,可见子宫角增大,壁变厚,较松软,收缩无力。回流液像面汤或米汤,并夹杂有絮状物或小脓块。

(4)脓性子宫内膜炎　多由胎衣不下致子宫内感染,腐败化脓引起。其主要症状是从阴道内流出灰白色、黄褐色浓稠的脓性分泌物,在尾根或阴门形成干痂。在直肠检查时,可见子宫肥大而软,甚至无收缩反应。回流液混浊,像面糊,带有脓液。

3.防治

应先给予全价饲料,特别是富含蛋白质及维生素的饲料,以增强机体的抵抗力,促进子宫机能的恢复。治疗子宫内膜炎一般有局部疗法和子宫内直接用药 2 种方法。应根据具体情况采用不同的方法治疗。冲洗子宫是一种常用的行之有效的方法。常用的冲洗液有以下几种。

(1)无刺激性溶液　1%～2%的盐水或人工盐液,1%～2%碳酸氢钠溶液,可用于隐性子宫内膜炎、轻度子宫内膜炎的治疗。温度为 38～40 ℃,每天 1 次或隔天 1 次,将回流液导出后,即可注入青霉素、链霉素。此方法可用于长期不发情的母畜对其子宫进行温浴,促使发情;也可以对怀疑是以上症状的母畜进行试洗。根据回流液的性状,判断炎症的性质,并制定治疗方案。有报道认为,此类溶液也可用于配种前(2～5 h)、配种后(2～3 d)子宫的冲洗,以提高受胎率。

(2)刺激性溶液　5%～10%盐水或人工盐水,1%～2%鱼石脂。用于各种子宫内膜炎的早期治疗,温度为 40～45 ℃。

(3)消毒性溶液　0.5%来苏儿,0.1%高锰酸钾,0.02%新洁尔灭等。适用各种子宫内膜炎,温度为 38～40 ℃。

（4）腐蚀性溶液　1‰硫酸铜、1‰碘溶液、3‰尿素液等。适用于顽固性子宫内膜炎。该溶液对母畜具有强烈的刺激，冲洗液导入后应立即导出。

（5）收敛性溶液　1‰明矾、1‰～3‰鞣酸等。适用于子宫黏膜出血或子宫弛缓，温度为20～30 ℃。

（四）子宫积水

子宫积水（hydrometra）是指如果在慢性黏液性子宫内膜炎发生后，子宫颈黏膜肿胀而阻塞子宫颈口，以致子宫腔内炎症产物不能排出，子宫内积有大量棕黄色、红褐色或灰白色稀薄或稍稠的液体。此病在各种家畜都可见到，以牛较为多见（图 11-5）。

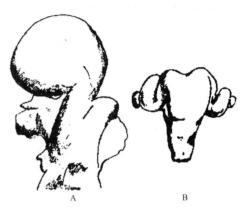

A. 一侧子宫角积水；B. 两侧子宫角积水。

图 11-5　牛的子宫积水

患子宫积水的动物往往长期不发情，除了子宫颈完全不通时不排出分泌物外，患病动物往往会不定期地从阴道排出分泌物。在直肠检查触诊子宫时，感到壁薄，有明显的波动感，2 个子宫角大小相等或者一角膨大，有时子宫角下垂，无收缩反应，也摸不到胎儿和子叶。在阴道检查时，有时可见子宫颈膣部轻微发炎。

对于子宫积水与同等大小的妊娠子宫的鉴别，常常有很大困难。为了做出正确诊断，除注意子宫壁是否很薄、有无收缩反应、液体波动是否很明显外，还应进行数次检查。当为子宫积水时，间隔 10～20 d 检查。子宫不随时间增长而相应增大。有时几次检查所查出来的 2 个子宫角的大小不恒定。

（五）子宫蓄脓

子宫蓄脓（pyometra）又称子宫积脓，是指子宫内积有大量脓性渗出物，子宫颈黏膜肿胀，或者黏膜粘连形成隔膜，脓液不能排出，积蓄在子宫内。该病主要由脓性子宫内膜炎引起。其常见于牛，在马中较少发病。

1.子宫颈脓肿；2.囊肿卵巢；3.积脓的子宫角。

图 11-6　牛的子宫蓄脓

虽然患子宫蓄脓的家畜的黄体持续存在，发情周期终止，但是没有明显的全身性变化。如果患畜发情或者子宫颈黏膜肿胀减轻，则可排出脓性分泌物，可在尾根或阴门见到脓痂。在阴道检查时，往往会发现阴道和子宫颈膣部黏膜充血、肿胀，子宫颈外口可能附有少量黏稠脓液。在直肠检查时，发现子宫显著增大，往往与妊娠 2～4 个月的子宫相似，个别患畜的子宫还可能更大。当 2 个子宫角增大的程度相等时，可能会被误诊为妊娠。一般两角增大的程度并不相同。子宫壁变厚，各处厚薄及软硬程度不一。整个子宫紧张，触诊有硬的波动感或面团感。牛的卵巢上常有黄体，有的有囊肿；当子宫内聚积的液体量多时，子宫中的动脉有类似妊娠的脉搏，而且两侧对称（图 11-6）。

胎儿浸溶是指胎儿死亡后的软组织被分解、变为液体样,而骨骼仍留在子宫内的病理现象。

子宫疾病一般采用先冲洗子宫,然后灌注抗生素的方法进行治疗。冲洗液有高渗盐水(1%～10%氯化钠溶液)、0.02%～0.05%高锰酸钾液、0.05%呋喃西林、淡复方碘溶液(每100毫升溶液中含复方碘溶液10～21 mL)、0.01%～0.05%新洁尔灭溶液、0.5%来苏儿、0.1%雷佛诺尔等。常用的抗生素有青霉素(40万～80万 IU)、链霉素(0.5～1 g)、氯霉素(1～2 g)或四环素(1～2 g)等。

值得注意的是,大部分冲洗液对子宫内膜具有刺激性或腐蚀性,残留后不利于子宫恢复,所以在每次冲洗时应通过直肠检查辅助方法尽量将冲洗液排出体外。正常妊娠的子宫区别子宫积水、子宫蓄脓、胎儿浸溶、胎儿干尸化的方法见表11-4。

表11-4 牛正常妊娠3～4个月的子宫与类似妊娠的病态子宫的鉴别诊断

类型	直肠检查	阴道检查	阴道排出物	发情周期	全身症状	重复检查变化
正常妊娠	子宫壁薄而柔软,妊娠3～4月以后可以触到子叶,两侧子宫中动脉有强度不等的妊娠脉搏,卵巢上有黄体	子宫颈关闭,阴道黏膜颜色比平常稍淡,分泌黏液	无	停止循环	全身情况良好,食欲及膘情有所增加	间隔20 d以上重复检查,子宫体积增大
子宫积水	子宫增大,壁很薄,触诊波动明显,整个子宫大小与妊娠1.5～2月的相似,分叉清楚,两角大小多相等,卵巢有黄体,可能出现类似的脉搏,但两侧强度均等	有时子宫颈及阴道有发炎现象	不定期排出分泌物	紊乱	无	子宫增大,但有时也会缩小,2个子宫角的大小比例可能发生改变
子宫蓄脓	子宫增大,与妊娠2～4月相似,两角大小相等,子宫壁厚,但各处厚薄不均,感觉有硬的波动,卵巢有黄体,有时有囊肿,子宫中动脉有类似妊娠的脉搏,且两侧强度相等	子宫颈及阴道黏膜充血微肿,往往积有脓液	偶尔在发情或子宫颈黏膜肿胀减轻时,排出脓性分泌物	停止循环,患病久时,偶尔出现发情	一般无明显变化,有时体温升高,出现轻度消化紊乱现象	子宫形状、大小和质地大多无变化
胎儿浸溶	子宫增大,形状不规则,各部位软硬度不一致,无波动感,卵巢上有黄体	子宫颈及阴道黏膜有慢性发炎现象,子宫颈口略张开,有时可看到小骨片,阴道内有污秽液体	有排出黑褐色液体及小骨片的病史	停止循环	体温略微升高,反复出现轻度消化紊乱现象	大多无变化,有时略缩小
胎儿干尸化	子宫增大,形状不规则,无波动感,内容物较硬,但各部位软硬度不一致,挤压有骨片摩擦音	子宫颈关闭	无	停止循环	无	无变化

资料来源:兽医产科学,赵兴绪,2002。

（六）子宫颈炎

子宫颈炎（cervicitis）是黏膜及深层的炎症。多数子宫颈炎是子宫炎和阴道炎的并发病，由在分娩、手术助产、自然交配和人工授精的过程中被感染所致。炎性分泌物直接危害精子的通过和生存，所以往往造成不孕。

在直肠检查时，可发现子宫颈阴道部松软、水肿、肥大呈菜花状，子宫颈变粗大、坚实。在治疗时，如果是继发子宫炎、阴道炎，应参考治疗子宫炎、阴道炎的方法。如果是单纯子宫颈炎，则可用盐酸氯己定栓（40 mL×2）或宫得康栓放入子宫颈口。

（七）阴道炎

阴道炎（vaginitis）是阴道黏膜、前庭及阴门的炎症。多数阴道炎由胎衣不下、子宫炎及子宫或阴道脱落引起。根据炎症的性质不同，阴道炎临床上可分为黏液性阴道炎、脓性阴道炎、蜂窝织炎性阴道炎。发生阴道炎的母畜的黏膜充血肿胀，甚至有不同程度的糜烂或溃疡，从阴门流出浆液性或脓性分泌物，在尾部形成脓痂。个别严重的病畜往往伴有轻度的全身症状。治疗一般用收敛剂或消毒药液冲洗阴道。

六、由传染病引起的繁殖障碍

部分传染病也可危害家畜的繁殖，包括细菌性繁殖传染病（主要有布鲁氏菌病、李氏杆菌病、弧菌病及钩端螺旋体病等）、病毒性繁殖传染病（主要有牛的传染性鼻气管炎、牛病毒性腹泻、蓝耳病等）及原虫性繁殖传染病（如滴虫病、弓形虫病等）等。在一般情况下，这些疾病通过与病畜直接接触或通过被感染的饲草、饲料、饮水、空气及人工授精器具间接接触而感染。部分种公畜有可能是病原微生物的携带者及散布者，这是引起繁殖障碍的潜在因素。病原微生物能寄生于包皮或生殖器官，有时不引起临床症状，但病原微生物可以从被感染的包皮等生殖器官直接污染精液。在母畜发情时，交配或人工授精可导致病原微生物直接感染生殖器官。感染的另一途径是通过淋巴、血液循环到达生殖器官，导致配子（精子、卵子）不能结合、胚胎早期死亡或胎儿流产甚至死亡。

复习思考题

1.简述雄性动物先天性不育的原因。

2.简述免疫性繁殖障碍引起不育的原因。

3.引起胚胎死亡的主要因素有哪些？

4.多次配种导致不孕的原因有什么？

5.简述卵巢机能障碍的防治措施。

6.分析雌性动物受精失败的原因。

7.繁殖传染性疾病主要包括哪些？

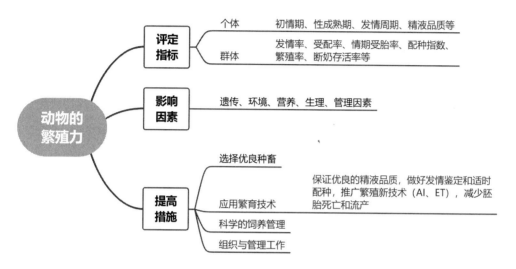

第十二章

动物的繁殖力

繁殖力是指动物维持正常的生殖机能、繁育后代的能力。繁殖力除受生态环境、饲料营养、管理水平、繁殖方法、技术水平等因素的影响外,动物本身的生理状况也对繁殖力起着重要的作用。繁殖力的高低直接影响动物数量的增加和质量的提高,进而影响动物生产的发展和企业的经济效益。本章介绍繁殖力的概念、不同动物繁殖力的指标及其计算方法、繁殖力的影响因素及提高繁殖力的措施。

Fertility refers to the ability of animals maintaining the normal reproductive function and breed offspring. Fertility is affected by ecological environment, feed nutrition, management level, breeding methods, technique level, etc. In addition, the physiological condition of animals also plays an important role on the fertility. The level of fertility directly affects the increase of animal quantity and the improvement of animal quality, therefore affects the development of animal production and the economic efficiency of enterprises. This chapter mainly describes the concept of fertility, index of fertility in different animals and evaluation methods, influencing factors of fertility and measures of improving fertility.

我国仁人志士保护畜禽良种的优秀事迹——抗日烽火中的"动物长征"

　　1937 年 12 月到 1938 年 11 月,在南京去往重庆的路上,有一支另类的动物大队在跋涉。美国加州牛、荷兰牛、澳洲马、英国约克夏猪、美国火鸡……它们的"队长"王酉亭,当时的身份是中央大学农学院教师、畜牧场场长。一支长达 400 m 的队伍,一路上躲兵痞、躲土匪、躲战火,危机重重,耗时 1 年,跨越半个中国,行程约四千多里,抵达湖北宜昌。在此,王酉亭与著名的爱国实业家卢作孚意外相遇。卢作孚慷慨同意在轮船运输物资的最困难时期,无偿安排船只,挤出舱位运输这些动物到重庆沙坪坝畜牧场,从而挽救了这些教学科研和畜禽改良的稀缺品种和国家财产,奠定了提高家畜繁殖力的基础。

▶ 第一节　繁　殖　力

　　动物生产的目标是提高经济效益、社会效益和生态效益。动物繁殖管理就是为实现这个目标而从群体和较长时间角度探讨提高畜群繁殖力的理论与方法。

一、繁殖力的概念

　　繁殖力(fertility)是指动物维持正常繁殖机能、生育后代的能力。种畜的繁殖力就是生产力。对于公畜而言,繁殖力取决于其所产精液的数量、质量(活力、密度、畸形率等)、性欲及其与母畜的交配能力;对于母畜而言,繁殖力取决于性成熟的迟早、发情表现的强弱、排卵的多少、发情的次数、卵子的受精能力、妊娠时间的长短、哺乳仔畜的能力等。随着科学技术的发展,外部管理因素已经成为保证和提高动物繁殖力的有力措施,如良好的饲养管理、准确的发情鉴定、标准的精液质量控制、适时输精以及早期妊娠诊断等。

　　由于繁殖力最终必须通过母畜产仔才得以体现,因此,虽然常用的繁殖力指标主要是针对母畜制定的,但决不能忽视精液品质等来自公畜方面的影响。

　　动物繁殖力的种间差异很大。一般而言,个体大的动物排卵少,妊娠期长,繁殖速度慢;个体小的则排卵多,妊娠期短,繁殖速度快。例如,一头荷斯坦母牛通常每年只产犊 1 头,而 1 头太湖母猪在良好的饲养管理条件下每年可产仔 30 多头。可见,对动物繁殖力进行种间比较无实际意义,而对品种之间、品种内各畜群之间、品种内各个体间进行比较则意义较大。

二、评定繁殖力的主要指标

(一)牛的繁殖力

根据科研、生产等需要,牛的繁殖力常用的指标主要有以下几种。

1.情期受胎率

情期受胎率表示妊娠母牛数与配种情期数的百分率。此指标既能较快地反映牛群的繁殖问题,又能反映人工授精的技术水平。此指标同样适用于猪、马和羊等。

$$情期受胎率 = \frac{妊娠母牛数}{配种情期数} \times 100\%$$

2. 第一情期受胎率

第一情期受胎率表示第一次配种就受胎的母牛数占第一情期配种母牛总数的百分率,包括青年母牛第一次配种或经产母牛产后第一次配种后的受胎率。此指标可以反映公牛精液的受精能力及母牛群的繁殖管理水平。公牛精液质量好,产后母牛子宫复旧好,产后生殖道处理干净的母牛受胎率就高;产后不注意生殖道处理,有慢性或隐性子宫内膜炎的牛受胎率就低。

$$第一情期受胎率 = \frac{第一情期受胎母牛数}{第一情期配种母牛总数} \times 100\%$$

3. 总受胎率

总受胎率是指年内妊娠母牛头数占配种母牛头数的百分率。该指标反映了牛群的受胎情况,可以衡量年度配种计划的完成情况。配种后 2 个月以内出群的母牛可不参加统计;配种 2 个月后出群的母牛一律参加统计。对于年内受胎 2 次以上的(含 2 次)母牛而言(包括早产和流产后又受胎的),其受胎头数应同时计算。

$$总受胎率 = \frac{年受胎母牛数}{年配种母牛数} \times 100\%$$

4. 不返情率

不返情率是指配种后一定时间内(如 30 d、60 d 等)未再表现发情的母牛头数占配种母牛总头数的百分率。

$$不返情率 = \frac{配种后未再发情的母牛数}{配种母牛总数} \times 100\%$$

5. 受胎指数

受胎指数又称配种指数,是指每次受胎所需的配种次数。无论是自然配种还是人工授精,受胎指数超过 2.0 都意味着配种工作没做好。

$$受胎指数 = \frac{配种总次数}{受胎头数}$$

6. 繁殖率

繁殖率是指本年度内实际繁殖母牛数占应繁母牛数的百分率。其可用于衡量牛场生产技术管理水平,是生产力的指标之一。

$$繁殖率 = \frac{年实繁母牛数}{年应繁母牛数} \times 100\%$$

7. 平均胎间距

平均胎间距又称产犊指数(calving index)、产犊间隔(calving interval),是指 2 次产犊之间的相隔时间,是牛群繁殖力的综合指标。

$$平均胎间距 = \frac{\sum 胎间距}{n}$$

式中:n 为头数;胎间距为当胎产犊日距上胎产犊日的间隔天数;$\sum$ 胎间距为 n 个胎间距的合

计天数。

统计方法:①按自然年度统计;②凡在年内繁殖的母牛(除一胎牛外)均进行统计。

8.流产率

流产率是指流产的母牛头数占受胎母牛头数的百分率。牛在统计流产率时应计妊娠未满7月龄的死胎,凡满7月龄而未足月分娩的牛称为早产。此指标也适合于猪、马和羊等。

$$流产率=\frac{流产母牛数}{受胎母牛数}\times100\%$$

9.犊牛成活率

犊牛成活率是指出生后3个月时犊牛成活数占总产活犊牛数的百分率。

$$犊牛成活率=\frac{生后3个月犊牛成活数}{总产活犊牛数}\times100\%$$

此外,空怀率、产犊到配种妊娠天数等在一定情况下都能反映繁殖力和生产管理水平。

(二)猪的繁殖力

猪的部分繁殖力指标与牛相似,如情期受胎率、总受胎率、流产率等。

1.窝产仔数

窝产仔数是指某一品种或某一场内产仔总数(包括分娩时产出的已死仔猪)与产仔总窝数之比。窝产仔数可反映各品种、个体的产仔能力。窝产仔数的品种间差异很大,一般外来品种的窝产仔数较少,而我国地方品种的窝产仔数较多。

$$窝产仔数(头)=\frac{产仔总数}{产仔总窝数}$$

2.产仔窝数

产仔窝数是指一群母猪在一年内平均产仔窝数。此项指标既可以衡量母猪的繁殖力,也可以衡量猪场繁殖管理水平。

$$产仔窝数(窝)=\frac{年内分娩总窝数}{年内繁殖母猪数}$$

3.仔猪成活率

仔猪成活率是指断奶时活仔猪数占出生时活仔猪数的百分率、该指标反映了母猪哺育仔猪能力、饲养员的责任心等,是考核饲养员工作好坏的标准之一。

$$仔猪成活率=\frac{断奶时成活仔猪数}{出生时活仔猪数}\times100\%$$

(三)羊的繁殖力

羊的繁殖力指标基本上与牛、猪相同。羊一般产单羔,也有部分产双羔、三羔,因此其也有些特殊指标。

1.产羔率

产羔率是指产活羔羊数与分娩母羊数的百分率。

$$产羔率=\frac{产活羔羊数}{分娩母羊数}\times100\%$$

2.双羔率

双羔率是指产双羔的母羊数占产羔母羊数的百分率。

$$双羔率 = \frac{产双羔母羊数}{产羔母羊总数} \times 100\%$$

3.成活率

成活率可分为断奶成活率和繁殖成活率 2 种,用于反映适繁母羊产羔成活的成绩和羔羊成活的成绩。

$$断奶成活率 = \frac{断奶成活羔羊数}{产活羔羊数} \times 100\%$$

$$繁殖成活率 = \frac{年内成活羔羊数}{产活羔羊数} \times 100\%$$

(四)马的繁殖力

马的繁殖力常用的指标主要有以下几种。

1.受胎率

受胎率是指受胎母马数占配种母马数的百分率。

$$受胎率 = \frac{受胎母马数}{配种母马数} \times 100\%$$

2.产驹率

产驹率是指产驹母马数占妊娠母马数的百分率。

$$产驹率 = \frac{产驹母马数}{妊娠母马数} \times 100\%$$

3.幼驹成活率

幼驹成活率是指成活幼驹数占出生幼驹数的百分率。

$$幼驹成活率 = \frac{成活幼驹数}{出生幼驹数} \times 100\%$$

(五)家兔的繁殖力

1.受胎率

受胎率是指一个发情期配种受胎母兔数占参加配种母兔数的百分率。

$$受胎率 = \frac{一个发情期配种受胎母兔数}{参加配种母兔数} \times 100\%$$

2.产仔数

产仔数是指一只母兔的产仔兔数(包括死胎、畸形胎)。

3.产活仔兔数

产活仔兔数是指出生时的活仔兔。种母兔以连续 3 胎的平均数计算。

4.断奶成活率

断奶成活率是指断奶时成活仔兔数占产活仔兔数的百分率。

$$断奶成活率=\frac{成活仔兔数}{产活仔兔数}\times100\%$$

5.幼兔成活率

幼兔成活率是指13周龄幼兔成活数占断奶仔兔数的百分率。

$$幼兔成活率=\frac{13周龄幼兔成活数}{断奶仔兔数}\times100\%$$

6.育成兔成活率

育成兔成活率是指育成期成活数占13周龄幼兔成活数的百分率。

$$育成兔成活率=\frac{育成期成活数}{13周幼龄兔成活数}\times100\%$$

(六)家禽的繁殖力

1.全年平均产蛋量

全年平均产蛋量是指某群家禽在一年内的平均产蛋枚数。

$$全年平均产蛋量（枚）=\frac{全年总产蛋数}{总饲养天数}$$

2.受精率

受精率是指第一次照蛋淘去无精蛋后的余下受精总蛋数占总入孵蛋数的百分率。

$$受精率=\frac{受精总蛋数}{总入孵蛋数}\times100\%$$

3.孵化率

孵化率可分为受精蛋孵化率和入孵蛋孵化率2种。

$$受精蛋孵化率=\frac{出雏数}{受精蛋数}\times100\%$$

$$入孵蛋孵化率=\frac{出雏数}{入孵蛋数}\times100\%$$

4.育雏率

育雏率是指育雏期末成活雏禽数占入舍雏禽数的百分率。

$$育雏率=\frac{育雏期末成活雏禽数}{入舍雏禽数}\times100\%$$

三、动物的正常繁殖力

正常繁殖力是指在正常的饲养管理、自然环境和繁殖机能条件下表现出的繁殖力。它反映在受胎率、繁殖成活率等方面。各种家畜的正常繁殖力有一定的差异。

(一)牛

各地饲养管理条件、繁殖管理水平和气候环境等因素的差异导致牛繁殖力差异很大。我国牛的繁殖力水平:成年母牛的情期受胎率为$40\%\sim60\%$,情期平均受胎率为50%;年总受胎率为 75%～95%,年总受胎率平均为 90%;年繁殖率为 70%～90%,年平均繁殖率为 85%;第一情期受胎率为 55%～70%;产犊间隔为 12～14 个月;流产率为 3%～7%;双胎率为 3%～4%;奶牛的繁殖年限为 4 个泌乳期左右。在英国 Esslemont R. J. 等的《乳牛繁殖管理》中提出的指标是情期受胎率为 60%,平均产犊间隔 365 d(350～380 d),分娩至首次配种 50～60 d,产后空怀时间为 83 d。美国威斯康星州提出了奶牛场繁殖管理目标和需要改进的参考数据(表 12-1)。

表 12-1 美国威斯康星州奶牛繁殖管理目标

项目	良好	需要改进
初情期/月龄	12	14
初配适龄/月龄	14～16	≥17
头胎牛产犊/月龄	23～25	≥36
第一情期受胎率/%	>62	≤50
配种指数	1.65	≥2.0
配种 3 次或 3 次以下母牛受胎率/%	>90	≤85
处于 18～24 d 正常发情周期的母牛/%	>80	≤70
分娩至第一次配种平均天数/d	45～70	≥85
平均产犊间隔/月	12	>13

资料来源:动物繁殖学,王元兴、朗介金,1997。

(二)猪

猪在正常情期的受胎率一般为 75%～80%,总受胎率为 85%～90%,平均窝产仔数繁殖率为 8～10 头,但品种、胎次间的差异很大,同一品种不同类群之间的产仔数也有差异。一般我国地方品种母猪的窝产仔数多,繁殖力强(表 12-2),如太湖猪年均产仔 1.8～2.2 窝。年产仔数与仔猪断奶时间密切相关,断奶早的母猪平均产仔数多。一些外来品种母猪的窝产仔数较低(表 12-3)。

表 12-2 我国地方品种母猪的窝产仔数   头

品种	头胎	二胎	三胎及三胎以上
太湖猪	12.14±0.29	14.88±0.11	15.83±0.09
民猪	11.04±0.32	11.48±0.47	11.93±0.53
两头乌	7.7	8.8	11.29
大花白猪	11.89	12.93	13.81
内江猪	9.35±2.44	9.83±2.37	10.40±2.28
藏猪	4.78	6.03	6.63

资料来源:动物繁殖学,王元兴,朗介金,1997。

表 12-3　外来品种母猪的窝产仔数　　　　　　　　　　　　　　　头

品种	初产	经产	品种	初产	经产
长白猪	8～9.3	9～12	汉普夏	7～8	8～9
大约克夏猪	11	11	杜洛克	8～9	10～11

资料来源:动物繁殖学,张嘉保,周虚,1999。

(三)羊

母羊的正常繁殖力因品种、饲养管理、生态条件的不同而有差异。大多绵羊 1 年 1 产或 2 年 3 产。有时湖羊、小尾寒羊可年产 2 胎,其产双羔、三羔的概率很高,也有产四羔的。山羊一般每年产羔 1～2 胎,每次产羔 1～3 只。我国几个绵(山)羊品种的繁殖性能参见表 12-4。不同品种间繁殖力的差异是自然选择和人工选择的结果。通过选种,绵羊的多胎性能得到有效提高。

表 12-4　我国几个绵(山)羊品种的繁殖性能

品种	性成熟期/月龄	初配期/月龄	年产羔胎次	产羔率/%
蒙古羊	5～8	18	1	103.9
乌珠穆沁羊	5～7	18	1	100.35
藏羊(草地型)	6～8	18	1	103
哈萨克羊	6	18	1	101.62
阿勒泰羊	6	18	1	110.03
滩羊	7～8	17～18	1	102.13
大尾寒羊	4～6	8～12	2 年 3 产或 1 年 2 产	177.30
小尾寒羊	4～6	8～12	2 年 3 产或 1 年 2 产	270
湖羊	4～5	6～10	2 年 3 产或 1 年 2 产	207.5
同羊	6～7	8～12	2 年 3 产	100
中卫山羊	5～6	18	1	104～106
海门山羊	3～5	6～10	2 年 3 产	228.6
贵州白山羊	4～6	8～10	2 年 3 产	184.4
云南龙陵山羊	6	8～10	1	122
萨能奶山羊	4	8	1	180～230

资料来源:动物繁殖学,王元兴、朗金介,1997。

(四)家兔

家兔性成熟早、妊娠期短、窝产仔数多,所以繁殖力高。家兔一年可繁殖 3～5 胎,繁殖年限为 3～4 年,一胎产仔 6～9 只,最高可达 14～15 只。家兔一年四季都可繁殖,但受胎率受季节影响很大:春季受胎率高达 85%,7—8 月受胎率只有 30%～40%。

(五)马

马的繁殖力因遗传、环境、使役不同而差异很大。一般马情期受胎率为 50%～60%,全年受胎率为 80％左右,产驹率为 50％左右。在繁殖管理好的马场,马的受胎率可达 90％,产驹率达 80％～85％。马的受胎率还取决于授精时间和次数。在发情季节,一个发情周期授精 1 次,受胎率为 50％;若授精 2 次或 2 次以上,则受胎率可提高到 70％。

(六)家禽

家禽的繁殖力因品种的不同产蛋量差异很大。其受精率与种禽的品质、健康、年龄、性比、饲养管理等因素有关。在正常情况下,鸡蛋的受精率为 90％左右。家禽的孵化率与种禽的体质、饲养管理以及种蛋的生物学品质和孵化制度密切相关。如果鸡蛋的孵化率按出雏数与入孵受精蛋的比例计算,一般在 80％以上;如果按出雏数与入孵种蛋数的比例计算,一般在 65％以上。不同家禽品种的生产性能参见表 12-5。

表 12-5　不同家禽品种的生产性能

种	品种	开产时间/月龄	年产蛋量/枚	种	品种	开产时间/月龄	年产蛋量/枚
鸡	来航鸡	5	200～250	鸡	伊莎褐	5	292
	洛岛红	7	150～180		罗斯褐	4～5	292
	白洛克	6	130～150		北京鸭	6～7	100～120
	仙居鸡	6	180～200		娄门鸭	4～5	100～150
	三黄鸡		140～180	鸭	高邮鸭	4.5	160～200
	浦东鸡	7～9	100		绍兴麻鸭	3～4	200～250
	乌骨鸡	7	88～110		康贝尔鸭		200～250
	星杂 288	5	260～295	鹅	太湖鹅	7～8	50～90
	罗曼褐	4～5	292		狮头鹅	7～8	25～80
	海兰褐	4.5	335				

资料来源:动物繁殖学,王元兴、朗金介,1997。

▶ 第二节　影响繁殖力的因素

动物的繁殖力受遗传、环境、营养、生理和管理等因素的影响,做好种畜的选育,创造良好的饲养管理条件是保证正常繁殖力的重要前提。

一、遗传因素

(一)繁殖力是选种的重要指标

繁殖力的可遗传性由品种间的杂交结果证明,特别是多胎家畜的亲本繁殖力的高低能影响其后代,近交导致繁殖性能明显下降,而杂交能提高窝产仔数。多胎家畜的繁殖力与母畜有效乳头数的多少密切相关。母猪乳头数多对繁殖育种都有利,如梅山猪的有效乳头数为 17 只,大白猪的有效乳头数为 14.12 只,大梅杂种的有效乳头数为 16.16 只;梅山猪第 1 胎、第 2 胎的产活仔数分别比大白猪的产活仔数多 2.78 头、3.23 头。

(二)公畜的精液质量和受精能力与其遗传性有密切关系

精液品质和受精能力是影响受精卵数目的决定因素。一头精液品质差、受精能力低的公畜。即使与产生最大数目正常卵子的母畜配种,也可能会发生不受精或受精卵数显著低于排出卵子数的现象,从而导致母畜繁殖力被降低,所生后代的繁殖力也被降低。

(三)遗传因素对多胎动物的影响很大

有些中国地方品种猪的繁殖性能明显高于外国品种猪,特别是性成熟早、排卵多、产仔多的太湖猪已被多个国家引种,以提高其本国猪种的繁殖力。

(四)遗传因素对单胎动物的影响较明显

牛虽然为单胎动物,但是双胞胎个体的后代,产双胎的可能性明显大于单胎个体的后代。乳牛业不提倡选留双胞胎个体。其原因是在异性孪生时常出现母犊不育。

二、环境因素

环境因素从群体水平上对繁殖力起制约作用。家畜的生活受各种环境因素的影响。环境因素会通过各种渠道单独或综合地影响家畜的机体,改变家畜与环境之间的能量交换,影响家畜的行为、生长、繁殖和生产性能。

(一)热应激

温度对繁殖力的影响以绵羊最为敏感。高温会使绵羊的受胎率降低,胚胎死亡率增加。高温不利于卵子受精及受精卵在输卵管内的运行。即使妊娠的母羊也会受高温影响,降低羔羊的初生重和生活力。虽然其他家畜对高温不及绵羊那么敏感,但也容易造成母畜的安静发情、胚胎死亡率增加等。在高温下,对进行交配的母畜适当降温,可提高胚胎成活率和产仔数。

1.热应激与公畜繁殖

热应激可明显降低公猪、公牛睾丸合成雄激素的能力,外周血中的睾酮浓度降低,导致性欲减退和精液品质下降。猪的精原细胞虽不受温度升高的影响,但精细胞在成熟分裂前期对温度极其敏感。在热应激后,精液中出现的多核巨型细胞是由受损精细胞融合形成的。公牛在热应激下精子发生严重受阻,高温解除6~8周后精液质量才能恢复正常。经过热应激的公畜与母畜交配,受胎率、胚胎成活率均明显降低。热应激还会导致性成熟延迟。

高温引起睾丸温度升高是降低公畜繁殖力的主因。睾丸本身具有一定的调节温度的能力,以维持其生精机能。当气温升至一定程度时,睾丸温度会随体温升高,超出自身调节的范围。在自然环境下,体温升高1 ℃,阴囊皮温和睾丸温度上升3~4 ℃;若睾丸温度在38 ℃以上,则生殖上皮细胞变性,精细管和附睾中的精子受损,精液品质急剧下降。雄激素可刺激精子生成,延长附睾内精子寿命。在高温下,睾酮水平降低,精液品质也会降低。因精子形成需要一段时间,而高温影响精液品质是一个渐进过程,故在热应激后1~2周,开始见到精液品质下降,在4~5周时达到最严重的程度,以后逐渐恢复,一般在热应激后7~9周,精液品质才恢复正常。在实际生产中,在高温、高湿的夏季进行配种,母畜的受胎率很低,即所谓的"夏季不育症"。

2.热应激与母畜繁殖

当热应激时,下丘脑-垂体-肾上腺轴活动被激活,血液中的 ACTH 显著增加,致使卵巢发生疾患,性机能减退。其原因在于 ACTH 使下丘脑 GnRH 释放阈值上升,抑制垂体分泌 LH。

在高温季节流产母猪的血中,LH 和孕酮水平均显著下降。热应激还会导致母猪排卵延迟,排卵数减少。炎热潮湿的环境可使青年母猪初情期和性成熟推迟,母牛发情周期延长,发情持续期缩短。

(1)热应激降低胚胎存活率　母猪在配种后 0~8 d 热应激将降低胚胎存活率,囊胚在附植阶段(配后 14~20 d)对热应激特别敏感。

(2)热应激影响受胎率　母猪的受胎率与配种时的温度、配种时的周平均温度呈负相关($r=-0.46$,$r=-0.47$),同配种前 2 个月的平均温度的负相关性($r=-0.72$)更强。母牛在配种期间最易受热应激影响,授精时母牛的体温与受胎率呈负相关。牛、羊胚胎在输卵管阶段最易受热应激影响,配种后 4~6 d 为临界期,而胚胎在子宫附植后,整个妊娠期则相当耐热。

(3)热应激可增加死胎数,导致流产　夏季分娩的母猪的窝产仔数减少。母猪夏季的配种分娩率显著低于其他季节,春夏季配种的母猪的窝产仔数、活仔数明显低于秋冬季配种的母猪。同时,春夏季配种母猪因在妊娠早期和末期遭受热应激,故死胎数或木乃伊胎数增加。总之,高温对母猪的繁殖率影响十分明显,炎热地区母猪的繁殖性能比寒冷地区母猪的繁殖性能低 15%~20%。

(二)光照

1.光照对季节性繁殖动物的影响较大

马、驴、水貂、狐、野兔等在光照时间渐渐变长的季节发情配种,称"长日照动物"。绵羊、山羊、鹿等在光照时间渐渐变短的季节发情配种,称"短日照动物"。人工控制光照可以改变动物的繁殖季节,使季节性繁殖动物在非繁殖季节发情配种。

2.光照长度的改变与季节性繁殖动物的开始发情有关

光照、温度是影响母马、母羊发情的主要环境因素。卵巢功能正常时,光照对母羊排卵数有显著的影响。绵羊随配种季节的临近,产双羔的比例逐渐增加,并在配种中期达到高峰。这可能是因光照时间的缩短,对母羊垂体分泌 FSH、LH 的能力有逐渐增强的刺激,促使其分泌量渐增,从而促进卵巢活动,有利于卵泡的发育、排卵。随光照时间的逐渐延长,卵巢机能又逐渐变低而转入乏情期。除绵羊、山羊等在繁殖季节要求短光照外,其他家畜均需要足够的光照时间。对牛、马来说,冬季是繁殖力最低的季节。

3.光照不仅能影响母畜性周期,也会影响公畜的生殖机能和精液品质

人工增加光照时间,特别是在光照时间缩短的季节可改进种公畜的精液品质。光照对青年公猪有促进性成熟的作用。用 PMSG 诱发母猪发情产仔的试验证明,夏季比冬季处理的产仔数显著增多。

以上情况在野生动物和某些放牧动物上尤为明显。家畜由于人类供给食物和畜舍,减弱或消除了很多外界环境的影响,经过长期培育已具有较长的配种季节。大多数家畜只是丧失了部分繁殖季节性,一部分原有的形式仍保留着。随着畜牧生产集约化程度越来越高,更应考虑光照对动物性活动的影响。

(三)季节

季节对繁殖的影响包括全年各季节气候因素的直接作用以及随季节而变化的营养和管理因素的间接作用。为了使其后代在出生后有良好的生长发育条件,野生动物的繁殖活动常呈

现出季节性。经过长期驯养后,牛、猪等的繁殖季节性已不明显,而羊、马等仍保留着季节性繁殖。

1.季节与母畜繁殖

春季出生的青年母猪的初情期比其他季节出生的青年母猪早。高温季节卵巢机能减退,32.5%～42.0%的经产母猪在7—10月有卵泡发育障碍,而在其他月份发生卵泡发育障碍的经产母猪仅占8.1%～20.7%。6—8月配种母猪的受胎率比11—12月配种母猪的受胎率低1%。母牛的繁殖力也有季节性变化,即高温季节的受胎率较低。母畜繁殖机能的季节性变化与内分泌的季节变化有关。断奶后牛的性活动同样受季节的影响。在中南地区高温、高湿的7—10月,母猪在断奶后7 d内的发情率为70.6%,而其他月份母猪奶断后的发情率为97.7%,表明热应激延迟断奶后发情。在夏季,母猪的发情活动减少,其受胎率和维持妊娠能力也下降,产仔数降低。

2.季节与公畜繁殖

(1)公猪　在高温季节,公猪精液品质明显下降。其表现为精子活力下降、精子数减少,且头部异常、颈部有原生质滴和顶体缺损的精子所占比例显著增加。公猪繁殖障碍(如交配障碍、性欲减退、无精子症、精子活力低)的发生率也以8—10月较高。随季节变化最明显的性状是精子活力。7—9月最高气温超过30 ℃的天数越多,出现精子活力下降的公猪也越多。猪在夏季的受胎率最低,尤其是在热应激后2～4周内变化最明显。

(2)公羊　公羊的性活动、精液品质均呈季节性变化。性活动以秋季最高,冬季最低;精液品质以秋季最高,春夏季下降。羊在夏季的受胎率最低。夏季精子数的减少与甲状腺机能的季节性变化有关(牛、羊夏季甲状腺素分泌量仅为冬季的20%～30%)。此外,夏季睾丸温度的升高也降低了精子的受精能力。

(3)公牛　水牛在夏季仍能保持其繁殖力,与水牛在炎夏长时间的伏水,排除高温的影响有关,仍以凉爽季节的繁殖力较高。在印度,牛以10月至翌年1月冷凉季节受胎率最高,5—7月干热季节的受胎率最低(在炎热的4月几乎不发情),产犊高峰为8—10月,频繁的性活动是在雨季或较凉爽季节。

三、营养因素

(一)营养水平

1.营养与生殖内分泌

适当的营养水平对维持内分泌系统的正常机能是必要的。营养水平影响内分泌腺体对激素的合成、释放。在较低营养水平下饲喂的母牛,其下丘脑GnRH的合成、贮存和分泌均下降。当猪用蛋白质仅3%的低营养水平或仅给碳水化合物饲料时,其垂体前叶细胞会出现病变,细胞核坏死,细胞质会出现空泡化。蛋白质不足可降低猪FSH、LH的分泌量。限制能量可直接影响牛的LH释放,并间接影响性激素的产生。

2.营养与性腺功能

(1)营养与卵巢功能　当用低营养水平的饲料饲喂泌乳母牛时,其卵巢机能较低。营养对卵巢活动的影响可能通过改变下丘脑-垂体轴的内分泌活动来实现。母牛泌乳期间的营养状况直接影响卵巢机能的恢复。泌乳能力高的奶牛的卵巢机能低,其多由营养不足引起,说明母牛卵巢机能、繁殖与营养水平关系甚为密切。营养水平明显影响绵羊排卵数。成年母羊营养不良会造成安静发情,特别是在繁殖季节开始前这种影响更为显著。

（2）营养与睾丸功能　高营养水平能加快猪的性成熟,精液量较多,但精液品质并没有提高。如果营养不足,公猪的睾丸和阴茎也会发育异常。在恢复营养后,公猪仍延期产生精子,间质细胞也很晚才出现。如果公畜长期饲喂不足,睾丸和其他生殖器官的发育就会受到影响,性成熟被延迟,睾丸的生精机能也会受到影响（对处在初情期前后公畜的影响尤为明显）。如果公畜缺乏蛋白质,精液量就会减少,精液品质就会下降。

3.营养与母畜生殖器官发育

蛋白质不足能引起生殖器官的发育受阻和机能紊乱。青年母牛常不表现发情征象,其卵巢、子宫仍处于幼稚型。高能量水平饲养的青年母猪在性成熟、体重、排卵数和窝产仔数方面均超过低能量水平饲养的青年母猪,但胚胎死亡率较高。可见,对生长期的家畜并不要求有很高的营养水平。若营养不足,则生殖器官发育受阻,子宫、阴唇异常增大。即使恢复营养后,其与同体重的正常饲养的仔猪比较,阴唇仍很大,直到体重恢复后才见排卵。

4.营养过度

营养过度必然引起肥胖,特别是除引起代谢障碍外,蛋白质过多还会影响精液成分。过肥往往与运动不足相关,历来为种畜所忌。尤其对母畜而言,饲喂过度,卵巢、输卵管及子宫等部分脂肪过厚有碍卵泡的发育、排卵和受精;同时,输卵管和子宫外周过多的脂肪不利于受精卵的运行,也限制了妊娠子宫的扩张机能。奶牛被饲喂过量的蛋白质（19%）会出现繁殖力降低,被饲喂高蛋白的老龄母牛的繁殖力的下降水平比青年母牛大。尽管营养过度对繁殖力的影响机制还不清楚,但与由高蛋白引起子宫内环境的一些变化有关。同时大量类固醇存于脂肪可引起外周血液类固醇激素水平降低,性功能受到影响。

公畜过肥,阴囊脂肪过厚会破坏睾丸的温度调节机能,致使在温度较高的配种季节影响公畜生精机能,畸形精子增加,精液品质下降,同时其性欲减退,交配困难。

5.营养不足

饲料中的营养不足可造成机体过度瘦弱,生殖机能就会受到抑制,引起母畜不发情、卵巢静止、卵泡闭锁和排卵延迟,排卵率和受胎率降低等,如能量和蛋白质不足。即使受胎,也会引起胎儿的早期死亡、流产和围产期死亡。这种情况在各种动物中均有发生,尤其多见于牛、羊。

绵羊在配种前增加精料量和营养水平能够提高发情率、排卵率和双羔率。这种方法对原来营养差的母羊的效果尤为明显,而对原来营养水平较高的母羊的效果较差。其机理就是营养因素影响卵巢活动,可能与改变垂体对促性腺激素的分泌和释放有关系。

我国山区的黄牛由于营养水平低,致使牛群的发情率和受胎率低,初情期被延迟。对这些营养不良的雌性动物给予足够的精料,改善膘情,再配合促性腺激素治疗,其效果会更好。

(二)维生素与矿物质

维生素与矿物质对动物的健康、生长、繁殖都有重要作用。例如,维生素 A、维生素 E 可改善精液品质,降低胚胎死亡率。维生素、矿物质缺乏或过量可影响家畜的繁殖（表 12-6）。

表 12-6   维生素、矿物质对动物繁殖机能的影响

维生素或矿物质异常	出现症状
维生素 A 缺乏	猪、鼠胚胎发育受阻,产仔数降低,阴道上皮角质化,胎衣不下、子宫炎;精子生成受阻,精子密度下降,异常精子增多,存活力下降
维生素 E 缺乏	受胎率降低,死胎,胚胎发育受阻,产蛋量、孵化率降低;精液品质下降
维生素 D 缺乏	母畜繁殖力降低,公畜受精力降低,严重者永久性不育
核黄素缺乏	鸡孵化率降低,胚胎畸形率增加
生物素缺乏	猪繁殖性能受影响
钙缺乏	子宫复旧推迟,黄体小,卵巢囊肿,胎衣不下
碘缺乏	繁殖力降低,睾丸变性,初情期推迟,黄体小,乏情,弱胎或死胎,受胎率降低
钠缺乏	生殖道黏膜异常,卵巢囊肿,性周期异常,胎衣不下
锰缺乏	乏情,不孕,流产,卵巢变小,难产
铜缺乏	乏情,性欲下降,睾丸变性,繁殖力降低
钴缺乏	公畜性欲下降,母畜初情期推迟,卵巢静止,流产,产弱犊,胎衣不下
硒缺乏	胎衣不下,流产,产死犊或弱犊
锌缺乏	卵巢囊肿,发情异常,睾丸发育延迟或萎缩
钙过量	繁殖力降低,睾丸变性
碘过量	流产,胎儿畸形
钼过量	初情期推迟,乏情
镉中毒	精子发生受影响
钙磷比例失调	卵巢萎缩,性周期紊乱、乏情或屡配不孕,胚胎发育停滞、畸形、流产,子宫炎,乳腺炎

资料来源:动物繁殖学,张嘉保,周虚,1999。

(三)植物雌激素

除含有各种营养物质外,植物中还有家畜机体正常生理过程所必需的生物活性物质。雌二醇(E_2)、雌酮和雌三醇是家畜体内的主要雌激素,而植物所含的植物雌激素是异黄酮、香豆素和萜烯等。三叶草、苜蓿、蚕豆、豌豆、玉米植株、甘蓝等含有大量植物雌激素。植物雌激素可扰乱垂体和卵巢之间的正常的激素调节,或者抑制垂体促性腺激素的分泌。由三叶草引起的长期不孕母羊下丘脑和垂体对生理水平的 E_2 调节作用缺乏敏感性。

1.植物雌激素对牛的影响

曾有报道称,饲喂含异黄酮的青贮红三叶和含香豆素的苜蓿可引起牛不育症。地三叶雌激素是诱发牛不育症的重要原因。植物雌激素诱发的不育症类似雌激素的作用,一些牛出现乳腺发育、阴门肿胀、排出子宫颈黏液和卵巢肿大;一些牛出现发情异常,卵巢肿胀,乏情,不能配种。在撤掉雌激素饲草后的几周或几个月,卵巢功能恢复,症状消失。结合对卵巢囊肿进行治疗的方法,可加速卵巢功能的恢复。

2.植物雌激素对羊的影响

植物雌激素对羊的繁殖存在普遍的影响。在高雌激素的地三叶草场放牧的羊出现产羔率很低、子宫脱出和难产,阉公羊出现尿道腺肿大、死亡,这个综合征称为"三叶草病"。随着低福母乃丁地三叶栽培品种的种植,牧草产量增加,减少了严重的三叶草病临床症状的发生,但某

种程度的亚临床不育症仍广泛存在。澳大利亚约有 400 万只母羊出现永久性亚临床不育症,产羔率下降 7％～10％。受雌激素作用 4～5 个月的羊易永久不育。

在雌激素草场放牧的母羊的排卵率和受胎率在配种季节均下降或暂时不育。在将母羊转移到没有雌激素的草场 4～6 周后,这些母羊的暂时不育症可痊愈。暂时不育症可能会在没有任何外部症状下发生,尤其是美利奴羊。另外,这些因素之间是否有互作效应,尚不清楚,如植物雌激素与配种时间。因此,暂时不育症的确诊取决于绵羊配种期间的牧草中的雌激素活性及含量的测定。

研究证实,配种期间的植物雌激素的危害性要比其他阶段大得多。配种期间到配种结束都放牧在红三叶草场上的母羊与对照母羊相比,其各项繁殖指标均受影响。在配种后 21 d,返情率高,产羔母羊比例降低,多胎率降低,空怀率增加。如果将母羊放牧 21～23 d 后转移到不含植物雌激素的草场,放牧 3 周后配种,则其繁殖指标的改变不大,但在转移草场 5 周后,其繁殖指标得到明显改善。总体而言,在红三叶草场短期放牧时,异黄酮类的影响是暂时的。

预防措施:①在紫花苜蓿等尚未达到成熟阶段(即香豆素类含量不高)时进行放牧;②喷洒杀真菌剂以防止真菌感染苜蓿,降低香豆素含量;③监测日粮雌激素水平,防止日粮雌激素水平过高;④加强放牧管理,把母羊与含香豆素类苜蓿的接触降至最低限度;⑤在配种前 5 周就将母羊从有苜蓿和红三叶的草场上转移。

四、生理因素

(一)年龄因素

雄性动物精液的质量、数量和与配种母畜的受胎率受年龄的影响。随着年龄的增长,青年公畜的精液品质逐渐提高,到了一定年龄后,精液品质又逐渐下降。3～4 岁种公牛的精液受胎率最高,以后每年下降 1％。在生产实践中,一般公牛可使用到 7～10 岁。随着年龄的进一步增大,公牛出现性欲减退、睾丸变性、精液品质明显下降,有些公牛出现脊椎和四肢方面疾病,以致爬跨交配困难而无法采精。

母畜的繁殖力也随年龄而变化。家兔和猪的第一胎产仔数少。太湖猪的第一胎产仔数平均为 12.11 头,经产母猪的产仔数为 15.30 头,以第 3～7 胎的产仔数量多,在第 8 胎后,产仔数减少,同时产死胎数有所增加。

(二)泌乳与哺乳

母畜产后发情的出现与否和出现的早晚与泌乳期间的卵巢机能、哺乳仔畜、产乳量及挤奶次数均有直接的关系。

母牛一般在产后 30～100 d 出现伴有发情征象的排卵。挤奶次数增加、吮乳刺激会使母牛卵巢机能的恢复期延长。产后带犊哺乳的奶牛的产后发情出现推迟(产后 90～100 d);产后与犊牛分开饲养的母牛的产后发情出现较早(产后 30～70 d)。此外,每天多次挤奶又比每天挤奶 2 次者的发情时间推迟。泌乳量也影响母牛的产后发情及配种受胎率。泌乳量高的牛的产后发情迟、受胎率低、空怀期长。因为高产奶牛在产后 2 个月左右的代谢处于严重的负平衡状态,膘情差、卵巢机能不全,发情不明显或不发情,因而降低了繁殖性能。

尽管有时母猪在产后泌乳期间出现发情,但征象既不明显,也不发生排卵,配种受胎率也很低。如果母猪哺乳 5～7 周后断奶,则 7 d 后即出现发情。如果仔猪提早断奶,母猪可提早发情配种,使产仔间隔缩短,平均年产窝数提高。

五、管理因素

家畜繁殖主要受人类活动的控制。良好的管理工作应建立在对整个畜群或个体繁殖能力全面了解的基础上。放牧、饲养、运动、调教、使役、休息、厩舍卫生设施和交配制度等均影响家畜繁殖力。管理不善不但降低一些家畜的繁殖力,也可能造成不育。

管理因素对肉牛繁殖力的影响十分重要,但又最容易被忽视。管理涉及的内容较多,对肉牛繁殖力有直接影响的是繁殖管理。

在现阶段,我国牛群的繁殖力一般都很低,如营养较差、常年配种。例如,终年产犊的云南黄牛的繁殖成活率仅为35%左右。对于母牛的管理工作而言,若能适当提高产前(分娩前8周)和配种前的饲养水平,及早进行妊娠诊断、分群管理,采用同期发情等技术措施,可进一步发挥母牛群的繁殖潜力。

▶ 第三节　提高繁殖力的措施

动物的繁殖力取决于本身的繁殖潜力,后天因素对动物的繁殖力也具有重要影响,如环境、营养、管理、疾病等。只有正确掌握动物的繁殖规律,采取先进的繁殖技术措施,才能最大限度地发挥动物的繁殖潜力,提高其繁殖力。

一、选择高繁殖力的公、母畜做种用

选择繁殖力高的公、母畜进行繁殖。对于单胎家畜的选择而言,应注意在正常饲养管理条件下对其性成熟的早晚、发情排卵情况、产仔间隔、受胎能力及哺乳性能等做综合考察。例如,对母牛的选择要着重于产犊间隔、每胎犊牛数和配种指数,这些对于肉牛更为重要。配种指数、产犊间隔在一定程度上反映了公、母牛在受精方面的遗传能力。虽然它的遗传力只有0%～12%,双胎遗传力仅为3.1%～10%,但其在良好的饲养管理条件下可通过选择来不断提高畜群的繁殖力。

同一品种个体之间的繁殖力有较大的差异,因此,必须选择繁殖力高的公、母畜作种畜。选择公畜时,应参考其祖先的生产能力,然后对其本身的生殖系统(如睾丸的外形、硬度、周径、弹性,阴茎勃起时能否伸出包皮)、性反应时间、性行为序列、精液品质(如射精量、精子密度和活力)等进行检查。经检查合格者,可用于试配,然后根据试配结果再做选择。在选择母畜时,应注意性成熟迟早,发情排卵情况,受胎能力大小。多胎动物应从排卵数多、产仔数多、哺育能力强的母畜后代中选留种畜。要注意的是,不应过分追求某些繁殖力指标。例如,窝产仔数特别多的母猪所产仔猪体重较小,其抗病力弱、生长缓慢。将初生窝重和断奶窝重作为选择多胎家畜的繁殖能力指标的实际意义更大。

二、保证优良的精液品质

在母畜正常发情、排卵的前提下,不论采用哪种配种方式,品质优良的精液都是保证成功受精和早期胚胎正常发育的重要条件。因此,种公畜的选择、饲养管理和利用都要有严格的制度。在选择公畜时,除注意其遗传性能、体形外貌和一般生理状态外,还要认真了解其繁殖历史,对睾丸生精机能、精液品质进行检查,另外,对睾丸、附睾的质地和大小、输精管道、副性腺的功能做全面细致的检查。

在检查精液品质时,不仅要注意精子的活率、密度,还要做精子形态分析,以发现某些一般的活率检查所不能发现的精子形态缺陷,同时了解和诊断公畜生殖机能方面的某些障碍。对人工授精使用的精液要进行严格的质量检查,禁用不合格精液;精液在稀释前后不宜在室温下久置,而应避光、防震,在较低温度下保存。无论是采用常温保存精液还是冷冻精液,在为发情母畜输精前,都要检查活率,以保证精液品质。

在公、母混群放牧时,每年在配种季节到来前应对参加配种的公畜进行繁殖力检测。根据检查结果将公畜分级,并优先引入繁殖力高的公畜进行配种,及时处理和淘汰繁殖力低和有繁殖障碍的公畜。近年来,一些国家十分注意公畜性欲和交配力的测定。这种测定可保证在公母混群放牧条件下提高受胎率和增加种公畜的配种负荷。

没有推广人工授精的地方在配种季节到来前应对种公畜进行检查,及时治疗或淘汰有繁殖障碍或精液品质差的种公畜,用性欲旺盛、精液质量好的公畜进行配种。

三、做好发情鉴定和适时配种

准确的发情鉴定是适时配种的前提和提高繁殖力的重要环节。各种家畜有各自的发情特点,通过发情鉴定可以推测其排卵时间,以保证已获能精子与受精力强的卵子相遇、结合、受精。每种家畜在发情期内都有一个配种效果最好的阶段。这种现象在排卵时间较晚的母畜(如母牛)特别明显。此外,马和猪的发情持续期比较长,适时配种对卵子的正常受精更为重要。

在正常情况下,刚刚排出的卵子生活力较强,受精能力也最高。多数家畜的精子在输精后半小时内即可到达受精部位,此时,若完成获能作用的精子与受精能力强的卵子相遇,精卵受精的可能性也最大。在一般情况下,输精或自然交配距排卵的时间越近,受胎率就越高。这就要求做到母畜发情鉴定应尽可能准确。

猪的发情持续时间较长,青年母猪在发情开始后 40 h 配种受胎的效果最好。马、牛等大家畜通常用直肠检查法进行发情鉴定。根据卵泡的有无、大小、质地等变化,掌握卵泡发育程度和排卵时间,以决定最适输精时间。牛的发情持续时间短,排卵出现在发情结束后。适时配种是提高受胎率的有力措施。根据实践经验,应抓好以下 3 点:一看外观表现,黏液的透明度、黏性;二是触摸卵巢上卵泡发育的大小,卵泡壁的厚薄、紧张度、光滑性、水泡感等;三是综合判断排卵时间,然后决定配种时间。

一些国家在对草地放牧的牛、羊采用人工授精时,使用戴有特殊标记装置的结扎输精管的公畜鉴别发情母畜。凡母畜的后躯被染上颜料印记,即为发情,应考虑及时输精。用公猪直接诱情结合压背试验,可鉴别出现静立反射的母猪,此时其生殖机能旺盛,受胎率也高,产仔数相应增加。此法对初产和经产母猪都适合。所鉴别出来的发情母猪在 10 h 内输精,受胎率为 81.2%;在 10~25.5 h 输精,受胎率可达 100%。此外,输精部位对受胎率有较大影响,大家畜以子宫内为宜,较小的家畜以子宫颈为宜。输精时动作不可粗暴,以避免损伤母畜生殖器官,引起出血感染等进而导致配种失败。

四、推广繁殖新技术

现代化畜牧业的发展要求人们将家畜的繁殖效率提高到与生产效率相适应的水平。随着猪、鸡工厂化生产和牛、羊改良工作的进展，传统的繁殖方法已不适应我国现代化畜牧业的需要。目前，在母畜的性成熟、发情、配种、妊娠、分娩直到幼畜的断奶和培育等各个繁殖环节都有相应的控制技术，如同期发情（发情控制）、超数排卵（排卵控制）、人工授精（配种控制）、胚胎移植（妊娠控制）、诱发分娩（分娩控制）等。这些技术的进一步研究和应用将大大提高家畜的繁殖效率。

（一）人工授精技术

人工授精技术的推广应用是 20 世纪动物生产中的重大革新，对提高动物繁殖力和品种改良起到重要作用。特别是牛的冷冻精液技术的推广应用极大地提高了优良种公牛的繁殖效率。虽然人工授精技术在我国推广应用已近半个世纪，但在不少地区，特别是一些畜牧业比较落后的农村仍未普及，因此今后仍应加大宣传力度，推广该技术。

（二）胚胎移植技术

胚胎移植技术可以大大提高优良母畜利用率，充分发挥母畜繁殖潜力。通过移植还可以使单胎肉牛生双胞胎。我国对母畜的同期发情、胚胎移植、胚胎的冷冻保存和公畜的精液冷冻保存技术等的研究也取得了巨大进展，已显示出广阔的应用前景，具有巨大的经济效益和社会效益，今后应大力推广。

（三）诱导发情技术

诱导发情可以控制母畜发情时间，缩短繁殖周期，增加胎次和产仔数，使其在一生中繁殖更多后代，从而提高繁殖率。同时，诱导发情还可以调整母畜的产仔季节，使奶畜一年内均衡产奶，使肉畜按计划出栏，按市场需求供应商品。

（四）母畜产后期生殖机能监测技术

母畜在产后期生殖机能的恢复状况是影响产仔间隔期最关键的因素。因此，利用现代科学技术对母畜产后期的生殖机能状况进行监测，以便采取适当的措施，使母畜在产后期尽早配种受孕，这对于缩短产仔间隔期、提高母畜繁殖力具有重要作用。

（五）生殖激素的应用

利用 GnRH、FSH、PMSG 等可以诱发不发情的母畜发情，排卵少的母畜多排卵。利用前列腺素及类似物可治疗持久黄体等，繁殖障碍的母畜能恢复正常的生殖机能。利用孕激素类药物可以保胎，从而保持和提高母畜繁殖能力。

任何一项繁殖技术的推广和应用都要进行必要的技术训练，否则，技术不熟练或操作不合理往往会造成人为的繁殖力降低或不育。例如，发情鉴定不准确会造成误配或失配；精液处理不当、冷冻精液的处理方法不合理会使精液品质下降、受精能力降低；输精方法不当、器械消毒不严格易引起母畜的子宫疾患而降低母畜的繁殖力。

五、减少胚胎死亡和流产

胚胎死亡是影响产仔数等繁殖力指标的一个重要因素。牛一次配种后的受精率为70%～80%,最后产犊仅50%。其原因是早期胚胎死亡。嘉兴黑猪的经产母猪妊娠30 d的胚胎死亡率22.57%;国外猪妊娠26～40 d的胚胎死亡率34.80%。胚胎死亡有可能是由精子异常、卵子异常、激素失调、子宫疾患及饲养管理不当等引起的。因此,必须注意适时输入高质量的精液,加强饲养管理,以减少胚胎死亡和防止流产。

母猪的胚胎死亡率较高。在配种时以及繁殖过程的各个阶段,保持适宜的饲养水平和加强管理对防止胚胎死亡和流产都是极为必要的。母猪死胎随胎次升高而增加。其原因是母猪年龄增大,子宫肌肉收缩能力下降,延长了分娩时间,使胎儿在分娩过程中窒息死亡。在生产实践中,分娩时应采取必要的措施缩短分娩时间,做好接产工作,以减少胎儿死亡。

牛的胚胎死亡多在妊娠早期。这种死亡发生得很早,甚至有时并不影响下次发情的时间。其生理机制还不清楚,目前也无特殊性的预防措施。一般认为,适当的营养水平、良好的饲养管理可减少胚胎早期死亡。在母牛配种后7～11 d,注射30 mg孕酮,对减少胚胎死亡有一定的效果。

母马的平均流产率为10%左右,多发生在妊娠5个月前后。有报道称母马流产多见于妊娠100 d和10个月时。在这两个时期应避免突然改变饲养条件。合理的使役或运动是有效的预防措施。还有人建议在母马妊娠120 d后皮下埋植孕酮300 mg,对防止流产也可能有效。对妊娠后期的母畜而言,要注意防止相互挤斗和滑倒;役畜要减少使役时间,防止流产。

六、科学的饲养管理

加强饲养管理是保证动物正常繁殖能力的基础。母畜的发情和排卵是通过内分泌途径由生殖激素调控的,而这些激素都与蛋白质和类固醇有关。当母畜营养不良时,下丘脑和垂体的分泌活动就会受到影响,性腺机能减退。研究证明,限制能量会直接影响LH释放,并间接影响卵巢类固醇激素的产生,母畜的正常发情和排卵也会受到影响。我国牧区黄牛在产后的长时间不发情的比例相当高。其主要原因是冬春季气候严寒,营养缺乏,以致母牛瘦弱,造成生殖机能紊乱,常常出现安静发情、发情不排卵或不发情。在生产上,对某些因发情生理机能失调而不能正常发情的母畜,使用相应的生殖激素处理,虽然能诱发部分母畜发情、排卵,但是并不能从根本上改变其发情生理机能。因此,应根据种畜的品种、类型、年龄、生理状态、生产性能等饲喂充足的各种营养素。

高温季节要做好通风降温工作,严寒季节要做好防冻保暖工作。适当避开高温季节配种,可提高受胎率和窝产仔数。另外,在生产中应注意的是,高温季节采出的精液一般品质较差。适量的运动对提高公畜的精液品质,维持公畜旺盛的性欲有较大的作用,故应给公畜以一定的运动场地。饲养管理人员对家畜的态度也影响繁殖力。各种导致疼痛、惊恐的因素均可引起肾上腺素分泌增加,LH分泌减少,催产素释放和转运受阻,进而影响繁殖。

在公、母畜隔离饲养和完全采用人工授精的地区,配种季节让公、母畜适当接触,可使母畜发情排卵提前,发情同期化,排卵数增加。这在母羊上表现最为明显。在配种开始前2～3周,将结扎输精管的公羊按一定比例引入母羊群,可使母羊在配种阶段的发情提早并趋于同期化,以增加母羊的排卵数和提高产羔率,此称为公羊效应(ram effect)。采用公猪试情,综合压背试验对母猪作发情鉴定是克服某些采用人工授精的地区长期将公母猪隔离,造成母猪发情不明显和排卵不正常的重要措施之一。

增加排卵数以保证畜群的正常繁殖力,进而发挥母畜更大的繁殖潜力对多胎家畜十分重要。即使是单胎家畜,也应保证每次发情所排卵子具有正常的受精能力。为此,在繁殖季节和配种开始前,保证母畜的营养是增加排卵和保证受精的重要前提。生产实践证明,加强饲养是提高母羊繁殖力的有效措施。全年抓膘不仅能使母羊发情整齐,也可增加排卵数。在配种前2~3周对母羊实行短期优饲,能使母羊的排卵率增加。种公羊的营养水平也影响受胎率、产羔率、初生重和断奶重。用全价的营养物质饲喂的公、母羊的受胎率、产羔率都高,羔羊初生重也大,这就说明改善公、母羊的营养状况是提高其繁殖力的有效途径。

在母畜正常的发情周期,增加排卵数可采用多种促性腺激素药物进行处理,如垂体前叶提取物、PMSG、hCG、FSH、LH 等。在使用激素药物时,要注意品种、个体、用药时间、药物种类和使用剂量等方面的影响。用药量过大往往造成超数排卵、排卵抑制或受精率下降等副作用,繁殖力反而会被降低。

七、做好繁殖组织和管理工作

提高家畜繁殖力的问题并不是单纯的技术问题,而是必须有严密的组织措施相配合才能实现。

(一)建立一支有事业心的队伍

从事繁殖工作的人员既要有技术,又要有责任心。只有认真钻研业务,才能搞好工作。

(二)定期培训

要有计划地组织业务培训,不断提高理论水平,以指导生产实践,同时还应组织交流经验,相互学习,推广先进技术,不断提高技术水平。

(三)做好繁殖记录

对公畜的采精时间、精液质量,母畜的发情、配种、分娩、流产等情况进行记录,及时分析、整理有关资料,以便发现问题,及时解决。

为了保证动物的正常繁殖力,进一步提高优良种畜的利用率,有关部门或组织陆续制定了一些"标准""规范",为生产部门提供了科学管理的根据,各有关单位应遵照执行。

复习思考题

1.什么是繁殖力?评定牛繁殖力的指标有哪些?

2.影响家畜繁殖力的因素有哪些?

3.概述公、母畜繁殖力的主要决定因素。

4.简述营养因素对家畜繁殖力的影响。

5.提高动物繁殖力的措施有哪些?

第十三章 家禽生殖生理与繁殖技术

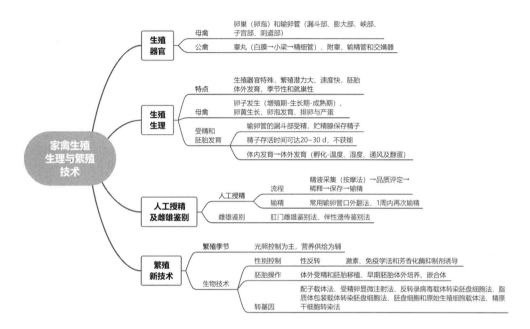

母禽的生殖器官主要包括卵巢和输卵管,公禽的生殖器官主要包括睾丸和交媾器等。与哺乳动物相比,禽类的生殖器官及生殖过程有许多不同特点,如成年母禽的右侧卵巢及输卵管退化;公禽无副性腺、卵生;胚胎主要在体外发育、无发情周期等。本章主要介绍禽类生殖器官的结构和功能、卵子发生、蛋的形成、精子发生、受精和胚胎发育过程以及人工授精、雌雄鉴别、繁殖季节调控、性别控制、胚胎操作、转基因等繁殖生物技术。

Reproductive organs of female poultry mainly consist of ovary and oviduct, and reproductive organs of male poultry mainly consist of testis, copulatory apparatus, etc. Compared with mammals, poultry reproductive organs and reproductive process have many different features, such as degeneration of the right ovary and oviduct in mature female poultry, no accessory sex glands in male poultry, egg development, embryo mainly developing in vitro, no estrous cycle, etc. This chapter mainly describes the structure and function of poultry reproductive organs, oogenesis, egg forming, sperm production, fertilization, process of embryonic development, and artificial insemination, sex determination, regulation of seasonal reproduction, sex control, embryo manipulation, transgene and other reproductive biotechnologies.

中国现代养鸡业主要奠基人——邱祥聘

　　1917 年出生于四川汉原的一个平凡家庭,以全县第一名考入高级中学,以优异成绩获得了全省仅 10 个名额的机会去美国留学,并取得优异的成绩。在抗战结束后,为报效祖国,他回到国内,立足家乡,率先研究家禽人工授精技术,选育出成都白鸡新品种和快慢羽纯系。邱祥聘为弘扬科学精神、发展科学技术、普及科学知识和促进国内外学术交流做出了巨大贡献。

▶ 第一节　禽类的生殖器官

　　母禽的生殖器官主要包括卵巢和输卵管,公禽的生殖器官主要是睾丸和交媾器。在胚胎期,母禽拥有双侧卵巢和输卵管,只有左侧的卵巢和输卵管能够正常发育,并具有生殖功能。有些猛禽与极少数的鸡、鸭双侧卵巢和输卵管均有功能。

一、母禽的生殖器官

　　母禽的生殖器官包括左侧卵巢和左侧输卵管。母鸡的右侧卵巢和输卵管在孵化的 7～9 d 就停止发育,孵出时已退化而仅留残迹(图 13-1)。只有左侧卵巢和输卵管正常发育,才具有繁殖机能。

(一)卵巢

　　左侧卵巢位于腹腔左侧、肾的头端,以卵巢系膜韧带附着于体壁。卵巢体积和外形因年龄和生理状态不同而异。幼禽卵巢小,呈扁椭圆形,似桑葚状,位于体腔中主动脉的腹部,靠近两个肾上腺。1 日龄雏鸡的卵巢质量平均为 0.03 g,此时包含 600～500 000 个不等的卵细胞。当性成熟时,卵巢增大,长约为 3 cm,横径为 2 cm,质量为 2～6 g。至产蛋期,卵巢的长径可达 5 cm,质量可达 40～60 g,常见有几个依次递增的大卵泡。

　　卵巢由内部的髓质部和外部的皮质层组成,皮质层由含卵细胞的卵泡组成。每个卵巢肉眼可见 1 000～1 500 个卵泡,只有少数能成熟排卵。单个

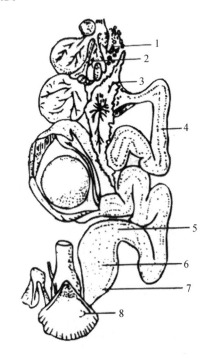

1.发育中的卵泡;2.成熟卵泡;3.漏斗部;4.膨大部;5.峡部;6.子宫部;7.阴道部;8.泄殖腔。

图 13-1　母鸡的生殖器官

(资料来源:动物繁殖学,渊锡藩,1993)

卵泡大小因品种和产蛋的大小而异,性成熟鸡在排卵前的卵泡直径可达 40 mm 左右。禽类卵泡的组织学结构和哺乳类的非常相似,并由卵泡柄与卵巢相连。卵泡柄的对侧表面延伸着一条无结缔组织、血管较少的灰白色狭带,称卵带。排卵时,卵带破裂,卵母细胞从破裂缝中被排出。

(二)输卵管

输卵管是受精、早期胚胎发育和形成蛋白、壳膜、蛋壳的场所。输卵管壁由黏膜、肌肉外层和内层以及外平滑肌、浆膜构成。黏膜有皱襞结构,其数量和高度因输卵管部位不同而有很大变化。输卵管黏膜上皮是由柱状纤毛上皮细胞和无纤毛的分泌细胞交替排列而成。除蛋白分泌部和子宫前端外,其他各区段柱状细胞的纤毛都是朝向泄殖腔方向颤动。输卵管各区段均缺黏膜肌层。内环肌的厚度随卵体积及其通过输卵管时所产生的阻力而增加,阴道部最厚。整个输卵管的外纵肌层与背、腹韧带内的平滑肌相连接。输卵管本身由于精子迅速游动刺激肌肉的收缩而产生蠕动,促使卵子沿着输卵管后行,其中背、腹韧带内的肌肉也有一定的协助作用。

输卵管按组织结构和生理功能可分为 5 个区域,其大小变化因品种和生殖状态而异。产蛋母鸡输卵管长达 42～86 cm,宽为 1～5 cm,质量约为 76 g,其中漏斗部长约为 9 cm;膨大部(蛋白分泌部)长约为 33 cm;峡部约为 10 cm;子宫部(蛋壳腺)长约为 10 cm,厚而富有肌组织;阴道部由蛋壳腺延伸到泄殖腔。子宫阴道连接处为管状腺,是存留精子的地方。

1.漏斗部

漏斗部因形状似漏斗而得名,在排卵前后积极蠕动,张开宽广的边缘主动捕获排出的卵细胞。漏斗部获取卵细胞的过程持续 5～10 min,而卵细胞到达膨大部需要 15～18 min。如果母禽经过交配或输精,精子与卵子即在漏斗部结合而完成受精。

按漏斗部的结构和功能又可分为 2 个部分,即漏斗部本身与漏斗颈部。漏斗部本身的黏膜没有腺体,而是形成纵向皱襞,由纤毛细胞组成,覆盖上皮,这些细胞之间能看到小绒毛。漏斗颈部出现管状腺体,尤其是漏斗末端处为多,并逐步与输卵管蛋白分泌部的各组腺体混合,管状腺分泌内层稀蛋白和系带蛋白层,因此,漏斗的颈部有时被称作系带形成部。大量积聚在管状腺中的精子可促使卵子受精。

2.膨大部(蛋白分泌部)

膨大部(蛋白分泌部)是漏斗颈部过渡到输卵管最长的部分,内有管状腺(分泌稀蛋白)和单细胞腺(分泌浓蛋白)。此处蛋白质的分泌活动非常旺盛,在 3～5 h 内即可完成全部卵蛋白的分泌。在非产蛋时期,蛋白分泌部的活动和功能完全停止。

3.峡部

峡部的腺体不如膨大部那样发达,其分泌物形成卵壳膜所必需的物质,同时补充蛋白的水分。当蛋移动经过峡部时,形成蛋的内、外壳膜,也会分泌部分卵白。受精的卵细胞停留在峡部时发生非常重要的变化:雌原核与雄原核的融合,组成的合子进行第一次分裂。

4.子宫部(蛋壳腺)

子宫部(蛋壳腺)前方连接峡部,后端连接阴道部。蛋在子宫中经历的时间占在输卵管中总时间的 80%。子宫壁厚而且多肌肉,管腔大,黏膜淡红色,皱襞长而复杂,多纵向,又因间有环形,故呈螺旋状,以保证其壁在蛋通过时有很大的弹性和张力。子宫壁富含腺体,子宫黏膜内表层呈绒毛状。蛋在子宫中的前 6～8 h 蛋白的重量成倍增加,这是子宫分泌无机盐水溶液,特别是钾盐和碳酸氢盐溶液的结果。因此,蛋白形成了一定的层次和结构在蛋中明显可见。蛋白膜在完成分化后就开始大量沉积钙,逐渐形成蛋壳。

5.阴道部

子宫与阴道在解剖学上以括约肌为界限,此部位也称子宫阴道联合部。其黏膜为白色,形成低而细的皱襞。在与子宫部连接的第一段含有管状的阴道腺体,称为子宫阴道腺。在交配或输精后,精子贮于其内,此后可以在一定的时间内陆续释放出来,受精作用得以持续进行。阴道的长度约为 12 cm,肌肉组织发达,具有厚而圆的层次。母鸡的阴道开口于泄殖腔左侧(图 13-2)。

1.输尿管开口;2.直肠开口;3.粪窦;4.输卵管开口。

图 13-2　母鸡的泄殖腔

(资料来源:家禽生产学,杨宁,2002)

二、公禽的生殖器官

公禽的生殖器官包括睾丸、附睾、输精管和交配器官等。与哺乳类相比,禽类没有副性腺(图 13-3)。

(一)睾丸

睾丸位于腹腔脊柱腹侧,由睾丸系膜悬吊于腹腔体中线背系膜两侧,呈豆形,灰白色。公禽睾丸的大小、质量随品种、年龄和性活动期的不同而有很大差异。未成年的家禽睾丸只有绿豆样至黄豆样大小,随年龄的增长而增大。成年家禽的睾丸质量为体重的 1%~2%。成年肉用型种鸡的睾丸平均质量为 15~20 g,蛋用型鸡的睾丸平均质量为 8~12 g;成年雄鹑的睾丸质量为 1.6 g,在非繁殖季节睾丸质量只有 0.1 g;火鸡的睾丸质量与重型鸡差不多;鹅的睾丸质量约占体重的 0.41%。相比而言,鸭的睾丸明显比鸡的睾丸大。

睾丸的表面几乎完全被腹膜所覆盖,睾丸内缺少结缔组织性间隔。其深层由坚韧的结缔组织构成白膜。在性活动期间,白膜分内、外 2 层,外层薄,内层厚,并发出许多小梁深入精细管之间,形成支架网,称睾丸间质。

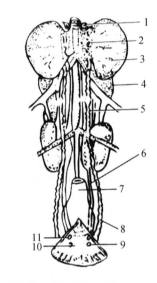

1.肾上腺;2.附睾区;3.睾丸;4.肾;5.输精管;6.输尿管;7.直肠;8.输精管扩大部;9.射精口;10.泄殖腔;11.输尿管口。

图 13-3　公鸡的生殖器官

(资料来源:动物繁殖学,渊锡藩,1993)

与哺乳类不同的是,家禽的睾丸不分成睾丸小叶,因缺乏睾丸纵隔和小隔,所以精细管在白膜内可自由分支并吻合成网。精细管之间的睾丸间质内分布着血管、淋巴管和神经,同时还有呈多边形的分泌睾酮的间质细胞。禽类睾丸深居腹腔内,温度约为 43 ℃,精子仍然能正常发生,这是禽类的一个特性。

(二)附睾

家禽的附睾发育较差,只有在睾丸活动期才明显扩大。附睾是一个长纺锤形的管状膨大物,位于睾丸背内侧凹缘,与睾丸一起包在被膜内。睾丸输出管和附睾管不仅是精子进入输出管的通道,而且还有分泌酸性磷酸酶、糖蛋白和脂类的功能。

(三)输精管

输精管为细的曲管,前接附睾管,沿着肾脏内侧腹面与同侧的输尿管在同一个结缔组织鞘内后行。输精管在骨盆部延伸一段距离后,形成一个略为膨大的圆锥形体,最后形成输精管乳突,突出于泄殖腔外侧的输尿管口的腹内侧。输精管是主要的贮存精子的器官,其上皮能分泌酸性磷酸酶,同时精子在此最后成熟。

(四)交配器官

公禽的交配器官又名交媾器。公鸡和火鸡的交媾器特殊,无真正的阴茎,但有一套完整的交媾器位于泄殖腔后端区,平时隐藏在泄殖腔内,由输精管乳突、脉管体、阴茎及淋巴褶4部分组成。当性兴奋时,输精管精液自输精管乳突射出,透明液自肿胀的淋巴褶流出,最终,精液(输精管精液和透明液的混合物)沿着勃起阴茎的纵沟排出肛门外(图133-4)。

鹅、鸭的交媾器较发达(图13-5 和图13-6)。其交媾器平时套缩在泄殖腔内,呈囊状;交配时勃起,因充满淋巴液而产生压力,使阴茎从泄殖腔压出,呈螺旋锥状体,其表面有螺旋形的排精沟。交配时,排精沟闭合成管状,精液则从合拢的排精沟射出。鸭的阴茎在勃起的长度可达10～12 cm,鹅的阴茎长为 6～7 cm。

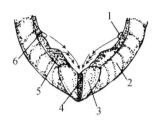

1.输精管乳突;2.泄殖腔第三褶;3.勃起的阴茎;4.纵沟;5.肿胀的淋巴褶;6.泄殖腔第二褶。

图 13-4 公鸡射精

(资料来源:Nishiyama,1955)

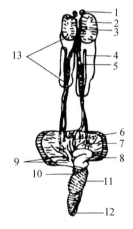

1.肾上腺;2.睾丸;3.附睾;4.输尿管;5.输精管;6.输尿管口;7.输精管乳突;8.纤维淋巴体基部;9.肛外侧腺;10.排精沟;11.纤维淋巴体游离部;12.排精沟末端;13.肾。

图 13-5 公鹅的生殖器官

(资料来源:养鹅技术,焦骅,1990)

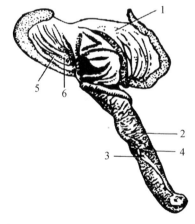

1.已经外翻的泄殖腔;2.阴茎;3.排精沟;4.沟内隆凸部;5.输精管口;6.输尿管口。

图 13-6 公鸭的阴茎

(资料来源:家畜繁殖学,张忠诚,2000)

▶ 第二节　禽类的生殖生理

一、家禽的生殖特点

家禽的生殖特点与家畜有许多不同,在生产中可以根据这些特点进行科学的管理和饲养,以提高家禽的繁殖效率和挖掘繁殖潜力。

(一)生殖器官特殊

雄禽的生殖器官由睾丸、睾丸旁导管系统、输精管和交媾器(鸭、鹅称阴茎)组成,没有副性腺和精索等结构。睾丸旁导管系统由睾丸网、输出小管、附睾小管和附睾管组成。母禽的生殖器官包括卵巢和输卵管,后者直通泄殖腔。成年母禽仅左侧卵巢和输卵管发育正常,右侧退化。母禽卵巢的发育不像哺乳动物那样与体重成一定比例增加,而是在接近性成熟时其质量急速增加,输卵管也类似,而在休产期和就巢期时又萎缩(表 13-1)。

表 13-1　家禽生殖系统发育变化

阶段	卵巢质量/g	输卵管质量/g	输卵管长/cm
4 月龄		1.10	9.69
5 月龄	6~7	22	32.21
开产期	38~40	77.20	67.67
就巢期		4.20	16.92

资料来源:家禽繁殖学,郭良星,1999。

(二)繁殖潜力大、速度快

用肉眼可观察到,在母禽的卵巢上约有 2 500 个卵泡;用显微镜可观察到,在母禽的卵巢大约有 12 000 个卵泡。其中仅有少数达到成熟排卵。家禽属于卵生动物,无"发情周期""妊娠期"等现象,其卵巢上的卵泡可以在同一时期连续发育成熟、排卵和受精,一生的产蛋可高达 1 500 枚左右。家禽卵子从受精到蛋产出只需 24~26 h。胚胎发育的大部分时期是在体外进行,比家畜几个月甚至十几个月的胚胎发育过程要快很多。

(三)胚胎体外发育

家禽的胚胎发育分为母体内发育和母体外发育 2 个阶段,且大部分发育为体外发育阶段。体外发育主要取决于环境温度和湿度,从而使人工孵化能够实现产业化。家禽的胚胎发育要依赖种蛋中贮存的营养物质。除了卵黄中含有大量完善的营养物质外,输卵管分泌的如蛋白质、矿物质等营养物质也是胚胎发育所需的。因此,种禽饲料中的营养物质缺乏会妨碍胚胎的正常发育。不同家禽或同种家禽不同品种的孵化期有所不同,体形越大、蛋越大的家禽孵化期就越长(表 13-2)。

表 13-2　家禽的孵化期

家禽品种	孵化期	家禽品种	孵化期
鸡	21	火鸡	27～28
鸭	28	珍珠鸡	26
鹅	30～33	鸽子	18
瘤头鸭	33～35	鹌鹑	16～18

资料来源:家畜生产学,杨宁,2002。

(四)大多具有明显季节性和就巢性

为了获得有利于繁衍后代的外部条件,大多数禽类在自然条件下经过长期的进化形成了明显的季节性繁殖活动,如鹅、火鸡、雉鸡和比较原始的鸡种等。因地理位置的差异,不同家禽进入繁殖期的时间不同,如南方鹅种一般在天气转凉的秋冬季开始繁殖,北方鹅种一般在气候变暖的春夏季进入繁殖期。光照是控制禽类季节性繁殖的关键因子。按照光照对禽类繁殖的不同影响,禽类繁殖可分为长日照繁殖型和短日照繁殖型。就巢是指禽类在自然条件下保证繁衍后代的抱孵种蛋的行为,也称为"抱窝"。一般禽类在产一窝蛋后即停产而进入就巢状态,直到孵出幼雏并在幼雏逐渐独立后才重新进入繁殖状态。在现代养禽生产中,由于人工孵化和加强选育,许多禽类不再表现出就巢行为,如部分的鸭和鸡品种。

二、性成熟与性行为

幼龄家禽发育到一定时期开始具备明显的第二性征,表现出有性行为,产生成熟的生殖细胞,这个时期称为性成熟。

(一)性成熟与第二性征

性成熟年龄因家禽种类、品种、饲养管理条件和个体发育差异而不同(表 13-3)。

表 13-3　家禽性成熟年龄　　　　　　　　　　　　月龄

品种	性成熟期	品种	性成熟期
蛋用型鸡	5～6	太湖鹅	7～8
肉用型鸡	6～9	狮头鹅	8～9
北京鸭	5～6	火鸡	7～8
番鸭	7～8	鹌鹑	1.5～2

资料来源:家畜繁殖学,张忠诚,2000。

1.母禽的第二性征

在性成熟期前后,母禽的生殖系统变化显著,第二性征会十分明显。已开产的鸡性情温顺,鸡冠鲜红、温暖而大。在垂体前叶分泌的 FSH 作用下,除产生卵子外,卵巢分泌的雌激素会促进输卵管的生长,耻骨及肛门的张开、增大,以利于产蛋等。

2.公禽的第二性征

公鸡的第二性征表现为冠部比较大,颈羽和鞍羽长而尖,尾羽特别长,羽毛光泽度好,啼鸣声响亮。此外,公鸡体形较大而且争强好斗。公鸭的尾巴有 3～4 根向上卷曲的性羽,有色羽鸭的深色毛(如颈部、翅膀等)色深且亮,叫声低哑。公鹅的第二性征不明显,仅是体大雄壮。

3.影响性成熟的因素

家禽的性成熟受遗传、环境、饲养管理条件的影响。

(1)遗传 在性成熟方面,培育品种早于原始品种,体形小的品种早于体形大的品种,蛋用型品种早于兼用型和肉用型品种,母禽早于公禽。

(2)环境 温暖地区的家禽性成熟早于寒冷地区的家禽,育成期处于日照时间较长的家禽的性成熟早于处于日照时间较短的家禽。

(3)饲养管理条件 高营养水平使家禽性成熟提前,特别是在育成后期饲喂高蛋白日粮会使家禽成熟期明显提前。此外,饲养密度影响性成熟,公母混养刺激性成熟。

(二)性行为

性行为是家禽在两性接触中表现出的一种特殊行为,关系到家禽配种的效果。公禽性行为通常是从跑动开始,在跑动过程中寻找确定接受交配的个体。其求偶行为有多种表现:旋转舞(华尔兹舞),即垂下翅并以小步轻轻地走近母鸡或伸长颈部,立颈羽毛而从后面接近母鸡;以鸡爪抓住地上的细沙土,嘴咬,并发出有特征的声音;也有高踏步环绕母鸡行走,在角落做巢,边做巢,边呼叫或振动翅膀而跳跃等。在交配时,公鸡迅速跳上母鸡背部,咬住母鸡头部或颈羽,尾部向下伸展,翻出泄殖腔,此时母鸡尾部抬举移向一边,也翻出泄殖腔紧贴公鸡泄殖腔,公鸡将精液射入母鸡阴道。交配可发生在一天中的任何时间,以早晨及下午最为频繁,公鸡每天交配次数可达 25～60 次。

火鸡的性行为则是公火鸡开屏,双翅下垂,围绕母火鸡走动;而母火鸡则主动蹲在公火鸡附近接受踩踏。

鸭的性行为表现各异。有的品种常常是母鸭三五成群地围着公鸭点头、侧颈,交配后常做潜水动作;有的品种则是多只公鸭追逐一只母鸭。

(三)配种适龄与种用年限

1.配种适龄

家禽的性成熟虽能产生成熟的配子,但性机能要在性成熟后几周才能稳定。过早进行繁殖生产会降低种蛋合格率和受精率,种公禽也容易过早衰退。母鸡一般在 20 周龄即达性成熟,在其后几周内的畸形蛋较多;公鸡约在 12 周龄开始生成精子,并可采得少量精液,然而精液质量还远达不到要求。几种母禽配种适龄见表 13-4。公禽配种适龄与母禽相同或晚 1～2 周。

在家禽群体中,通常是一只公禽与数只母禽交配。在鸡群中,常见到具有进攻性的公鸡阻碍其他公鸡的交配活动。若它的精液品质欠佳,势必造成鸡群受精率下降,所以采用自然交配的种禽要有适宜的公母比例(表 13-5),这样才能获得较高的受精率。

在自然交配的鸡群中放入公鸡后的第 2 天便可获得受精蛋,需要 5～7 d 才能达到最高受精率,所以种公禽应提前 1 周放入母禽群。

表 13-4　几种母禽的配种适龄　　　　　　　　周龄

家禽种类	配种适龄	家禽种类	配种适龄
蛋用鸡	24	蛋用鸭	21
肉用鸡	25	肉用鸭	25

表 13-5　种禽自然交配时的公母比例

品种	比例(公：母)	品种	比例(公：母)
轻型鸡	1：(12～15)	轻型鸭	1：(15～20)
中型鸡	1：(10～12)	中型鸭	1：(10～15)
重型鸡	1：(8～10)	重型鸭	1：(8～10)
火鸡	1：(10～12)	鹅	1：(4～6)

资料来源:家畜繁殖学,张忠诚,2000。

2.种用年限

公、母禽的年龄对繁殖率均有影响。公鸡、公鸭和公火鸡于 18 月龄前,公鹅于 2～3 岁时的受精率最高。母禽的产蛋量随年龄增长而下降,鸡、鸭和火鸡在第 1 年的产蛋最多。鸡在第 2 年的产蛋量比第 1 年下降 15%～25%,第 3 年的产蛋量比第 1 年下降 25%～35%。母鸭在第 2 年的产蛋量保持原有水平或稍有下降。火鸡在第 2 年的产蛋量下降 40%～60%。母鹅在第 2～4 年的产蛋量有所上升,以后则开始下降。种公禽的精液也有类似变化。据观察,第 2 个产蛋年度的蛋壳质量好,且孵化出的雏鸡具有良好的抗病能力。

家禽一般的种用年限为鸡 1 年,优秀个体可使用 2 年,鸭 2～3 年,火鸡 2 年,鹅 5～6 年,母鹅可延长至 6～7 年。

三、母禽生殖生理

(一)卵子发生与卵泡发育

1.卵子发生

在个体发育中,卵巢很早就开始发育。在胚胎期,原始生殖细胞(PGCs)进入生殖原基的皮质区,开始有丝分裂。在胚胎发育的第 5～6 天,性别开始分化,早期卵巢的生殖上皮开始增殖,右侧卵巢在第 7 天开始退化,于 8～10 日龄时左侧卵巢开始形成未来的卵细胞,称作卵原细胞。在孵化后期,卵原细胞停止增殖而进入生长期,并变成初级卵母细胞。在雏鸡孵出后不久,来自胚胎上皮细胞的每个卵母细胞均是一个卵泡,为其生长和构成卵黄提供必需的物质。由于卵巢的进一步生长发育,卵黄物质积聚,卵母细胞体积不断增大。与此同时,与卵母细胞一起的体细胞(颗粒细胞和膜细胞)增殖很快。在卵母细胞的生长和发育的整个过程中,卵泡的渗透性及膜的厚度发生改变,并参与卵细胞的形成、生长和成熟。禽类卵子的发生可分为以下 3 个阶段。

(1)增殖期　卵原细胞通过有丝分裂,迅速增殖。此期完全在孵育期内进行。

(2)生长期　卵原细胞停止增殖开始生长,称为初级卵母细胞。在性活动开始之前,卵母细胞只是外包一层立方形细胞和基膜,被称为初级卵泡。在性活动开始后,初级卵母细胞才开始缓慢地生长,随后卵黄的沉积使卵细胞的体积进一步扩大,最后质量可达 $18\sim20$ g。

(3)成熟期 卵子的最后成熟是在输卵管内进行的。在排卵前约 2 h,卵母细胞进行第一次成熟分裂,形成次级卵母细胞和第一极体,染色体减半,所以进入输卵管漏斗部的是次级卵母细胞。次级卵母细胞在输卵管内被精子激活以后,才完成第二次成熟分裂,形成卵细胞和第二极体。

禽类的卵子为典型的端黄卵,含有大量的卵黄,呈球形。成熟的鸡卵直径为 $3\sim4$ cm,卵黄顶部有一个直径为 $3\sim4$ mm 的白色圆盘状区域,称为胚盘(blastodisc)。卵子的细胞质很少,除一层薄薄的细胞质包裹于卵黄外,其余主要集中于胚盘部位。胚盘的细胞质内不仅含有细胞核,还包括线粒体、内质网、高尔基体、脂滴和糖原颗粒等。卵子的质膜外为卵黄膜,由内层、外层构成:内层由卵泡细胞分泌形成,厚为 $0.4\sim0.7$ μm,透射电镜观察为一层致密的纤维网状结构;外层是卵子从卵巢排出后由输卵管漏斗部的分泌细胞所形成。卵黄由黄卵黄和白卵黄相间构成,其中白卵黄形成卵黄心,从卵黄心向动物极延伸,末端略膨大,延伸部分称为卵黄心颈,膨大部分称为潘氏核(Pander nucleus),位于胚盘之下。

在卵子的成长过程中,因卵黄累积而逐渐增大。最早积累的卵黄为浅色卵黄,因此小的卵泡呈白色,此后深浅交替,累积成层。这种卵黄累积交替成层的深浅颜色可能与昼夜新陈代谢速度的节奏性有关,即白天为深色,晚上为浅色。卵黄蛋白主要于排卵前几天在肝脏中合成,并积聚于卵黄。

2.卵黄生长

卵黄是无生命的营养物质,微小的卵母细胞在它的表面,所以通称为卵。在母禽的性成熟之前,卵黄沉积很慢,颜色较浅,卵泡为白色。当接近性成熟时,卵黄迅速沉积,在卵黄生长的同时,卵泡和卵母细胞的分泌物形成卵黄膜。卵黄物质主要是卵黄蛋白和磷脂类。卵母细胞随卵黄的不断沉积,逐渐移至卵黄表面,位于卵黄膜下。当打开鸡蛋时,卵黄表面有一白色小圆点,在未受精卵上即为卵母细胞,通常称为胚珠。其特点是白色圆点较小,直径小于 2.5 mm,无明区、暗区之分。胚珠是指禽蛋卵黄上白色米粒大小的结构,为没有分裂的次级卵母细胞,由细胞质与核被压向动物极而形成。在蛋被产下后,卵黄会转动而使胚珠保持在上方。在受精卵上,卵母细胞已经受精并分裂多次,胚胎已经发育到囊胚期至原肠期,称为胚盘。其特点是肉眼可见较大的白色圆点,直径大于 3 mm,有明区和暗区之分。在一定孵化条件下,雏鸡在此基础上发育而成。据此差别,可以打开静置了 20 min 的种蛋进行种蛋受精率抽样测定。

3.卵泡发育

禽类早期卵泡的结构与哺乳动物的很相似,由卵黄膜、放射带、颗粒层、卵泡膜(内膜和外膜)组成。整个卵泡膜结构随着卵母细胞的发育而逐渐改变。卵巢上的每一个卵泡内包含一个卵子。根据卵子发育程度和卵泡生长的大小,卵泡发育可分为初级卵泡、生长卵泡和成熟卵泡 3 种状态。当母禽接近性成熟时,受 FSH、LH、孕酮等激素和卵巢内部分泌因子的调节,少数卵原细胞开始生长,卵黄物质在卵细胞内积存,细胞体积迅速增大,成为初级卵母细胞。单个卵泡的大小因禽种不同而异,鸡在排卵前的卵泡直径可达 4 cm。卵黄形成后,在排卵前 $2.0\sim2.5$ h,初级卵母细胞开始第一次减数分裂,排出第一极体,形成次级卵母细胞。在排卵时,卵细胞处在次级卵母细胞时期,第二次减数分裂的中期,只是形成纺锤体,分裂还未完成。当排卵后,卵细胞只有在输卵管漏斗部与精子结合而受精时,才完成第二次减数分裂,排出第二极体,卵母细胞完全成熟。没有受精的卵细胞就停留在次级卵母细胞阶段而产出。在性成熟期以前,卵泡虽大小不等,但生长都很缓慢;当接近性成熟时,较大的卵泡迅速生长,并在排卵前经 9～10 d 达到成熟。

4. 激素对卵细胞发育的调节

卵子及卵泡的生长发育至最后成熟主要是 FSH 作用的结果。实验证明,摘除母禽垂体,卵泡不能继续发育生长,大的卵泡也迅速萎缩。若再注射 FSH,卵泡又可继续生长。在卵泡迅速生长的过程中,卵泡分泌的雌激素不但会刺激生殖道,影响第二性征的变化,而且母禽愿意接受公禽的交配,同时可能对 LH 的释放也有作用。禽类虽无黄体,但卵泡能产生孕酮,也能刺激垂体释放 LH,导致成熟的卵泡排卵。禽类垂体后叶还释放催产素和 8-精催产素。实验证明,鸡的子宫对 8-精催产素比催产素更敏感。在卵泡尚未迅速生长之前,输卵管呈线状,长为 8～10 cm。在卵泡迅速生长后,卵泡分泌雌激素,刺激输卵管,使其迅速发育,在短期内变成一个高度卷曲的、相当粗大的结构,长达 50～60 cm。

(二)排卵

1. 排卵过程

家禽的排卵是指成熟的卵母细胞由卵巢排出的过程。排卵应与产蛋相区别。排出的卵子在未形成蛋之前称卵黄,形成蛋之后称蛋黄。在排出卵子后,游向靠近左侧卵巢的输卵管始端,由此进入输卵管漏斗部。目前对排卵的具体机制尚不十分清楚,一般认为当卵黄达到成熟时,则从卵泡表面的一条无血管区"卵带区"破裂排出。卵母细胞从发育到排卵一般需要 7～10 d。通常在母鸡前一枚蛋产出约 30 min 后,发生下一次排卵。鸡、鸭、火鸡和鹌鹑等每天连续产蛋的家禽在一个产蛋周期中,其产蛋和下一次排卵的时间接近。

2. 内分泌对排卵的影响

LH 是引起家畜卵泡成熟和黄体分泌孕酮的主要激素。由于家禽排卵后没有真正的黄体形成,因此将引起家禽排卵的激素(LH)称为排卵诱发激素(OIH)。OIH 的作用是使卵泡表面的微血管和部分血管萎缩变白,卵带区扩大。OIH 在排卵前形成高峰,即 OIH 峰。同时,OIH 又在 PG 作用的协同下引起卵泡膜强烈收缩,使膜纤维张力增加以及在酶的作用下,共同促使卵带区破裂排卵。

与哺乳动物不同,家禽在排卵后破裂的卵泡膜皱缩成一薄壁空囊附在卵巢上,分泌激素,但不形成黄体。在排卵后的 6～10 d,破裂的卵泡膜皱缩成残迹,1 个月左右消失。

(三)蛋的结构与形成

1. 蛋的结构

从内向外,蛋由蛋黄、系带、浓蛋白、稀蛋白、蛋壳膜、气室、蛋壳、壳胶膜等组成(图 13-7)。

2. 蛋的形成过程

(1)蛋白在膨大部形成　在排卵后,卵黄被漏斗部接纳,此时若与输卵管的精子相遇,15～18 min 便发生受精作用。漏斗颈部的管状腺能分泌蛋白。漏斗部的腺细胞分泌形成卵系带膜和系带。卵在富含腺体的膨大部被分泌的浓蛋白包围,在输卵管的蠕动作用下,卵黄做被动的机械旋转,形成了扭转的系带,然后被分泌的稀蛋白包围形成稀蛋白层,而后又形成浓蛋白层和最外层稀蛋白层。在卵黄离开膨大部后,输卵管其他部位不再分泌蛋白。膨大部的代谢非常稳定。在产蛋期，不论卵黄存在与否，膨大部均能分泌蛋白；在非产蛋期，膨大部不分泌蛋白。卵在膨大部停留约 3 h。

（2）蛋壳膜在峡部形成　膨大部的蠕动促使卵进入峡部，并在此处形成内外蛋壳膜。在卵进入子宫的最初 8 h，内外蛋壳膜渗入的子宫液（水分和盐分），蛋的重量增加了近 1 倍，同时蛋壳膜鼓胀成蛋形。

蛋壳膜是由纤维蛋白组成的半透性膜，分为内层和外层。当卵通过峡部时，先形成内壳膜，外壳膜则以乳头突与蛋壳相连。2 层壳膜在蛋的钝端分开，形成气室。作为蛋的屏障，其既可防止蛋内水分的蒸发，又能防止微生物的侵入。蛋通过峡部的时间约为 80 min。

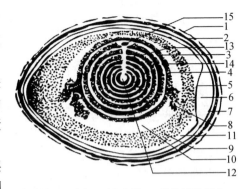

1. 壳胶膜；2. 蛋壳；3. 蛋黄膜；4. 系带层浓蛋白；5. 内壳膜；6. 气室；7. 外壳膜；8. 系带；9. 浓蛋白；10. 内稀蛋白；11. 外稀蛋白；12. 蛋黄心；13. 深色蛋黄；14. 浅色蛋黄；15. 胚珠或胚盘。

图 13-7　蛋的构造

（资料来源：家禽学，邱祥聘，1993）

（3）蛋壳在子宫形成　卵沿峡部进入囊状的子宫，在此停留 18～20 h，形成蛋壳。初期钙的沉积很慢，进入 4 h 之后，钙的沉积开始加快，16 h 就恒定于一定水平。

蛋壳的沉积开始于蛋刚要离开峡部，且正要进入子宫之时。此时，外壳膜上出现许多微小的钙沉积小点，此即钙沉积的起始部位。最初沉积的为内壳，是由碳酸钙晶体构成的海绵样乳头层；此后随即沉积形成坚实的碳酸钙晶体的海绵层，即外壳膜，其厚度为内壳层的 2 倍。最终形成的蛋壳几乎完全由碳酸钙构成，只有少量的磷、镁和钾（2％～5％）。

（4）气孔、蛋壳颜色和壳胶膜

①气孔：气孔的形成是由碳酸钙沉淀积成柱状的结晶，这些结晶没有完全同时增大，留下一些间隙，间隙垂直通过整个蛋壳，从而形成气孔。气孔是 O_2 进入和 CO_2 排出的通道。

②蛋壳颜色：有色蛋壳上的色素是子宫上皮分泌的色素卵卟啉均匀分布在蛋壳和壳胶膜上的结果。褐壳蛋壳上沉积的是棕色素，于产蛋前 5 h 形成。通常，蛋壳颜色的深、浅是固定的。某些疾病（如支气管疾病、产蛋下降综合征、新城疫等）会使褐壳蛋的蛋壳颜色变浅。

③壳胶膜：也称为壳上膜，是蛋在离开子宫前形成的一层极薄的、可透性角质层。壳胶膜由蛋壳腺分泌的有机物质构成，在产蛋过程中起到润滑作用，产出后瞬间干燥，封闭气孔，防止水分蒸发及外界微生物侵入。

（5）畸形蛋的形成　畸形蛋种类很多，如双黄蛋、无黄蛋、软壳蛋等。畸形蛋不能作种蛋用，商品价值也不高。其形成原因见表 13-6。

表 13-6　畸形蛋的形成原因

种类	形成原因
双黄蛋	2 枚卵黄同时排出
无黄蛋（血斑、肉斑）	蛋白分泌机能旺盛，出现浓蛋白块、卵巢出血的血块、脱落组织等
软壳蛋	缺乏钙及维生素 D，疾病，子宫机能失调，输卵管内有寄生虫，受惊吓，用药不当等
蛋包蛋	输卵管逆蠕动，将已形成的蛋又推回到输卵管上部，然后再下行，重新包上蛋白和蛋壳
异形蛋	峡部失调，蛋壳腺分泌失常或收缩对蛋壳产生挤压

资料来源：家畜繁殖学，张忠诚，2000。

（四）产蛋及其激素调节

到达阴道部的蛋只要等待 30 min 便可产出。

1.产蛋

在形成过程中，蛋在壳腺部一直保持锐端向下，在产蛋之前转动 180°，多以钝端先行产出。鸡的卵子从排出到蛋的产出约需 24 h 以上，故前一个蛋产出以后要经过 30～60 min，下一个卵泡才排出。因此，鸡每天排卵的时间要比前一天推迟，经过连续数天产蛋后，会停产 1～2 d。

在自然光照下，产蛋多在上午进行，15：00 以后较少。一般下午到达泄殖腔的蛋要到第 2 天才产出。人工授精的输精时间应该在产蛋之后，否则会降低受精率。

2.激素调节

产蛋过程受激素和神经控制。蛋自阴道产出，至此完成了胚胎发育的第一阶段。在蛋产出前 12 h，体内血液中所含孕酮达到最高水平，说明孕酮参与蛋的产出。另外，家禽垂体后叶所分泌的催产素与加压素也参与产蛋的控制。恰在蛋产出前，血液中所含催产素达到最高水平。注射催产素和加压素可使产蛋提前。

母禽产蛋都有一定的光周期反应。例如，母鸡都在白天产蛋，常在光照开始后 7～10 h 内产出。光照敏感作用可能与垂体前叶和后叶有关。光照敏感作用物还可能存在于中枢神经系统。神经内分泌作用于垂体前叶或垂体后叶，促使产蛋激素的分泌。此外，对子宫部进行机械刺激也可导致提前产蛋，这是由子宫部神经受到刺激后引起激素分泌的结果。

（五）产蛋周期、就巢、换羽和季节性繁殖

1.产蛋周期

母禽连续几天产蛋（连产）后，会停 1 d 或数天（间隙），再连续产蛋数天，这种周期性的现象称作产蛋周期。母禽排卵时间的差异或卵在输卵管中滞留时间的差异导致母禽连产蛋数多，间隙时间短，产蛋率高。

2.就巢

就巢又称抱窝，是家禽繁殖后代的本能。其原因是垂体前叶分泌的催乳素升高。母禽在就巢期间的生殖器官逐渐萎缩，停止产蛋或不接受交配，平均停产 15～30 d。就巢有遗传性，可通过选种选配使其减弱或消失，也可注射激素或改变环境条件来使母禽结束就巢。例如，将母禽置于阴凉通风的地方或于胸部肌内注射丙酸睾酮（每千克体重 12.5 mg），可促使其醒巢。

3.换羽和季节性繁殖

换羽是家禽的正常生理现象。根据其生理习性，家禽经过一年产蛋后，于秋末冬初开始换羽，并长出一套新羽。在换羽期间，除个别高产者外，母禽一般都休产。公禽在换羽期间性欲减退、精液品质下降。季节性繁殖活动是某些禽类（如中国地方鹅种）特有的繁殖特征，是这些动物在特定的地域为更好地适应生存环境，并顺利繁衍后代而由长期进化形成的。季节性繁殖活动。一般以年为周期，被全年的日照变化调整为繁殖季节和非繁殖季节。季节性繁殖的禽类在进入非繁殖季节时，卵巢萎缩，睾丸退化，繁殖活动完全停止，并完成换羽，待下一个繁

殖期到来,重新恢复繁殖活性,卵巢和睾丸重新开始发育。

四、公禽生殖生理

(一)精子的发生与成熟

禽类精子的发生与其他脊椎动物精子的发生过程基本相同,即经过精原细胞、初级精母细胞、次级精母细胞、精细胞、精子等几个阶段。鸡胚在孵化 11 d 后精原细胞开始分化。孵出时,公雏睾丸内的精细管还未形成,在最初的 5 周内精细管形成,精原细胞开始增殖、分化,且增殖方式与哺乳动物相同。初级精母细胞在第 10 周开始减数分裂为次级精母细胞。次级精母细胞在第 12 周后发生第二次减数分裂,形成最早期的精细胞。随后,精细胞发生一系列的形态变化形成精子。不同种类的家禽的精子发育所需时间有差异。在第 20 周左右,可在公鸡的精细管内看到精子。

精子形成的时间及精子发生过程中各阶段的时间与精原细胞分裂的次数和速度有关,同时,精子发生各阶段的时间在品种和个体间有着显著的差异。以日本鹌鹑为例,精子形成的总时间为 28~30 d,各阶段所需的时间分别为精原细胞周期为 5 d;初级精母细胞生长和准备第一次减数分裂 8~9 d;第二次减数分裂 2 d;精细胞发育变为形态学上的成熟精子 7~8 d;精子成熟约 5 d。

在精细胞发育并成为形态学上的精子后,尚没有受精能力,还要经过在附睾和输精管内的成熟阶段。直接从鸡睾丸取出的精子不能使卵子受精,从附睾取出的精子可以使 13% 的母鸡受精,而从输精管末端获得的精子能使 74% 的受精母鸡产下受精卵。输精管是鸡精子成熟的主要部位。精子在 24 h 内就能从睾丸经过输精管到达泄殖腔,禽类精子的成熟时间比较短。

(二)精子的形态特点

与哺乳动物不同,家禽精子有一个很长的头部,头的前端有尖形的顶体,由一个短的颈部连接着一个很长的尾部。禽类的精子之间存在一定的差异,外观和大小却大同小异。鸡的精子头部弯曲,略呈长圆柱体,头部一般为镰刀状,立体形状为长柱形,颈部短,尾部长,外形纤细。鸡精子全长为 100~107 μm,头部长为 12.5 μm,顶体长约为 2.5 μm,核长约为 10 μm,直径为 0.5 μm,尾长为 90~100 μm,精子的体积约为 9.2 μm^3。

(三)精液的生理性状

由于家禽没有哺乳动物那样的副性腺,故精清只来自睾丸内的精细管、附睾及输精管的分泌物,还混入泄殖腔的淋巴襞与脉管体所分泌的透明液。因此,家禽的精液量较少而精子密度较大。鸡的精液量为 0.1~1.2 mL,火鸡的精液量为 0.25~0.4 mL,鹅的精液量为 0.2~1.5 mL,公鸭的精液量为 0.1~0.7 mL。鸡的精子密度为 17 亿~35 亿/mL,最高达 60 亿~80 亿/mL,鹅的精子密度为 2 亿~25 亿/mL,鸭的精子密度为 10 亿~60 亿/mL。禽类新鲜精液一般呈弱碱性,pH 为 7~7.6,鸡的 pH 一般为 7.0~7.6,鹅的 pH 为 6.9~7.4。

由于家禽缺少精囊腺、前列腺和尿道球腺分泌物,附睾不发达,分泌物很少,故而家禽精液的化学成分与家畜有很大差异。家禽精液中几乎不含果糖、柠檬酸、肌醇、磷脂酰胆碱等成分,但含有黏多糖、葡萄糖、甘油等。精液中的磷酸酶的活性在酸性时强,在碱性时弱;精清中的 ATP 含量少,精子在厌氧的条件下分解糖的能力强;氯化物的含量低,而钾、谷氨酸的浓度高。

(四)精子的运行和在输卵管中的寿命

1.精子的运行

家禽的受精部位在漏斗部。射精和人工输精的精液一般在阴道和输卵管的末端,其中大部分精子进入子宫-阴道部的腺窝内,部分精子沿输卵管上行,并布满管腔,少量精子进入并留在漏斗部。此后,输卵管内的精子全部进入腺窝。

母鸡和火鸡人工授精后 24 h,子宫-阴道部 40%的腺窝全部或部分充满精子。精子从阴道部运行到漏斗部需要 1 h,而在子宫部输精只需 15 min 即可到达受精部位。

2.精子在输卵管的存活时间

由于睾丸的温度以及母禽生殖道的特殊结构等因素的影响,家禽精子在母禽生殖道内存活的时间比家畜长得多,鸡的精子存活时间达 35 d,火鸡的精子存活时间达 70 d。在母禽排卵后,卵细胞通过漏斗部时,由于输卵管壁的伸展,腺窝中的精子可以释放出来,从而完成与卵母细胞的受精。

精子在母禽生殖道内保持受精能力的时间受品种、个体、季节和配种方法等因素的影响。其受精能力在交配 3~5 d 后就会下降,但在 1 周之内尚可维持一定的受精能力。若采用人工授精,维持受精能力的时间可达 10~14 d。在母火鸡交配后,最初 2 周的受精率较高,6~8 周后逐渐降为零。

五、受精和胚胎发育

(一)受精与持续受精的时间

1.受精

家禽受精的时间比较短。成熟的卵子从卵巢上排出,被输卵管的漏斗部接纳,此时,若遇有精子便可受精。例如,鸡的卵子在输卵管漏斗部停留的时间约为 15 min,所以受精过程也只能在这个短暂的时间内完成。若卵子未能受精,则随输卵管的蠕动下行到蛋白分泌部,被蛋白所包围,卵子便死亡。

当雌雄交配后,大量的精子从阴道向输卵管漏斗部运行,而部分精子迅速进入贮精腺(sperm-storage glands)皱褶内贮存。贮精腺是壳腺部和阴道连接部的特殊管腺,是保存精子的重要部位。在输卵管漏斗部也有类似的腺体。贮存在黏膜皱褶中的精子存活时间可达20~30 d。精子在输卵管内运行很快,经过 26 min 就可到达输卵管上端,火鸡经过 15 min 即可到达漏斗部,交配后 20 h 就可发现受精蛋。

与哺乳动物不同,禽类精子在雌性生殖道内没有获能现象。精子在穿过卵黄膜时顶体仍然完整,当与卵黄膜内层接触时发生顶体反应,雄原核进入卵中。在精子进入后不久,第二次减数分裂完成,形成雌原核和第二极体,同时漏斗部分泌少量蛋白以形成卵黄膜的外层,阻止其他精子进入卵内。此时,已经有 3~10 个精子进入卵内,进而卵内的精子头部膨大 50 倍,形成若干个雄原核。在精子进入后 3~4 h,其中之一的雄原核与雌原核融合形成合子完成受精

(图 13-8)。融合后的原核位于胚盘正中,其他未结合的雄原核位于胚盘的边缘,不久后消失。因此,禽类属于多精入卵、单精受精。

禽类受精作用虽然只有一个精子完成,但其他精子协同参与穿透卵黄膜非常重要。在生产中,保持理想的受精率就必须使母禽输卵管内维持足够数目的有效精子,所以自然交配的鸡群中适当调整公母比例;在人工授精时,适宜的输精剂量和输精间隔是提高受精率的关键。

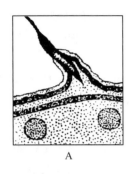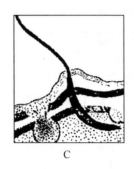

A. 顶体穿过卵黄膜与卵膜合并;B. 毛状突起将精子引入卵;C. 卵皮质颗粒物排出;D. 形成受精膜阻止其他精子入卵。

图 13-8　鸡卵子受精时的精子入卵过程

(资料来源:家畜繁殖学,张忠诚,2000)

不经受精的卵也可以发育的孤雌生殖现象多见于火鸡。孤雌生殖所产生的火鸡均为雄性,其中大约 1/3 的个体可产生正常的精液。用这样的火鸡精液给无亲缘关系的母火鸡输精,仍然可以得到健康的两性后代。

2.持续受精时间

母禽输卵管内的精子大部分贮存在贮精腺,还有少部分精子暂时贮存于漏斗部的皱褶中(称"精子窝")。精子很可能在排卵时由皱褶处释放出来,转移到受精部位。

家禽精子能在输卵管内存活相当长的时间,且仍具有受精能力。输卵管的这种机能使母禽在交配或输精后的一定时期内有连续产生受精蛋的可能。如与公鸡交配后 12 d 仍有 60％的母鸡受精,30 d 左右仍可保持受精能力。火鸡精子在输卵管内存活的时间更长,可达 72 d 之久。太湖鹅在输精后 9 d 受精率开始下降,在 16 d 时仍有 33％的受精率。

家禽的受精高峰一般出现在输精或交配后的 1 周左右,以后受精率则逐渐下降,所以应在 1 周内再次输精或交配。

(二)胚胎发育

1.胚胎的体内发育

禽类精子与卵子结合开始受精,雌原核和雄原核的融合一般发生在排卵后的 3～5 h,再经过 1 h,受精卵在峡部开始第一次卵裂,20 min 后进行第二次卵裂。受精卵在峡部可分裂到 4 细胞阶段或 8 细胞阶段,当进入子宫 4 h 之后,胚胎已生长到近 256 细胞阶段。鸽的原肠形成约发生在产蛋前的 5～7 h。

2.胚胎的体外发育

禽蛋产出后由于温度降低,胚胎暂时停止发育。胚胎的发育完成需要经过一定时间的孵化期。

种蛋孵化需要一定的温度、湿度、通风及翻蛋。入孵后的第1～4天在胚胎的内胚层、外胚层之间很快形成中胚层。这三个胚层形成胎儿的各种组织和器官。外胚层形成皮肤、羽毛、喙、爪、神经系统、晶状体、视网膜、耳、口腔和泄殖腔上皮;中胚层形成骨骼、肌肉、血液、生殖器官和排泄器官;内胚层则形成消化道、呼吸道上皮和内分泌腺体。在入孵后的第5～14天,形成神经系统、性腺、肝、脾脏、口腔和四肢。在此阶段感觉器官的外部出现肋骨脊椎,脖颈伸长,翼、喙明显,四肢形成,腹部愈合,全身覆有绒毛,胫及腿趾上出现鳞片。在入孵后的第15～20天,胚的营养物质被全部吸收,肺血管形成,尿囊及羊膜消失,卵黄囊收缩收入体内,继而除气室外胚胎充满壳内,胚开始用肺呼吸。在入孵的第21天,雏鸡破壳而出。鸡、鸭和鹅的胚胎发育时间和外部主要形态特征参见表13-7。

表 13-7 不同日龄的家禽胚胎发育外部特征

特征	胚龄		
	鸡	鸭	鹅
出现血管	2 d	2 d	2 d
羊膜覆盖头部	2 d	2 d	2 d
眼球色素开始沉着	3 d	4 d	5 d
出现四肢原基	3 d	4 d	5 d
肉眼可以看见尿囊	4 d	5 d	5 d
出现口腔	7 d	7 d	8 d
背部出现绒毛	9 d	10 d	12 d
喙形成	10 d	11 d	12 d
尿囊在蛋的锐端合拢	10 d	13 d	14 d
眼睑达瞳孔	13 d	15 d	15 d
头覆盖绒毛	13 d	14 d	15 d
胚胎全身覆盖绒毛	14 d	15 d	18 d
眼睑闭合	15 d	18 d	22～23 d
蛋白用完	16～18 d	21 d	22～23 d
卵黄向腹内吸入,开始睁眼	19 d	23 d	24～26 d
颈部压迫气室	19 d	25 d	28 d
眼全睁开	20 d	26 d	28 d
开始啄壳	19.5 d	25.5 d	27.5 d
卵黄进入腹腔,大批啄壳	19 d 18 h	25 d 18 h	27.5 d
开始出雏	20 d	26 d	28 d
大批出雏	20.5 d	26.5 d	28.5 d
出雏完毕	21 d	27.5 d	30～31 d

资料来源:动物繁殖学,王元兴、郎介金,1997。

▶ 第三节　禽类的人工授精及雌雄鉴别

一、人工授精

(一)概述

1935—1939 年,Burrown 和 Quinm 用按摩法成功采到公鸡精液,鸡、火鸡、鸭和鹅的人工授精技术相继成功。自 20 世纪 60 年代以来,现代化养鸡业迅速发展,种鸡由平养改成笼养,特别是肉种鸡母鸡小型化,公、母鸡的体重相差悬殊,自然交配困难,人工授精的优越性和迫切性就凸显出来。因此,许多养鸡发达国家,甚至在祖代鸡场也改用笼养人工授精生产种蛋。我国从 20 世纪 50 年代起就开始了家禽人工授精的研究和应用。目前鸡的人工授精(包括稀释精液人工授精)已在生产中普遍应用。在自然交配时,蛋鸡的公、母比例为 1:(8~10),肉鸡的公、母比例为 1:(6~8);在人工授精时,公、母比例可达 1:(30~50)。

禽类的人工授精技术主要包括精液的采集、精液的品质评定、精液的稀释和保存以及输精等环节。

(二)精液的采集

1.种公禽的选择

选择好种公禽是开展人工授精技术的基础。除了按品种特征、生产性能、健康状况选择外,还应选择发育好、健壮、性欲良好、精液品质好的个体。

公鸡第一次选留在 60~70 日龄时进行,按公、母 1:(15~20)比例选留;蛋鸡的第二次选留于 6 月龄时进行,兼用品种和肉用品种在 7 月龄进行,按公、母比例 1:(30~50)选留。种公鸭、种公鹅的第一次选留在 2 月龄时进行;第二次选留于蛋鸭在 4 月龄时进行,肉鸭在 6 月龄时进行,鹅在 7 月龄时进行。

选留的公禽必须定期采精并检查精液品质。公禽最初 3 次采集的精液品质与其以后的精液品质呈高度正相关($r=0.8$),可利用这个特性来选留精液质量好的公禽。

2.采精的调教训练

选留的种禽在采精前 3~4 周应隔离饲养,最好采用个体笼养或小单间饲养,隔离 1 周后进行采精训练。公鸡每天训练 1~2 次,经 3~5 d 后,大部分公鸡可采得精液;公鹅要训练 7~10 d,鸭约需 1 周可采出精液。

采精前应将公禽泄殖腔周围的羽毛剪掉,以免妨碍操作或污染精液,之后用 70% 的酒精消毒,再用蒸馏水擦洗,待干后采精。

3.采精注意事项

采精时,应注意的事项:①采精前 1~2 h 停止饲喂,防止采精时排粪;②切忌粗暴对待公禽;③按摩时间不宜过久,压挤动作不宜用力过大,以免引起公禽排粪或损伤黏膜出血而污染精液;④采集的精液应立刻置于 25~30 ℃水温的保温瓶中,新鲜精液以 30 min 用完为佳;⑤从训练开始,应采精人员、地点、时间三固定,使种公禽形成良好的条件反射;⑥注意采精频率,不能过度采精,可隔天采精,也可1周内连续采精3～5次,休息2 d,同时应加强饲养管理。

4.采精方法

种公禽的采精方法主要有按摩采精法、母禽诱情法、电刺激采精法等。其中按摩采精法实用而简便,是目前应用最广泛的方法。按摩采精法的原理是在公禽的腰荐部有低级射精中枢,当此处受到适度按摩刺激后就会出现勃起和射精行为。采精时,按摩采精法的按摩则接近于自然交配时的感觉刺激,同样会引起性中枢的兴奋、射精。

按摩采精法分为背腹式按摩采精法和背式按摩采精法2种。背腹式按摩采精法多用于体形较大、重型品种的鸭与鹅的采精;鸡与体形小的鸭与鹅的采精多用背式按摩采精法。按摩采精简便、安全、可靠,采出的精液干净。技术熟练者只要数秒钟便可采到精液。

(1)背腹式按摩采精法　背腹式按摩采精法通常由2人操作,保定员保定公鸡,采精员按摩与收集精液。其主要步骤如下:①采精员用右手中指与无名指夹住采精杯,杯口向外;②左手掌向下,沿公鸡背鞍部向尾羽方向滑动按摩数次,以降低公鸡的惊恐,并引起性感;③右手在左手按摩的同时,以掌心按摩公鸡腹部;④当种公鸡表现出性反射时,左手迅速将尾羽翻向背侧,并用左手拇指、食指挤捏泄殖腔上部两侧,右手拇指、食指挤捏泄殖腔下侧腹部柔软处,轻轻抖动触摸;⑤当公鸡翻出交媾器或右手指感到公鸡尾部和泄殖腔有下压感时,左手拇指、食指即可在泄殖腔上部两侧适当挤压;⑥当精液流出时,右手迅速反转,使集精杯口上翻,并置于交媾器下方,接取精液(图13-9)。

(2)背式按摩采精法　背式按摩法的主要步骤如下:①采精员右手持集精杯置于泄殖腔下部的软腹处;②左手自公鸡的翅基部向尾根方向连续按摩3～5次,按摩时手掌紧贴公鸡背部,稍施压力,当近尾部时,手指

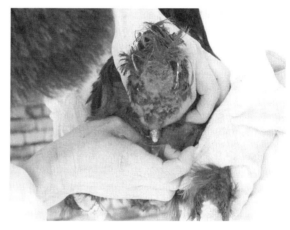

图 13-9　背腹式按摩采精法采集鸡精液(近)

(资料来源:张兆旺摄)

并拢紧贴尾根部向上滑动,施加压力可稍大;③当公鸡泄殖腔外翻时,左手放于尾根下,用拇指、食指在泄殖腔上部两侧施加压力;④右手持集精杯置于交媾器下方接取精液。

按摩采精法也可1人操作,即采精员坐在凳上,将公鸡保定于两腿间,公鸡头朝左下侧,此时便可空出两手,照上述按摩方法收集精液。此法简便、速度快,可节省劳力。

5.家禽人工授精器械

用于收集精液的集精杯多用优质彩色玻璃制成(图13-10)。用于禽类输精的主要工具是输精管。其有如图13-11所示的几种。

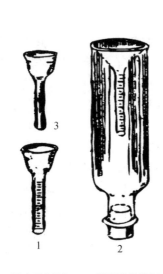

1、3.漏斗形集精杯;2.可保温的集精杯。

图 13-10 集精杯

(资料来源:现代养鸡生产,杨宁,1994)

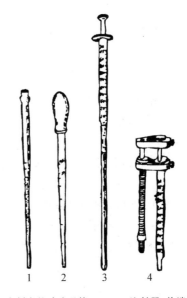

1、2.有刻度的玻璃吸管;3.1 mL注射器,前端连以塑料或玻璃管;4.能调节的定量输精器。

图 13-11 输精器

(资料来源:现代养鸡生产,杨宁,1994)

6.采精频率和公禽使用年限

家禽每次的射精量和精子密度会随着采精频率的升高而降低。例如,在自然交配时,公鸡每天交配40多次,在3~4次后,其精液中几乎没有精子。在公禽经过3~4 h的性休息之后,精液量和精子密度都可以恢复到最高水平。因此,在繁殖生产中,鸡、鸭、鹅每周采精3次或隔日采精;若配种任务重,则每采2 d(每天1次),休息1 d。

采精的间隔时间不宜过久。若间隔时间超过2周,退化的精子数就会增加。因此,在数日未采精后,第一次采得的精液应弃之不用。

公禽一天中于早晨和下午的性欲最旺盛,是采精的合适时间。通常鸡、鹅在下午采精配种,鸭、火鸡在上午采精配种。

公鸡一般使用当年的青年鸡。育种用公鸡质量好的精液可用2~3年。公鸭质量好的精液一般可用1年,多则可用2~3年。2岁且过肥的公鸭应予淘汰。公鹅以1.5~2岁时的精液质量为较好,好的公鹅可用3年,甚至更长时间。

(三)精液的品质评定

家禽精液评价的项目和方法与家畜的基本相同。其主要检查外观、精液量、精子活率、密度以及畸形率等。家禽平均射精量和精子密度参见表13-8。

鸡的受精率与精子的畸形率相关性很高,受精后1周的受精率与精子畸形率间相关系数 $r=-0.86$,而2周后 $r=-0.85$,在正常情况下,精子畸形率为5%~15%。

表 13-8　公禽的射精量和精子密度

品种	射精量/mL	密度/(亿个/mL)	品种	射精量/mL	密度/(亿个/mL)
鸡	0.3(0.1～1.2)	17～35	北京鸭	0.3(0.1～0.8)	26
火鸡	0.08～0.33	80～90	番鸭	1.2	5～20
鸭	0.1～1.2	10～60	鹅	0.2～1.5	3～25

资料来源:家畜繁殖学,张忠诚,2000。

(四)精液的稀释和保存

鸡常用的精液稀释液组成参见表 13-9。在生产中,采集的鲜精经稀释[一般按 1 ∶(1～4)稀释]后直接输精,一般不保存或仅短期保存。

表 13-9　几种鸡精液稀释液的组成　　　　　　　　　g/L

组成成分	BPSE	Lake's 液	BJXY 液	氯化钠液
果糖	5.00	10.00	—	—
氯化镁(6 H_2O)	0.34	0.68	—	—
柠檬酸钾(H_2O)	0.64	1.28	—	—
醋酸钠(3 H_2O)	4.30	8.51	—	—
谷氨酸钠(H_2O)	8.67	19.20	—	—
葡萄糖	—	—	14.00	—
柠檬酸钠	—	—	14.00	—
氯化钠	—	—	—	10.0
TES[*]	1.95	—	—	—
无水磷酸钠	0.75	—	—	—
磷酸氢二钾(6 H_2O)	12.70	—	—	—
磷酸氢二钠(12 H_2O)	—	—	24.00	—
磷酸二氢钾	—	—	3.60	—
pH	7.5	7.0	7.2	6.9
渗透压/(mOsm/kg^{-1})	333	375	360	378

注: [*] N-三(羟甲基)-2-氨基-乙烷磺酸。

(五)输精

用于人工授精的母禽应该具有中等营养体况,健康无病,产蛋量高的优势。输精器具应湿热消毒或酒精棉球擦拭晾干后备用,准备 1 mL 注射器、带胶头的玻璃吸管、连续输精器等。一般在生产中,使用的输精方法是将输精管通过泄殖腔插入母禽的输卵管。鸡、火鸡和鸭的输精方法都采用翻肛法,鹅因翻肛困难而不采用。

1. 鸡的输精技术

(1)输卵管口外翻输精法　此法也称阴道输精法、翻肛法,是目前最常用的鸡输精方法。输精时,由助手(翻肛者)抓住母鸡双翅基部提起,使母鸡头部朝向后下方,泄殖腔朝上,右手在母鸡腹部柔软部位,向头背部稍微施压力,泄殖腔即可翻开,露出输卵管口,此时输精员将输精管插入输卵管即可输精(图 13-12)。

笼养母鸡可以不拉出笼外,输精时,助手的右手伸入笼内,以食指放于鸡两腿之间握住鸡的两腿基部,将其尾部、双腿拉出笼门,使鸡的胸部紧贴笼门下缘,左手拇指和食指放在鸡泄殖腔上、下方,按压泄殖腔,同时右手在鸡腹部稍施压力即可使输卵管口翻

图 13-12　母鸡输精

出,输精员即可输精。输精员注入精液的同时,助手应顺势撤除翻肛压力,以免注入的精液外流。

(2)子宫内输精法　此法在母鸡子宫内有蛋时进行,应用较少。助手抓握母鸡侧卧保定,左侧向上,输精者左手持输精器(带 5 号针头的 1 mL 注射器)在左侧部、上下、左右无硬物,(包括骨骼和肌肉)有柔软感觉的部位进针,同时,用右手慢慢从母禽右侧腹部适当压迫,使腹内的蛋压向左侧,并起保定作用。在针头插入触及蛋壳后,调整针头方向,使针头紧靠蛋的前端再向母禽头部水平方向推进一些就可输精。保定时,也可以将食指伸入泄殖腔,隔着直肠将子宫硬蛋固定靠左侧腹壁,便于输精者进行操作。

2.鹅、鸭和火鸡的输精操作

(1)手指引导输精法　助手将母禽固定于输精台上(台面高为 50～60 cm),输精员的右手食指插入母禽泄殖腔,找到输卵管后插入食指,左手持输精器沿插入输卵管的手指的方向将输精器插入进行输精。

(2)直接插入阴道输精法　此法简称直接法。助手将母禽固定于操作台上,使其尾部稍抬起,输精员用左手掌将母禽尾巴压向一边,并用拇指按压泄殖腔下缘使其张开,右手以握毛笔式手法持输精器上部。在输精器插入泄殖腔后,向左方插进便可插入输卵管口,此时,左手大拇指放松并稳住输精器,再输入精液。

3.输精深度

在自然交配时,公鸡的生殖器官突入母鸡阴道 1～2 cm。因此,在给蛋种鸡输精时,输精器插入输卵管 1～2 cm;肉种鸡输精深度应为 2～3 cm。

4.输精量与输精次数

输精量和输精次数取决于精液品质,其还受到鸡种、个体、年龄、季节的影响。一般肉用型鸡、产蛋后期的鸡及炎热季节应适当增加输精量或缩短输精间隔时间。

贮精腺对精子的贮量是有限的。输入过多的精子则不能进入贮精腺,而是滞留在输卵管内。输卵管腔并不利于精子的存活。母鸡的输精量为 0.5 亿～1.0 亿个精子。蛋种鸡在盛产期的每次输原精量 0.025 mL,每 5 d 输精 1 次;在产蛋中末期的每次输原精量为 0.05 mL,每 4 d 输精 1 次。肉种鸡在盛产期的每次输原精量为 0.03 mL,每 5 d 输精 1 次;在中末期的每次输原精液量为 0.05～0.06 mL,每 4 d 输精 1 次。

5.输精时间

子宫内硬壳蛋的存在会影响受精率。母鸡产蛋多在上午,因此上午输精受精率低于下午,且易引起母鸡腹腔炎,故在生产中以下午 3:00 以后输精为宜。常见家禽的主要输精参数见表 13-10。

表 13-10　常见家禽的主要输精参数

禽类	输精方法	输精深度/cm	输精剂量/mL	每次应输有效精子数*/亿个	输精间隔/d	一天中适宜输精时间
鸡	翻肛法	1～2	0.025～0.05	0.5～1.0	4～5	下午 3:00 后
火鸡	翻肛法	3～4	0.025～0.05	1.0～1.5	7～14	下午 3:00 后
鸭	翻肛法	4～6	0.05～0.08	0.5～1.0	5～6	上午多数产蛋后
鹅	直接法	5～7	0.05～0.08	0.5～1.0	5～6	上午多数产蛋后

注：*指直线前进运动的精子数。

二、初生雏的雌雄鉴别

在生产中,初生雏鸡的雌雄鉴别有重要意义。雏鸡在雌雄鉴别后可分群饲养。在蛋鸡场只饲养母雏,这样节省饲料、禽舍、劳动力和各种饲养费用,提高了经济效益。在种鸡场,公、母鸡分开饲养有利于母鸡的生长发育,可提高母雏的成活率和整齐度,避免公雏发育快、抢食而影响母雏发育。

刚出生的哺乳动物可根据外生殖器官立即辨认出雌雄,而初生雏鸡一般无法从外观上直接辨别。初生雏鸡的雌雄鉴别方法主要有肛门雌雄鉴别法(翻肛法)和伴性遗传鉴别法 2 种。

(一)肛门雌雄鉴别法(翻肛法)

鸡的直肠末端与泌尿和生殖道共同开口于泄殖腔。泄殖腔向外的开口有括约肌,称为肛门。将泄殖腔背壁纵向切开,由内向外可以看到 3 个主要皱襞:第一皱襞为直肠末端和泄殖腔的交界处形成的黏膜皱襞;第二皱襞位于泄殖腔的中央,由斜行的小皱襞集合而成,在泄殖腔背壁幅度较广,至腹壁逐渐变细而终止于第三皱襞;第三皱襞形成泄殖腔开口(图 13-13)。

雄性在近肛门开口泄殖腔下壁中央的第二皱襞、第三皱襞相合处有一芝麻粒大的白色球状突起(初生雏比小米粒还小),为"生殖突起",其两侧围以规则的皱襞,因呈八字状,故称"八字状襞"。生殖突起和八字状襞构成显著的隆起,称为"生殖隆起"。生殖突起及八字状襞呈白色而稍有光泽,有弹性,在加压和摩擦时不易变形。

肛门雌雄鉴别法(翻肛法)即根据综合判断生殖突起及八字状襞的形态、质地来分辨雌雄,其准确率在 96% 以上。

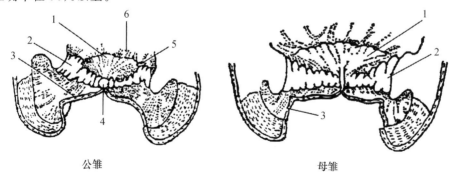

公雏　　　　　　　　　　　　　母雏

1.第一皱襞;2.第二皱襞;3.第三皱襞;4.退化的交尾器;5.输精管乳突;6.直肠的末端。

图 13-13　雏鸡的泄殖腔

(资料来源:家禽生产学,杨宁,2002)

(二)伴性遗传鉴别法

应用伴性遗传规律,培育自别雌雄品系,通过专门品种或品系之间的杂交就可以根据初生雏的某些伴性性状来准确辨别雌雄。

公鸡的 2 条性染色体大小相似,都携带基因,有完整的机能;在母鸡的 2 条性染色体中,只有一条具有功能,另一条萎缩不携带基因。充分发育携带基因的性染色体称为 Z 染色体,萎缩的性染色体称为 W 染色体。公鸡的性染色体为 ZZ 型,母鸡的性染色体为 ZW 型。性染色体上的基因称为伴性基因,由它控制的性状称为伴性性状。因此,利用某些伴性基因交叉遗传的特点可鉴别初生雏鸡的雌雄。目前,在生产中,应用的伴性性状有非横斑公对横斑母、金色羽公对银色羽母和快羽公对慢羽母。表 13-11 列出了常用伴性遗传鉴别法亲代和子一代(F_1)的基因型和表型。

表 13-11　亲代和子一代(F_1)的基因型和表型

伴性性状	基因型				表型			
	父	母	子	女	父	母	子	女
非横斑公×横斑母	bb	B—	Bb	b—	非横斑	横斑	横斑	非横斑
金色羽公×银色羽母	ss	S—	Ss	s—	金色羽	银色羽	银色羽	金色羽
快羽公×慢羽母	kk	K—	Kk	k—	快羽	慢羽	慢羽	快羽

为了实现父母代和商品代均能自别雌雄,避免父母代初生雏鸡翻肛鉴别,有时将羽速、羽色鉴别方法结合起来使用。一些褐壳蛋鸡已实现父母代羽速自别雌雄、商品代羽色自别雌雄的双自别体系(图 13-14)。

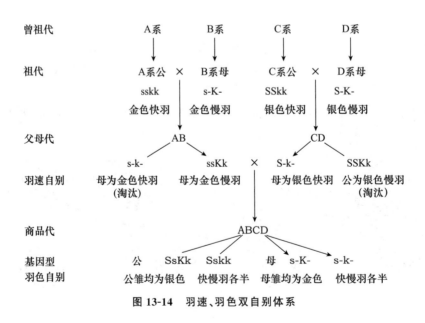

图 13-14　羽速、羽色双自别体系

▶ 第四节　禽类繁殖新技术

一、禽类季节性繁殖活动的控制技术

(一)禽类季节性繁殖活动的控制原理

大多数动物都存在年节律变化现象,这是动物在长期的进化过程中形成的,也是机体为更好地适应生存环境而产生年节律变化的反应。在这些现象当中,动物繁殖在一年中的季节性变化对于物种延续最为重要。大多数鸟(禽)都是季节性繁殖动物,在自然状态下的繁殖状态被全年的日照变化调整为繁殖季节和非繁殖季节。光照在动物繁殖活动的季节性变化中成为关键控制因子。通过下丘脑的光感受器将光信号转换为神经冲动,然后通过下丘脑-垂体-性腺生殖轴(HPG)调节动物生殖活动。对禽类季节性繁殖活动的人工控制主要是通过光照控制生殖轴内分泌,从而控制动物的繁殖活性。不同禽类的繁殖活动季节性变化不同,光照对其生殖内分泌的影响也有所不同。因此,对具体种禽季节性繁殖活动的控制,要立足于光照对该禽类繁殖活动的生理调控机制,通过人工光照程序模拟自然光照对禽类繁殖活动的影响,并辅以营养供给,从而实现对禽类季节性繁殖活动的控制。

按光照对鸟(禽)类繁殖调控的特点,鸟(禽)类的繁殖可分为长日照繁殖型和短日照繁殖型。鹅是家禽中典型的季节性繁殖禽类,不同地域的鹅种的繁殖季节性变化有所不同,其中主要与纬度导致的全年日照变化相关。高纬度的品种一般为长日照繁殖型禽类,低纬度的品种一般为短日照繁殖型禽类。

1.长日照繁殖型

在纬度较高的温带和寒带地区,当日照时间开始延长(一般为冬至),气候逐步回暖时,种鹅逐步进入繁殖期。不同地区的鹅种进入繁殖期的时间有所不同。北方寒带的鹅要待气候比较温暖才进入繁殖期,进入繁殖期比较晚;中部温带的鹅在光照延长前就开始进入开产,只是繁殖率比较低。随着光照逐步延长,气温越来越高,种鹅的繁殖性能也越来越强。在进入长光照一段时间后,鹅只因为在长日照条件下产生光不应性,即光钝化(photo-refractoriness),从而逐步进入休产期。

2.短日照繁殖型

在纬度较低的热带地区,当日照时间开始缩短(一般为夏至),气候逐步转凉时,种鹅逐步进入繁殖期。随着日照逐步缩短,气温越来越低,种鹅的繁殖性能越来越高。

(二)禽类季节性繁殖活动的控制程序

在家禽生产中,鹅是主要的季节性繁殖禽类。虽然在人工控制种鹅季节性繁殖活动中都是以光照控制为主,并辅以营养供给,但是南北方的鹅种属于不同的光照繁殖类型,因此在繁殖控制技术上要按照长日照繁殖型和短日照繁殖型分别进行控制。

1.长日照繁殖型的控制程序

在实施一整年种鹅季节性繁殖活动控制的开始,先用足够强度(80~120 lx)的长光照(18~20 h)处理鹅只,并辅以限料;待种鹅产生光钝化并停止产蛋,鹅群进入休产期和完成换羽;在长光照处理60~70 d后,将长光照转换为短光照(8~9 h)对鹅只继续处理;在短光照处理35~40 d后,逐步延长光照至中长光照(11~13 h),辅以增料,诱导种鹅开产,并维持光照不变,保证种鹅产蛋到下一生产年。

2.短日照繁殖型的控制程序

在实施一整年种鹅季节性繁殖活动控制的开始,与长日照繁殖型控制程序一样,用足够强度(80~120 lx)的长光照(18~20 h)处理鹅只,并辅以限料;待种鹅产生光钝化,鹅群进入休产期并完成换羽;在长光照处理60~70 d后,将长光照逐步转换为中长光照(11~13 h)对鹅只继续处理,待处理40 d左右,鹅只逐步进入繁殖期,辅以增料;维持中等光照不变,保证种鹅产蛋到下一生产年。

二、禽类繁殖生物技术

(一)禽类性别控制技术

性别的分化是指由遗传性别向表型性别发育的过程,以性别决定机制为基础,受相关基因的级联表达调控。由于禽类属于雄性同配型(ZZ)和雌性异配型(ZW),故只产生1种类型的雄性配子(Z)和2种类型的卵子(Z、W)。遗传性别取决于受精的卵子类型。对禽类性别的控制不能像哺乳动物一样通过精子分离来实现受精阶段的性别控制,同时由于禽类卵子体积大,属于极端黄卵,也很难在配子水平上实现性别控制。因此,禽类的性别控制只能在性别分化前通过处理实现表型性别的反转,即性反转,或者在胚胎期和出生后经性别鉴定后人工加以选择来实现。

1.性反转

表型性别是遗传性别先天的内在遗传物质和个体后天生长发育的内外环境相互作用的结果。脊椎动物的早期胚胎性腺有2种发育潜能,且有可能向任一性别方向分化。因此,在性别未分化期,通过对基因或其表达产物的调控,表型性别可发生逆转。性反转的表型诱导方法主要有外源激素诱导、免疫学方法诱导和芳香化酶抑制剂诱导。

(1)外源激素诱导　外源激素诱导就是利用人工方法用雌激素或雄激素处理鸡胚,以调节皮质部和髓质部的发育程度,从而控制性别。研究表明,在鸡的性别分化过程中,类固醇激素起着重要作用。将一定量的雌激素(雌二醇、己烯雌酚)和雄激素(睾酮、丙酸睾素)分别注入或浸泡未开始分化(0~7日龄)的鸡胚,可以诱导胚胎不同程度地表现出雌性和雄性特征,其中雌激素作用更为明显。但有实验表明,性反转的雌性不稳定,很快会回到其本来的雄性;同时,雄性激素的诱导作用甚微。

(2)免疫学方法诱导　用免疫学方法诱导性别反转是皮质诱导系统和髓质诱导系统能产生类似于抗原-抗体拮抗性的诱导物质,即诱导组织在释放刺激诱导物质的同时,也产生一种抑制因素。一个诱导系统诱导物质的抗原能引起另一个诱导系统产生抗体。在抗原、抗体发生特异性结合后，一种系统的诱导物质作用就会消失，使其发育因缺乏诱导物而减缓或停止，从而实现性别反转。研究显示，用性成熟公鸡的睾丸制备抗睾丸血清，以不同剂量注射孵化 72 h 的鸡胚，其中注射 0.2 mL 组出雏的雌雄比为 16∶2，注射 0.3 mL 组全为雌雏；用雏鸡睾丸和卵巢制备的抗血清分别处理性腺分化前的鸡胚，所得雏鸡的雌雄比分别为 192∶78 和 77∶175；用活性抗原物质配制的性控制液处理公鸭精液，雏鸭中的雄性比例高达 70%，且受精率和孵化率不受影响。运用免疫学方法诱导禽类胚胎性反转的效果一般比用外源激素诱导的效果要明显和稳定。

（3）芳香化酶抑制剂诱导　在家禽性腺分化过程中，芳香化酶的作用是催化性腺类固醇激素形成，促进雌激素生成，使胚胎性腺向雌性分化。运用芳香化酶抑制剂能有效抑制芳香化酶的活性，减少胚胎内雌激素生成，睾酮浓度相对增加，从而促进睾丸组织的发育，使雌性胚胎向雄性转化。研究表明，用芳香化酶抑制剂注射孵化 5 d 的胚蛋孵出的雏鸡全部为雄性，性反转的公鸡有 2 个睾丸，比正常稍小，形态不规则，睾丸内有精子产生，精子数比正常的稍少，无受精能力。

虽然性反转技术取得了很大进展，但仍在实验室阶段，距离生产应用还有较大距离。另外，性反转的个体存在反转不完全、产生间性个体或者退化回原来性别的现象。

2.性别鉴定

禽类性别鉴定的方法主要有翻肛鉴别法、遗传学鉴别法和伴性遗传鉴别法 3 种。

（1）翻肛鉴别法　翻肛鉴别法根据雌、雄雏禽泄殖腔的解剖学结构特点进行区别，是生产中常用的方法。

（2）遗传学鉴别法　此法主要包括核型分析法和 W 染色体上特异 DNA 片段 PCR 扩增法，其中核型分析法因过程烦琐不常用。

（3）伴性遗传鉴别法　此法通过育种手段利用伴性遗传的表型基因建立专门化雌性品系。

（二）禽类胚胎操作技术

禽类在生殖生理机能和生殖解剖学构造上与哺乳动物差异很大，这就导致禽类胚胎操作技术与哺乳动物胚胎操作有很大不同。禽类胚胎操作技术包括体外受精和胚胎移植、早期胚胎体外培养、禽类嵌合体技术。

1.体外受精和胚胎移植

要对禽类胚胎进行遗传操作，就必须先通过受精卵收集方法或成熟卵子体外受精方法来获得卵裂前的受精卵，然后在完成遗传操作后进行胚胎移植。

（1）受精卵收集　在母鸡产蛋周期内，产蛋 15～40 min 后，卵巢会排出下一枚卵子，经过 15 min 左右在输卵管伞部受精。因此，在母鸡产蛋 60～80 min 后，通过手术法可直接从输卵管膨大部收获卵裂前的受精卵。

（2）体外受精　与直接从输卵管获取受精卵相比，直接收集卵子并进行体外受精更易于判断受精卵发育状态，便于遗传操作。在母鸡产蛋后 20～30 min，通过手术法在输卵管伞部获得排出的卵子，放在含有改良的 Ringer's 液（145 mmol/L NaCl，2.68 mmol/L KCl，1.80 mmol/L CaCl$_2$，0.24 mmol/L NaHCO$_3$，1 g/L 链霉素，1 000 IU/L 青霉素）或在 DMEM 培养基中,取 $10\ \mu L$ 浓度为 $10^5 \sim 10^6$ 个$/\mu L$ 的稀释精液滴加覆盖在卵子生殖盘区域的内卵黄膜上,在 5% CO_2 培养箱中 41 ℃培养 15 min,使其体外受精后用培养液漂洗除去多余精子。

(3)胚胎移植　将母鸡输卵管伞部拉出并撑开,然后将受精卵灌入张开的喇叭口,使卵移向输卵管膨大部前部,放回卵巢囊中并缝合切口。

2.早期胚胎体外培养

禽类胚胎体外培养按所采用的手段划分为 3 个时期:人造材料蛋壳培养体系、代用蛋壳体系和三期培养体系。

(1)人造材料蛋壳培养体系　人造材料蛋壳培养是一种完全脱离天然蛋壳,采用人造材料容器等进行的鸡或鹌鹑胚胎体外培养方法。此法主要用于胚胎学、发育生物学、药物毒理学以及转基因胚胎的基因表达监测等方面的研究,具有便于观察的优点。这些人造材料包括陶瓷皿、烧杯、塑料袋、塑料纸包培养体系等。虽然胚胎在这些人造材料蛋壳培养体系中能继续一定时间的发育,但是未能真正孵化出雏鸡,故目前很少采用该体系。

(2)代用蛋壳体系　代用蛋壳体系就是为了克服人造材料蛋壳的不足,用自然蛋壳代替人造材料进行培养。选择比较大的蛋壳,将蛋壳的钝端切掉 1/3 左右,取出卵黄和蛋白,然后将已在正常情况下孵化 3 d 的鸡胚胎取出并移入此代用蛋壳中,注满培养液(2 份稀蛋白+1 份复合盐溶液),无毒薄膜密封,纵轴水平方向固定,继续孵化至出雏。

代用蛋壳具有的优点:①可使蛋黄处于非扁平状态,有利于胚胎尿囊绒毛膜分化和生长;②为胚胎发育提供所需的大量钙、镁、钠、钾等矿物质;③该培养系统通过增加翻转步骤可防止胚膜与蛋壳粘连,并利于卵黄和蛋白向胚胎下液体的转运,胚胎在壳中保持正常的取向,促进胎儿对蛋白质和氧气的吸收。

(3)三期培养体系　三期培养体系是为了克服禽类受精卵植入受体的困难和将显微注射技术用于转基因家禽,通过改良代用蛋壳体系而建立起来的体系。该培养体系将受精卵发育的子宫期、1～3 d 和 3～22 d 分别置于 3 个不同的培养系统中进行连续培养,以实现从单细胞受精卵开始体外培养到新个体的产出。

①培养系统Ⅰ:该系统由塑料薄膜密闭的玻璃容器组成(模拟子宫内的发育环境),将受精卵置于容器内,胚盘朝上,并添加培养液至液面略低于胚盘,用塑料薄膜封住容器口,于 41～42 ℃培养 24 h。

②培养系统Ⅱ:该体系为代用蛋壳体系,将新鲜鸡蛋的钝端切掉一部分,倒出卵黄和蛋白,将胚胎移入其中并加培养液,用塑料薄膜或黏胶封住切口,在 38 ℃、相对湿度为 40%～50%条件下培养 3 d,并定时翻蛋。

③培养系统Ⅲ:将比一般蛋大的双黄蛋去掉钝端的一部分,倒出卵黄和蛋白,添加适量白和青霉素、链霉素,然后将培养系统Ⅱ中培养好的胚胎转入其中,封好口,在 38 ℃、相对湿度 40%～60%条件下培养;在前 4～5 d,每隔一定时间翻蛋一定角度,后保持恒定不再翻蛋;最后 3 d 孵化温度降 2 ℃,在孵出前 1～2 d 在黏膜上打孔以利于胚胎呼吸,孵出前 12 h 去掉薄膜,用相应大小的平皿盖住蛋壳口以利于出壳。

3.禽类嵌合体技术

禽类嵌合体是以经过遗传操作或未经过遗传操作的胚胎细胞或原始生殖细胞(PGCs)作为供体,通过显微操作转移进入受体胚胎体中,然后继续发育成携带有 2 个不同来源遗传特征的个体。如果供体细胞嵌合在生殖细胞中,则该嵌合体性成熟后会产生一定比例的由供体细胞发育而来的配子。

(1)禽类嵌合体分类　禽类嵌合体根据供体细胞类型分为胚盘细胞嵌合体和原始生殖细胞嵌合体;根据供受体生物学分类的差异分为种内嵌合体和种间嵌合体;根据细胞嵌合部位的不同分为性细胞系嵌合体和体细胞系嵌合体。

性细胞系嵌合指供体生殖细胞嵌合到了受体性腺中,而体细胞系嵌合指在性腺之外区域嵌合。胚盘细胞是早期胚胎胚盘中的细胞,包括体细胞和原始生殖细胞这2种具有发育潜能的细胞类型,是一种多潜能细胞。原始生殖细胞在胚盘中数目较少,是生殖细胞谱系的祖先细胞。按来源其分为生殖新月区原始生殖细胞、胚胎血液中原始生殖细胞和早期性腺中原始生殖细胞等3种。

(2)禽类嵌合体制作

①胚盘细胞嵌合体制备。通过建立的胚盘细胞系或直接分离胚盘细胞获得供体胚盘细胞。一种是采用代用蛋壳培养法,即胚盘细胞的移植在壳外或代用壳中进行,获得的嵌合体胚胎在代用蛋壳中继续孵化至出雏;另一种是非代用壳培养法,即直接在受体蛋上打孔,胚盘细胞通过操作孔进行移植,操作后的种蛋封好,操作孔继续进行正常孵化。胚盘细胞移植是通过毛细玻璃管,利用显微操作仪将吸取的胚盘细胞悬液注入受体胚盘明区下的胚盘下腔中央。

②原始生殖细胞嵌合体制备。根据原始生殖细胞的迁移途径,按照胚胎发育阶段从3个部位采集原始生殖细胞:9～10期胚胎生殖新月区、13～14期胚胎血液、27～28期原始性腺。将受体种蛋孵化至胚胎发育15期,用注射器在气室部打孔使胚胎下沉,去除部分蛋壳,暴露胚胎;在实体显微镜下,用微玻璃针吸取原始生殖细胞悬液,注射针斜面向上迅速沿血流方向刺入胚胎背主动脉,缓慢注入细胞;如果从胚胎外周血管转移原始生殖细胞,在微玻璃针中应有血清制备的泡沫,在细胞转移完毕后将泡沫注入血管,以防止细胞回流外漏。转移后的受体胚胎在封闭好后继续正常孵化。

(3)禽类嵌合体鉴定　禽类嵌合体鉴定是指利用天然标记或人工标记,跟踪并检测供体细胞在嵌合体各个发育阶段的分布、发育和分化方向。天然标记可以利用供体细胞表面抗原的差异,通过制备单克隆抗体,既可利用免疫组织化学的方法检测,也可以利用分子生物学手段,以供体特异性的DNA片段为探针,通过原位杂交或PCR技术检测。人工标记是用半衰期较长的荧光试剂标记供体细胞,通过组织切片在荧光显微镜下检测。由于嵌合体一般作为转基因手段,故供体细胞经过遗传操作后,可以目的基因、报告基因或其表达产物为标记进行检测。禽类嵌合体的鉴定还可以根据个体表型来判断,如羽色、体形。但性系嵌合体无法单从表型上判断,还需要采用后代检测法,通过与供体回交或雌雄嵌合体互交,观察后代性状来判断。种内嵌合体常用的遗传表型标记是羽色,而种间嵌合体则是得到与供体同种的个体。

(三)禽类转基因技术

禽类转基因研究对于提高家禽抗病能力,改善禽产品质量具有重要意义,尤其是在生物反应器研究中具有很大优势和前景。由于禽类具有独特的生殖生理特点,故在哺乳动物中被广泛应用的转基因技术不能直接用于禽类,只能将哺乳动物基因转移策略的思路与禽类生殖生理特点相结合来建立禽类基因转移策略。目前,禽类转基因的研究对象主要是鸡和鹌鹑。转基因技术主要有配子载体法、受精卵显微注射法、反转录病毒载体转染胚盘细胞法、脂质体包装载体转染胚盘细胞法、胚盘细胞和原始生殖细胞载体法以及精原干细胞转染法。

1. 配子载体法

由于禽类的受精卵不易获得,故以精子或卵子为载体导入外源基因,借助于受精过程最终使外源基因进入受精卵。

(1)精子载体法　精子载体法是指利用脂质体、电穿孔等方法将外源基因导入精子内部,通过受精过程使外源基因稳定存在于孵出的雏禽中且能遗传给后代。目前对外源基因在精子基因组或精卵结合后的受精卵基因组中的整合机制尚不清楚。相关研究表明,外源基因未能稳定整合到受体基因组中,此法仍应进一步研究和完善。

(2)卵子载体法　卵子载体法是指将外源基因直接注射到禽类的卵泡,通过受精过程将外源基因带入受精卵。由于该方法需要进行手术,且注射后的外源 DNA 容易在卵泡发育过程中降解,故目前很少应用。

2. 受精卵显微注射法

受精卵显微注射法是指将外源基因注射到生殖盘中央区中央质膜下 $50\sim200\ \mu m$ 处,注射后的受精卵经三期培养系统后,孵出或重新移植到受体中产出,注射的外源基因稳定整合到基因组中,并稳定遗传给后代。该方法是转基因禽类研究中的一个基本方法。由于此法在一定程度影响了胚胎体外培养的孵化率,且获得转基因个体比例低,结果不稳定,故仍应进一步研究去提高胚胎成活率和外源基因在受体基因组上的整合率。

3. 反转录病毒载体转染胚盘细胞法

反转录病毒载体转染胚盘细胞法是指将外源基因构建到病毒载体的序列中,随病毒的感染,外源基因和病毒序列一起作为生命循环的一部分而整合到宿主染色体。反转录病毒载体转染胚盘细胞法使用 2 种载体:一是复制型载体,其含有病毒复制的所有必需基因,可进行多轮重复感染;二是复制缺陷型载体,其仅仅提供感染和整合所需的必要因子。常用的载体有白血病病毒、肉瘤病毒和脾脏坏死病毒。虽然复制型载体的效果比较好,但是在生产应用中存在一定的致病性风险;虽然复制缺陷型载体在感染后被重新激活的风险性很低,但是难以生产出高滴度的有效感染载体。

4. 脂质体包装载体转染胚盘细胞法

由于病毒载体存在的安全性问题,故可将外源基因以脂质体类转染试剂包装后注射转移到胚盘下腔内,在体内转染胚盘细胞。脂质体包装载体转染胚盘细胞法面临基因的整合难题:瞬时表达、随后消失或随胚胎发育含有外源基因的细胞逐渐被稀释。

5. 胚盘细胞和原始生殖细胞载体法

胚盘细胞和原始生殖细胞载体法是指利用早期胚胎中分离的胚盘细胞和原始生殖细胞,经短暂培养或直接经脂质体、电穿孔、病毒载体等方法转染外源基因后制备嵌合体,在性腺内发现外源基因存在。目前该方法只得到外源基因短暂且不同程度表达的胚胎和个体。其主要原因是尚未建立起胚盘细胞和原始生殖细胞的长期培养体系和高效率的转染途径,难以得到大量稳定整合有外源基因的载体细胞来用于制备高嵌合度的嵌合体。

6.精原干细胞转染法

精原干细胞转染法分2类:①精原干细胞体外转染外源基因后再移植入已消除内源生精细胞的受体睾丸内,最后形成精子,生成转基因动物;②在活体睾丸内直接注射转染液,在体内转染精原干细胞后形成携带有外源基因的精子,生成转基因后代。该方法又可分为曲精细管内注射法和随机打点注射法。这些方法效率高,操作简单,是家禽生产中最有效的转基因途径。

复习思考题

1.阐述家禽(公禽与母禽)的生殖系统主要器官组成及与哺乳动物的异同。

2.阐述家禽的生殖特点。

3.阐述家禽卵子发生、卵泡发育、排卵及蛋形成的过程。

4.阐述家禽人工授精的技术步骤及精液品质评定的指标。

5.阐述初生雏的雌性鉴别方法种类及技术要领。

6.按光照对禽类繁殖调控的特点,季节性繁殖禽类的繁殖活动可分为哪些类型? 禽类季节性繁殖活动的人工控制程序是怎样操作的?

7.禽类繁殖生物技术主要有哪些?

专业词汇中英文对照表

	A	
antidiuretic hormone		抗利尿激素
adenohypophysis		腺垂体
anterior pituitary		垂体前叶
androgen		雄激素
acrosomal cap		顶体帽
acrosomal phase		顶体阶段
acrosome		顶体
acrosome reaction		顶体反应
amylase		淀粉酶
abnormal estrus		异常发情
anestrus		乏情
antrum		卵泡腔
antral follicle		有腔卵泡
atresia		闭锁
apoptosis		凋亡
artificial insemination		人工授精
artificial assistant mating		人工辅助交配
acrosome stability factor		顶体稳定因子
abnormal fertilization		异常受精
amnion		羊膜
allantois		尿膜
amniotic fluid		羊水
accessory corpus luteum		副黄体
acinus		腺泡
atrophy and successive development of follicles		卵泡萎缩及交替发育
adult stem cell		成体干细胞
artificial abortion		人工流产
abortion		流产
acrosomal granule		顶体颗粒
activin		活化素
androstenedione		雄烯二酮

anti-Müllerian hormone，AMH	抗缪勒氏管激素
adiponectin，ADPN	脂联素

B

bridges of cytoplasm	细胞质桥
blood-testis barrier，BTB	血睾屏障
basal compartment	基底小室
betamethasone	倍他米松
blastoderm	胚盘
breeding difficulty	繁殖障碍
barrenness	不孕
blastodisc	胚盘
breeding age	配种适龄
Bulbourethral gland	尿道球腺

C

cloprostenol，ICI-80996	前列氯酚
chemiluminescence immunoassay，CLIA	化学发光免疫测定法
courtship	求偶
copulation	交配
Coolidge effect	库里吉氏效应
coarse fiber	粗纤丝
cycle of the seminiferous epithelium	精细管上皮周期
cohesion	染色体黏合素
circular RNA，circRNA	环状 RNA
corpus luteum，CL	黄体
corona radiata	放射冠
cortical granule	皮质颗粒
corpus hemorrhagicum，CH	红体
corpus albicans，CA	白体
crystallization	冰晶化
copulation	自然交配
crypt	腺窝
capacitation	精子获能
cyngamy	配子配合
cleavage	卵裂
compact morula	致密桑葚胚
coelom	体腔
conceptus	胎膜和胚体
collagen	胶原
conduit system	导管系统

capillary permeability	毛细血管通透性
conceptus	孕体
chorion	绒毛膜
chorioallantoic membrane	尿膜绒毛膜
cotyledonary placenta	子叶型胎盘
corpus luteum gravidarum	妊娠黄体
competitive protein binding，CPB	竞争性蛋白结合法
cloprostenol	氯前列烯醇
cadherin	钙黏附蛋白
cumulus oocyte complexes，COCs	卵丘卵母细胞复合体
cryopreservation	冷冻保存
conventional freezing	常规冷冻法
cystic fibrosis	囊性纤维化
chimera	嵌合体
clone	克隆
cryptochidism	隐睾
chimeras and mosaics	嵌合体和镶嵌体
cystic ovaries	卵巢囊肿
cervicitis	子宫颈炎
calving index	产犊指数
calving interval	产犊间隔

D

dopamine，DA	多巴胺
deoxyribonuclease	脱氧核糖核酸酶
dominance	优势化
dominant follicle，DF	优势卵泡
dummy	假台畜
decapacitation factor	去能因子
decidua	蜕膜化
dizygotic twins	双合子孪生
diffuse placenta	弥散型胎盘
discoid placenta	圆盘状胎盘
deciduate placenta	蜕膜胎盘
dystocia	难产
direction of fetus	胎向
dilation of the cervix	子宫开口期
dexamethasone	地塞米松
donors	供体
duchenne muscular dystrophy	肌营养不良

delayed ovulation	排卵延迟
diestrus	间情期
detection of estrus	发情鉴定

E

endometrial cups	子宫内膜杯
estrogen	雌激素
enzyme immunoassay,EIA	酶免疫测定法
ejaculation	射精
end piece	末段
ergothioneine	麦角硫因
estrus	发情
estrous sign	发情征象
estrus cycle	发情周期
estrus phase	发情期
estrogen,E2	雌二醇
epidermal growth factor,EGF	表皮生长因子
estrus induction	诱导发情
expanded blastocyst	扩张囊胚
embryonic membrane	胎膜
endoderm	内胚层
ectoderm	滋养层
embryonic elongation or expansion	胚胎伸长或扩张
endometrium	子宫内膜
extraembryonic membranes	胚胎外膜
endotheliochorial placenta	绒毛内皮胎盘
enzyme-linked immunosorbent assay，ELISA	酶联免疫吸附测定法
expulsive forces	产力
expulsion of the fetus	胎儿产出期
expulsion of the fetal membranes	胎衣排出期
estrogen Receptor α,ERα	雌激素受体 α
extracellular matrix,ECM	细胞外基质
embryo transfer,ET	动物胚胎移植
embryonic stem cell,ES cell	胚胎干细胞
embryonic compaction	胚胎致密化
embryo splitting	胚胎分割
embryonic cell nuclear transplantation	胚胎细胞核移植
endometritis	子宫内膜炎

F

follicle-stimulating hormone-releasing hormone,FSH-RH	促卵泡素释放激素

follitropin	促卵泡素
follicle stimulating hormone,FSH	卵泡刺激素
fibroblast growth factors,FGF	成纤维细胞生长因子
follistatin	卵泡抑素
FSH suppressing protein	FSH 抑制蛋白
fluprostenol	氟酚
fluorescence immunoassay,FIA	荧光免疫测定法
flagellar apparatus	鞭毛
follicular phase	卵泡期
follicle wave	卵泡发生波
follicular development	卵泡发育
frequence of semen collection	采精频率
fertilization	受精
fertilin	受精素
fibronectin	纤连蛋白
freemartin	异性双胎雌性不育
fetal fluid	胎液
flumethasone	氟米松
fluorescence in situ hybridization,FISH	荧光原位杂交法
fertility	繁殖力
fetal sac	胎囊
fusion	融合

G

gonadotrophin releasing hormone,GnRH	促性腺激素释放激素
antagonists,GnRHant	GnRH 拮抗剂
gonadotropin-inhibitory hormone,GnIH	促性腺激素抑制激素
gonadotrophic hormone,GTH	促性腺激素
gamma-aminobutyric acid,GABA	γ-氨基丁酸
gonocytes	性原细胞
germinal cell	生殖细胞
glycosidase	糖苷酶
glycerol kinase	甘油激酶
glyceryl phosphoryl choline,GPC	甘油磷酰胆碱
germinal vesicle,GV	生发泡
germinal vesicle breakdown,GVBD	生发泡破裂
growth hormone,GH	生长激素
Graafian follicles	格拉夫氏卵泡
glucosidase	葡萄糖苷酶
gastrula	原肠胚

gestation period	妊娠期
gap junction	间隙连接
glutamic pyruvic transaminase,GPT	谷丙转氨酶

H

hypothalamus	下丘脑
hypophysis	脑垂体
5-hydroxytryptamine,5-HT	5-羟色胺
human chorionic gonadotropin,hCG	人绒毛膜促性腺激素
Hyaluronidase	透明质酸酶
hypothalamus-pituitary-ovary axis,HPO	下丘脑-垂体-卵巢轴
hyperactivation	超激活运动
hatching	孵化
hatched blastocyst	孵化囊胚
half deciduate placenta	半蜕膜胎盘
hemophilia	血友病

I

interstitial cell stimulating hormone,ICSH	促间质细胞素
ILs	白介素
IGF	胰岛素样生长因子
inhibin,Ibn	抑制素
intermediate spermatogonia	中间型精原细胞
immobility response	静立反射
induction of ovulation	诱发排卵
insemination	输精
implantation	附植
identical twins	同卵双胎
immunosuppressive early pregnancy factor,ISEPF	早孕因子诊断法
involution of uterus	子宫复旧
induction of parturition	诱导分娩
incomplete dilation of the cervix	子宫颈开张不全
in vitro fertilization,IVF	体外受精
in vitro maturation,IVM	体外成熟
in vitro culture,IVC	体外培养
inner cell mass,ICM	囊胚内细胞团
infertility	不育
impotency	阳痿
inner cell mass,ICM	内细胞团
inactive ovary	卵巢静止
insulin like growth Factor,IGF-I	胰岛素生长因子

luteinizing hormone-releasing hormone,LH-RH	促黄体素释放激素
luteinizing hormone,LH	促黄体素

K

kidney	肾脏

L

leptin	瘦素
lactoferrin	乳铁蛋白
lactic dehydrogenase	乳酸脱氢酶
luteal phase	黄体期
long day breeder	长日照繁殖动物
long non-coding RNA,lncRNA	长链非编码 RNA
lochia	恶露
lactoprotein	乳蛋白质
Lesch-Nyhan syndrome	莱施-尼罕综合征
low quality of semen	精液品质不良
labium pudendi	阴唇

M

melatonin,MLT	褪黑激素
melanophore-stimulating hormone,MSH	促黑素细胞素
melanophore-stimulating hormone releasing factor	促黑素细胞素释放因子
melanophore-stimulating hormone releasing inhibition factor	促黑素细胞素抑制因子
medroxyprogesterone acetate	甲羟孕酮
manchette	微管轴
maturation phase	成熟阶段
myoid layer junction	肌细胞连接
middle piece	中段
motility of sperm	精子活力
monoestrus	季节性单次发情
metestrus	发情后期
mature follicle	成熟卵泡
morula	桑葚胚
mesoderm	中胚层
monotocous	单胎
multiparous	多胎
monozygotic twins	单合子孪生
mummy	木乃伊胎
microcotyledons	微子叶
maternal pregnancy recognition	母体妊娠识别

mesenchyme	间质
matrix metalloproteinases，MMPa	基质金属蛋白酶
milk ejection	排乳
milk fat	乳脂
minerals	矿物质
multiple ovulation and embryo transfer，MOET	超数排卵与胚胎移植
M-phase-promoting factors，MPF	卵胞质中期促进因子
mirmestrol	米雌酚
Mtillerian inhibiting factor，MIF	缪勒氏管抑制因子
microRNA，miRNA	微小 RNA
mount	活台畜

N

neurohypophysis	神经垂体
NGF	神经生长因子
norethynodrel	异炔诺酮
natural reproduction	自然生殖
nymphomania	慕雄狂
negative feedback	负反馈

O

ovary	卵巢
oviduct	输卵管
oviduct umbrella	输卵管伞
outer acrosomal membrane	顶体外膜
organoids	类器官
ovarian hypofunction	卵巢机能不全
ovarian atrophy	卵巢萎缩
ovaritis	卵巢炎
oxytocin，OXT	催产素
oxidation-reduction enzyme	氧化还原酶
osmolarity，Osm	渗透压克分子浓度
oogonia	卵原细胞
ovulation	排卵
ovulation point	排卵点
ovulation fossa	排卵窝
ovulation inducing hormone，OIH	排卵诱发激素
ovum	卵子
ovum pick up	卵子的接纳
oocyte maturation	卵母细胞成熟

P

prolactin,PRL	催乳素
prolactin releasing hormone,PRH	催乳素释放激素
prolactin inhibiting factor,PIF	催乳素抑制因子
posterior pituitary	垂体后叶
penis	阴茎
pituitary	垂体
pregnant mare's gonadotrophin,PMSG	孕马血清促性腺激素
pregnant urinary gonadotropin,PUG	孕尿促性腺激素
progestin	孕激素
plant estrogen	植物雌激素
progesterone,P4	孕酮
prostaglandin,PG	前列腺素
prostacyclin,PGI2	前列环素
prostanoic acid,PA	前列酸
pheromone	外激素
primordial germ cells,PGCs	原始生殖细胞
primary spermatocytes	初级精母细胞
proacrosomal granule	顶体前颗粒
Protamine	鱼精蛋白
Phosphatase	磷酸酶
Peroxidase and cytochrome	过氧化物酶及细胞色素
Puberty	初情期
postpartum estrus	产后发情
polyestrus	季节性多次发情
primordial follicle	原始卵泡
primary follicle	初级卵泡
preantral follicle	腔前卵泡
polar body,pb	第一极体
proliferation	增殖
plasma membrane	卵质膜
perivitelline space,PVS	卵周隙
progressive motion	直线前进运动
parthenogenesis	孤雌生殖
placenta	胎盘
placental barrier	胎盘屏障
pregnancy signal	妊娠信号
pregnancy maintenance	妊娠的维持
pregnancy diagnosis	妊娠诊断

pregnancy specific protein B，PSPB	妊娠特异蛋白 B 测定法
parturition	分娩
parturient canal	产道
position	胎位
posture	胎势
premature rupture of the allantoic sac	破水过早
placode	基板
pyrogen	热原质
pluripotent stem cell	多能干细胞
premature chromosome condensation，PCC	早期染色体浓缩
phimosis	包茎
proestrus	发情前期
persistent corpus luteum	持久黄体
premature birth	早产
pyometra	子宫蓄脓
Psoralidin	补骨脂定
Pander nucleus	潘氏核
photo-refractoriness	光钝化

R

relaxin，RLN	松弛素
radio immunoassay，RIA	放射免疫测定法
refractoriness	性失效
residual bodies	残体
rapid transportation phase	快速运输阶段
retention of fetal membranes	胎盘滞留
receptivity	容受性
recapacitation	再获能
rectal examination	直肠检查法
rectal palpation	直肠触诊
renal tubule	肾小管
recruitment	募集
recipients	受体
Robertsonian translocation	罗伯逊易位
reprogramming	重编程

S

sexual pheromone	性外激素
sexual behavior	性行为
sexual arousal	性激动
seminiferous tubule	精细管

spermatogonium	精原细胞
Sertoli cell	支持细胞
spermatogenesis	精子发生
spermatocytes	精母细胞
secondary spermatocytes	次级精母细胞
spermatids	精子细胞
sperm tail	精子尾部
spheroidal lobule	球形小叶
spermatogenic cycle	精子发生周期
spermatogenic wave	精细管上皮波
Sertoli junction	支持细胞连接
spermatozoa-coating antigen,SCA	精子包被抗原
semen	精液
sperm	精子
seminal plasma	精清
sperm concentration	精子浓度
sexual maturity	性成熟
silent heat	安静发情
short estrus	短促发情
split estrus	断续发情
selection	选择
subordinate follicles,SF	从属卵泡
secondary follicle	次级卵泡
secondary oocyte	次级卵母细胞
estrus synchronization	同期发情
superovulation	超数排卵
synchronization of ovulation,Ovsynch	同步排卵
semen volume	精液量
sperm motility	精子活率
semen preservation	精液保存
sperm reservoir	精子贮库
sustained transportation phase	持续运输阶段
spermatozoal plasma membrane	精子质膜
somatic mesoderm	体壁中胚层
splanchnic mesoderm	脏壁中胚层
salpingitis	输卵管炎
stroma	基质层
surface plasmon resonance immunosensor,SPRIS	表面等离子共振免疫传感测定法
superovulation	超数排卵
stillbirth	死胎

sperm-storage glands	贮精腺
short day breeder	短日照繁殖动物
semen collection	精液的采集
strong straining	努责过强
sulfated glycosaminoglycan,SGAGs	硫酸化糖胺聚糖
sex control	性别控制
somatic cell nuclear transplantation,SCNT	体细胞核移植

T

thyrotropin-releasing hormone,TRH	促甲状腺激素释放激素
testosterone	睾酮
transaminases include glutamate,GOT	转氨酶包括谷草转氨酶（GOT）
transforming growth factor-α	转化生长因子-α
transforming growth factor-β,TGF-β	转化生长因子-β
transport of gametes	配子的运行
Tay-Sachs disease	塔伊-萨克斯幼年型黑蒙白痴病
totipotent stem cell,TSC	全能干细胞
teratocarcinoma stem cell,TSC/embryonic carcinoma cell,ECC	畸胎瘤干细胞或胚胎瘤细胞
testicular hypoplasia	睾丸发育不全
transitional proteins	过渡蛋白
transcription activator-like effector,TALEN	转录激活子样效应因子核酸酶
third follicle	三级卵泡
totipotent	发育全能性
trophoblast	滋养层
transverse direction	横向

U

uterus style	子宫型
uterus body	子宫体
uterine epithelium	子宫上皮
uteroglobulin	胚激肽
uterine milk	子宫乳
umbilical cord	脐带
urachus	脐尿管
umbilical artery	脐动脉
umbilical vein	脐静脉
ultrasound diagnosis	超声波诊断法
uterine contraction	阵缩（宫缩）
uterine inertia	子宫迟缓
unipotent stem cell	单能干细胞

V

vitrification	玻璃化冷冻法
vasoactive intestinal peptide，VIP	血管活性肠肽
vesculation	泡状结构
vitelline membrane reaction	卵黄膜反应
vitronectin	玻连蛋白
vertical direction	竖向
vaginitis	阴道炎
vitrification	玻璃化

W

Wolffian duct	沃尔夫氏管

X

XXY syndrome	XXY 综合征

Y

yolk sac	卵黄囊
Y chromosomal microdeletion	Y 染色体微缺失

Z

zona pellucida	透明带
zygote	合子
zonary placenta	带状胎盘
zygotic genome activation，ZGA	基因组激活
zinc-finger nuclease，ZFN	锌指核酸酶

[1]陈北亨,王建辰. 兽医产科学[M]. 北京:中国农业出版社,2001.

[2]陈大元. 受精生物学:受精机制与生殖工程[M]. 北京:科学出版社,2000.

[3]董伟. 家畜繁殖学[M]. 2版. 北京:中国农业出版社,1998.

[4]窦忠英,樊敬庄,张敬民,等. 奶牛胚胎切割移植试验报告[J]. 西北农业大学学报, 1987,15(3):19-24.

[5]窦忠英,樊敬庄,张敬民,等. 奶牛胚胎一分为四分割移植试验[J]. 西北农业大学学报,1992,20(2):1-4.

[6]郭志勤. 家畜胚胎工程[M]. 北京:中国科学技术出版社,1998.

[7]郭志勤,陈静波. 影响黑白花母牛超排效果的主要因素分析[J]. 西北农业学报,1992,1(1):61-66.

[8]胡连志. 腹腔内窥镜子宫内输精技术[J]. 草食家畜,1993(2):24-26.

[9]焦骅,等. 养鹅技术[M]. 沈阳:辽宁科学技术出版社,1990.

[10]柯路,王勇,吴效科. 瘦素在生殖中的作用[J]. 国外医学计划生育/生殖健康分册,2007,26(6):302-304.

[11]雷治海,李月. 促性腺激素抑制激素的研究进展[J]. 畜牧与兽医,2008,40(9):96-99.

[12]李青旺. 动物繁殖技术[M]. 北京:中国农业出版社,2010.

[13]李裕强,张涌. 山羊超数排卵和同期发情研究[J]. 西北农业大学学报,1997,25(3):77-81.

[14]梁学武. 现代奶牛生产[M]. 北京:中国农业出版社,2002.

[15]马保华,王光亚,赵晓娥,等. 安哥拉山羊胚胎徒手分割和移植试验[J]. 西北农业大学学报,1996,24(2):40-43.

[16]茆达干,杨利国,吴结革. 褪黑激素对动物生殖的作用及其调控[J]. 草食家畜,2001(3):5-8.

[17]宁中华. 现代实用养鸡技术[M]. 北京:中国农业出版社,2002.

[18]秦鹏春,谭景和,吴光明,等. 猪卵巢卵母细胞体外成熟与体外受精的研究[J]. 中国农业科学,1995,28(3):58-66.

[19]P. D. 斯托凯. 禽类生理学[M]. 禽类生理学翻译组. 北京:科学出版社,1982.

[20]桑润滋. 动物繁殖生物技术[M]. 2版. 北京:中国农业出版社,2006:7.

[21]石国庆,万鹏程,等. 绵羊繁殖与育种新技术[M]. 北京:金盾出版社,2010:11.

[22]石国庆,茆达干,程瑞禾,等. 湖羊和新疆细毛羊妊娠早期内分泌比较[J]. 南京农业大学学报,2008,31(1):146-148.

[23]孙春晓,于常海. 基因功能研究的技术与方法[J]. 国外医学分子生物学分册,2000,22
　　(2):112-115.

[24]谭丽玲,吴德国,廖和模,等. 奶牛胚胎分割试验研究[J]. 畜牧兽医学报,1990,21
　　(3):193-198.

[25]田允波,曾书琴,李万利. 用淘汰奶牛卵巢生产体外受精奶牛胚胎的研究[J]. 中国牛业
　　科学,2007,33(2):9-11.

[26]田允波,曾书琴. 乏情青年母猪的诱导发情研究[J]. 中国畜牧杂志,2006,42(23):
　　17-18.

[27]王锋,王元兴. 牛羊繁殖学[M]. 北京:中国农业出版社,2003.

[28]王锋. 动物繁殖学实验教程[M]. 北京:中国农业大学出版社,2008.

[29]王光亚,马保华,段恩奎. 奶山羊冻胚长期保存长途运输和移植试验[J]. 西北农业大学
　　学报,1994,22(3):108-110.

[30]王恒,刘润铮. 实用家畜繁殖学[M]. 长春:吉林科学技术出版社,1992.

[31]王元兴,朗介金. 动物繁殖学[M]. 南京:江苏科学技术出版社,1997.

[32]吴结革,张红琳,霍淑娟,等. 抑制素基因免疫对京白鸡产蛋性能的影响[J]. 中国兽医
　　学报,2009(2):238-241.

[33]吴常信,连正兴,陈孝煊,等. 动物生物学[M]. 北京:中国农业出版社,2016.

[34]许怀让. 家畜繁殖学[M]. 南宁:广西科学技术出版社,1992.

[35]杨利国. 动物繁殖学[M]. 2版. 北京:中国农业出版社,2010.

[36]杨利国. 动物繁殖学[M]. 北京:中国农业出版社,2003.

[37]杨宁. 家禽生产学[M]. 北京:中国农业出版社,2002.

[38]杨宁. 现代养鸡生产[M]. 北京:北京农业大学出版社,1994.

[39]杨增明,孙青原,夏国良. 生殖生物学[M]. 北京:科学出版社,2005.

[40]渊锡藩,张一玲. 动物繁殖学[M]. 杨凌:天则出版社,1993.

[41]岳文斌,杨秀文. 奶牛养殖综合配套技术[M]. 北京:中国农业出版社,2003.

[42]岳文斌,杨国义,任有蛇,等. 动物繁殖新技术[M]. 北京:中国农业出版社,2003.

[43]张家骅. 家畜生殖内分泌学[M]. 北京:高等教育出版社,2007.

[44]张嘉保,周虚. 动物繁殖学[M]. 长春:吉林科学技术出版社,1999.

[45]张锁链,斯琴. 小鼠分离胚的培养和移植[J]. 细胞生物学杂志,1992,14(1):41-44.

[46]张翊华,王强华. 奶山羊非手术采胚和移植技术的研究[J]. 西北农业大学学报,1996,24
　　(1):5-8.

[47]张涌. 哺乳动物胚胎分割发展现状及展望[J]. 西北农业大学学报,1988,16(3):80-85.

[48]张涌,刘素娟. 哺乳动物卵泡卵母细胞的体外受精[J]. 河北农业大学学报,1996,19
　　(3):99-106.

[49]张涌,刘素娟,李勇,等. 山羊小腔卵泡卵母细胞的体外成熟和体外受精[J]. 西北农业大
　　学学报,1996,24(2):12-17.

[50]周文军,郭日红,邓明田,等. RS-1提高CRISPR-Cas9系统介导的人乳铁蛋白基因敲入
　　效率[J]. 生物工程学报,2017,33(8):1224-1234.

[51]邓明田,王锋.哺乳动物合子基因组激活调控的研究进展[J].黑龙江动物繁殖,2020,28(1):37-41.

[52]张忠诚.家畜繁殖学[M].3版.北京:中国农业出版社,2000.

[53]张忠诚.家畜繁殖学[M].4版.北京:中国农业出版社,2004.

[54]章纯熙.中国水牛科学[M].南宁:广西科学技术出版社,2000.

[55]赵兴绪.兽医产科学[M].5版.北京:中国农业出版社,2016.

[56]ANDERSON SM, Rudolph MC, McManaman JL, et al. Secretary activation in the mammary gland: it's not just about milk protein synthesis[J]. Breast Cancer Research,2007,9:204.

[57]ARAV A, YAVIN S, ZERON Y, et al. New trends in gamete's cryopreservation[J]. Mol Cell Endocrinol,2002,187:77-81.

[58]ARAV A, YAVIN S, ZERON Y, et al. Vitrification of bovine oocytes using modified minimum drop size technique (MDS) is affected by the composition and concentration of the vitrification solution and by the cooling conditions[J]. Theriogenology,1997,47:341-2.

[59]ARTHUR GH, NOAKES DE. Pearson. Veterinary Reproduction and Obstetrics[M]. 6 th ed. ELBS,1989.

[60]BAGUIS A, BEHBOODI E, MELICAN DT, et al. Production of goats by somatic cell nuclear transfer[J]. Nature Biotechnol,1999,17:456-461.

[61]BIELANSKI A, BEHBOODI E, MELICAN DT, et al. Viral contamination of embryos cryopreserved in liquid nitrogen[J]. Cryobiology,2000,40:110-16.

[62]BLOCK J, HANSEN PJ. Interaction between season and culture with insulin—like growth factor-1 on survival of in vitro-produced embryos following transfer to lactating dairy cows[J]. Theriogenology,2007,67:1518-1529.

[63]BRACKETT BG, BOUSQUET D, BOICE ML, et al. Normal development following in vitro fertilization in cow[J]. Biol Reprod,1982,27:147-158.

[64]BRIGGS R, BOUSQUET D, BOICE ML, et al. Transplantation of living cell nuclei from blastula cells into enucleated frogs' eggs[J]. Proc. Natl. Acad Sci. USA.,1952,38:455-463.

[65]BROOK FA, GARDNER RL. The origin and efficient derivation of embryonic stem cells in the mouse[J]. Proc Natl Acad Sci (USA),1997,94(11):5709-5712.

[66]BRUSSOW KP, RATKY J, RODRIGUEZ-MARTINEZ H. Fertilization and early embryonic development in the porcine fallopian tube[J]. Reprod Domest Anim,2008,43(Suppl 2):245-251.

[67]BERSHTEYN M, HAYASHI Y, DESACHY G, et al. Cell-autonomous correction of ring chromosomes in human induced pluripotent stem cells[J]. Nature,2014.

[68]PAWSHE CH, PALANSIAMY A, TANEJA M, et al. Comparison of various Maturation Treatment on in vitro maturation of Goat oocytes and their early embryonic devel-

opment and cell numbers[J]. Theriogenology, 1996,46:971-982.

[69] CAPUCO AV, ELLIS SE, HALE SA, et al. Lactation persistency: Insights from mammary cell proliferation studies[J]. J. Anim Sci, 2003,81:18-31.

[70]CHENG CK, YEUNG CM, CHOW BK, et al. Characterization of a new upstream Gn-RH receptor promoter in human ovarian granulosa-luteal cells [J]. Mol Endocrinol. , 2002,16(7):1552-1564.

[71]CLARK AJ, BURL S, DENNING C, et al. Gene targeting in livestock: a preview [J]. Transgen Res, 2000(4-5):263-275.

[72]DEPAZ P, SANCHEZ AJ, FERNANDEZ JG, et al. Sheep embryo cryopreservation by vitrification and conventional freezing[J]. Theriogenology, 1994,42:327-337.

[73]DOBRIMSKY JR, JOHNSON LA. Cryopreservation of porcine embryos by vitrification: a study of in vitro development[J]. Theriogenology, 1994,42:25-33.

[74]HADJIECONOMOU D, KING G, GASPAR P, et al. Enteric neurons increase maternal food intake during reproduction[J]. Nature, 2020:1-5.

[75]EBERT KM, SELGRATH JP, DITULLIO P, et al. Transgenic production of a variant of human tissue-type plasminogen activator in goat milk:Generation of transgenic goats and analysis of expression[J]. Bio/Technology , 1991,9:835-838.

[76]ELDRA PS. Biology[M]. 5th ed. Saunders College Publishing, 1999.

[77]EPPIG JJ. Intercommunication between mammalian oocytes and companion somatic cells [J]. BioEssays, 1991,13:569-574.

[78]EPPIG JJ. Oocyte control of ovarian follicular development and function in mammals [J]. Reproduction, 2001,122: 829-838.

[79]EVANS G, MAXWELL WMC. Salmon's Artificial Insemination of Sheep and Goats [M]. Sydney:Buttersworth PTY Ltd, 1988:1-7,22-30,55-166.

[80]FUKUI Y, GLEW AM, GANDOLFI F, et al. Ram-specific effects on in-vitro fertilization and cleavage of sheep oocytes matured in vitro[J]. Journals of Reproduction and Fertility Ltd, 1988,82:337-340.

[81]GENG LY, FANG M, YI JM, et al. Effect of overexpression of inhibin alpha(1-32) fragment on bovine granulosa cell proliferation,apoptosis,steroidogenesis and development of co-cultured oocytes[J]. Theriogenology, 2008,70(1):35-43.

[82]GOTO K, IRITANI A. Oocyte maturation and fertilization[J]. Animal Reproduction Science, 1992,28:407-413.

[83]HAFEZ ESE, HAFEZ B. Reproduction in Farm animals[M]. 7th ed. USA: Lippincott Williams Wilkins, 2000.

[84]HAFEZ ESE. Reproduction in Farm Animals[M]. 4th ed, 1980.

[85]HAFEZ ESE. Reproduction in Farm Animals[M]. 5th ed, 1987.

[86]HAFEZ ESE. Reproduction in Farm Animals[M]. 6th ed, 1993.

[87]HAN L, MAO DG, ZHANG DK, et al. Development and evaluation of a novel DNA

vaccine expressing inhibin alpha(1-32)fragment for improving the fertility in rats and sheep[J]. Anim Reprod Sci, 2008,109(1/4):251-265.

[88]HATOYS S, SUGIYAMA Y, TORJI R, et al. Effect of co-culturing with embryonic fibroblasts on IVM, IVF and IVC of canine oocytes[J]. Theriogenology, 2006,66:1083-1090.

[89]HENDERSON RJ, BELL JG, PARK MT. Polyunsaturated fatty acid composition of the salmon(Salmo salar L.)pineal organ:modification by diet and effect on prostaglandin production[J]. Biochim Biophys Acta, 1996,1299(3):289-298.

[90]HINCK L, SILBERSTEIN GB. The mammary end bud as a motile organ[J]. Breast Cancer Research, 2005,7:245-251.

[91]ZHANG H, SUN LW, WANG ZY, et al. Energy and protein requirements for maintenance of Hu sheep during pregnanc[J]. Journal of Integrative Agriculture, 2018,17(1):173-183.

[92] STEWART C. Nuclear transplantation:an udder way of making Lambs [J]. Nature, 1997,385(6619):769-771.

[93]IANNACCONE PM, TABORN GU, GARTON RL, et al. Pluripotent embryonic stem cells from the rat are capable of producing chimeras[J]. Dev Biol, 1994,163(1):288-292.

[94]JAMES W. Intracytoplasmic sperm injection(ICSI)and related technology[J]. Animal Reproduction Science, 1996,42,239-250.

[95] JOHNSON L, VARNER DD, ROBERTS ME, et al. Efficiency of spermatogenesis:a comparative approach[J]. Animal Reproduction Science, 2000:60-61,471-480.

[96]WU J, PLATERO-LUENGOA, SAKURAI M, et al. Interspecies Chimerism with Mammalian Pluripotent Stem Cells[J]. Cell, 2017,168(3):473-486.

[97]PANG J, LI F, FENG X, et al. Influences of Different Dietary Energy Level on Sheep Testicular Development Associated with AMPK/ULK1/autophagy pathway[J]. Theriogenology, 2018,108:362-370.

[98]KUWAYAMA M, OSAMU K. All-round vitrification method for human oocytes and embryos [J]. J Assist Reprod Genet, 2000,17:477.

[99]LAVITRANO M, BACCI ML, FORNI M, et al. Efficient production by sperm-mediated gene transfer of human decay accelerating factor(hDAF)transgenic pigs for xenotransplantation [J]. Proc Natl Acad Sci USA, 2002,99:14230-14235.

[100]LAVITRANO M, CAMAIONI A, FAZIO VM, et al. Sperm cells as vectors for introducing foreign DNA into eggs:genetic transformation of mice[J]. Cell, 1989, 57:717-723.

[101]LEDDA S, NAITANA S, LOI P, et al. Embryo recovery from superovulated mouflons(ovis gmelini musimon)and viability after transfer into domestic sheep[J]. Animal Re-

production Science，1995,39:109-117.

[102]LEGGINS GC，THORBURN GD. Initiation of Parturation in Lamming GE(ed):Marshall's Physiology of Reproduction[M]. 4th ed. London:Chapman and Hall，1994,3:863-1002.

[103]LISOWSKI P，ROBAKOWSKA-HYZOREK D，BLITEK A，et al. Development of real-time PCR assays in the study of gonadotropin subunits,follistatin and prolactin genes expression in the porcine anterior pituitary during the preovulatory period [J]. Neuro Endocrinol Lett，2008,29(6):958-964.

[104]LONERGAN P，FAIR T. *In vitro*-produced bovine embryos-Dealing with the warts [J]. Theriogenology，2008,69:17-22.

[105]LÓPEZ-BÉJAR M，LÓPEZ-GATIUS F. Nonequilibrium cryopreservation of rabbit embryos using a modified (sealed) open pulled straw procedure [J]. Theriogenology，2002;58:1541-1552.

[106]LUBOSHITZKY R，DHARAN M，GOLDMAN D,et al. Immunohistochemical localization of gonadotropin and gonadal steroid receptors in human pineal glands[J]. Clin Endocrinol Metab，1997,82(3):977-981.

[107]LYE SJ. Initiation of Parturation[J]. Anim Reprod Sci，1996,42:495-503.

[108]SUN L，GUO Y，FAN Y，et al. Metabolic profiling of stages of healthy pregnancy in Hu sheep using nuclear magnetic resonance (NMR)[J]. Theriogenology，2017,2:121-128.

[109]MAHMOUDZADEH AR，VANSOOM A，YSEBAERT MT，et al. Comparison of two-step vitrification versus controlled freezing on survival of in vitro produced cattle embryos[J]. Theriogenology，1994,42:1389-1397.

[110]MARTIN GR. Isolation of a pluripotent cell line from early mouse embryos cultured in medium conditioned by teratocarcinoma stem cells [J]. Proc Natl Acad Sci USA，1981,78(12):7634-7638.

[111]MATZUK MM，BURNS KH，VIVEIROS MM，et al. Intercellular communication in the mammalian ovary:oocytes carry the conversation [J]. Science，2002,296:2178-2180.

[112]MCCREATH KJ，HOWCROFT J，CAMPBELL KH，et al. Production of gene-targeted sheep by nuclear transfer from cultured somatic cells [J]. Nature，2000,405(6790):1066-1069.

[113]MCGRATH J，SOLTER D. Nuclear transplantation in the mouse embryo by microsurgery cell fusion[J]. Science，1983,220(4603):1300-1302.

[114]MCLAREN A. Germ and somatic cell lineages in the developing gonad[J]. Mol Cell Endocrinol，2000,163:3-9.

[115]METALLINOU C，ASIMAKOPOULOS B，SCHROER A，et al. Gonadotropin-releasing hormone in the ovary[J]. Reprod Sci，2007,14(8):737-749.

[116]MOORE NW，ADAMS CE，ROWSON LE. Developmental potential of single blasto-meres of the rabbit eggs[J]. Reprod. Fert. ，1968,17:527-531.

[117]DENG M，WAN Y，CHEN B，et al. Long non-coding RNA lnc_3712 impedes nuclear reprog-ramming via repressing Kdm5 b，Molecular Therapy-Nucleic Acids［J］. 2021,24:54-66.

[118]NANDI S，GIRSH KUMAR V，MANJUNATHA BM，et al. Follicular fluid concen-trations of glucose，lactate and pyruvate in buffalo and sheep，and their effects on cul-tured oocytes，granulosa and cumulus cells[J]. Theriogenology，2008,69:186-196.

[119]NASSER LF，BO GA，BARTH A，et al. Induction of parturition in Zebu-cross recipi-ents carrying in vitro-produced Bos indicus embryos[J]. Theriogenology，2008,69:116-123.

[120]OAKES SR，HILTON HN，ORMANDY CJ. Key stages in mammary gland develop-ment-The alveolar switch: coordinating the proliferative cues and cell fate decisions that drive the formation of lobuloalveoli from ductal epithelium[J]. Breast Cancer Res. ，2006,8(2):207.

[121]OKITA K，ICHISAKA T，YAMANAKA S. Generation of germline competent in-duced pluripotent stem cells[J]. Nature，2007,448(7151):313-317.

[122]ONISHI A，IWAMOTO M，AKITA Y，et al. Pig cloning by microinjection of fetal fibroblast nuclei[J]. Science，2000,289:1188-1190.

[123]PARK YS，KIM SS，KIM JM，et al. The effects of duration of in vitro maturation of bovine oocytes on subsequent development，quality and transfer of embryos[J]. Ther-iogenology，2005,64:123-34.

[124]PEPLING ME，SPRADING AC. Mouse ovarian germ cell cysts undergo programmed breakdown to form primordial follicles[J]. Dev Biol，2001,234:339-351.

[125] PHILLIP L. Senger. Pathways to Pregnancy and parturition ［M］. 2nd ed. Washington: Current Conceptions，2003.

[126]PIEDRAHITA JA，ANDERSON GB，BONDURANT RH. Influence of feeder layer type on the efficiency of isolation of porcine embryo-derived cell lines[J]. Theriogenol-ogy，1990(34):865-877.

[127]PRATHER RS，SIMS MM，FIRST NL. Nuclear transplantation in early pig embryos [J]. J. Biol. Reprod. ，1989,44:414-418.

[128]SCHELLANDER K，FUHRER F，BRACKETT GB，et al. In vitro Fertilization and cleavage of bovine oocytes matured in medium supplemented with estrus cow ser-um[J]. Theriogenology，1990,33(2)，477-483.

[129]SENGUPTA A，CHAKRABARTI N，SRIDARAN R. Presence of immunoreactive gonadotropin releasing hormone(GnRH)and its receptor(GnRHR)in rat ovary during pregnancy[J]. Mol Reprod Dev，2008,75(6):1031-1044.

[130]SPEMANN H. Embryonic development induction[M]. New York: Hafner publishing

Co，1938：210-211.

[131]STICE SL，ROBL JM. Nuclear reprogramming in nuclear transplant rabbit embryos [J]. J. Biol Report. 1988，39：657-664.

[132]STROJEK RM，REED MA，HOOVER JL，et al. A method for cultivating morphologically undifferentiated embryonic stem cells from porcine blastocysts[J]. Theriogenology，1990(33)：901-913.

[133]SUDA Y，SUZUKI M，IKAWA Y，et al. Mouse embryonic stem cells exhibit indefinite proliferative potential[J]. J Cell Physiol，1987，133(1)：197-201.

[134]TAKAHASHI K，TANABE K，OHNUKI M，et al. Induction of p luripotent stem cells from adult human fibroblasts by defined factors[J]. Cell，2007，131(5)：861-872.

[135]THIBIER M. International Embryo Transfer Society：Data Retrieval Committee Annual Report[J]. Embryo Transfer Newsletter，2006，24(4)：12-18.

[136]THOMPSOM JG，BELL ACS，MCMILLAN WH，et al. Donor and recipient ewe factors affecting in vitro development and post-transfer survival of Cultured sheep embryos[J]. Animal Reproduction Science，1995，40：269-279.

[137]THOMPSON JG，MITCHELL M，KIND KL. Embryo culture and long-term consequences[J]. Reprod Fertil，2007，19：43-52.

[138]TAN T，WU J，SI C，et al. Chimeric contribution of human extended pluripotent stem cells to monkey embryos exvivo[J]. Cell，2021，184(8)：2020-2032. e14.

[139]VAJTA G，KUWAYAMA M. Improving cryopreservation systems [J]. Theriogenology，2006，65：236-44.

[140]VAJTA G，HOLM P，KUWAYAMA M，et al. Open pulled straw (OPS) vitrification：a new way to reduce cryoinjuries of bovine ova and embryos[J]. Mol Reprod Dev，1998，51：53-58.

[141]WALL RJ. New gene transfer methods[J]. Theriogenology，2002，57：189-201.

[142]WATSON CJ，KHALED WT. Mammary development in the embryo and adult：a journey of morphogenesis and commitment[J]. Development，2008，135：995-1003.

[143]WHEELER MB. Production of transgenic livestock：promise fulfilled[J]. J Anim Sci，2003，81(Suppl. 3)：32-37.

[144]WILLADEN SM. A method for culture of micromanipulated sheep embryos and its use to produce monozygotic twins[J]. Nature，1979，277：298- 300.

[145]WILLADSEN SM. Nuclear transplantation in sheep embryos[J]. Nature，1986 (6057)，320：63-65.

[146]WILLADSEN SM. The viability of early cleavage stages containing half the normal number of blastomeres in sheep[J]. J. Reprod. Fertil，1980，59(2)：357-362.

[147]YAO X，GAO X，BAO Y，et al. LncRNA FDNCR promotes apoptosis of granulosa cells by targeting the miR-543-3 p/DCN/TGF-β signaling pathway in Hu sheep

[J]. Molecular Therapy-Nucleic Acids,2021,24:223-240.

[148]GAO X, YAO X, WANG Z, et al. Long non-coding RNA366. 2 controls endometrial epithelial cell proliferation and migration by upregulating WNT6 as a ceRNA of miR-1 576 in sheep uterus[J]. BBA-Gene Regulatory Mechanisms, 2020,1863(9):194606.

[149]LI X, YAO X, XIE H, et al. Effects of SPATA6 on proliferation, apoptosis and steroidogenesis of Hu sheep Leydig cells in vitro[J]. Theriogenology, 2021,166:9-20.

[150]YAVIN S, AROYO A, ROTH Z, et al. Embryo cryopreservation in the presence of low concentration of vitrification solution with sealed pulled straws in liquid nitrogen slush[J]. Hum Reprod, 2009,24:797-804.

[151]ZHANG Y, YANG H, HAN L, et al. Long noncoding RNA expression profile changes associated with dietary energy in the sheep testis during sexual maturation[J]. Sci Rep, 2017,7(1):5180-5192.

[152]GUO YX, NIE HT, SUN LW, et al. Effects of diet and arginine treatment during the luteal phase on ovarian NO/PGC-1 a signaling in ewes[J]. Theriogenology, 2017, 96:76-84.

[153]LIANG Y, BAO Y, GAO X, et al. Effects of spirulina supplementation on lipid metabolism disorder, oxidative stress caused by high-energy dietary in Hu sheep[J]. Meat Science, 2020,164:108094.

[154]WAN YJ, GUO R, DENG M, et al. Efficient Generation of CLPG1-edited rabbits using the CRISPR/Cas9 system [J]. Reproduction in Domestic Animals, 2019, 54 (3):538-544.

[155]SHI ZD, TIAN YB, WU W, et al. Controlling reproductive seasonality in the geese [J]. World's Poultry Science Journal, 2008,64(3):343-355.

[156]ZHANG M, ZHAI Y, ZHANG S, et al. Roles of N6-Methyladenosine(m6A)in Stem Cell Fate Decisions and Early Embryonic Development in Mammals[J]. Frontiers in Cell and Developmental Biology, 2020,9:640806.